SI단위

구조역학

박영석 · 정태주 공저

Structural Analysis

도서출판 구미서관

머리말

대학의 강의실에서 오랫동안 강의하던 강의 노트를 정리하여 출간한 구조역학 책이 출판된 지 20여년이 지남에 따라 본문에서 사용되는 단위계와 설계기준 등을 수정할 필요성을 많이 느끼고 있었으나 바쁘다는 핑계로 차일피일 미루고 있는 중이었다. 그러던 차에 구미서관 임해진 사장님의 강력한 권유로 1996년에 출간한 구조역학 책의 내용과 체계는 유지하면서 오류가 있는 부분을 수정하고 부족했던 내용들을 보완하였다. 특히, 단위계는 SI단위계를 채택하고, 그림과 편집체계를 현대의 흐름에 맞게 개선하였다.

책의 그림에서 구조해석을 통해 구해야 하는 반력과 단면력(축력, 전단력 및 휨모멘트 등) 및 처짐곡선 등은 붉은 색으로 나타내어 시각적인 효과를 주고, 구조해석에 필요한 자유물체도를 자세하게 나타내어 처음 구조역학을 공부하는 학생들이 좀 더 쉽게 이해할 수 있도록 하였다. 이 책의 구성을 간단하게 소개하면 다음과 같다.

PART 1. 정정 구조물 해석(제1장~제6장)
PART 2. 구조물의 처짐(제7장~제13장)
PART 3. 부정정 구조물 해석(제14장~제18장)

구조역학은 많은 문제를 풀어봄으로써 그 내용과 원리를 정확하게 이해할 수 있으므로 각 장의 끝에는 연습문제를 충분히 수록하여 열심히 공부하려는 학생들에게 도움을 주고자 하였다.

이 책의 본문 내용과 예제 및 연습문제 작성에는 구조역학(신영기), 구조역학(양창현), 구조역학(Wang and Eckel), 구조역학(Norris), 구조역학(Kassimali), 구조역학(Chajes), 구조역학(West) 등의 저서들이 많은 참고가 되었음을 밝혀둔다. 이러한 책들은 독자들에게도 훌륭한 참고문헌이 될 수 있을 것으로 확신한다.

내용상 오류나 오자, 탈자 등은 계속해서 수정・보완할 것을 약속드립니다. 끝으로 어려운 출판 여건 속에서도 출판을 맡아 수고해주신 구미서관 대표님을 비롯한 관계자 여러분께도 감사드립니다.

2017년 02월
저자 씀

차 례

Contents

차 례

Contents

P/A/R/T

01 정정 구조물 해석

CHAPTER 01

서 론

1.1 구조공학과 구조해석

구조공학(structural engineering)은 인간 생활에 필요한 각종 구조물에 작용하는 여러 가지 종류의 하중이나 외력에 대하여 기능적으로 만족스러우면서도 안전하고 경제적이며 미관이 아름다운 구조물을 만들기 위한 구조물 또는 구조시스템의 계획(planning), 설계(design), 시공(construction) 및 유지관리(maintenance and management)에 관한 공학적 문제를 다루는 학문으로서 대부분 토목공학과 직접 연관된다. 구조공학에서 대상으로 하는 토목구조물로는 교량, 건물, 댐, 터널, 항만, 해양구조물, 상수도 또는 하수처리시설, 플랜트, 발전소, 송전시설, 고가도로, 저장탱크 등 수없이 많은 종류가 있으며, 자동차 프레임, 항공기구조, 선박구조 등도 구조공학에서 관심을 갖는 분야의 일종이다.

구조해석(structural analysis)이란 구조기술자가 구조물에 작용하는 하중에 대한 구조물의 응답(response)을 구하는 과정을 말한다. 이러한 응답 중 구조해석에서 가장 중요시 하는 것으로는 구조물의 단면력과 변형을 들 수 있다. 구조물의 단면력으로는 축력(axial force), 전단력(shear force), 휨모멘트(bending moment) 및 비틀림 모멘트(twisting moment) 등이 있고, 구조물의 변형으로는 처짐(deflection), 기울기(slope), 비틀림 각(angle of twist) 등을 들 수 있다.

1.2 구조공학의 발전 과정

구조공학의 역사는 고대 중국, 이집트, 그리스 및 로마 시대까지 거슬러 올라가고, 우리나라는 삼국시대까지 올라 갈 수 있을 것이다. 이 시기의 구조공학에 관한 문헌 등이 남아 있는 것은 없으나 현재까지 남아 있는 유적들을 살펴보면, 그 당시의 토목기술자들이 구조해석상의 몇몇 기술들을 터득하였음에 틀림없다.

르네상스 이후에 Leonardo da Vinci(1452～1519), Domino Galileo Galilei(1564～1642) 등과 같은 천재들이 구조물에 대한 관심을 기울였으며 특히, Galileo는 "두 가지 새로운 과학(Two New Sciences)"이라는 저서를 남겼다. 17세기말에서부터 18세기에 들어서 Robert Hooke(1635～1703), Johann Bernoulli(1667～1748), Daniel Bernoulli(1700～1782), Leonhard Euler(1707～1783)와 Joseph L. Lagrange(1736～1813) 등과 같은 위대한 수학자들이 구조역학에 대한 관심을 기울여 응력과 변형도 사이의 관계, 에너지 개념에 관한 기본원리, 변형의 미분방정식과 그들의 해를 구하는 방법 등을 확립하였다. 즉, Hooke의 응력-변형도 법칙, Bernoulli의 진동하는 봉의 방정식, Euler의 기둥의 좌굴이론과 Lagrange의 평판의 휨방정식 등이 있으며, 이들은 구조이론의 발전에 큰 공헌을 하였다.

19세기에 들어서 L. M. Navier(1785～1836), Saint-Venant(1781～1886), B. P. Clapeyron(1799～1864), J. C. Maxwell(1830～1879), Alberto Castigliano(1847～1884), Otto Mohr(1835～1918)와 H. Müller-Breslau(1851～1925) 등은 이전 시대에 개발된 수학적인 공식들을 실제 구조문제의 해를 구하는데 성공적으로 적용시켰다. 그들의 수학적인 업적이 많이 알려져 있으나, 그들은 수학자라기보다는 공학자라 하는 것이 옳을 것이다. 그들의 발견이나 이론들은 현대의 구조해석이론 발전의 기초가 되었다.

20세기 초에 들어서 G. A. Maney(1888～1947), Hardy Cross(1885～1959), R. W. Southwell(1888～1970)과 Gaspar Kani(1910～1968) 등은 복잡한 구조물의 해석에 사용할 수 있는 실용적인 해석방법의 필요성을 인식하고 처짐각법과 모멘트분배법 등을 제시하였다. 이들 방법은 단순하면서 수계산으로도 복잡한 구조물의 해석을 가능하도록 한 대단히 실용적인 구조해석법이다.

20세기 중반 이후로 전자계산기의 발달과 함께 매트릭스 구조해석법이라는 새로운 방법이 구조해석에 등장하였다. 매트릭스 구조해석법의 기본개념은 전혀 새로운 것이 아니고, J. C. Maxwell, Alberto Castigliano와 H. Müller-Breslau 등이 확립한 원리들과 밀접한 연관이 있다. 이 방법으로 구조물을 해석하려면 많은 수의 연립방정식을 풀어야 한다. 따라서 전자계산기가 개발되지 않았다면 이러한 매트릭스 구조해석법은 실용화될 수 없었을 것이다.

최근에는 뼈대구조물의 해석에만 적용시키는 매트릭스 구조해석법을 발전시켜 일반적인 연속체(평판, 쉘)의 구조해석에도 적용시킬 수 있는 유한요소법(finite element method)과 경계요소법(boundary element method) 등이 등장하였다. 이러한 방법들은 복잡한 경계조건을 갖는 구조물의 해석에도 적용이 가능하나, 많은 수의 미지수를 포함하는 연립방정식의 해를 구해야 하므로 전자계산기의 용량이 커지고 계산 성능이 좋아지면서 급속히 실용화되었다.

현재에는 일반적인 구조기술자들이 쉽게 구조해석을 할 수 있도록 SAP2000, NASTRAN, LUSAS, ADINA, MIDAS 등과 같은 훌륭한 응용프로그램들이 많이 개발되었다. 최근에 개발되고 있는 구조해석용 응용프로그램들은 구조해석에 필요한 전처리단계(preprocessor)와 후처리단계(postprocessor)를 보완하여 구조기술자가 데이터를 입력시키고 해석결과를 이용하기에 편리하도록 하였다. 특히, 개인용 컴퓨터의 성능이 대폭 향상되면서 중대형 컴퓨터에서만 가능하던 프로그램들을 개인용 컴퓨터에서 사용할 수 있게 되었다.

1.3 구조물의 설계과정

구조물의 설계과정을 단계별로 간단히 설명하면 다음과 같다.

(1) 구조물의 형태 및 구성 재료의 결정
(2) 구조물에 작용하는 외부 하중의 결정
(3) 외력에 의한 구조물의 응력과 변형의 계산
(4) 부재의 선택
(5) 도면 작성

구조역학에서는 제3단계, 즉 주어진 하중에 의한 구조물의 응력과 변형을 계산하는 과정만을 주로 다룬다.

1.4 구조물의 형태 및 분류

(1) 케이블

케이블(cable)은 휨강성이 거의 없이 단지 인장력만으로 하중을 지지하고, 압축력에는 저항할 수 없는 구조를 말한다. 따라서 케이블은 인장강도가 큰 재료로 만들어지며, 케이블구조는 이러한 케이블 인장력의 연직성분이 하중과 평형을 이루도록 설계된 구조이다. 그러므로 이러한 케이블이 연직하중을 지지하려면 새그(sag)가 필요하다, 또한, 케이블에 작용하는 하중의 위치가 변하거나 몇 개의 집중하중이 동시에 작용하면 케이블의 기하학적 형상이 많이 변한다. 연직방향으로 등분포하중이 작용할 때의 케이블 형상은 포물선이 되고, 케이블의 길이에 따라서 일정한 분포하중이 작용하면 현수선(catenary)이 된다.

대표적인 케이블 구조로는 현수교 및 사장교와 같은 장대교량과 케이블 지붕구조 등을 들 수 있다.

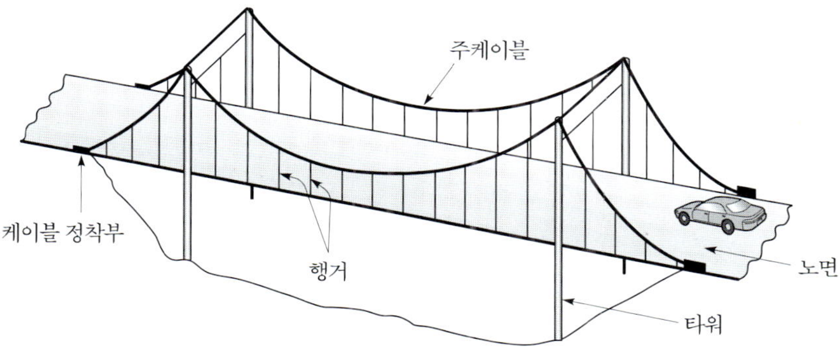

그림 1.1 현수교

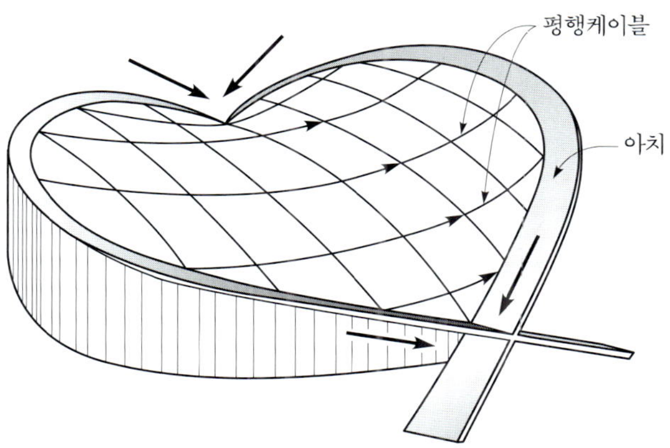

그림 1.2 케이블 지붕

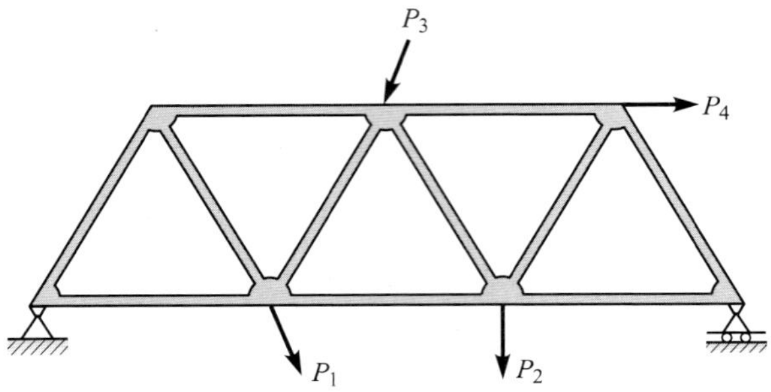

그림 1.3 평면트러스

(2) 아치

아치(arch)는 하중에 의해 부재에 발생하는 압축력이 크고 휨모멘트가 작은 특성을 갖는다. 즉, 케이블 구조의 특성과 거의 반대되는 성질을 갖는다고 말할 수 있다. 또한, 아치에 수직하중이 작용하면 아치의 양단 지점은 항상 밖으로 벌어지려는 경향이 있기 때문에 양단지점에는 수평반력이 작용한다. 따라서 장지간의 아치가 연직하중에 견디기 위해서는 이러한 수평력에 저항할 수 있는 튼튼한 기초를 만들어야 한다.

(3) 트러스

이상적인 트러스(truss)는 부재와 부재가 마찰이 없는 힌지로 연결된 구조로서 기본 형태는 삼각형이다. 이러한 이상적인 트러스는 절점하중만을 고려하므로 부재에는 축력만 발생된다. 그러나 실제 트러스의 부재는 연결판을 사용하여 볼트나 용접 이음으로 연결하기 때문에 이러한 강절(rigid joint)에는 휨응력이 발생되지만, 그 크기가 대단히 작으므로 힌지로 가정하여 해석하여도 만족스런 결과를 얻을 수 있다. 보와 마찬가지로 트러스의 상현재는 압축력, 하현재는 인장력에 저항하고, 전단에 대한 저항은 수직재와 사재가 감당한다. 트러스 구조는 재료를 경제적으로 사용하기 위해 보에서 휨응력이 작은 단면의 중앙부에서 휨응력이 큰 단면의 상하부로 재료를 이동시킨 것과 같은 구조형태로서 주로 장지간의 구조물에 적용된다. 장지간의 트러스에서는 압축재의 길이가 길어지고 압축력이 커지므로 압축재에 좌굴이 발생할 가능성이 있다.

(4) 보

보(beam 또는 girder)는 부재의 휨에 의하여 연직하중을 지지하는 구조형태로서 단면에는 전단력과 휨모멘트가 발생한다. 휨부재의 오목한 부분에는 압축응력이, 볼록한 부분에는 인장

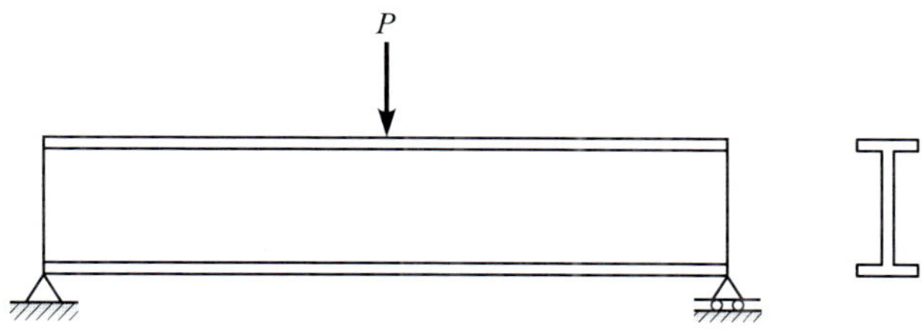

그림 1.4 보

응력이 발생한다. 아치나 케이블과는 달리 지점에서는 연직방향의 힘만 지지하면 되므로 지점의 설계가 용이하며 연직공간을 적게 차지한다. 공간이 제한된 고층건물의 바닥이나 천정을 지지하는 구조로 적합하나 재료를 비경제적으로 사용하는 단점이 있다. 즉, 보 단면의 중심 부근의 재료들은 외측에 있는 재료들에 비하여 휨응력을 적게 받으므로 재료가 효과적으로 사용되지 못하는 것으로 생각할 수 있다.

(5) 기둥

기둥(column)은 축방향 압축력만을 받도록 설계된 직선부재를 말한다. 이러한 직선부재가 축방향 압축력 이외에 횡방향 하중을 받는 경우에는 보-기둥(beam-column)이라 한다. 기둥과 같이 압축력을 주로 받는 부재는 항상 좌굴을 일으킬 가능성이 있으므로 설계 시 좌굴에 대한 검토를 반드시 실시해야 하고, 필요시에는 좌굴을 방지하기 위한 적절한 보강을 해야 한다.

(6) 강절뼈대

강절뼈대(rigid frame)는 부재와 부재가 강절(rigid joint)로 연결된 구조를 말한다. 강절뼈대 구조의 임의의 단면에 작용하는 단면력으로는 축력, 전단력 및 휨모멘트가 있고, 3차원 구조의 경우에는 비틀림 모멘트도 존재한다. 강절뼈대 구조의 수평부재는 축력이 대단히 작으므로 설계 시에는 휨응력과 전단응력만을 주로 고려한다.

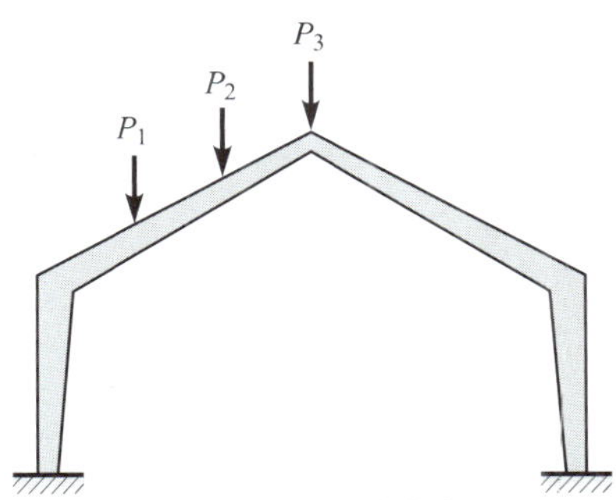

그림 1.5 강절뼈대

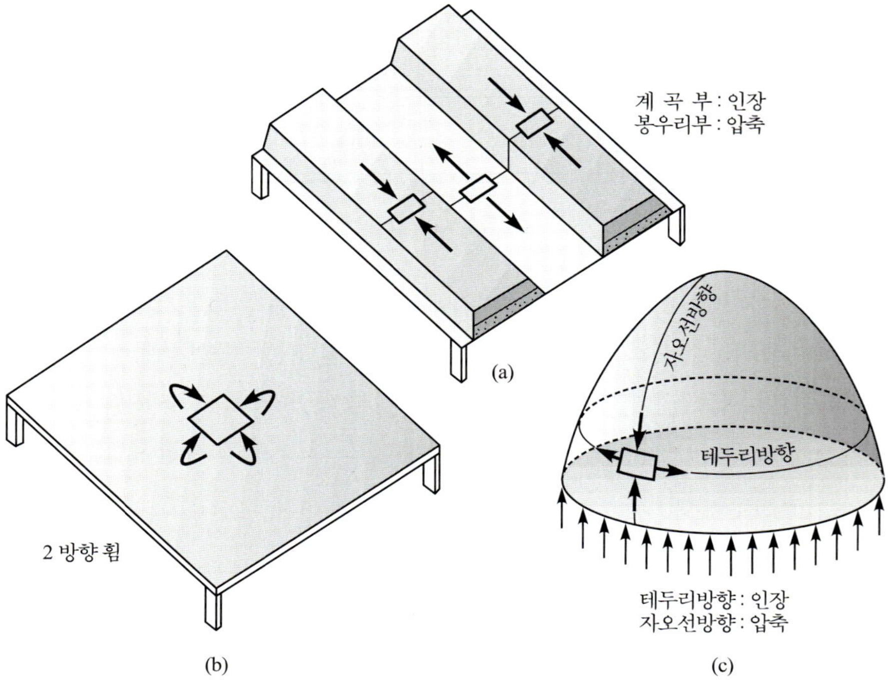

그림 1.6 면구조

(7) 막, 평판 및 쉘

막(membrane)은 케이블과 마찬가지로 인장응력만에 의하여 외부하중을 지지하는 얇은 판 구조를 말한다. 평판(plate)은 인장응력과 압축응력 그리고 휨응력까지 받을 수 있는 구조로서 굴곡이 없는 판을 말한다. 쉘(shell)은 곡면판을 말하는 것으로서 건물구조 등에 특히 많이 사용되는 구조이다.

1.5 하중

구조물의 전체적인 크기와 형상 및 사용재료 등이 결정되면 구조물이 지탱해야 할 하중을 결정해야 한다. 구조물의 설계 시에는 구조물의 가설 중 또는 가설 후에 구조물의 전체 수명 기간 내에 작용하는 모든 하중을 고려한다. 이러한 하중들에 의한 가능한 하중조합들을 고려하여(하중조합은 설계시방서에 규정되어 있음) 구조물에 가장 큰 응력을 발생시키는 하중조합을 선택한다.

하중의 종류는 여러 가지로 분류할 수 있으나, 고정하중(dead load)과 활하중(live load)으로 크게 분류할 수 있다. 고정하중이란 하중의 크기와 작용점이 시간에 따라 변하지 않는 하중을 말한다. 고정하중으로는 구조물의 자중과 구조물에 영구히 부착되는 부착물의 중량 등을 들 수 있다. 활하중은 크기와 작용점이 시간에 따라 변하는 하중을 말한다. 따라서 활하중을 고려할 때는 크기뿐만 아니라 최대응력을 발생시키는 하중의 재하위치도 결정해야 한다. 활하중으로는 차량하중, 보도하중, 설하중, 풍하중, 지진하중, 수압, 토압, 원심력, 제동하중 및 충돌하중 등을 들 수 있다.

구조물 설계 시 적용시키는 하중은 관련 기준이나 시방서에 규정되어 있다. 우리나라와 미국에서 사용되고 있는 설계시방서 및 관련 기준을 살펴보면 다음과 같다.

표 1.1 표준시방서 · 규준

우리나라	미국
• 도로교 표준시방서 • 철도교 표준시방서 • 고속철도설계 표준시방서 • 콘크리트 표준시방서 • 건축 규준 • 건축물의 구조기준등에 관한 규준 • 철근콘크리트 구조 계산 규준 • 철골구조 계산 규준 • 토목시방서	• General Building Codes • American National Building Code • Uniform Building Code • International Standard Building Code, BOCA • Design Codes • Building Code Requirements for Reinforced Concrete, ACI • Manual of Steel Construction, AISC • PCI Design Handbook, PCI • American Standard Specifications for Highway Bridges, AASHTO • Manual of Rail Engineering, AREA

다음에는 교량설계 시 고려하는 중요한 하중들을 우리나라의 설계표준시방서를 중심으로 설명한다.

(1) 고정하중

고정하중은 구조물의 자중 및 부속물과 그 곳에 부착된 제반설비, 토피, 포장 및 장래의 덧씌우기와 계획된 확폭 등에 의한 모든 예측 가능한 중량을 포함한다. 이러한 고정하중은 구조물의 형태가 결정되면 정확히 계산할 수 있다. 우리나라의 도로교시방서에 규정된 고정하중을 산출할 때 재료의 단위질량은 다음 표 1.2와 같다. 다만, 실제 질량이 명백한 것은 그 값을 사용한다.

표 1.2 재료의 단위질량

재료	단위질량(kg/m^3)	재료	단위질량(kg/m^3)
강재, 주강, 단강	7,850	콘크리트	2,350
주철, 주물강재	7,250	시멘트 모르타르	2,150
알루미늄 합금	2,800	목재	800
철근콘크리트	2,500	역청재(방수용)	1,100
프리스트레스트 콘크리트	2,500	아스팔트 포장재	2,300

표 1.3 흙의 단위질량(kg/m^3)

지반	토질	느슨할 때	촘촘할 때
자연지반	모래 및 모래자갈	1,800	2,000
	사질토	1,700	1,900
	점성토	1,400	1,800
성 토	모래 및 모래자갈	2,000	
	사질토	1,900	
	점성토	1,800	

(2) 도로교에 작용하는 활하중

1) 차량활하중

① 설계차로의 수

연석간의 교폭 W_C에 따른 설계차로의 수 N은 표 1.4에 따라 결정한다. 이에 따른 설계차로 폭 W는 식 (1.1)과 같이 정한다.

$$W = \frac{W_C}{N} \le 3.6\,m \tag{1.1}$$

표 1.4 설계차로의 수

W_C의 범위(m)	N	W_C의 범위(m)	N
$6.0 \le W_C < 9.1$	2	$23.8 \le W_C < 27.4$	7
$9.1 \le W_C < 12.8$	3	$27.4 \le W_C < 31.1$	8
$12.8 \le W_C < 16.4$	4	$31.1 \le W_C < 34.7$	9
$16.4 \le W_C < 20.1$	5	$34.7 \le W_C < 38.4$	10
$20.1 \le W_C < 23.8$	6		

② 활하중의 동시재하

설계차로 수에 관계없이 한 대의 피로설계트럭이 재하되는 피로설계에는 적용되지 않는다. 특별한 언급이 없는 한, 활하중의 최대 영향은 표 1.5의 다차로재하계수를 곱한 재하차로의 모든 가능한 조합에 의한 영향을 비교하여 결정되어야 한다. 보도하중과 1차로 이상의 차량하중을 포함하는 하중조건의 경우에 보도하중을 하나의 재하차로로 취할 수 있다.

표 1.5 다차로재하계수

재하차로의 수	다차로재하계수'm'
1	1.0
2	0.9
3	0.8
4	0.7
5 이상	0.65

③ 설계차량하중

교량이나 이에 부수되는 일반구조물의 노면에 작용하는 차량활하중(KL-510)은 표준트럭하중과 표준차로하중으로 이루어져 있다. 이 하중들은 설계차로 내에서 횡방향으로 3,000mm의 폭을 점유하는 것으로 가정한다.

ⓐ 표준트럭하중

표준트럭의 중량과 축간거리는 그림 1.7과 같다. 충격하중은 충격하중의 규정대로 적용되어야 한다.

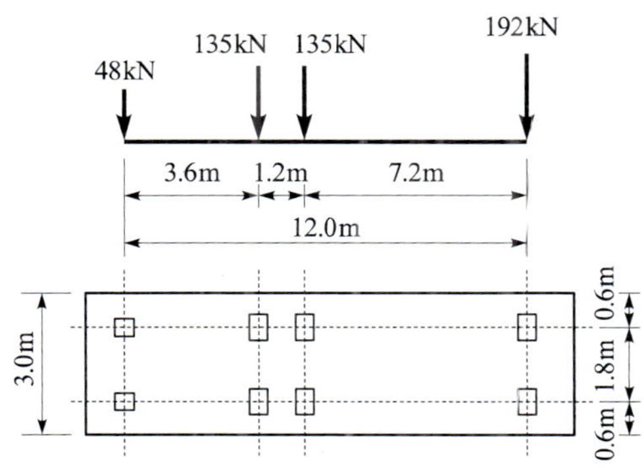

그림 1.7 표준트럭하중

ⓑ 표준차로하중

표준차로하중은 종방향으로 균등하게 분포된 하중으로 표 1.6의 값을 적용한다. 횡방향으로는 3,000mm의 폭으로 균등하게 분포되어 있다. 표준차로하중의 영향에는 충격하중을 적용하지 않는다.

표 1.6 표준차로하중

L ≤ 60 m	ω = 12.7 (kN/m)
L > 60 m	$\omega = 12.7 \times (\frac{60}{L})^{0.18}$ (kN/m)

L : 표준차로하중이 재하되는 부분의 지간

④ 바닥판과 바닥틀을 설계하는 경우의 설계차량활하중

ⓐ 바닥판과 바닥틀을 설계하는 경우에는 차도부분에 표준트럭하중을 재하한다. 표준트럭하중은 종방향으로는 차로당 1대를 원칙으로 하고, 횡방향으로는 재하 가능한 대수를 재하하되 동시재하계수를 고려하여 설계부재에 최대응력이 일어나도록 재하한다. 교축직각방향으로 볼 때, 표준트럭하중의 최외측 차륜중심의 재하위치는 차도부분의 단부로부터 300 mm로 한다.

ⓑ 차륜의 접지면은 표준트럭하중의 각 차륜에 대해 면적이 $\frac{12,500}{9}P(mm^2)$ 인 하나의 직사각형으로 간주하며 이 직사각형의 폭과 길이의 비는 2.5 : 1로 한다. 여기서, P는 차륜의 중량(kN)이다. 접지면이 연속적인 표면인 경우에 접지압은 규정된 접지면에 균일하게 분포하는 것으로 가정한다. 접지면이 단속적인 경우에 접지압은 바퀴자국이 있는 실제의 접촉면에 균등하게 분포되어 있으며 규정된 접지면과 실제 접지면의 비만큼 압력을 증가시킨다.

⑤ 주거더를 설계하는 경우의 설계차량하중

ⓐ 만약 다른 특별한 규정이 없다면 최대 하중영향은 아래의 경우 중 큰 값을 사용한다.

- 표준트럭하중의 영향
- 표준트럭하중 영향의 75%와 표준차로하중의 영향의 합

ⓑ 최대 하중효과에 영향을 주지 않는 바퀴는 무시해도 된다.

ⓒ 설계차로와 각 차로에 재하되는 3,000 mm 폭은 최대 하중영향을 갖도록 배치되어야 한다.

ⓓ 표준트럭하중의 최외측 차륜중심의 횡방향 재하위치는 차도부분의 단부로부터 600 mm로 한다.

2) 피로하중

① 크기와 형태

피로하중은 세 개의 축으로 이루어져 있으며 총중량을 351 kN으로 환산한 한 대의 설계트럭하중 또는 축하중이다. 충격하중도 피로하중에 적용된다.

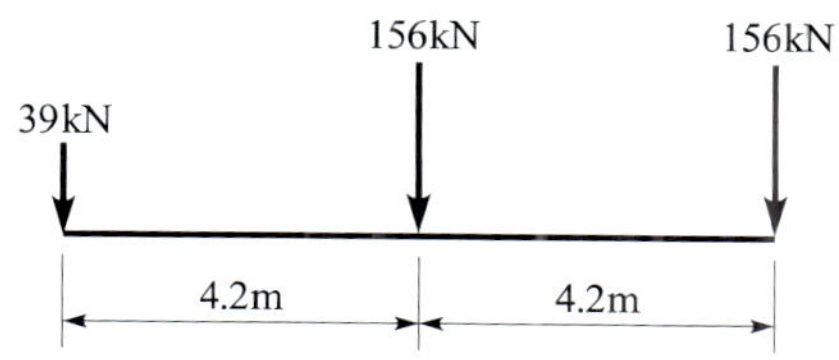

그림 1.8 피로설계트럭하중

② 빈도

피로하중의 빈도는 단일차로 일평균트럭교통량($ADTT_{SL}$)을 사용한다. 이 빈도는 교량의 모든 부재에 적용하며 통행차량수가 작은 차로에도 적용한다.

단일차로의 일평균트럭교통량에 대한 확실한 정보가 없을 때는 식 (1.2)의 차로당 통행비율을 적용하여 산정할 수 있다.

$$ADTT_{SL} = p \times ADTT \tag{1.2}$$

여기서, $ADTT$ = 한 방향 일일트럭교통량의 설계수명기간 동안 평균값

$ADTT_{SL}$ = 한 방향 차로의 일일트럭교통량의 설계수명기간 동안 평균값

p= 표 1.7의 값

표 1.7 한 차로에서의 트럭교통량 비율, p

트럭이 통행 가능한 차로 수	p
1차로	1.00
2차로	0.85
3차로 이상	0.80

3) 궤도차량하중

교량에 궤도차량하중이 있다면 발주자가 궤도차량하중의 특성과 궤도차량과 일반차량간의 예상되는 상호관계를 규정해야 한다.

4) 보도하중

ⓐ 바닥판과 바닥틀을 설계하는 경우에 보도 등에는 5×10^{-3}MPa의 보도하중이 설계차량활하중과 동시에 적용된다.

ⓑ 주거더를 설계하는 경우에 보도 등에는 표 1.8의 등분포하중을 재하한다.

ⓒ 보도나 보행자 또는 자전거용 교량에서 유지관리용 또는 이에 부수되는 차량통행이 예상되는 경우 이 하중은 설계에 고려되어야 한다. 이 차량에 대한 충격하중은 고려하지 않는다.

표 1.8 보도 등에 재하하는 등분포하중

지간장 $L(m)$	$L \le 80$	$80 < L \le 130$	$L > 130$
등분포하중의 크기	3.5×10^{-3}	$(4.3 - 0.01L) \times 10^{-3}$	3.0×10^{-3}

(3) 철도교에 작용하는 활하중

우리나라 국유철도 건설규칙에서 규정한 표준열차하중으로는 LS-22 하중(1, 2급선)과 LS-18하중(3, 4급선)이 있다. 여기서, L-하중은 기관차를 2량 연결시키고 그 뒤에 객차에 해당하는 등분포하중을 연결시킨 것이고, S-하중은 짧은 간격인 2축의 대형 중차량을 고려한 것이다. 설계 시에는 두 가지 하중 중에서 더 큰 응력을 주는 하중을 선택해야 한다.

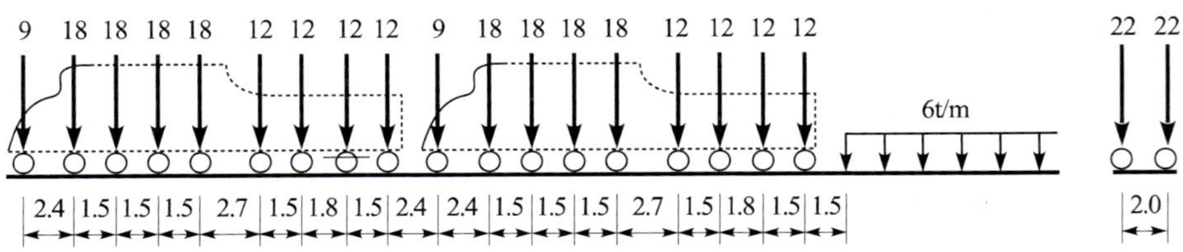

(a) LS−18하중

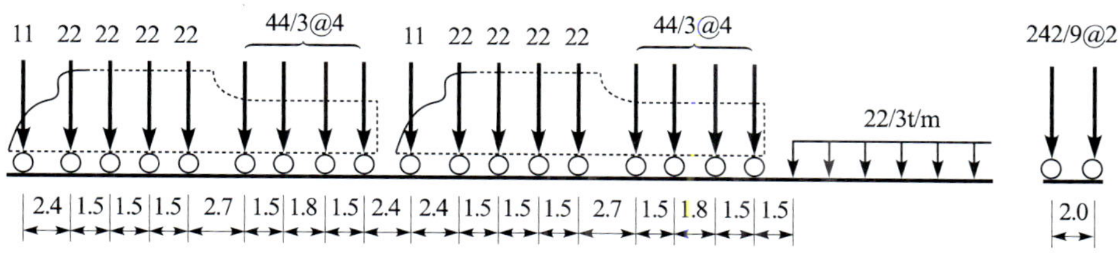

(b) LS−22하중

그림 1.9 LS−하중

우리나라의 고속철도 열차하중은 그림 1.10와 같은 HL − 표준열차하중을 사용한다. 참고로 프랑스의 TGV와 독일의 ICE에서 적용한 열차하중을 다음에 나타내었다.

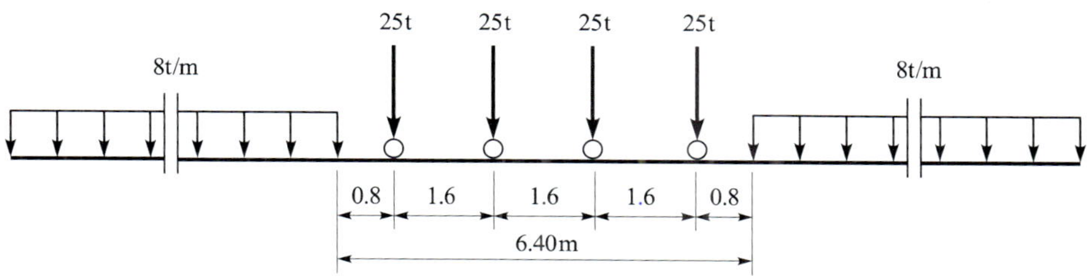

그림 1.10 HL − 표준열차하중

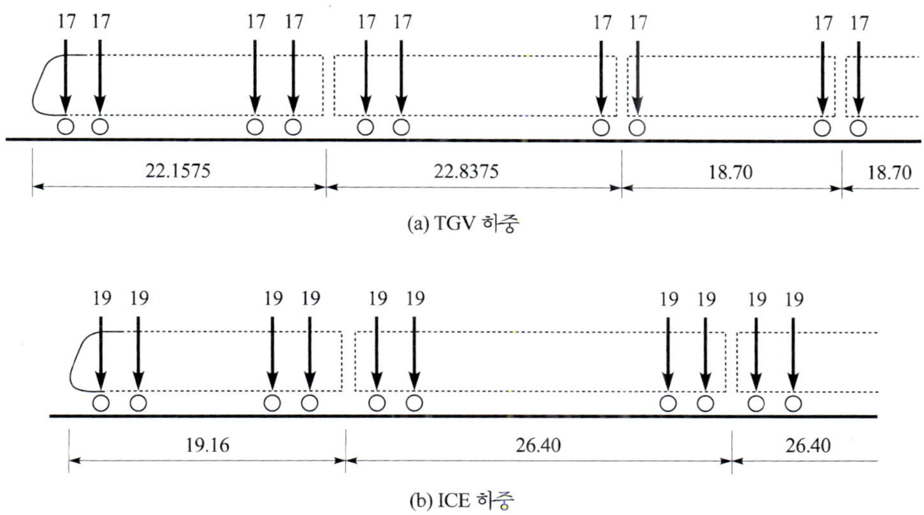

그림 1.11 $T.G.V$ 와 $I.C.E$ 의 하중

(4) 충격하중

활하중은 교량의 노면조도, 차량의 주행속도, 차량의 가속과 감속, 전후 차량과의 협동작용 등의 여러 가지 이유로 고정하중보다 큰 영향을 교량구조에 준다. 일반적으로 이것을 충격이라 부르고 충격계수로써 충격의 정도를 나타낸다. 도로교설계기준에 규정된 도로교 상부구조의 충격계수는 다음과 같다.

1) 일반사항

매설된 부재와 목재부재에서 허용된 경우를 제외하고 원심력과 제동력 이외의 표준트럭하중에 의한 정적효과는 표 1.9에 규정된 충격하중의 비율에 따라 증가시켜야한다.

- 정적하중에 적용시켜야 할 충격하중계수는 다음과 같다 : (1+IM)/100)
- 충격하중은 보도하중이나 표준차로하중에는 적용되지 않는다.

표 1.9 충격하중계수, IM

성 분		IM
바닥판 신축이음장치 모든 한계상태		70%
모든 다른 부재	피로한계상태를 제외한 모든 한계상태	25%
	피로한계상태	15%

다음과 같은 경우에는 충격하중을 적용할 필요가 없다.

- 상부구조물로부터 수직반력을 받지 않는 옹벽
- 전체가 지표면이하인 기초부재

충격하중은 동적해석의 규정에 따라 충분한 증거에 의해 검증될 수 있다면 연결부를 제외한 다른 부재에 대하여 감소시킬 수 있다.

2) 매설된 부재

암거나 매설된 구조물에 대한 충격하중은 백분율로 식 (1.3)과 같다.

$$IM = 40(1.0 - 4.1 \times 10^{-4} D_E) \geq 0\% \tag{1.3}$$

여기서, D_E = 구조물을 덮고 있는 최소깊이(mm)

3) 목재부재

목교나 교량의 목재부재에 대해서는 충격하중을 표 1.9에 제시된 값의 50%로 줄일 수 있다.

(5) 수압 및 토압

구조물이 물이나 흙을 지지해야 하는 경우에는 이들이 구조물에 미치는 하중을 고려해야 한다. 수압은 정수압, 유수압, 부력 및 파압으로 분류할 수 있고, 그 크기는 수리학 공식을 사용하여 구할 수 있다. 토압은 구조물과 지반의 상대적인 변위와 관계하여 정지토압, 주동토압 및 수동토압으로 구분되고, 토압과 토압분포는 구조물과 지반과의 상대적인 변위, 구조물의 형태, 토질종류, 토층상태, 배면지형, 상재하중조건 등을 고려하여 산정한다.

(6) 온도변화

1) 평균온도

온도에 관한 정확한 자료가 없을 때, 온도의 범위는 표 1.10에 나타낸 값을 사용한다. 온도에 의한 변형효과를 고려하기 위하여 설계 시 기준으로 택했던 온도와 최저 혹은 최고온도와의 차이 값이 사용되어야 한다.

표 1.10 온도의 범위

기후	강교 (강바닥판)	합성교 (강거더와 콘크리트 바닥판)	콘크리트교
보통	−10℃에서 50℃	−10℃에서 40℃	−5℃에서 35℃
한랭	−30℃에서 50℃	−20℃에서 40℃	−15℃에서 35℃

2) 온도경사

바닥판이 콘크리트인 강재나 콘크리트 상부구조에서 수직온도경사는 그림 1.12와 같이 택한다. 그림 1.12에서 “A”의 제원은 다음과 같다.

- 두께가 400 mm 이상인 콘크리트 상부구조물의 경우
  A = 300 mm
- 두께가 400 mm 이하인 단면의 경우
  A = 실제 두께보다 100 mm 작은 값
- 강재로 된 상부구조물인 경우

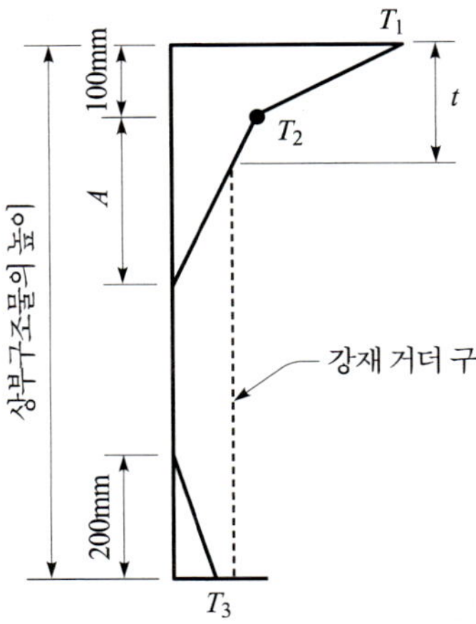

그림 1.12 콘크리트와 강재 상부구조물에 발생하는 온도의 수직변화곡선

A = 300 mm, t = 콘크리트 바닥판의 두께

상부의 온도가 높을 때의 T_1과 T_2의 값은 표 1.11과 같다. 하부의 온도가 높을 때의 값은 표 1.11에 정해진 값에 콘크리트 포장에는 −0.3을, 아스팔트 포장에는 −0.2를 곱하여 구한다.

현장조사에 의하여 T_3의 값을 정하지 않는 경우, T_3의 값은 영(0℃)으로 하여야 한다. 그러나 3℃를 넘어서는 안 된다.

표 1.11 온도경사의 기본값

T_1(℃)	T_2(℃)
23	6

(7) 설하중 및 빙하중

설하중 및 빙하중을 고려할 필요가 있는 지방에서는 가설지점의 실제 상황에 따라 적당한 값을 정하도록 한다.

(8) 원심하중 및 제동하중

1) 원심하중

원심하중은 표준트럭하중의 축중량에 계수 C를 곱한 값이다. C는 식 (1.4)와 같다.

$$C = \frac{4}{3}\frac{v^2}{gR} \tag{1.4}$$

여기서, v = 도로 설계속도(m/s)

g = 중력가속도(m/s^2)

R = 통행차선의 회전반경(m)

도로 설계속도는 도로설계기준에서 규정된 값보다 적어서는 안 되며, 동시재하계수를 적용해야 한다. 그리고 원심하중은 교면상 1,800 mm 높이에서 수평으로 작용하는 것으로 한다.

2) 제동하중

자동차의 제동하중 및 궤도차량의 제동하중은 극단적으로 가벼운 교량 및 궤도가 있는 교량 등 특별한 경우에 고려하는 것으로 한다. 자동차의 제동하중은 최대하중 효과가 발생되도록 설계차로 위에 재하한 표준트럭하중의 10%로 하고, 교면상 1,800 mm되는 위치에서 차량의 진행방향으로 작용하는 것으로 본다. 궤도상의 제동하중은 윤하중 전체의 10%로 하고, 레일면상 1,800 mm 높이에서 차량의 진행방향으로 작용하는 것으로 본다.

(9) 가설시 하중

교량 가설 시에는 가설단계별 가설방법과 가설 중의 구조를 고려하여 자중, 가설장비, 기자재, 바람, 지진의 영향 등 모든 재하조건에 대한 안전도 검토를 수행하여야 한다. 특히, 우리나라에서는 신행주대교와 팔당대교 등에서와 같이 가설 중 붕괴사건을 경험한 바가 있으므로 가설시 하중에 대한 고려를 신중히 해야 할 것이다.

(10) 기타의 활하중

이상의 활하중 이외도 콘크리트의 크리프 및 건조수축, 지진하중, 풍하중, 차량충돌하중, 선박충돌하중 등이 있다.

CHAPTER 02

반 력

2.1 자유물체도

전체 구조물이 평형을 이루고 있다면 구조물을 구성하는 모든 부재도 항상 평형상태에 있어야 한다. 구조해석을 효과적으로 실시하는데 필수적인 것 중의 하나는 자유물체도(free body diagram)를 그리는 것이다. 자유물체도는 구조요소에 작용하는 모든 힘을 구조요소 상에 나타낸 그림으로서 그 대상은 전체 구조물이 될 수도 있고 또는, 전체 구조물에서 떼어낸 구조물의 일부가 될 수도 있다.

그림 2.1(a)와 같은 구조물을 예로 들기로 하자. 그림 2.1(b)는 작용하중과 반력이 작용하고 있는 전체 구조물의 자유물체도이다. 그림 2.1(a)의 전체 구조물에서 가상으로 a-b선을 따라 양쪽으로 분리시키면 그림 2.1(c)와 같이 각각의 자유물체도에는 가상의 절단면을 따라 새로운 힘(내력)이 나타난다. 양쪽 자유물체도의 절단면을 따라 작용하는 새로운 힘은 크기가 서로 같고 방향이 반대이다. 두 자유물체도를 다시 합치면 새로운 힘은 상쇄되어 없어지고 전체 자유물체도인 그림 2.1(b)가 된다. 구조물을 분리시켜 자유물체도를 그릴 때 나타나는 새로운 힘은 내력(internal forces)이기 때문에 분리되기 이전의 자유물체도에서는 힘으로 표시되지 않으나 분리된 자유물체도에서는 외력으로서의 역할을 하기 때문에 힘으로 표시된다.

평형을 이루고 있는 전체 구조물의 자유물체도에서 떼어낸 분리된 자유물체도는 원래의 외력과 절단면에 발생되는 새로운 힘들 사이에 항상 평형을 이루어야 한다. 이러한 자유물체도의 평형조건은 반력의 계산뿐만 아니라 구조물의 내력(전단력, 휨모멘트, 축력 등)을 계산하는데 많은 도움을 준다. 전체 구조물의 임의의 위치에서 내력을 구하고자 할 때에는 언제나 그 위치를 가상으로 절단하여 자유물체도를 그려서 내력을 구하는 노력을 해야 할 필요가 있다. 필요한 경우마다 자유물체도를 잘 그려서 문제를 해결할 수 있으면 상당한 구조해석 능력을 갖추었다고 볼 수 있다.

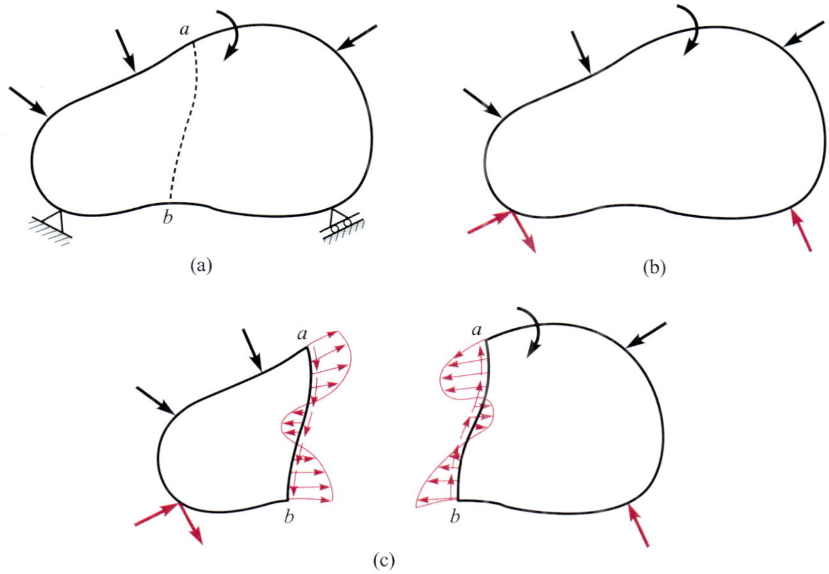

그림 2.1 자유물체도

2.2 힘의 평형조건

움직이지 않고 정지한 상태의 구조물이 하중을 받은 후에도 정지한 상태를 유지하는 경우 그 구조물은 평형상태에 있다고 말한다. 구조물이 평형을 유지하려면 구조물에 작용하는 모든 힘과 우력이 평형을 이루어 합력과 합우력이 영(zero)이 되어야 한다. 정력학의 기본원리로부터 x, y와 z로 표시되는 직각좌표계의 3차원 구조시스템에서의 평형방정식은 다음과 같이 나타낼 수 있다.

$$\sum F_x = 0,\ \ \sum F_y = 0,\ \ \sum F_z = 0 \tag{2.1}$$

$$\sum M_x = 0,\ \sum M_y = 0,\ \sum M_z = 0$$

x-y평면상에 작용하는 힘만을 고려하는 평면력계의 평형방정식을 몇 가지 경우로 나누어 설명하면 다음과 같다.

- 일반 평면력계의 평형방정식

$$\sum F_x = 0,\ \ \sum F_y = 0,\ \sum M_z = 0 \tag{2.2}$$

- 동점 평면력계의 평형방정식 : 작용하는 힘의 작용선이 모두 한 점에 모이는 경우

$$\sum F_x = 0, \quad \sum F_y = 0 \tag{2.3}$$

- 평행 평면력계의 평형방정식 : 작용하는 힘의 작용선이 모두 y축과 평행한 경우

$$\sum F_y = 0, \quad \sum M_z = 0 \tag{2.4}$$

위의 식들에서 사용한 Σ 기호는 구조물에 작용하는 모든 외력에 대한 총합을 의미한다. 평형방정식으로는 위에서 사용된 식들만을 사용할 수 있는 것은 아니다. 예를 들면 일반 평면력계의 평형방정식으로 다음과 같은 식들을 사용할 수도 있다.

$$\sum F_x = 0, \quad \sum M_A = 0, \quad \sum M_B = 0 \tag{2.5}$$

또는

$$\sum M_A = 0, \quad \sum M_B = 0, \quad \sum M_C = 0 \tag{2.6}$$

단, 식 (2.5)을 사용하려면 A점과 B점을 연결하는 선이 x축에 수직하여서는 안 되고, 식 (2.6)을 사용하려면 A점, B점 및 C점이 동일 직선상에 있어서는 안 된다. 동점 평면력계의 평형방정식으로는 식 (2.3)대신에 다음 식을 사용할 수도 있다.

$$\sum M_A = 0, \quad \sum M_B = 0 \tag{2.7}$$

구조물에 하중이 작용할 때 지점반력을 산정하려면 힘의 평형조건에 대한 충분한 이해가 필요하다. 즉, 구조물이 안정한 구조물인 경우에는 하중과 반력이 항상 힘의 평형조건을 만족시켜야 한다. 이러한 평형조건을 사용하여 반력을 산정하게 된다.

2.3 지점의 종류와 반력

구조물이 공간상에서 자유로이 움직일 수 없도록 속박하는 것을 구속(restraint)이라 하고, 구조물의 지점은 구조물이 자유로이 움직일 수 없도록 구속하는 역할을 담당한다.

구조물에 하중이 작용하면 구조물은 운동을 하려 한다. 그러나 지점에는 구조물을 운동시키려는 하중에 저항하는 반대방향의 힘, 즉 반력(reaction)이 발생되어 평형상태를 유지하도록 한다. 따라서 지점이 구조물에 미치는 효과는 반력으로 설명할 수 있다. 이러한 반력의 형태 또는 반력성분은 지점의 형태에 따라 달라진다. 즉, 특정 방향으로의 이동을 구속하는 지점은 구조물에 그 방향으로 반력을 발생시킨다. 마찬가지로, 특정 축에 대한 회전을 구속하는 지점은 구조물에 우력(reaction couple)을 발생시킨다. 평면구조물에 사용되는 지점의 형태별 표시방법 및

반력성분을 그림 2.2에 나타내었고, 받침의 실제 형상에 대해서는 그림 2.3에 나타내었다.

하중과 반력은 모두 구조물에 작용하는 외력으로서, 하중은 일반적으로 기지의 값이나 반력은 구조해석을 통하여 구해지는 미지의 값이다. 즉, 구조물 전체의 평형조건을 사용하여 반력을 구할 수 있다.

범주	지점형태	표시방법	반력	미지수의 개수
I	롤러지점	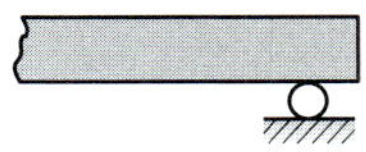 또는 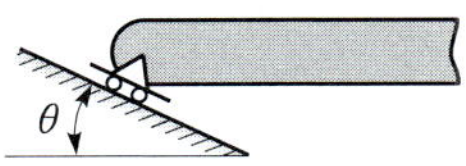	 또는 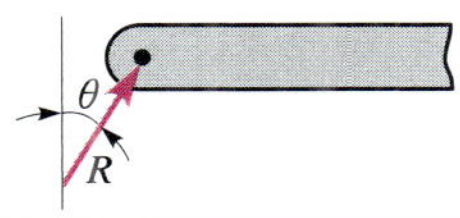	미지수 : 1개 반력 R은 지점에 수직으로 작용하고, R의 크기는 미지수.
	록커지점	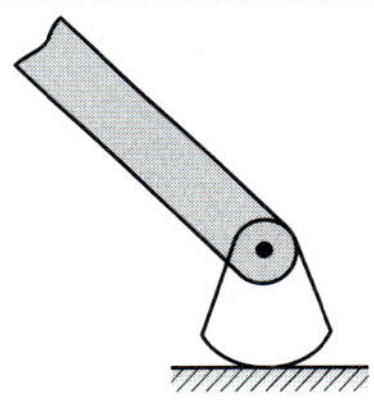	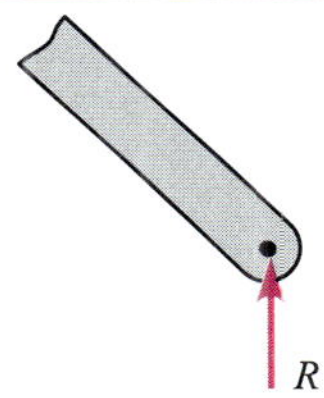	
	링크지점	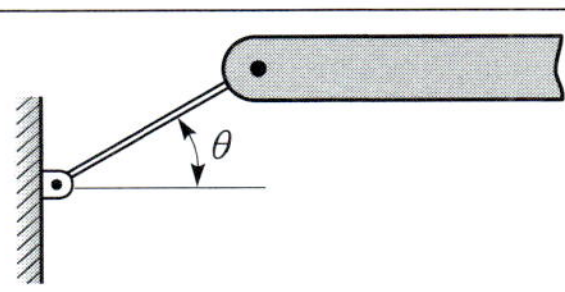	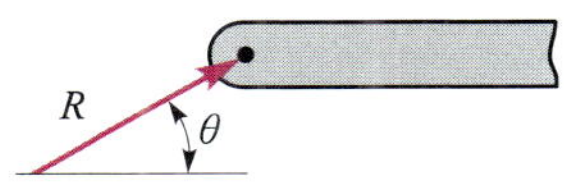	미지수 : 1개 반력 R은 링크방향으로 작용하고, R의 크기는 미지수.
II	힌지지점	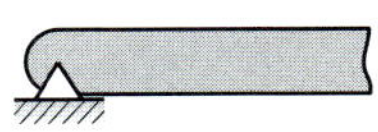 또는 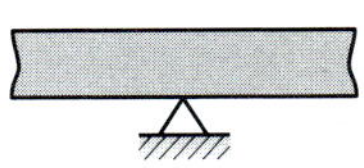	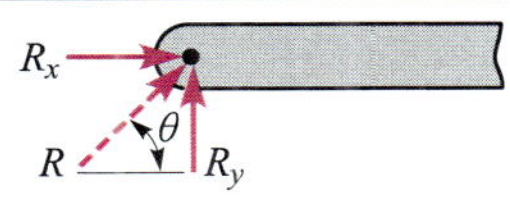 또는 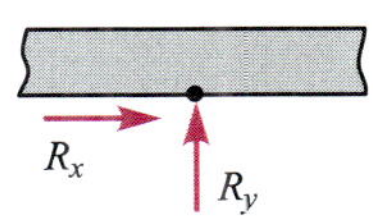	미지수 : 2개 반력 R은 모든 방향으로 작용할 수 있고, R은 R_x와 R_y로 나타내면 편리하다. R_x와 R_y의 크기는 미지수.
III	고정지점	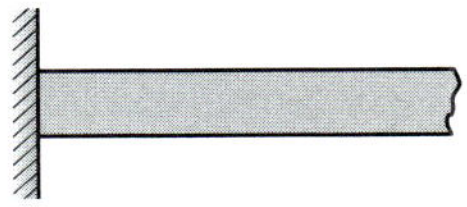	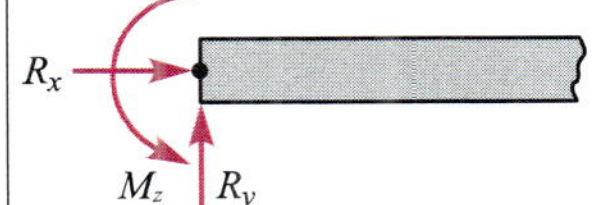	미지수 : 3개 반력은 2개의 힘 R_x와 R_y 및 1개의 모멘트 반력 M_z으로 구성되고, R_x, R_y, M_z의 크기는 미지수.

그림 2.2 평면구조물의 지점 형태

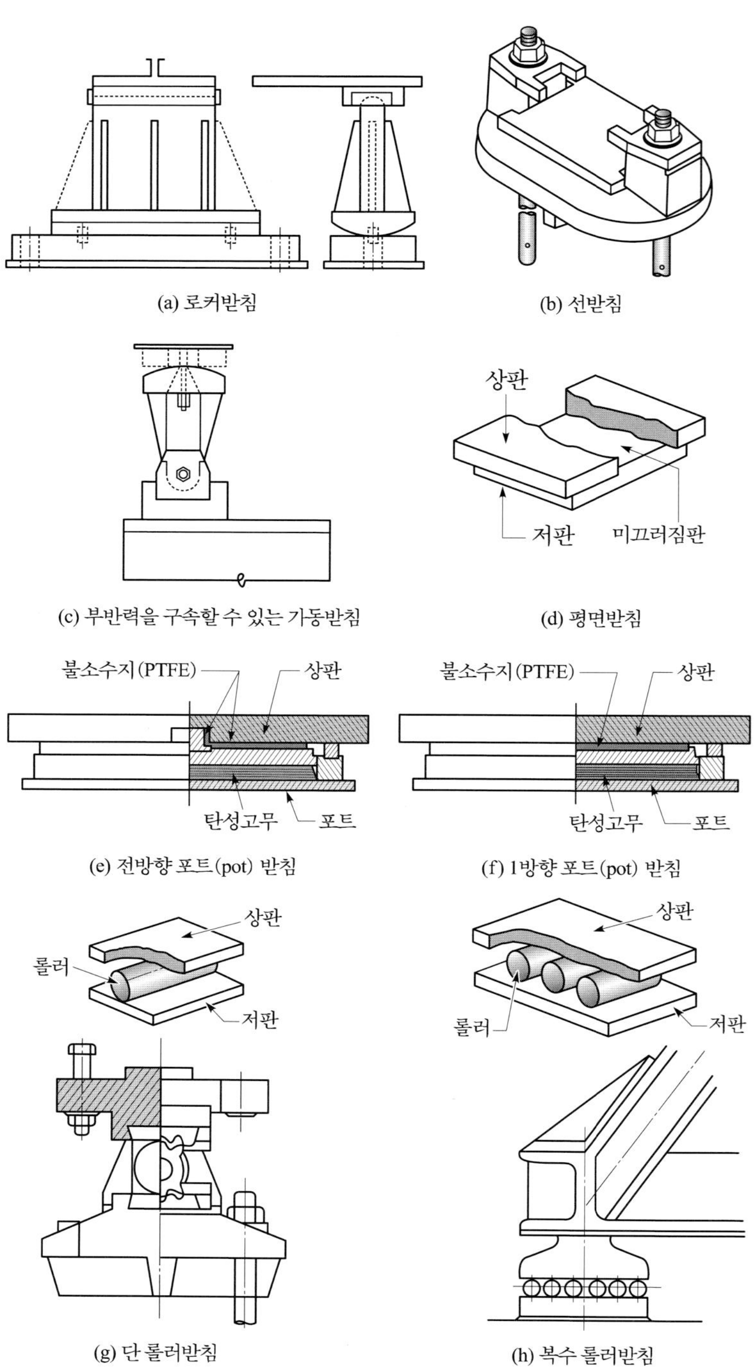

(A) 가동받침

그림 2.3 받침의 종류

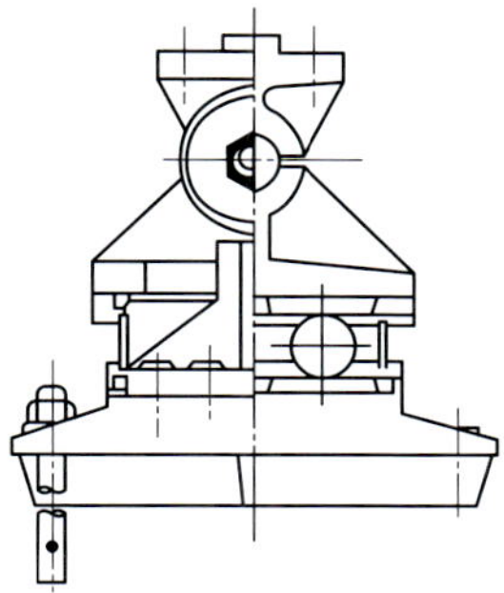

(i) 핀 고경도 롤러받침

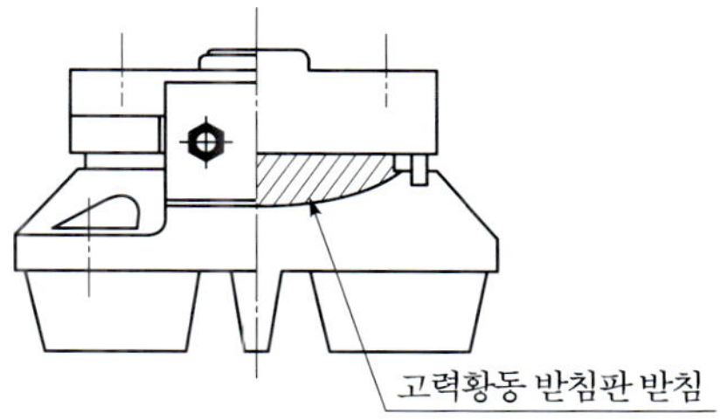

(j) 고력황동 받침판 받침

(A) 가동받침(계속)

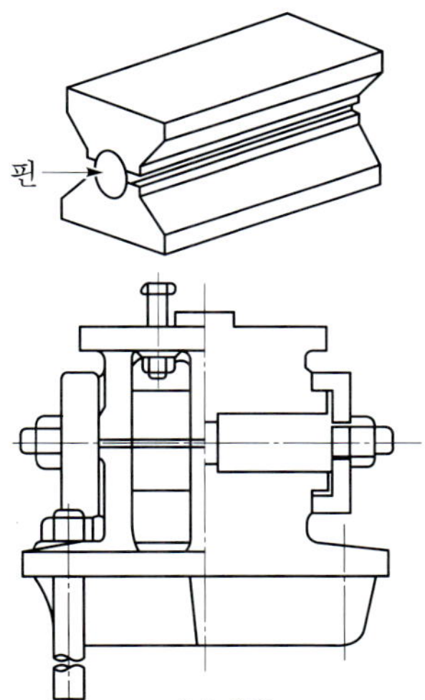

지압핀형

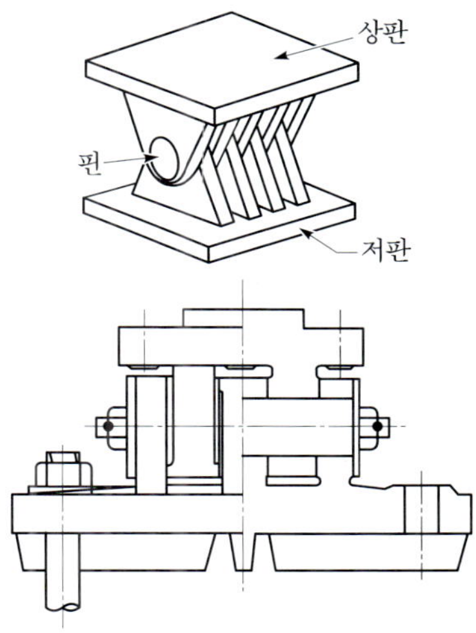

전단핀형

(a) 핀 고정받침

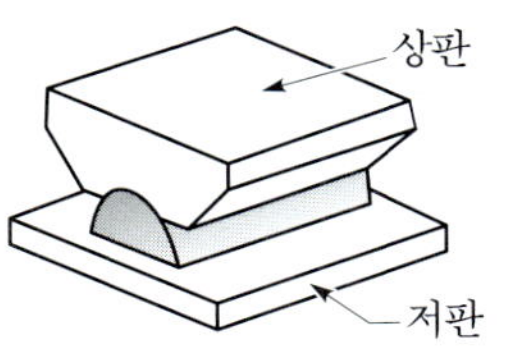

(c) 앵커가 없는 탄성받침

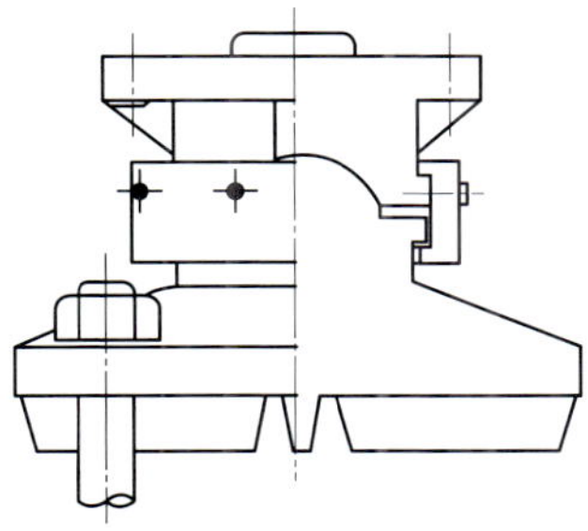

(b) 원주너클(knuckle)받침

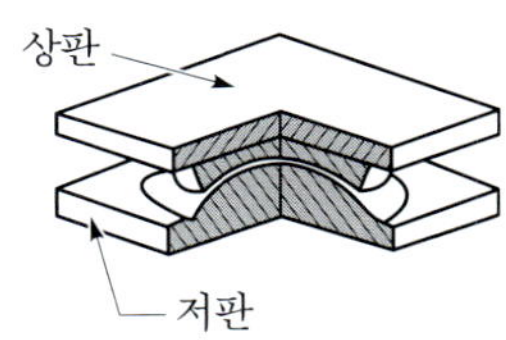

(d) 구면받침

(B) 고정받침

그림 2.3 받침의 종류(계속)

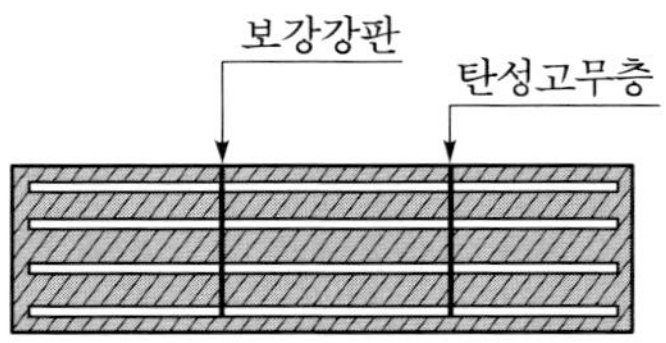

(a) 앵커가 없는 탄성받침

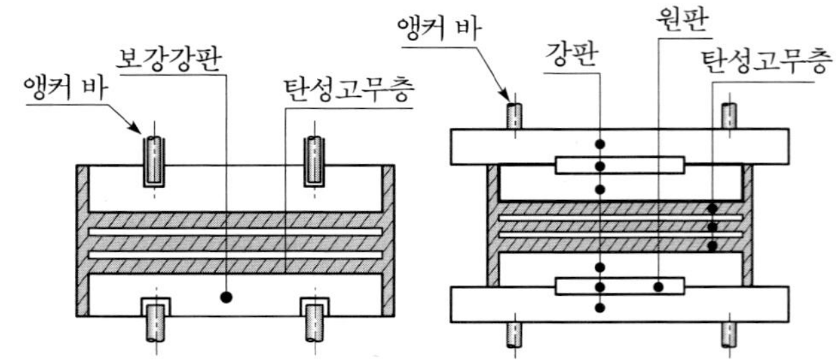

(b) 앵커가 있는 탄성받침

(C) 탄성받침

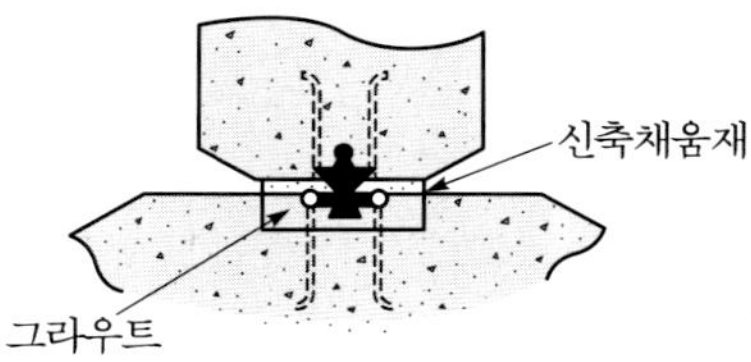

(a) 선반 힌지받침

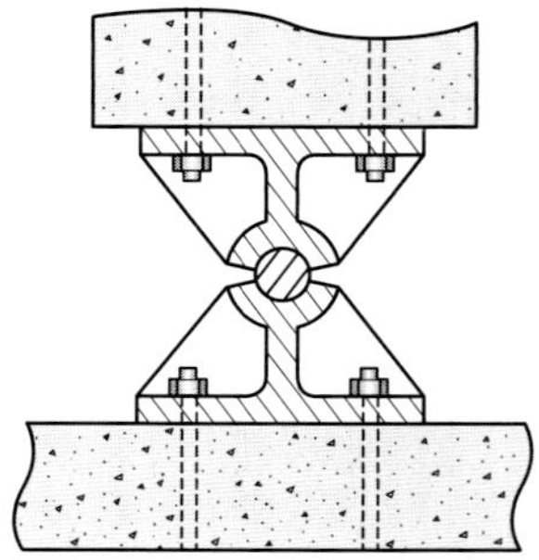

(b) 핀 힌지받침

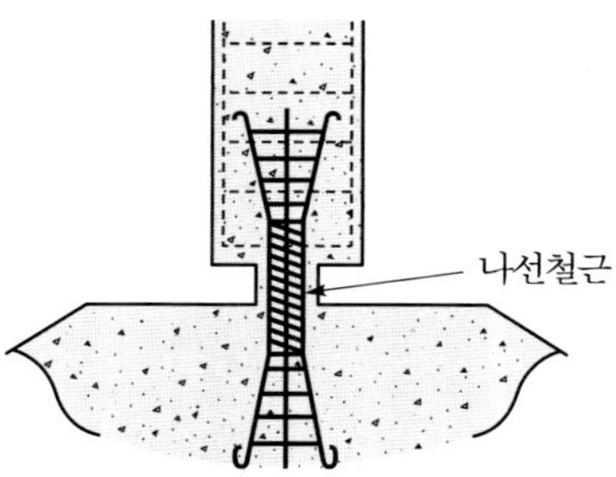

(c) 메나제계 힌지받침

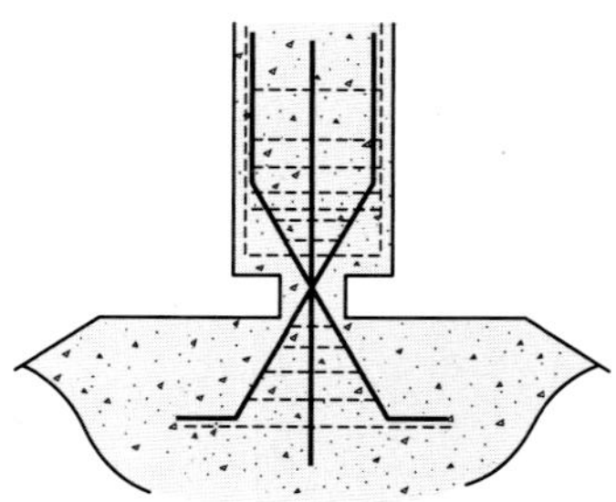

(d) 메나제 힌지받침

(D) 콘크리트 구조물의 힌지부 받침

그림 2.3 받침의 종류(계속)

2.4 구조물의 안정과 불안정

(1) 내적 안정성

어떤 구조물에서 지점을 제거했을 때 그 구조물이 원래 형상을 유지하면서 강체(rigid body)로 거동하는 경우를 내적 안정구조(internally stable structure)라 한다. 반대로 외부 지점을 제거했을 때 작은 힘에 의해서도 그 형상이 무너지면서 큰 변위를 일으키는 경우 그 구조물은 내적 불안정구조(internally unstable structure)라 한다. 내적 안정구조와 내적 불안정구조의 예를 들면 그림 2.4 및 그림 2.5와 같다.

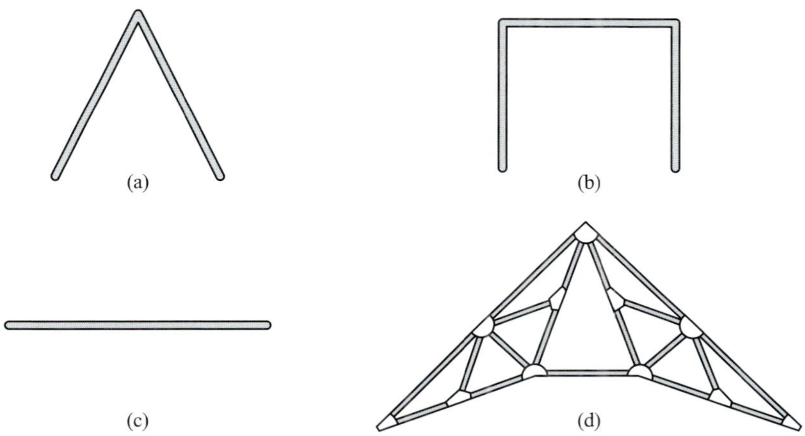

그림 2.4 내적 안정구조의 예

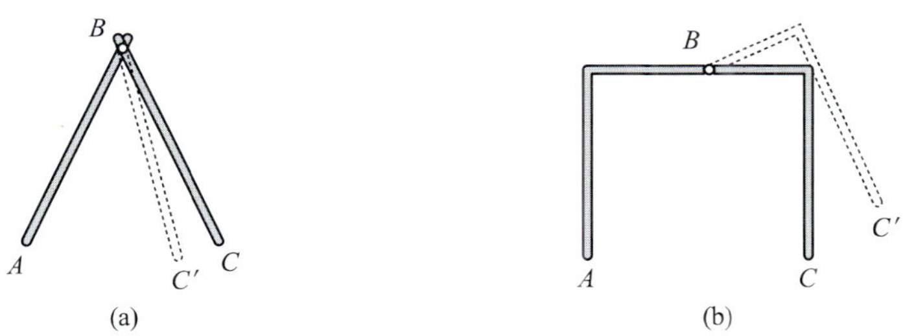

그림 2.5 내적 불안정구조의 예

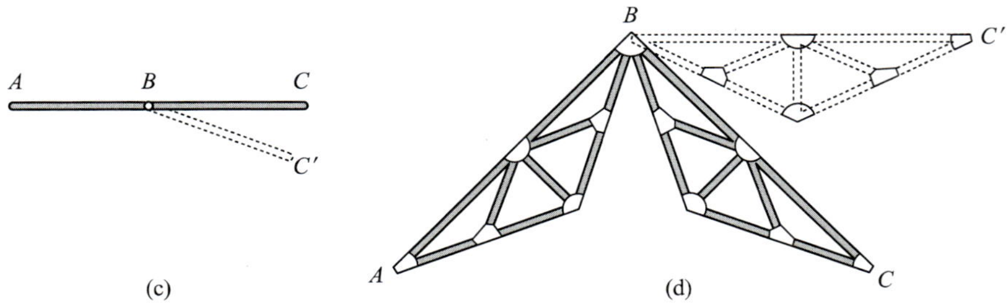

그림 2.5 내적 불안정구조의 예(계속)

(2) 외적 안정인 정정구조

내적 안정구조물의 모든 반력을 정력학적 평형방정식만을 사용하여 구할 수 있는 경우, 외적으로 정력학적 정정(externally statically determinate) 또는 간단히 외적 정정구조라 한다. 평면력계에서 평형을 이루기 위해서는 3개의 평형방정식을 만족시키는 3개 이상의 반력이 존재해야 한다. 그러나 3개를 초과하는 반력이 존재하면 평형방정식만으로는 그 값을 구할 수 없다. 따라서 내적 안정평면구조물이 외적 정정구조이기 위해서는 3개의 반력만으로 지지되어야 한다. 외적 정정구조물의 예를 들면 그림 2.6과 같다.

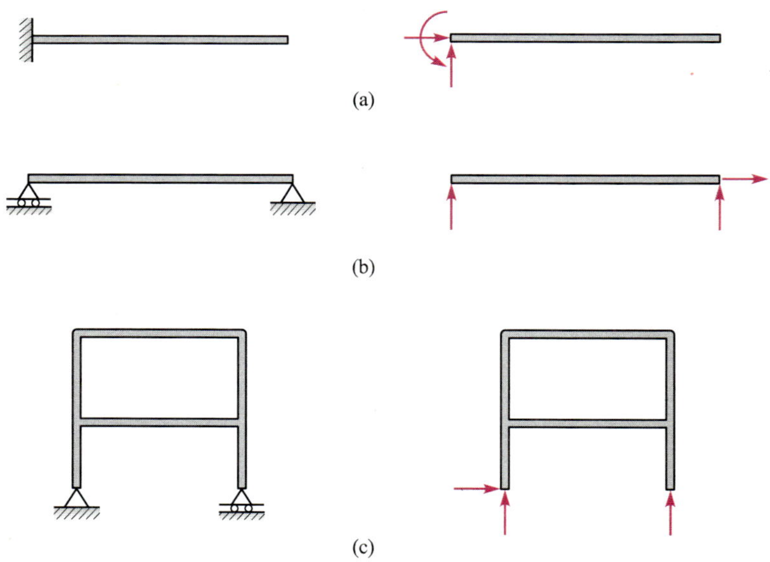

그림 2.6 외적 정정구조물의 예

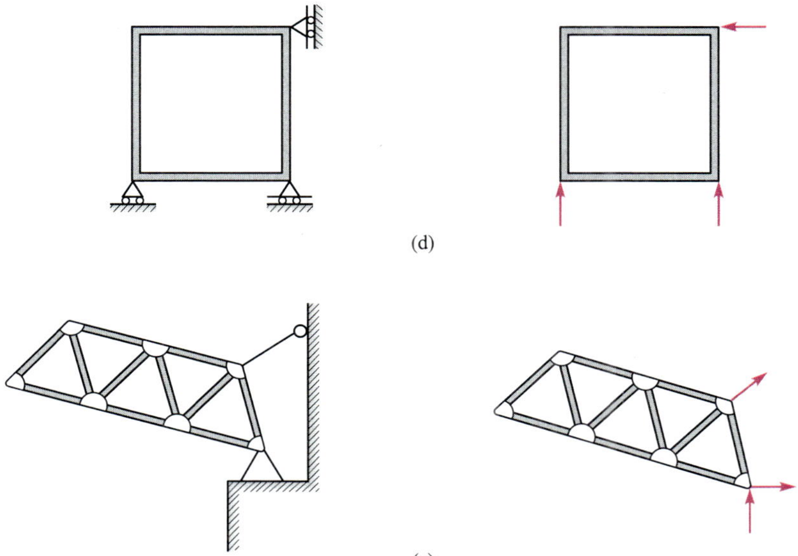

(d)

(e)

그림 2.6 외적 정정구조물의 예(계속)

구조물이 3개를 초과하는 반력으로 지지되어 평형방정식만으로 그 값을 구할 수 없는 경우, 외적으로 정력학적 부정정(externally statically indeterminate) 또는 간단히 외적 부정정구조라 한다. 구조물이 평형을 유지하는데 필요한 3개의 반력을 초과하는 반력을 외적 과잉력(externally redundant force) 또는 부정정력이라 하고, 외적 과잉력의 수효를 부정정차수(degree of external indeterminacy)라 한다. 내적 안정인 외적 부정정평면구조물의 예를 그림 2.7에 나타내었다.

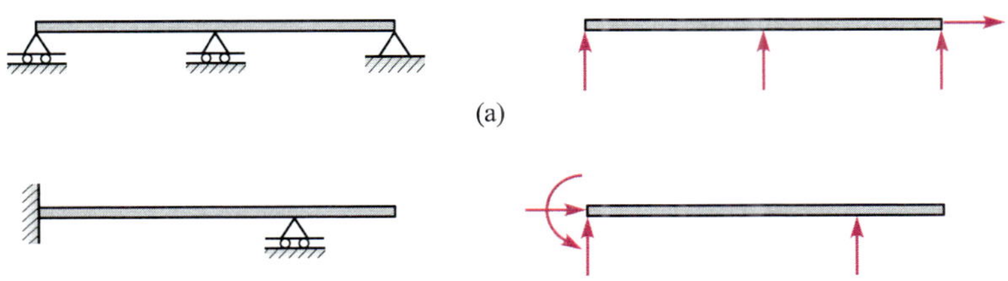

(a)

(b)

그림 2.7 외적 부정정구조물의 예

(c)

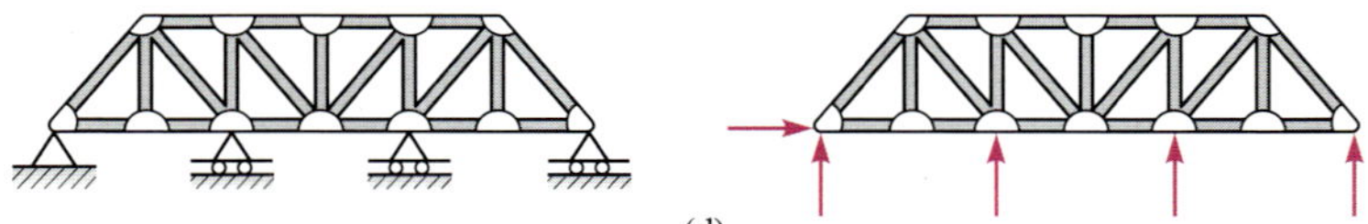

(d)

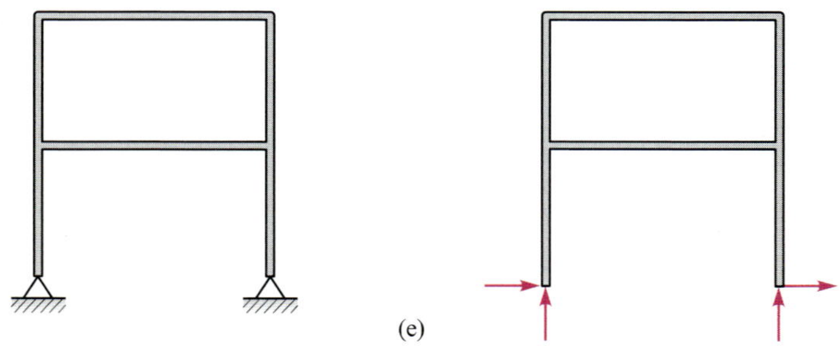

(e)

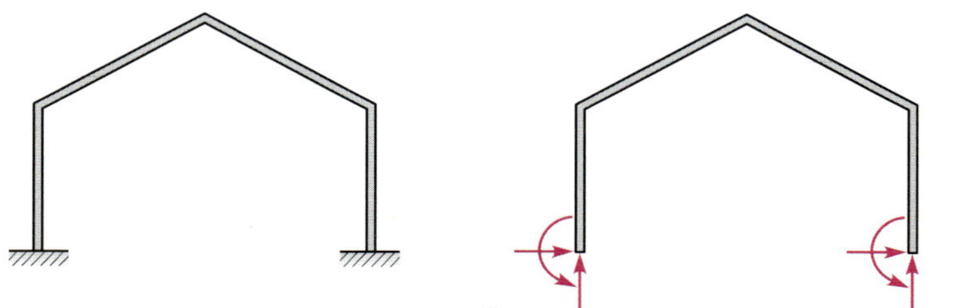

(f)

그림 2.7 외적 부정정구조물의 예(계속)

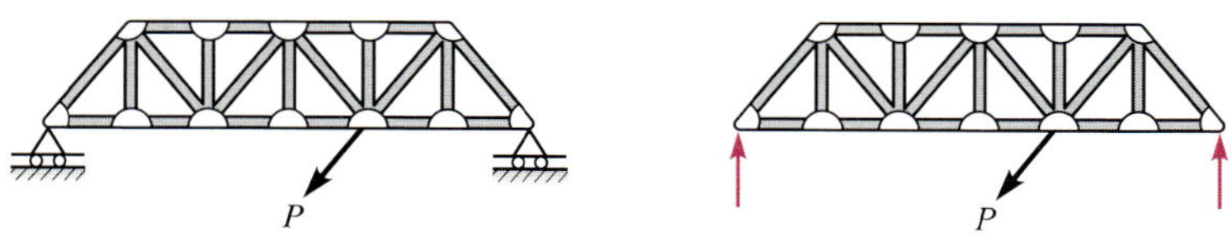

그림 2.8 외적 불안정구조물의 예

평면구조물이 2개 이하의 반력으로 지지되는 경우 그 반력만으로 평면상에서 구조물이 움직이는 것을 막을 수 없다. 이러한 구조물은 일반적인 평면력계에서 평형을 유지할 수 없으므로 외적으로 정력학적 불안정(externally statically unstable) 구조 또는 간단히 외적 불안정구조라 한다. 외적 불안정구조물의 예를 그림 2.8에 나타내었다.

r이 반력의 수효를 나타낼 때 내적 안정구조물의 불안정, 정정 및 부정정구조의 조건을 요약하면 다음과 같다.

$$\begin{aligned} r < 3 &: \text{외적 불안정구조} \\ r = 3 &: \text{외적 정정구조} \\ r > 3 &: \text{외적 부정정구조} \end{aligned} \tag{2.8}$$

$r<3$인 구조물은 언제나 불안정한 구조물이다. 그러나 $r=3$ 또는 $r>3$인 구조물이 항상 정정 또는 부정정구조라 할 수는 없다. 그 이유는 안정을 유지하기 위한 충분한 수의 반력 성분은 갖고 있으나, 그 배열이 잘못되어 불안정하게 될 수도 있기 때문이다. 이러한 구조물을 외적으로 기하학적 불안정(externally geometrically unstable) 구조 또는 간단히 기하학적 불안정구조라 한다. 기하학적 불안정구조물의 예를 들면 그림 2.9와 같다.

그림 2.9(a)의 트러스에는 3개의 반력이 작용하나 그 방향이 모두 평행하다. 즉, 모든 반력의 방향이 수직방향이므로 구조물이 수평방향으로 이동하는 것을 방지할 수 없는 기하학적 불안정구조이다. 그림 2.9(b)의 보는 3개의 반력 방향이 모두 평행하지는 않으나, 모든 반력의 작용선이 한 점(A점)에서 만나므로 이 점에 관한 회전을 방지할 수 없다. 즉, 일반적인 평면력계가 작용하는 경우 이 점의 모멘트에 대한 평형방정식 $\sum M_A = 0$을 만족시킬 수 없다. 따라서 이러한 보도 기하학적 불안정구조이다.

결론적으로 내적 안정구조물이 외적 안정구조가 되기 위해서는 적어도 3개 이상의 반력으로 지지되어야 하고 또한, 모든 반력의 작용선이 평행하거나 한 점에 모이지 않아야 한다.

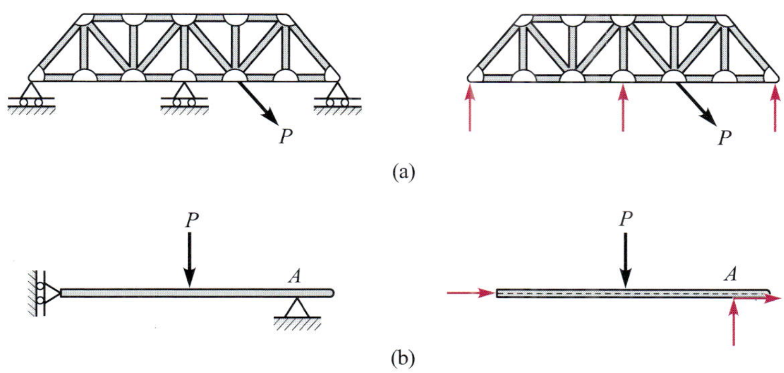

그림 2.9 기하학적 불안정구조물의 예

(3) 조건방정식

외적 부정정구조이고 내적 불안정구조의 반력은 조건방정식(equation of condition)을 사용하여 구할 수 있다. 이러한 조건방정식을 설명하기 위하여 그림 2.10과 같은 구조물을 예로 들기로 한다.

그림 2.10(b)와 같은 구조물은 지점을 제거하면 내부힌지를 중심으로 원래의 형상이 무너지는 내적 불안정구조이다. 반력의 성분은 4개로서 평형방정식만을 사용하여 그 값을 구할 수 없다. 그러나 내부힌지인 B점에서 4개의 미지 반력을 구하는데 사용할 수 있는 추가의 조건방정식을 얻을 수 있다. 추가의 조건방정식은 내부힌지가 모멘트를 전달할 수 없다는 조건으로부터 나온다. 즉, 내부힌지로 구조물이 연결된 경우에는 내부힌지를 기준점으로 연결된 각 부분에 작용하는 하중과 반력의 모멘트 합이 영(zero)이 되어야 한다.

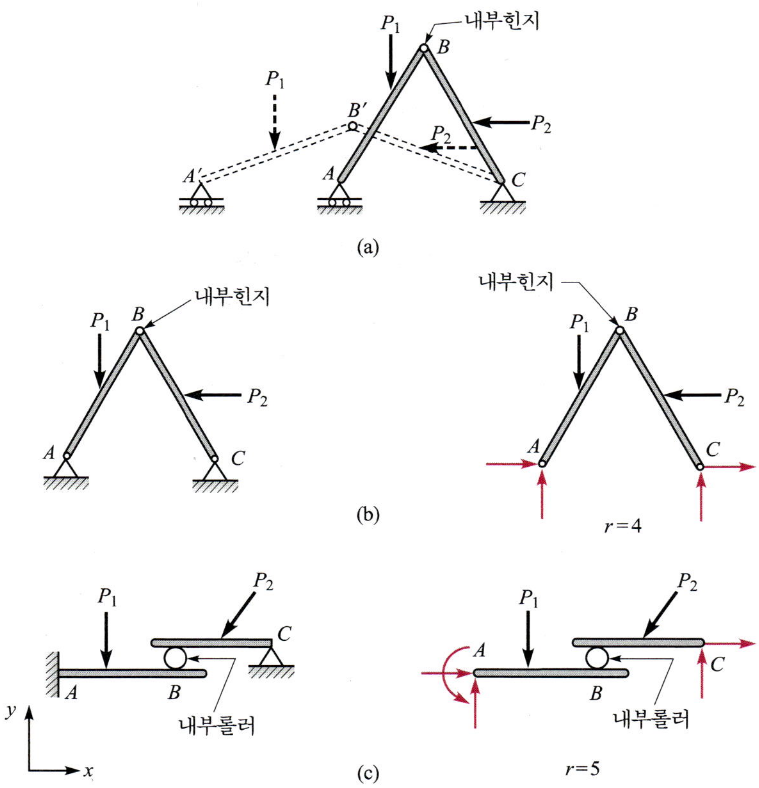

그림 2.10 조건방정식

따라서 내부힌지는 다음과 같은 조건방정식을 제공한다.

$$\sum M_B = 0,\ AB \text{ 또는 } BC\text{구간에 대해} \tag{2.9}$$

위의 조건방정식과 3개의 평형방정식을 사용하여 4개의 미지반력을 모두 구할 수 있다. 따라서 이 구조물은 외적 정정구조로 분류된다.

연결된 부재의 회전뿐만 아니라 어떤 방향으로의 이동까지도 허용하는 연결부가 사용되기도 한다. 이와 같은 연결부를 내부롤러라고 한다. 그림 2.10(c)에는 AB와 BC 부재가 내부롤러 B점에서 연결된 것을 나타내고 있다. 이 구조물은 내적 불안정구조이기 때문에 정정구조가 되기 위해서는 5개의 반력을 필요로 한다. 내부롤러는 모멘트와 지지면에 평행한 방향으로의 힘을 전달시킬 수 없으므로 다음과 같은 2개의 조건방정식을 제공한다.

$$\begin{aligned} &\sum F_x = 0,\ AB \text{ 또는 } BC\text{구간에 대해} \\ &\sum M_B = 0,\ AB \text{ 또는 } BC\text{구간에 대해} \end{aligned} \tag{2.10}$$

위의 2개의 조건방정식과 3개의 평형방정식을 사용하여 5개의 미지반력들을 구할 수 있다. 따라서 이 구조물은 외적 정정구조로 분류된다.

이상의 결과로부터 조건방정식이 주어지는 경우에는 다음과 같은 결론을 얻을 수 있다.

$$\begin{aligned} &r < 3 + c : \text{외적 불안정구조} \\ &r = 3 + c : \text{외적 정정구조} \\ &r > 3 + c : \text{외적 부정정구조} \end{aligned} \tag{2.11}$$

여기서, r = 반력의 수효, c = 조건방정식의 수효이다. 외적 부정정구조의 경우에 외적 부정정 차수 i는 다음 식으로 구한다.

$$i = r - (3 + c) \tag{2.12}$$

평면구조물의 구조 전체의 정정, 부정정 및 안정성 문제는 4장과 5장에서 다루기로 한다.

2.5 반력 계산

구조물의 반력을 계산하는 과정을 요약하면 다음과 같다.

(1) 구조물의 자유물체도를 그린다.

① 반력을 구하려는 구조물에서 지점을 분리하여 자유물체도를 그린다. 자유물체도에 구조물에 작용하는 기지의 하중(힘 또는 우력)을 화살표로 나타낸다.

② 해석에 사용될 직교좌표계인 xy좌표계의 방향을 나타낸다. 수평방향을 x축(우측을 양의 방향), 수직방향을 y축(상방향을 양의 방향)으로 선택하는 것이 일반적이다.

③ 지점을 제거한 모든 점에 미지의 반력을 화살표로 나타낸다. 반력 모멘트는 곡선 화살표로 나타낸다. 반력을 나타내는 화살표의 방향은 임의로 가정할 수도 있으나, xy좌표축의 양의 방향과 일치시키고, 반력 모멘트의 방향은 반시계방향으로 가정하는 것이 편리하다. 평형방정식과 조건방정식을 사용하여 구한 반력이 음의 값이면 자유물체도에서 가정한 반력의 방향이 반대임을 의미한다.

④ 자유물체도에 하중 및 반력의 위치를 나타내는 구조물의 제원을 표시한다.

(2) 구조물의 안정성과 정정 및 부정정 여부를 검토한다. 구조물이 불안정구조이거나 외적 불안정구조인 경우에는 해석을 중단한다.

(3) 평형방정식과 조건방정식을 사용하여 반력을 계산한다.

하나의 미지수만을 갖는 평형방정식을 세운다. 내적 불안정구조인 경우에는 하나의 미지수만을 갖는 식을 세울 수 없으므로 연립방정식을 세워서 반력을 계산해야 한다. 그러나 내적 불안정구조도 강체의 연결 부분을 분리하여 각각의 자유물체도의 평형을 고려하면 연립방정식을 풀지 않고도 반력을 계산할 수 있다. 이 경우 자유물체도에는 작용하중과 반력 이외에 분리시킨 절단부에 작용하는 모든 내력도 표시해야 한다. 분리된 인접구조에 작용하는 내력들은 Newton의 작용-반작용 법칙에 의해 크기는 같고 방향이 반대가 되어야 한다.

(4) 반력의 계산에 사용되지 않은 다른 평형방정식을 사용하여 계산의 정확성을 검토한다.

예제 2.1 다음 예제 그림 2.1(a)와 같은 외팔보의 반력을 구하라.

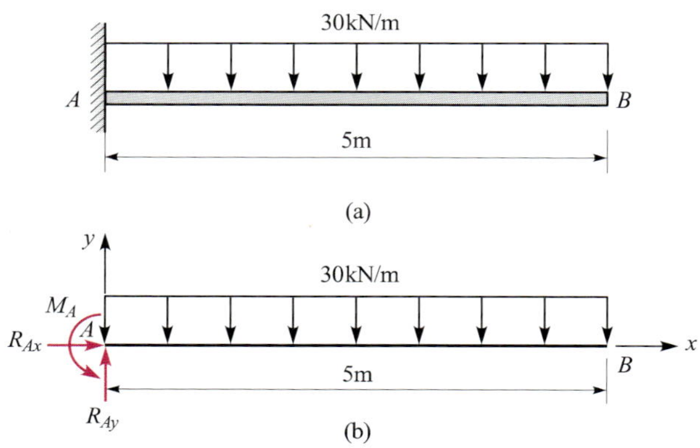

예제 그림 2.1

예제 그림 2.1(a)의 외팔보에서 지점 A의 고정지점을 그림 2.2에 나타낸 바와 같이 반력으로 나타내어 자유물체도를 그리면 예제 그림 2.1(b)와 같다. 예제 그림 2.1(b)와 같이 좌표축은 A점을 원점으로 취하고 부재축을 x축으로 취한다.
예제 그림 2.1(b)의 자유물체도에서

$$\Sigma F_y = 0(\uparrow +) \ : \ R_{Ay} - (30)(5) = 0$$
$$\therefore R_{Ay} = 150\,kN(\text{가정한 방향: 상향})$$
$$\Sigma M_A = 0(\curvearrowleft +) \ : \ M_A - (30)(5)(5/2) = 0$$
$$\therefore M_A = 375\,kN \cdot m(\text{가정한 방향: 반시계 방향})$$
$$\Sigma F_x = 0(\rightarrow +) \ : \ R_{Ax} + 0.0 = 0$$
$$\therefore \ R_{Ax} = 0$$
$$\text{검산 : } \Sigma M_B = 0(\curvearrowleft +)$$
$$\Sigma M_B(\curvearrowleft +) = 375 - (150)(5) + (30)(5)(5/2) = 0 \quad \therefore \text{OK}$$

예제 2.2 다음 예제 그림 2.2(a)와 같은 단순보의 반력을 구하라.

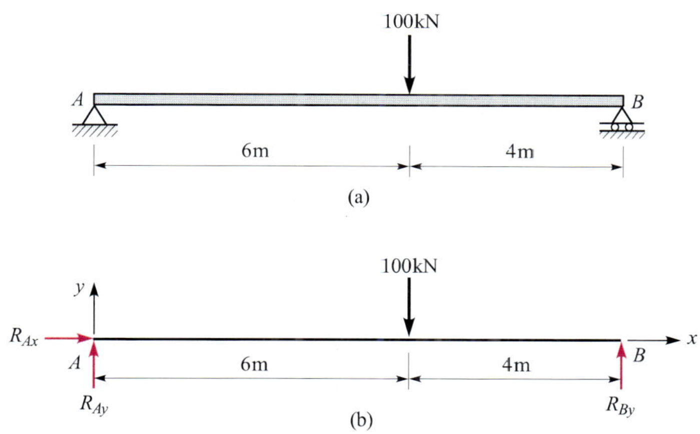

예제 그림 2.2

예제 그림 2.2(a)의 단순보에서 지점 A의 힌지지점과 B점의 롤러지점을 그림 2.2에 나타낸 바와 같이 반력으로 나타내어 자유물체도를 그리면 예제 그림 2.2(b)와 같다. 예제 그림 2.2(b)에서와 같이 좌표축은 A점을 원점으로 잡고 부재축을 x축으로 취한다.
예제 그림 2.2(b)의 자유물체도에서

$$\Sigma M_A = 0(\curvearrowright +) \ : \ -R_{By}(10) + (100)(6) = 0$$

$$\therefore\ R_{By} = 60\,kN(\text{가정한 방향 : }\uparrow)$$

$$\Sigma M_B = 0(\curvearrowright +)\ :\ R_{Ay}(10) - (100)(4) = 0$$

$$\therefore\ R_{Ay} = 40\,kN(\text{가정한 방향 : 상향})$$

$$\Sigma F_x = 0(\rightarrow +)\ :\ R_{Ax} - 0.0 = 0$$

$$\therefore\ R_{Ax} = 0.0\,kN$$

검산 : $\Sigma F_y = 0(\uparrow +)$

$$\Sigma F_y = R_{Ay} + R_{By} - 100 = 60 + 40 - 100 = 0 \qquad \therefore\ \text{OK}$$

예제 2.3 다음 예제 그림 2.3(a)와 같은 단순보의 반력을 구하라.

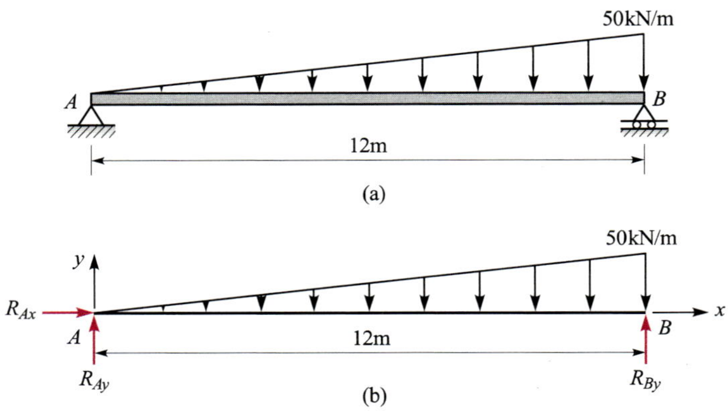

예제 그림 2.3

예제 그림 2.3(b)의 자유물체도에서

$$\Sigma M_B = 0(\curvearrowright +)\ :\ R_{Ay}(12) - (50)(12)(\frac{1}{2})(12)(\frac{1}{3}) = 0$$

$$\therefore\ R_{Ay} = 100.0\,kN(\text{가정한 방향: 상향})$$

$$\Sigma M_A = 0(\curvearrowleft +)\ :\ -(50)(12)(\frac{1}{2})(12)(\frac{2}{3}) + R_{By}(12) = 0$$

$$\therefore\ R_{By} = 200.0\,kN(\text{가정한 방향 : 상향})$$

$$\Sigma F_x = 0(\rightarrow +)\ :\ R_{Ax} - 0.0 = 0$$

$$\therefore\ R_{Ax} = 0.0\,kN$$

검산 : $\Sigma F_y = 0(\uparrow +)$

$$\Sigma F_y = R_{Ay} - (50)(12)(\frac{1}{2}) + R_{By} = 100.0 - 300.0 + 200.0 = 0 \qquad \therefore\ \text{OK}$$

예제 2.4 다음 예제 그림 2.4(a)와 같은 구조물의 반력을 구하라.

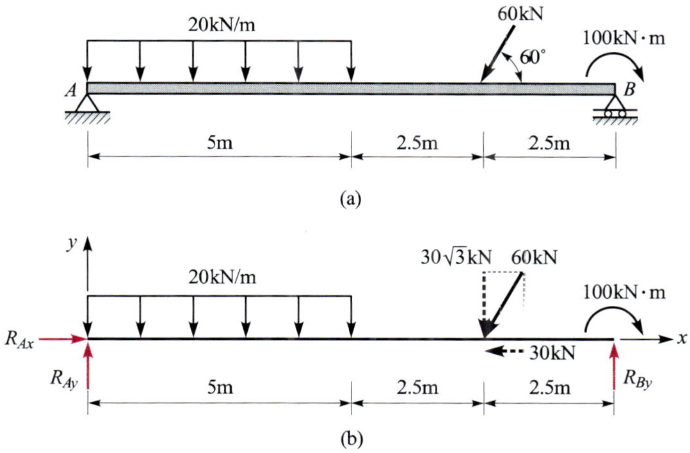

예제 그림 2.4

예제 그림 2.4(b)의 자유물체도에 나타낸 바와 같이 경사진 60 kN의 집중하중을 x와 y방향 성분으로 분해할 수 있다.
예제 그림 2.4(b)의 자유물체도에서

$$\Sigma M_B = 0(\curvearrowright +) \ : \ R_{Ay}(10) - (20)(5)(5 + \frac{5}{2}) - (60)(\sin 60)(2.5) + 100.0 = 0$$

$$\therefore \ R_{Ay} = 78.0\,kN(\text{상향})$$

$$\Sigma M_A = 0(\curvearrowleft +) \ : \ -(20)(5)(\frac{5}{2}) - (60)(\sin 60)(7.5) - 100.0 + R_{By}(10) = 0$$

$$\therefore \ R_{By} = 74.0\,kN(\uparrow)$$

$$\Sigma F_x = 0(\rightarrow +) \ : \ R_{Ax} - (60)(\cos 60) = 0$$

$$\therefore \ R_{Ax} = 30.0\,kN(\rightarrow)$$

검산 : $\Sigma F_y = 0$

$$\Sigma F_y = R_{Ay} - (20)(5) - (60)(\sin 60) + R_{By} = 78.0 - 100.0 - 52.0 + 74.0 = 0 \ \therefore \ \text{OK}$$

예제 2.5 다음 예제 그림 2.5(a)와 같은 구조물의 반력을 구하여라.

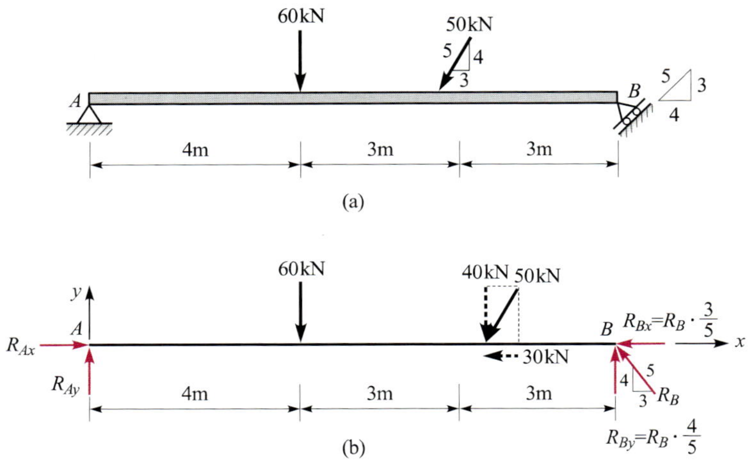

예제 그림 2.5

예제 그림 2.5(b)의 자유물체도에서 롤러지점 B의 반력방향은 경사면에 수직한 방향으로 작용한다. 보 AB가 3개의 반력 R_{Ax}, R_{Ay}와 R_B에 의해 지지되고, 모든 반력의 작용선이 평행하지도 않고 한 점에 모이지도 않기 때문에 정정구조이다. 경사진 반력 R_B는 x와 y방향 성분인 R_{Bx}, R_{By}를 고려하는 것이 편리하다. 3개의 반력 중에서 R_{Ax}와 R_{Ay}는 A점에서 만나므로 이들의 A점에 관한 모멘트가 영(zero)이다. 따라서 보에 작용하는 모든 힘의 A점에 관한 모멘트의 합인 평형방정식 $\Sigma M_A = 0$는 오직 한 개의 미지수 R_B만 존재한다.

$$\Sigma M_A = 0(\curvearrowleft +) \; : \; -(60)(4) - (50)(\frac{4}{5})(7) + R_{By}(10) = 0$$

$$\therefore R_{By} = 52.0\,kN(\uparrow), \; R_{By} = (R_B)(\frac{4}{5}) = 52.0\,kN \text{에서 } R_B = 65.0\,kN$$

$$\therefore R_{Bx} = (65.0)(\frac{3}{5}) = 39.0\,kN(\leftarrow)$$

R_{Ax}는 수평방향으로 작용하는 힘의 평형방정식으로부터

$$\Sigma F_x = 0(\rightarrow +) \; : \; R_{Ax} - (50)(\frac{3}{5}) - R_{Bx} = R_{Ax} - (50)(\frac{3}{5}) - 39.0 = 0$$

$$\therefore R_{Ax} = 69.0\,kN(\rightarrow)$$

R_{Ay}는 수직방향으로 작용하는 힘의 평형방정식으로부터

$$\Sigma F_y = 0(\uparrow +) \; : \; R_{Ay} - (60.0) - (50)(\frac{4}{5}) + R_{By}$$

$$= R_{Ay} - (60.0) - (50)(\frac{4}{5}) + 52.0 = 0$$

$$\therefore R_{Ay} = 48.0\,kN(\uparrow)$$

검산하기 위해 지금까지 사용하지 않은 평형방정식을 이용한다.

$$\Sigma M_B = 0(\curvearrowright +) \;:\; (48.0)(10) - (60)(6) - (50)(\frac{4}{5})(3) = 0 \quad \therefore \text{OK.}$$

예제 2.6 다음 예제 그림 2.6(a)와 같은 구조물의 반력을 구하라.

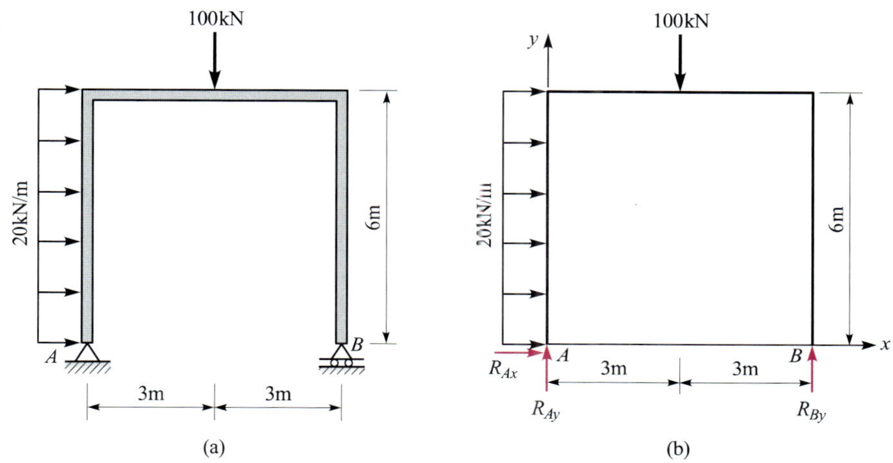

예제 그림 2.6

예제 그림 2.6(b)의 자유물체도에서

$$\Sigma F_x = 0(\rightarrow +) \;:\; R_{Ax} + (20)(6) = 0$$

$$\therefore R_{Ax} = (-)\,120.0\,kN(\text{가정한 반대방향} : \leftarrow)$$

$$\Sigma M_A = 0(\curvearrowleft +) \;:\; R_{By}(6) - (20)(6)(\frac{6}{2}) - (100.0)(3) = 0$$

$$\therefore R_{By} = 110.0\,kN(\text{가정한 방향} : \uparrow)$$

$$\Sigma F_y = 0(\uparrow +) \;:\; R_{Ay} - 100.0 + R_{By} = R_{Ay} - 100.0 + 110.0 = 0$$

$$\therefore R_{Ay} = (-)10.0\,kN(\text{가정한 반대방향} \downarrow)$$

$$\text{검산} : \Sigma M_B = 0(\curvearrowright +) \;:\; R_{Ay}(6) + (20)(6)(\frac{6}{2}) - (100)(3) = 0$$

$$(-10.0)(6) + (20)(6)(\frac{6}{2}) - (100)(3) = 0 \quad \therefore \text{OK.}$$

예제 2.7 다음 예제 그림 2.7(a)와 같은 라멘의 반력을 구하라.

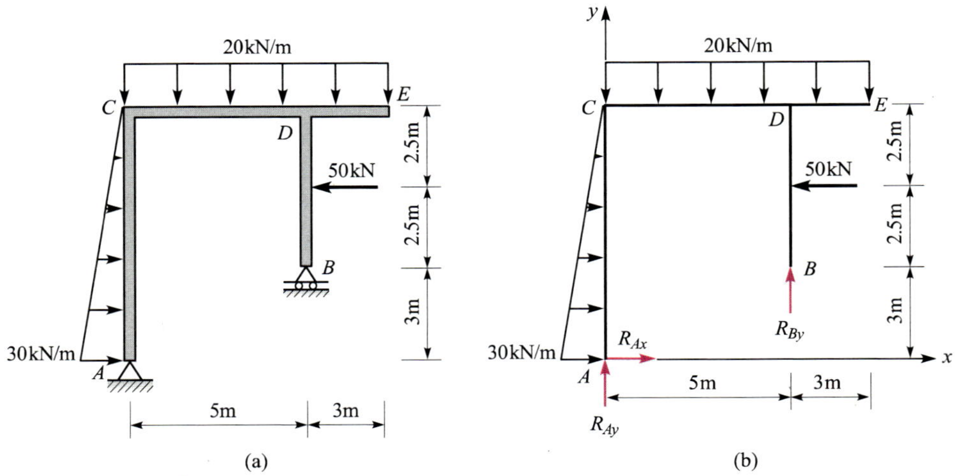

예제 그림 2.7

예제 그림 2.7(b)의 자유물체도에서

$$\Sigma F_x = 0(\rightarrow +) \ : \ R_{Ax} + (30)(8)(\frac{1}{2}) - (50.0) = 0$$

$\therefore \ R_{Ax} = (-)70.0\,kN$(가정한 반대방향:←)

$$\Sigma M_A = 0(\curvearrowleft +) \ : \ R_{By}(5) - (30)(8)(\frac{1}{2})(8)(\frac{1}{3}) - (20)(8)(4) + (50)(5.5) = 0$$

$\therefore \ R_{By} = 137.0\,kN$(가정한 방향: ↑)

$$\Sigma F_y = 0(\uparrow +) \ : \ R_{Ay} + R_{By} - (20)(8) = R_{Ay} + 137.0 - (20)(8) = 0$$

$\therefore \ R_{Ay} = 23.0\,kN$(가정한 방향: ↑)

검산 : $\Sigma M_B = 0(\curvearrowright +)$

$(23.0)(5) + (70)(3) - (30)(8)(\frac{1}{2})(3 - \frac{8}{3}) - (20)(8)(1) - (50)(2.5) = 0$ ∴OK.

예제 2.8 다음 예제 그림 2.8(a)와 같은 게르버 보의 반력을 구하여라.

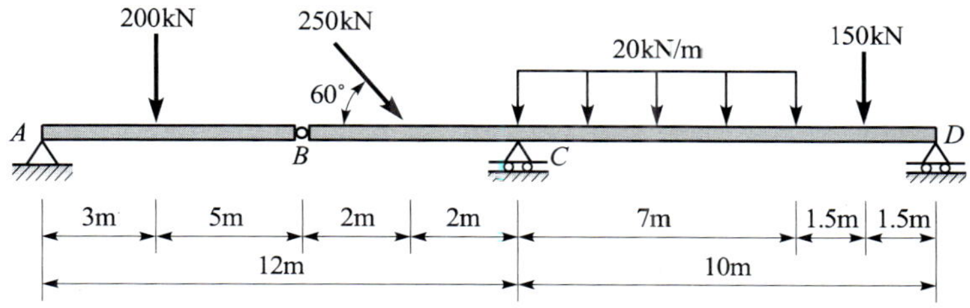

(a)

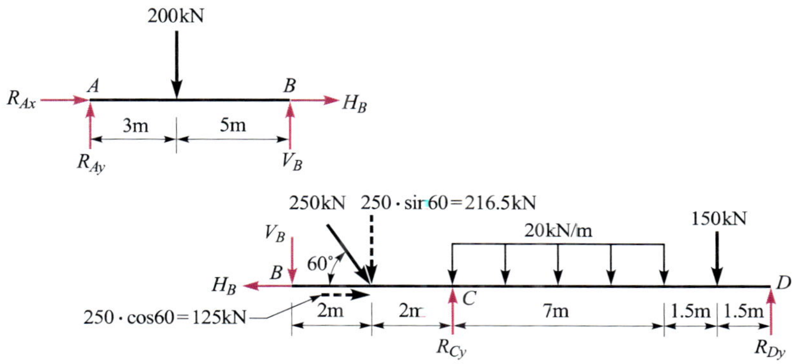

(b)

예제 그림 2.8

본 예제와 같은 게르버 보는 내부힌지 B에서 조건방정식이 하나 생기고 반력이 4개이므로 외적 정정구조이다. 본 예제의 경우 반력을 구하기 위하여 AB 부재와 BCD 부재 두 부분으로 분리된 자유물체도를 고려해야 한다. 내부힌지 B는 모멘트를 전달할 수 없으나 임의의 방향의 힘을 전달할 수 있다. 자유물체도 AB의 B점에서 힘의 수평분력과 연직분력을 H_B와 V_B로 나타내면 자유물체도 BCD의 B점에는 이 힘과 크기가 같고 방향이 반대인 힘이 작용한다. 그리고 본 예제와 같은 게르버 보는 내부힌지인 B점을 절단하였을 때 불안정한 부분을 먼저 해석한 후 나머지 부분을 해석하여야 함을 명심하기 바란다. 따라서 자유물체도 AB를 먼저 해석한 후 나머지 부분인 자유물체도 BCD를 해석하여야 한다.

자유물체도 AB에서

$$\sum M_B = 0(\curvearrowright +) \ : \ R_{Ay}(8) - (200)(5) = 0$$

$$\therefore \ R_{Ay} = \frac{1,000}{8} = 125.0kN(\text{가정한 방향: } \uparrow)$$

$$\sum M_A = 0(\curvearrowleft +) \ : \ V_B(8) - (200)(3) = 0$$

$$\therefore \ V_B = \frac{600}{8} = 75.0t(\uparrow)$$

$$\Sigma F_x = 0(\rightarrow +) \ : \ R_{Ax} + H_B = 0 \tag{a}$$

자유물체도 BCD에서

$\Sigma M_D = 0(\curvearrowright +)$ 에서

$$R_{Cy}(10) - (75.0)(14) - (216.5)(12) - (20)(7)(3 + \frac{7}{2}) - (150.0)(1.5) = 0$$

$$\therefore \ R_{Cy} = \frac{4,783.0}{10} = 478.3\,kN(\uparrow)$$

$\Sigma M_C = 0(\curvearrowleft +)$:

$$(75.0)(4) + (216.5)(2) - (20)(7)(\frac{7}{2}) - (150)(8.5) + R_{Dy}(10) = 0$$

$$\therefore \ R_{Dy} = \frac{1,032.0}{10} = 103.2\,kN(\uparrow)$$

$$\Sigma F_x = 0(\rightarrow +) \ : \ -H_B + 125.0 = 0$$

$$\therefore \ H_B = 125.0\,kN(\leftarrow)$$

그러므로 식 (a)의 $R_{Ax} + H_B = R_{Ay} + 125.0 = 0$에서

$$\therefore \ R_{Ax} = (-)125.0\,kN(\text{가정한 반대방향}: \leftarrow)$$

검산 : 전체 구조물의 자유물체도에서

$$\Sigma F_y = 0(\uparrow +) \ : \ 125 - 200 - 216.5 + 478.3 - (20)(7) - 150 + 103.2 = 0 \quad \therefore \ \text{OK.}$$

예제 2.9 다음 예제 그림 2.9(a)와 같은 게르버 보의 반력을 구하라.

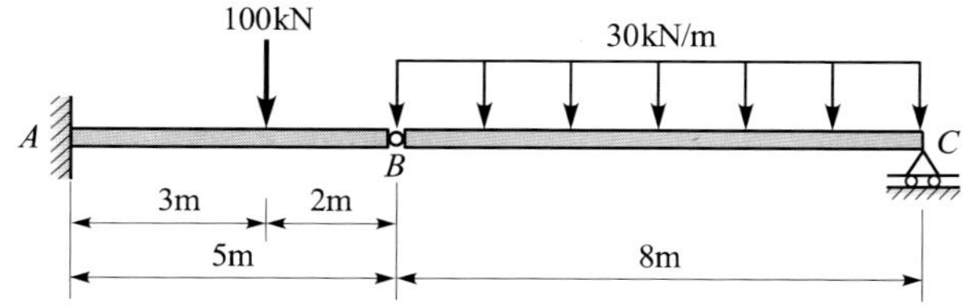

(a)

예제 그림 2.9

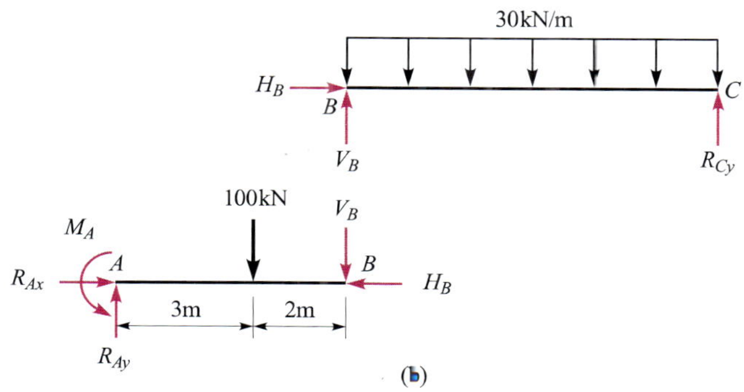

예제 그림 2.9(계속)

본 예제의 게르버 보는 내부힌지 B에서 조건방정식이 하나 생기고 반력이 4개이므로 외적 정정 구조이다. 본 예제의 경우 반력을 구하기 위하여 AB 부재와 BC 부재 두 부분으로 분리된 자유물체도를 고려해야 한다. 본 예제와 같은 게르버 보는 내부힌지 B점을 절단하였을 때 불안정한 부분인 자유물체도 BC를 먼저 해석한 후 나머지 부분인 자유물체도 AB를 해석하여야 한다.

자유물체도 BC에서

$$\Sigma M_C = 0(\curvearrowright +) \ : \ V_B(8) - (30)(8)(\frac{8}{2}) = 0$$

$$\therefore V_B = \frac{960.0}{8} = 120.0\,kN(\uparrow)$$

$$\Sigma M_B = 0(\curvearrowleft +) \ : \ R_{Cy}(8) - (30)(8)(\frac{8}{2}) = 0$$

$$\therefore R_{Cy} = \frac{960.0}{8} = 120.0\,kN(\uparrow)$$

$$\Sigma F_x = 0(\rightarrow +) \ : \ H_B + 0 = 0$$

$$\therefore H_B = 0.0\,kN$$

자유물체도 AB에서

$$\Sigma F_y = 0(\uparrow +) \ : \ R_{Ay} - 100.0 - V_B = R_{Ay} - 100.0 - 120.0 = 0$$

$$\therefore R_{Ay} = 220.0\,kN(\uparrow)$$

$$\Sigma M_A = 0(\curvearrowleft +) \ : \ M_A - (100)(3) - V_B(5) = M_A - (100)(3) - (120)(5) = 0$$

$$\therefore M_A = 900.0\,\text{kN} \cdot \text{m}\,(\text{가정한 방향}: \curvearrowleft)$$

$$\Sigma F_x = 0(\rightarrow +) \ : \ R_{Ax} + H_B = R_{Ax} + 0 = 0$$

$$\therefore R_{Ax} = 0.0\,kN$$

검산 : 전체 구조물의 자유물체도에서

$$\Sigma F_y = 0(\uparrow +) \ : \ R_{Ay} - 100 - R_{Cy} + R_{Dy} = 220.0 - 100.0 - (30)(8) + 120.0 = 0$$

$\therefore$ OK.

예제 2.10 다음 예제 그림 2.10(a)와 같은 트러스의 반력을 구하여라.

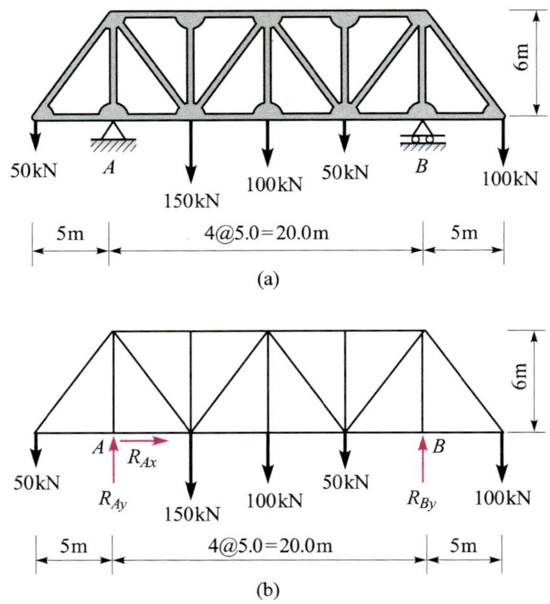

예제 그림 2.10

예제 그림 2.10(b)의 자유물체도에서

$$\Sigma F_x = 0(\rightarrow +) : R_{Ax} + 0 = 0$$

$$\therefore R_{Ax} = 0$$

$$\Sigma M_B = 0(\curvearrowright +) :$$

$$R_{Ay}(20) - (50)(25) - (150)(15) - (100)(10) - (50)(5) + (100)(5) = 0$$

$$\therefore R_{Ay} = \frac{4,250}{20} = 212.5\,kN(\uparrow)$$

$$\Sigma M_A = 0(\curvearrowleft +) :$$

$$R_{By}(20) + (50)(5) - (150)(5) - (100)(10) - (50)(15) - (100)(25) = 0$$

$$\therefore R_{By} = \frac{4,750}{20} = 237.5\,kN(\uparrow)$$

검산 : $\Sigma F_y = 0(\uparrow +) : 212.5 + 237.5 - 50 - 150 - 100 - 50.0 - 100.0 = 0$

$\therefore$ OK.

예제 2.11 다음 예제 그림 2.11(a)와 같은 3힌지 아치의 반력을 구하라.

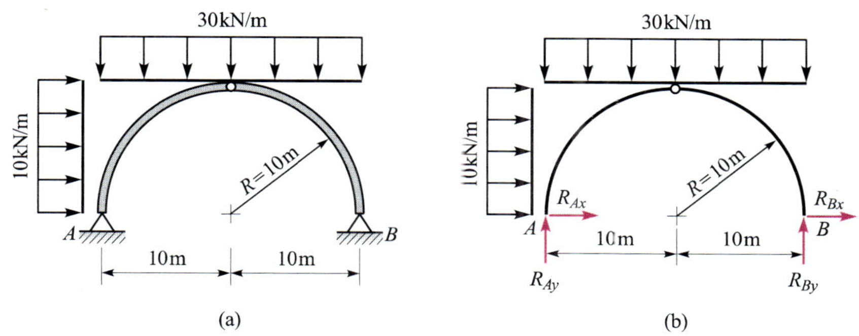

예제 그림 2.11

본 예제와 같은 3힌지 아치는 AC와 BC 부분이 내부힌지 C로 연결된 내적 불안정구조이다. 따라서 반력의 수 $r=4$이고 조건방정식의 수 $c=1$이므로 외적 정정구조이다.

$$\Sigma M_B = 0(\curvearrowright + : \text{전체 구조물})$$

$$R_{Ay}(20) + (10)(10)\left(\frac{10}{2}\right) - (30)(20)\left(\frac{20}{2}\right) = 0$$

$$\therefore R_{Ay} = \frac{5,500}{20} = 275.0\,kN(\uparrow)$$

$$\Sigma M_C = 0(\curvearrowleft + : \text{자유물체도 } AC)$$

$$R_{Ax}(10) - (275.0)(10) + (10)(10)\left(\frac{10}{2}\right) + (30)(10)\left(\frac{10}{2}\right) = 0$$

$$\therefore R_{Ax} = \frac{750}{10} = 75.0\,kN(\rightarrow)$$

$$\Sigma F_x = 0(\rightarrow +)$$

$$75.0 + (10)(10) + R_{Bx} = 0$$

$$\therefore R_{Bx} = (-)175.0\,kN(\text{가정한 반대방향} : \leftarrow)$$

$$\Sigma F_y = 0(\uparrow +)$$

$$275.0 - (30)(20) + R_{By} = 0$$

$$\therefore R_{By} = 325.0\,kN(\uparrow)$$

검산 : $\Sigma M_C = 0(\curvearrowright + : \text{전체 구조물})$

$$(275.0)(10) - (75.0)(10) - (10)(10)\left(\frac{10}{2}\right) + (175.0)(10) - (325.0)(10) = 0$$

$$\therefore OK.$$

예제 2.12 다음 예제 그림 2.12(a)와 같은 3힌지 아치의 반력을 구하여라.

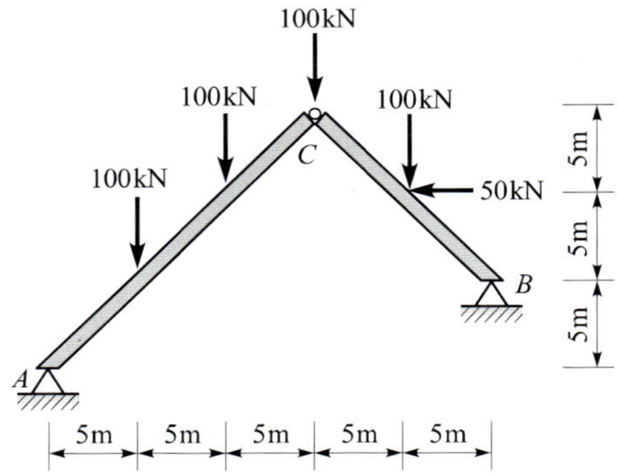

(a)

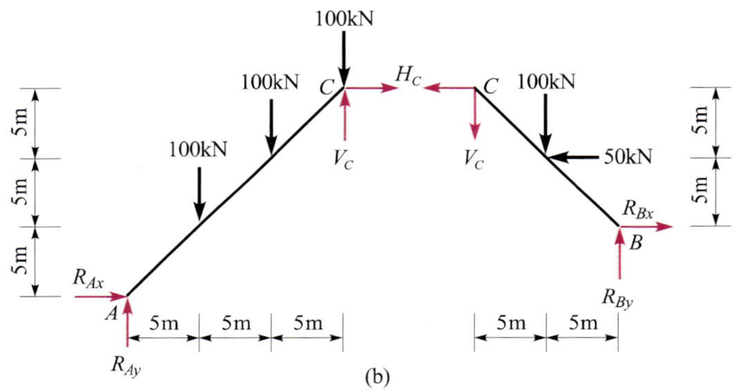

(b)

예제 그림 2.12

본 예제와 같은 3힌지 아치는 AC와 BC 부분이 내부힌지 C로 연결된 내적 불안정구조이다. 따라서 반력의 수 $r=4$이고 조건방정식의 수 $c=1$이므로 외적 정정구조이고 안정한 구조이다. 본 예제의 경우 지점 A와 지점 B의 위치가 수평이 아니므로 전체 구조물에 대한 자유물체도에서 지점 A에 대한 평형방정식 $\Sigma M_A=0(\curvearrowright+)$와 자유물체도 BC에서 내부힌지 C에 대한 평형방정식 $\Sigma M_C=0(\curvearrowright+)$을 취하면 다음과 같이 R_{By}와 R_{Bx}를 미지수로 하는 연립방정식을 얻을 수 있다.

$$\Sigma M_A=0(\curvearrowright+ : \text{전체 구조물})$$

$$(100.0)(5+10+15+20)-(50)(10)-R_{By}(25)+R_{Bx}(5)=0$$

$$R_{Bx}-5R_{By}=(-)900.0 \qquad \text{(a)}$$

$$\Sigma M_C=0(\curvearrowright+ : \text{자유물체도 } BC)$$

$$(100)(5)+(50)(5)-R_{By}(10)-R_{Bx}(10)=0$$

$$R_{Bx} + R_{By} = 75.0 \qquad \text{(b)}$$

식 (a)와 (b)의 연립방정식을 풀면

$R_{Bx} = (-)87.5\,kN$(가정한 반대방향 : ←), $R_{By} = 162.5\,kN$(가정한 방향 : ↑)

전체 자유물체도에서 $\Sigma F_x = 0(\rightarrow +)$: $R_{Ax} - 50 - 87.5 = 0$

$\therefore\ R_{Ax} = 137.5\,kN(\rightarrow)$

$\Sigma F_y = 0(\uparrow +)$: $R_{Ay} - (100.0)(4) + 162.5 = 0$

$\therefore\ R_{Ay} = 237.5\,kN(\uparrow)$

검산 : 자유물체도 AC에서

$\Sigma M_C = 0(\curvearrowright +)$: $(237.5)(15) - (137.5)(15) - (100)(5+10) = 0 \qquad \therefore OK$

예제 2.13 다음 예제 그림 2.13(a)와 같은 합성구조물의 반력을 구하여라.

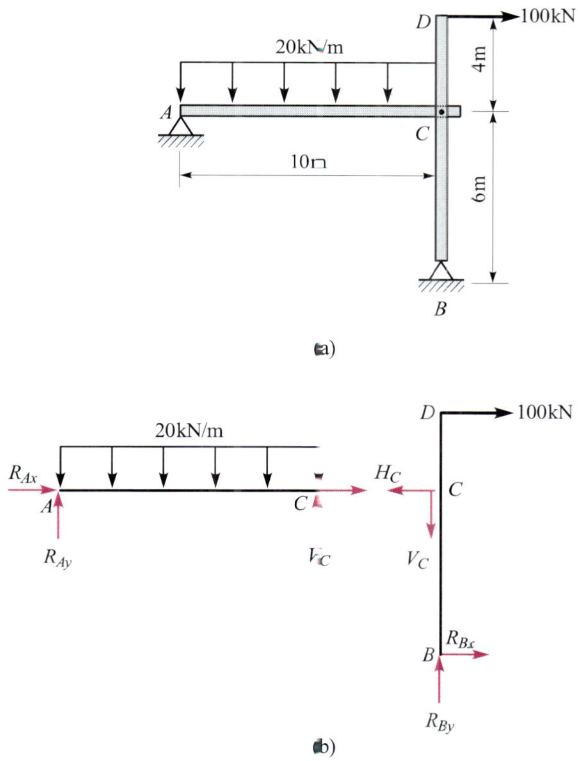

예제 그림 2.13

본 예제와 같은 합성구조물은 C점에서 내부힌지로 연결된 내적 불안정구조이다. 따라서 반력의 수 $r=4$이고 조건방정식의 수 $c=1$이므로 외적 정정구조이고 안정한 구조이다. 예제 그림 2.13(b)에서와 같이 AC와 BCD 부재로 분리하여 자유물체도를 그린다.

BCD 부재 자유물체도에서

$$\Sigma M_C = 0(\curvearrowright +)$$
$$(100)(4) - R_{Bx}(6) = 0$$
$$\therefore\ R_{Bx} = 66.67\,kN(\text{가정한 방향} : \rightarrow)$$
$$\Sigma F_x = 0(\rightarrow +)$$
$$100.0 + 66.67 - H_C = 0$$
$$\therefore\ H_C = 166.67\,kN(\text{가정한 방향} : \leftarrow)$$
$$\Sigma F_y = 0(\uparrow +)\ :\ V_C + R_{By} = 0 \qquad \text{(a)}$$

AC 부재 자유물체도에서

$$\Sigma M_C = 0(\curvearrowright +)$$
$$(20)(10)(10/2) - R_{Ay}(10) = 0$$
$$\therefore\ R_{Ay} = 100.0\,kN(\text{가정한 방향} : \uparrow)$$
$$\Sigma F_x = 0(\rightarrow +)$$
$$R_{Ax} + H_C = R_{Ax} + 166.67 = 0$$
$$\therefore\ R_{Ax} = (-)166.67\,kN(\text{가정한 반대방향} : \leftarrow)$$
$$\Sigma F_y = 0(\uparrow +)$$
$$R_{Ay} + V_C - (20)(10) = 100.0 + V_C - 200.0 = 0$$
$$\therefore\ V_C = 100.0\,kN(\text{가정한 방향} : \uparrow)$$

식 (a)에서 $V_C + R_{By} = (-)100.0 + R_{By} = 0$

$$\therefore\ R_{By} = 100.0\,kN(\text{가정한 방향} : \uparrow)$$

검산 : 전체 구조물에 대한 자유물체도에서

$$\Sigma M_A = 0(\curvearrowright +)\ :\ (20)(10)(10/2) + (100)(4) - (100.0)(10) - (66.67)(6) = 0 \quad \therefore OK$$
$$\Sigma F_x = 0(\rightarrow +)\ :\ -166.67 + 50.0 + 66.67 = 0 \quad \therefore OK$$
$$\Sigma F_y = 0(\uparrow +)\ :\ 100.0 + 100.0 - (20)(10) = 0 \quad \therefore OK$$

$$R_{Bx} + R_{By} = 75.0 \tag{b}$$

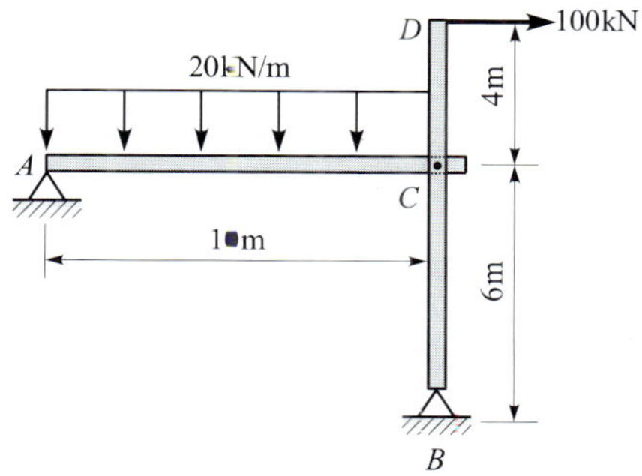

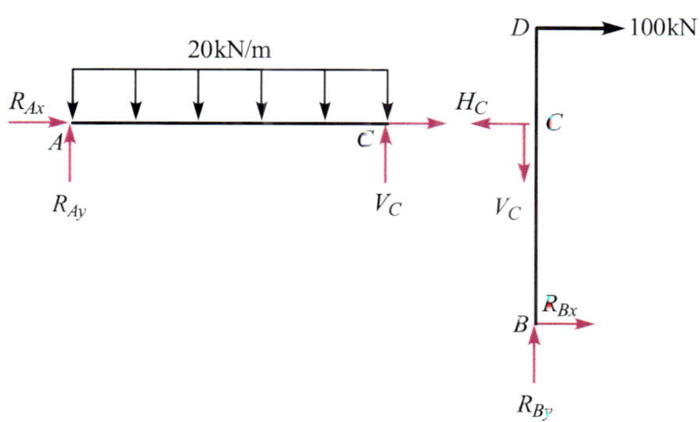

연습문제

문제 그림 2.1~2.25에 주어진 보 또는 라멘구조물의 반력을 구하라.

2.1

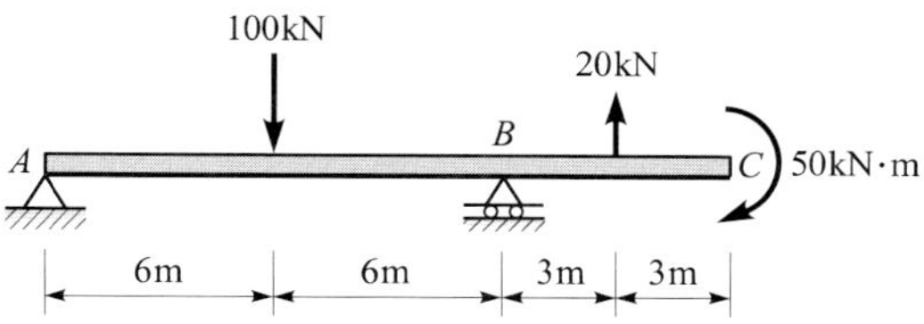

2.2

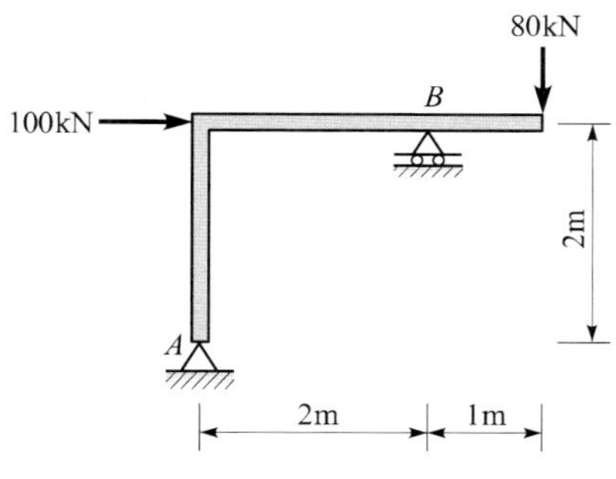

2.3

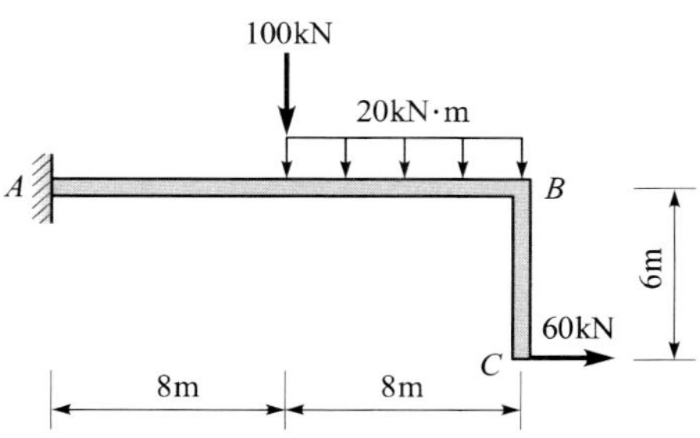

2.4

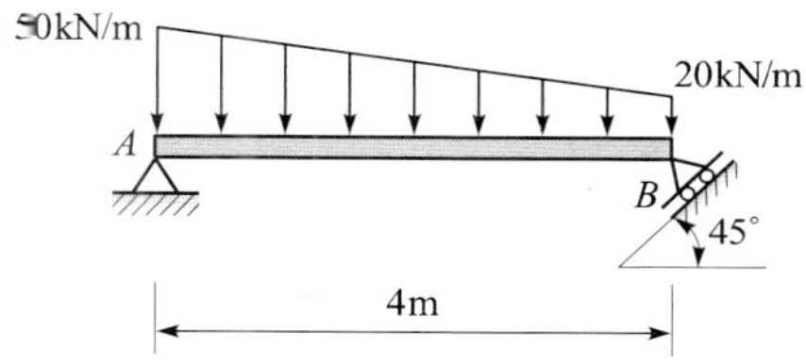

2.5

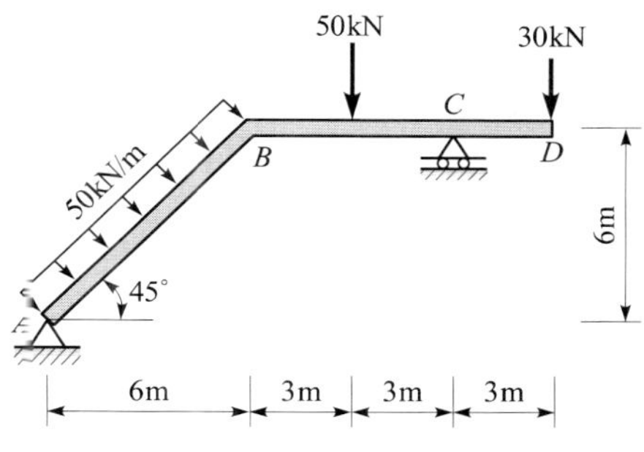

2.6

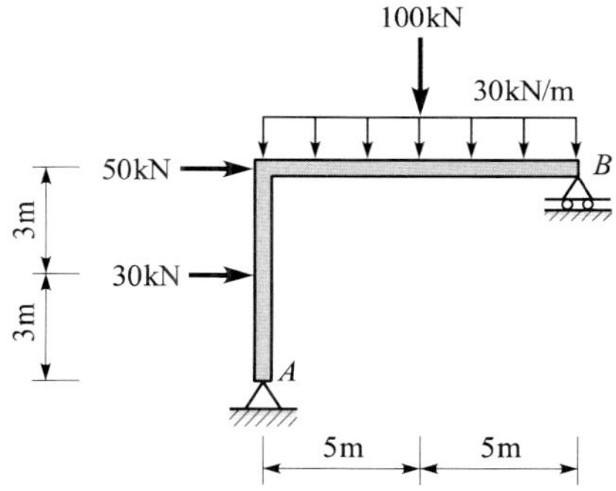

2.7

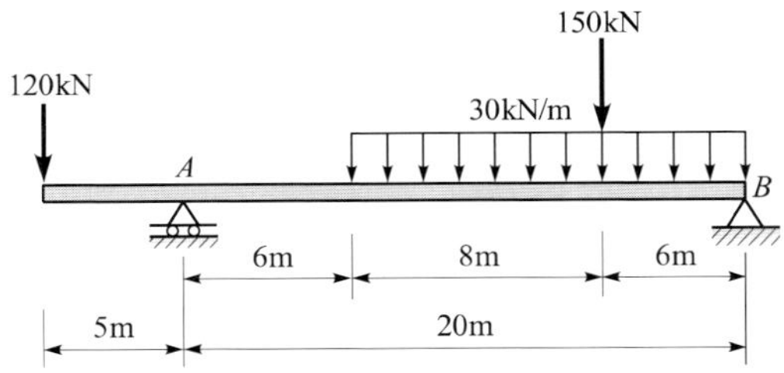

2.8

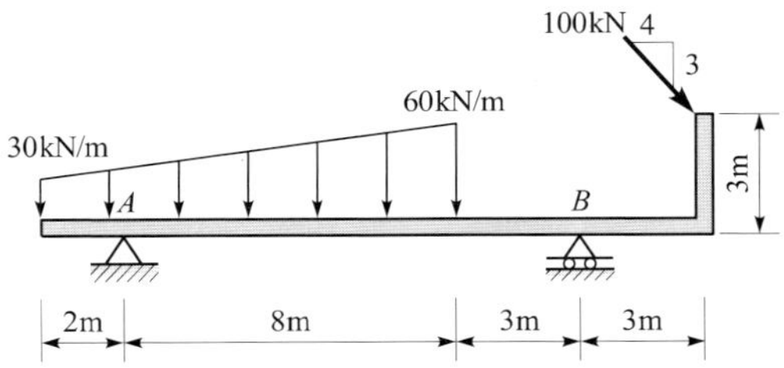

2.9

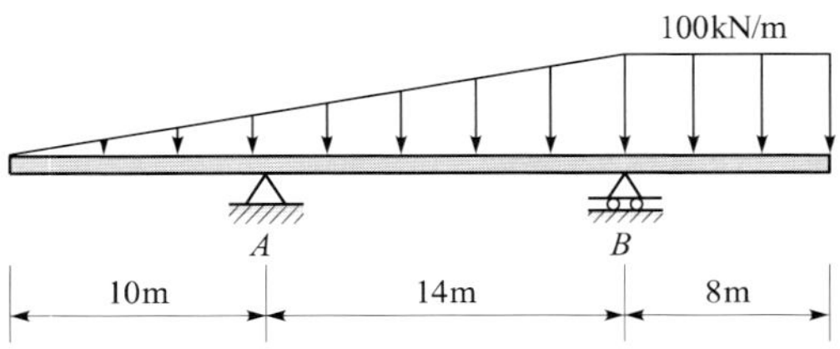

2.10

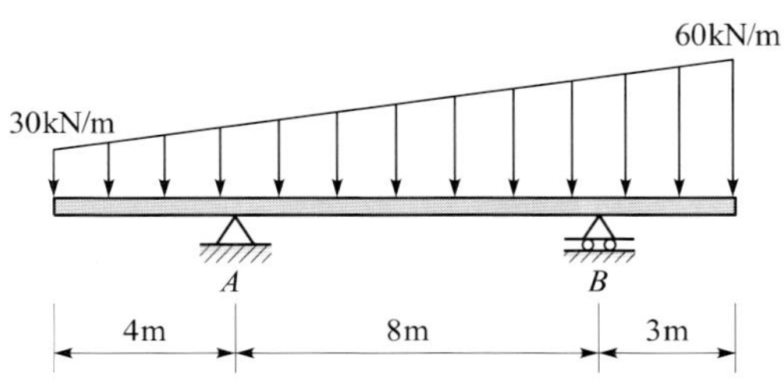

2.11

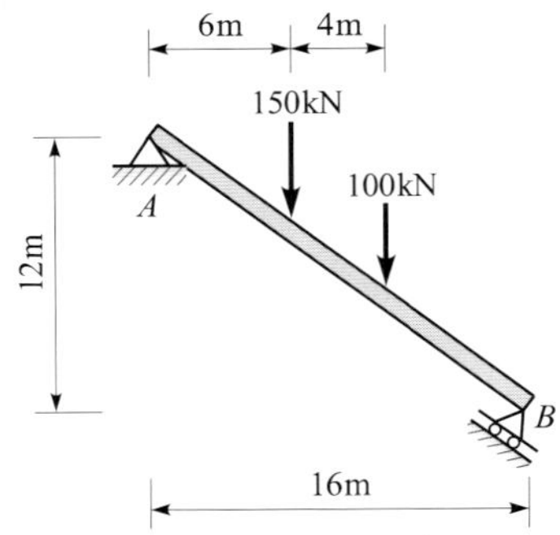

2.12

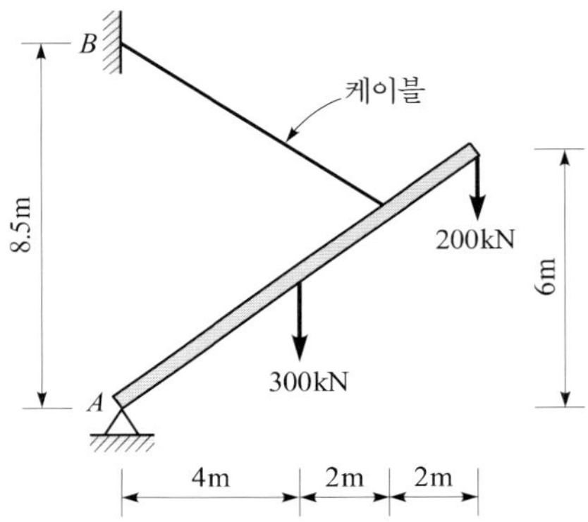

2.13

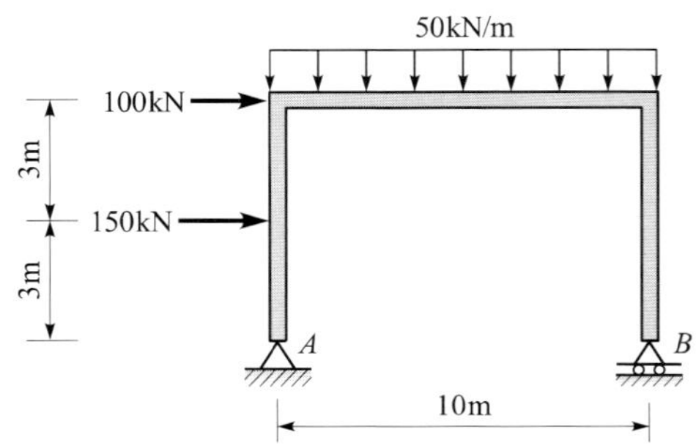

2.14

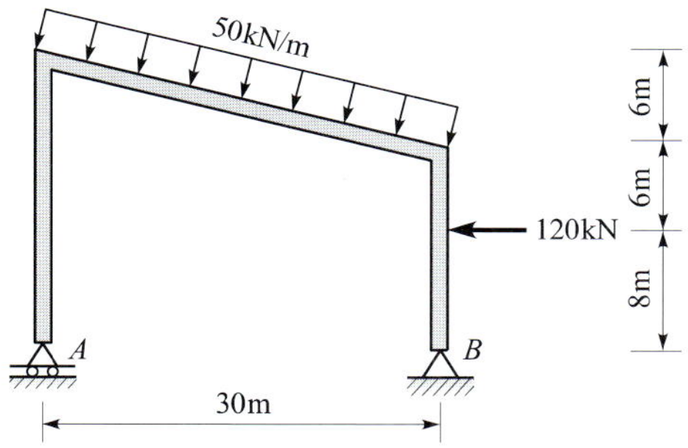

2.15

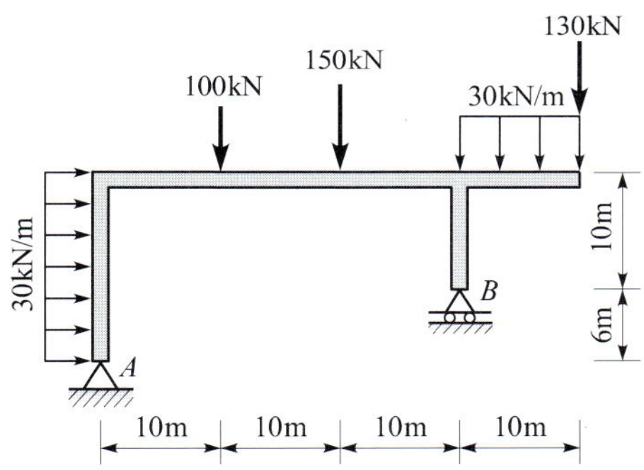

2.16

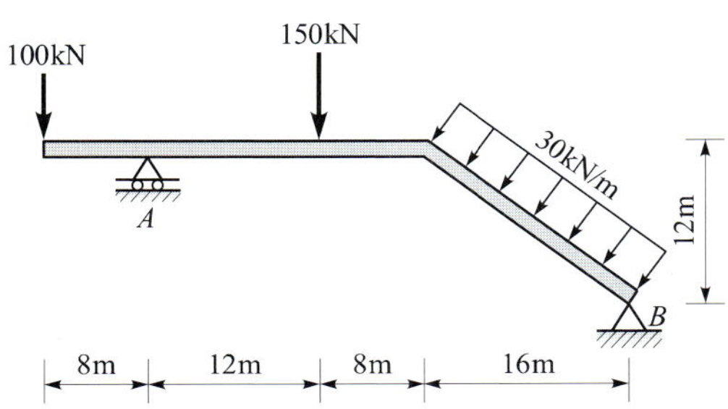

2.17

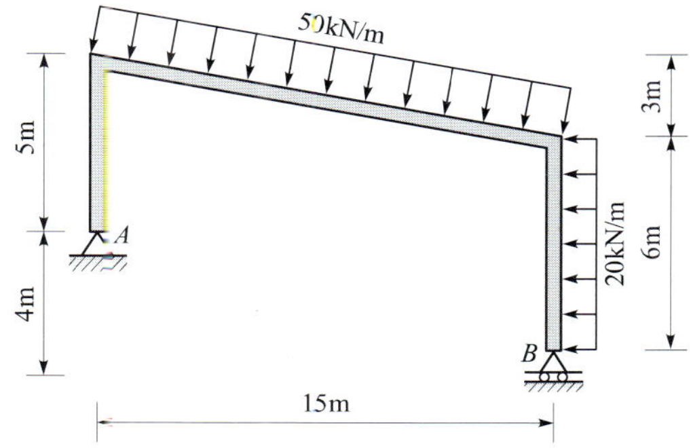

2.18

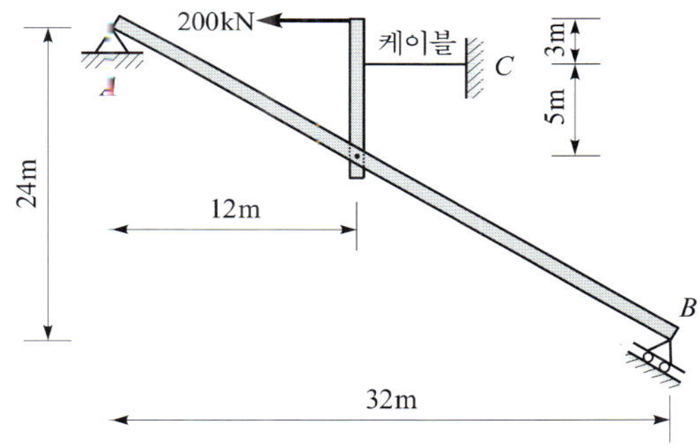

2.19

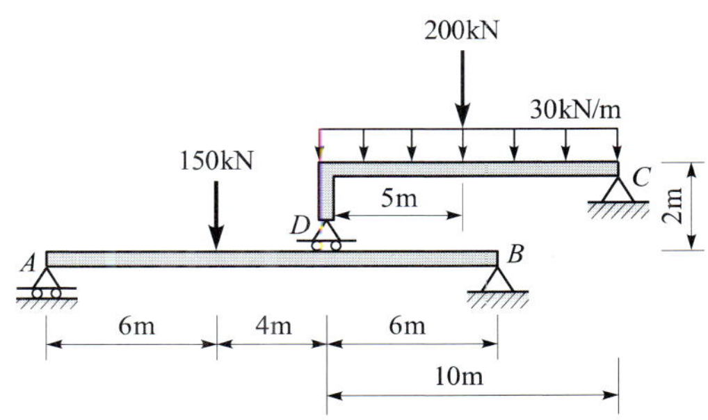

2.20

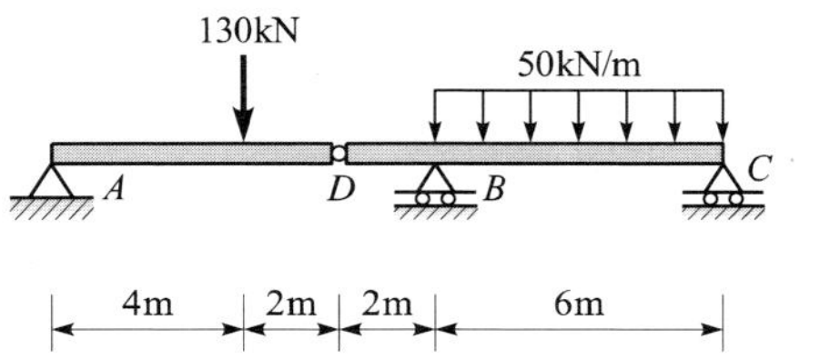

2.21

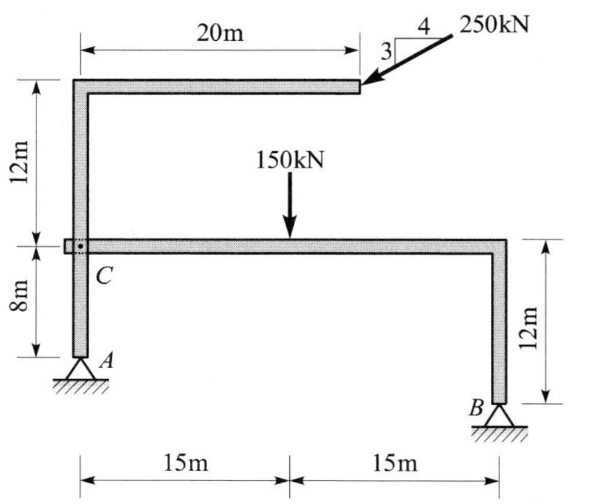

2.22

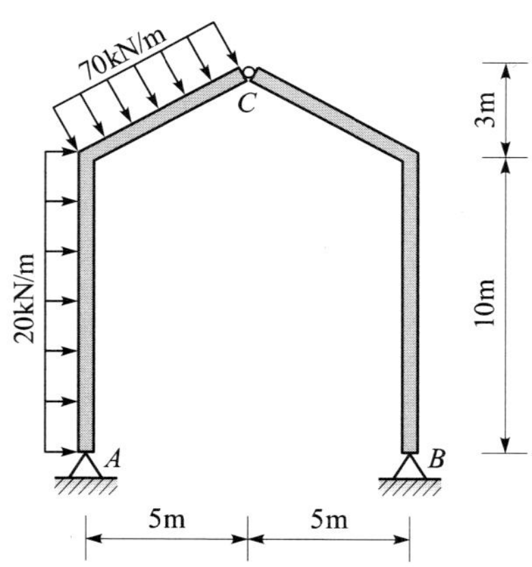

2.23

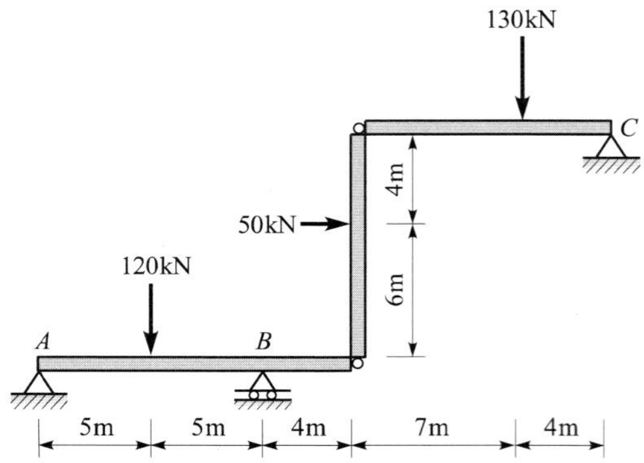

2.24

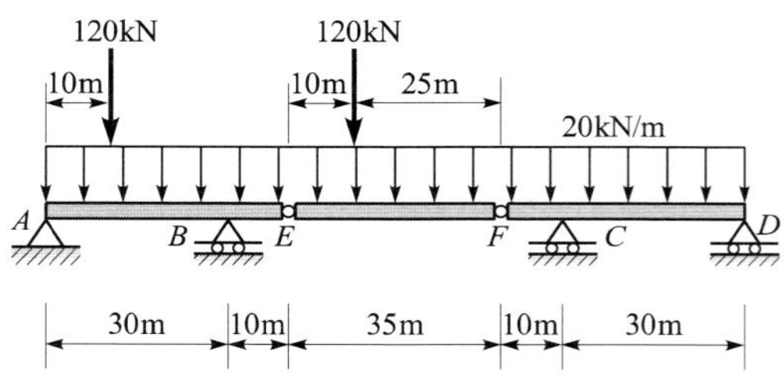

2.25

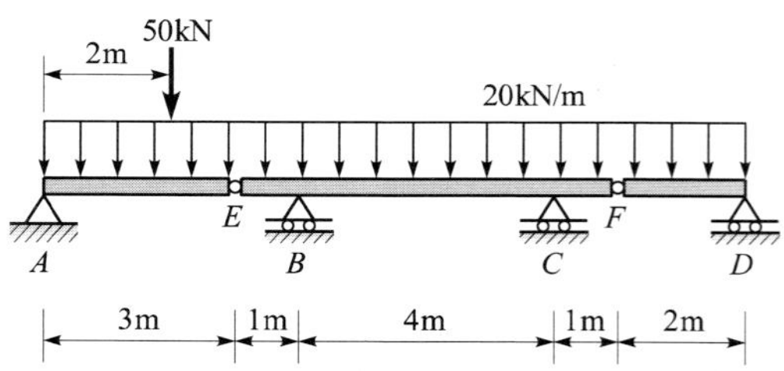

문제 그림 2.26~2.35에 주어진 평면트러스의 반력을 구하라.

2.26

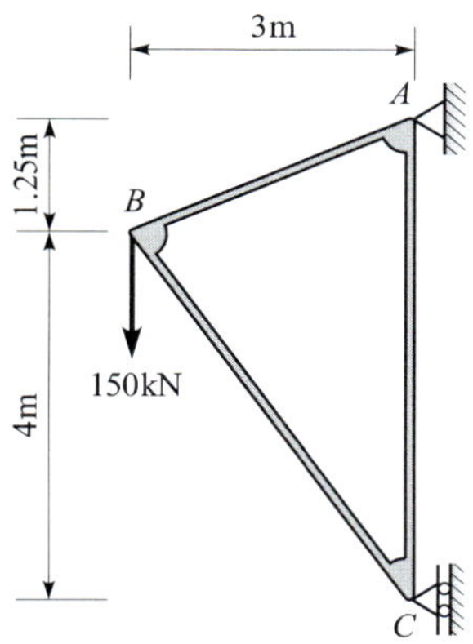

2.27

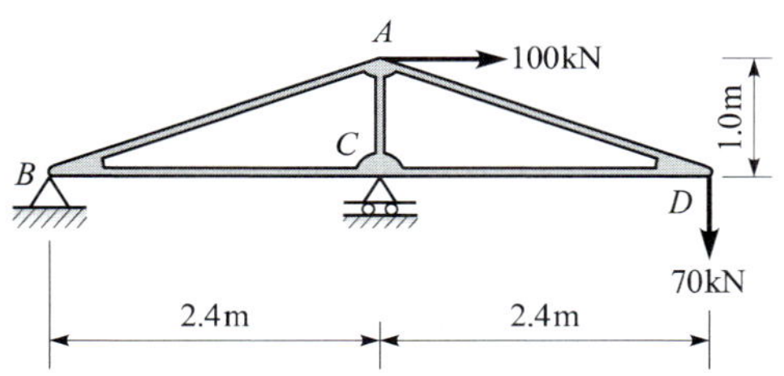

2.28

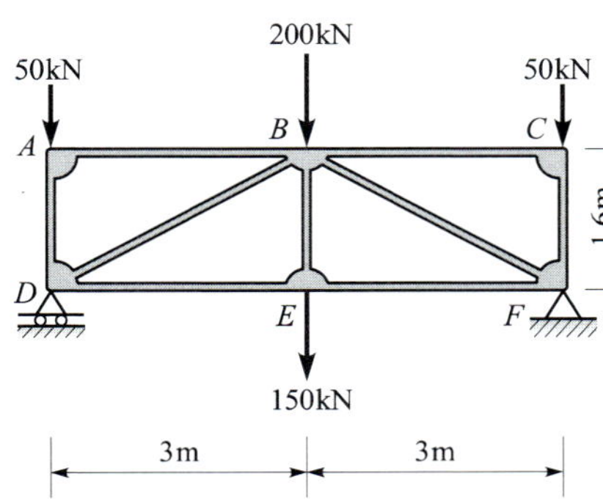

2.29

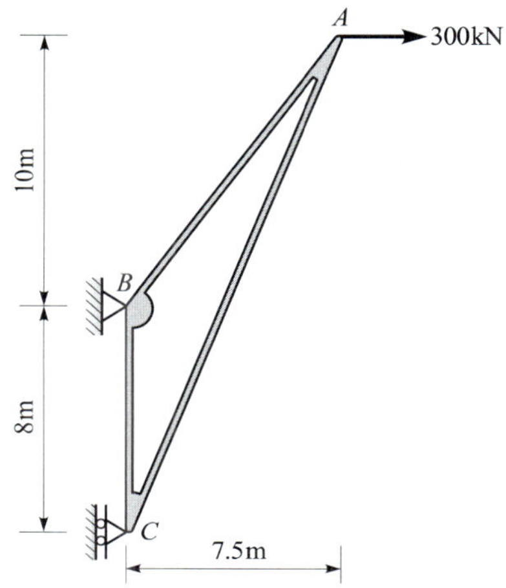

2.30

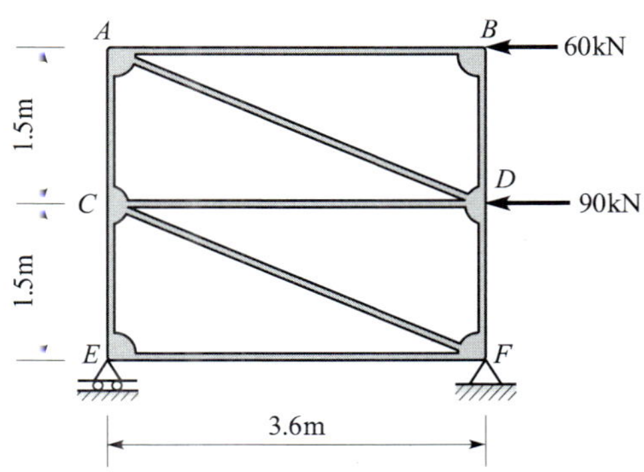

2.31

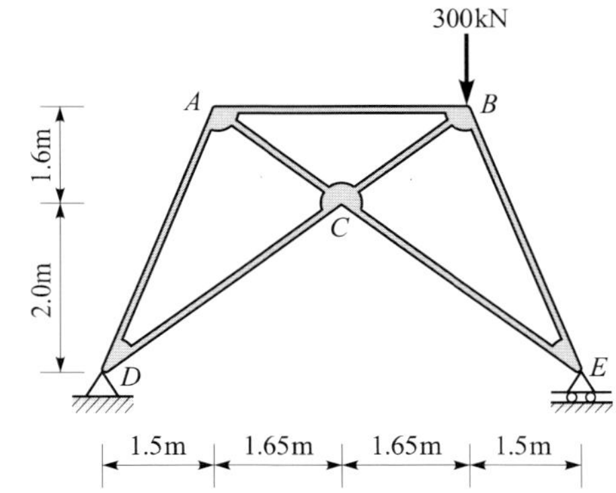

2.32

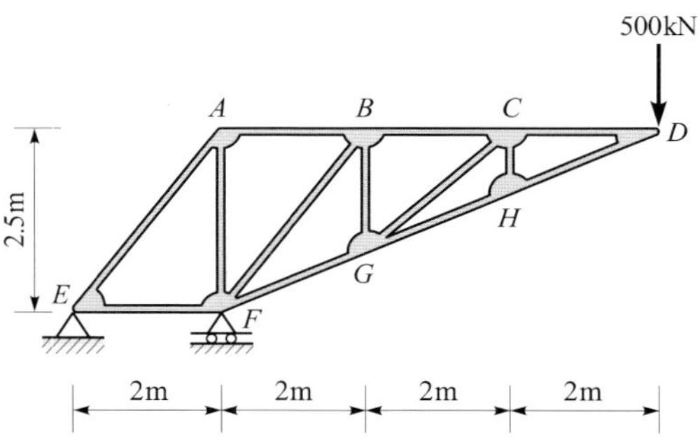

2.33

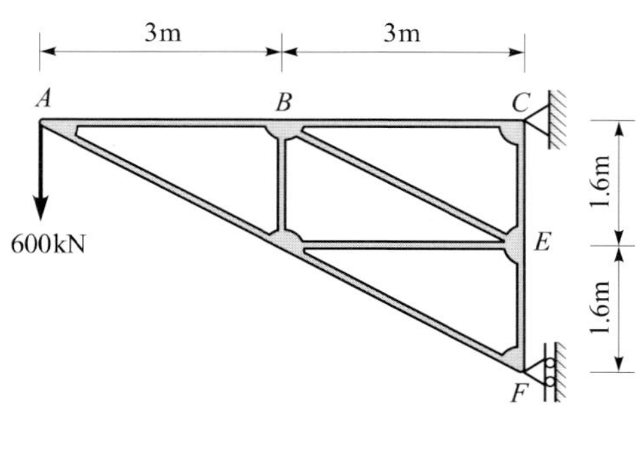

2.34

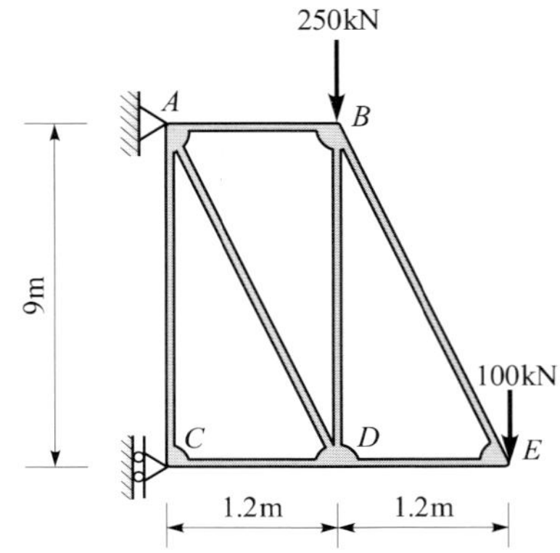

2.35

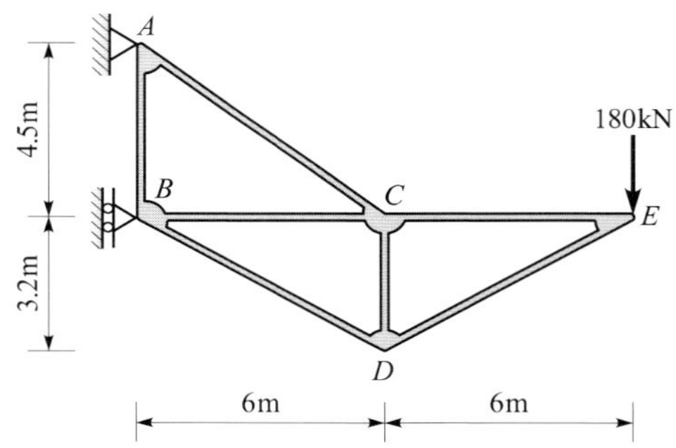

CHAPTER 03

보와 라멘의 전단력과 휨모멘트

3.1 단면력의 정의

구조해석을 수행하는 목적은 그 구조물이 설계하중을 지탱할 수 있는가를 판정하는 데 있다. 따라서 구조해석에서는 작용하중에 의해 구조물에 발생되는 단면력을 산정하는 일이 가장 중요한 일이 된다. 단면력은 구조물을 임의의 단면에서 절단하였다고 가정할 때 그 가상의 절단면을 따라 발생하는 힘으로 정의할 수 있다.

2.1절에서 설명한 바와 같이 절단된 한 쪽 자유물체도의 절단면에 작용하는 단면력은 다른 쪽 자유물체도의 절단면에 작용하는 단면력과 크기가 같고 방향이 반대이다. 이러한 단면력은 그 가상의 단면을 절단하기 이전에는 내력이기 때문에 힘으로 표시되지 않으나, 그 단면을 절단한 후에는 그 단면에 작용하는 외력으로서의 역할을 하기 때문에 힘으로 표시된다. 평면구조물의 단면력으로는 축력(axial force), 전단력(shear force)과 휨모멘트(bending moment) 등을 들 수 있다. 이러한 단면력은 구조물의 자유물체도(free body diagram)에 대한 평형방정식을 적용하여 구한다. 예로서 그림 3.1에는 지점 A에서 x만큼 떨어진 C점에서의 단면력을 나타내었다. C점의 단면력은 그림 3.1(b)와 같이 전체 구조물을 AC 부재와 CB 부재로 나누어 자유물체도를 그려서 구할 수도 있고, 또는 그림 3.1(c)와 같이 전체 구조물을 AC 부재, C점 요소 및 CB 부재로 나누어 자유물체도를 그려서 구할 수도 있다.

각 단면에서의 단면력인 축력, 전단력 및 휨모멘트의 변화를 부재축(member axis)을 따라 그림으로 나타낸 것을 각각 축력도(axial force diagram, AFD), 전단력도(shear force diagram, SFD) 및 휨모멘트도(bending moment diagram, BMD)라 정의한다. 축력은 각각의 부재에서 일정한 경우가 대부분이므로, 앞으로 보와 라멘의 단면력도에서는 전단력도와 휨모멘트도만을 고려하기로 한다.

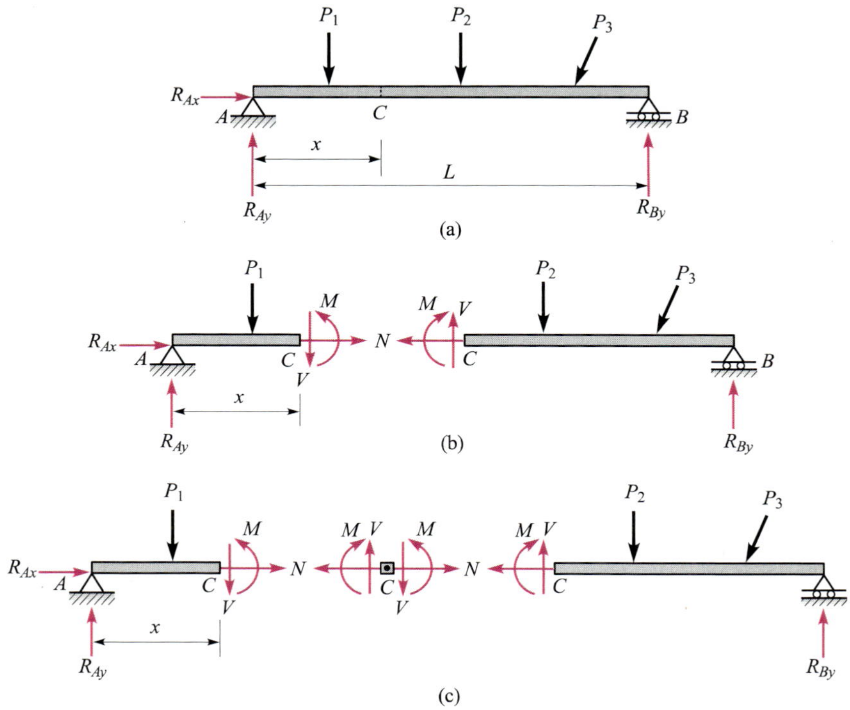

그림 3.1 단면력

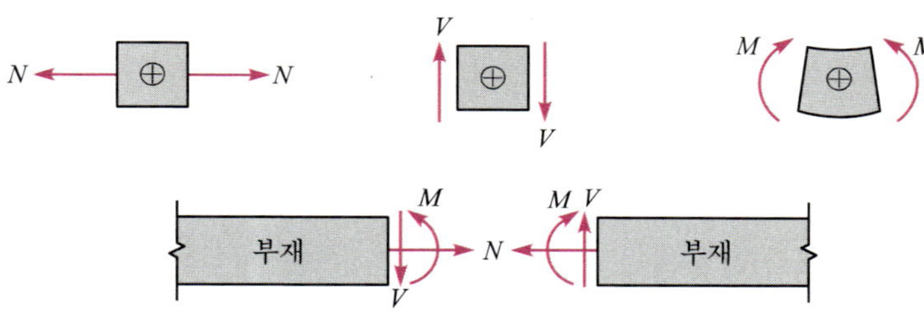

그림 3.2 단면력의 양(+)의 방향

구조물의 축력도, 전단력도 및 휨모멘트도를 그리기 위해서는 단면에서의 축력, 전단력 및 휨모멘트에 대한 부호규약을 미리 정해놓는 것이 편리하다. 그림 3.2에는 각각의 단면력에 대한 양(+)의 방향을 나타내었다.

축력 N은 단면을 잡아당기는 방향이 양의 방향이고, 전단력 V는 단면을 시계방향으로 회전시키려는 방향이 양의 방향이다. 휨모멘트 M은 부재의 윗면을 압축시키고 아랫면을 인장시키려는 방향으로 작용하는 경우를 양의 휨모멘트로 정의한다. 즉, 양의 휨모멘트가 작용하면 부재 요소는 위가 오목하고 아래가 볼록한 휨을 일으킨다.

3.2 단면력의 계산

그림 3.3에서와 같이 단순보에 등분포하중과 집중하중이 작용하는 경우에 대하여 단면력을 계산하는 문제를 설명하기로 한다. 그림 3.3(b)는 보 AB의 전체 자유물체도이고, 그림 3.3(c)는 보 AB를 A점에서 x만큼 떨어진 C점에서 가상으로 절단하여 AC와 CB 부재로 나누어 그린 자유물체도이다. 그림 3.3(c)에 나타난 절단면에서 단면력의 방향은 양의 방향으로 가정한 것이다.

반력의 방향을 그림 3.3(b)에 나타낸 방향으로 가정할 때(반력의 크기는 전체 자유물체도에 대한 평형조건을 적용하여 쉽게 구할 수 있음.) 절단면 C점에서의 단면력은 그림 3.3(c)의 AC 부재 또는 CB 부재의 자유물체도를 고려하여 구할 수 있다.

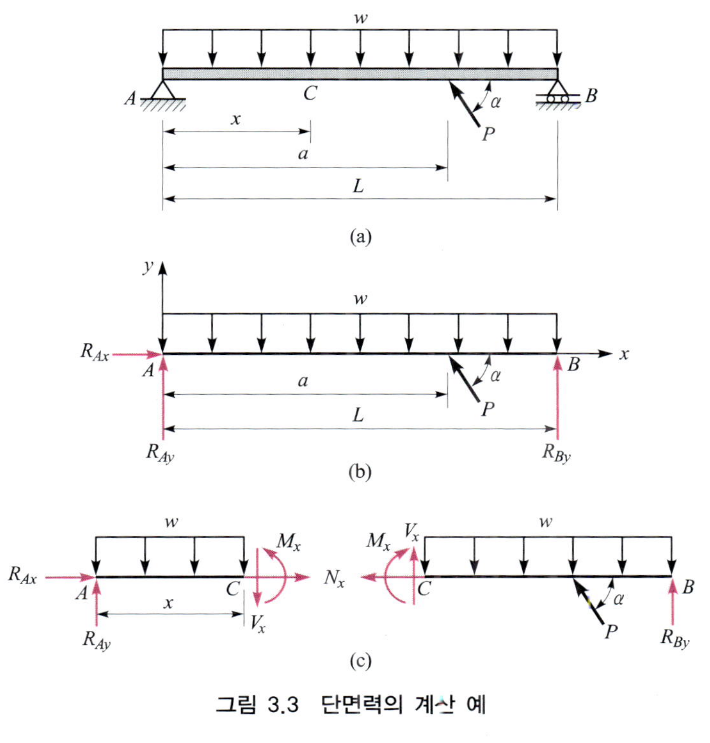

그림 3.3 단면력의 계산 예

그림 3.3(b)의 전체 구조물의 자유물체도로부터 반력을 구하면 다음과 같다.

$$R_{Ax} = Pcos\alpha \tag{3.1a}$$

$$R_{Ay} = \frac{L-a}{L}P\sin\alpha + \frac{1}{2}wL \tag{3.1b}$$

$$R_{By} = \frac{a}{L}P\sin\alpha + \frac{1}{2}wL \tag{3.1c}$$

그림 3.3(c)의 AC 부재의 자유물체도로부터 축력, 전단력 및 휨모멘트를 구하면 다음과 같다.

$$\Sigma F_x = 0: \ N_x = (-)R_{Ax} = (-)Pcos\alpha \tag{3.2a}$$

$$\Sigma F_y = 0: \ V_x = R_{Ay} - wx \tag{3.2b}$$

$$\Sigma M = 0: \ M_x = R_{Ay}x - \frac{1}{2}wx^2 \tag{3.2c}$$

그림 3.3(c)의 CB 부재의 자유물체도로부터 축력, 전단력 및 휨모멘트를 구하면 다음과 같다.

$$\Sigma F_x = 0: \ N_x = (-)P\cos\alpha \tag{3.3a}$$

$$\Sigma F_y = 0: \ V_x = (-)R_{By} + P\sin\alpha + w(L-x) \tag{3.3b}$$

$$\Sigma M = 0: \ M_x = R_{By}(L-x) - P\sin\alpha(a-x) - \frac{1}{2}w(L-x)^2 \tag{3.3c}$$

식 (3.1)에서 구한 반력들을 식 (3.2)와 식 (3.3)에 대입하여 각각의 단면력의 값들을 비교하면 서로 같은 값이 됨을 알 수 있다. 따라서 어느 임의의 단면에서의 단면력은 그 단면의 좌측 또는 우측 자유물체도 중에서 어느 쪽 자유물체도를 사용하여 구해도 좋으나, 단면력을 구하는데 필요한 계산량이 적은 자유물체도를 선택하는 것이 편리하다.

보의 임의의 단면에서의 단면력을 계산하는 과정을 요약하면 다음과 같다.

(1) 모든 지점에서의 반력을 계산한다.

(2) 단면력을 계산하려는 점에서 가상으로 부재축에 수직한 단면으로 절단하여 각각의 자유물체도를 그린다.

(3) 2개의 자유물체도 중에서 어느 것을 사용하여도 단면력을 계산할 수는 있으나, 계산량이 적은 자유물체도를 선택하는 것이 편리하다(반력을 포함하지 않으나 하중과 반력의 수효가 적은 자유물체도 등).

(4) 선택한 자유물체도를 사용하여 축력, 전단력 및 휨모멘트를 계산한다.

(5) 내력의 계산에 사용되지 않은 자유물체도의 평형을 고려하여 이미 계산된 내력이 맞는지 여부를 검산한다.

3.3 전단력도와 휨모멘트도

전단력도와 휨모멘트도는 부재축을 따라 전단력과 휨모멘트의 변화를 그림으로 나타낸 것이다. 즉, 부재의 한쪽 끝에서 다른 쪽 끝까지 무한히 많은 단면에서의 전단력과 휨모멘트를 구하여 종거로 나타낸 후 선을 이은 것이 전단력도와 휨모멘트도이다.

그러나 이러한 방법으로 전단력도와 휨모멘트를 그리는 것은 불가능하므로 부재축 상에 기준점을 선택한 후 전단력과 휨모멘트를 이 기준점에서부터 거리의 함수로 나타내어 전단력도와 휨모멘트도를 그린다. 전단력도와 휨모멘트드를 작성하는 방법에 대한 좀 더 자세한 사항은 다음의 예제들을 통해 자세히 설명하고자 한다.

예제 3.1 예제 그림 3.1(a)와 같은 내민보에 대한 전단력도와 휨모멘트도를 그려라.

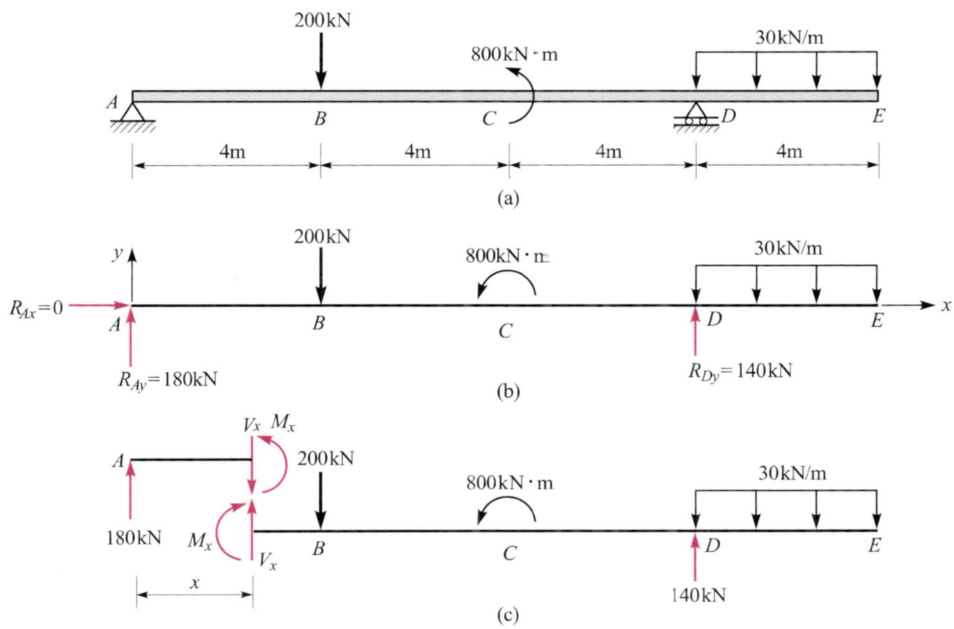

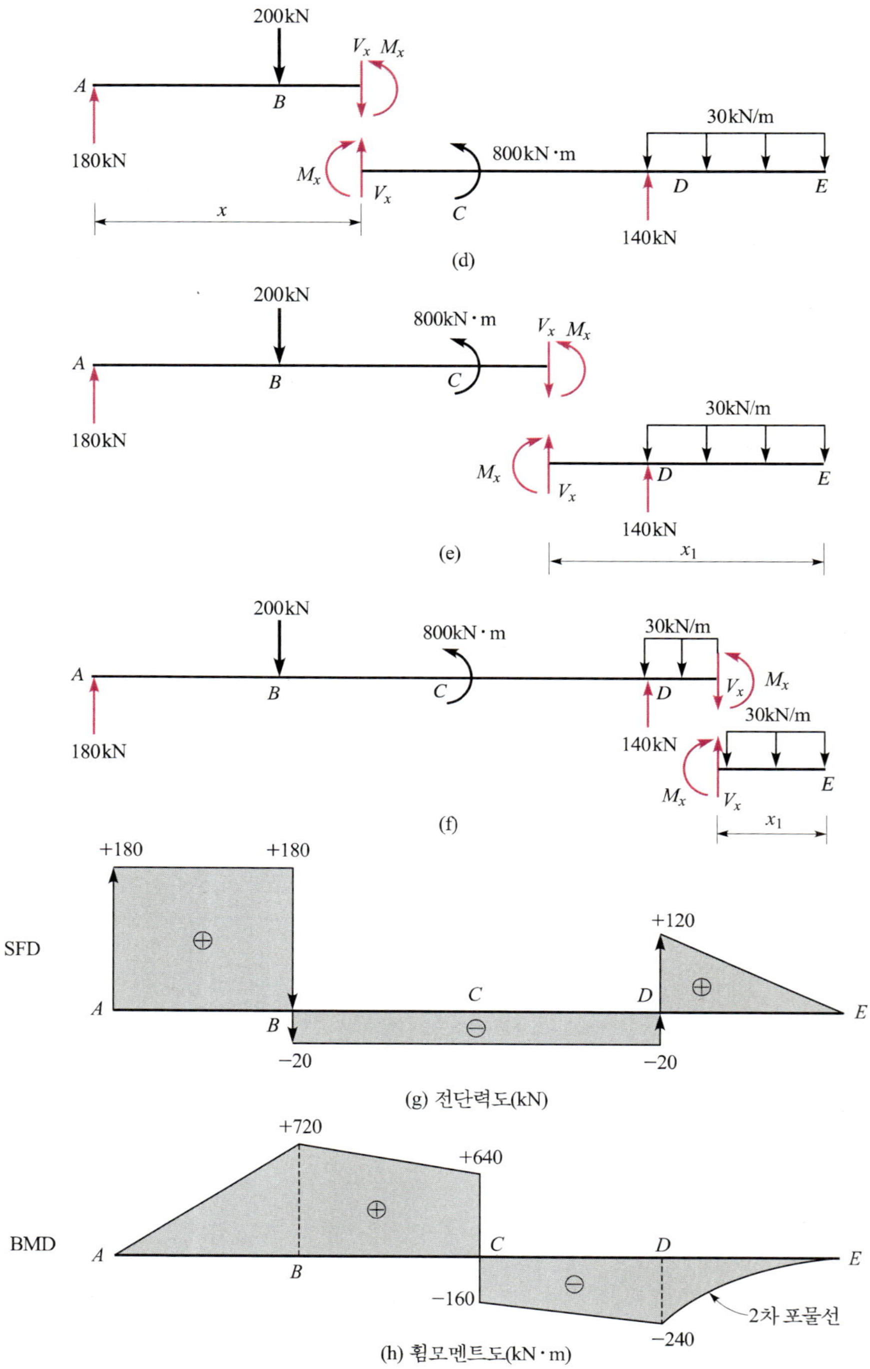
200kN
A
B
180kN
30kN/m
800kN·m
C
D
E
140kN
x
(d)
(e)
(f)
SFD
+180
+120
−20
(g) 전단력도(kN)
+720
+640
BMD
−160
−240
2차 포물선
(h) 휨모멘트도(kN·m)

예제 그림 3.1

1) 반력

지점반력은 예제 그림 3.1(b)의 전체 구조물의 자유물체도에 대한 평형조건을 적용하여 구하면 다음과 같다.

$$\Sigma M_D = 0(\curvearrowright +)\ :\ R_{Ay}(12) - (200)(8) - 800 + (30)(4)(4/2) = 0$$
$$\therefore\ R_{Ay} = 180\,kN(\uparrow)$$
$$\Sigma F_x = 0(\rightarrow +)\ :\ R_{Ax} + 0 = 0$$
$$\therefore\ R_{Ax} = 0.0\,kN$$
$$\Sigma F_y = 0(\uparrow +)\ :\ 180 - 200 - (30)(4) + R_{Dy} = 0$$
$$\therefore\ R_{Dy} = 140\,kN(\uparrow)$$

2) 전단력도

A점 : A점에는 수직반력 180kN이 작용하고, 이 수직반력은 부재를 시계방향으로 회전시키므로 A점의 전단력은 180kN이다. 따라서 전단력도에서는 0에서 180kN으로 증가하는 수직선이 된다.

AB 부재 : AB 부재에는 부재에 수직으로 작용하는 하중이 없으므로 A점에서 B점까지의 전단력은 180kN으로 일정한 값을 갖는다. 예제 그림 3.1(c)의 좌측 또는 우측 자유물체도에서 연직방향 힘의 평형조건을 고려하면 AB 구간의 임의의 단면에서의 전단력은 다음과 같고, 전단력의 부호는 부재를 시계방향으로 회전시키므로 양이다.

$$V_x = 180\,\text{kN} \qquad 0 < x < 4\text{m}$$

예제 그림 3.1c)에서 우측 자유물체도에는 하중의 수효가 많으므로 전단력을 계산하는 계산량이 많아진다. 따라서 예제 그림 3.1(c)의 좌측 자유물체도를 사용하는 것이 훨씬 간편하다. 그리고 A점에서 B점까지는 전단력이 일정하므로 전단력도에서는 수평선이 된다.

B점 : B점에는 하향의 집중하중 200kN이 작용하므로 B점의 전단력은 (−)20kN이다. 전단력도에서는 180kN에서 (−)20kN로 연결되는 수직선이 된다.

BC 부재 : 예제 그림 3.1(d)의 좌측 자유물체도에서 BC 구간의 임의의 단면에서의 전단력은 다음과 같다.

$$V_x = 180 - 200 = (-)20\,kN \qquad 4\text{m} < x < 8\text{m}$$

BC 구간에는 부재에 수직으로 작용하는 하중이 없으므로 B점에서 C점까지의 전단력은 (−)20kN으로 일정하다. 그러므로 전단력도에서는 일정한 종거를 갖는 수평선이 된다.

C점 : C점에는 연직방향의 집중하중이 작용하지 않으므로 C점의 전단력은 (−)20kN이다.

CD 부재 : CD 구간에는 전단력에 영향을 미치는 부재에 수직으로 작용하는 하중이 없으므로 전단력은 BC 구간과 같이 (−)20kN으로 일정한 값을 갖고, 전단력도에서는 수평선이 된다(예제 그림 3.1(e) 참조).

D점 : D점에는 수직반력 140kN이 작용하고 있으므로 D점의 전단력은 120kN이고, 전단력도에서는 (−)20kN에서 120kN로 증가하는 수직선이 된다.

DE 부재 : 예제 그림 3.1(f)의 좌측 자유물체도에 비해서 우측 자유물체도에 작용하는 하중이 단순하므로 우측 자유물체도를 사용하여 전단력을 구하는 것이 편리하다. 또한, 좌표 x보다는 E점에서부터 좌측으로 향하는 다른 좌표 x_1을 사용하여 전단력을 나타내는 것이 간편하다.

$$V_{x1} = 30x_1 \qquad 0\text{m} < x_1 < 4\text{m}$$

DE 구간의 전단력은 E점에서 D점 바로 우측까지 0에서부터 120 kN까지 직선적으로 증가한다. D점에서는 수직반력 140 kN만큼 갑자기 감소하여 D점 바로 좌측에서는 전단력이 (−)20 kN이 된다. 따라서 전단력도에서 D점은 120 kN에서 (−)20 kN까지 연결되는 수직선이 된다.

예제 그림 3.1(g)는 이상의 결과들을 그림으로 나타낸 전단력도이다.

3) 휨모멘트도

위에서 전단력을 계산할 때 사용한 자유물체도와 좌표를 그대로 사용하여 임의의 단면에서의 휨모멘트를 계산하면 다음과 같다.

A점 : A점은 힌지지점이므로 휨모멘트가 영(zero)이다.

AB 부재 : 예제 그림 3.1(c)의 좌측 자유물체도에서 AB 구간의 임의의 단면에서의 휨모멘트 M_x는 임의의 단면에 대한 모멘트 평형조건식을 적용하면 다음 식과 같고, 휨모멘트의 부호는 보의 윗면이 압축되므로 양이다.

$$M_x = 180x \qquad 0 < x < 4m$$

B점 : B점의 휨모멘트는 위의 식에 $x = 4m$를 대입하면 다음과 같다.

$$M_B = M_{x=4} = (180)(4) = 720\,kN \cdot m$$

BC 부재 : 예제 그림 3.1(d)의 좌측 자유물체도에서 BC 구간의 임의의 단면에서의 휨모멘트 M_x는 임의의 단면에 대한 모멘트 평형조건식을 적용하면 다음과 같다.

$$\Sigma M_x = 0(\curvearrowright +) \ : \ 180x - (200)(x-4) - M_x = 0$$
$$\therefore M_x = (-)20x + 800 \qquad 4m < x < 8m$$

또는 예제 그림 3.1(d)의 우측 자유물체도를 사용하여 평형조건식을 세우면

$$\Sigma M_x = 0(\curvearrowright +) \ : \ M_x - 800 - (140)(12-x) + (30)(4)(14-x) = 0$$
$$\therefore M_x = (-)20x + 800$$

이와 같이 좌우 어느 쪽 자유물체도를 사용해도 같은 단면에서의 단면력은 그 값이 같음을 알 수 있다. 단, 예제 그림 3.1(c)와(d)의 경우에는 좌측 자유물체도를 사용하는 것이 편리함을 알 수 있다.

C점 : C점의 바로 좌측의 휨모멘트는 위의 식에 $x = 8m$을 대입하면 다음과 같다.

$$M_C = M_{x=8} = (-)(20)(8) + 800 = 640\,kN \cdot m$$

그리고 C점에는 800kN · m 의 모멘트 하중이 작용하므로 C점 바로 우측의 휨모멘트는 640kN · m 에서 (−)160kN · m 으로 갑자기 변한다. 이 때 우력의 방향이 시계방향이면 우력 작용점 우측의 휨모멘트가 증가하고, 반시계 방향이면 감소한다. 따라서 휨모멘트도에서는 640kN · m 에서 (−)160kN · m 로 연결되는 수직선이 된다.

CD 부재 : 예제 그림 3.1(e)의 우측 자유물체도에 대한 모멘트 평형조건을 적용하여 CD 구간 임의의 단면에서의 휨모멘트를 계산할 수 있다. 이 때 거리는 x 대신에 D점을 원점으로 하는 x_1을 사용한다.

$$\Sigma M_{x1} = 0(\curvearrowright +) \;:\; M_{x1} - (140)(x_1 - 4) + (30)(4)(x_1 - 2) = 0$$

$$\therefore M_{x1} = 20x_1 - 320.0 \qquad 4m < x_1 < 8m$$

D점 : D점의 휨모멘트는 위의 식에 $x_1 = 4m$을 대입하면 다음과 같다.

$$M_D = M_{x1=4} = (20)(4) - 320.0 = (-)240.0\,kN \cdot m$$

DE 부재 : DE 구간 임의의 단면에서의 휨모멘트는 예제 그림 3.1(f)의 우측 자유물체도에 대한 모멘트 평형조건을 적용하여 구한다.

$$M_{x1} = (-)(30x_1)\left(\frac{x_1}{2}\right) = (-)15x_1^2 \;:\qquad 0 < x_1 < 4m$$

예제 그림 3.1(h)는 이상의 결과들을 그림으로 나타낸 휨모멘트도이다.

예제 3.2

예제 그림 3.2(a)와 같이 삼각형 분포하중을 받는 내민 보의 전단력도와 휨모멘트도를 그려라.

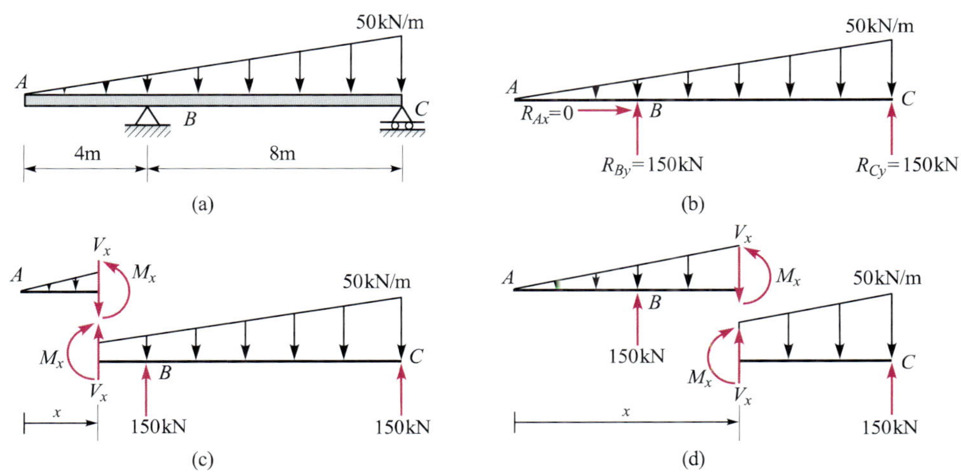

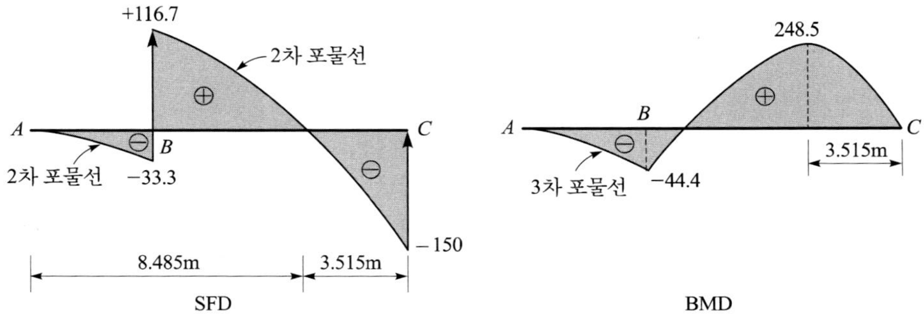

(e) 전단력도(kN) (f) 휨모멘트도(kN·m)

예제 그림 3.2

1) **반력**

지점반력은 예제 그림 3.2(b)의 자유물체도에 대한 평형조건을 적용하여 구하면 다음과 같다.

$$\Sigma M_C = 0(\curvearrowright +) \ : \ R_{By}(8) - (50)(12)(1/2)(4) = 0$$

$$\therefore \ R_{By} = 150\,\text{kN}(\uparrow)$$

$$\Sigma F_y = 0(\downarrow +) \ : \ 150.0 + R_{Cy} - (50)(12)(1/2) = 0$$

$$\therefore \ R_{Cy} = 150\,\text{kN}(\uparrow)$$

2) **전단력도**

AB 부재 : 예제 그림 3.2(c)의 좌측 자유물체도에서 AB 구간 임의의 단면에서의 전단력은 다음과 같고, 부재를 반시계방향으로 회전시키므로 음이다.

$$\Sigma F_y = 0(\uparrow +) \ : \ -(\frac{50}{12}x)(x)(\frac{1}{2}) - V_x = 0$$

$$\therefore \ V_x = (-)\frac{50}{24}x^2 \qquad 0 < x < 4\text{m}$$

B점 바로 좌측에서의 전단력은 위의 식에 $x = 4\text{m}$를 대입하면 다음과 같다.

$$V_B = V_{x=4} = (-)\frac{50}{24}(x)^2 = (-)\frac{50}{24}(4)^2 = (-)33.3\,\text{kN}$$

B점 : B점에는 상향의 수직반력 150.0 kN이 작용하므로 B점 바로 우측의 전단력은 (−)33.3 kN에서 150 kN만큼 증가하여 116.7 kN이 된다. 따라서 전단력도에서는 (−)33.3 kN에서부터 116.7 kN로 증가하는 수직선이 된다.

BC 부재 : 예제 그림 3.2(d)의 좌측 자유물체도에서 BC 구간 임의의 단면에서의 전단력은

$$\Sigma F_y = 0(\uparrow +) \ : \ (-)(\frac{50}{12}x)(x)(\frac{1}{2}) + 150 - V_x = 0$$

$$\therefore \ V_x = (-)(\frac{50}{24})(x)^2 + 150.0 \qquad 4\text{m} < x < 12\text{m}$$

C점 바로 좌측에서의 전단력은 $x=12\text{m}$를 대입하면 다음과 같다.

$$V_C = V_{x=12} = (-)(\frac{50}{24})(12)^2 + 150.0 = (-)150.0\,\text{kN}$$

그리고 C점 바로 우측에서는 C점의 수직반력 150.0 kN 때문에 전단력은 150.0 kN만큼 증가하여 영(zero)이 된다. 따라서 전단력도에서는 (−)150.0 kN에서부터 영(zero)으로 연결되는 수직선이 된다. 그리고 전단력이 영인 곳의 위치는 위의 식으로부터

$$V_x = (-)(\frac{50}{24})(x)^2 + 150.0 = 0 \text{에서} \qquad \therefore\ x = 8.485\text{m}$$

예제 그림 3.1(e)는 이상의 결과들을 그림으로 나타낸 전단력도이다.

3) **휨모멘트도**

A점 : A점은 자유단이므로 휨모멘트가 영이다.

AB 부재 : AB 구간 임의의 단면에서의 휨모멘트는 예제 그림 3.2(c)의 좌측 자유물체도에서 구한다. 그리고 휨모멘트의 부호는 부재의 아랫면을 압축시키므로 음이다.

$$\Sigma M_x = 0(\curvearrowright +)\ :\ (-)(\frac{50}{12}x)(x)(\frac{1}{2})(\frac{1}{3}x) - M_x = 0$$

$$\therefore\ M_x = (-)\frac{50}{72}x^3 \qquad 0 < x < 4\text{m}$$

B점 : B점의 휨모멘트는 위의 식에 $x = 4m$을 대입하여 구하면 다음과 같다.

$$M_B = M_{x=4} = (-)(50/72)(4)^3 = (-)44.4\,\text{kN}\cdot\text{m}$$

BC 부재 : BC 구간 임의의 단면에서의 휨모멘트는 그림 3.2(d)의 좌측 자유물체도에서 구한다.

$$\Sigma M_x = 0(\curvearrowright +)\ :\ (-)(\frac{50}{12}x)(x)(\frac{1}{2})(\frac{1}{3}x) - M_x + (150)(x-4) = 0$$

$$\therefore\ M_x = (-)(\frac{50}{72})x^3 + 150x - 600 \qquad 4\text{m} < x < 12\text{m}$$

휨모멘트가 최대인 위치는 BC 구간에서 전단력이 영인 점인 $x = 8.485\text{m}$에서 발생하므로 최대 휨모멘트는 위의 식에 $x = 8.485\text{m}$ 대입하여 구하면 다음과 같다.

$$M_{\max} = M_{x=8.485} = (-)(\frac{50}{72})(8.485^3) + (150)(8.485) - 600 = 248.5\,\text{kN}\cdot\text{m}$$

예제 그림 3.2(f)는 이상의 결과들을 그림으로 나타낸 휨모멘트도이다.

3.4 하중, 전단력 및 휨모멘트 사이의 관계

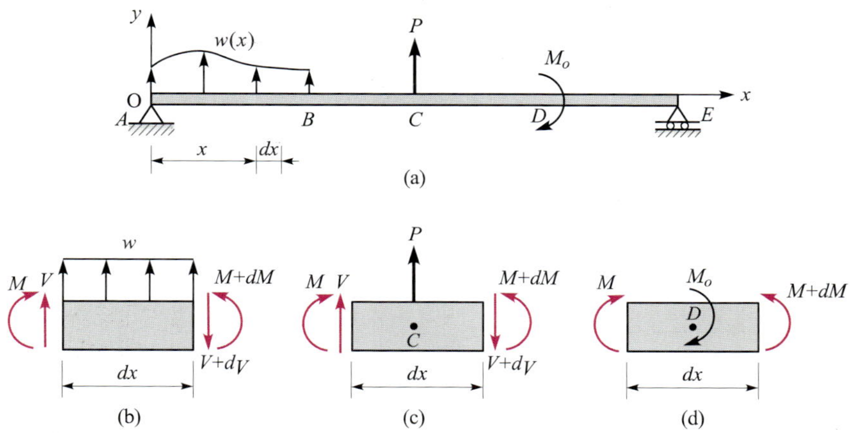

그림 3.4

전단력도와 휨모멘트도를 그릴 때 하중, 전단력 및 휨모멘트 사이의 기본적인 미분 관계들을 사용하면 많은 도움을 얻을 수 있다.

이러한 관계들을 유도하기 위하여 그림 3.4(a)와 같이 임의의 하중을 받고 있는 보를 고려한다. 그림 3.4(a)에 나타낸 바와 같이 위로 작용하는 분포하중과 집중하중을 양(+)으로 가정하고, 작용 우력(모멘트)은 시계방향으로 작용하는 경우를 양(+)으로 가정한다.

원점 O에서 x만큼 떨어진 곳에서 dx만한 크기의 미소요소를 고려한다. 이 미소요소에 대한 자유물체도를 그린 것이 그림 3.4(b)로서 V와 M은 미소요소 왼쪽 면에서의 전단력과 휨모멘트를 나타내고, dV와 dM은 dx만큼 떨어진 곳에서의 전단력과 휨모멘트의 변화량을 나타낸다. 거리 dx가 대단히 작은 값이므로 dx상에서의 분포하중 $w(x)$는 일정한 값 w로 놓을 수 있다. 이 미소요소에 작용하는 힘들의 평형조건을 고려하면 이 미소요소에 작용하는 연직방향 힘들의 평형조건은 다음과 같다.

$$\Sigma F_y = 0(\uparrow +) \; : \; V + wdx - (V + dV) = 0$$

$$\therefore dV = wdx \tag{3.4}$$

식 (3.4)의 양변을 dx로 나누면

$$\frac{dV}{dx} = w \tag{3.5}$$

식 (3.4)를 A 점에서 B점까지 적분하면,

$$\int_A^B dV = V_B - V_A = \int_A^B w dx \tag{3.6}$$

식 (3.5)와 (3.6)을 다시 설명하면 다음과 같다.

(Ⅰ) 한 점에서의 전단력도의 기울기는 그 점에서의 분포하중 강도와 크기가 같다.

(Ⅱ) 두 점 A와 B 사이의 전단력 차이는 두 점 사이의 분포하중도의 면적과 같다.

그림 3.4(b)에서 미소요소에 작용하는 힘들의 미소요소 왼쪽 면에 대한 모멘트 평형조건은 다음과 같다.

$$\Sigma M = 0(\curvearrowright +)\text{에서}$$

$$M - (wdx)\left(\frac{dx}{2}\right) + (V + dV)(dx) - (M + dM) = 0$$

이 식에서 미소항의 곱으로 표시되는 고차의 항을 무시하면

$$dM = Vdx \tag{3.7}$$

또는 식 (3.7)의 양변을 dx로 나누면

$$\frac{dM}{dx} = V \tag{3.8}$$

식 (3.7)을 A 점에서 B점까지 적분하면,

$$\int_A^B dM = M_B - M_A = \int_A^B V dx \tag{3.9}$$

식 (3.8)과 (3.9)를 다시 설명하면 다음과 같다.

(Ⅲ) 한 점에서의 휨모멘트도의 기울기는 그 점에서의 전단력 값과 같다.

(Ⅳ) 두 점 A와 B 사이의 휨모멘트 차이는 두 점 사이의 전단력도의 면적과 같다.

이번에는 집중하중과 전단력도 사이의 관계를 유도하기 위하여 그림 3.4(c)의 자유물체도를 고려한다. 미소요소의 연직방향 힘들의 평형조건은 다음과 같다.

$$\Sigma F_y = 0(\uparrow +)$$

$$V + P - (V + dV) = 0$$

$$\therefore\ dV = P \tag{3.10}$$

식 (3.10)을 말로 설명하면

(V) 집중하중이 작용하는 점에서의 전단력 차이는 그 하중의 크기와 같다.

외부 모멘트 하중이 작용하는 경우에는 그림 3.4(d)의 자유물체도를 고려한다. 미소요소의 모멘트에 대한 평형조건은 다음과 같다.

$$\Sigma M = 0(\curvearrowright +)$$
$$M + M_0 - (M + dM) = 0$$
$$\therefore\ dM = M_o \tag{3.11}$$

식 (3.11)을 말로 설명하면

(VI) 모멘트가 작용하는 점에서의 휨모멘트 차이는 그 모멘트의 크기와 같다.

위에서 언급한 여섯 가지 관계들을 적절히 사용하면 전단력도와 휨모멘트도를 좀 더 쉽게 그릴 수 있다. 보의 전단력도와 휨모멘트도는 일반적으로 보의 좌측에서 우측으로 차례대로 이동해가면서 작성한다. 그러나 전단력도와 휨모멘트도를 보의 우측에서 좌측으로 이동해가면서 작성하고자 하는 경우에는 외력의 부호에 주의해야 한다. 보의 전단력도와 휨모멘트도를 작성하는 방법에 대한 좀 더 자세한 사항은 다음의 예제들을 통해 자세히 설명하고자 한다.

예제 3.3 예제 그림 3.3(a)와 같이 집중하중이 작용하는 단순보의 하중도, 전단력도 및 휨모멘트도를 그려라.

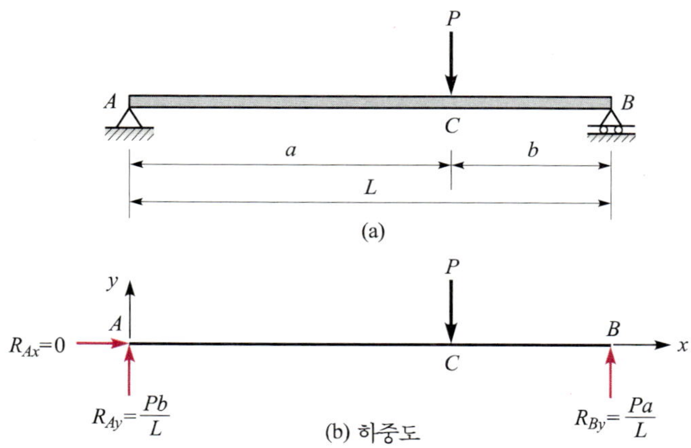

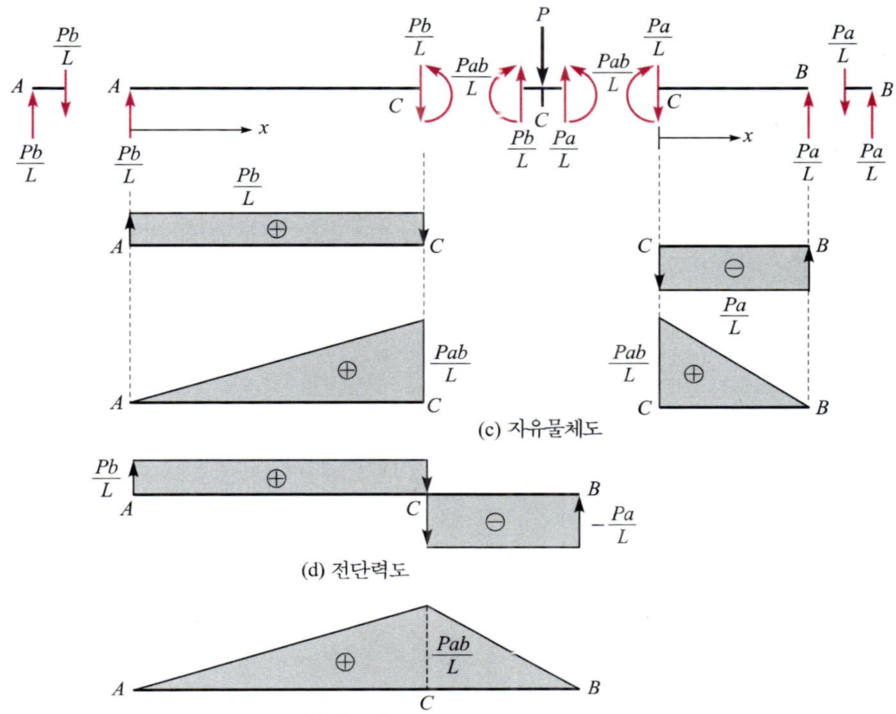

(c) 자유물체도

(d) 전단력도

(e) 휨모멘트

예제 그림 3.3

1) 반력

지점 A와 B에서의 반력은 예제 그림 3.3(b)의 전체 구조를 자유물체도에서 $\Sigma M_A = 0$, $\Sigma M_B = 0$ 및 $\Sigma F_y = 0$ 의 평형방정식을 사용하여 구하면 다음과 같다.

$$\Sigma M_B = 0(\curvearrowright +) \ : \ R_{Ay}L - Pb = 0$$

$$\therefore \ R_{Ay} = \frac{Pb}{L}$$

$$\Sigma M_A = 0(\curvearrowleft +) \ : \ R_{By}L - Pa = 0$$

$$\therefore \ R_{By} = \frac{Pa}{L}$$

2) 전단력도

A점 : 예제 그림 3.3(c)의 자유물체도에서 지점 A에는 상향의 수직반력 Pb/L가 작용하므로 A점의 전단력은 $V_A = Pb/L$이고, 전단력도에서는 0에서 Pb/L로 증가하는 수직선이 된다.

AC 부재 : AC 부재의 자유물체도에서 A점에는 상향으 Pb/L가 작용하고, 이 구간에는 부재에 수직으로 작용하는 하중이 없으므로 임의의 단면에서의 전단력은 거리에 관계없이 $V_x^{AB} = Pb/L$(시계방향)로 일정하다. 즉, 전단력도의 기울기가 0이라고 할 수도 있다.

C점 : C절점의 자유물체도에서 C점에는 하향의 집중하중 P가 작용하므로 C점 바로 좌측의 전단력은 $V_{CL}^{AC} = Pb/L$에서부터 P만큼 감소한다. 즉, C점 바로 우측에서의 전단력 V_{CR}^{CB}은 C절점의 자유물체도에서

$$\Sigma F_y = 0(\uparrow +) \ : \ \frac{Pb}{L} - P + V_{CR}^{CB} = 0$$

$$\therefore \ V_{CR}^{CB} = (-)\frac{L-b}{L}P = (-)\frac{Pa}{L}$$

CB 부재 : CB 부재의 자유물체도에서 C점에는 하향의 Pa/L가 작용하고, 이 구간에는 부재에 수직으로 작용하는 하중이 없으므로 임의의 단면에서의 전단력 $V_x^{CB} = (-)Pa/L$(반시계방향)로 일정하다. 즉, 전단력도의 기울기가 0이라고 할 수도 있다.

B점 : 지점 B에는 상향의 수직반력 Pa/L가 작용하고 있으므로 B점의 전단력은 영이고, 전단력도에서는 $(-)Pa/L$에서 0로 증가하는 수직선이 된다.

예제 그림 3.3(d)는 위의 결과를 그림으로 나타낸 전단력도이다.

3) 휨모멘트도

A점 : 지점 A는 힌지지점이므로 휨모멘트가 0이다.

AC 부재 : AC 부재의 자유물체도에서 임의의 단면에서의 휨모멘트는 다음과 같다.

$$M_x = \frac{Pb}{L}x \text{(양의 전단력 또는 부재의 윗면을 압축시킴) : 기울기가 } \frac{Pb}{L} \text{ 인 직선}$$

C점 : C점의 휨모멘트는 위의 식에 $x=a$를 대입하면 구하면 다음과 같다.

$$M_C = M_{x=a} = \frac{Pb}{L}a$$

또는 C점의 휨모멘트는 A점과 C점 사이의 휨모멘트 차이가 AC 구간 전단력도의 면적과 같으므로 $M_C = Pab/L$이다.

CB 부재 : CB 부재의 자유물체도에서 임의의 단면에서의 휨모멘트는 다음과 같다.

$$M_x = \frac{Pab}{L} - \frac{Pa}{L}x \text{ : 기울기가 } (-)\frac{Pa}{L} \text{ 인 직선}$$

B점 : B점의 휨모멘트는 위의 식에 $x=b$를 대입하여 구하면 다음과 같다.

$$M_B = M_{x=b} = \frac{Pab}{L} - \frac{Pa}{L}b = 0$$

그리고 C점과 B점 사이의 휨모멘트 차이는 CB 구간 전단력도의 면적과 같으므로 $(-)Pab/L$가 되어 B점에서의 휨모멘트는 0이 된다.

예제 그림 3.3(e)는 위의 결과를 그림으로 나타낸 휨모멘트도이다.

예제 3.4 예제 그림 3.4(a)와 같이 등분포하중 w가 작용하는 단순보의 하중도, 전단력도 및 휨모멘트도를 그려라.

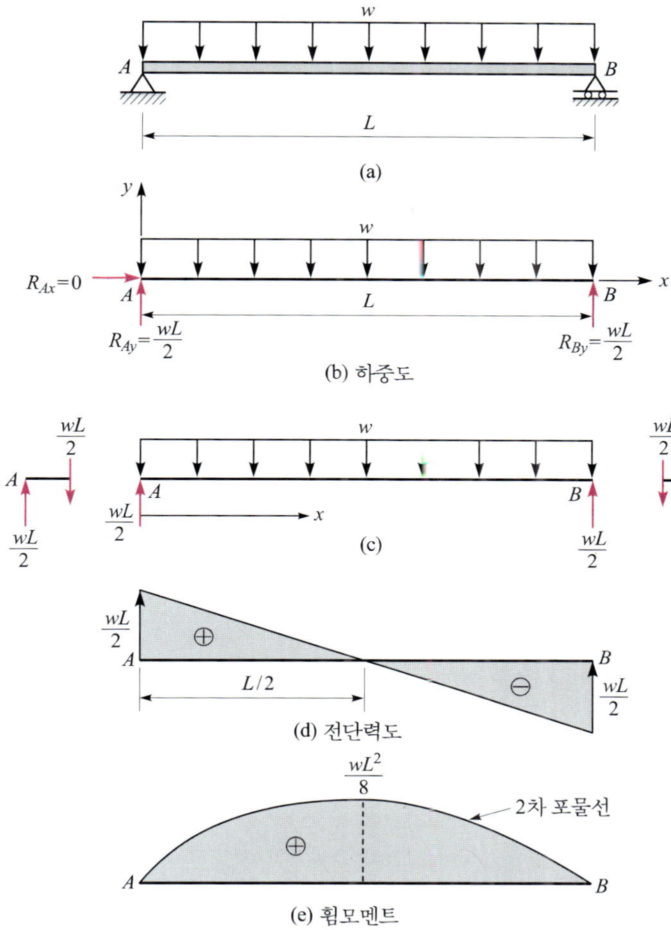

예제 그림 3.4

1) 반력

지점 A와 B의 반력은 예제 그림 3.4(b)의 전체 구조물 자유물체도에 대한 평형방정식을 적용하여 구하면 다음과 같다.

$$\Sigma M_B = 0(\curvearrowright +) \;:\; R_{Ay}L - (\omega L)(L/2) = 0$$

$$\therefore\; R_{Ay} = \frac{\omega L}{2}$$

$$\Sigma M_A = 0(\curvearrowleft +) \;:\; R_{By}L - (\omega L)(L/2) = 0$$

$$\therefore\ R_{By} = \frac{\omega L}{2}$$

$$\Sigma F_y = 0(\uparrow +)\ :\ R_{Ay} + R_{By} - (\omega L) = 0 \quad \therefore\ OK.$$

2) **전단력도**

A점 : 예제 그림 3.4(c)의 자유물체도에서 지점 A에는 상향의 수직반력 $\omega L/2$이 작용하므로 A점의 전단력은 $V_A = \omega L/2$이고, 전단력도에서는 0에서 $\omega L/2$로 증가하는 수직선이 된다.

AB 부재 : 예제 그림 3.4(c)의 AB 부재 자유물체도에서 A점에는 상향의 $\omega L/2$이 작용하고 이 구간에는 하향의 등분포하중 w가 작용하므로 이 구간 임의의 단면에서의 전단력은 다음과 같다.

$$V_x^{AB} = \frac{\omega L}{2} - \omega x \quad : \text{ 기울기가 } -w\text{ 인 직선}$$

전단력의 값이 영인 위치는 위의 식에서 $x = L/2$이다.

B점 : B점의 전단력은 위의 식에 $x = L$를 대입하여 구하면 다음과 같다.

$$V_B = V_{x=L} = \frac{\omega L}{2} - \omega L = (-)\frac{\omega L}{2}$$

또는 A점과 B점 사이의 전단력 차이는 두 점 사이의 하중도의 면적과 같으므로

$$V_B = V_A - wL = \frac{wL}{2} - wL = (-)\frac{wL}{2}$$

예제 그림 3.4(d)는 위의 결과를 그림으로 나타낸 전단력도이다.

3) **휨모멘트도**

A점 : 지점 A는 힌지지점이므로 휨모멘트가 0이다.

AB 부재 : 예제 그림 3.4(c)의 자유물체도에서 AB구간 임의의 단면에서의 휨모멘트는 다음과 같다.

$$M_x = \frac{\omega L}{2}x - (\omega x)(\frac{x}{2}) = \frac{\omega L}{2}x - \frac{\omega}{2}x^2$$

AB 부재의 휨모멘트는 양의 전단력 또는 부재의 윗면을 압축시키므로 양(+)의 값이고 2차 포물선이다. 그리고 최대 휨모멘트는 위의 휨모멘트 식의 기울기가 영(zero)일 때 발생하므로

$$\frac{dM_x}{dx} = \frac{\omega L}{2} - \omega x = 0$$

위의 식은 AB 부재의 전단력 식과 같다. 즉, 전단력의 값이 영인 중앙점($x = L/2$)에서 최대 휨모멘트가 발생한다. 따라서

$$M_{\max} = M_{x=L/2} = (\frac{\omega L}{2})(\frac{L}{2}) - (\frac{\omega}{2})(\frac{L}{2})^2 = \frac{\omega L^2}{8}$$

또는 A점의 휨모멘트 값은 0이고, 지간 중앙점에서의 최대 휨모멘트는 두 점 A점과 지간의 중앙 점 사이의 전단력도의 면적과 같다. 즉,

$$M_{\max} = (\frac{wL}{2})(\frac{L}{2})(\frac{1}{2}) = \frac{wL^2}{8}$$

B점 : B점은 롤러지점이므로 휨모멘트가 영이다. 그리고 지간의 중앙 점과 B점 사이의 휨모멘트 차이는 두 점 사이의 전단력도의 면적과 같으므로 B점의 휨모멘트는 0이 된다.

전단력이나 휨모멘트의 값이 갑자기 변하는 단면이나, 최대 또는 최솟값이 발생하는 단면에서의 전단력이나 휨모멘트 값은 그 값을 반드시 표시할 필요가 있다.

예제 그림 3.4(e)는 위의 결과를 그림으로 나타낸 휨모멘트도이다.

예제 3.5

예제 그림 3.5(a)와 같이 집중하중이 작용하는 외팔보의 하중도, 전단력도 및 휨모멘트도를 그려라.

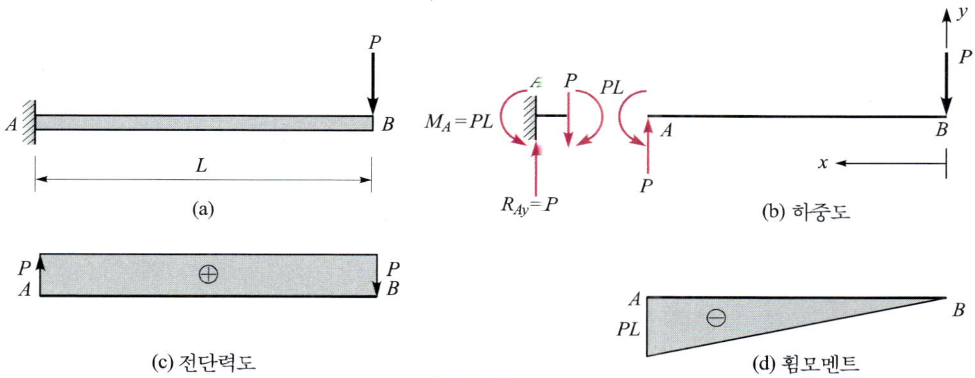

예제 그림 3.5

1) 반력과 전단력에 대한 설명은 생략한다.
2) 휨모멘트도

예제 그림 3.5(b)의 자유물체도에서 좌표의 원점을 B점에 잡으면, AB 부재 임의의 단면에서의 휨모멘트는 다음과 같다.

$$\Sigma M_x = 0(\curvearrowright +) \quad : (-)M_x + Px = 0$$

$$\therefore\ M_x = Px \text{(가정한 방향 : 음의 휨모멘트)}$$

예제 그림 3.5(b)의 자유물체도에서 부재의 아랫면이 압축되는 휨모멘트, 즉 음의 휨모멘트로 가정하였기 때문에 AB 구간에 발생하는 휨모멘트는 다음과 같다.

$$M_x = (-)Px \quad : \text{기울기가 } (-)P\text{인 직선}$$

고정단 A점의 휨모멘트는 위의 식에 $x=L$를 대입하면 $M_A=(-)PL$이다. 그리고 A점과 B점 사이의 휨모멘트 차이는 이 구간의 전단력도 면적인 PL이 되므로 자유단 B점의 휨모멘트는 영이 된다. 자유단에 집중하중이나 우력이 작용하지 않는다면 자유단에서의 전단력과 휨모멘트의 값은 영이다.

예제 그림 3.5(c)와 (d)에는 전단력도와 휨모멘트도를 각각 나타내었다.

예제 3.6 예제 그림 3.6(a)와 같이 등분포하중이 작용하는 외팔보의 하중도, 전단력도 및 휨모멘트도를 그려라.

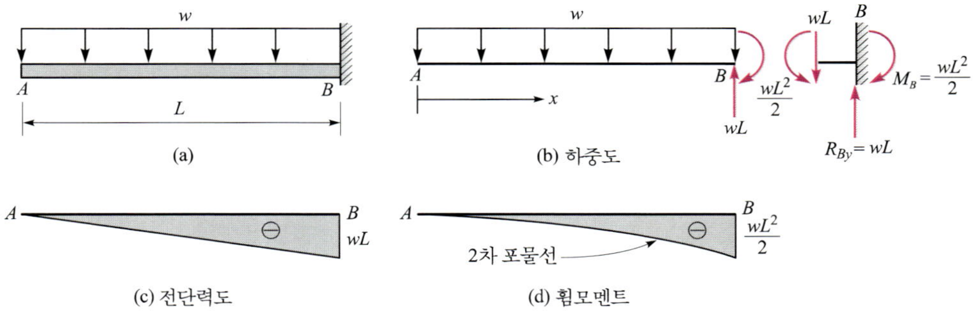

예제 그림 3.6

1) 반력에 대한 설명은 생략한다.

2) 전단력도

예제 그림 3.6(b)의 자유물체도에서 연직방향 힘의 평형방정식을 적용하면

$$\Sigma F_y = 0(\uparrow +) \ : \ (-)wx + V_x = 0$$

$$\therefore \ V_x = \omega x \text{(가정한 방향 : 음의 전단력)}$$

예제 그림 3.6(b)의 자유물체도에서 부재를 반시계방향으로 회전시키는 전단력, 즉 음의 전단력으로 가정하였기 때문에 AB 구간 임의의 단면에서의 전단력은 다음과 같다.

$$V_x = (-)\omega x \ : \text{기울기가 } (-)\omega\text{인 직선.}$$

고정단인 B점의 전단력은 위의 식에 $x = L$를 대입하면 $V_B = (-)\omega L$이다. 또한, A점과 B점 사이의 전단력 차이는 두 점 사이의 하중도 면적인 $(-)wL$과 같다.

3) 휨모멘트도

예제 그림 3.6(b)의 자유물체도에서 AB 부재 임의의 단면에서의 휨모멘트는 다음과 같다.

$$\Sigma M_x = 0(\curvearrowright +) \ : \ M_x - (\omega x)(\frac{x}{2}) = 0$$

$$\therefore \ M_x = \frac{\omega}{2}x^2 \text{(가정한 방향 : 음의 휨모멘트)}$$

예제 그림 3.6(b)의 자유물체도에서 부재의 아랫면이 압축되는 휨모멘트, 즉 음의 휨모멘트로 가정하였기 때문에 AB 구간에 발생하는 휨모멘트는 다음과 같다.

$$M_x = (-)\frac{\omega}{2}x^2 \ : \text{기울기가 } A\text{점에서 영이고 } B\text{점에서 } (-)\omega L\text{인 2차 포물선.}$$

고정단 B점에서의 휨모멘트는 위의 식에 $x = L$를 대입하면 $M_B = (-)(\omega/2)L^2$이다.

예제 그림 3.6(c)와 (d)에는 전단력도와 휨모멘트도를 각각 나타내었다.

예제 3.7 예제 그림 3.7(a)에 나타낸 내민보의 하중도, 전단력도 및 휨모멘트도를 그려라.

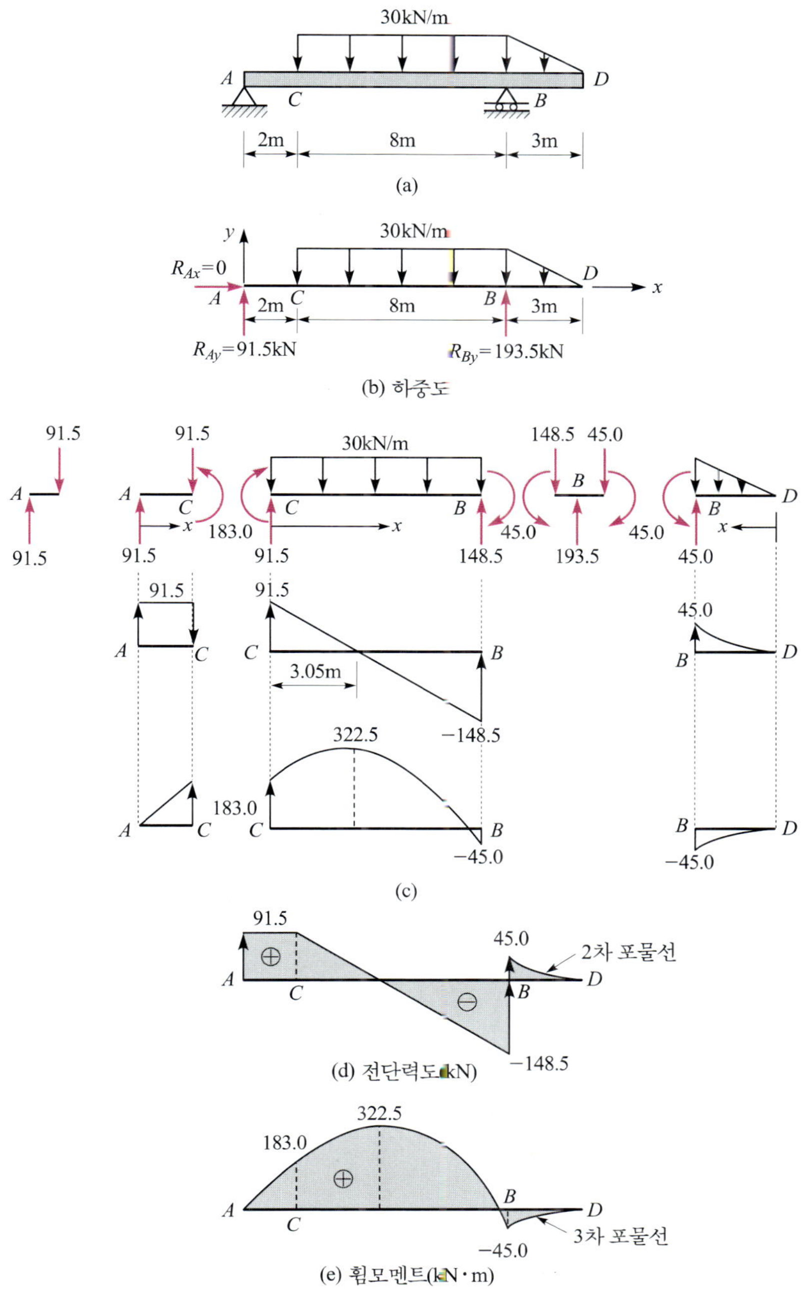

예제 그림 3.7

1) **반력**

지점 A와 B의 반력은 예제 그림 3.7(b)의 자유물체도에서 평형조건을 적용하여 구하면 다음과 같다.

$$\Sigma M_B = 0(\curvearrowright +)\ :\ R_{Ay}(10) - (30)(8)(4) + (30)(3)(1/2)(1) = 0$$

$$\therefore\ R_{Ay} = 91.5\,kN(\uparrow)$$

$$\Sigma F_y = 0(\uparrow +)\ :\ 91.5 - (30)(8) - (30)(3)(1/2) + R_{By} = 0$$

$$\therefore\ R_{By} = 193.5\,kN(\uparrow)$$

2) **전단력도**

A점 : 예제 그림 3.4(c)의 자유물체도에서 지점 A에는 상향의 수직반력 $91.5\,kN$이 작용하므로 A점의 전단력은 $91.5\,kN$이고, 전단력도에서는 0에서 $91.5\,kN$로 증가하는 수직선이 된다.

AC 부재 : 예제 그림 3.4(c)의 AC 부재 자유물체도에서 A점에는 상향의 $91.5\,kN$이 작용하고, AC 부재에는 부재에 수직으로 작용하는 하중이 없으므로 AC 구간 임의의 단면에서의 전단력은 거리에 관계없이 일정하다.

$$V_x = 91.5\,kN$$

CB 부재 : 예제 그림 3.4(c)의 CB 부재 자유물체도에서 C점에는 상향으로 $91.5\,kN$이 작용하고 CB 부재에는 하향의 등분포하중 $30\,kN/m$이 작용한다. 좌표 원점을 C점에 잡고 연직방향의 평형조건을 적용하면

$$V_x = (91.5) - 30x$$

B점 : B점 바로 좌측에서의 전단력을 V_{BL}로 나타내고, 위의 식에 $x = 8m$를 대입하면 다음과 같다.

$$V_{BL} = V_{x=8} = 91.5 - (30)(8) = -148.5\,kN$$

그리고 B점 바로 우측에서의 전단력을 V_{BR}로 나타내고, 예제 그림 3.4(c)의 B점 자유물체도에서 지점 B에는 상향의 수직반력 $193.5\,kN$이 작용하므로 연직방향 힘의 평형조건을 적용하면

$$V_{BR} = (-)148.5 + 193.5 = 45.0\,kN$$

BD 부재 : 예제 그림 3.4(c)의 BD 부재 자유물체도에서 좌표 원점을 D점에 잡으면

$$V_x = (10x)(x)(1/2) = 5x^2$$

위의 식에서 D점의 전단력은 영이고, B점 바로 우측의 전단력은 위의 식에 $x = 3m$을 대입하면 $V_{BR} = (5)(3)^2 = 45.0\,kN$로 위에서 구한 값과 동일하다.

만약, D점의 전단력이 영이 아니면 반력의 계산 또는 전단력의 중간 계산 과정이 틀렸음을 의미한다. 전단력이 영이 되는 위치는 최대 또는 최소 휨모멘트가 발생되는 위치이므로 그 위치를 반드시 구해야 한다. 예제 그림 3.4(c)의 CB 부재 자유물체도에서 전단력이 영이 되는 위치는 C점으로부터 $x = 3.05\text{m}$이다.

$V_x = 91.5 - 30x = 0$ 에서 $x = 3.05\text{m}$

3) 휨모멘트도

A점 : A점은 힌지지점이므로 휨모멘트는 영이다.

AC 부재 : 예제 그림 3.4(c)의 AC 부재 자유물체도에서 A점에는 상향의 $91.5\,kN$이 작용하고 이 부재에 하중이 작용하지 않으므로 다음과 같다.

$$M_x = 91.5x$$

C점 : C점의 휨모멘트는 위의 식에 $x = 2\text{m}$ 를 대입하여 구하면 다음과 같다.

$$M_C = M_{x=2} = (91.5)(2) = 183.0\,kN \cdot m$$

CB 부재 : 예제 그림 3.4(c)의 CB 부재 자유물체도에서 C점에는 상향의 $91.5\,kN$이 작용하고, CB 부재에는 하향의 등분포하중 $30.0\,kN/m$가 작용하므로 다음과 같다.

$$M_x = 183.0 + 91.5x - (30x)(x)(x/2) = 183.0 + 91.5x - 15x^2$$

최대 휨모멘트는 위의 식에 $x = 3.05\text{m}$ 를 대입하여 구하면 다음과 같다.

$$M_{\max} = M_{x=3.05} = 183.0 + (91.5)(3.05) - (15)(3.05^2) = 322.5\,kN \cdot m$$

B점 : B점의 휨모멘트는 위의 식에 $x = 8\text{m}$ 를 대입하여 구하면 다음과 같다.

$$M_B = M_{x=8} = 183.0 + (91.5)(8) - (15)(3^2) = (-)45.0\,kN \cdot m$$

BD 부재 : 예제 그림 3.4(c)의 BD 부재 자유물체도에서 좌표 원점을 D점에 잡으면

$$M_x = (-)(10x)(x)(\frac{1}{2})(\frac{x}{3}) = (-)(\frac{5}{3})x^3$$: 기울기가 (-)(5/3)인 3차 포물선.

위의 식에서 자유단 D점의 휨모멘트는 영이고, B점의 휨모멘트는 위의 식에 $x = 3\text{m}$ 를 대입하면 $M_B = M_{x=3} = (-)(5/3)(3^3) = (-)45.0\,kN \cdot m$ 로 위에서 구한 값과 동일하다.

예제 그림 3.7(d)와 (e)에는 전단력도와 휨모멘트드를 각각 나타내었다.

예제 3.8 예제 그림 3.8(a)와 같은 게르버 보의 하중도, 전단력도 및 휨모멘트도를 그려라.

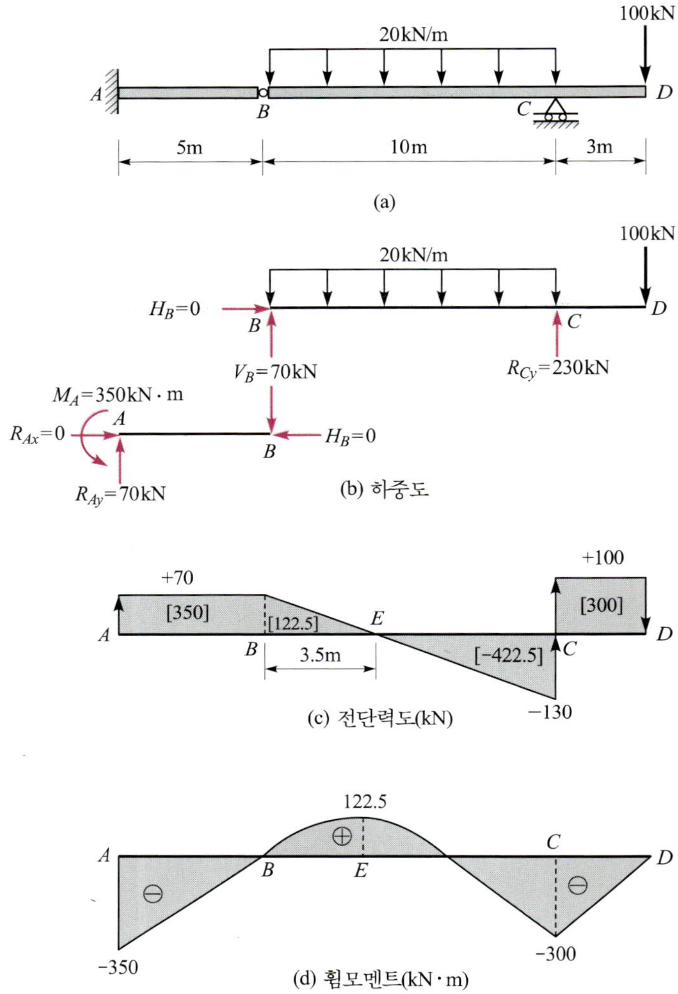

예제 그림 3.8

1) 반력

예제 그림 3.8(b)의 BD 부재 자유물체도에서 지점반력은 다음과 같다.

$$\Sigma M_B = 0(\curvearrowright +)\ :\ (20)(10)(10/2) - R_{Cy}(10) + (100)(13) = 0$$

$$\therefore\ R_{Cy} = 230\,kN(\uparrow)$$

$$\Sigma F_y = 0(\uparrow +)\ :\ V_B - (20)(10) - 100 + R_{Cy} = V_B - 200 - 100 + 230 = 0$$

$\therefore\ V_B = 70\,kN(\uparrow)$

예제 그림 3.8(b)의 AB 부재 자유물체도에서 반력은 다음과 같다.

$$\Sigma F_y = 0(\uparrow +)\ :\ R_{Ay} - 70 = 0$$
$$\therefore\ R_{Ay} = 70\,kN(\uparrow)$$
$$\Sigma M_A = 0(\curvearrowright +)\ :\ (-)M_A + (70)(5) = 0$$
$$\therefore\ M_A = 350\,kN \cdot m\ (\text{가정한 방향 : 음의 휨모멘트})$$

2) **전단력도**

하중과 전단력과의 관계를 이용하여 전단력을 구한다.

A점 : A점에는 상향의 수직반력 $70\,kN$이 작용하므로 A점 바로 우측에서의 전단력을 V_{AR}로 표시하면 $V_{AR} = 70\,kN$이다.

AB 부재 : AB 구간에는 부재에 수직으로 작용하는 하중이 없으므로 전단력이 $70\,kN$으로 일정하다.

B점 : B점의 전단력은 AB 구간에 부재에 수직으로 작용하는 하중이 없으므로

$$V_B = 70 + 0 = 70\,kN$$

BC 부재 : BC 구간에는 하향의 등분포하중 $20\,kN/m$이 작용하므로

$$V_x = 70 - 20x$$

C점 : C점 바로 좌측과 우측에서의 전단력을 각각 V_{CL}과 V_{CR}로 나타내면, BC 구간 하중도의 면적은 $(-)(20)(10) = (-)200\,kN$이고, C점에는 상향의 반력 $230\,kN$이 작용하므로

$$V_{CL} = 70 - (20)(10) = (-)\,130\,kN$$
$$V_{CR} = (-)130 + 230 = 100\,kN$$

CD 부재 : CD 구간에는 부재에 수직으로 작용하는 하중이 없으므로 전단력이 $100\,kN$으로 일정하다.

D점 : D점에는 하향의 집중하중 $100\,kN$이 작용하므로

$$V_{DL} = 100\,kN$$
$$V_{DR} = V_{DL} - 100 = 100 - 100 = 0\,kN$$

전단력이 영이 되는 위치는 BC 부재 전단력 식으로부터 $70 - 20x = 0$, $x = 3.5\,\mathrm{m}$이다. 그리고 AB 구간과 CD 구간에는 부재에 수직으로 작용하는 하중이 없으므로 전단력이 일정하여 전단력도의 기울기는 영이고, BC 구간에 등분포하중이 작용하여 하중도의 기울기가 영이므로 전단력도의 기울기는 직선이다.

3) **휨모멘트도**

전단력과 휨모멘트와의 관계를 이용하여 휨모멘트를 구한다.

A점 : A점에는 반력모멘트가 작용하므로 $M_A = (-)350\,\text{kN}\cdot\text{m}$

B점 : A점의 휨모멘트에 AB 구간 전단력도의 면적을 더하면

$$M_B = (-)350 + 350 = 0$$

E점 : $M_E = M_B + BE$구간 전단력도의 면적 $= 0 + 122.5 = 122.5\,\text{kN}\cdot\text{m}$

C점 : $M_C = M_E + EC$구간 전단력도의 면적 $= 122.5 - 422.5 = (-)300\,\text{kN}\cdot\text{m}$

D점 : $M_D = M_C + CD$구간 전단력도의 면적 $= (-)300 + 300 = 0$

AB 구간과 CD 구간 전단력도의 기울기가 영이므로 휨모멘트도의 기울기는 직선이고, BC 구간 전단력도의 기울기가 직선이므로 휨모멘트도의 기울기는 2차 포물선이다.

예제 그림 3.8(c)와 (d)에는 전단력도와 휨모멘트도를 각각 나타내었다.

예제 3.9 예제 그림 3.9(a)와 같은 부정정구조물의 반력들을 부정정구조물 해석방법을 사용하여 구한 후 반력과 하중도를 그린 것이 예제 그림 3.9(b)이다. 예제 그림 3.9(b)를 사용하여 전단력도와 휨모멘트도를 그려라.

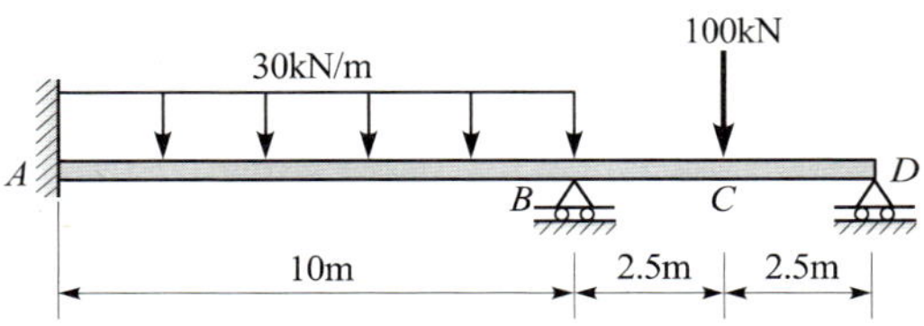

(a)

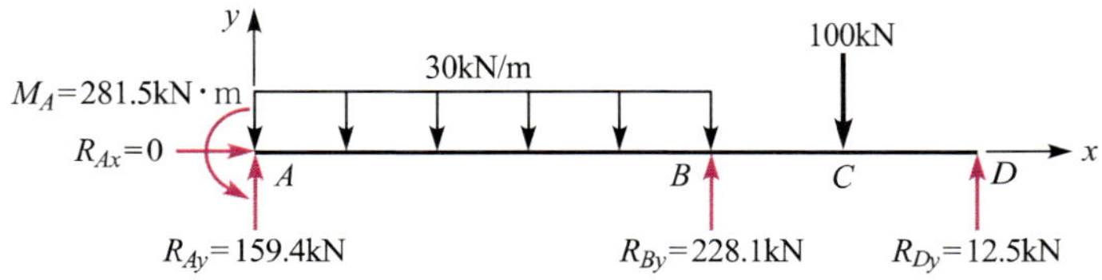

(b) 하중도

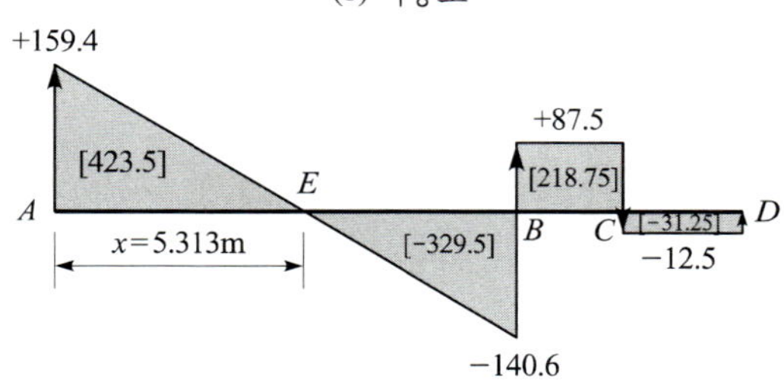

(c) 전단력도(kN)

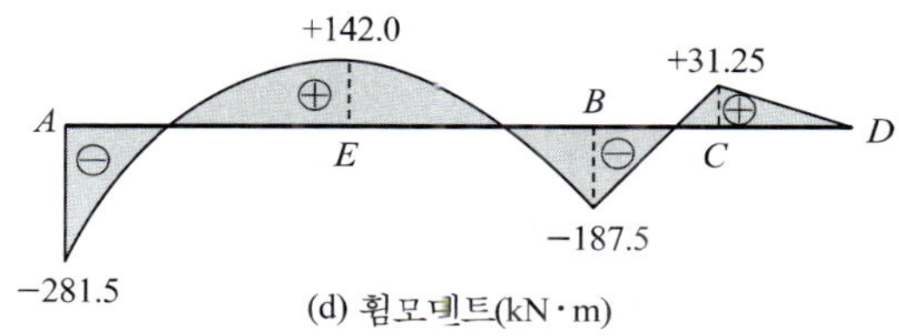

(d) 휨모멘트(kN·m)

예제 그림 3.9

1) **전단력도**

하중과 전단력과의 관계를 이용하여 전단력을 구한다. 이 때 예제 그림 3.9(b)의 하중도에서 하중도의 면적을 구하여 전단력을 구하면 된다.

A점 : $V_A = R_{Ay} = (+)159.4\,\text{kN}$

B점 : $V_{BL} = 159.4 - (30)(10) = (-)140.6\,\text{kN}$

$V_{BR} = (-)140.6 + 228.1 = 87.5\,\text{kN}$

C점 : $V_{CL} = 87.5 + 0 = 87.5\,\text{kN}$

$V_{CR} = 87.5 - 100.0 = (-)12.5\,\text{kN}$

D점 : $V_{DL} = (-)12.5 + 0 = (-)12.5\,\text{kN}$

$V_{DR} = (-)12.5 + 12.5 = 0\,\text{kN}$

전단력이 0이 되는 위치 E는 $V_x = 159.4 - 30x = 0$, $x = 5.313\,\text{m}$이다. 그리고 AB 구간에는 등분포하중이 작용하여 하중도의 기울기가 영이므토 전단력도의 기울기는 직선이고, BC와 CD 구간에는 부재에 수직으로 작용하는 하중이 없으므로 전단력도의 기울기는 영이다.

2) **휨모멘트도**

전단력과 휨모멘트와의 관계를 이용하여 휨모멘트를 구한다. 이 때 예제 그림 3.9(c)의 전단력도에서 전단력도의 면적을 미리 구해 놓는 것이 편리하다.

A점 : $M_A = (-)281.5\,\text{kN}\cdot\text{m}$

E점 : $M_E = M_{\max} = (-)281.5 + 423.5 = 142.0\,\text{kN}\cdot\text{m}$

B점 : $M_B = 142.0 - 329.5 = (-)187.5\,\text{kN}\cdot\text{m}$

C점 : $M_C = (-)187.5 + 218.75 = 31.25\,\text{kN}\cdot\text{m}$

D점 : $M_D = 31.25 - 31.25 = 0\,\text{kN}\cdot\text{m}$

휨모멘트도의 기울기는 AB 구간에서 2차 포물선이고, BC와 CD 구간에서 직선이다. 또한, AB 구간에서 최대 휨모멘트 $M_{\max}$는 전단력이 0이 되는 E점에서 발생하고, 이 점에서 휨모멘트도의 기울기는 0이 된다.
예제 그림 3.9(c)와 (d)에는 전단력도와 휨모멘트도를 각각 나타내었다.

예제 3.10 예제 그림 3.10(a)에 나타낸 구조물의 하중도, 전단력도 및 휨모멘트도를 그려라.

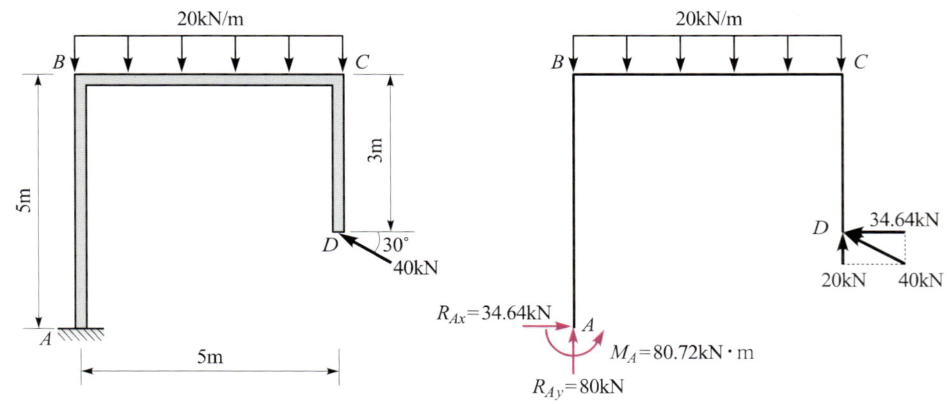

(a) (b) 하중도

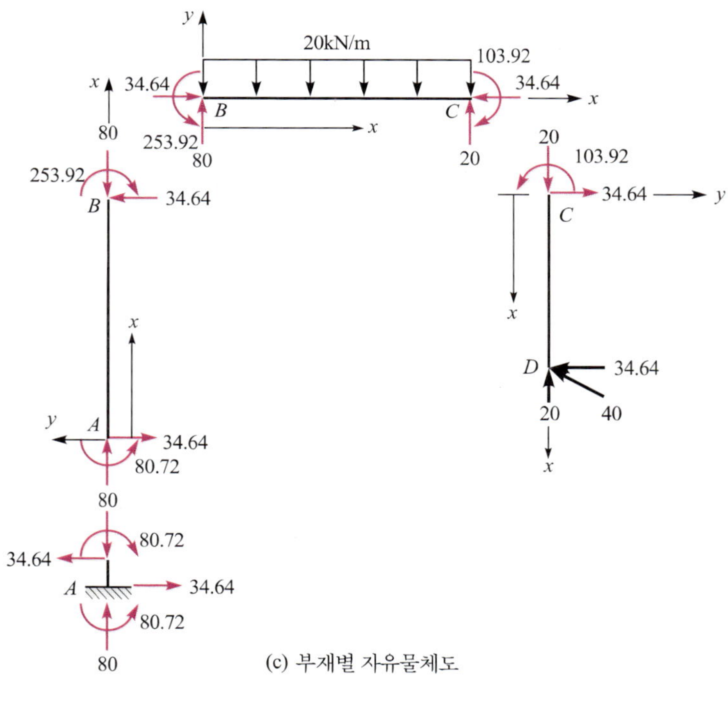

(c) 부재별 자유물체도

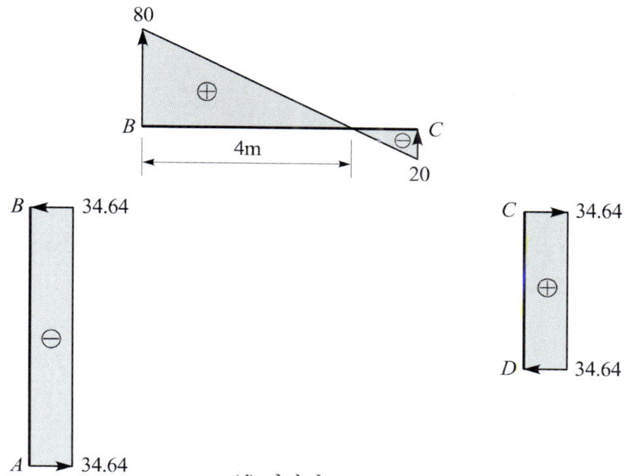

(d) 전단력도(kN)

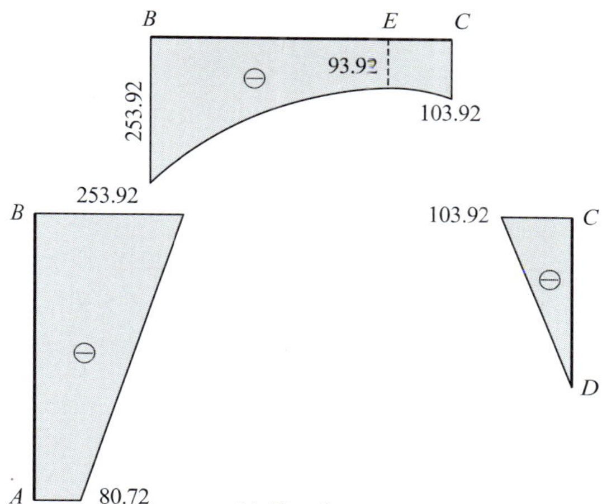

(e) 휨모멘트(kN·m)

예제 그림 3.10

1) 반력

예제 그림 3.10(b)의 자유물체도에서 평형방정식을 적용하여 반력을 구하면 다음과 같다.

$$\Sigma F_x = 0(\rightarrow +) \ : \ R_{Ax} - (40)\cos(30) = 0$$

$$\therefore \ R_{Ax} = (40)\cos(30) = 34.64\,\text{kN}(\rightarrow)$$

$$\Sigma F_y = 0(\uparrow +) \ : \ R_{Ay} - (20)(5) + (40)\sin(30) = 0$$

$$\therefore \ R_{Ay} = 80.0\,\text{kN}(\uparrow)$$

$$\Sigma M_A = 0(\curvearrowleft +) \ : \ M_A + (34.64)(2) + (20)(5) - (20)(5)(5/2) = 0$$

$\therefore\ M_A = 80.72\,\text{kN}\cdot\text{m}$ (가정한 방향 : ↶)

2) 부재별 자유물체도

예제 그림 3.10(c)에는 A점, AB, BC 및 CD 부재에 대한 자유물체도를 나타내었다. A점의 자유물체도에서 A점 바로 위쪽의 축력, 전단력 및 휨모멘트의 값은 A점의 반력과 방향만 반대로 취하면 된다.

AB 부재의 자유물체도에서 A점의 축력, 전단력 및 휨모멘트의 값은 A점 바로 위쪽의 값과 방향만 반대로 취하면 되고, B점의 축력, 전단력 및 휨모멘트의 값은 평형방정식을 사용하여 구한다.

BC 부재의 자유물체도에서 B점의 축력, 전단력 및 휨모멘트는 AB부재 B점의 값과 방향만 반대로 취하면 되고, C점의 단면력은 BC 부재가 평형을 유지하도록 평형방정식을 사용하여 구한다.

CD 부재의 자유물체도에서 C점의 단면력은 BC부재의 C점의 값과 방향만 반대로 취하면 된다. $\Sigma M_D = (34.64)(3) - 103.92 = 0$으로서 계산의 오차가 없다. 만약, D점의 휨모멘트가 영이 아닌 경우에는 반력의 계산 또는 중간 계산과정 중에 틀린 부분이 있음을 의미하므로 계산의 재검토가 필요하다.

3) 전단력도

라멘의 경우에도 전단력의 부호는 보의 전단력에 대한 부호와 같이 부재를 시계방향으로 회전시킬 때 양(+)으로 정의한다. 라멘의 전단력도를 작성할 때 양의 전단력을 라멘의 바깥쪽에 그리는 것이 좋다. 예제 그림 3.10(d)는 예제 그림 3.10(c)의 부재별 자유물체도를 사용하여 부재별 전단력도를 그린 것이다. 예제 그림 3.9(c)의 부재별 자유물체도로부터

A점 : 고정단 A점의 수평반력 34.64 kN은 A점의 자유물체도에서 A점을 반시계방향으로 회전시키므로 전단력의 부호는 음(-)이다.

$$V_A = (-)34.66\,\text{kN}\ (\text{반시계방향})$$

AB 부재 : AB 부재에는 부재에 수직으로 작용하는 하중이 없으므로 전단력이 일정하다.

$$V_x = V_{A\sim B} = (-)34.64\,\text{kN}$$

BC 부재 : BC 부재 B점에는 R_{Ay}와 같은 상향의 80.0 kN이 작용하고, BC 부재에는 하향의 등분포하중 20 kN/m이 작용하므로

$$V_x = R_{Ay} - 20x = 80.0 - 20x$$

$$\therefore\ V_B = 80\,\text{kN}\ :\ \text{위의 식에서}\ x = 0.0\,\text{m}$$

$$\therefore\ V_C = 80 - (20)(5) = (-)20\,\text{kN}\ :\ \text{위의 식에서}\ x = 5.0\,\text{m}$$

CD 부재 : $V_x = V_{C\sim D} = 34.64\,\text{kN}$

전단력이 0이 되는 위치 E는 $V_x = 80 - 20x = 0$, $x = 4.0\,\text{m}$이다. 그리고 AB와 CD 부재에는

부재에 수직으로 작용하는 하중이 없으므로 전단력도의 기울기가 영이고, BC 부재에는 등분포하중이 작용하여 하중도의 기울기가 영이므로 전단력도의 기울기가 직선이다.
예제 그림 3.10(d)에는 전단력도 나타내었다.

4) **휨모멘트도**

보의 휨모멘트 부호규약에서 부재의 윗면을 압축시키고 아랫면을 인장시키는 휨모멘트를 양(+)으로 정의하였다. 보에 대한 예제에서와 같이 양의 휨모멘트를 부재의 위쪽에 나타내고, 음의 휨모멘트를 부재의 아래쪽에 나타내는 것은 휨모멘트의 부호를 무시하고 모멘트를 부재의 압축측에 표시하는 것과 같다.

라멘의 수직부재는 보와 같이 부재의 상하부를 규정할 수가 없고 좌우만 구분되므로 휨모멘트의 부호를 보와 같이 규정할 수가 없다. 따라서 라멘의 수직부재에 대한 휨모멘트의 부호는 수직부재에 작용하는 전단력의 부호를 기준으로 결정하는 것이 편리하다. 본 예제의 수직부재인 AB 부재에 대하여 설명하면 다음과 같다.

AB 부재의 A점에는 상향의 수직하중 80 kN, 우측방향의 수평하중 34.64 kN 및 반시계방향 모멘트 80.72 kN · m 가 작용한다. 위의 전단력도에서 설명한 바와 같이 A점에 작용하는 우측방향의 수평하중 34.64 kN은 부재를 반시계방향으로 회전시키므로 A점의 전단력은 (−)34.64 kN이다. 전단력과 휨모멘트와의 관계에서 음(−)의 전단력은 휨모멘트의 값을 감소시키는 효과가 있으므로 우측방향의 수평하중 34.64 kN은 휨모멘트의 값을 감소시키는 효과가 있다. 그러므로 휨모멘트의 부호는 AB 부재의 우측을 압축시킬 때 음(−)의 값이고 좌측을 압축시킬 때 양(+)의 값을 갖는다. 또한, A점에 작용하는 반시계방향의 모멘트 80.72 kN · m 도 AB 부재의 우측을 압축시키므로 이 모멘트의 부호는 음(−)이 된다. 이와 같은 내용을 기준으로 휨모멘트의 값을 구하면 다음과 같다.

A점 : $M_A = (-)80.72\,\text{kN}\cdot\text{m}$

AB 부재 : AB 부재에는 부재에 수직으로 작용하는 하중이 없으므로

$$M_x = (-)80.72 - 34.64x$$

B점 : 위의 식에 $x = 5m$ 를 대입하면

$$M_B = M_{x=5} = (-)80.72 - (34.64)(5) = (-)253.92\,\text{kN}\cdot\text{m}$$

BC 부재 : 수평부재인 BC 부재의 B점에는 상향의 수직하중 80 kN, 우측방향의 수평하중 34.64 kN 및 반시계방향 모멘트 253.92 kN · m 가 작용한다. B점에 작용하는 상향의 수직하중 80 kN은 BC 부재를 시계방향으로 회전시키므로 양의 전단력을 발생시키고 휨모멘트의 값을 증가시키는 효과가 있다. 따라서 BC 부재의 휨모멘트의 부호는 윗면을 압축시킬 때 양(+)의 값이고 아랫면을 압축시킬 때 음(−)의 값을 갖으며 보의 경우와 동일하다.

$$M_x = (-)253.92 + 80x - (20)(x)(x/2) = (-)253.92 + 80x - 10x^2$$

$$M_{max} = M_E = M_{x=4} = (-)253.92 + (80)(4) - (10)(4^2) = (-)93.92\,\text{kN} \cdot \text{m}$$

C점 : 위의 식에 $x = 5\text{m}$를 대입하면

$$M_C = M_{x=5} = (-)253.92 + (80)(5) - (10)(5^2) = (-)103.92\,\text{kN} \cdot \text{m}$$

CD 부재 : CD 부재의 C점에는 하향의 수직하중 80kN, 우측방향의 수평하중 34.64kN 및 반시계방향 모멘트 103.92kN · m가 작용한다. C점에 작용하는 우측방향의 수평하중 34.64kN은 CD 부재를 시계방향으로 회전시키므로 양의 전단력을 발생시키고 휨모멘트의 값을 증가시키는 효과가 있다. 따라서 CD 부재의 휨모멘트 부호는 우측을 압축시킬 때 양(+)의 값이고 좌측을 압축시킬 때 음(−)의 값을 갖는다.

$$M_x = (-)103.92 + 34.64x$$

D점 : 위의 식에 $x = 3\text{m}$를 대입하면

$$M_D = M_{x=3} = (-)103.92 + (34.64)(3) = 0\,\text{kN} \cdot \text{m}$$

예제 그림 3.10(e)에는 휨모멘트도를 나타내었다.

※ 위에서 설명한 내용을 기준으로 라멘의 휨모멘트도를 작성하면 부재의 압축측에 모멘트를 표시하게 된다. 라멘의 부재가 수직부재, 수평부재 또는 경사진 부재 등 어떠한 형태의 부재라도 부재의 압축측에 모멘트를 표시하게 된다. 모멘트가 표시되는 부재의 측면은 모멘트의 방향을 나타내므로 휨모멘트도에서 휨모멘트의 부호를 사용하는 것은 무의미함을 알 수 있다. 본 교재에서는 휨모멘트도를 작성할 때 항상 부재의 압축측에 모멘트를 표시하도록 한다. 또한, 휨모멘트를 부재의 압축측에 그리면 구조물의 처짐 형상을 대략적으로 알 수 있으며, 철근 콘크리트 구조물인 경우에는 주철근의 배근위치를 파악할 수도 있다.

예제 3.11 다음 예제 그림 3.11(a)와 같은 라멘의 반력을 구하여 하중도, 전단력도 및 휨모멘트도를 그려라.

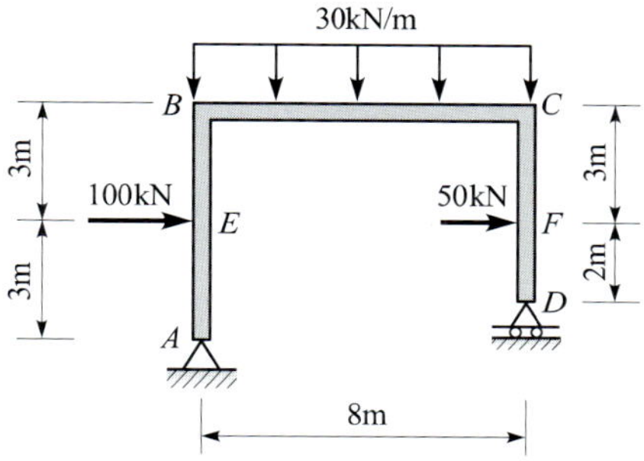

(a)

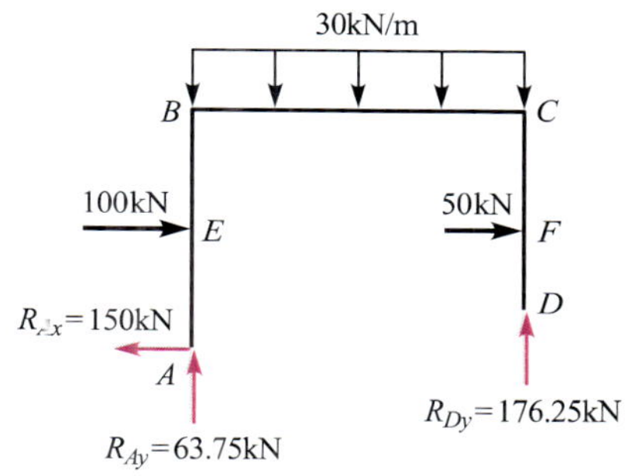

(b) 하중도

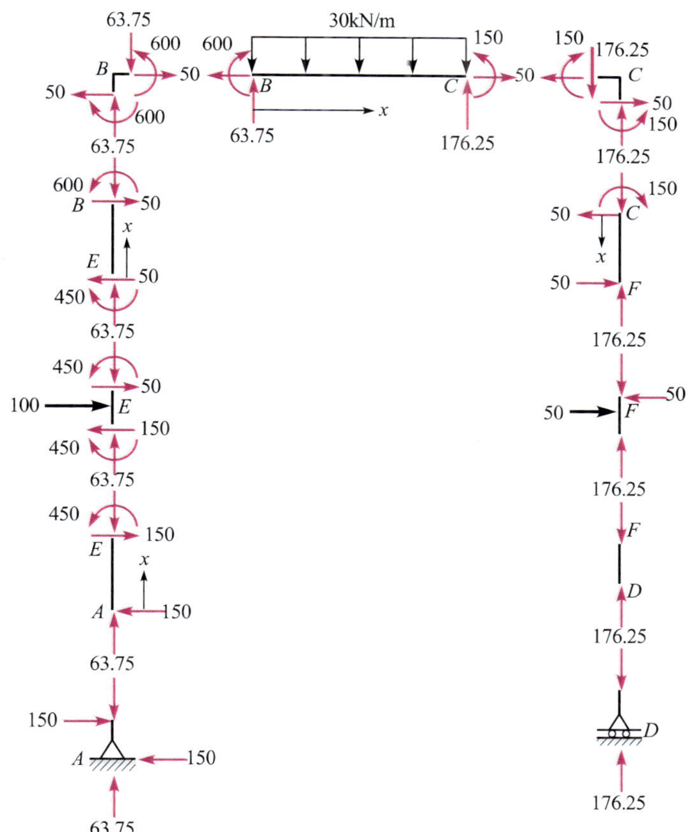

(c) 부재별 자유물체도

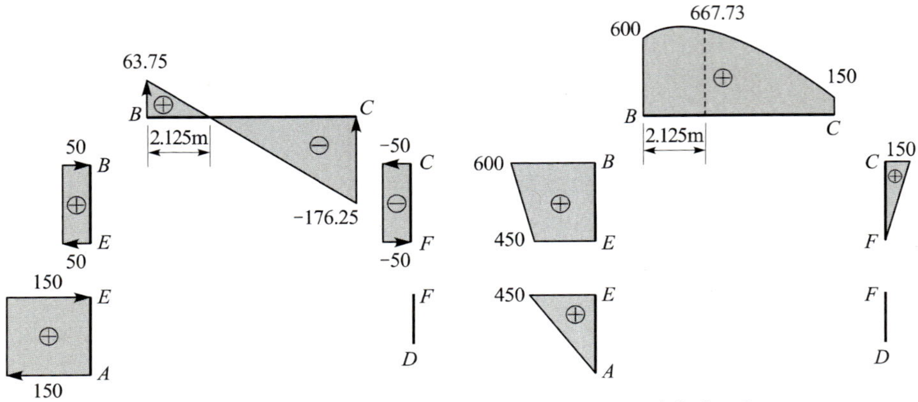

(d) 부재별 전단력도(kN)　　(e) 부재별 휨모멘트도(kN·m)

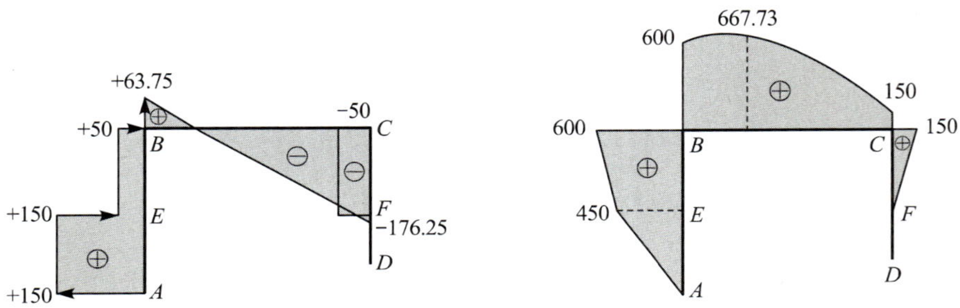

(f) 전체 SFD(kN)　　(g) 전체 BMD(kN·m)

예제 그림 3.11

1) 반력

$$\Sigma F_x = 0(\rightarrow +) \ : \ -R_{Ax} + 100.0 + 50 = 0$$

$$\therefore \ R_{Ax} = 150.0\,kN(\text{가정한 방향}: \leftarrow)$$

$$\Sigma M_A = 0(\curvearrowright +) \ : \ (100)(3) + (30)(8)(8/2) + (50)(3) - R_{Dy}(8) = 0$$

$$\therefore \ R_{Dy} = 176.25\,kN(\uparrow)$$

$$\Sigma F_y = 0(\uparrow +) \ : \ R_{Ay} - (30)(8) + 176.25 = 0$$

$$\therefore \ R_{Ay} = 63.75\,kN(\uparrow)$$

2) 부재별 자유물체도

예제 그림 3.11(c)에는 A점, AE 부재, E점, EB 부재, B점, BC 부재, C점, CF 부재, F점, FD 부재 및 D점에 대한 자유물체도를 나타내었다. AE 부재의 자유물체도에서 E점의 전단력, 축력 및 휨모멘트 값은 평형방정식을 사용하여 구할 수 있다. E점의 자유물체도에서 E점 아래쪽의 축력, 전단력과 휨모멘트는 AE 부재 E점의 값과 방향만 반대로 취하면 되며, E점 위쪽의 값은 절점 평형방정식을 사용하여 구한다. EB 부재 등 나머지 부재와 절점의 단면력은 이와 같은 방법을 연속적으로 사용하여 구할 수 있다. 특히, E점 및 F점과 같이 집중하중 또는 모멘트 하중이 작용하는 점에서는 전단력과 휨모멘트의 값이 그 크기만큼 급격하게 변하므로 이러한 점에 대한 자유물체도를 그리면 단면력의 크기와 부호를 파악하는데 매우 편리하다.

3) **전단력도**

예제 그림 3.11(c)의 부재별 자유물체도로부터

A점 : 힌지지점인 A점에 작용하는 좌측방향의 수평반력 150 kN은 A점의 자유물체도에서 A점을 시계방향으로 회전시키므로 전단력의 부호는 양(+)의 전단력이다.

$$V_A = (+)150.0\,kN$$

AE 부재 : AE 부재에는 부재에 수직으로 작용하는 하중이 없으므로 전단력이 일정하다.

$$V_x = V_{A\sim E} = 150.0\,kN$$

E점 : E점의 자유물체도에서 E점에는 외력으로 우측방향의 수평하중 150 kN이 작용하므로

$$V_{EL} = 150.0\,kN$$
$$V_{ER} = 150.0 - 100 = 50\,kN$$

EB 부재 : EB 부재에는 부재에 수직으로 작용하는 하중이 없으므로 전단력이 일정하다.

$$V_x = V_{E\sim B} = 50.0\,kN$$

BC 부재 : BC 부재의 B점에는 R_{Ay}와 같은 상향의 수직하중 63.75 kN이 작용하고, 부재에는 하향의 등분포하중 30 kN/m이 작용하므로

$$V_x = 63.75 - 30x$$
$$\therefore\ V_B = 63.75\,kN$$
$$\therefore\ V_C = 63.75 - (30)(8) = (-)176.25\,kN$$

CF 부재 : CF 부재에는 부재에 수직으로 작용하는 하중이 없으므로 전단력이 일정하다.

$$V_x = V_{C\sim F} = (-)50.0\,kN \text{(반시계 방향)}$$

예제 그림 3.11(d)와 (f)에는 부재별 전단력도와 전체 전단력도를 각각 나타내었다.

4) **휨모멘트도**

[예제 3.10]에서 휨모멘트의 부호를 결정하는 방법에 대하여 설명한 바와 같이 휨모멘트의 값을 구하면 다음과 같다.

A점 : A점은 힌지지점이므로 휨모멘트의 값이 영이다.

AE 부재 : AE 부재에는 부재에 수직으로 작용하는 하중이 없으며, A점에 작용하는 좌측방향의 수평하중 $150\,kN$은 AE 부재의 좌측을 압축시키므로 양의 전단력이다. 따라서 휨모멘트의 부호는 AE 부재의 좌측을 압축시킬 때 양(+)이다.

$$M_x = 150x$$

E점 : 위의 식에 $x = 3m$를 대입하면

$$M_E = M_{x=3} = (150)(3) = 450\,kN \cdot m$$

EB 부재 : EB 부재에는 부재에 수직으로 작용하는 하중이 없으며, E점에 작용하는 시계방향 모멘트 $450\,kN \cdot m$와 좌측방향의 수평하중 $50\,kN$은 EB 부재의 좌측을 압축시키므로 양의 값이다.

$$M_x = 450 + 50x$$

B점 : 위의 식에 $x = 3m$를 대입하면

$$M_B = M_{x=3} = 450 + (50)(3) = 600\,kN \cdot m$$

BC 부재 : 수평부재인 BC 부재의 B점에는 상향의 수직하중 $63.75\,kN$, 좌측방향의 수평하중 $50\,kN$ 및 시계방향 모멘트 $600\,kN \cdot m$가 작용한다. 그러므로

$$M_x = 600.0 + 63.75x - (30)(x)(x/2) = 600.0 + 63.75x - 15x^2$$

$$M_{\max} = M_{x=2.125} = 600.0 + (63.75)(2.125) - (15)(2.125^2) = 667.73\,kN \cdot m$$

C점 : 위의 식에 $x = 8m$를 대입하면

$$M_C = M_{x=8} = 600.0 + (63.75)(8) - (15)(8^2) = 150.0\,kN \cdot m$$

CF 부재 : CF 부재의 C점에는 하향의 수직하중 $176.25\,kN$, 좌측방향 수평하중 $50\,kN$ 및 시계방향 모멘트 $150.0\,kN \cdot m$이 작용하고 있다. 그러므로

$$M_x = 150.0 - 50x$$

F점 : 위의 식에 $x = 3m$를 대입하면

$$M_F = M_{x=3} = 150.0 - (50)(3) = 0\,kN \cdot m$$

FD 부재 : FD 부재에는 전단력과 휨모멘트가 작용하지 않고 $176.25\,kN$의 압축력만 작용한다.

예제 그림 3.11(e)와 (g)에는 부재별 휨모멘트도와 전체 휨모멘트도를 각각 나타내었다.

예제 3.12 다음 예제 그림 3.12(a)의 부정정구조물의 각 부재에 다한 자유물체도를 그리고, 전단력도와 휨모멘트도를 그려라. 모든 반력은 예제 그림 3.12(b)의 하중도에 나타내었다.

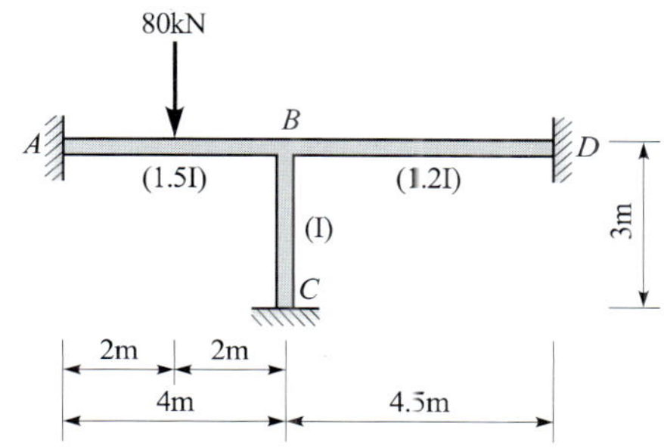

(a)

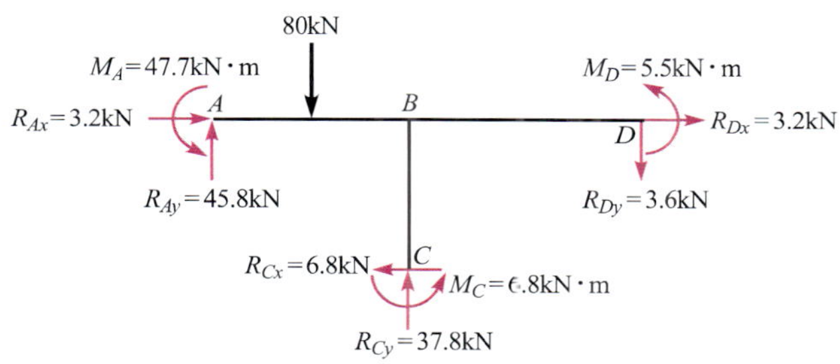

(b) 하중도

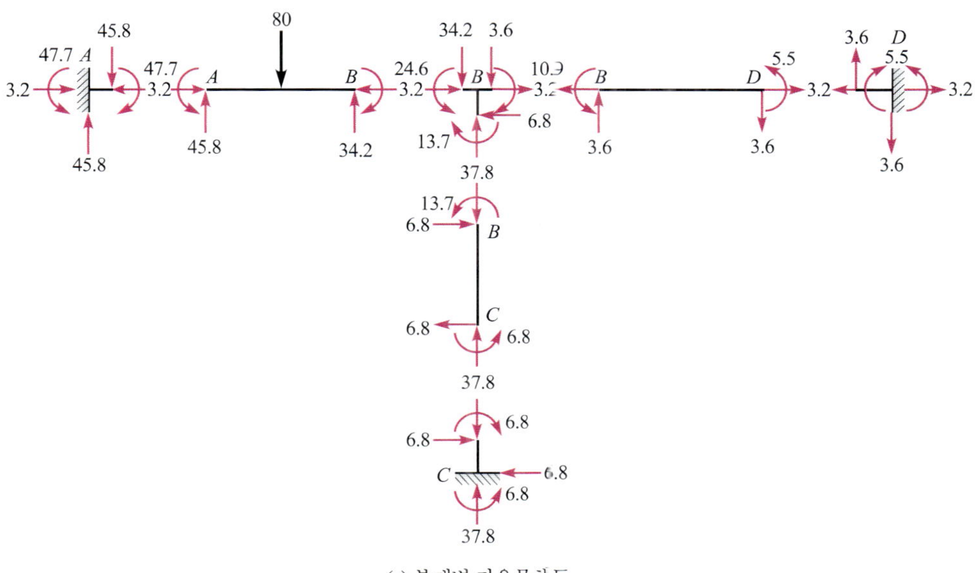

(c) 부재별 자유물체도

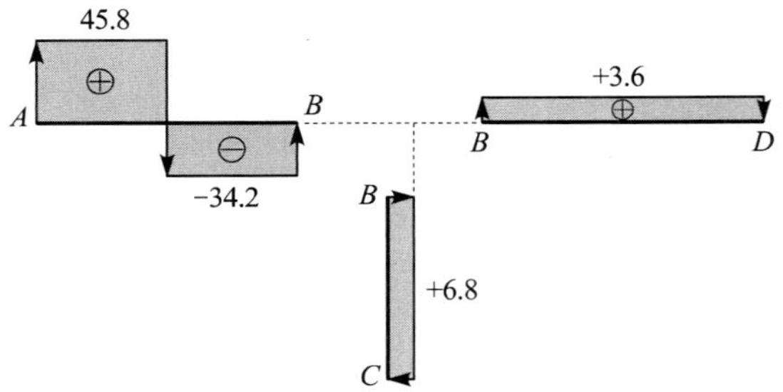

(d) 부재별 전단력도(kN)

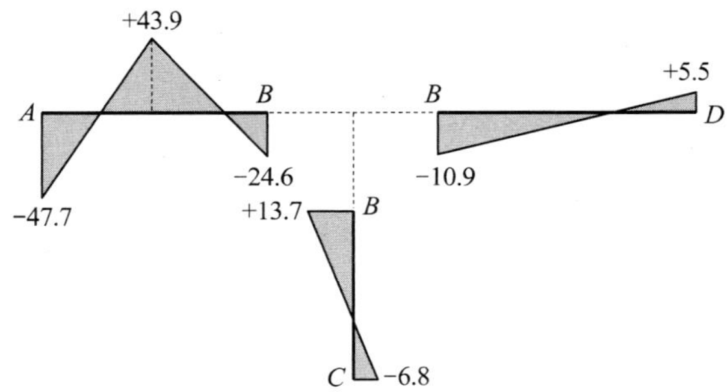

(e) 부재별 휨모멘트도(kN·m)

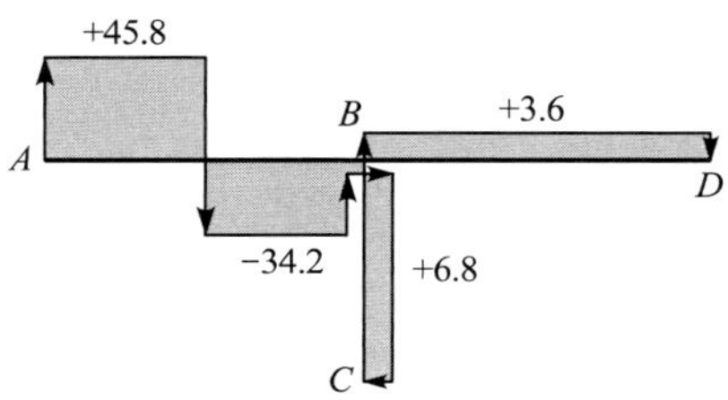

(d) 전체 SFD(kN)

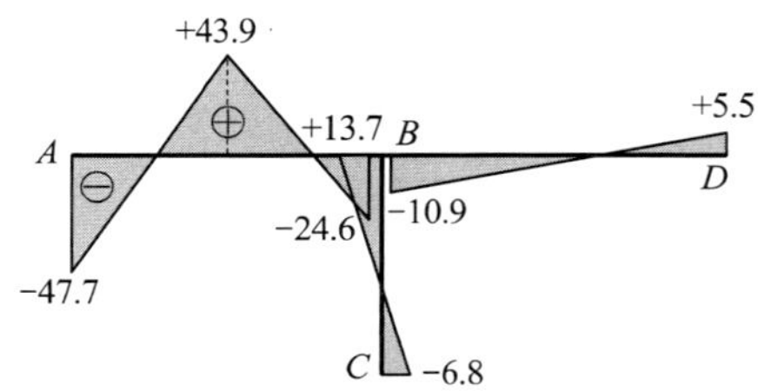

(e) 전체 BMD(kN·m)

예제 그림 3.12

예제 그림 3.12(c)에는 각 부재별로 자유물체도를 나타내었다. 절점 B에 대한 자유물체도를 주의하여 검토하기 바란다. 절점 B의 축력, 전단력 및 휨모멘트는 각각 AB 부재, BC 부재 및 BD 부재의 B점에 작용하는 축력, 전단력 및 휨모멘트와 크기가 같고 방향이 반대이다. 예제 그림 3.12(d)와 (e)는 각각의 부재별로 전단력도와 휨모멘트도이고, 예제 그림 3.12(f)와 (g)는 전체 구조물에 대한 전단력도와 휨모멘트도이다.

예제 3.13 예제 그림 3.13(a)에 나타낸 라멘의 모든 부재에 대한 자유물체도를 그리고, 하중도, 전단력도 및 휨모멘트도를 그려라.

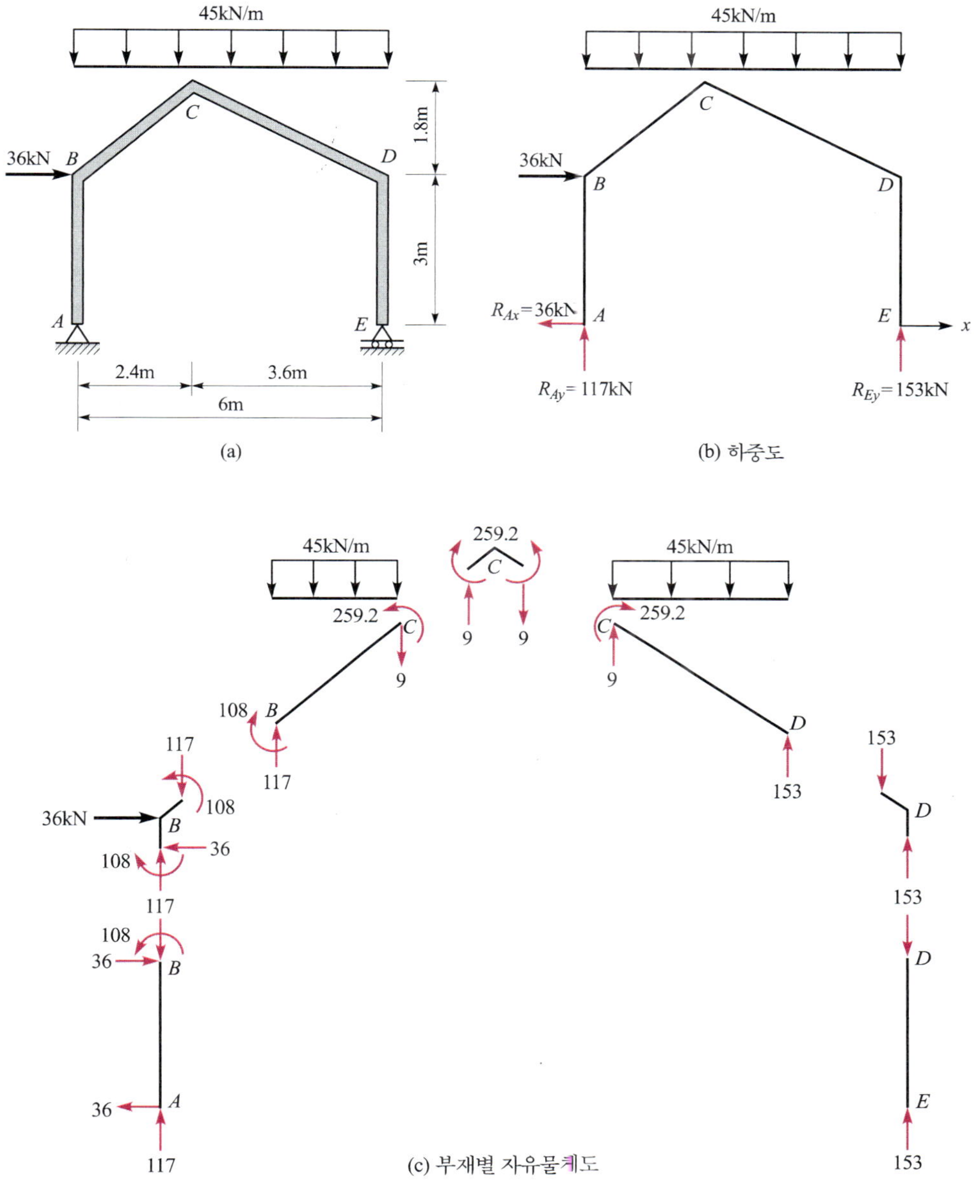

(a)

(b) 하중도

(c) 부재별 자유물체도

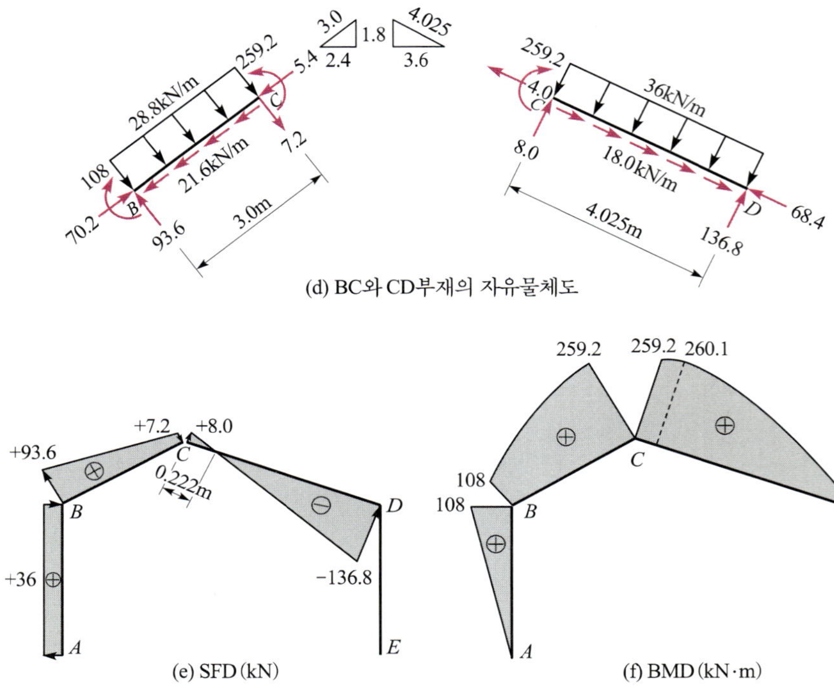

(d) BC와 CD부재의 자유물체도

(e) SFD (kN)

(f) BMD (kN·m)

예제 그림 3.13

1) 반력

$$\Sigma F_x = 0(\rightarrow +)\ :\ -R_{Ax} + 36 = 0$$

$$\therefore\ R_{Ax} = 36.0\,kN(\text{가정한 방향}: \leftarrow)$$

$$\Sigma M_A = 0(\curvearrowright +)\ :\ (36)(3) + (45)(6)(6/2) - R_{Ey}(6) = 0$$

$$\therefore\ R_{Ey} = 153.0\,kN(\uparrow)$$

$$\Sigma F_y = 0(\uparrow +)\ :\ R_{Ay} - (45)(6) + R_{Ey} = R_{Ay} - (45)(6) + 153.0 = 0$$

$$\therefore\ R_{Ay} = 117.0\,kN(\uparrow)$$

2) 부재별 자유물체도

예제 그림 3.13(c)에는 각각의 부재 및 절점에 대한 자유물체도를 나타내었으며, 모든 힘을 모멘트 및 수평과 연직 방향으로만 나타내었다. 그러나 본 예제에서와 같이 경사진 부재인 BC와 CD 부재에 대한 전단력도와 휨모멘트도를 그리기 위해서는 부재 단부의 수평 및 연직 방향의 단면력과 부재에 작용하는 하중을 경사부재축에 수직한 성분과 경사부재축 방향의 성분으로 분해하여야 한다. 예제 그림 3.15(d)는 B점, C점 및 D점의 단면력과 $45\,kN/m$의 등분포하중을 경사부재축에 수직한 성분과 경사부재축 방향의 성분으로 분해하여 나타낸 자유물체도이다.

3) 부재단부의 단면력 : 예제 그림 3.13(c)의 부재별 자유물체도 참조

AB 부재 : AB 부재 A점의 단면력은 A점에 작용하는 지점반력과 같고, B점의 단면력은 AB 부재의 평형조건을 적용하여 구하면 다음과 같다.

$$A_x^{AB} = (-)36\,kN, \quad A_y^{AB} = 117\,kN$$

$$\Sigma F_x = 0(\rightarrow +) \ : \ (-)36 + B_x^{AB} = 0$$

$$\therefore \ B_x^{AB} = 36\,kN(\rightarrow)$$

$$\Sigma F_y = 0(\uparrow +) \ : \ 117 - B_y^{AB} = 0$$

$$\therefore \ B_y^{AB} = (-)117\,kN(\downarrow)$$

$$\Sigma M_B = 0(\curvearrowright +) \ : \ (36)(3) + M_B^{AB} = 0$$

$$\therefore \ M_B^{AB} = (-)108\,kN \cdot m(\curvearrowleft)$$

B점 : B점 바로 아래의 단면력은 AB 부재 B점의 단면력과 방향만 반대로 취하면 되고, B점 바로 위의 단면력은 B절점의 평형조건을 적용하여 구하면 된다.

$$B_x^{AB} = (-)36\,kN, \quad B_y^{AB} = 117\,kN, \quad M_B^{AB} = 108\,kN \cdot m$$

$$B_x^{BC} = (-)36 + 36 = 0\,kN, \quad B_y^{BC} = (-)117\,kN, \quad M_B^{BC} = (-)108\,kN \cdot m$$

BC 부재 : BC 부재 B점의 단면력은 B점 바로 위의 단면력과 방향만 반대로 취하면 되고, BC 부재 C점의 단면력은 BC 부재의 평형조건을 적용하여 구하면 다음과 같다.

$$B_y^{BC} = 117\,kN, \quad M_B^{BC} = 108\,kN \cdot m$$

$$\Sigma F_y = 0(\uparrow +) \ : \ 117 - (45)(2.4) + C_y^{BC} = 0$$

$$\therefore \ C_y^{BC} = (-)9\,kN(\downarrow)$$

$$\Sigma M_C = 0(\curvearrowright +) \ : \ 108 + (117)(2.4) - (45)(2.4)(2.4/2) + M_C^{BC} = 0$$

$$\therefore \ M_C^{BC} = (-)259.2\,kN \cdot m(\curvearrowleft)$$

C점 : $C_y^{BC} = 9\,kN, \quad M_C^{BC} = 259.2\,kN \cdot m$

$$C_y^{CD} = (-)9\,kN, \quad M_C^{CD} = (-)259.2\,kN \cdot m$$

CD 부재 : $C_y^{CD} = 9\,kN, \quad M_C^{CD} = 259.2\,kN \cdot m$

$$\Sigma F_y = 0(\uparrow +) \ : \ 9 - (45)(3.6) + D_y^{CD} = 0$$

$$\therefore \ D_y^{CD} = 153\,kN(\uparrow)$$

$$\Sigma M_D = 0(\curvearrowright +) \ : \ 259.2 + (9)(3.6) - (45)(3.6)(3.6/2) + M_D^{CD} = 0$$

$$\therefore \ M_D^{CD} = 0.0\,kN \cdot m$$

D점 : $D_y^{CD} = (-)153\,kN$

$$D_y^{DE} = 153\,kN$$

DE 부재 : $D_y^{DE} = (-)153\,kN$

$$\Sigma F_y = 0(\uparrow +) : (-)153 + E_y^{DE} = 0$$

$\therefore E_y^{DE} = 153\,kN(\uparrow)$: E점의 수직반력과 같다.

4) 경사부재 BC와 CD부재

경사부재 BC와 CD 부재 단부의 수평 및 연직방향의 단면력과 부재에 작용하는 등분포하중을 경사부재축에 수직한 성분과 경사부재축 방향의 성분으로 분해하여야 한다. BC 부재에 작용하는 연직 등분포하중의 총합은 $(45)(2.4) = 108\,kN$이므로 이 값을 경사부재축에 수직한 성분과 경사부재축 방향의 성분으로 분해한 후 부재의 길이 3.0m로 나누면 경사부재축에 수직한 분포하중과 경사부재축 방향의 분포하중은 각각 $(108)(2.4/3)(1/3) = 28.8\,kN/m$과 $(108)(1.8/3)(1/3) = 21.6\,kN/m$이다. 이와 같은 방법으로 CD 부재의 연직 분포하중 및 부재단부의 단면력을 경사부재축에 수직한 성분과 경사부재축 방향의 성분을 구할 수 있으며, 예제 그림 3.13(d)에 자세히 나타내었다.

5) 전단력도와 휨모멘트도

예제 그림 3.13(c)와 (d)의 부재별 자유물체도를 고려하면, 각각의 부재에 대한 전단력도와 휨모멘트를 어렵지 않게 그릴 수 있다. 각각의 부재에 대한 전단력도와 휨모멘트도를 그려야 하나 숙달된 사람은 직접 구조물에 전단력도와 휨모멘트도를 그릴 수도 있다. CD 부재의 최대 휨모멘트는 C점에서 0.222m 떨어진 위치에서 $260.1\,kN \cdot m$이다. 이 경우에도 최대 휨모멘트는 전단력이 영이 되는 위치에서 발생한다.

3.5 평면 프레임의 정정, 부정정과 안정성

프레임(frame) 구조에 외력이 작용하면 각각의 부재에는 일반적으로 축방향력(N), 전단력(V) 및 휨모멘트(M)가 발생된다. 각각의 부재를 떼어내어 자유물체도를 그리면 부재의 양쪽 단부에는 이러한 재단력 N, V 및 M이 작용하므로 모두 6개의 미지 단면력이 부재마다 존재한다. 그러나 각각의 부재마다 3개의 평형방정식을 만족시켜야 하므로 각각의 부재의 독립적인 미지 단면력은 3개가 된다.

또한, 지점에는 지점의 형태에 따라서 고정지점에는 3개, 힌지지점에는 2개, 롤러지점에는 1개의 미지 반력이 존재한다. 그림 3.5에서 BC 부재를 예로 들면 BC 부재의 양쪽 단부에는 M_{BC}, V_{BC}, H_{BC}, M_{CB}, V_{CB} 및 H_{CB}가 작용하므로 모두 6개의 미지력이 존재하나, 3개의 평형방정식 $\Sigma F_x = 0$, $\Sigma F_y = 0$ 및 $\Sigma M_z = 0$ 를 만족시켜야 하므로 6개의 미지력 중에서 3개의 미지력만이 독립적인 미지력이 된다.

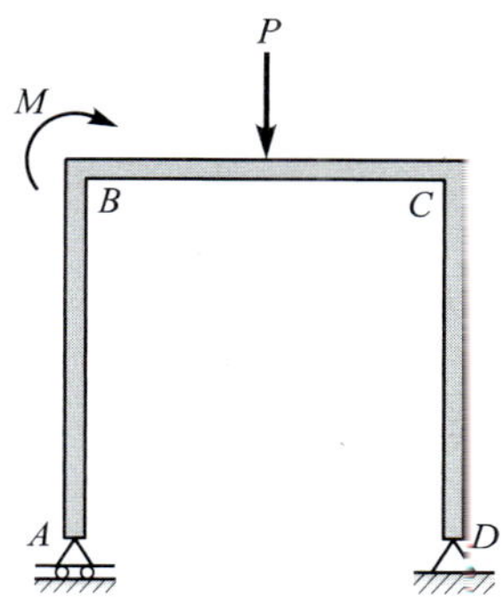

(a)

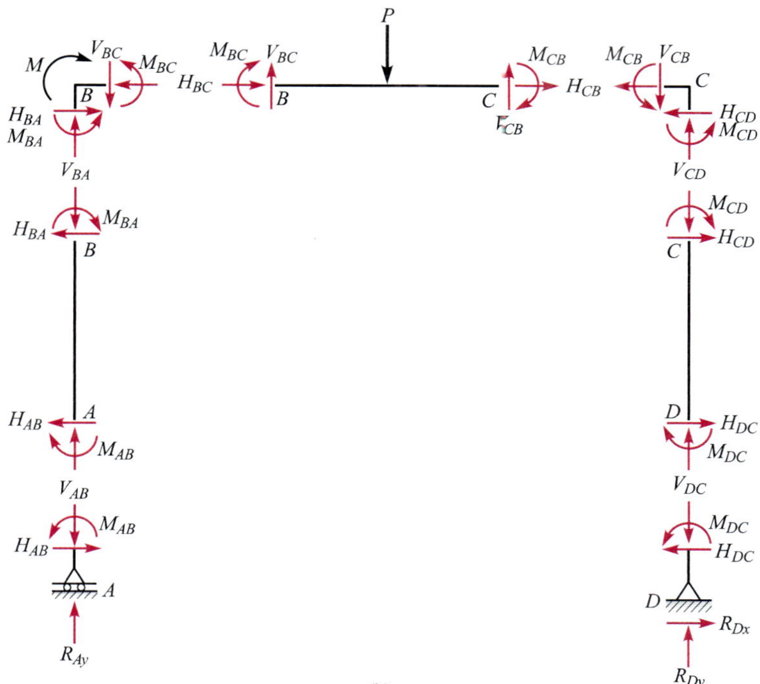

(b)

그림 3.5

롤러지점 A에는 미지반력 성분이 1개이고, 힌지지점 D에는 미지반력 성분이 2개이므로 모두 3개의 미지반력 성분이 있다. 따라서 그림 3.5의 프레임 구조는 9개의 미지 단면력(3개의 부재에 각각 3개의 미지 단면력)과 3개의 미지반력이 존재하므로 구조물의 전체 미지력 수효는 모두 12개이다.

구조물 전체가 평형을 이루면 각각의 부재뿐만 아니라 각각의 절점에 대한 자유물체도도 평형을 이루어야 한다. 따라서 각각의 절점에서도 역시 3개의 평형방정식인 $\Sigma F_x = 0$, $\Sigma F_y = 0$ 및 $\Sigma M_z = 0$를 만족시켜야 한다. 따라서 그림 3.5의 구조물에는 모두 12개의 절점 평형방정식(4개의 절점에 각각 3개의 평형방정식)을 세울 수 있다. 이러한 12개의 평형방정식을 사용하여 앞에서의 12개의 미지력 값을 구할 수 있으므로 이 구조물은 정정구조이다.

일반적으로 구조물의 정정, 부정정 및 안정성 문제를 다루기 위해 부재의 수효를 m, 절점의 수효를 j, 반력 성분의 수효를 r이라고 표시하기로 한다. 구조해석을 위해서는 $3m$개의 부재 단면력과 r개의 미지 반력을 구해야 하므로 전체적으로 $(3m+r)$개의 미지력을 구해야 한다.

j개의 절점에서는 $(3j)$개의 평형방정식을 세울 수 있다. 또한, 구조물이 내부힌지와 내부롤러 등을 갖고 있으면 이 점에서는 조건방정식을 세울 수 있다. 이러한 조건방정식의 수효를 c라 하면, 이용 가능한 방정식의 수효는 $(3j+c)$가 된다. 미지력의 수효와 방정식의 수효가 같으면 즉, $(3m+r)=(3j+c)$이면 모든 미지력의 값을 구할 수 있으므로 정정구조가 된다.

$(3m+r)>(3j+c)$인 경우에는 미지력의 수효가 이용 가능한 방정식의 수효보다 많으므로 미지력의 값을 구할 수 없다. 따라서 이러한 구조물은 부정정구조가 되고, 미지력의 수효와 방정식의 수효와의 차이를 부정정차수라 한다. 부정정차수를 i로 나타내면 다음 식으로 부정정차수를 구할 수 있다.

$$i=(3m+r)-(3j+c) \tag{3.12}$$

미지력의 수효가 방정식의 수효보다 작은 경우, 즉 $(3m+r)<(3j+c)$인 경우에는 불안정 구조가 된다.

지금까지 설명한 내용을 요약하면 다음과 같다.

$$\begin{aligned} (3m+r)&<(3j+c) : \text{불안정 구조} \\ (3m+r)&=(3j+c) : \text{정정 구조} \\ (3m+r)&>(3j+c) : \text{부정정 구조} \end{aligned} \tag{3.13}$$

식 (3.13)을 적용시키는 경우에는 지점이나 자유단 등도 모두 절점으로 간주해야 한다. 식 (3.13)의 정정이나 부정정 조건을 만족시키는 경우에도 부재, 지점반력 및 내부힌지나 롤러 등의 배열이 잘못되면 불안정구조가 될 수도 있다. 이러한 구조를 특별히 기하학적 불안정 구조라 한다.

그림 3.6에는 평면 프레임 구조의 정정 및 부정정을 구분하고, 부정정차수를 구하는 예를 나타내었다.

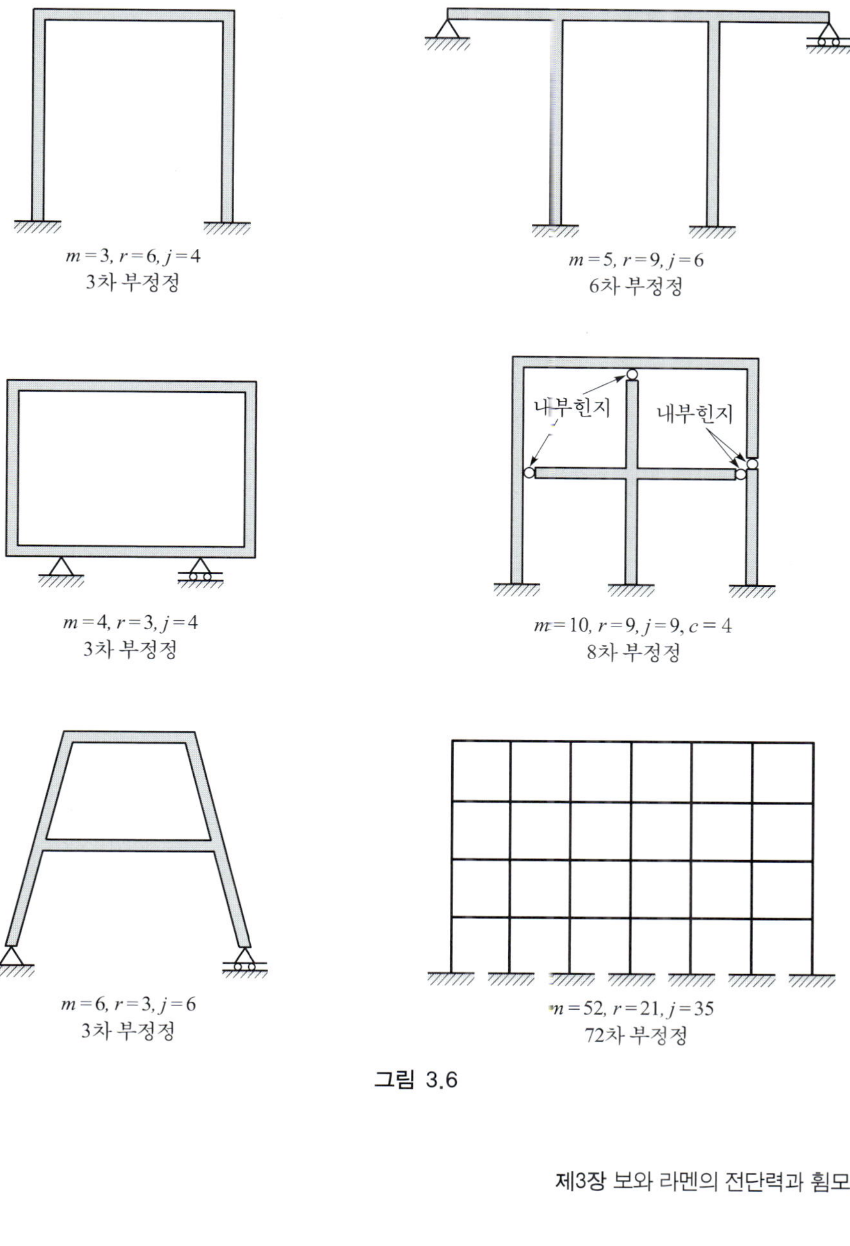

$m=3,\ r=6,\ j=4$
3차 부정정

$m=5,\ r=9,\ j=6$
6차 부정정

$m=4,\ r=3,\ j=4$
3차 부정정

$m=10,\ r=9,\ j=9,\ c=4$
8차 부정정

$m=6,\ r=3,\ j=6$
3차 부정정

$m=52,\ r=21,\ j=35$
72차 부정정

그림 3.6

연습문제

문제 그림 3.1~3.14에 주어진 구조물의 전단력도와 휨모멘트도를 그리고, 최대전단력과 최대휨모멘트의 위치와 크기를 구하라.

3.1

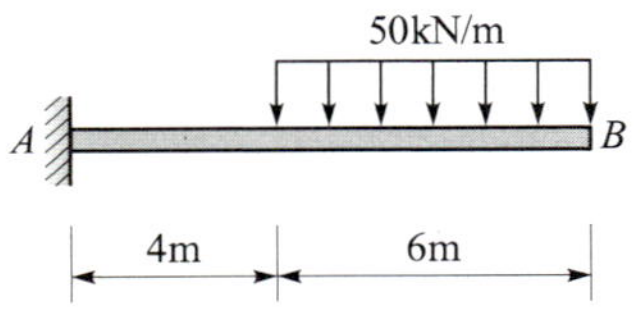

3.2

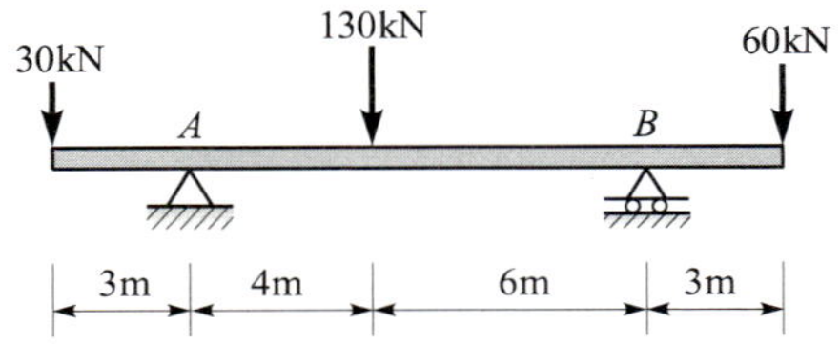

3.3

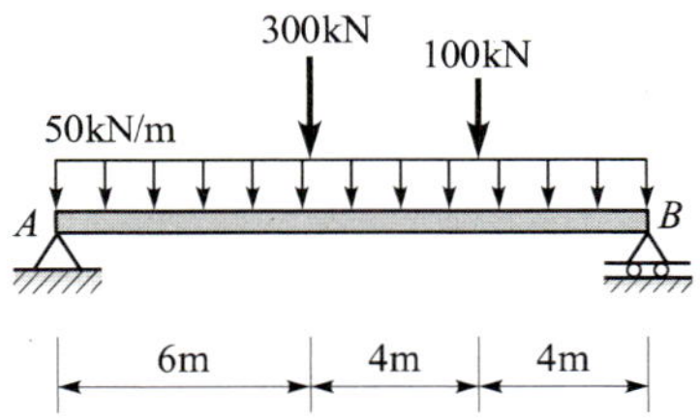

3.4

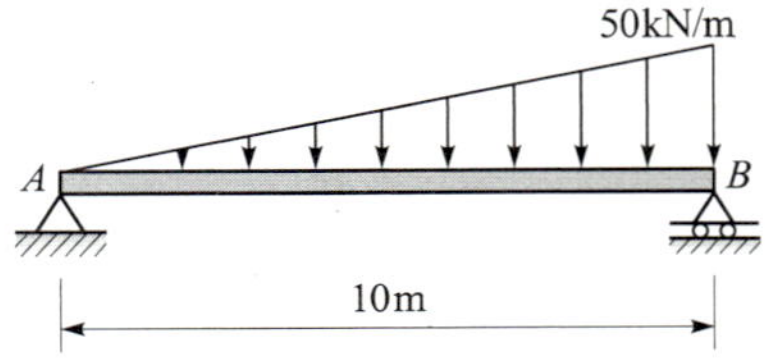

3.5

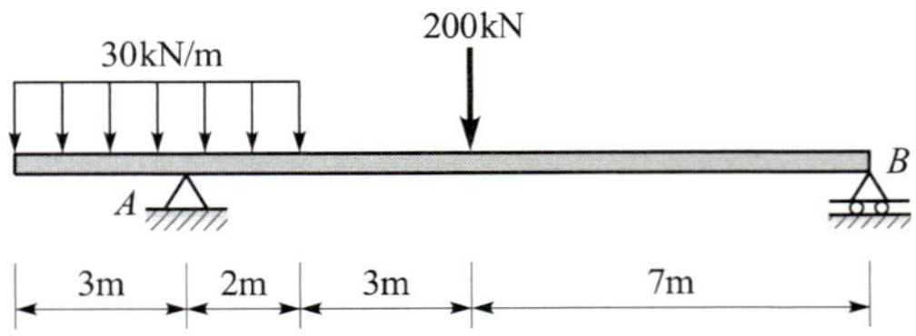

3.6

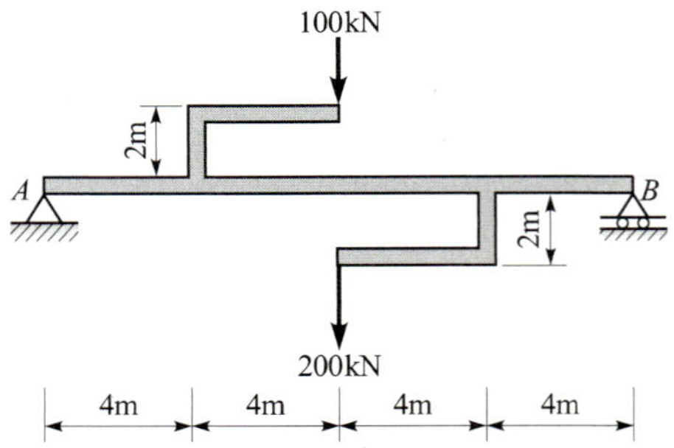

3.7

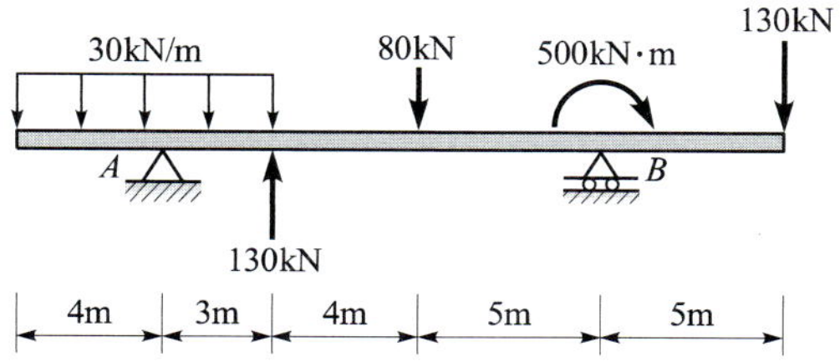

3.8

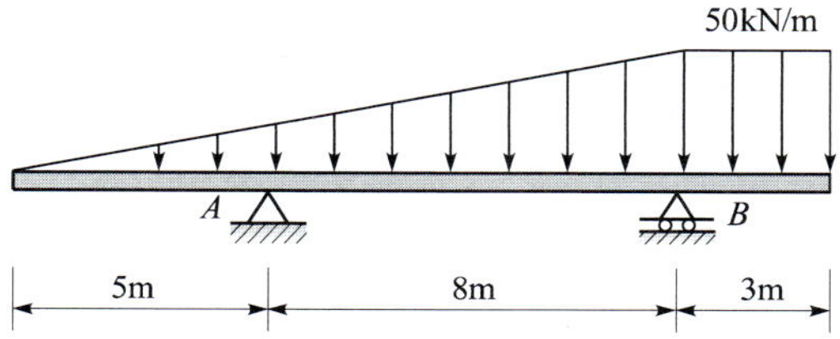

3.9

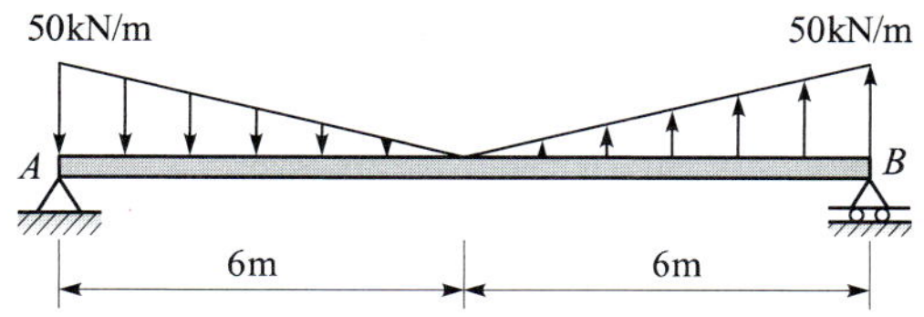

3.10

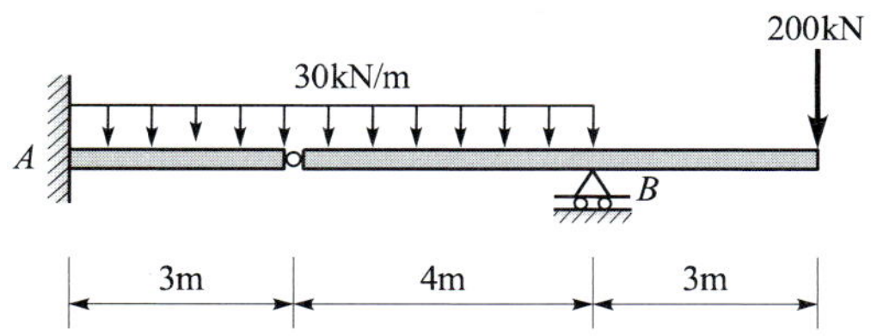

3.11

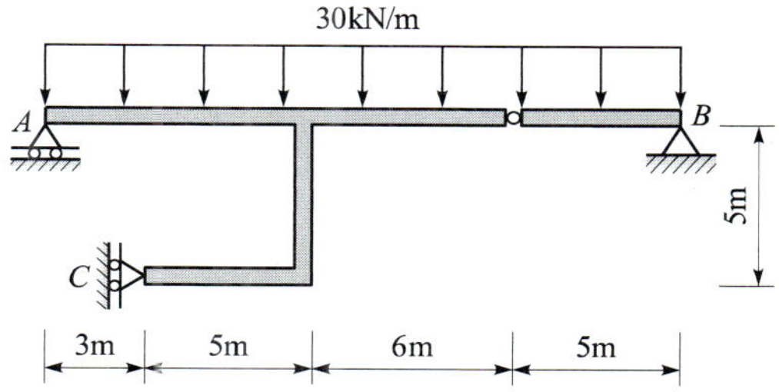

3.12

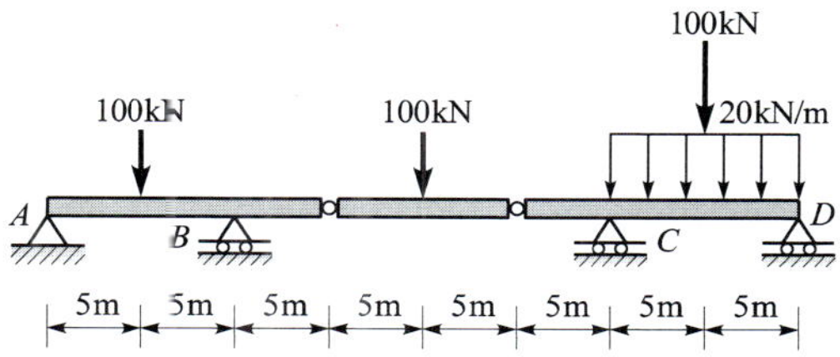

3.13

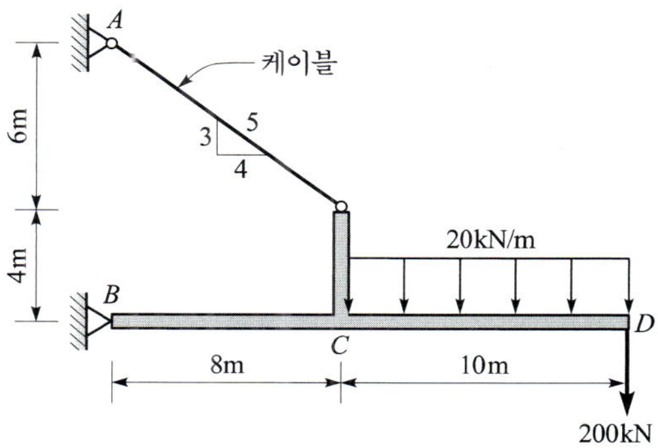

3.14

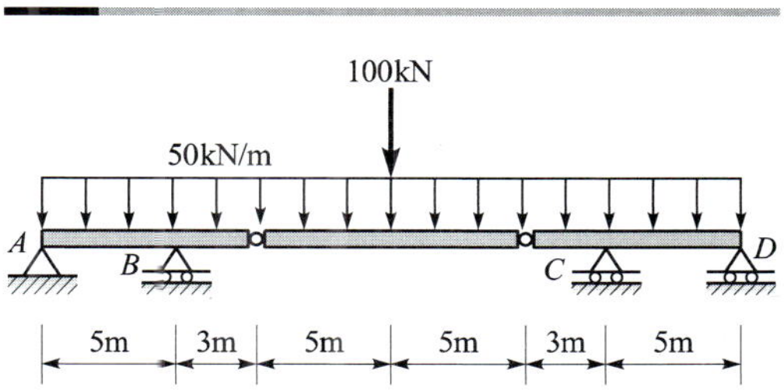

문제 그림 3.15~3.29에 주어진 구조물의 전단력도와 휨모멘트도를 그리고, 최대전단력과 최대 휨모멘트의 위치와 크기를 구하라.

3.15

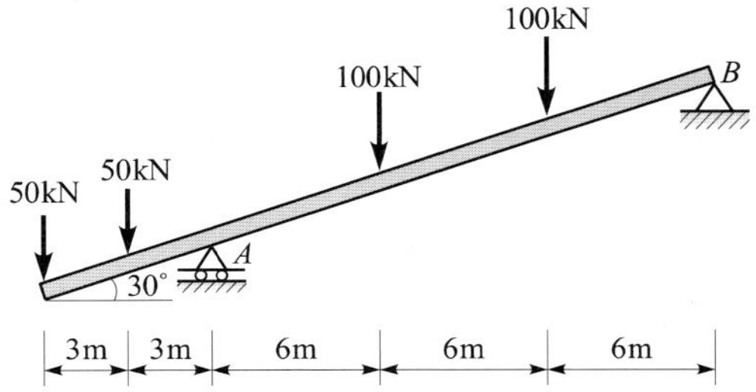

3.16

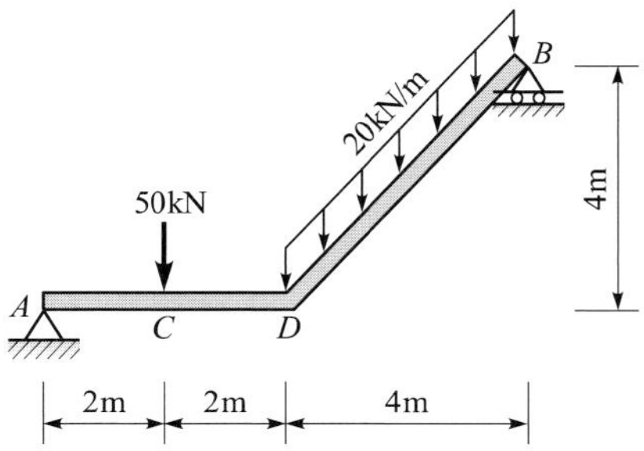

3.17

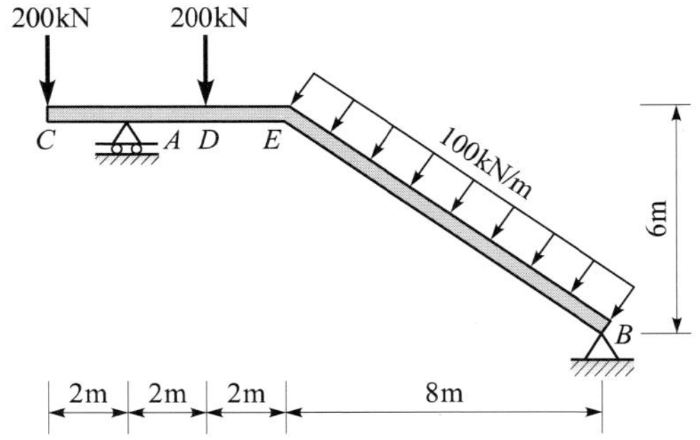

3.18

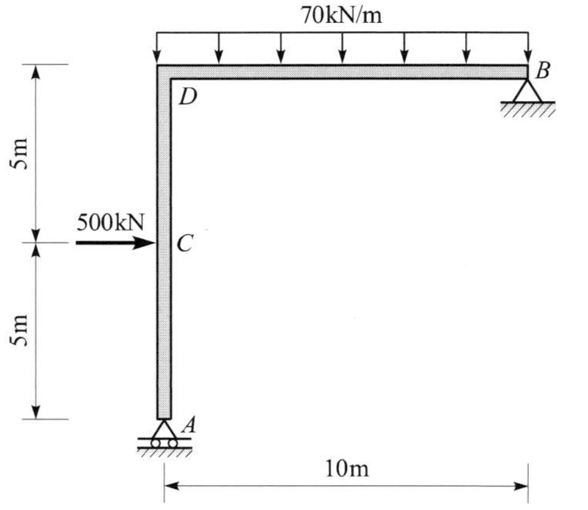

3.19

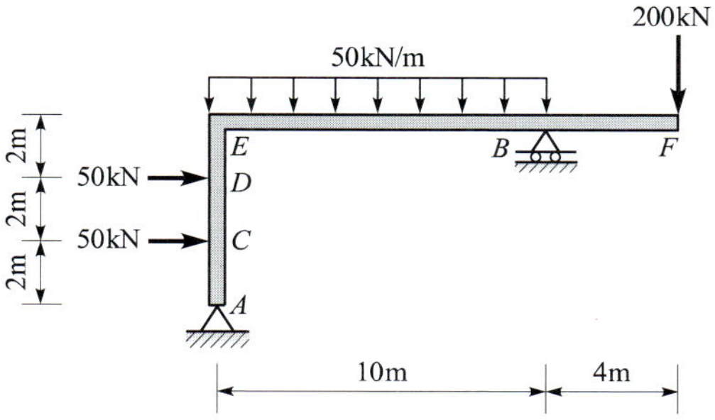

3.20

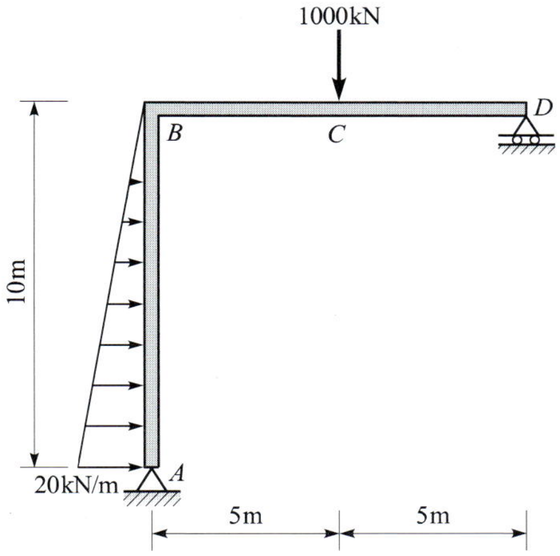

3.21

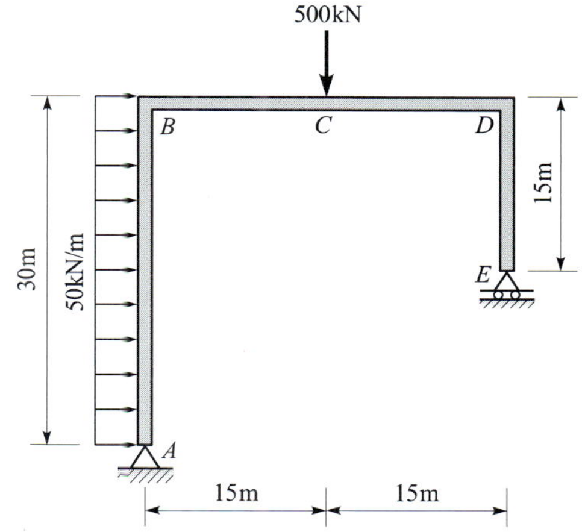

3.22

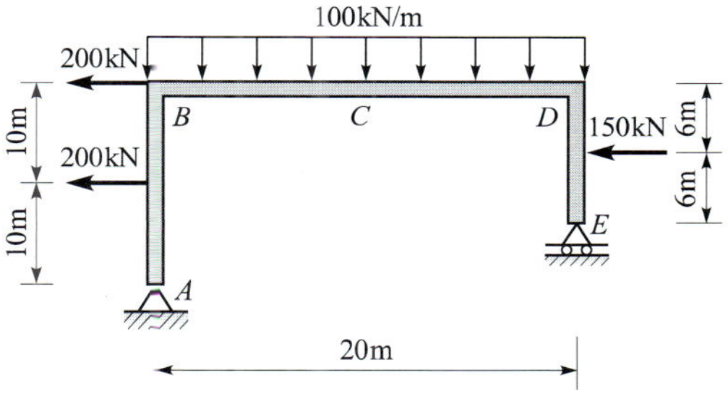

3.23

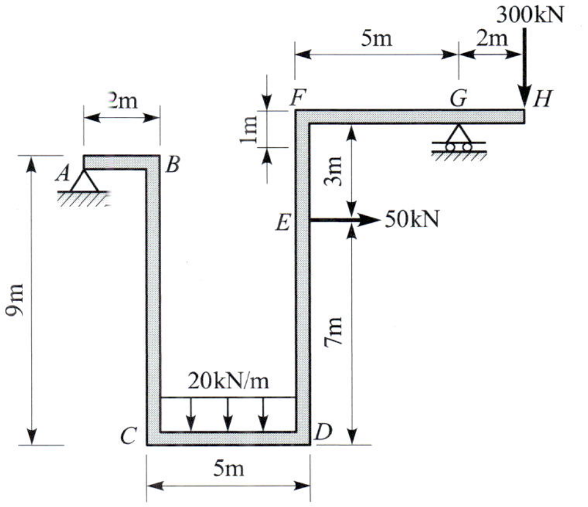

3.24

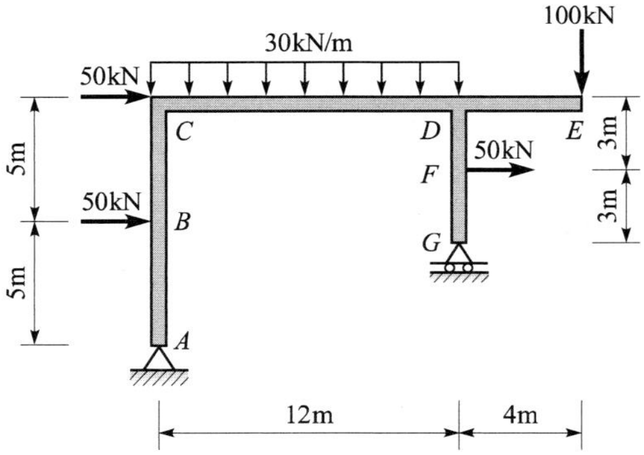

3.27

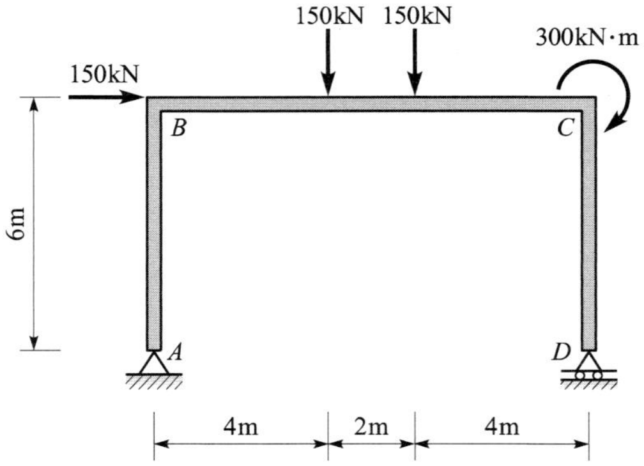

3.25

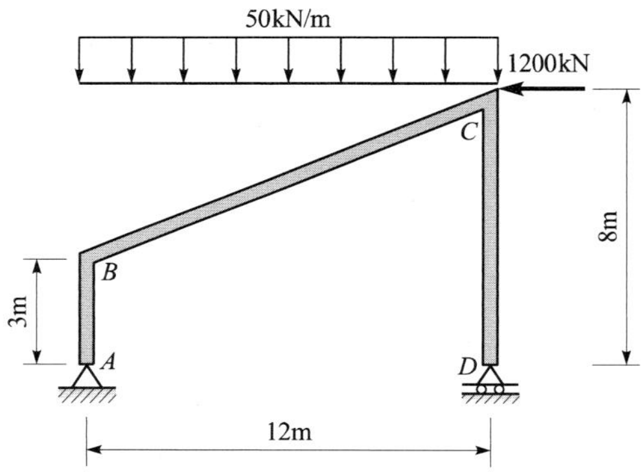

3.28

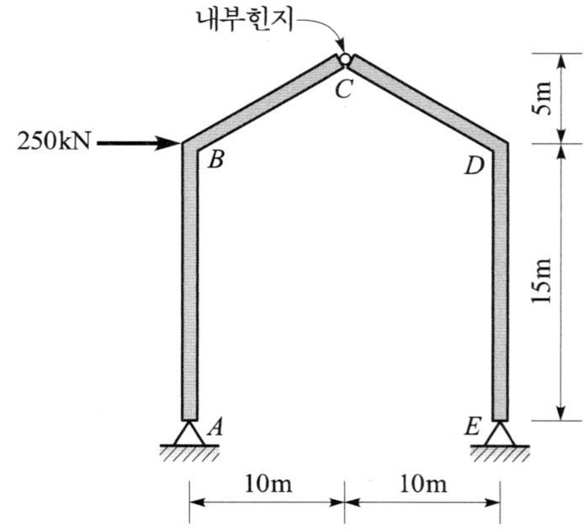

3.26

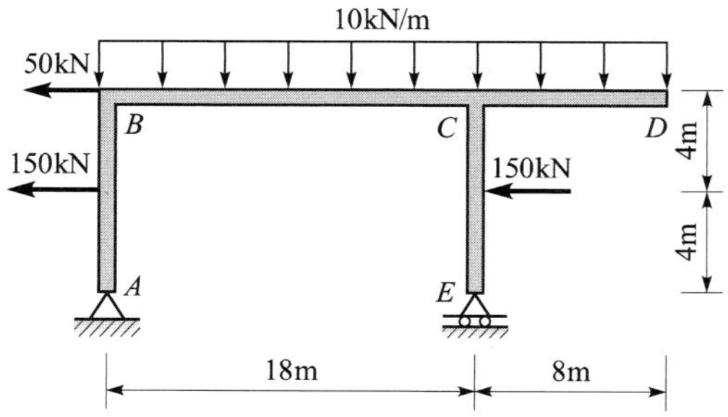

3.29

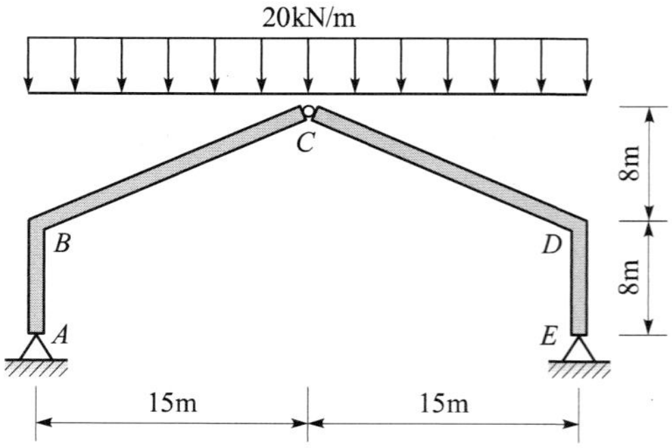

문제 그림 3.30~3.32에 주어진 휨모멘트도에 대한 전단력도와 하중도를 그려라.

3.30

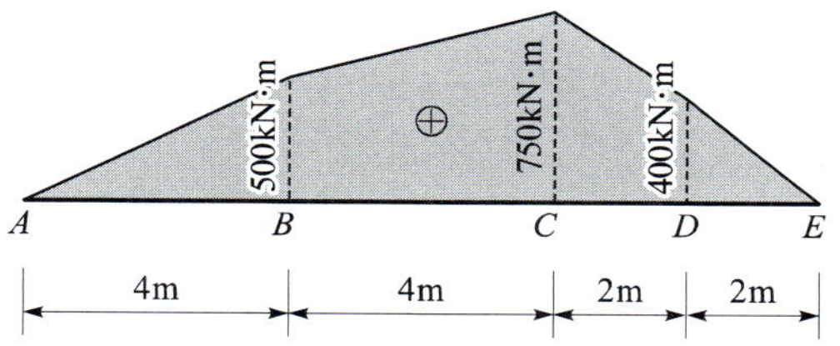

3.31

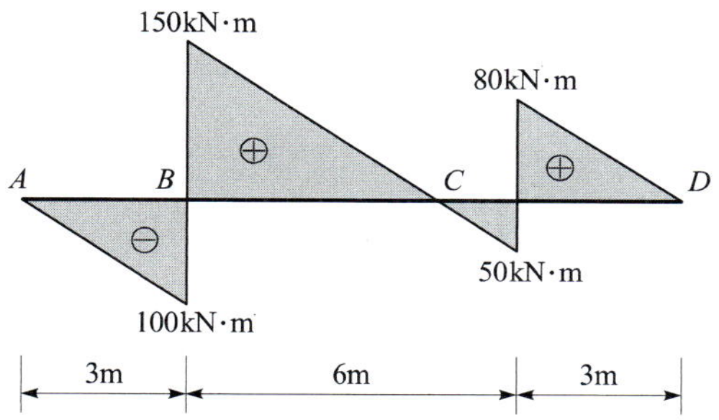

3.32

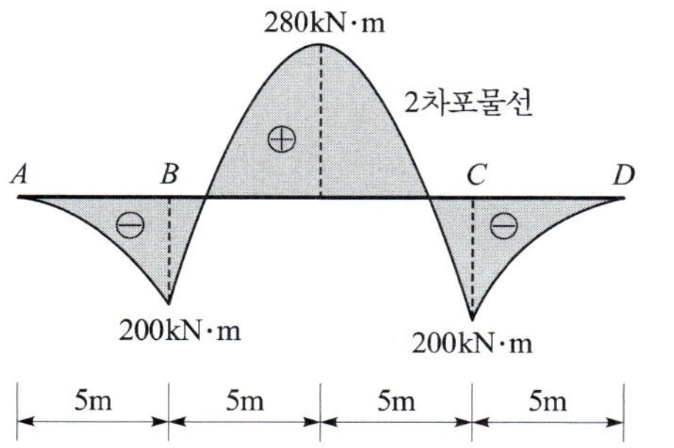

문제 그림 3.33~3.35에 주어진 전단력도에 대한 하중도와 휨모멘트도를 그려라.

3.33

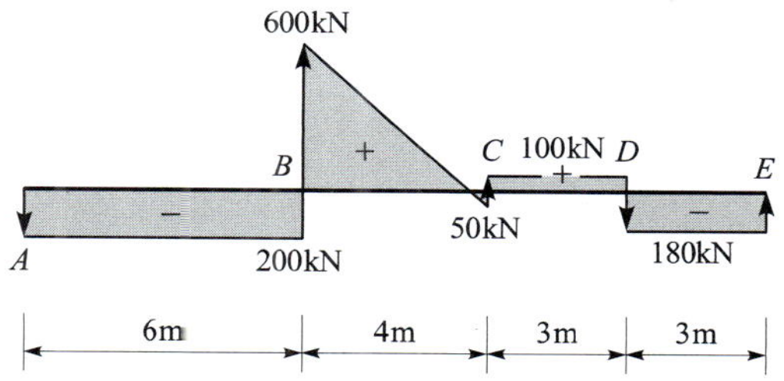

3.34

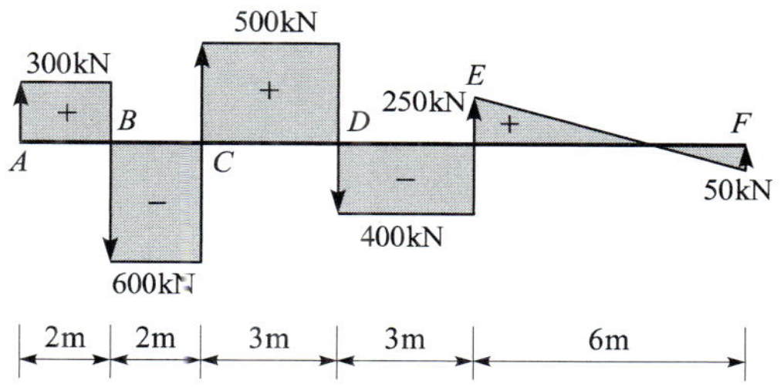

3.35

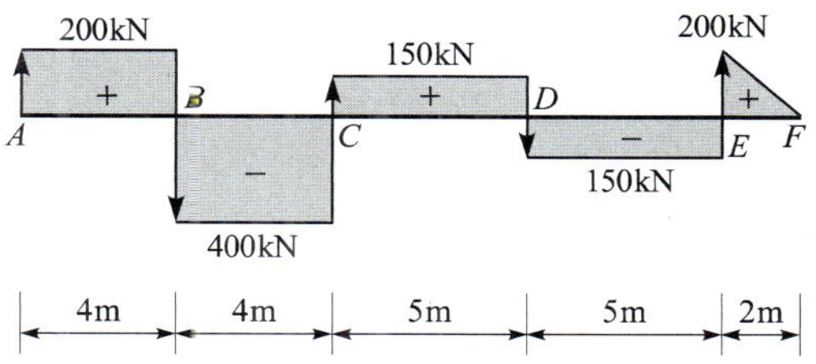

CHAPTER 04

평면트러스

4.1 개 요

트러스란 비교적 기다란 직선 부재들이 삼각형 형태로 구성된 구조를 말한다. 트러스는 자중이 가볍고 강도가 크기 때문에 교량, 탑 또는 지붕구조 등 여러 구조분야에서 사용되고 있다. 트러스 구조는 부재들을 볼트 또는 용접으로 연결판에 접합시켜 제작한다. 그림 4.1과 4.2에는 대표적인 지붕 트러스와 교량 트러스의 형태 및 부재의 명칭을 나타내었다.

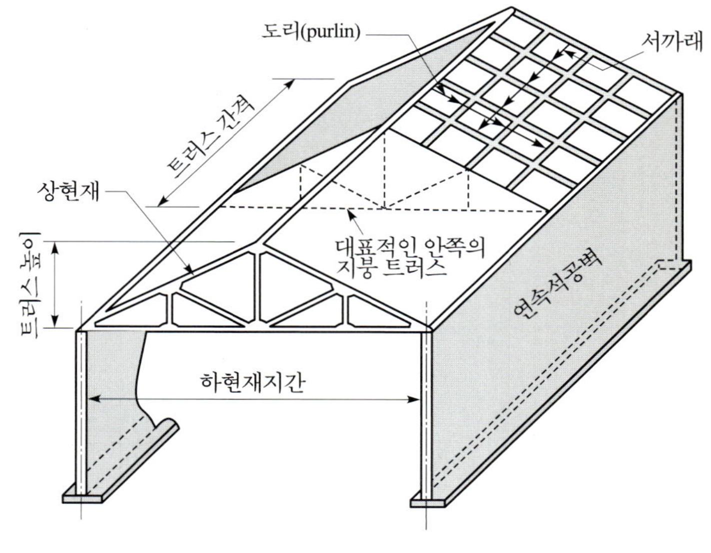

그림 4.1 건물의 지붕 트러스

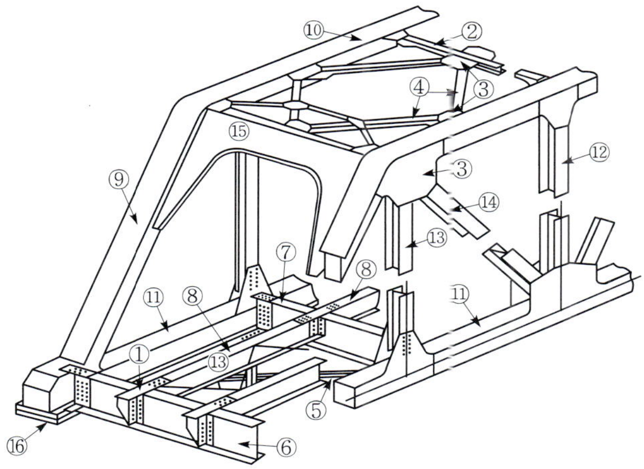

① 모멘트판	② 중간지재	③ 연결판	④ 상부수평 브레이싱
⑤ 하부수평 브레이싱	⑥ 단가로보	⑦ 중간가로보	⑧ 세로보
⑨ 단주	⑩ 상현재	⑪ 하현재	⑫ 수직재
⑬ 단수직재	⑭ 사재	⑮ 교문구	⑯ 받침

그림 4.2 교량 트러스

이와 같은 건물의 지붕은 둘 이상의 트러스가 절점에서 보나 도리(purlin)로 연결된 3차원 구조이다. 지붕의 하중(고정하중, 설하중, 풍하중 등)은 도리에 의해 트러스로 전달되므로 각각의 트러스는 평면트러스로 간주된다.

그림 4.3에는 일반적으로 사용되는 교량 트러스의 종류를 나타내었고, 그림 4.4에는 지붕 트러스의 종류를 나타내었다.

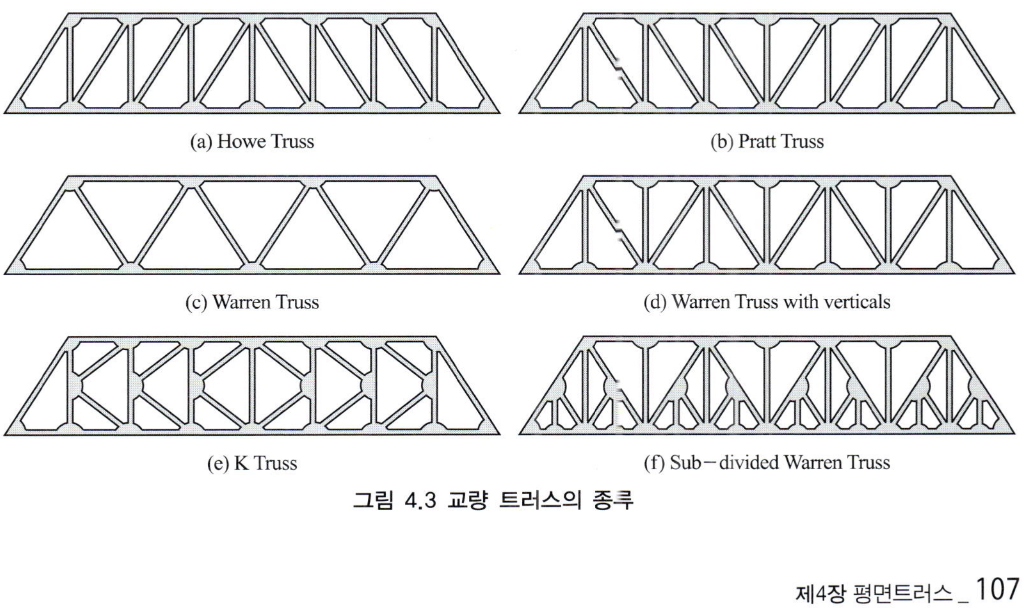

(a) Howe Truss (b) Pratt Truss

(c) Warren Truss (d) Warren Truss with verticals

(e) K Truss (f) Sub-divided Warren Truss

그림 4.3 교량 트러스의 종류

(g) Sub−divided Pratt Truss or Baltimore Truss

(h) Baltimore Truss with inclined chord or Petit Truss

그림 4.3 교량 트러스의 종류(계속)

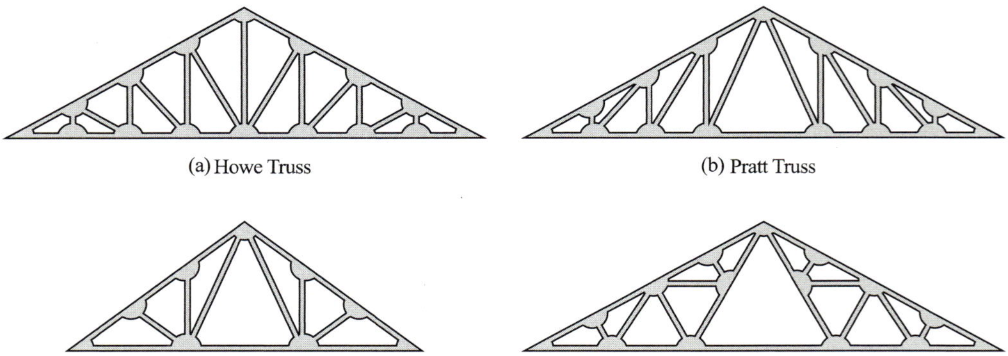

(a) Howe Truss

(b) Pratt Truss

(c) Fan Truss

(d) Fink Truss

그림 4.4 지붕 트러스의 종류

4.2 트러스 해석을 위한 가정

트러스를 해석하는 주된 목적은 작용하중에 의해 부재에 발생되는 부재력을 계산하는데 있다. 이러한 트러스를 해석할 때에는 해석결과의 정도(accuracy)가 거의 떨어지지 않으면서도 해석을 간편하게 실시하기 위해 다음과 같은 가정을 한다.

(1) 모든 부재는 양단에서 마찰이 없는 핀으로 연결되어 있다.

(2) 모든 하중과 반력은 절점에만 작용한다.

(3) 모든 부재의 도심축은 직선이고, 절점과 절점의 중심을 연결하는 선과 일치한다.

(4) 작용하중에 의한 트러스의 변형은 무시한다.

이러한 가정을 만족시키는 트러스를 이상트러스(ideal truss)라 한다. 이상트러스의 임의의 부재를 절점과 분리하여 자유물체로 그리면, 각각의 부재 단부에는 부재 단면의 도심에 각각 하나의 축력만이 작용한다. 부재의 양단에 작용하는 힘들이 3개의 평형방정식 $\Sigma F_x = 0$, $\Sigma F_y = 0$, $\Sigma M_z = 0$을 만족시키기 위해서는 축력의 크기가 서로 같고 방향이 반대가 되어야 한다.

이상트러스에서는 부재축이 직선이고, 양단 절점을 연결하는 직선과 일치하므로 어느 한 부재의 임의의 횡단면은 동일한 크기의 축력만을 받고 휨모멘트나 전단력을 받지 않는다. 따라서 이상트러스의 응력해석은 부재의 축력만을 결정하면 끝나고, 이와 같은 축력을 1차 부재력(primary force)이라 부른다.

그러나 실제 트러스에서는 이러한 이상트러스에 대한 가정을 완전히 만족시킬 수 없다. 즉, 실제 트러스는 부재의 단부에서 볼트나 용접으로 연결되어 있고, 어떤 부재는 절점에서 연속인 부재도 있다. 또한, 외부하중은 가로보나 도리 등을 통하여 트러스 절점으로 전달되지만, 부재의 자중은 그 길이에 걸쳐 작용하므로 절점하중이 아니다.

실제 트러스는 이상트러스와 이러한 차이가 존재하기 때문에 부재에는 휨모멘트, 전단력 및 축력 등이 추가로 발생된다. 이러한 힘을 2차부재력(secondary force)이라 한다. 이러한 2차부재력을 완전히 제거시킬 수는 없지만 가늘고 긴 부재를 사용하고 부재의 도심축이 한 점에서 만나도록 설계하여 2차부재력의 크기를 극소화시킬 수 있다. 이러한 2차부재력은 이상트러스의 1차부재력에 비하여 대단히 작기 때문에 설계 시에는 일반적으로 무시한다. 이러한 2차부재력을 무시할 수 없는 경우에는 트러스를 강절 프레임으로 해석해야 한다.

4.3 트러스의 종류

가장 간단한 내적안정 트러스는 그림 4.5(a)와 같이 3개의 부재를 부재의 단부에서 힌지로 연결하여 만든 3각형 구조이다. 이러한 3각형 트러스는 기본적인 트러스 요소로서 하중을 받아도 그 형상이 변하지 않으므로 내적 안정구조이다. 그러나 그림 4.5(b)와 같이 4개의 부재를 부재의 단부에서 힌지로 연결하여 만든 4각형 트러스는 하중을 받으면 그 형상이 무너지므로 내적 불안정구조이다.

(a) (b)

그림 4.5

정정 트러스를 트러스의 형태에 따라 분류하면 다음과 같다.

(1) 단순트러스

기본 트러스 요소 ABC의 절점 B와 C에 새로운 2개의 부재 BD와 CD를 각각 연결한 후 절점 D에서 두 부재를 연결시켜 새로운 삼각형 BCD를 형성시킬 수 있다. 절점 D가 직선 BC 선상에 있지 않는 한 새롭게 만들어진 트러스는 내적 안정구조이다. 이와 같이 2개의 부재를 한 절점에서 연결시키는 과정을 반복하여 원하는 트러스 형태를 얻을 수 있다. 이와 같이 구성된 트러스를 단순트러스(simple truss)라 한다.

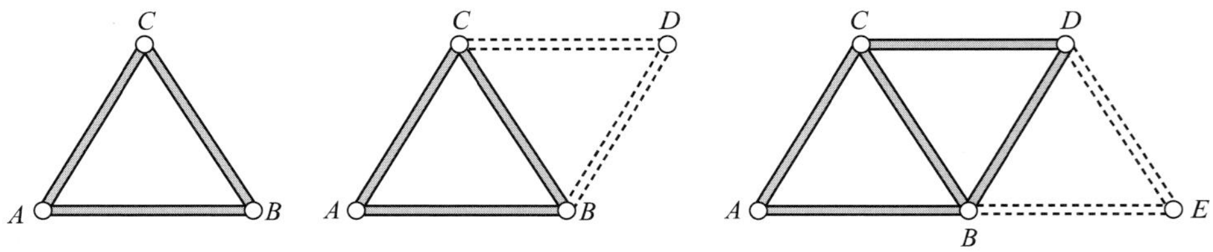

그림 4.6 단순 트러스

(2) 합성트러스

합성트러스(compound truss)는 2개 또는 그 이상의 단순트러스를 서로 연결하여 새로운 안정된 트러스를 만드는 것이다. 이 경우에 연결된 단순트러스들이 상대운동을 하지 못하도록 하기 위해서는 최소한 3개 이상의 힘 성분을 전단시킬 수 있는 연결부재로 각 단순트러스들이 서로 연결되어야 한다. 따라서 평행하지도 않고 한 점에 모이지도 않는 3개의 링크로 연결하거나 또는 이와 동등한 방법으로 연결시킬 수 있다.

그림 4.7에는 합성트러스의 예를 나타내었다. 그림 4.7에서 음영 처리된 부분은 연결된 단순트러스를 나타낸다. 그림 4.7(a)와 (b)의 경우는 하나의 공유 절점과 하나의 링크로 연결된 형태이고, 그림 4.7(c)의 경우는 2개의 단순트러스를 연결시키는 링크 대신에 단순트러스로 연결된 형태이다. 그리고 그림 4.7(d), (e)와 (f)의 경우는 단순트러스들이 평행하지도 않고 한 점에 모이지도 않는 3개의 링크로 연결된 형태이다.

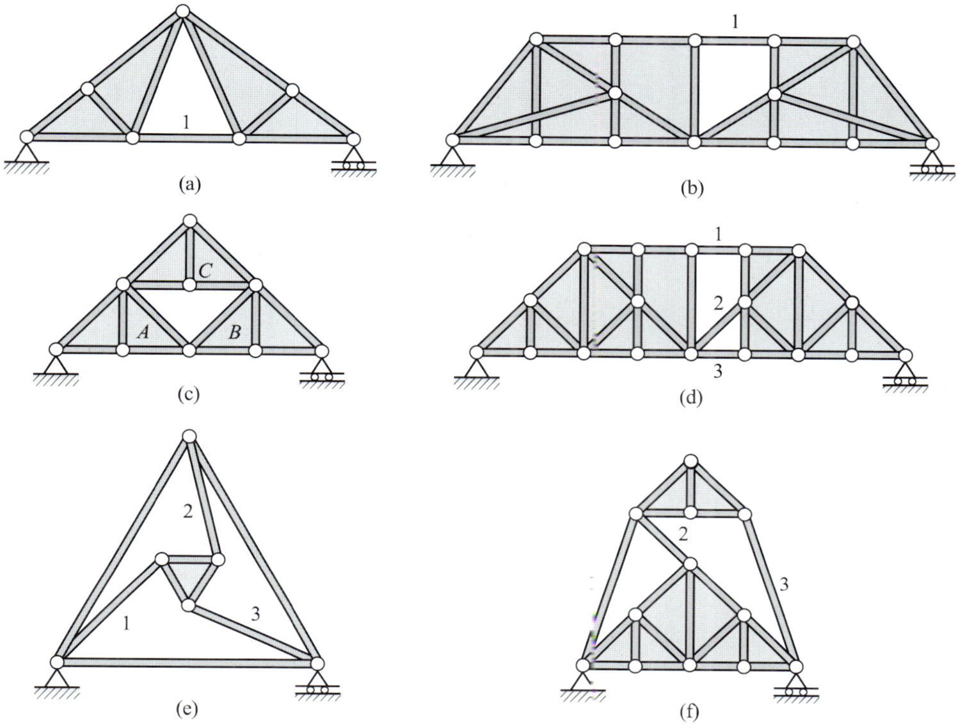

그림 4.7 합성트러스

(3) 복합트러스

단순트러스이거나 합성트러스도 아니면서 정정인 트러스를 복합트러스(complex truss)라 한다. 이러한 복합트러스는 정정이면서도 모든 절점에서 3개의 미지 부재력이 존재하기 때문에 해석하기가 어렵다. 복합트러스의 종류를 예로 들면 그림 4.8과 같다.

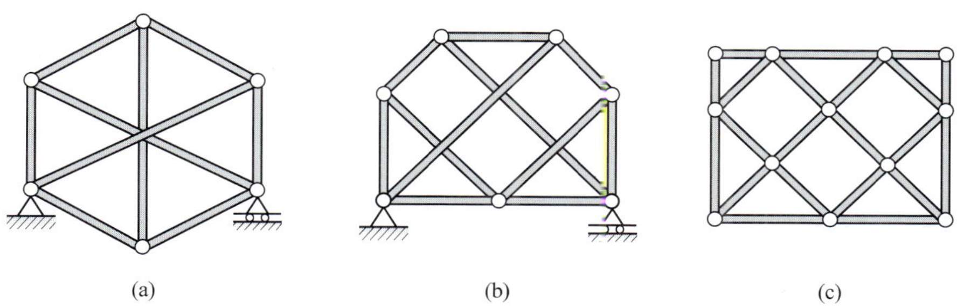

그림 4.8 복합트러스

(4) 내적 안정성

트러스의 부재 수효를 m, 절점 수효를 j로 나타내면 트러스의 내적 안정성을 다음 식으로 나타낼 수 있다.

$m < 2j-3$: 내적 불안정

$m \geq 2j-3$: 내적 안정

그러나 위의 구분은 트러스의 내적 안정성에 대한 필요조건이지 충분조건은 아니다. 즉, $m \geq 2j-3$인 트러스일지라도 그 부재의 배치가 적절하지 않은 경우에는 내적 불안정 트러스가 될 수도 있다.

4.4 조건 방정식

내적으로 안정된 구조물의 3개 반력성분은 평형방정식을 사용하여 구할 수 있다. 특수한 조건방정식을 제공하는 조건(내부힌지 또는 내부롤러 등)이 있는 경우에는 3개 이상의 반력성분도 구할 수 있다.

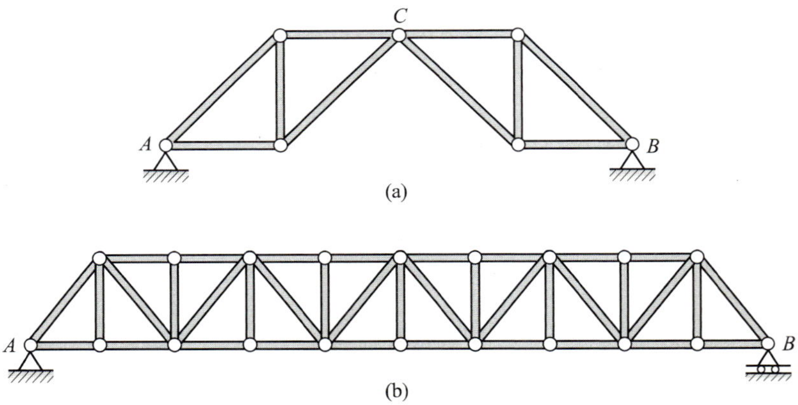

그림 4.9 조건 방정식

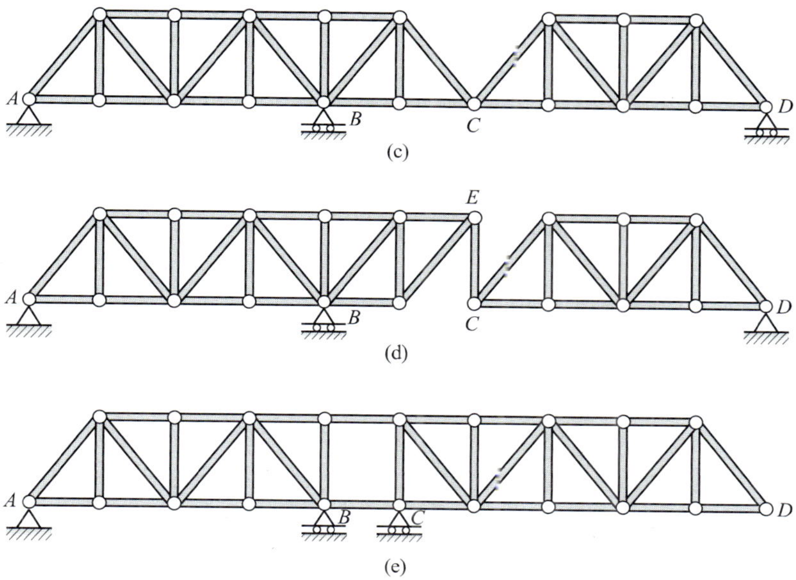

그림 4.9 조건 방정식(계속)

트러스 구조의 경우에 고려할 수 있는 조건방정식에 대해 그림 4.9와 같은 예를 들기로 한다. 그림 4.9(a)는 3힌지 아치를 트러스를 사용하여 만든 것으로 절점 C의 좌측 또는 우측 자유물체도에 대해 $\Sigma M_C = 0$라는 조건방정식이 주어진다. 따라서 전체 구조물에 대한 3개의 평형방정식과 조건방정식을 사용하여 4개의 반력을 구할 수 있다.

그림 4.9(b)는 전형적인 정정 트러스로서 3개의 반력을 평형방정식을 사용하여 구할 수 있다. 이 트러스를 그림 4.9(c)와 같은 캔틸레버 트러스로 만들면 절점 C에서의 조건방정식, $\Sigma M_C = 0$을 사용하여 지점 B에서의 반력을 포함한 4개의 반력을 모두 구할 수 있다.

그림 4.9(d)와 같이 부재 CE와 같은 링크를 사용한 트러스 구조로 변경한 경우에는 2개의 조건방정식이 주어진다. 즉, $\Sigma M_E = 0$와 $\Sigma M_C = 0$를 사용하여 5개의 반력을 모두 구할 수 있다. 이러한 모멘트에 대한 조건방정식 대신에 링크 우측 자유물체도에 대한 수평방향 힘에 대한 평형조건식인 $\Sigma F_x = 0$를 사용할 수도 있다.

그림 4.9(e)와 같이 내적 불안정 트러스를 지점으로 보강하여 정정 트러스로 만들 수도 있다. BC 구간에서는 평행한 두 부재만 있으므로 연직력 성분을 전달시킬 수 없다. 따라서 BC 구간의 좌측 또는 우측 자유물체도에 대한 조건방정식, $\Sigma F_y = 0$를 사용하여 4개의 반력성분을 구할 수 있다.

그림 4.9(a), (c), (d) 및 (e)와 같은 트러스 구조는 내적 불안정구조이나 지점에서의 반력 성분으로 이를 보강한 정정 트러스이다.

4.5 트러스의 정정, 부정정과 안정성

평면 트러스의 정정, 부정정 및 안정성 문제를 설명하기 위하여 부재의 수효를 m, 절점의 수효를 j 그리고 반력의 수효를 r로 나타낸 트러스를 예로 든다. 이 경우에 구해야 되는 미지의 힘은 m개의 부재력과 r개의 반력성분이 되어 전체적으로 $(m+r)$개의 미지수를 구해야 한다. 한편, 각 절점에서는 두개의 평형방정식 $\Sigma F_x = 0$, $\Sigma F_y = 0$가 성립되므로 이용할 수 있는 전체 평형방정식의 수는 $(2j)$개이다. 만일, 미지수의 수효인 $(m+r)$과 평형방정식의 수효인 $(2j)$가 서로 같으면, 즉 $(2j) = (m+r)$이면 모든 미지수의 값을 연립으로 구할 수 있으므로 정정 트러스가 된다.

$(m+r) > (2j)$인 경우에는 미지수의 수효가 이용할 수 있는 평형방정식의 수효보다 많기 때문에 평형방정식만을 사용해서 모든 미지수의 값을 구할 수 없다. 이러한 트러스를 부정정 트러스라 한다. 안정한 트러스가 되는데 필요한 최소한의 부재와 반력을 초과하는 부재력과 반력을 과잉력(redundant forces)이라 한다. 과잉력의 수효를 부정정차수라 하고, 부정정차수를 i로 나타내면 다음 식으로 부정정차수를 구할 수 있다.

$$i = (m+r) - (2j) \tag{4.1}$$

$(m+r) < (2j)$인 경우에는 트러스가 내적으로 안정하기 위한 최소한의 부재보다 부재 수가 적거나 충분한 수의 반력성분을 갖지 못하기 때문에 불안정 트러스가 된다.

지금까지 설명한 것을 요약하면 다음과 같다.

$$\begin{aligned} (m+r) &< (2j) \ : \text{불안정 트러스 구조} \\ (m+r) &= (2j) \ : \text{정정 트러스 구조} \\ (m+r) &> (2j) \ : \text{부정정 트러스 구조} \end{aligned} \tag{4.2}$$

$(m+r) < (2j)$인 경우에는 항상 불안정 트러스가 되지만 $(m+r) \geq (2j)$라고 해서 항상 안정 트러스가 되지는 않는다. 부재나 반력의 수효는 안정한 트러스가 되기에 충분한 경우에도 그들의 배치가 적절하지 못하여 불안정하게 되는 경우가 있다.

그림 4.10에는 평면 트러스의 정정, 부정정 및 안정성 문제를 나타내었다. 그림 4.10(j)는 $m=13$, $j=8$, $r=3$이므로 $(m+r)=(2j)$이나 불안정 구조이다. 이 트러스는 강체부분인 $ABCD$와 $EFGH$가 평행한 부재 BF, CE 및 DH만에 의해 연결되어 있으므로 하나의 강체 부분이 수직방향으로 변위를 일으킬 때 이를 방지할 수가 없다. BF, CE 및 DH 부재를 절단하여 자유물체도를 그리면, 이 자유물체도가 평형을 이룰 수 없다는 것을 알 수 있을 것이다. 따라서 그림 4.10(j)의 트러스는 부재의 배열이 잘못된 불안정 트러스이다.

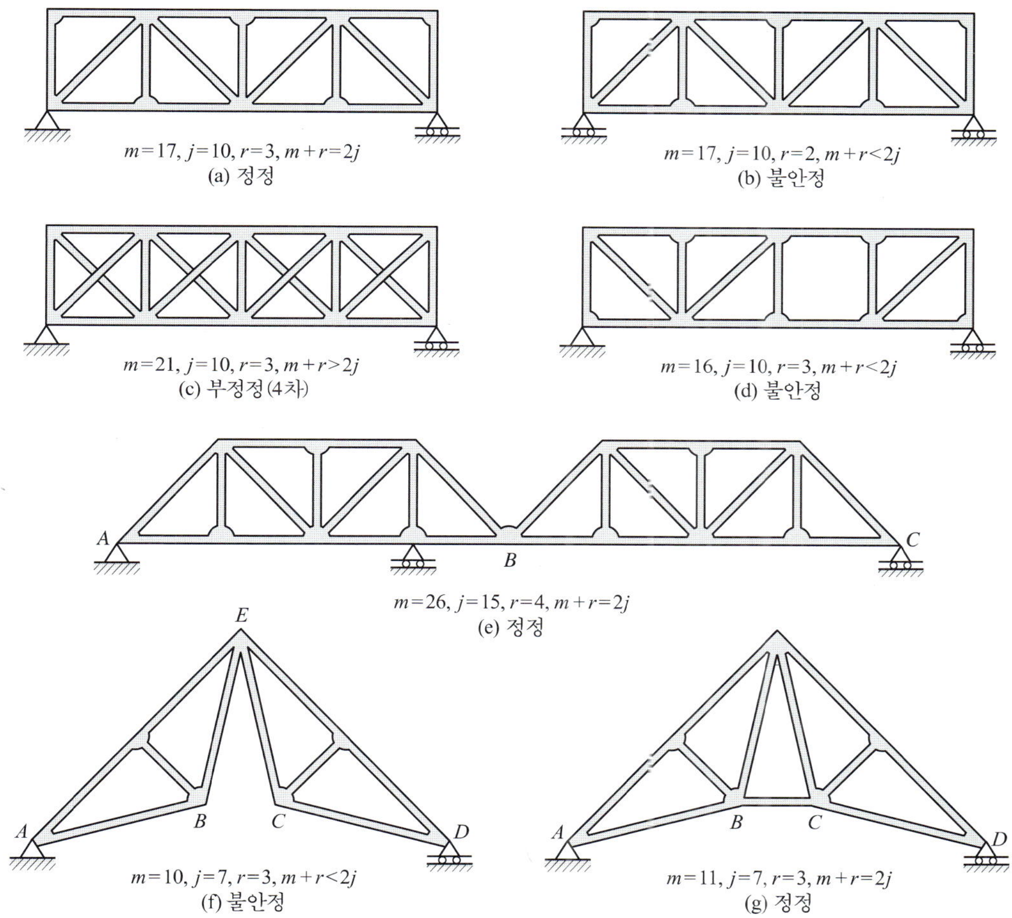

그림 4.10

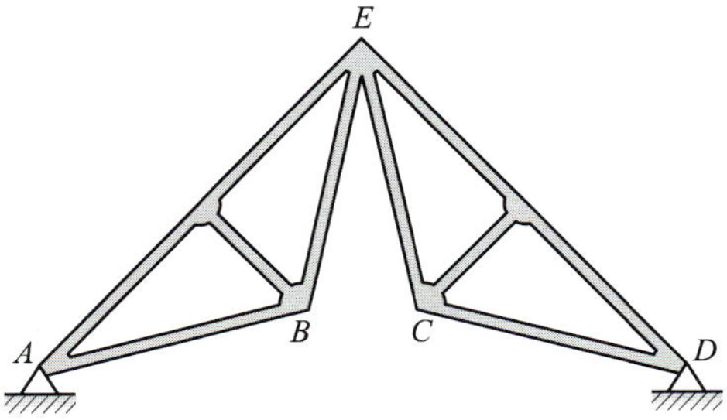

$m=10, j=7, r=4, m+r=2j$
(h) 정정

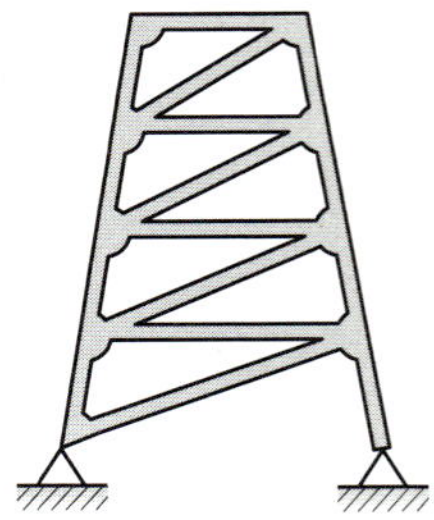

$m=16, j=10, r=4, m+r=2j$
(i) 정정

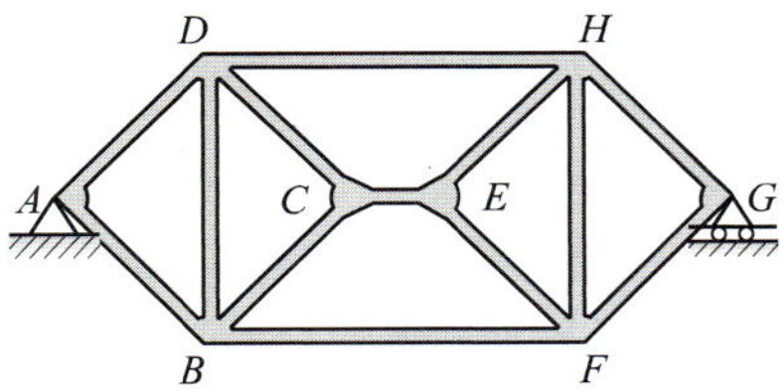

$m=13, j=8, r=3, m+r=2j$
(j) 불안정

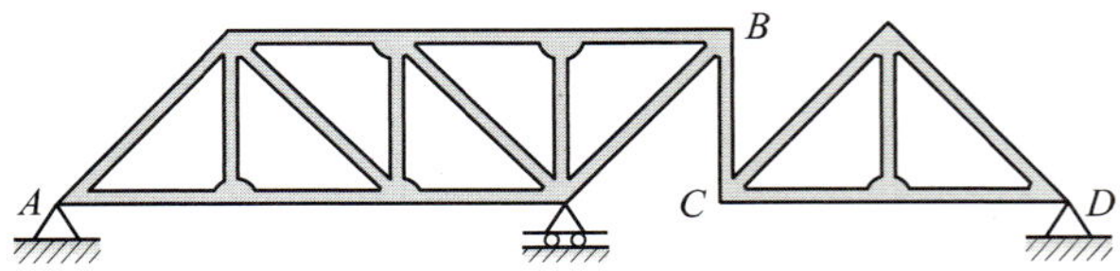

$m=19, j=12, r=5, m+r=2j$
(k) 정정

그림 4.10(계속)

4.6 트러스 해석

트러스 해석의 주된 목적은 작용하중에 의한 트러스의 부재력을 계산하는 데 있다.

전체 트러스의 자유물체도를 고려하는 경우에는 부재력이 내력이므로 힘으로 표시되지 않기 때문에 트러스의 부재력을 구하기 위해서는 트러스 일부만의 자유물체도를 고려해야 한다. 이러한 트러스 일부만의 자유물체도에는 절단된 부재의 부재력이 작용하게 되므로 이 트러스 일부만의 자유물체도에 대한 평형방정식을 세워 트러스의 부재력을 계산할 수 있다.

트러스의 부재력을 구하기 위하여 트러스 일부만의 자유물체도를 선택하여 계산하는 방법에는 절점법(method of joints)과 단면법(method of sections)이 있다.

(1) 절점법

절점에 연결된 모든 부재를 절단하고, 그 절점을 나머지 트러스 부분과 고립시킨 자유물체도를 고려한다. 이와 같은 절점만의 자유물체도에는 절점에 작용하는 부재력, 반력 및 하중만 존재하기 때문에 평형방정식 $\Sigma F_x = 0$, $\Sigma F_y = 0$만 만족시키면 평형상태가 된다. 한 절점에서 2개의 평형방정식만으로 트러스의 부재력을 구하기 위해서는 그 절점에 2개의 미지 부재력만 존재해야 한다.

따라서 2개의 부재만 연결된 외측 절점부터 해석을 시작하여 중앙으로 진행시켜 절점에서의 미지 부재력이 2개를 넘지 않도록 하는 것이 일반적인 방법이다. 트러스의 모든 부재력을 구할 경우에는 절점법을 사용하는 것이 편리하다.

(2) 단면법

위에서 설명한 절점법은 모든 트러스의 부재력을 구하는 경우에 효과적이지만, 특정한 부재의 부재력만을 구하고자 하는 경우에는 매우 비효율적이다. 절점법을 이용하여 특정한 부재의 부재력만을 구하는 경우에는 그 부재에 도달하기 전까지 많은 다른 부재의 부재력을 구해야 되기 때문이다. 이와 같이 특정한 부재의 부재력만을 구하고자 하는 경우에는 단면법을 사용하는 것이 효과적이다.

단면법은 구하고자 하는 부재력의 부재를 통과하는 단면을 가상으로 절단하여 전체 트러스를 2개의 부분으로 나누어 자유물체도를 그린 후 각각의 자유물체도에 대한 평형조건을 적용하여 원하는 부재력을 구하는 방법이다. 가상의 단면으로 분리된 각각의 자유물체도에는 절단된 부재의 부재력과 작용하중 및 반력 등이 작용한다. 단면법에서는 단면을 적절히 선택하면 다른 부재들의 부재력을 계산하지 않고도 원하는 부재의 부재력만을 계산 할 수 있다. 특정한 몇 개의 부재력만 구하고자 할 경우나 절점법으로 부재력을 구해나가는 과정 중에 어느 절점에서 3개 이상의 미지 부재력이 있어 부재력의 계산이 불가능한 경우 등에는 특히, 단면법이 유효하게 사용된다.

절점법이나 단면법으로 트러스를 해석하는 경우 자유물체도에 작용하는 미지의 부재력은 인장력을 받는 것으로 가정한다. 해석 결과, 부재력의 값이 양의 값이면 그 부재는 인장력을 받고, 부재력의 값이 음의 값이면 그 부재는 압축력을 받는다. 절점법이나 단면법으로 트러스를 해석하는 방법에 대한 좀 더 구체적인 내용은 다음 예제를 통하여 설명한다.

예제 4.1

다음 트러스의 부재력을 계산하라.

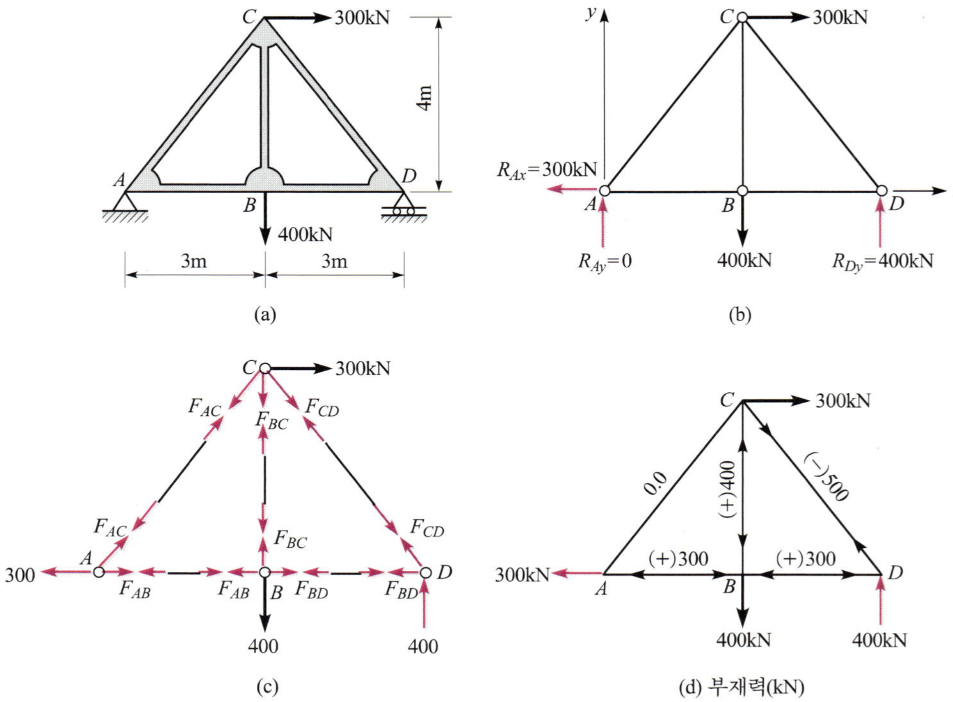

예제 그림 4.1

1) 반력

본 예제의 트러스는 5개의 부재, 4개의 절점 및 3개의 반력을 가지고 있으므로 $m+r=2j$가 성립하므로 정정 트러스 구조이다. 예제 그림 4.1(b)의 전체 트러스의 자유물체도에서 평형방정식을 사용하여 지점 A와 D에서의 반력을 구하면 다음과 같다.

$$\Sigma F_x = 0(\rightarrow +) \ : \ R_{Ax} - 300 = 0$$
$$\therefore \ R_{Ax} = 300\,kN(\text{가정한 방향} : \leftarrow)$$
$$\Sigma M_D = 0(\curvearrowright +) \ : \ R_{Ay}(6) - (400)(3) + (300)(4) = 0$$
$$\therefore \ R_{Ay} = 0$$
$$\Sigma F_y = 0(\uparrow +) \ : \ R_{Ay} - 400 + R_{Dy} = 0.0 - 400 + R_{Dy} = 0$$
$$\therefore \ R_{Dy} = 400\,kN(\uparrow)$$

2) 부재력

예제 그림 4.1(c)에는 트러스의 모든 부재와 절점에 대한 자유물체도를 나타내었으며, 해석의 초기단계에서 트러스의 부재력을 알 수가 없기 때문에 모든 부재력을 인장력으로 가정하였다.

각 절점의 자유물체도에서는 절점에 연결된 부재의 단부에 작용하는 힘과 크기가 같고 방향이 반대인 힘이 작용하고, 인장력은 힘의 방향이 절점에서 밖으로 향하고, 압축력은 힘의 방향이 절점으로 향함을 알 수 있다.

트러스를 해석할 때 일반적으로 부재에 대한 자유물체도는 생략하고 절점에 대한 자유물체도만을 그리는데, 이 때 인장력은 화살표의 방향이 절점에서 밖으로 향하고, 압축력은 화살표의 방향이 절점을 향하도록 그려야 함을 명심하기 바란다.

절점법에 의한 트러스의 해석에서는 2개의 부재만 연결된 외측 절점부터 해석을 시작하여 중앙으로 진행시켜가야 하는데, 본 예제의 경우는 A점 또는 B점부터 해석을 시작할 수 있으나 A점부터 해석을 시작하도록 한다.

· A절점의 자유물체도

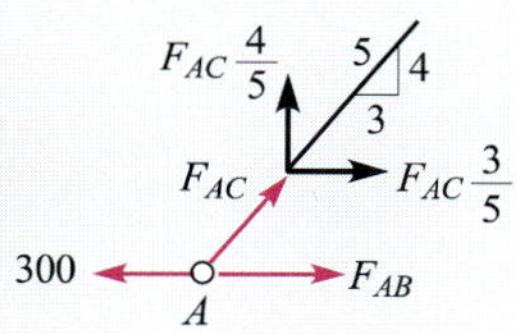

$$\Sigma F_y = 0(\uparrow +) \ : \ F_{AC}\frac{4}{5} + 0 = 0$$

$$\therefore \ F_{AC} = 0$$

$$\Sigma F_x = 0(\rightarrow +) \ : \ -300 + F_{AC}\frac{3}{5} + F_{AB} = 0$$

$$\therefore \ F_{AB} = 300\,kN(\text{인장력})$$

· B절점의 자유물체도

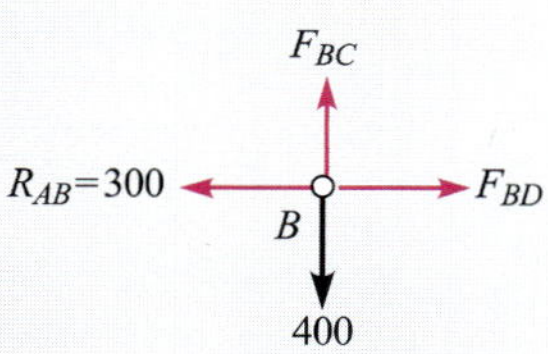

$$\Sigma F_y = 0(\uparrow +) \ : \ -400 + F_{BC} = 0$$

$$\therefore \ F_{BC} = 400\,kN(\text{인장력})$$

$$\Sigma F_x = 0(\rightarrow +) \ : \ -300 + F_{BD} = 0$$

$$\therefore \ F_{BD} = 300\,kN(\text{인장력})$$

· D절점의 자유물체도

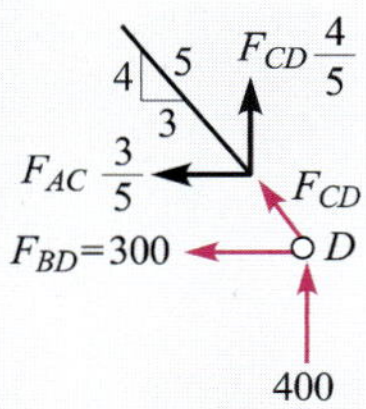

$$\Sigma F_x = 0(\rightarrow +) \ : \ (-)300 - F_{CD}\frac{3}{5} = 0$$

$$\therefore \ F_{CD} = (-)500\,kN(\text{압축력})$$

$$\Sigma F_y = 0(\uparrow +) \ : \ F_{CD}\frac{4}{5} + 400 = (-)500\frac{4}{5} + 400 = 0$$

$$\therefore \ \text{OK}$$

〈검산〉

· C절점의 자유물체도

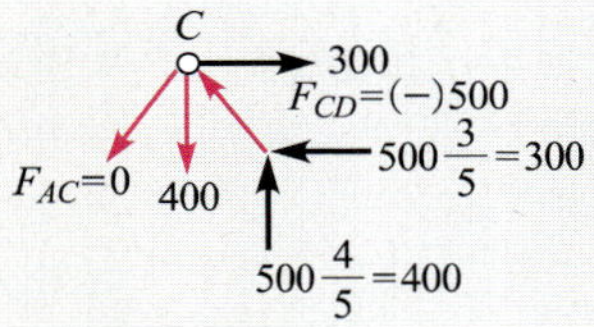

$$\Sigma F_x = 0(\rightarrow +) \ : \ 300 - (500)\frac{3}{5} = 0 \quad \therefore \text{ OK}$$

$$\Sigma F_y = 0(\uparrow +) \ : \ (500)\frac{4}{5} - 400 = 0 \quad \therefore \text{ OK}$$

예제 그림 4.1(d)에는 위에서 구한 전체 부재의 부재력을 나타내었다.

예제 4.2 다음 트러스의 부재력을 구하여라.

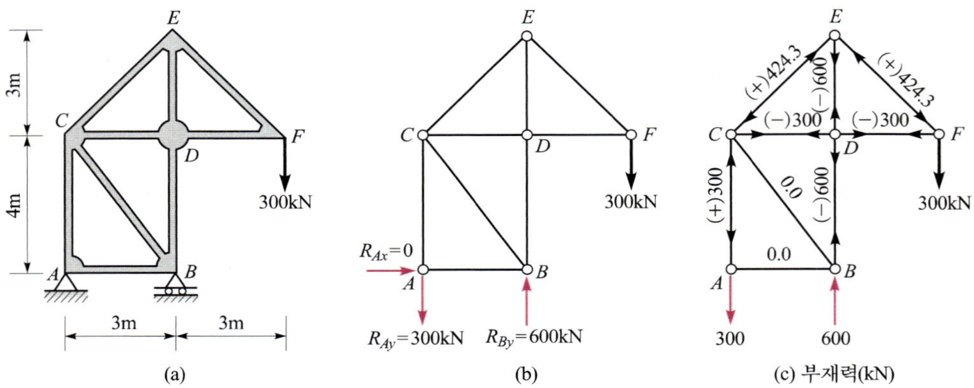

예제 그림 4.2

1) 반력

예제 그림 4.2(b)의 전체 트러스의 자유물체도에서 지점 A와 B의 반력은 정역학적 평형방정식을 사용하여 구할 수 있다.

$$\Sigma M_A = 0(\curvearrowright +) \quad : \quad (300)(6) - R_{By}(3) = 0$$

$$\therefore \ R_{By} = 600\,kN(\uparrow)$$

$$\Sigma F_y = 0(\uparrow +) \quad : \quad -R_{Ay} + R_{By} - 300 = -R_{Ay} + 600 - 300 = 0$$

$$\therefore \ R_{Ay} = 300\,kN(\text{가정한 방향}: \downarrow)$$

$$\Sigma F_x = 0(\rightarrow +) \quad : \quad R_{Ax} + 0 = 0$$

$$\therefore \ R_{Ax} = 0$$

2) 부재력

본 예제의 경우에는 트러스 부재력의 계산을 두개의 부재만 연결된 외측 절점인 A점 또는 F점부터 해석을 시작할 수 있으나, F점부터 시작한다.

· F절점의 자유물체도

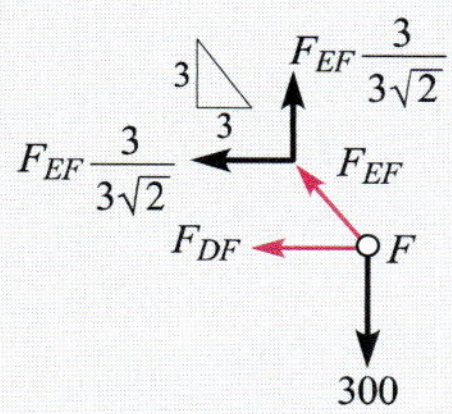

$$\Sigma F_y = 0(\uparrow +) \ : \ F_{EF}\frac{3}{3\sqrt{2}} - 300 = 0$$

$$\therefore \ F_{EF} = 300\sqrt{2} = 424.3\,kN(\text{인장력})$$

$$\Sigma F_x = 0(\rightarrow +)\text{에서}$$

$$F_{EF}\left(\frac{3}{3\sqrt{2}}\right) - F_{DF} = (300\sqrt{2})\left(\frac{3}{3\sqrt{2}}\right) - F_{DF} = 0$$

$$\therefore \ F_{DF} = (-)300\,kN(\text{압축력})$$

· A절점의 자유물체도

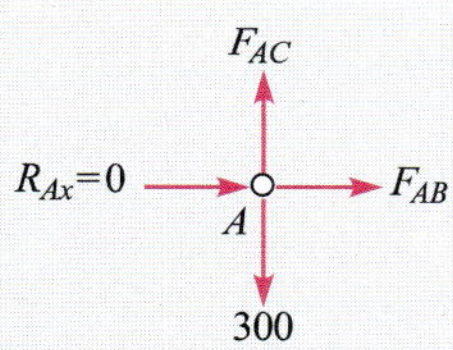

$$\Sigma F_x = 0(\rightarrow +) \ : \ R_{Ax} + F_{AB} = 0 + F_{AB} = 0$$

$$\therefore \ F_{AB} = 0$$

$$\Sigma F_y = 0(\uparrow +) \ : \ F_{AC} - 300 = 0$$

$$\therefore \ F_{AC} = 300\,kN(\text{인장력})$$

· B절점의 자유물체도

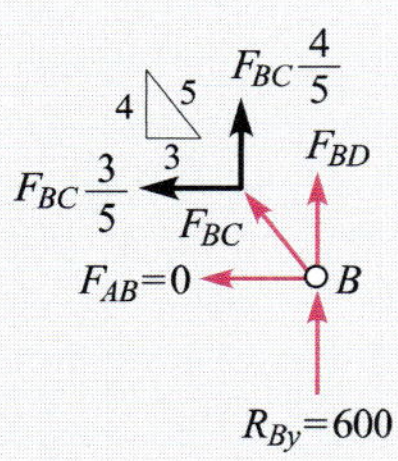

$$\Sigma F_x = 0(\rightarrow +) : (-)F_{BC}\frac{3}{5} + F_{AB} = (-)F_{BC}\frac{3}{5} + 0 = 0$$

$$\therefore \ F_{BC} = 0$$

$$\Sigma F_y = 0(\uparrow +) : F_{BC}\frac{4}{5} + F_{BD} + 600 = 0 + F_{BD} + 600 = 0$$

$$\therefore \ F_{BD} = (-)600\,kN(\text{압축력})$$

· D절점의 자유물체도

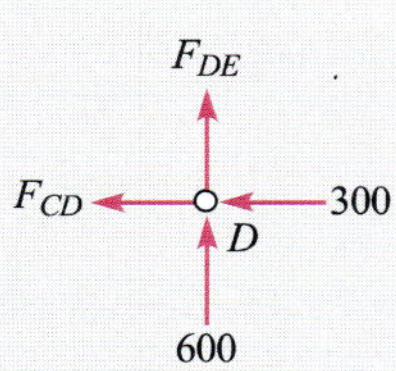

$$\Sigma F_y = 0(\uparrow +) \ : \ F_{DE} + 600 = 0$$

$$\therefore \ F_{DE} = (-)600\,kN(\text{압축력})$$

$$\Sigma F_x = 0(\rightarrow +) \ : \ F_{CD} + 300 = 0$$

$$\therefore \ F_{CD} = (-)300\,kN(\text{압축력})$$

· E절점의 자유물체도

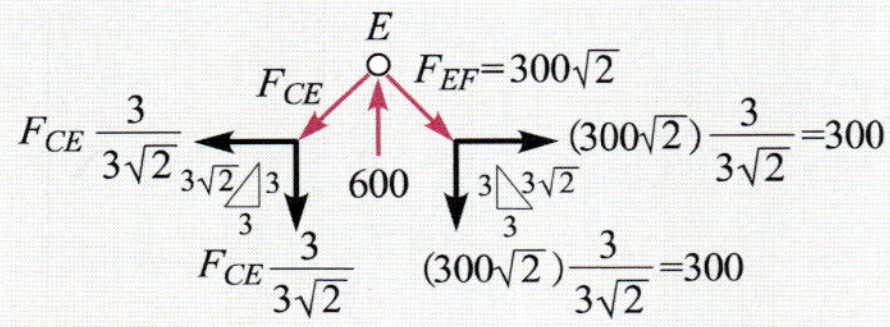

$\Sigma F_x = 0(\rightarrow +)$:

$$(300\sqrt{2})\frac{3}{3\sqrt{2}} - F_{CE}\frac{3}{3\sqrt{2}} = 0$$

$\therefore\ F_{CE} = 300\sqrt{2} = 424.3\,kN$(인장력)

〈검산〉

$$\Sigma F_y = 0(\uparrow +) : (-)F_{EF}\frac{3}{3\sqrt{2}} - F_{CE}\frac{3}{3\sqrt{2}} + 600 = 0 \qquad \therefore \text{OK}$$

예제 그림 4.2(c)에는 위에서 구한 전체 부재의 부재력을 나타내었다.

예제 4.3 다음 트러스의 모든 부재력을 계산하라.

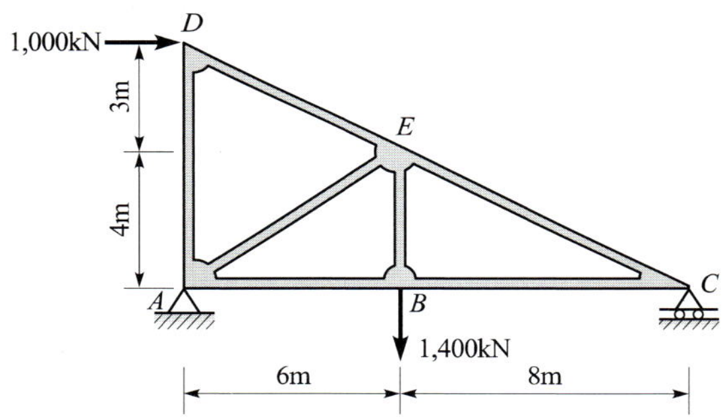

(a)

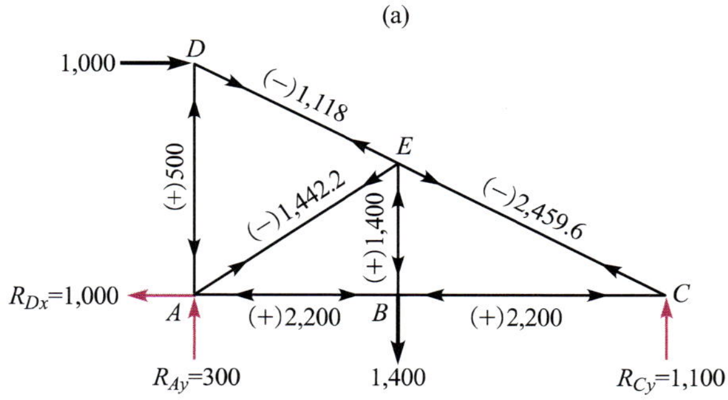

(b) 부재력(kN)

예제 그림 4.3

1) 반력

지점 A와 C에서의 반력은 정력학적 평형방정식을 사용하여 구하면 다음과 같다.

$$\Sigma F_x = 0(\rightarrow +)\ :\ R_{Ax} + 1{,}000 = 0$$
$$\therefore\ R_{Ax} = (-)1{,}000\,kN(\leftarrow)$$
$$\Sigma M_C = 0(\curvearrowright +)\ :\ R_{Ay}(14) + (1{,}000)(7) - (1{,}400)(8) = 0$$
$$\therefore\ R_{Ay} = 300\,kN(\uparrow)$$
$$\Sigma F_y = 0(\uparrow +)\ :\ R_{Cy} - 1{,}400 + R_{Ay} = R_{Cy} - 1{,}400 + 300 = 0$$
$$\therefore\ R_{Cy} = 1{,}100\,kN(\uparrow)$$

2) 부재력

· D절점의 자유물체도

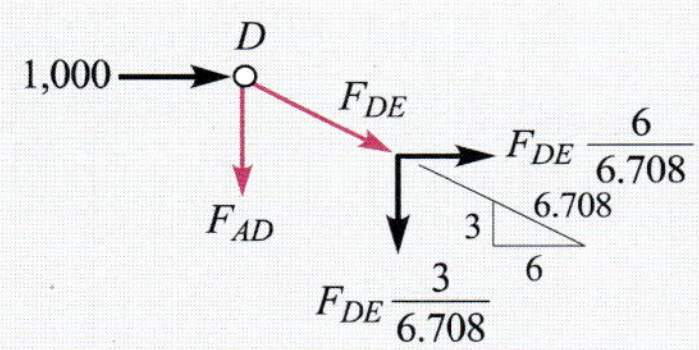

$$\Sigma F_x = 0(\rightarrow +)\ :\ 1{,}000 + F_{DE}\frac{6}{6.708} = 0$$
$$\therefore\ F_{DE} = (-)1{,}118\,kN(\text{압축력})$$
$$\Sigma F_y = 0(\uparrow -)\ :\ (-)F_{AD} - F_{DE}\frac{3}{6.708} = 0$$
$$\therefore\ F_{AD} = 500\,kN(\text{인장력})$$

· A절점의 자유물체도

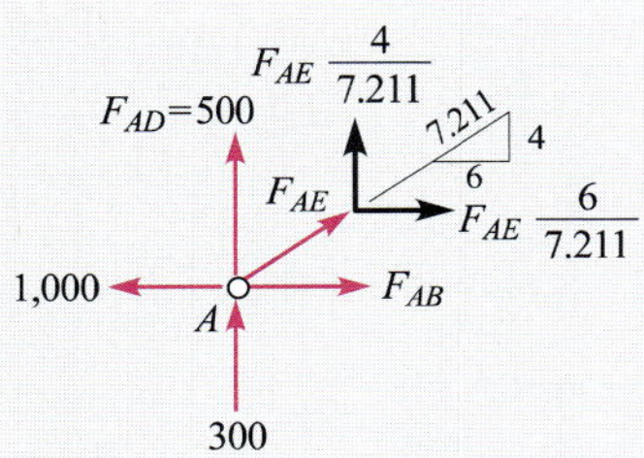

$$\Sigma F_y = 0(\uparrow +)\ :\ F_{AD} + 300 + F_{AE}\frac{4}{7.211} = 0,$$
$$(F_{AD} = 500\,kN)$$
$$\therefore\ F_{AE} = (-)1{,}442.2\,kN(\text{압축력})$$
$$\Sigma F_x = 0(\rightarrow +)\ :\ -1{,}000 + F_{AB} + F_{AE}\frac{6}{7.211} = 0$$
$$\therefore\ F_{AB} = 2{,}200\,kN(\text{인장력})$$

· B절점의 자유물체도

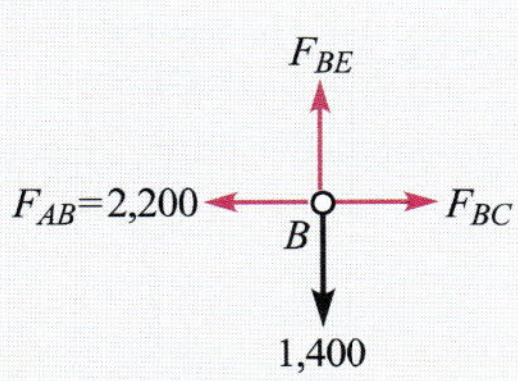

$$\Sigma F_x = 0(\rightarrow +)\ :\ (-)2{,}200 + F_{BC} = 0$$
$$\therefore\ F_{BC} = 2{,}200\,kN(\text{인장력})$$
$$\Sigma F_y = 0(\uparrow +)\ :\ (-)1{,}400 + F_{BE} = 0$$
$$\therefore\ F_{BE} = 1{,}400\,kN(\text{인장력})$$

· C절점의 자유물체도

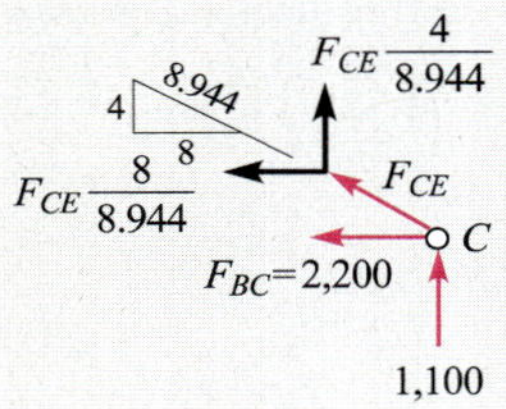

$$\Sigma F_x = 0(\rightarrow +) \ : \ (-)2.200 - F_{CE}\frac{8}{8.944} = 0$$

$$\therefore \ F_{CE} = (-)2{,}459.6\,kN(\text{압축력})$$

$$\Sigma F_y = 0(\uparrow +) \ : \ +1{,}100 + F_{CE} = 0$$

$$\therefore \ F_{CE} = (-)2{,}459.6\,kN(\text{압축력})$$

모든 부재력이 계산되었으므로 절점 E에서는 계산된 부재력이 틀리지 않았는가를 검산할 수 있다.

· E절점의 자유물체도

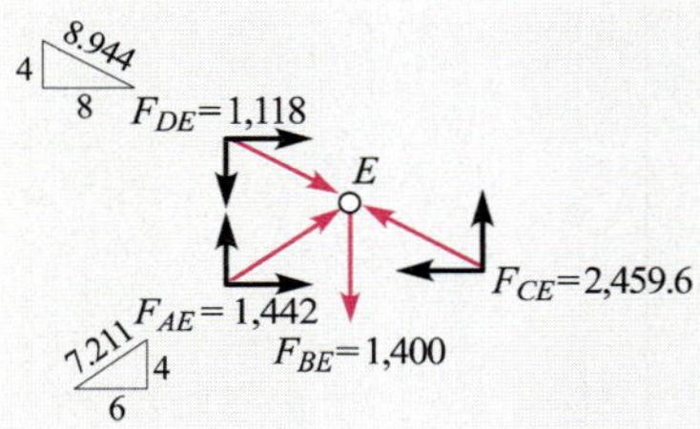

$\Sigma F_x = 0(\rightarrow +)$에서

$$1{,}118\frac{8}{8.944} + 1{,}442\frac{6}{7.211} - 2{,}459.6\frac{8}{8.944} = 0$$

$\therefore \ OK$

$\Sigma F_y = 0(\uparrow +)$에서

$$(-)1{,}118\frac{4}{8.944} + 1{,}442\frac{4}{7.211} + 2{,}459.6\frac{4}{8.944}$$

$$-1{,}400.0 = 0$$

$\therefore \ OK$

예제 4.4 다음 트러스의 Cd, cd, CD, BC, cC 부재력을 계산하라.

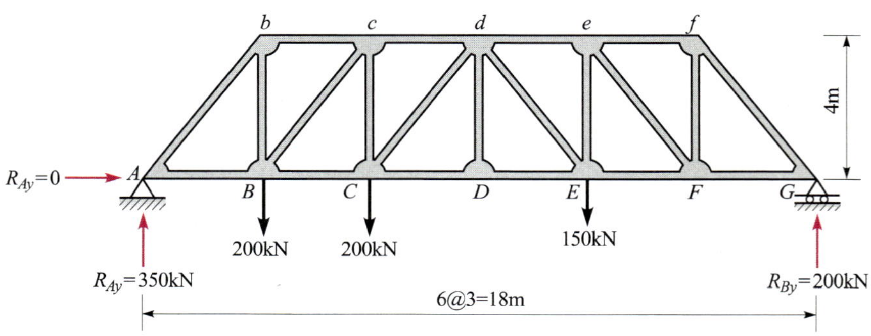

예제 그림 4.4

1) 반력

지점 A와 G에서의 반력은 정력학적 평형방정식을 사용하여 구하면 다음과 같다.

$$\Sigma F_x = 0(\rightarrow +) \;:\; R_{Ax} + 0 = 0$$
$$\therefore\; R_{Ax} = 0\,kN$$
$$\Sigma M_G = 0(\curvearrowright +) \;:\; R_{Ay}(18) - (200)(15) - (200)(12) - (150)(6) = 0$$
$$\therefore\; R_{Ay} = 350\,kN(\uparrow)$$
$$\Sigma F_y = 0(\uparrow +) \;:\; R_{Ay} - (200 + 200 + 150) + R_{Gy} = 350 - 550 + R_{Gy} = 0$$
$$\therefore\; R_{Gy} = 200\,kN(\uparrow)$$

2) 부재력

- cd, Cd, CD부재들을 절단하여 절단면의 좌측 자유물체도를 고려한다. 먼저, F_{cd} 부재력은 cd부재와 마주보는 C점에서 모멘트를 취하면 부재력 F_{Cd}와 F_{CD}는 C점을 통과하므로 이들 부재력에 의한 모멘트가 영이므로 F_{cd} 부재력를 구할 수 있고, F_{CD} 부재력은 CD부재와 마주보는 d점에서 모멘트를 취하면 부재력 F_{cd}와 F_{Cd}는 d점을 통과하므로 이들 부재력에 의한 모멘트가 영이므로 F_{CD} 부재력를 구할 수 있다.

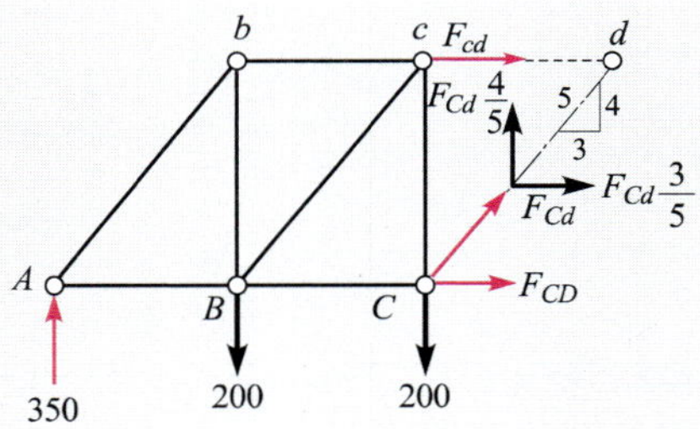

$$\Sigma M_C = 0(\curvearrowright +) \;:$$
$$(350)(6) - (200)(3) + 4F_{cd} = 0$$
$$\therefore\; F_{cd} = (-)375\,kN(\text{압축력})$$
$$\Sigma F_y = 0(\uparrow +) \;:$$
$$350 - 200 - 200 + F_{Cd}\frac{4}{5} = 0$$
$$\therefore\; F_{Cd} = 62.5\,kN(\text{인장력})$$

$$\Sigma M_d = 0(\curvearrowright +)\text{에서}$$
$$(350)(9) - (200)(6) - (200)(3) - 4F_{CD} = 0$$
$$\therefore\; F_{CD} = 337.5\,kN(\text{인장력})$$
$$\Sigma F_x = 0(\rightarrow +)\text{에서}$$
$$(-)375 + (62.5)\frac{3}{5} + 337.5 = 0 \quad \therefore \text{OK}$$

- cd, cC와 BC부재를 절단하여 절단면의 좌측 자유물체도를 고려한다.

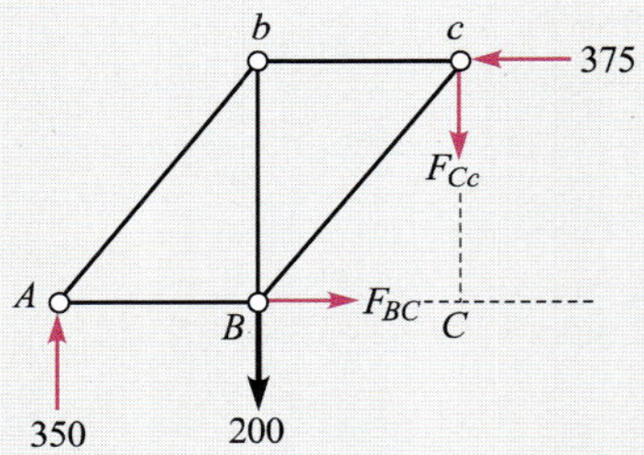

$\Sigma F_x = 0(\rightarrow +)$: $F_{BC} - 375 = 0$

$\therefore\ F_{BC} = 375\,kN$(인장력)

$\Sigma F_y = 0(\uparrow +)$: $350 - 200 - F_{cC} = 0$

$\therefore\ F_{cC} = 150\,kN$(인장력)

예제 4.5 다음 트러스의 부재력을 구하라.

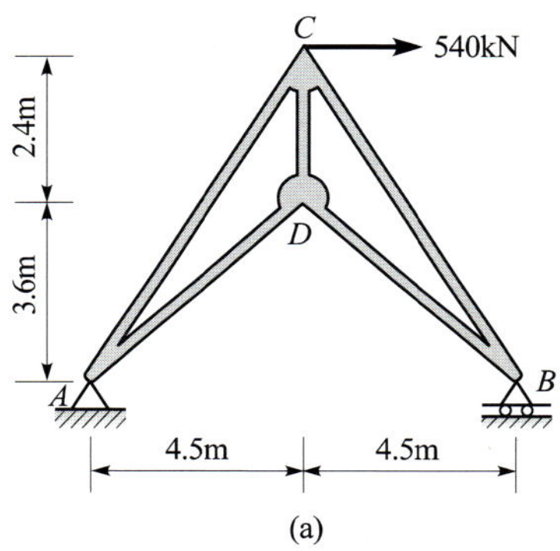

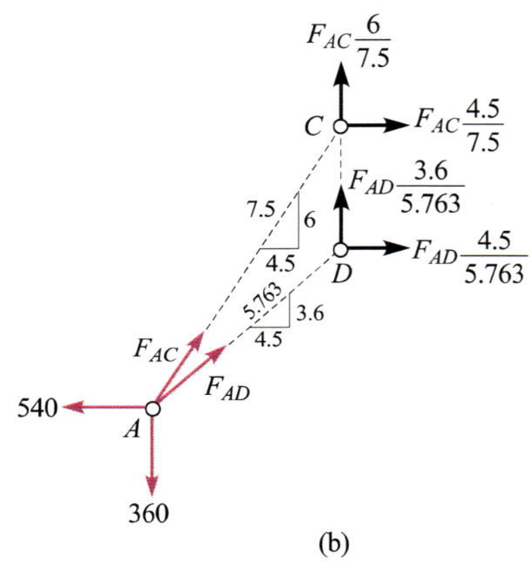

예제 그림 4.5

1) 반력

지점 A와 B에서의 반력은 정력학적 평형방정식을 사용하여 구할 수 있다.

$$\Sigma M_B = 0(\curvearrowright +) : R_{Ay}(9) + (540)(6) = 0$$

$$\therefore\ R_{Ay} = (-)360\,kN(\downarrow)$$

$$\Sigma F_y = 0(\uparrow +) : R_{Ay} + R_{By} = (-)360.0 + R_{By} = 0$$

$$\therefore\ R_{By} = 360\,kN(\uparrow)$$

$$\Sigma F_x = 0(\rightarrow +) : R_{Ax} + 540 = 0$$

$$\therefore\ R_{Ax} = (-)540\,kN(\leftarrow)$$

2) 부재력

본 예제의 경우는 절점법과 단면법을 적절히 사용하여 모든 부재력을 계산할 수 있다. F_{AC}와

F_{AD} 부재력은 절점법을 사용하여 구할 수도 있고 단면법을 사용하여 구할 수도 있다.

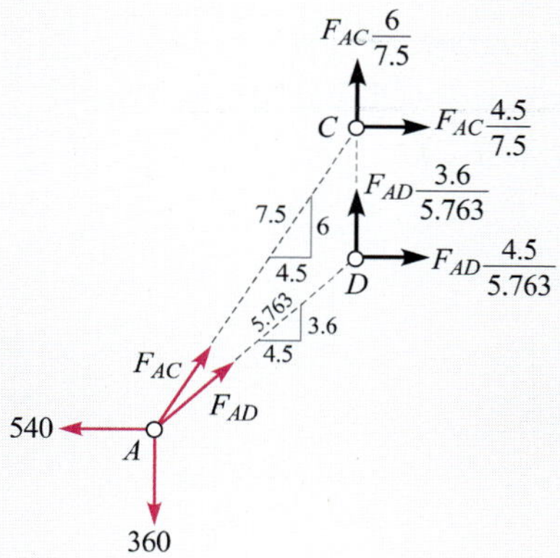

(b)

a) 절점법

$\Sigma F_x = 0(\rightarrow +)$:

$$F_{AC}\frac{4.5}{7.5} + F_{AD}\frac{4.5}{5.763} - 540 = 0$$

$\Sigma F_y = 0(\uparrow +)$:

$$F_{AC}\frac{6}{7.5} + F_{AD}\frac{3.6}{5.763} - 360 = 0$$

위의 식을 연립으로 풀면,

$F_{AC} = (-)225\,kN,\ \ F_{AD} = 864.45\,kN$

b) 단면법

$\Sigma M_D = 0(\curvearrowright +)\ :\ (F_{AC}\frac{4.5}{7.5})(2.4) + (540)(3.6) - (360)(4.5) = 0$

$\therefore\ F_{AC} = (-)225\,kN$

$\Sigma M_C = 0(\curvearrowright +)\ :\ (-)(F_{AD}\frac{4.5}{5.763})(2.4) + (540)(6) - (360)(4.5) = 0$

$\therefore\ F_{AD} = 864.45\,kN$

부재력 F_{CD}와 F_{BD}는 D절점의 자유물체도를 사용하여 구할 수 있다.

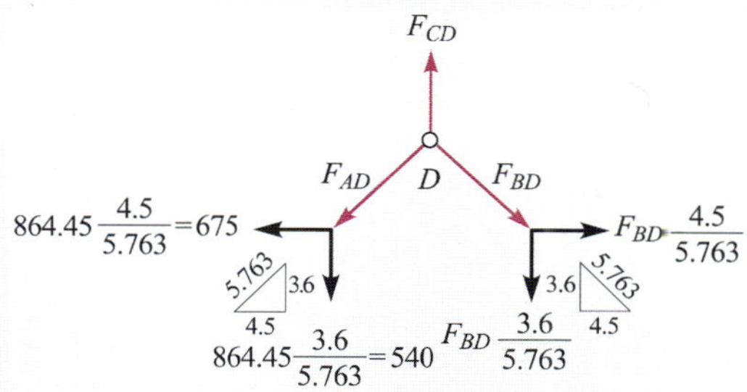

$\Sigma F_x = 0(\rightarrow +)\ :\ (-)(864.45)\frac{4.5}{5.763} + F_{BD}\frac{4.5}{5.763} = 0$

$\therefore\ F_{BD} = 864.45\,kN$

$\Sigma F_y = 0(\uparrow +)$에서

$(-)(864.45)\frac{3.6}{5.763} - (864.45)\frac{3.6}{5.763} + F_{CD} = 0$

$\therefore\ F_{CD} = 1{,}080\,kN$

부재력 F_{BC}는 4개의 절점평형조건(절점 B와 C에서 각각 2개) 중에서 하나를 사용하여 구할 수 있다.

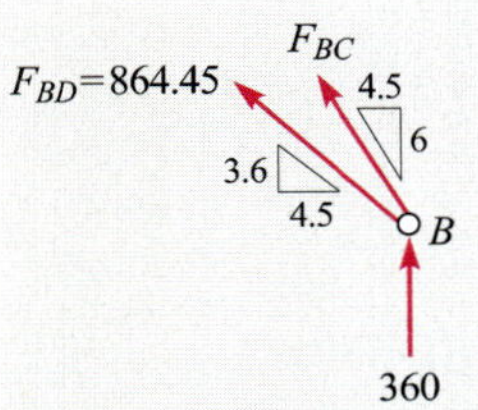

$$\Sigma F_x = 0(\rightarrow +) : (-)(864.45)\frac{4.5}{5.763} - F_{BC}\frac{4.5}{7.5} = 0$$

$$\therefore\ F_{BC} = (-)1{,}125\,kN$$

〈검산〉

$$\Sigma F_y = 0(\uparrow +) : (864.45)\frac{3.6}{5.763} - (1{,}125)\frac{6}{7.5} + 360 = 0$$

$\therefore$ OK

예제 4.6 다음 트러스의 부재 u_1L_2, u_1u_2의 부재력을 계산하라. 작용하중과 반력은 주어진 바와 같다.

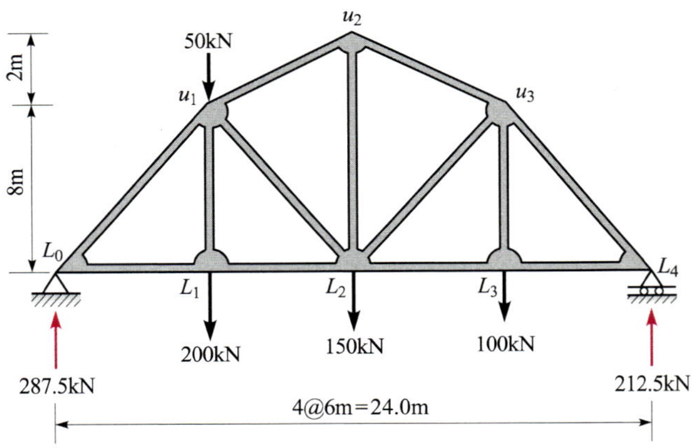

예제 그림 4.6

u_1u_2, u_1L_2, L_1L_2 부재를 절단하여 절단면의 좌측 자유물체도를 사용한다. $F_{u_1L_2}$는 L_2에서 수평성분 $X_{u_1L_2}$와 연직성분 $Y_{u_1L_2}$로 분해하여 해석하는 것이 편리하다. $X_{u_1L_2}$는 A점을 통과한다.

$\Sigma M_A = 0(\curvearrowright +)$에서

$$(-)(287.5)(18) + (200)(24) + (Y_{u_1L_2})(30) + (50)(24) = 0$$

$$\therefore\ Y_{u_1L_2} = (-)27.5\,kN$$

$$\therefore\ F_{u_1L_2} = (-)(27.5)\frac{10}{8} = (-)34.375\,kN$$

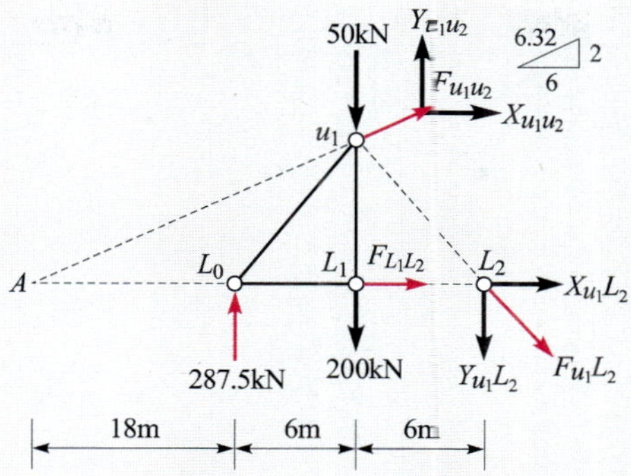

$\Sigma F_y = 0(\uparrow +)$에서

$$287.5 - (250) + Y_{u_1u_2} - Y_{u_1L_2} = 0$$

$$\therefore\ Y_{u_1u_2} = 250 - 287.5 + (-27.5) = (-)65\,kN$$

$$\therefore\ F_{u_1u_2} = (-65)\frac{6.32}{2} = (-)205.4\,kN$$

예제 4.7 다음 트러스의 부재 CD, DM, BM의 부재력을 계산하라.

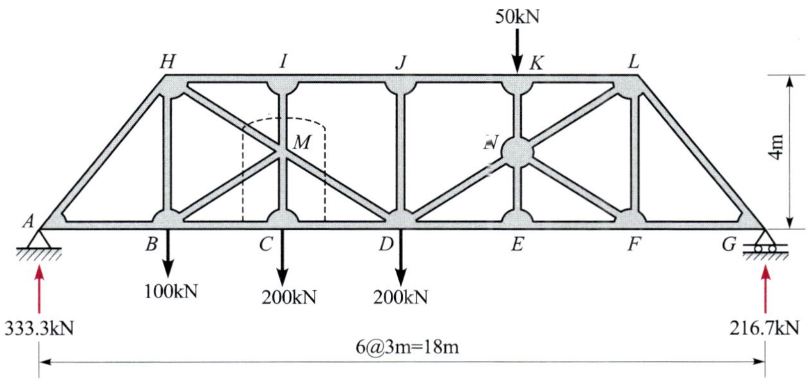

예제 그림 4.7

반력의 계산은 생략하고, 부재력 F_{CD}, F_{MD}는 IJ, DM, CD 부재를 절단하여 좌측의 자유물체도를 사용한다.

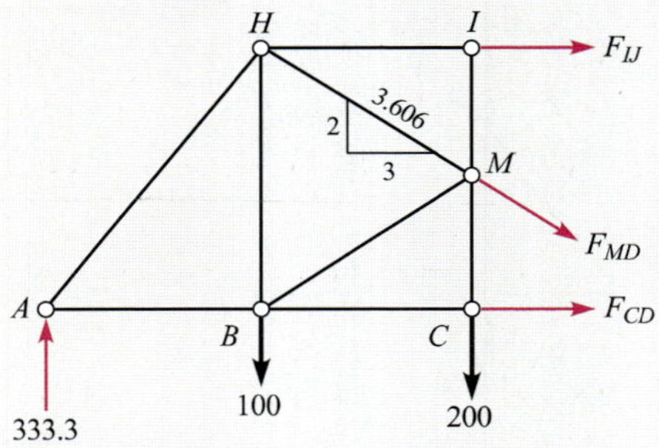

$\Sigma M_H = 0(\curvearrowright +)$에서

$(333.3)(3) + (200)(3) - F_{CD}(4) = 0$

$\therefore\ F_{CD} = 400\,kN$(인장력)

$\Sigma F_y = 0(\uparrow +)$에서

$333.3 - 100 - 200 - F_{MD}\dfrac{2}{3.606} = 0$

$\therefore\ F_{MD} = 60.0\,kN$(인장력)

문제도에서 점선을 따라 절단하여 그림과 같은 자유물체도를 고려한다. I절점의 자유물체도에서 $F_{MI} = 0$임을 알 수 있다. 부재력 F_{MB}는 D점에서 모멘트를 취하면 구할 수 있다.

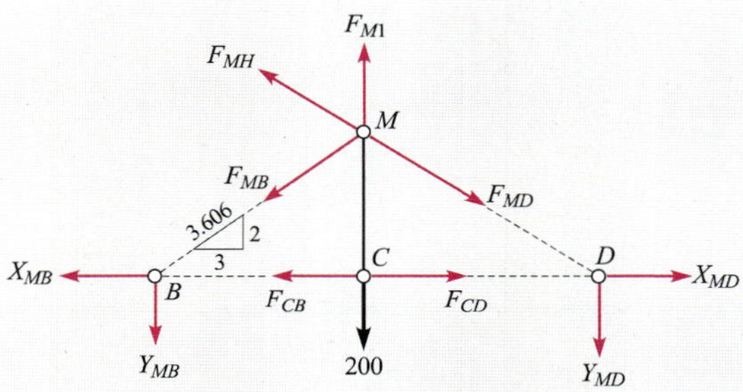

$\Sigma M_D = 0(\curvearrowright +)$에서

$(-)(200)(3) - Y_{MB}(6) = 0$

$\therefore\ Y_{MB} = (-)100\,kN$

따라서

$\therefore\ F_{MB} = (-)(100)\dfrac{3.606}{2} = (-)180.3\,kN$

연습문제

4.1

다음에 주어진 여러 트러스 구조물을 안정 또는 불안정으로 분류하고, 안정 구조물인 경우에는 정정 또는 부정정으로 분류하라. 부정정 구조인 경우에는 부정정차수를 구하시오.

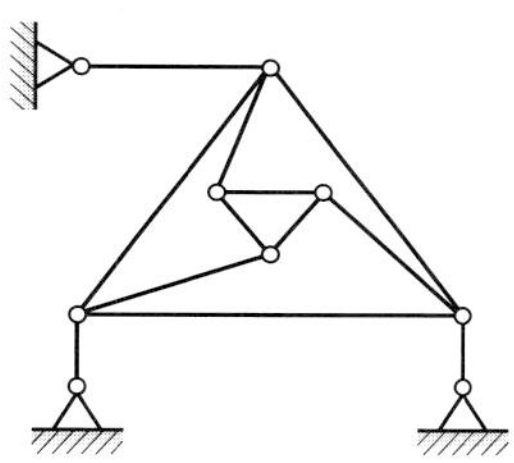

(a)

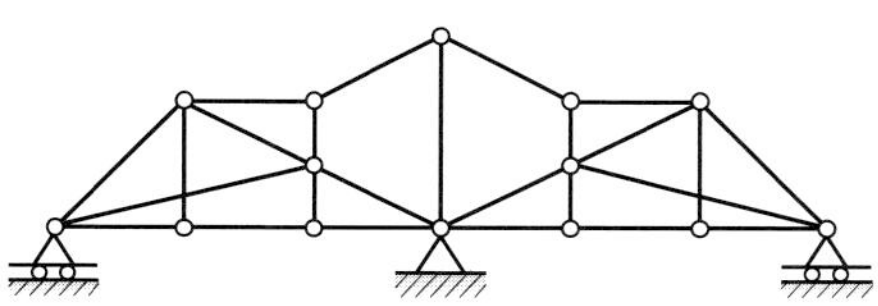

(b)

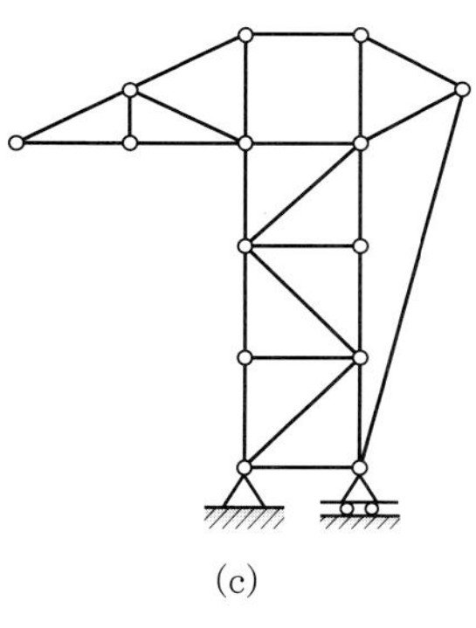

(c)

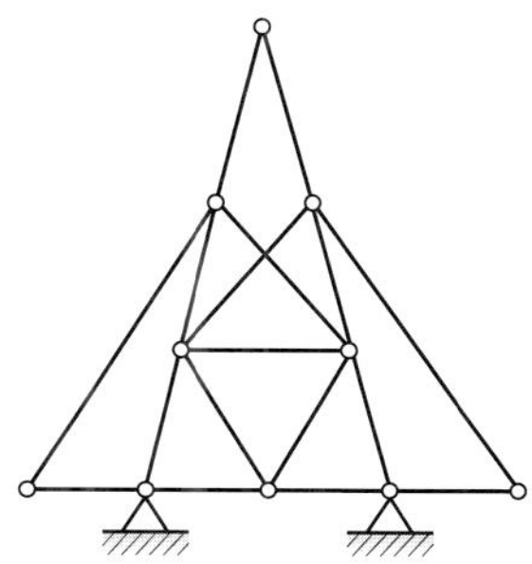

(d)

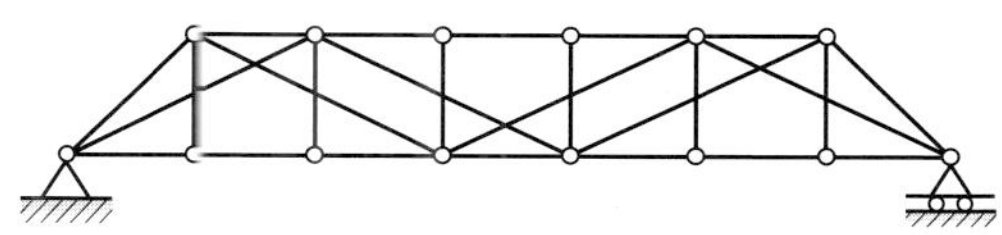

(e)

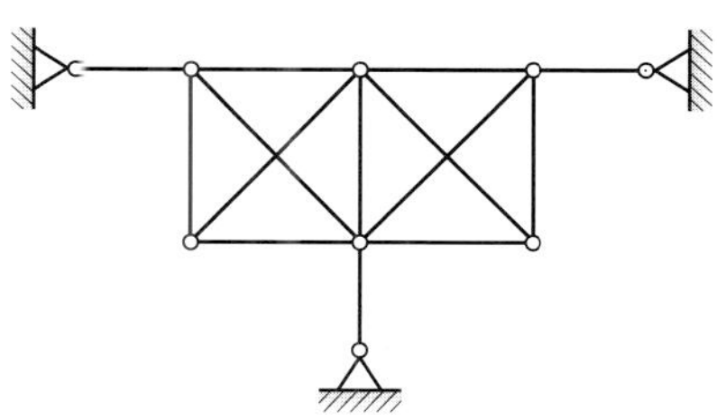

(f)

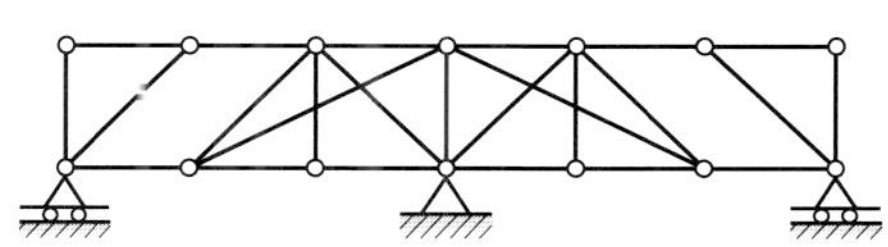

(g)

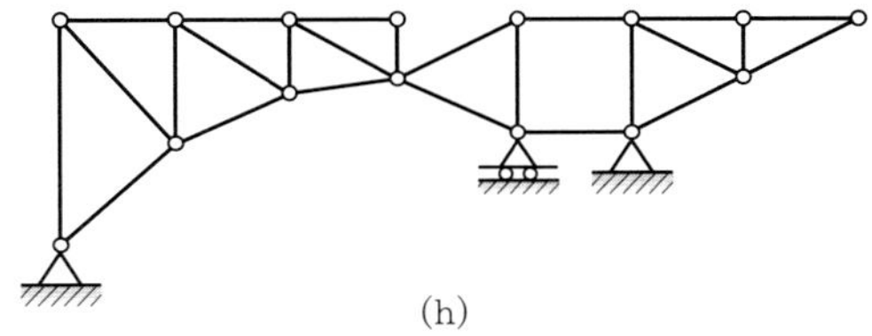

(h)

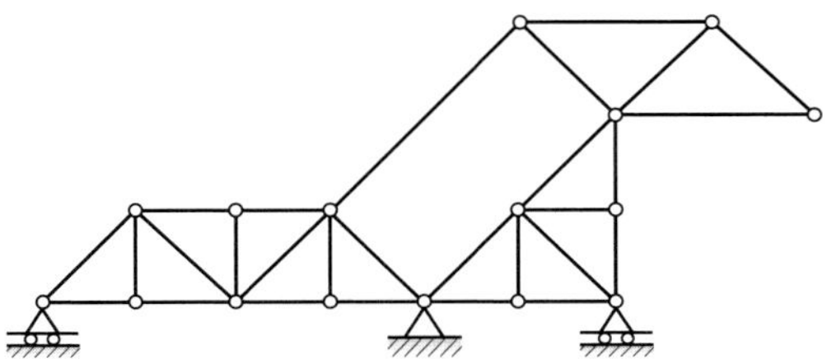

(i)

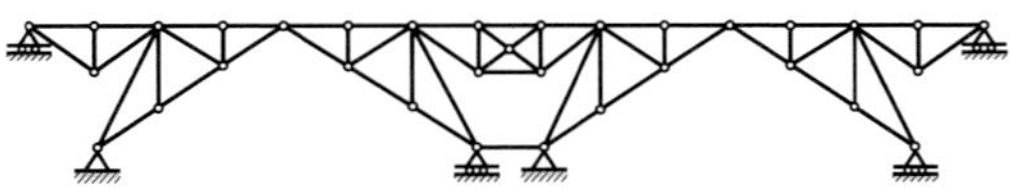

(j)

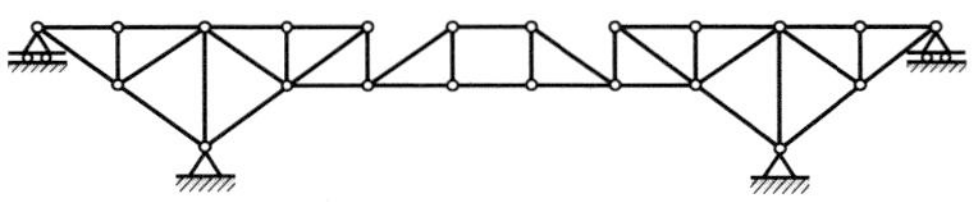

(k)

※ 문제 그림 4.2~4.39에 주어진 트러스에서 모든 부재의 부재력을 구하여라.

4.2

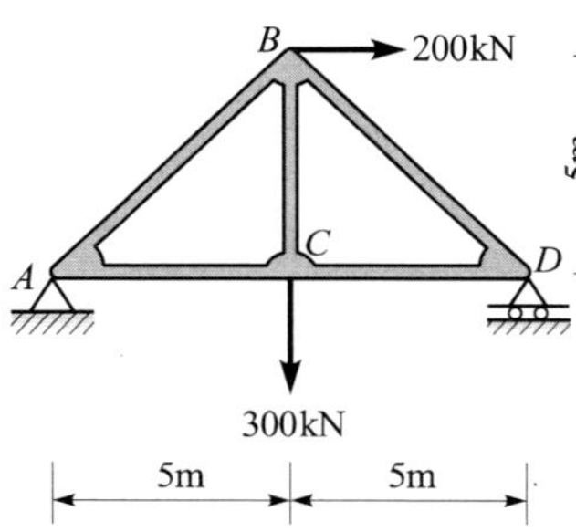

4.3

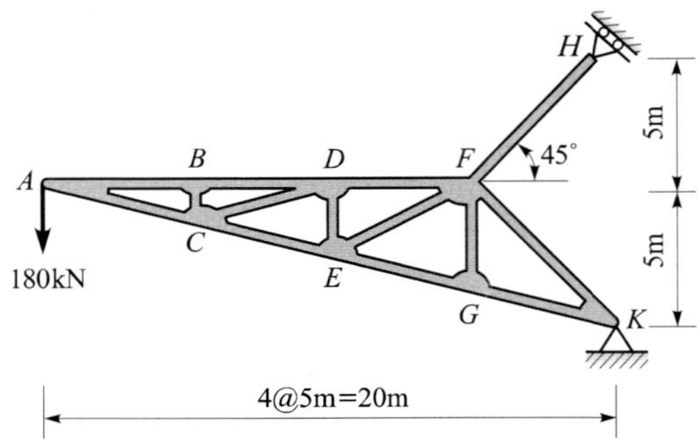

4.4

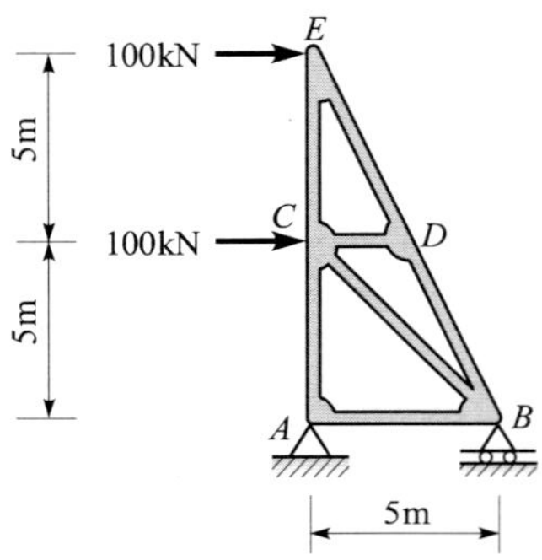

4.5

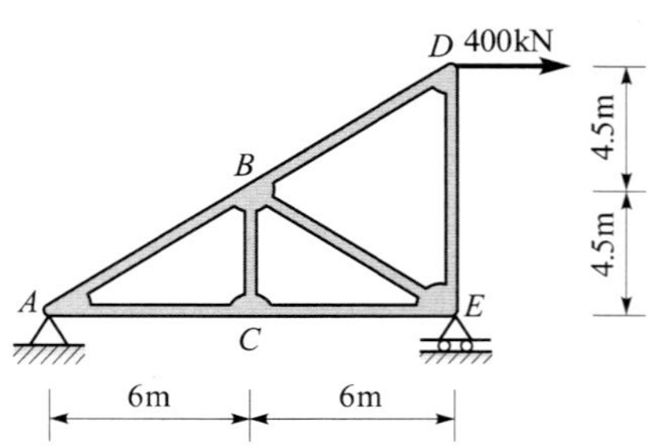

4.6

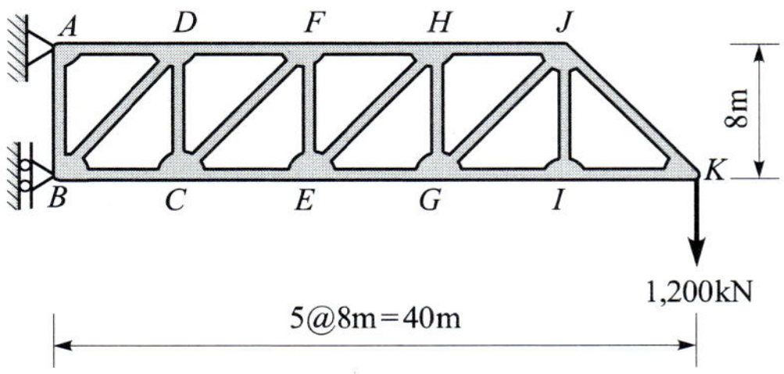

4.7

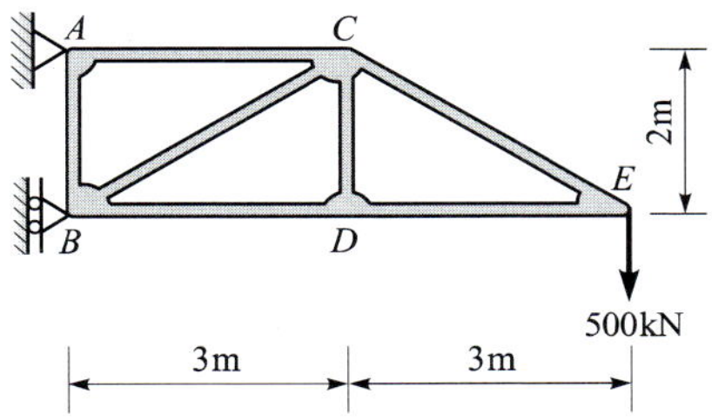

4.8

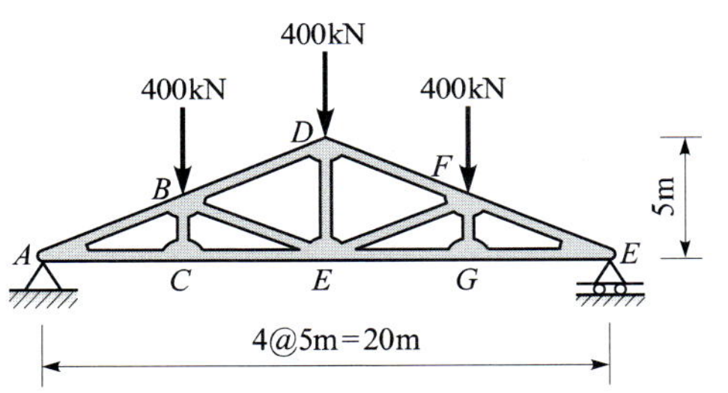

4.9

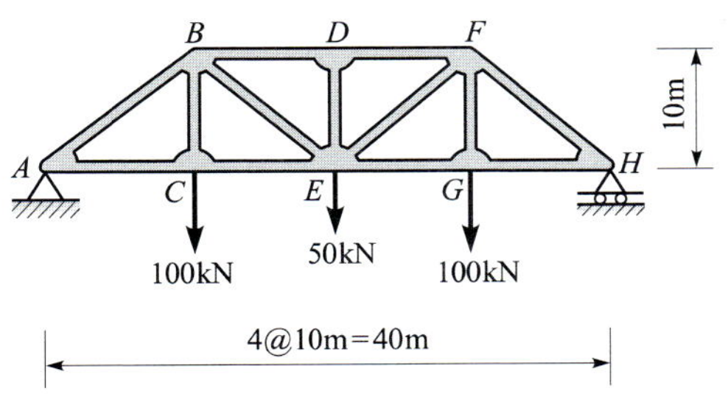

4.10

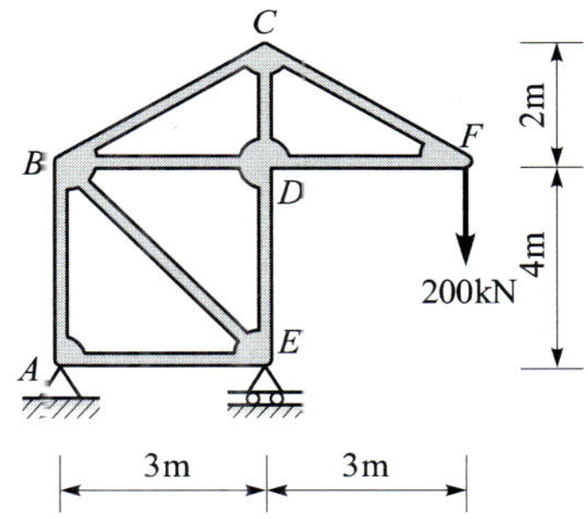

4.11

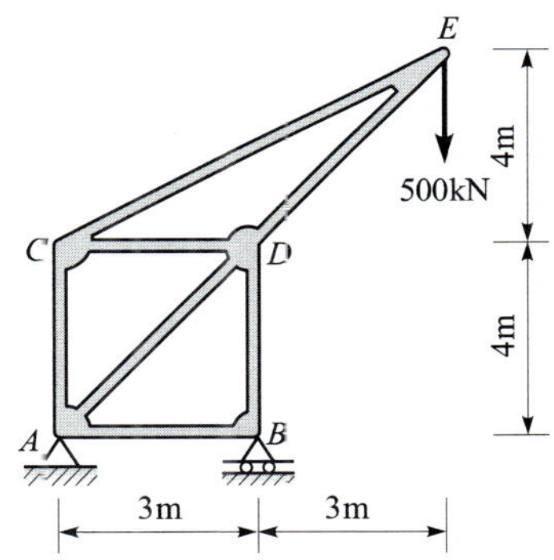

4.12

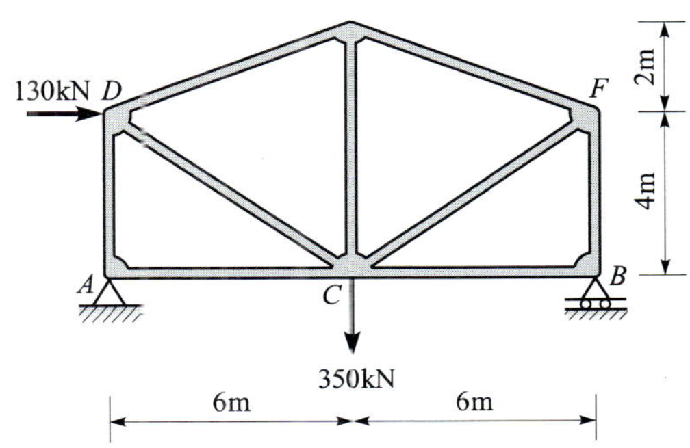

4.13

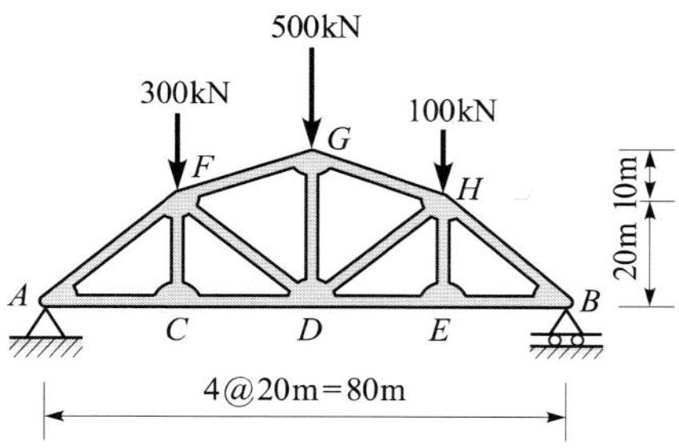

4.14

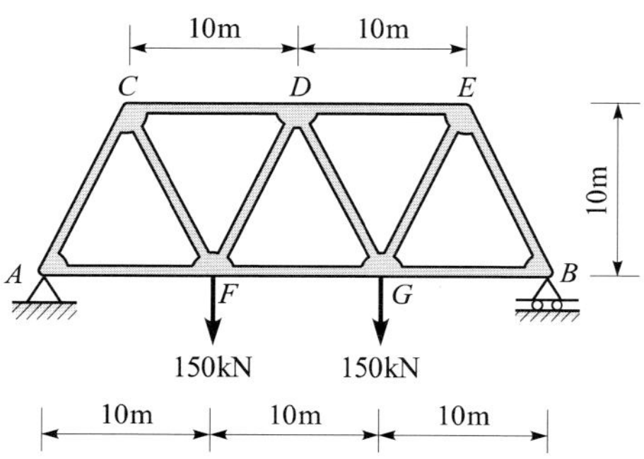

4.15

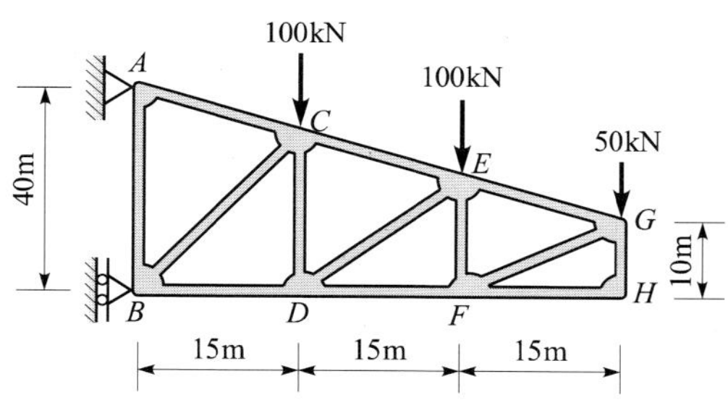

4.16

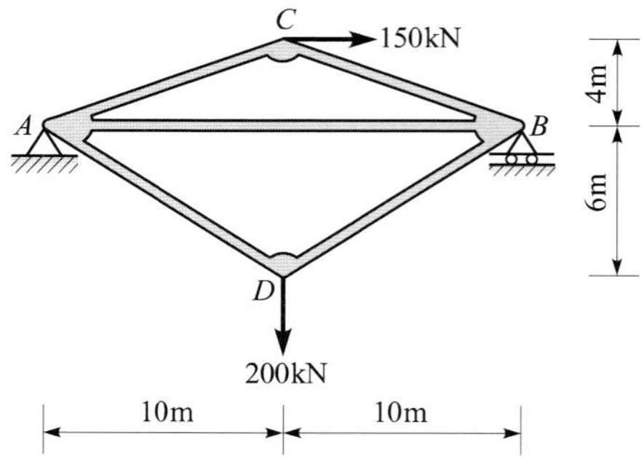

4.17

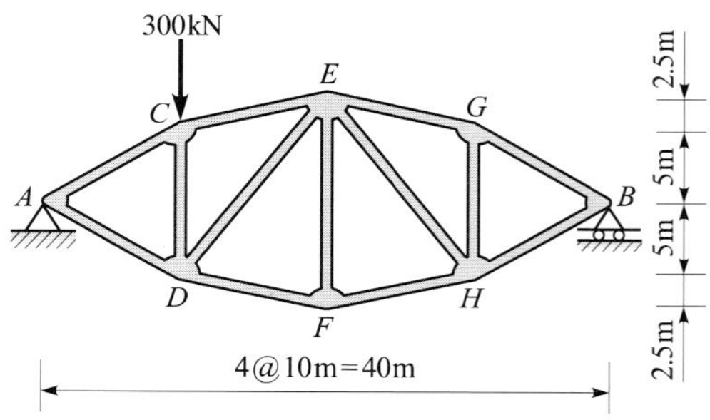

4.18

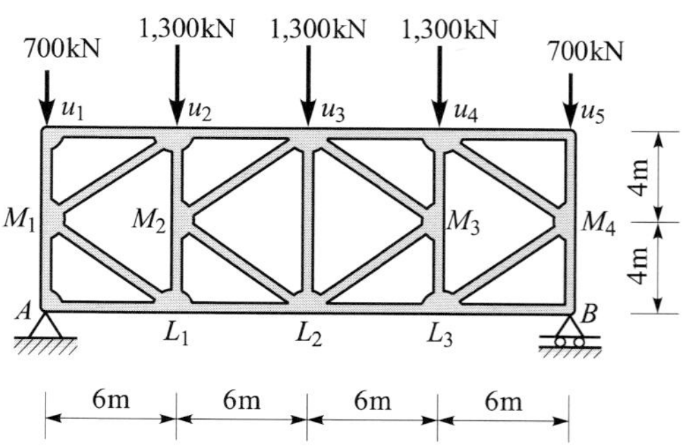

4.19

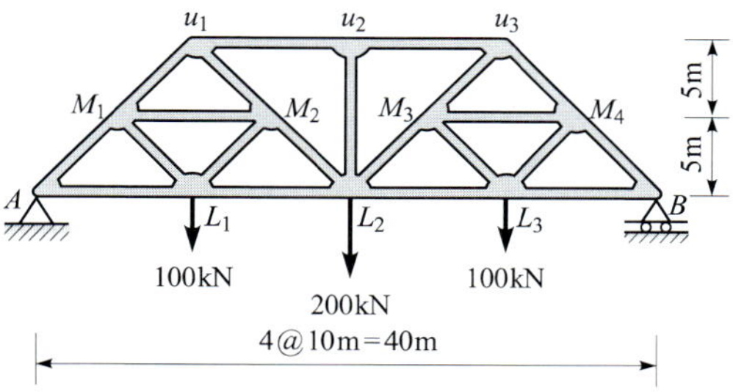

4.20

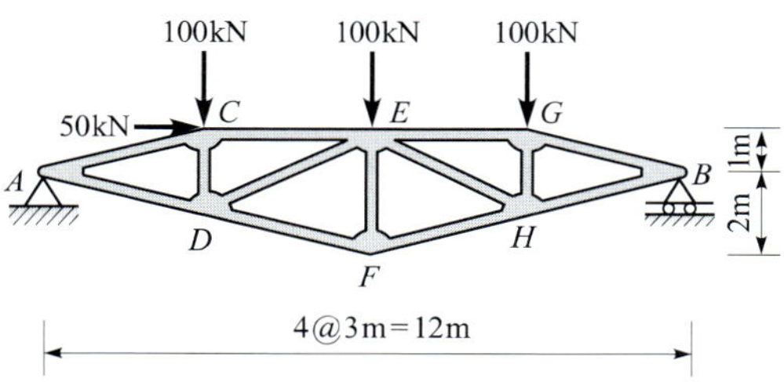

4.21

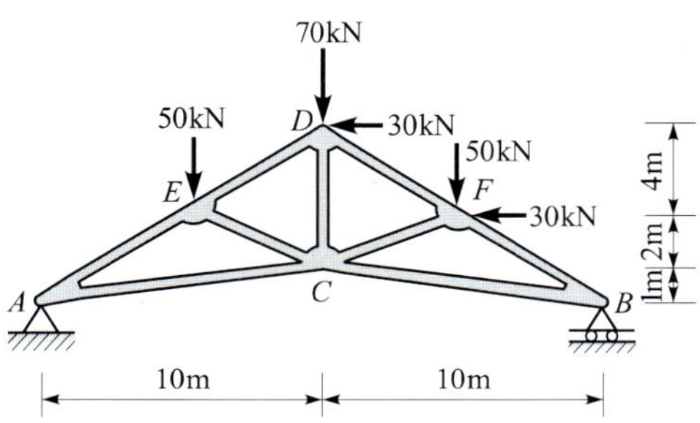

4.22

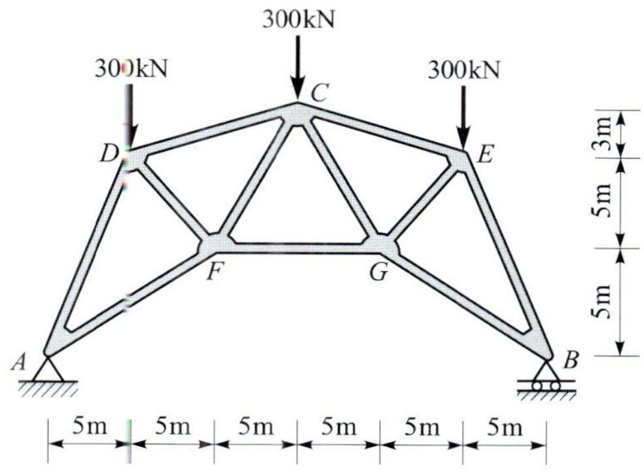

4.23

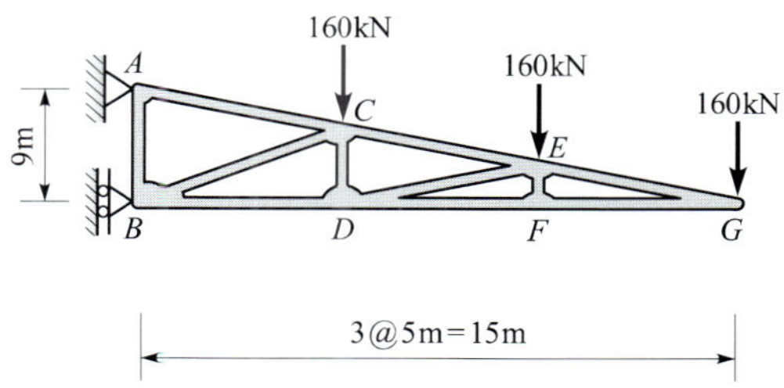

4.24

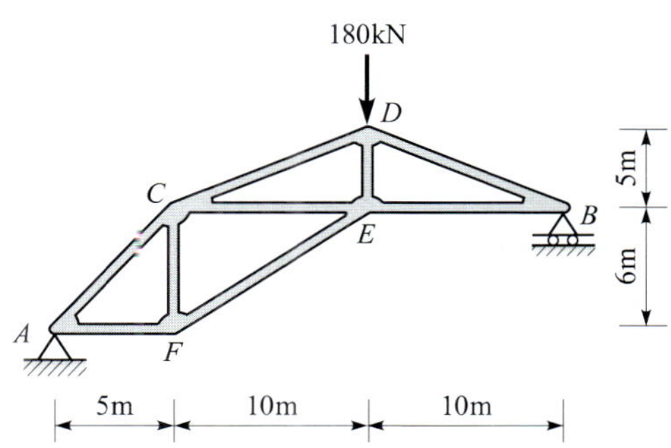

4.25

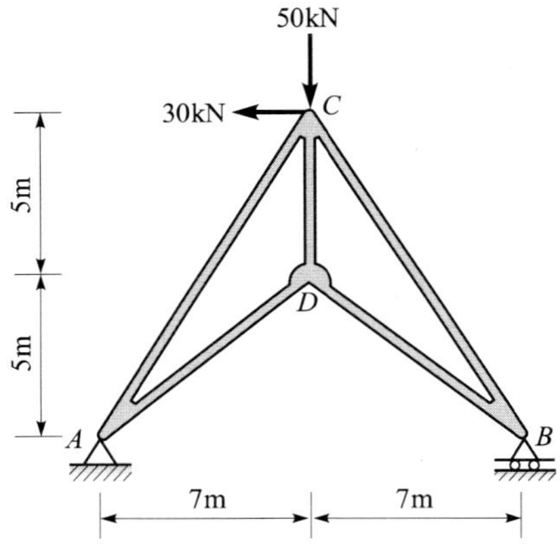

4.26

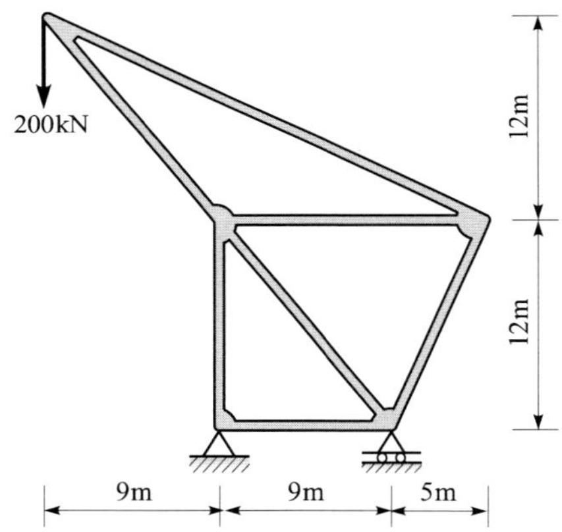

4.27

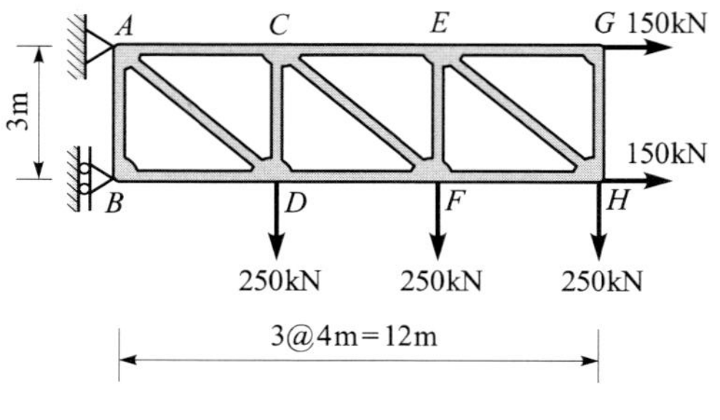

4.28

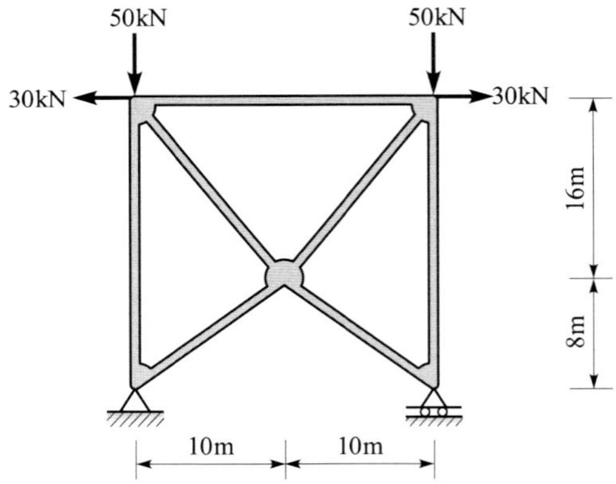

4.29

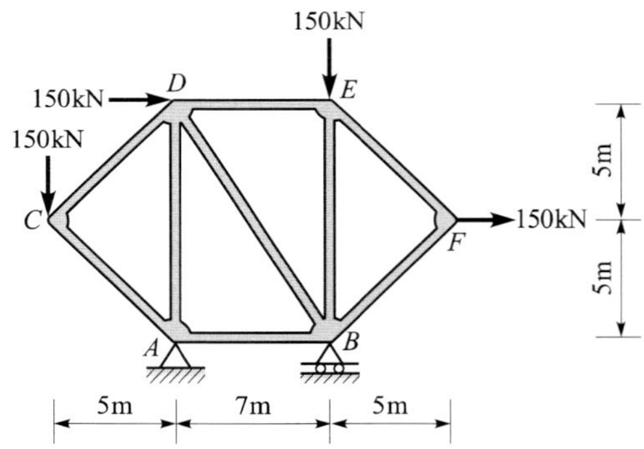

4.30

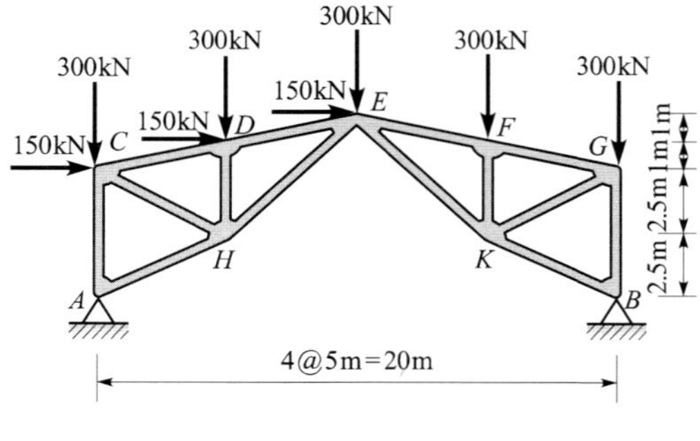

4.31

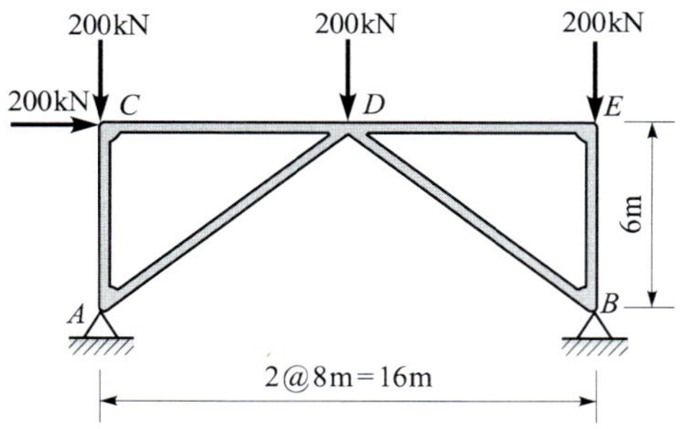

4.32

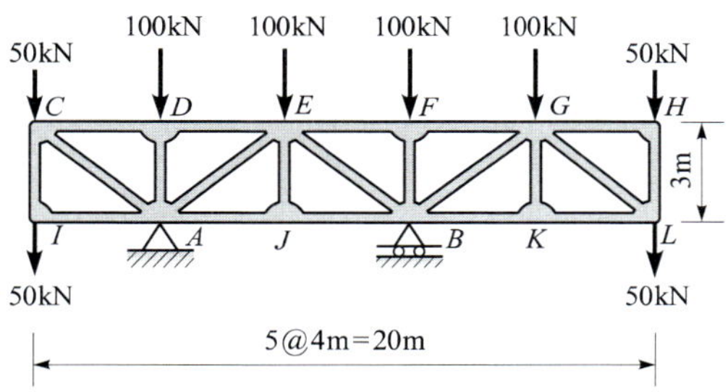

4.33

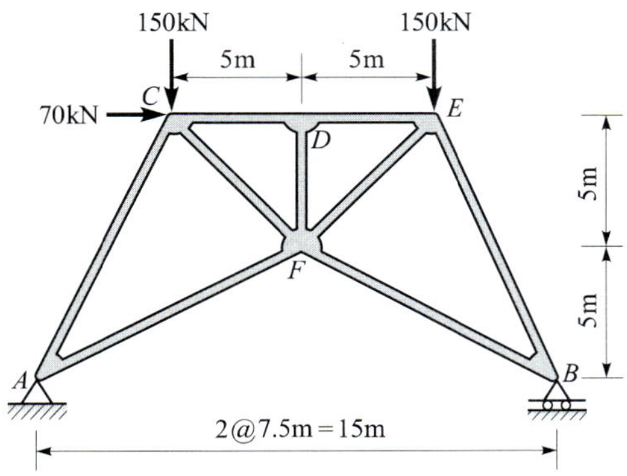

4.34

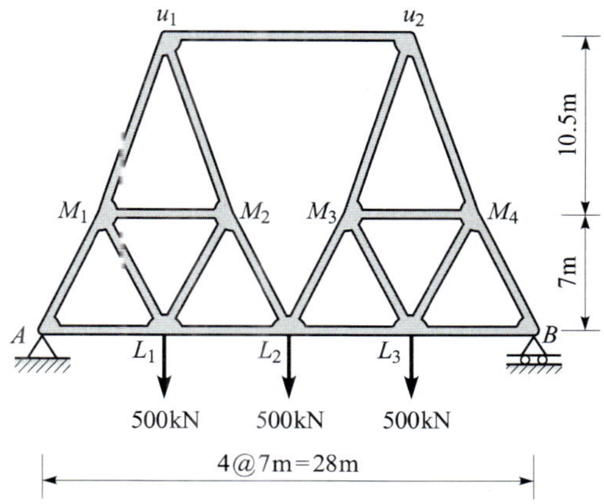

4.35

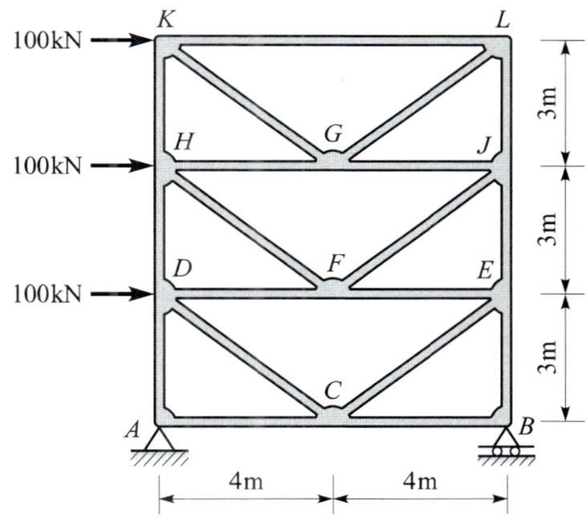

4.36

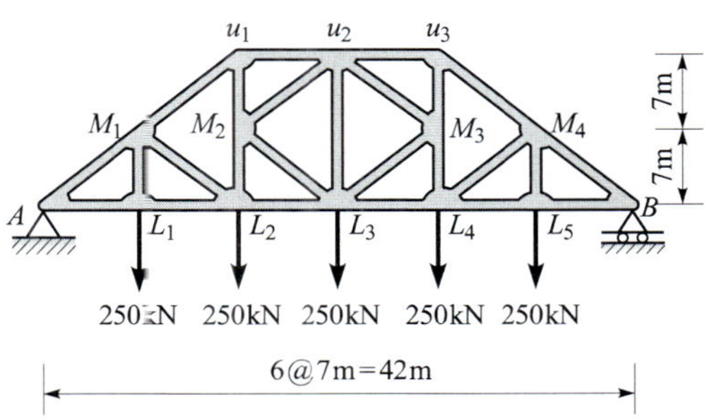

4.37

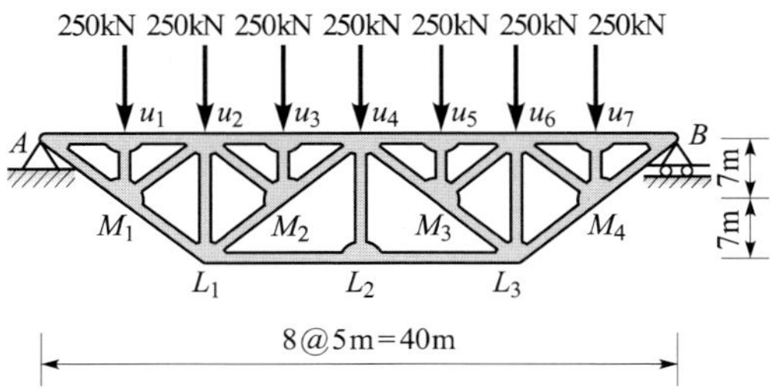
250kN 250kN 250kN 250kN 250kN 250kN 250kN
u_1 u_2 u_3 u_4 u_5 u_6 u_7
A
B
M_1 M_2 M_3 M_4
L_1 L_2 L_3
7m
7m
8@5m=40m

4.38

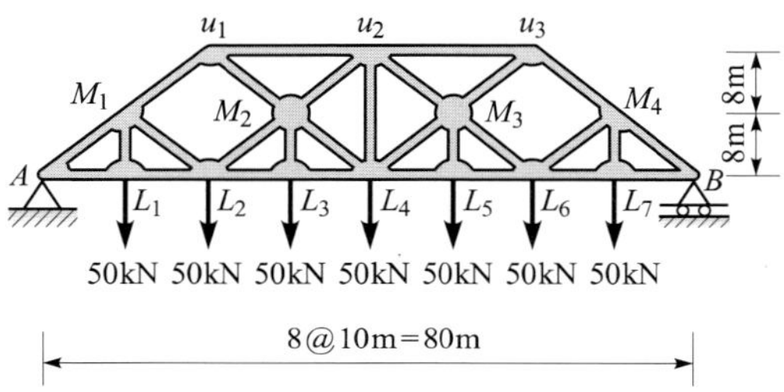
u_1 u_2 u_3
M_1 M_2 M_3 M_4
A
B
L_1 L_2 L_3 L_4 L_5 L_6 L_7
50kN 50kN 50kN 50kN 50kN 50kN 50kN
8m
8m
8@10m=80m

4.39

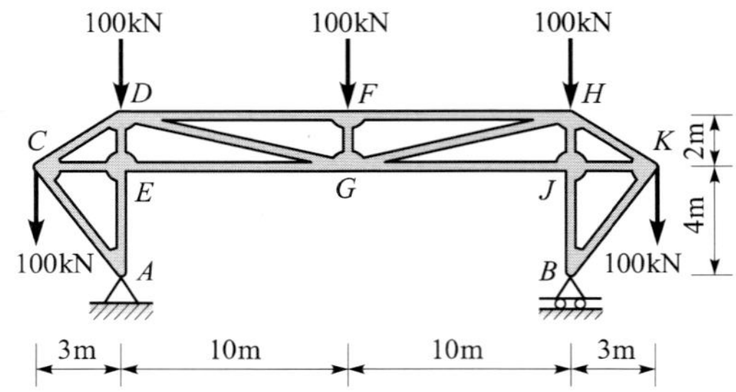
100kN 100kN 100kN
D F H
C K
E G J
100kN
A
B
100kN
2m
4m
3m 10m 10m 3m

CHAPTER 05

아치와 케이블

5.1 아치

아치(arch)는 부재가 주로 축방향 압축력을 받도록 만들어진 구조를 말한다. 아치에도 압축력 이외에 얼마간의 휨모멘트가 발생되지만, 그 크기가 동일한 지간의 보에 발생되는 휨모멘트에 비해 대단히 작다. 이는 연직하중이 작용할 때 아치의 지점에는 연직반력 이외에 지점에서 중앙으로 향하는 수평반력이 발생하기 때문이다. 따라서 아치는 그 지간을 보의 지간에 비해 훨씬 길게 만들 수 있는 장점이 있다.

아치의 장점을 설명하기 위하여 그림 5.1에서와 같이 동일한 지간에 같은 집중하중 P를 받는 단순보, 단순 아치와 2힌지 아치에 발생하는 휨모멘트를 비교해 보기로 하자. 그림 5.1에서 단순보와 단순 아치의 지점에는 연직반력만 발생하지만, 2힌지 아치 지점에는 연직반력 이외에 수평반력도 발생한다. 수평반력이 발생되지 않는 그림 5.1(b)의 단순 아치는 아치가 아니고 곡선보에 불과하다. 이러한 단순 아치는 동일한 지간의 단순보와 동일한 크기의 휨모멘트가 발생된다. 그림 5.1에서 단순보, 단순 아치 및 2힌지 아치의 A점의 연직반력 R_{Ay}는 모두 같다. 그리고 그림 5.1(a)와 (b)의 단순보와 단순 아치에서는 AC구간의 휨모멘트가 $M_x = R_{Ay} \cdot x$이지만, 그림 5.1(c)의 2힌지 아치에서는 같은 구간의 휨모멘트가 $M_x = R_{Ay} \cdot x - R_{Ax} \cdot y$로 감소됨을 알 수 있다. 따라서 동일한 지간에 같은 연직하중을 받는 아치는 단순보보다 훨씬 작은 휨모멘트가 발생한다는 사실을 알 수 있다.

그림 5.2에는 구조계에 의해 분류한 4가지 형태의 아치를 나타내었다. 그림 5.2(a)의 고정아치(fixed arch)는 3차 부정정구조로서 주로 철근콘크리트로 만들며, 지점의 상대 처짐에 의한 추가 응력이 아치에 발생할 수 있으므로 기초 지반이 단단해야 한다. 그림 5.2(b)의 2힌지 아치는 1차 부정정구조로서 주로 강이나 목재로 만들며, 기초 지반이 고정 아치만큼 견고하진 않아도 지점침하에 어느 정도 견딜 수 있어야 한다. 그림 5.2(c)의 3힌지 아치는 정정

구조로서 주로 강이나 목재로 만들며, 부정정 아치와 달리 지점침하나 온도변화의 영향을 받지 않는다. 그림 5.2(d)의 타이드 아치(tied arch)는 내적으로 1차 부정정구조이지만 외적으로 정정구조이다. 따라서 두 지점을 타이 로드(tie rod)로 연결하여 타이 로드가 수평력을 받도록 만든 타이드 아치는 지점침하나 온도변화의 영향을 받지 않는 장점이 있다.

고정 아치나 2힌지 아치는 부정정구조이므로 부정정구조 해석방법을 사용해야만 해석이 가능하나, 3힌지 아치는 정정구조이므로 정력학적 평형방정식만을 사용하여 해석할 수 있다. 그림 5.3에는 교량에 사용되는 각종 아치의 종류를 예로 들었다.

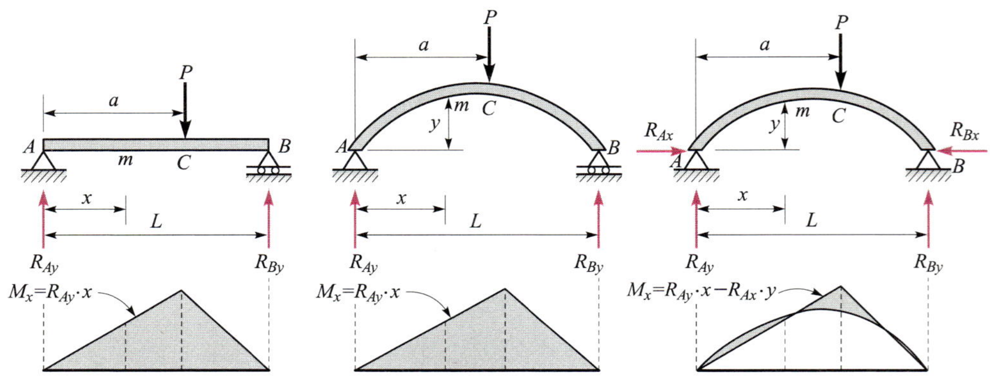

(a) 단순보 (b) 단순아치 (c) 2힌지 아치

그림 5.1

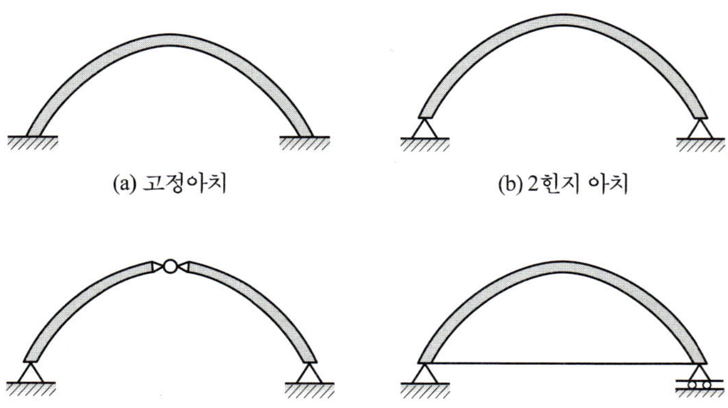

(a) 고정아치 (b) 2힌지 아치 (c) 3힌지 아치 (d) 타이드 아치

그림 5.2 아치의 형태

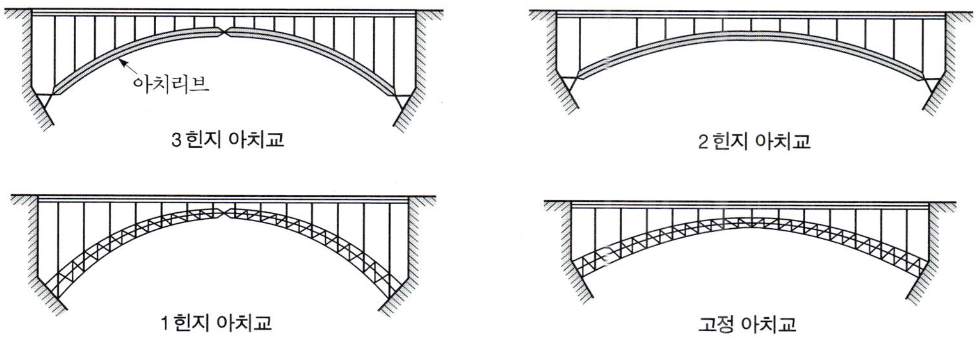

(b) 구조계에 의한 분류

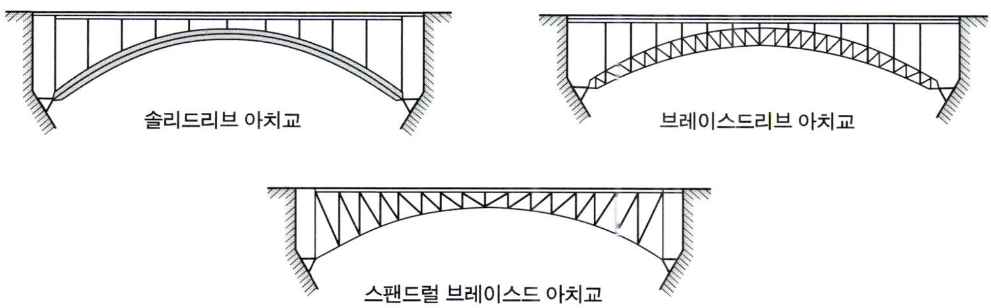

(b) 아치리브 형식에 의한 분류

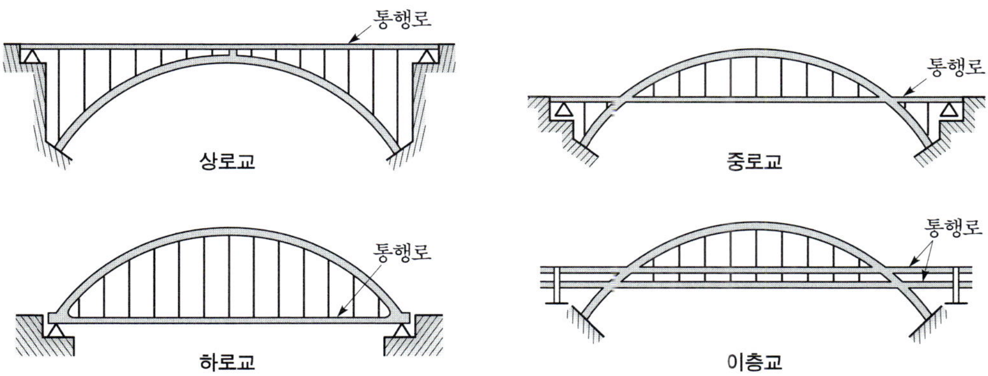

(c) 통행로 위치에 따른 분류

그림 5.3

5.2 3힌지 아치

3힌지 아치는 이미 언급한 바와 같이 반력성분이 4개이지만 3개의 평형방정식과 내부힌지에서 모멘트가 영이라는 조건방정식이 존재하므로 정정구조이다. 3힌지 아치의 해석방법은 다음의 예제를 통하여 설명한다.

예제 5.1 예제 그림 5.1(a)와 같은 3힌지 아치의 반력을 구하라.

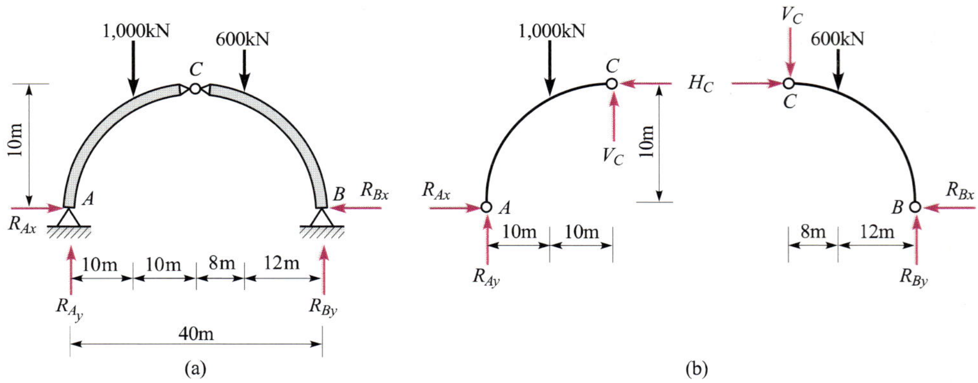

예제 그림 5.1

지점 A와 B가 동일한 수평선상에 놓여있는 경우 아치의 연직반력은 전체 구조물의 자유물체도에서 A점 또는 B점에 관한 모멘트 평형방정식을 적용하여 구할 수 있다.

$$\Sigma M_B = 0(\curvearrowright +)\ :\ R_{Ay}(40) - (1{,}000)(30) - (600)(12) = 0$$
$$\therefore\ R_{Ay} = 930\,kN(\uparrow)$$
$$\Sigma F_y = 0(\uparrow +)\ :\ R_{Ay} - 1{,}000 - 600 + R_{By} = 930 - 1{,}000 - 600 + R_{By} = 0$$
$$\therefore\ R_{By} = 670\,kN(\uparrow)$$

수평반력을 구하기 위해서는 내부힌지 C점을 절단하여 그린 예제 그림 5.1(b)의 좌측 또는 우측 자유물체도를 선택하여 C점에 관한 모멘트 평형조건을 적용하여 구할 수 있다. 예제 그림 5.1(b)의 좌측 자유물체도에서

$$\Sigma M_C = 0(\curvearrowright +)\ :\ (-)(R_{Ax})(10) + (930)(20) - (1{,}000)(10) = 0$$
$$\therefore\ R_{Ax} = 860\,kN(\rightarrow)$$

또는 예제 그림 5.1(b)의 우측 자유물체도에서

$$\Sigma M_C = 0(\curvearrowright +)\ :\ (-)(R_{Bx})(10) + (670)(20) - (600)(8) = 0$$

$$\therefore\ R_{Bx} = 860\,kN(\leftarrow)$$

이상의 반력 계산 과정에서 알 수 있는 바와 같이 수평반력은 내부힌지 C점에서 모멘트가 영이라는 조건방정식을 사용하여 구한다.

예제 5.2 다음 예제 그림 5.2(a)와 같은 아치의 반력을 구하고 휨모멘트도를 그려라.

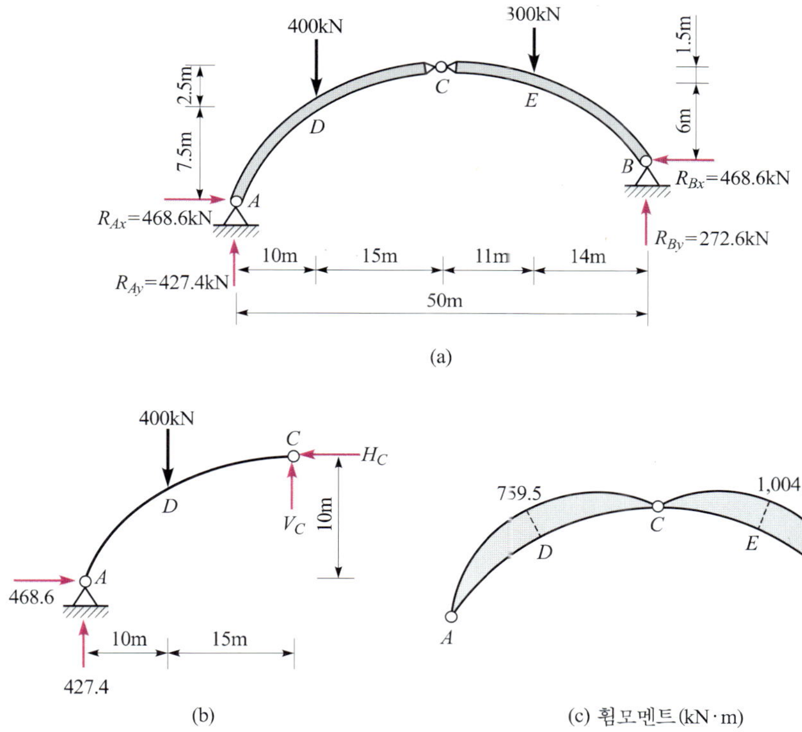

예제 그림 5.2

본 예제와 같이 지점 A와 B가 동일한 수평선상에 놓여있지 않고 지점의 높이가 다른 경우 아치의 연직반력을 구하려면 연립방정식을 풀어야만 구할 수 있다. 예제 그림 5.2(a)에서 지점 B에 관한 모멘트 평형조건을 고려하면

$$\Sigma M_B = 0(\curvearrowright +)\ :\ R_{Ay}(50) - R_{Ax}(2.5) - (400)(40) - (300)(14) = 0 \qquad \text{(a)}$$

예제 그림 5.2(b)의 자유물체도에서 C점에 관한 모멘트 평형조건을 고려하면

$$\Sigma M_C = 0(\curvearrowright +) \; : \; R_{Ay}(25) - R_{Ax}(10) - (400)(15) = 0 \qquad \text{(b)}$$

위의 (a)와 (b)식을 연립으로 풀면 다음과 같다.

$$R_{Ay} = 427.4\,kN, \; R_{Ax} = 468.6\,kN$$

나머지 지점 B에서의 반력들은 전체 아치의 평형을 고려하여 구하면 다음과 같다.

$$\Sigma F_y = 0(\uparrow +) \; : \; R_{Ay} - 400 - 300 + R_{By} = 427.4 - 400.0 - 300.0 + R_{By} = 0$$
$$\therefore \; R_{By} = 272.6\,kN(\uparrow)$$
$$\Sigma F_x = 0(\rightarrow +) \; : \; R_{Ax} - R_{Bx} = 468.6 - R_{Bx} = 0$$
$$\therefore \; R_{Bx} = 468.6\,kN(\leftarrow)$$

D점과 E점의 휨모멘트 M_D와 M_E는 다음과 같다.

$$M_D = (427.4)(10) - (468.6)(7.5) = 759.5\,kN \cdot m$$
$$M_E = (272.6)(14) - (468.6)(6) = 1{,}004.8\,kN \cdot m$$

아치의 개략적인 휨모멘트도를 예제 그림 5.2(c)에 나타내었다.

5.3 케이블

케이블(cable)은 압축력이나 휨모멘트에 저장하지 못하고 인장력에만 저항할 수 있는 부재를 말한다. 이러한 케이블은 현수교와 사장교 등의 장대교량이나 케이블로 지지되는 송신탑, 기중기 및 지붕구조 등에서 널리 사용되고 있다.

케이블에 연직하중이 작용하면 케이블의 장력이 그 하중에 저항할 수 있는 형태로 그 모양을 형성한다. 여러 개의 집중하중이 케이블에 작용하면 직선 요소들이 연결된 형상을 나타내고, 등분포하중이 작용하는 경우에는 곡선형상을 나타낸다. 수평투영선상에 등분포하중이 작용하는 경우에는 케이블 형상이 포물선 형태가 되고, 자중과 같이 케이블 길이에 걸쳐 등분포하중이 작용하는 경우에는 케이블 형상이 현수선(catenary)이 된다.

5.3.1 집중하중을 받는 케이블

그림 5.4(a)와 같이 집중하중을 받고 있는 케이블의 해석을 고려하자. 케이블의 양단 지점

A와 B의 수평반력 R_{Ax}와 R_{Bx}는 그 크기가 같고 방향이 서로 반대임을 알 수 있다. 즉, 전체 구조물의 자유물체도에서 양단 지점 A와 B의 수평반력은 다음과 같다.

$$\Sigma F_x = 0(\rightarrow +)\text{에서}$$

$$R_{Ax} = R_{Bx} = H$$

수평방향 힘의 평형조건을 적용하면, 케이블의 임의의 점에서 케이블의 수평방향 성분은 항상 일정하고 H와 동일하다.

전체 자유물체도에서 B점에 관한 모멘트 평형조건을 적용하면

$$\Sigma M_B = 0(\curvearrowright +) \ : \ R_{Ay}(L) + H(L \cdot \tan\partial) - \Sigma M_p = 0$$

$$\therefore \ R_{Ay} = \frac{\Sigma M_p}{L} - H \cdot \tan\theta \tag{5.1}$$

여기서, $\Sigma M_p = p$점에 관한 전체 작용하중의 모멘트 합이다.

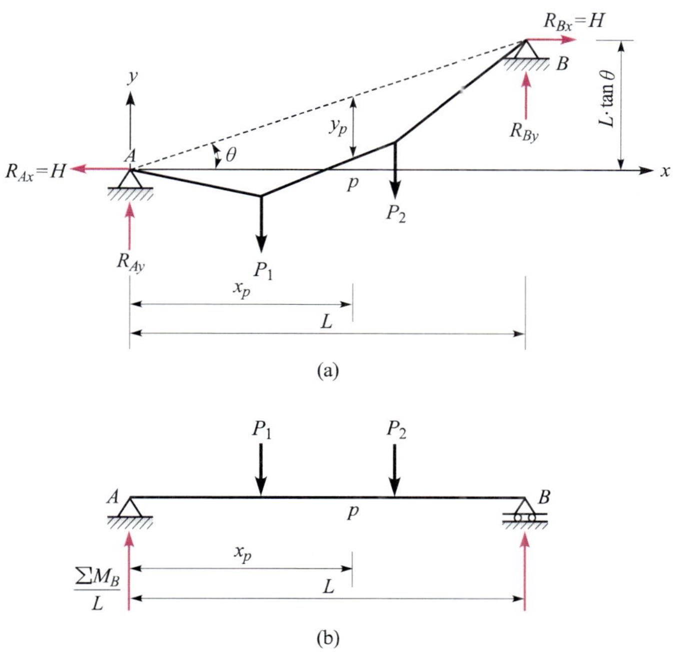

그림 5.4

케이블은 휨에 저항하지 못하기 때문에 케이블상의 임의의 점에서 휨모멘트가 영이다. 따라서 A점에서 x_p만큼 떨어진 임의의 점 p에서 휨모멘트는 영이고, p점 좌측의 자유물체도를 고려하면

$$\Sigma M_p = 0(\curvearrowright +)\text{에서}$$

$$R_{Ay}(x_p) - H(y_p - x_p \cdot \tan\theta) - \Sigma M_p = 0 \tag{5.2}$$

여기서, x_p는 A점에서 p점까지의 거리이고, ΣM_p는 p점에 관한 p점 좌측 케이블에 작용하는 하중의 모멘트 합이다. 식 (5.2)에 식 (5.1)을 대입하여 정리하면 다음과 같은 식을 얻는다.

$$H \cdot y_p = \frac{x_p}{L}\Sigma M_B - \Sigma M_p \tag{5.3}$$

그림 5.4(b)는 케이블과 동일한 지간을 갖고 동일한 하중이 작용하는 단순보를 나타내며, A점의 연직반력은 $\Sigma M_B/L$이고, p점의 휨모멘트 $M_p = (\Sigma M_B/L)(x_p) - \Sigma M_P$로 식 (5.3)의 우변과 같다. 그러므로 케이블의 수평반력 H는 다음과 같다.

$$H \cdot y_p = M_p \text{ 또는 } H = M_p/y_p \tag{5.4}$$

식 (5.4)를 케이블의 일반정리라 부르며, 말로 설명하면 다음과 같다. **"연직하중을 받는 케이블상의 임의의 한 점 p에서 케이블 현까지의 수직거리 y_p와 케이블의 수평성분 H를 곱한 값 $(H \cdot y_p)$은 케이블과 같은 지간을 갖고 케이블과 동일한 하중이 작용하는 단순보에서 p점의 휨모멘트 M_p와 같다."**

그리고 케이블상의 임의의 p점의 장력 T_p는 케이블의 수평성분 H와 수직성분 V_p의 합력이다.

$$T_p = \sqrt{H^2 + V_p^2} \tag{5.5}$$

케이블의 수평성분 H는 일정하므로 최대 장력은 V_p가 가장 큰 점, 즉 케이블의 경사가 가장 큰 위치에서 발생한다.

예제 5.3

다음 예제 그림 5.3(a)와 같은 케이블의 지점반력과 각 케이블 요소에 작용하는 장력을 구하라.

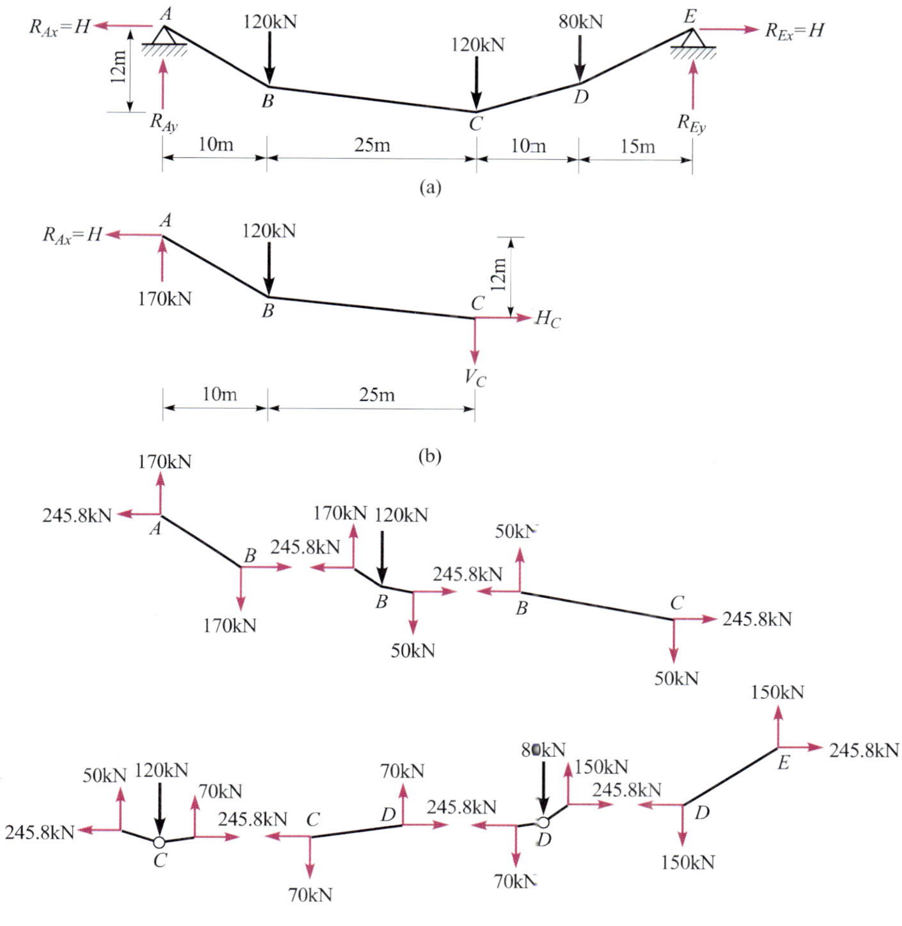

예제그림 5.3

1) 반력

전체 케이블의 자유물체도에서 E점에 관한 모멘트의 평형조건을 적용하면

$$\Sigma M_E = 0(\curvearrowright +)\ :\ R_{Ay}(60)-(120)(50)-(120)(25)-(80)(15)=0$$

$$\therefore\ R_{Ay}=170\,kN(\uparrow)$$

연직방향의 평형조건을 고려하면

$$\Sigma F_y = 0(\uparrow +)\ :\ 170-120-120-80+R_{Ey}=0$$

$$\therefore\ R_{Ey}=150\,kN(\uparrow)$$

수평반력을 구하기 위해 예제 그림 5.3(b)의 자유물체도에서 C점에 관한 모멘트를 취하면

$$\Sigma M_C = 0(\curvearrowright +) \ : \ (-)R_{Ax}(12) + (170)(35) - (120)(25) = 0$$

$$\therefore \ R_{Ax} = 245.8\,kN$$

수평방향 힘의 평형조건에서

$$R_{Ex} = R_{Ax} = H = 245.8\,kN$$

2) **케이블 장력**

각 케이블 요소의 장력은 예제 그림 5.3(c)의 각 요소 자유물체도를 사용하여 구한다.

$$T_{AB} = \sqrt{(170)^2 + (245.8)^2} = 298.9\,kN$$

$$T_{BC} = \sqrt{(50)^2 + (245.8)^2} = 250.8\,kN$$

$$T_{CD} = \sqrt{(70)^2 + (245.8)^2} = 255.6\,kN$$

$$T_{DE} = \sqrt{(150)^2 + (245.8)^2} = 288.0\,kN$$

이상의 계산 과정에서 알 수 있듯이 케이블 장력의 수평성분은 어디서나 일정하므로 최대 케이블 장력은 장력의 연직성분이 가장 큰 요소, 즉 기울기가 가장 큰 요소에서 발생된다.

예제 5.4 다음 예제 그림 5.4(a)와 같은 케이블의 지점반력, 케이블의 형상, 케이블의 장력을 계산하라.

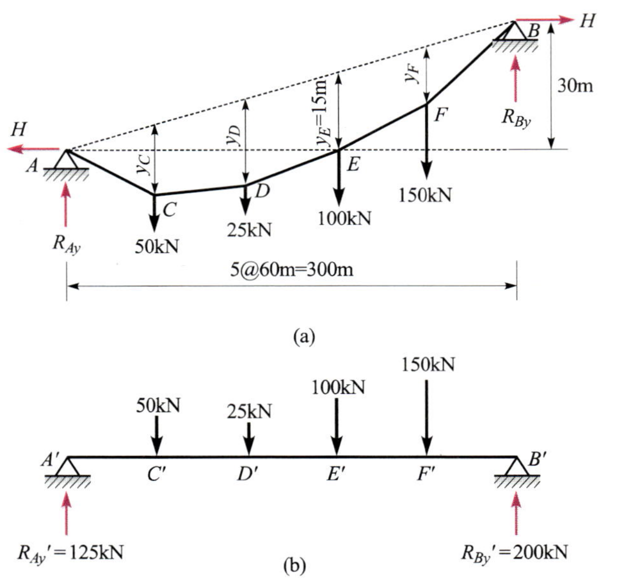

예제 그림 5.4

본 예제의 경우와 같이 여러 개의 집중하중을 받는 경사진 케이블을 해석하려면 케이블 장력의 수평성분 H가 일정하다는 사실을 이용해야 한다. 자중을 무시하면 케이블의 임의의 점 p에서 케이블 장력의 수평성분과 점 p에서 케이블 현까지의 수직거리 y_p을 곱한 값 $H \cdot y_p$는 같은 하중을 받는 동일한 수평지간의 단순보에서 p점의 휨모멘트 M_p과 같다.

예제 그림 5.4(b)의 단순보에서 수직반력을 구하면 다음과 같다.

$$\Sigma M_{B'} = 0(\curvearrowright +) \ : \ R_{A'y}(300) - (50)(240) - (25)(180) - (100)(120) - (150)(60) = 0$$

$$\therefore \ R_{A'y} = 125\,kN(\uparrow)$$

$$\Sigma F_y = 0(\uparrow +) \ : \ 125 - 50 - 25 - 100 - 150 + R_{B'y} = 0$$

$$\therefore \ R_{B'y} = 200\,kN(\uparrow)$$

예제 그림 5.4(b)의 단순보에서 각 점의 휨모멘트를 구하면 다음과 같다.

$$M_{C'} = (125)(60) = 7{,}500\,kN \cdot m$$

$$M_{D'} = (125)(120) - (50)(60) = 12{,}000\,kN \cdot m$$

$$M_{E'} = (125)(180) - (50)(120) - (25)(60) = 15{,}000\,kN \cdot m$$

$$M_{F'} = (200)(60) = 12{,}000\,kN \cdot m$$

E점에서 케이블 현까지의 거리 $y_E = 15m$이고 휨모멘트 $M_{E'} = 15{,}000\,kN \cdot m$이므로

$$H \cdot y_E = M_{E'} \text{ 에서}$$

$$H \cdot 15 = 15{,}000 \quad \therefore H = 1{,}000\,kN$$

예제 그림 5.3(a)의 전체 구조물의 자유물체도를 고려하면

$$\Sigma M_B = 0(\curvearrowright +) \text{에서}$$

$$R_{Ay}(300) + (H = 1{,}000)(30) - (50)(240) - (25)(180) - (100)(120)$$

$$-(150)(60) = 0$$

$$\therefore \ R_{Ay} = 25\,kN(\uparrow)$$

$$\Sigma F_y = 0(\uparrow +) \ : \ R_{Ay} + R_{By} - 50 - 25 - 100 - 150 = 0 \ (R_{Ay} = 25\,kN)$$

$$\therefore \ R_{By} = 300\,kN(\uparrow)$$

케이블 형상은 다음과 같이 계산된다.

$$y_C = \frac{M_{C'}}{H} = \frac{7{,}500}{1{,}000} = 7.5\,m$$

$$y_D = \frac{M_{D'}}{H} = \frac{12{,}000}{1{,}000} = 12.0\,m$$

$$y_E = \frac{M_{E'}}{H} = \frac{15{,}000}{1{,}000} = 15\,m$$

$$y_F = \frac{M_{F'}}{H} = \frac{12,000}{1,000} = 12\,m$$

그리고 각 케이블 요소의 장력은 각 요소의 자유물체도를 사용하여 구할 수 있다.

*AC*부재

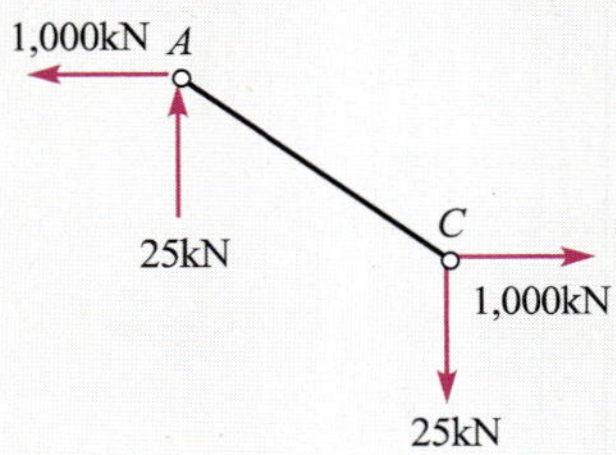

$$T_{AC} = \sqrt{1,000^2 + 25^2} = 1,000.3\,kN$$

*CD*부재

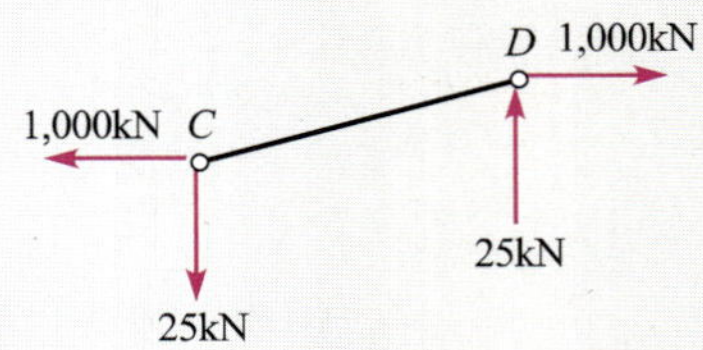

$$T_{CD} = \sqrt{1,000^2 + (25)^2} = 1,000.3\,kN$$

*DE*부재

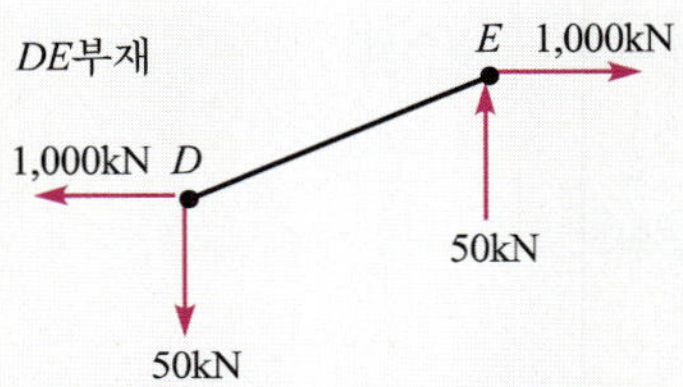

$$T_{DE} = \sqrt{1,000^2 + (50)^2} = 1,001.2\,kN$$

*EF*부재

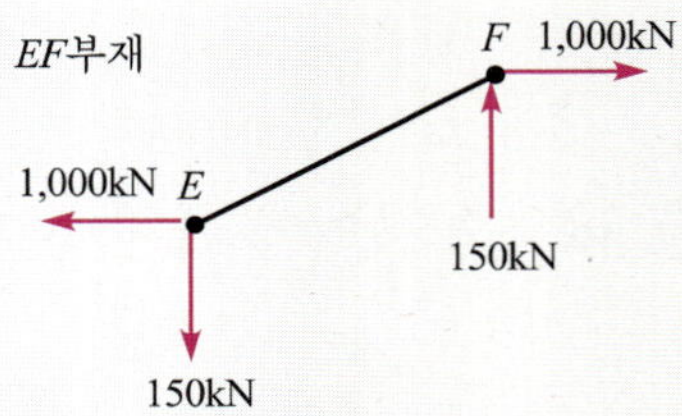

$$T_{EF} = \sqrt{1,000^2 + (150)^2} = 1,011.2\,kN$$

*FB*부재

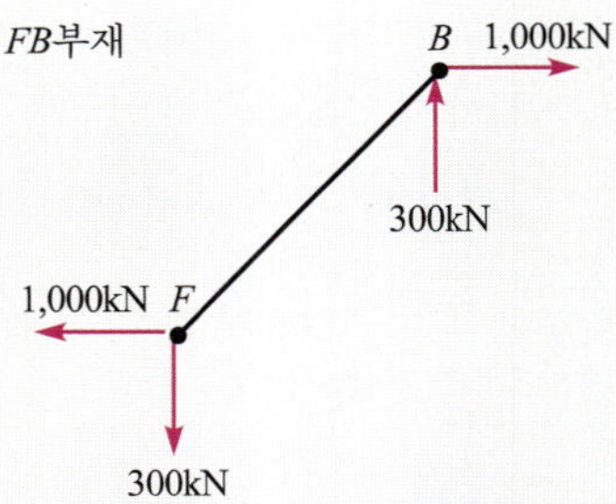

$$T_{FB} = \sqrt{1,000^2 + (300)^2} = 1,044.0\,kN$$

5.3.2 등분포하중을 받는 케이블

그림 5.5(a)와 같이 연직 등분포하중을 받고 있는 케이블의 형상은 처짐비(sag ratio)가 비교적 작은 경우 포물선이다. 케이블상의 임의의 위치 x에서 케이블 현의 높이를 y_p라 하고, 케이블의 일반정리를 적용하면 다음과 같다.

$$H \cdot y_p = \frac{\omega L}{2}x - \frac{\omega}{2}x^2 = \frac{\omega x}{2}(L-x) \tag{5.6}$$

케이블 중앙 점인 $x = L/2$에서 $y_p = h$로 나타내고 식 (5.6)에 대입하여 정리하면 다음 식과 같다.

$$H = \frac{\omega L^2}{8h} \tag{5.7}$$

식 (5.7)를 식 (5.6)에 대입하면 케이블상의 임의의 점에서 케이블 현의 수직 처짐을 나타내는 y_p는 다음 식과 같다.

$$y_p = \frac{4hx}{L^2}(L-x) \tag{5.8}$$

또한, 그림 5.5(a)에서 $y = x \cdot \tan\theta - y_p$이므로 다음과 같다.

$$x \cdot \tan\theta - y = \frac{4hx}{L^2}(L-x) \text{에서}$$

$$y = x \cdot \tan\theta - \frac{4hx}{L^2}(L-x) \tag{5.9}$$

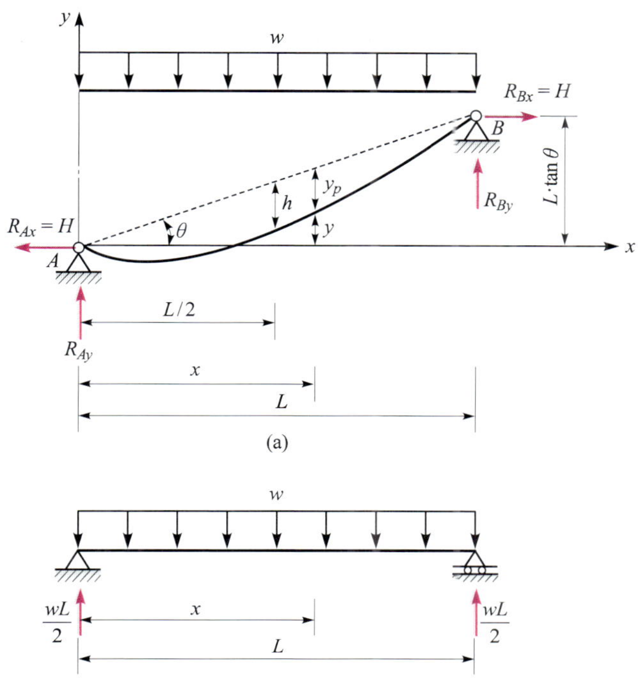

그림 5.5

예제 5.5 다음 예제 그림 5.5와 같이 연직 등분포하중을 받는 경사진 케이블의 지점반력, 케이블의 형상과 케이블의 장력을 계산하라.

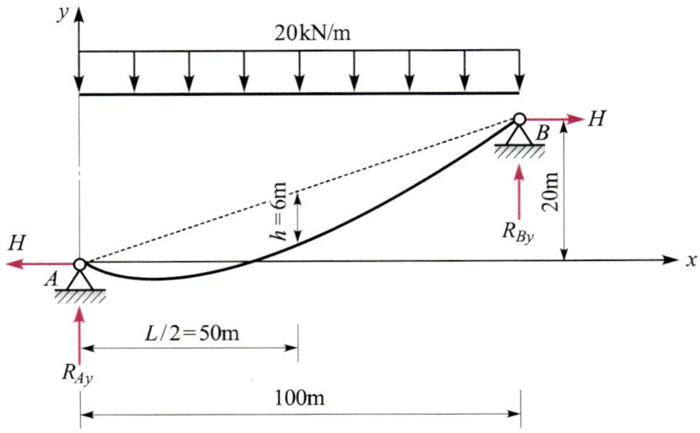

예제 그림 5.5

본 예제의 경우와 같이 연직 등분포하중을 받는 경사진 케이블을 해석하려면 케이블 장력의 수평성분 H가 일정하다는 사실을 이용해야 한다. 먼저, 식 (5.7)을 사용하여 케이블의 수평성분을 구하면 다음과 같다.

$$H = \frac{\omega L^2}{8h} = \frac{(20)(100^2)}{(8)(6)} = 4,166.7kN$$

전체 구조물의 자유물체도에서 B에 관한 모멘트 평형조건을 적용하면 반력은 다음과 같다.

$$\Sigma M_B = 0(\curvearrowright +) : R_{Ay}(100) + (4,166.7)(20) - (20)(100)(50) = 0$$

$$\therefore R_{Ay} = 166.7kN(\uparrow)$$

$$\Sigma F_y = 0(\uparrow +) : R_{Ay} - (20)(100) + R_{By} = 166.7 - 2,000 + R_{By} = 0$$

$$\therefore R_{By} = 1,833.0kN(\uparrow)$$

케이블상의 임의의 점에서 케이블의 y는 식 (5.9)으로부터

$$y = x \cdot \tan\theta - \frac{4hx}{L^2}(L-x) = 0.2x - \frac{(4)(6)}{(100)^2}x(100-x) = 0.0024x^2 - 0.04x$$

케이블의 최대장력은 케이블의 수직성분이 가장 큰 B점에서 발생하고, 케이블의 최소장력은 케이블의 수직성분이 가장 작은 A점에서 발생한다.

$$T_{\max} = \sqrt{H^2 + R_{By}^2} = \sqrt{4,166.7^2 + 1,833.0^2} = 4,552.0kN$$

$$T_{\min} = \sqrt{H^2 + R_{Ay}^2} = \sqrt{4,166.7^2 + 166.7^2} = 4,170.0kN$$

케이블의 경사는 장력이 가장 큰 B점에서 가장 크다.

$$\text{케이블의 최대 경사} = \tan^{-1}\left(\frac{R_{By}}{H}\right) = \tan^{-1}\left(\frac{1,833.0}{4,166.7}\right) = 23.745^\circ$$

$$H \cdot y_p = \frac{\omega L}{2}x - \frac{\omega}{2}x^2 = \frac{\omega x}{2}(L-x) \tag{5.6}$$

케이블 중앙 점인 $x = L/2$에서 $y_p = h$로 나타내고 식 (5.6)에 대입하여 정리하면 다음 식과 같다.

$$H = \frac{\omega L^2}{8h} \tag{5.7}$$

식 (5.7)를 식 (5.6)에 대입하면 케이블상의 임의의 점에서 케이블 현의 수직 처짐을 나타내는 y_p는 다음 식과 같다.

$$y_p = \frac{4hx}{L^2}(L-x) \tag{5.8}$$

또한, 그림 5.5(a)에서 $y = x \cdot \tan\theta - y_p$이므로 다음과 같다.

$$x \cdot \tan\theta - y = \frac{4hx}{L^2}(L-x) \text{에서}$$

$$y = x \cdot \tan\theta - \frac{4hx}{L^2}(L-x) \tag{5.9}$$

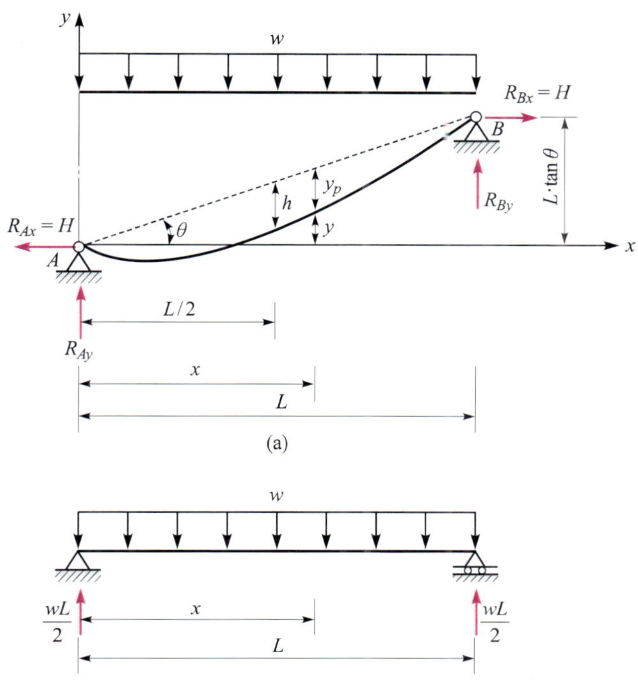

그림 5.5

예제 5.5 다음 예제 그림 5.5와 같이 연직 등분포하중을 받는 경사진 케이블의 지점반력, 케이블의 형상과 케이블의 장력을 계산하라.

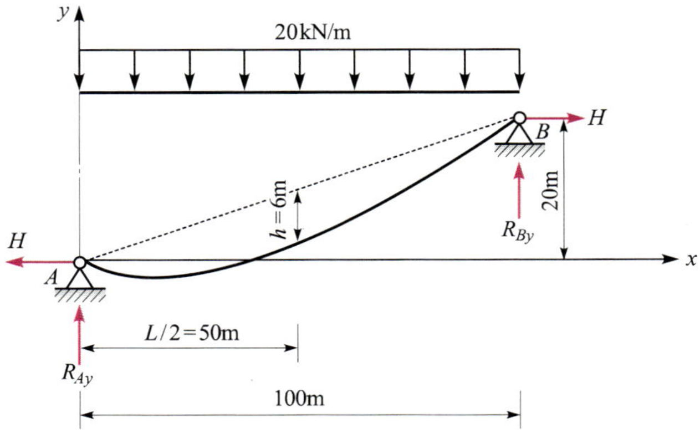

예제 그림 5.5

본 예제의 경우와 같이 연직 등분포하중을 받는 경사진 케이블을 해석하려면 케이블 장력의 수평성분 H가 일정하다는 사실을 이용해야 한다. 먼저, 식 (5.7)을 사용하여 케이블의 수평성분을 구하면 다음과 같다.

$$H=\frac{\omega L^2}{8h}=\frac{(20)(100^2)}{(8)(6)}=4{,}166.7kN$$

전체 구조물의 자유물체도에서 B에 관한 모멘트 평형조건을 적용하면 반력은 다음과 같다.

$$\Sigma M_B=0(\curvearrowright+)\ :\ R_{Ay}(100)+(4{,}166.7)(20)-(20)(100)(50)=0$$

$$\therefore\ R_{Ay}=166.7\,kN(\uparrow)$$

$$\Sigma F_y=0(\uparrow+)\ :\ R_{Ay}-(20)(100)+R_{By}=166.7-2{,}000+R_{By}=0$$

$$\therefore\ R_{By}=1{,}833.0\,kN(\uparrow)$$

케이블상의 임의의 점에서 케이블의 y는 식 (5.9)으로부터

$$y=x\cdot\tan\theta-\frac{4hx}{L^2}(L-x)=0.2x-\frac{(4)(6)}{(100)^2}x(100-x)=0.0024x^2-0.04x$$

케이블의 최대장력은 케이블의 수직성분이 가장 큰 B점에서 발생하고, 케이블의 최소장력은 케이블의 수직성분이 가장 작은 A점에서 발생한다.

$$T_{\max}=\sqrt{H^2+R_{By}^2}=\sqrt{4{,}166.7^2+1{,}833.0^2}=4{,}552.0\,kN$$

$$T_{\min}=\sqrt{H^2+R_{Ay}^2}=\sqrt{4{,}166.7^2+166.7^2}=4{,}170.0\,kN$$

케이블의 경사는 장력이 가장 큰 B점에서 가장 크다.

$$\text{케이블의 최대 경사}=\tan^{-1}\left(\frac{R_{By}}{H}\right)=\tan^{-1}\left(\frac{1{,}833.0}{4{,}166.7}\right)=23.745^\circ$$

연습문제

※ 문제 그림 5.1~5.8에 나타낸 3힌지 아치에서 반력과 휨모멘트를 구하라.

5.1

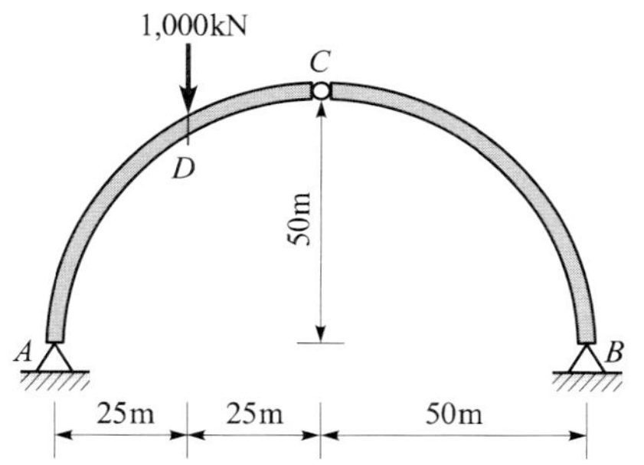

5.2

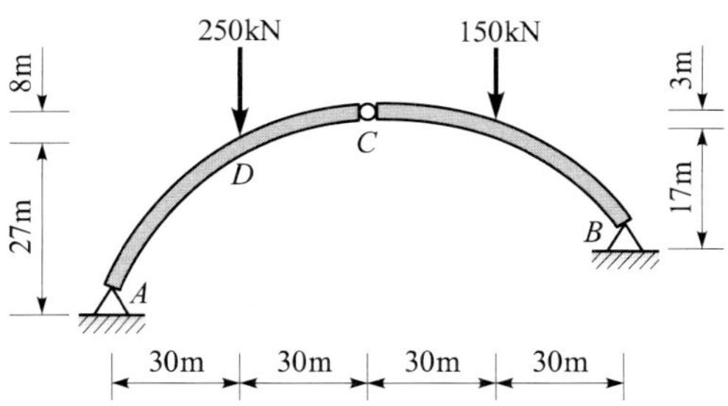

5.3

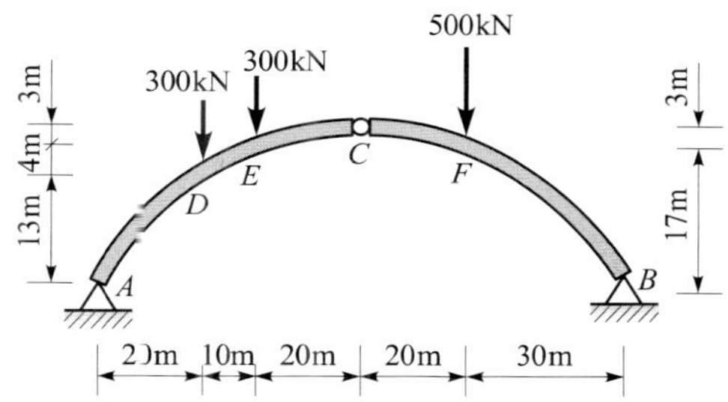

5.4

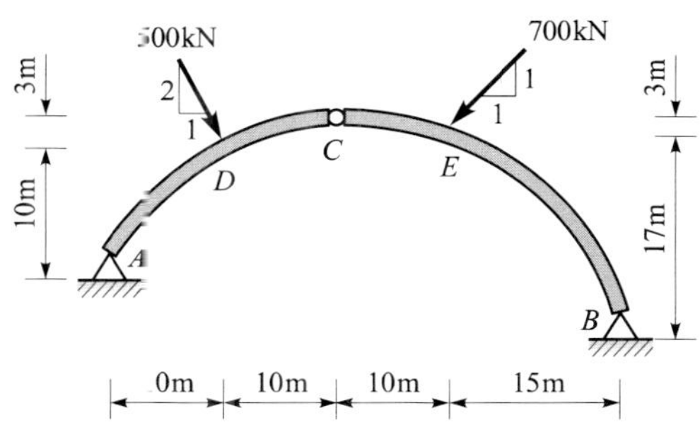

5.5

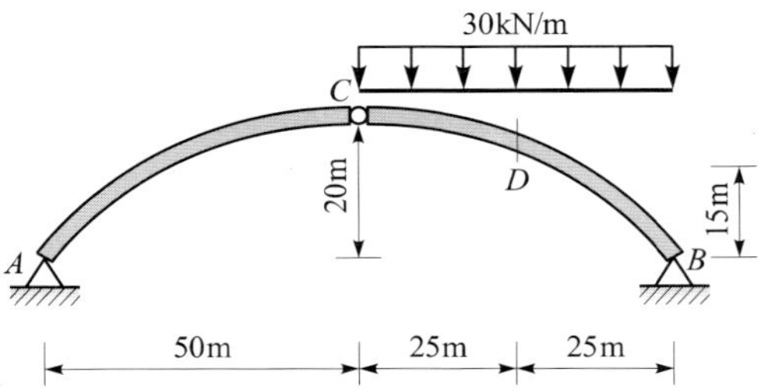

5.6

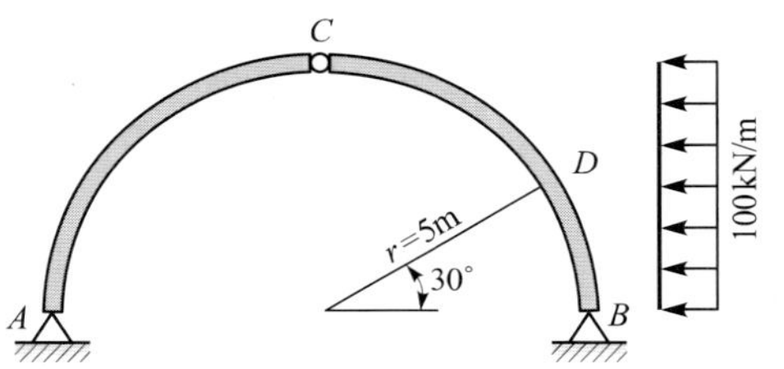

5.7

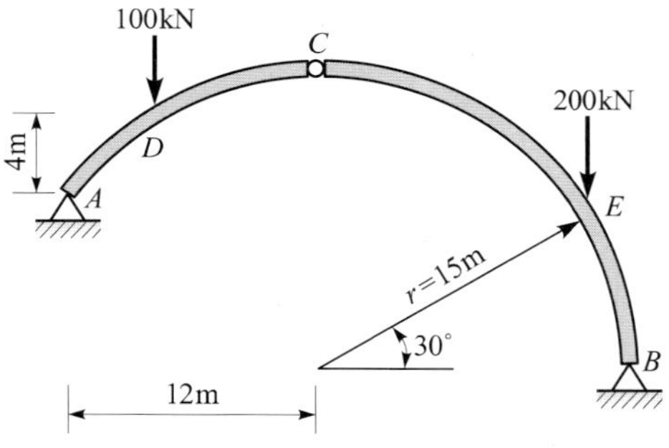

5.8

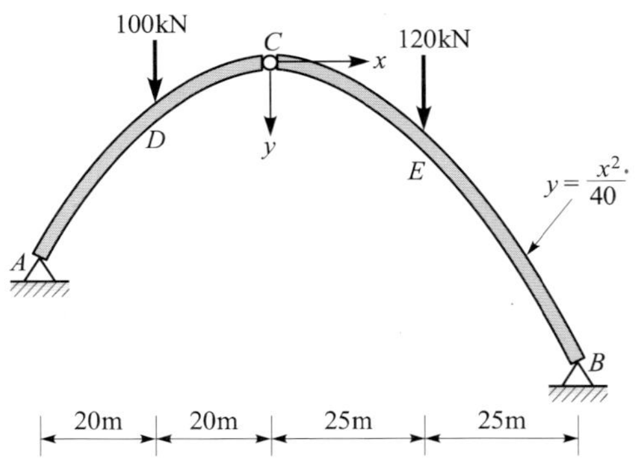

※ 문제 그림 5.9~5.13에 나타낸 케이블에서 반력과 최대장력을 구하라.

5.9

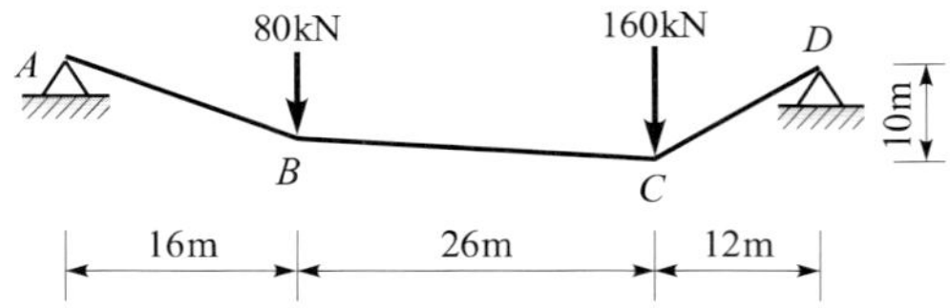

5.10

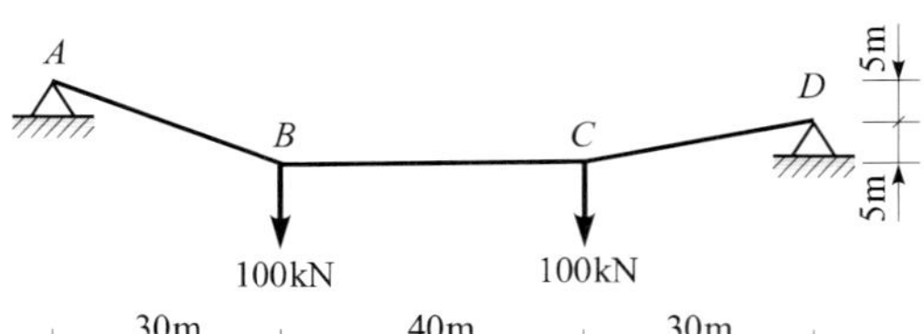

5.11

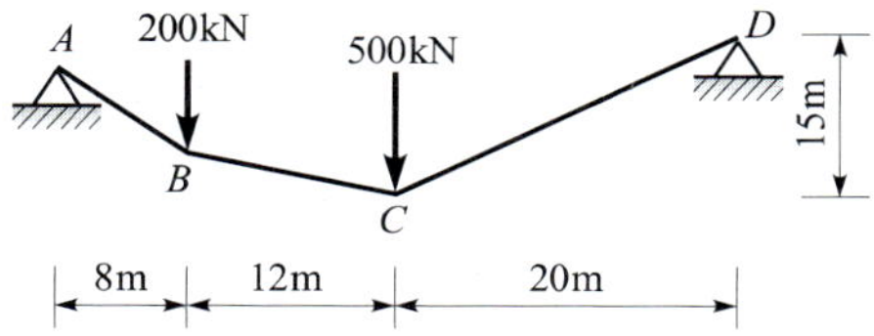

5.12

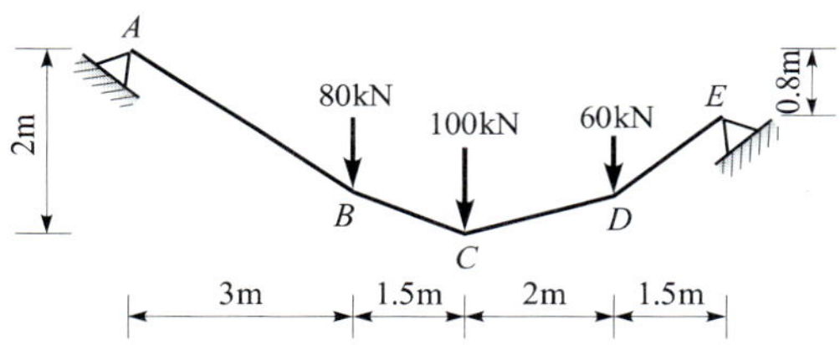

5.13

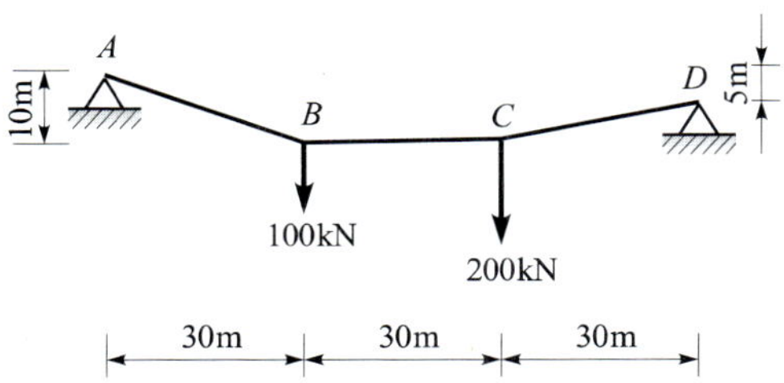

5.14

$h_c = 8\text{m}$ 일 때, 반력과 케이블의 장력을 구하라.

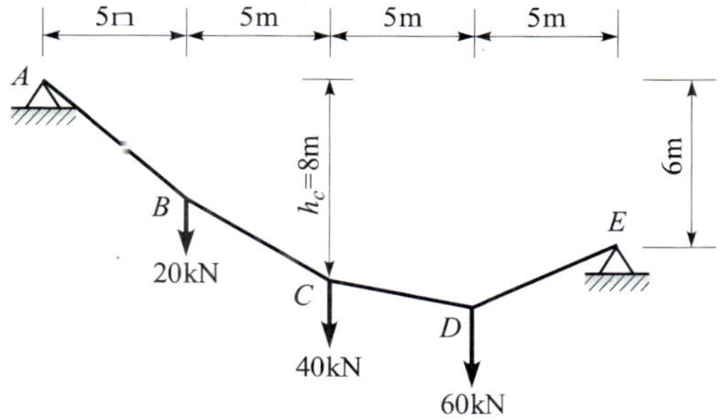

5.15

수평력 P와 거리 a를 구하라.

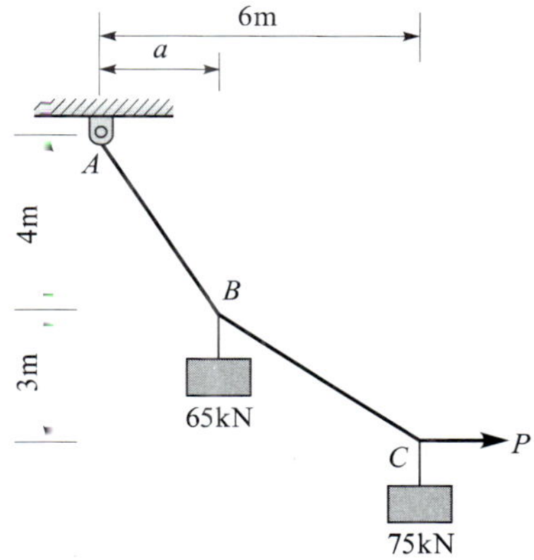

5.16

$h_c = 4\text{m}$ 일 때, 반력과 케이블의 장력을 구하라.

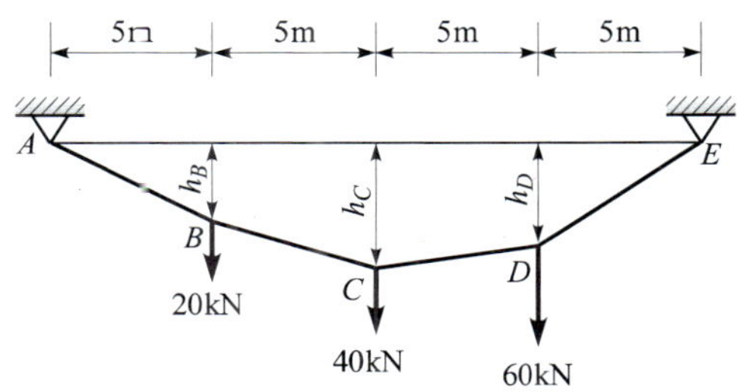

CHAPTER 06

영향선과 이동하중

6.1 영향선의 정의

구조물에 이동하중(moving loads)이 작용할 때 그 구조물을 설계하기 위해서는 특정 위치에 최대 단면력을 발생시키는 이동하중의 위치를 결정하고, 그 때의 최대 단면력을 산정해야 한다. 이러한 특정 단면에 최대 단면력을 발생시키는 하중의 위치는 직관적으로 알 수 있는 경우도 있으나, 대부분 영향선(influence line)을 사용하여 결정하는 것이 가장 편리하다.

영향선이란 단위하중(unit load)이 구조물 위를 지나갈 때 어느 점에서의 특정된 하중효과(전단력, 모멘트, 축력, 처짐 등)의 변화 상태를 나타내는 그림으로서 하중효과를 단위하중이 작용하는 위치에서의 종거(ordinates)로 나타낸다. 영향선을 그릴 때 사용하는 단위하중은 일반적으로 수직 단위하중을 의미한다. 영향선은 독일의 E. Winkler(1835~1888)에 의해 1867년 처음으로 창안되었고, Müller-Breslau 등에 의해 널리 사용되었다.

6.2 평형조건을 고려한 영향선

그림 6.1(a)와 같은 단순보에서 지점 A에서의 수직반력 R_{Ay}에 대한 영향선을 그리는 예를 들기로 한다. 수직반력 R_{Ay}에 대한 영향선의 종거를 구하려면 단위하중($1\,kN$)이 각각 여러 위치에 작용할 때의 수직반력 R_{Ay}의 값을 구해야 한다. 그림 6. 1(b)에는 단위하중이 4개의 서로 다른 위치에 각각 작용할 때의 수직반력 R_{Ay}의 값을 나타내었다. 그림 6.1(c)는 단위하중의 위치를 가로축에 나타내고, 그 위치에서의 수직반력 R_{Ay}의 값을 종거로 나타낸 그림으로서 이러한 그림을 영향선이라 부른다. 이와 같이 영향선은 단위하중이 구조물 위를 지나

갈 때 특정한 하중효과(또는 응답)를 나타낸 그림이다. 이 예에서의 하중효과는 R_{Ay}이고, 그림 6.1(c)는 R_{Ay}에 대한 영향선이다.

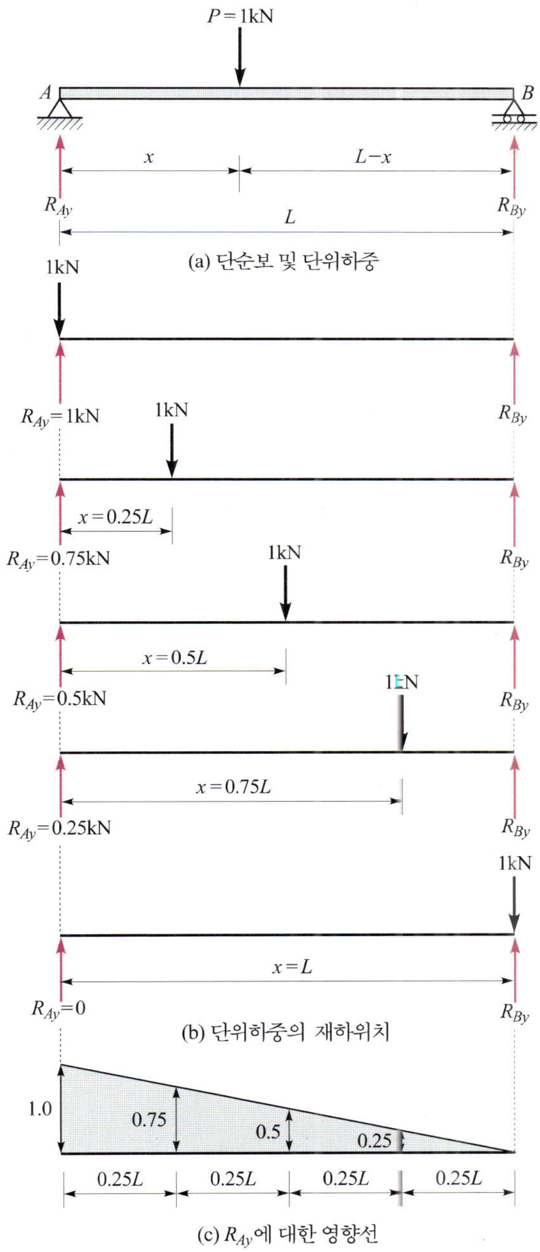

그림 6.1 영향선

영향선은 임의의 하중효과, 즉 수직반력, 전단력, 휨모멘트, 응력 또는 변위 등에 대해서도 그릴 수 있다. 영향선의 단위는 하중효과의 단위와 단위하중의 단위를 모두 나타낼 수 있어야 한다. 그림 6.1(c)의 예에서 영향선의 단위는 kN/kN으로서 $0.5\,kN/kN$은 $1\,kN$의 단위하중이 아래 방향으로 작용할 때 그 점에서 R_{Ay}의 값이 $0.5\,kN$임을 나타낸다.

영향선을 그리는 가장 기본적인 방법은 하나의 단위하중을 구조물 위에 연속적으로 작용시켜 원하는 하중효과를 각각 계산한 후, 각각의 단위하중의 작용위치에 종거로 나타내는 것이다. 이러한 종거를 연속적으로 이은 선이 영향선이다. 영향선을 그리는데 유용한 몇 가지 방법을 다음에 나타내었다.

(1) 영향선에 나타내고자 하는 하중효과를 구하는데 필요한 적절한 자유물체도를 그린다. 자유물체도에 하중효과의 양(+)의 방향을 나타낸다.

(2) 적당한 위치에 단위하중을 작용시켜 하중효과의 값을 구한 후, 그 값을 단위하중이 작용한 위치에 종거로 나타낸다.

(3) 영향선을 그리는데 충분한 수의 재하 위치를 선정한다.

(4) 원하는 하중효과가 전단력, 휨모멘트, 축력과 같은 내력인 경우에는 하중효과를 구하는데 필수적으로 수직반력을 사용하므로 제일 먼저 수직반력에 대한 영향선을 그리는 것이 편리하다.

6.3 보의 영향선

보의 영향선을 구하는 방법은 다음의 예제를 통하여 설명한다.

예제 6.1

예제 그림 6. 1(a)와 같은 단순보에서 C점에서의 전단력 및 휨모멘트에 대한 영향선을 그려라.

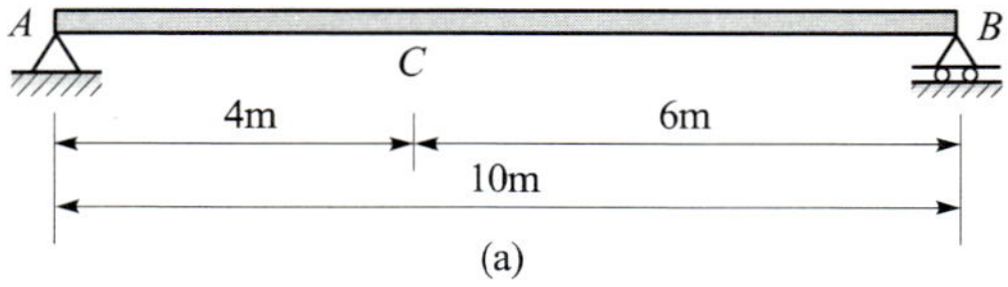

(a)

예제 그림 6.1

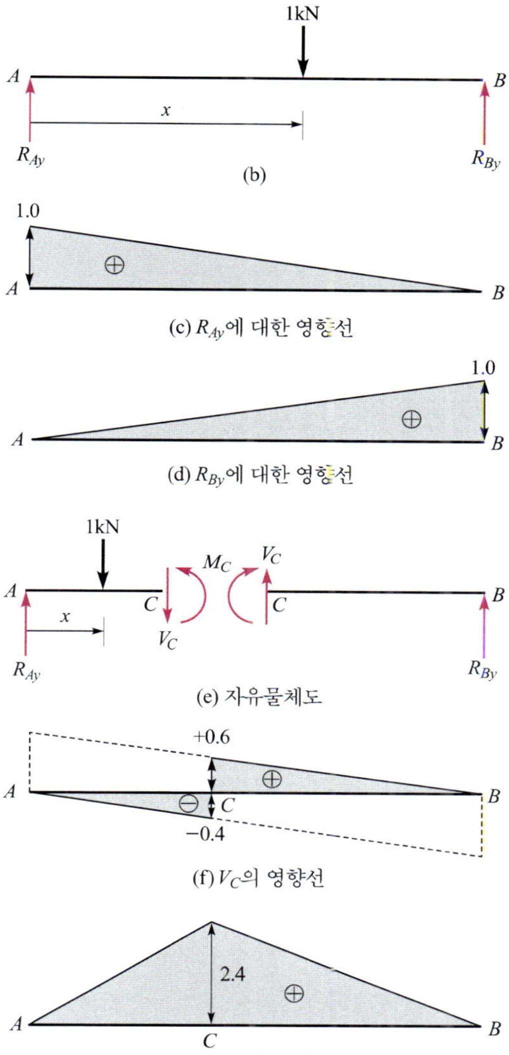

(b)

(c) R_{Ay}에 대한 영향선

(d) R_{By}에 대한 영향선

(e) 자유물체도

(f) V_C의 영향선

(g) M_C의 영향선

예제 그림 6.1(계속)

1) 수직반력에 대한 영향선

전단력과 휨모멘트에 대한 영향선을 그리기 위해서는 수직반력에 대한 영향선을 미리 그리는 것이 편리하다. 예제 그림 6.1(b)와 같이 단위하중을 이동시킬 때 수직반력에 대한 영향선의 종거 값은 다음과 같다.

(a) R_{Ay}의 영향선

$$\Sigma M_B = 0(\curvearrowright +) \ : \ R_{Ay}(10) - (1)(10 - x) = 0$$

$$\therefore R_{Ay} = 1 - \frac{x}{10}$$

(b) R_{By}의 영향선

$$\Sigma M_A = 0(\curvearrowright +)\ :\ (-)R_{By}(10) + (1)(x) = 0$$

$$\therefore R_{By} = \frac{x}{10}$$

위의 결과로부터 R_{Ay}와 R_{By}에 대한 영향선을 그리면 예제 그림 6.1(c) 및 (d)와 같고, 영향선 종거의 단위는 kN/kN이다.

2) C점의 전단력에 대한 영향선

C점의 전단력에 대한 영향선을 그리려면 예제 그림 6.1(e)와 같이 C점에서 부재를 절단하여 AC와 CB 구간의 자유물체도를 고려하는 것이 편리하다.

(a) 단위하중이 AC 구간에 작용하는 경우

단위하중이 AC 구간에 작용하는 경우에는 단위하중이 작용하지 않는 CB 구간의 자유물체도에서 C점의 전단력은 항상 $(-)R_{By}$와 같다.

$$V_C = (-)R_{By} = (-)\frac{x}{10}$$

따라서 $x = 0\,m$인 A점에서의 종거는 영이고, $x = 4\,m$인 C점에서의 종거는 $(-)0.4$이다.

(b) 단위하중이 CB 구간에 작용하는 경우

단위하중이 CB 구간에 작용하는 경우에는 단위하중이 작용하지 않는 AC 구간의 자유물체도에서 C점의 전단력은 항상 R_{Ay}와 같다.

$$V_C = R_{Ay} = 1 - \frac{x}{10}$$

따라서 $x = 4\,m$인 C점에서의 종거는 $(+)0.6$이고, $x = 10\,m$인 B점에서의 종거는 영이다. 이상의 결과로부터 V_C에 대한 영향선을 그리면 예제 그림 6.1(f)와 같다.

3) C점의 휨모멘트에 대한 영향선

C점의 휨모멘트에 대한 영향선을 그리려면 예제 그림 6.1(e)와 같이 C점에서 부재를 절단하여 AC와 CB 구간의 자유물체도를 고려하는 것이 편리하다.

(a) 단위하중이 AC 구간에 작용하는 경우

단위하중이 AC 구간에 작용하는 경우에는 단위하중이 작용하지 않는 CB 구간의 자유물체도에서 C점의 휨모멘트는 항상 $6R_{By}$이다.

$$M_C = 6R_{By} = (6)(\frac{x}{10}) = \frac{3}{5}x$$

따라서 $x=0$인 A점에서의 종거는 영이고, $x=4m$인 C점에서의 종거는 (+)2.4이다.

(b) **단위하중이 CB 구간에 작용하는 경우**

단위하중이 CB 구간에 작용하는 경우에는 단위하중이 작용하지 않는 AC 구간의 자유물체도에서 C점의 휨모멘트는 항상 $4R_{Ay}$이다.

$$M_C = 4R_{Ay} = (4)(1-\frac{x}{10}) = 4-\frac{2}{5}x$$

따라서 $x=4m$인 C점에서의 종거는 (+)2.4이고, $x=10m$인 B점에서의 종거는 영이다. 이상의 결과로부터 M_C에 대한 영향선을 그리면 예제 그림 6.1(g)와 같다.

예제 6.2

다음 예제 그림 6. 2(a)와 같은 내민보에서 지점 B와 D에서의 수직반력과 C점에서의 전단력 및 휨모멘트에 대한 영향선을 그려라.

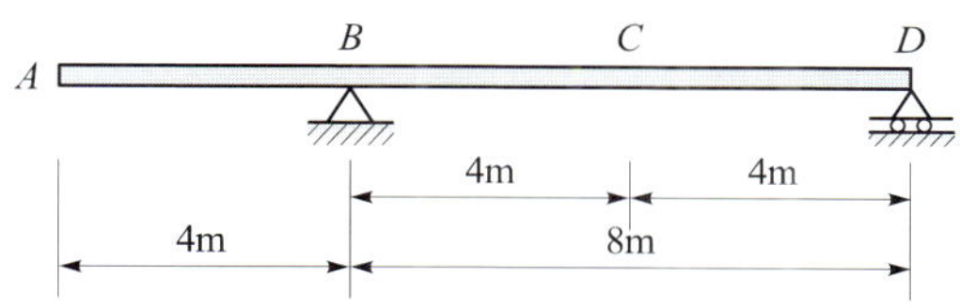

(a)

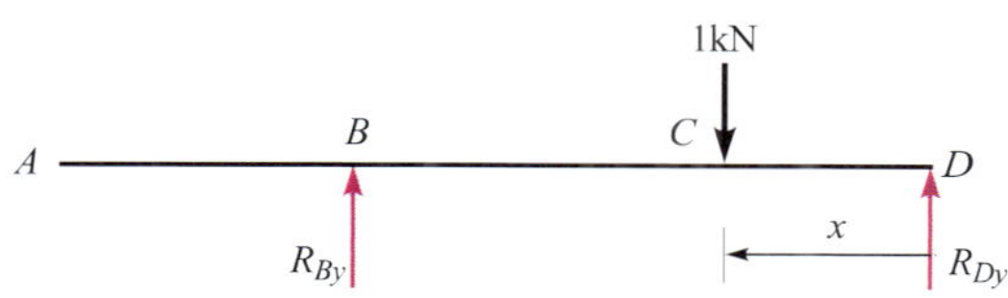

(b) 자유물체도

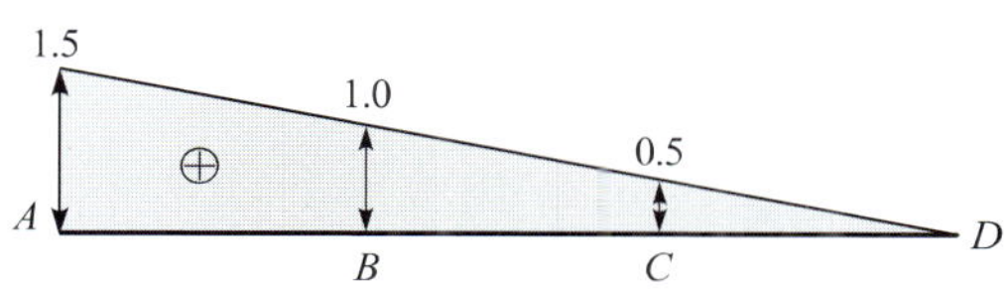

(c) R_{By}에 대한 영향선

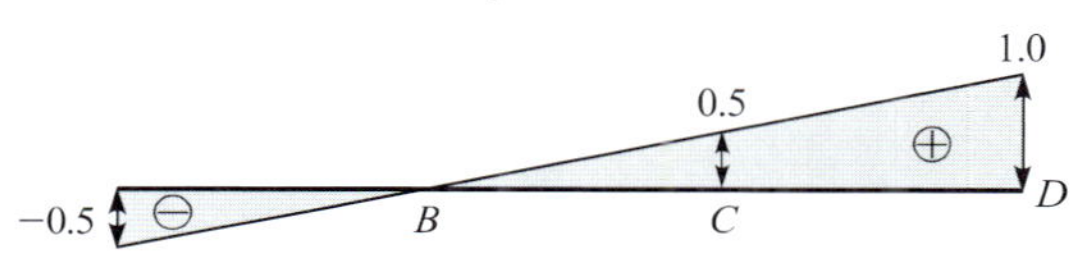

(d) R_{Dy}에 대한 영향선

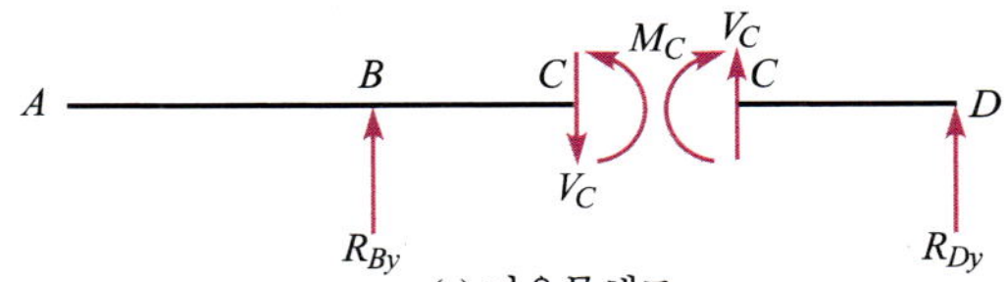

(e) 자유물체도

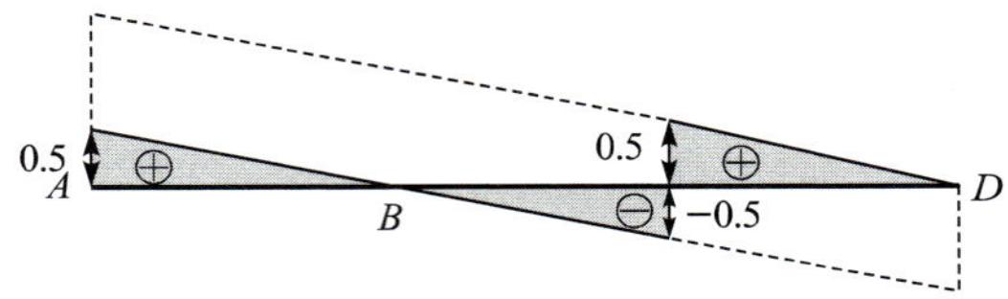

(f) V_C에 대한 영향선

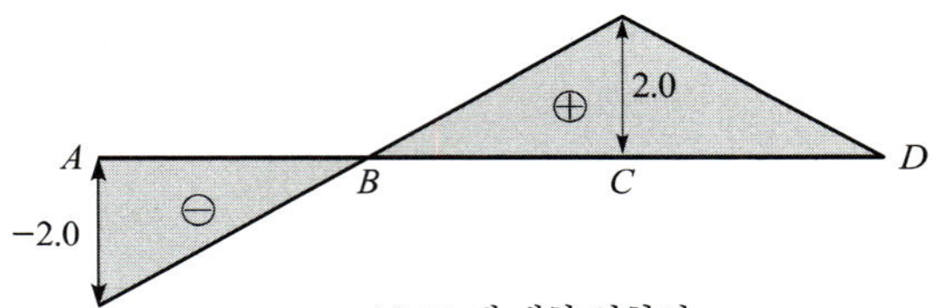

(g) M_C에 대한 영향선

예제 그림 6.2

1) 수직반력에 대한 영향선

수직반력에 대한 영향선은 다른 영향선을 그리는데 필수적으로 사용되기 때문에 특별히 요구하지 않더라도 수직반력에 대한 영향선을 미리 그리는 것이 필요하다. $1\,kN$의 하향의 단위하중을 이동시킬 때 상향의 수직반력을 양으로 가정한다. 단위하중의 위치는 지점 D에서부터의 거리 x로 나타내는 것이 편리하다.

(a) R_{By}의 영향선

$$\Sigma M_D = 0(\curvearrowright +)\ :\ R_{By}(8) - 1(x) = 0$$

$$\therefore\ R_{By} = \frac{x}{8}$$

(b) R_{Ay}의 영향선

$$\Sigma M_B = 0(\curvearrowright +)\ :\ -R_{Dy}(8) + 1(8-x) = 0$$

$$\therefore\ R_{Dy} = 1 - \frac{x}{8}$$

위의 결과로부터 R_{By}와 R_{Dy}에 대한 영향선을 그리면 예제 그림 6.2(c) 및 (d)와 같다. 영향선 종거의 단위는 kN/kN이다.

2) C점의 전단력에 대한 영향선

어느 점에서 전단력에 대한 영향선을 그리려면 예제 그림 6.2(e)와 같이 그 점에서 부재를 절단하여 좌측과 우측 부재의 자유물체도를 그린 후에 어느 한쪽의 자유물체도를 고려하는 것이 편리하다.

(a) 단위하중이 AC 구간에 작용하는 경우

단위하중이 AC 구간에 작용하는 경우에는 단위하중이 작용하지 않는 CD 구간의 자유물체도에서 V_C는 항상 $(-)R_{Dy}$와 동일하다.

$$V_C = (-)R_{Dy} = (-)(1-\frac{x}{8}) = (-)1+\frac{x}{8}$$

따라서 $x=4m$인 C점에서의 종거는 (−)0.5, $x=8m$인 B점에서의 종거는 영이고 $x=12m$인 A점에서의 종거는 0.5이다.

(b) 단위하중이 CD 구간에 작용하는 경우

단위하중이 CD 구간에 작용하는 경우에는 단위하중이 작용하지 않는 AC 구간의 자유물체도에서 V_C는 항상 R_{By}와 동일하다.

$$V_C = R_{By} = \frac{x}{8}$$

따라서 $x=0$인 D점에서의 종거는 영이고, $x=4m$인 C점에서의 종거는 0.5이다

위의 결과로부터 V_C에 대한 영향선을 그리면 예제 그림 6.2(f)와 같다.

3) C점의 휨모멘트에 대한 영향선

M_C에 대한 영향선을 그리는 데에도 예제 그림 6.2(e)의 자유물체도를 사용할 수 있다.

(a) 단위하중이 AC 구간에 작용하는 경우

단위하중이 AC 구간에 작용하는 경우에는 단위하중이 작용하지 않는 CD 구간의 자유물체도에서 M_C는 다음과 같다.

$$M_C = 4R_{Dy} = 4(1-\frac{x}{8}) = 4-\frac{x}{2}$$

따라서 $x=4m$인 C점에서의 종거는 2.0, $x=8m$인 B점에서의 종거는 영이고, $x=12m$인 A점에서의 종거는 (−)2.0이다.

(b) 단위하중이 CD 구간에 작용하는 경우

단위하중이 CD 구간에 작용하는 경우에는 단위하중이 작용하지 않는 AC 구간의 자유물체도에서 M_C는 다음과 같다.

$$M_C = 4R_{By} = 4(\frac{x}{8}) = \frac{x}{2}$$

따라서 $x=0$인 D점에서의 종거는 영이고, $x=4m$인 C점에서의 종거는 2.0이다

위의 결과로부터 M_C에 대한 영향선을 그리면 예제 그림 6.2(g)와 같다.

예제 6.3 다음 예제 그림 6. 3(a)와 같은 게르버 보에서 지점 A와 B의 수직반력과 지점 A의 반력모멘트 및 C점의 전단력에 대한 영향선을 그려라.

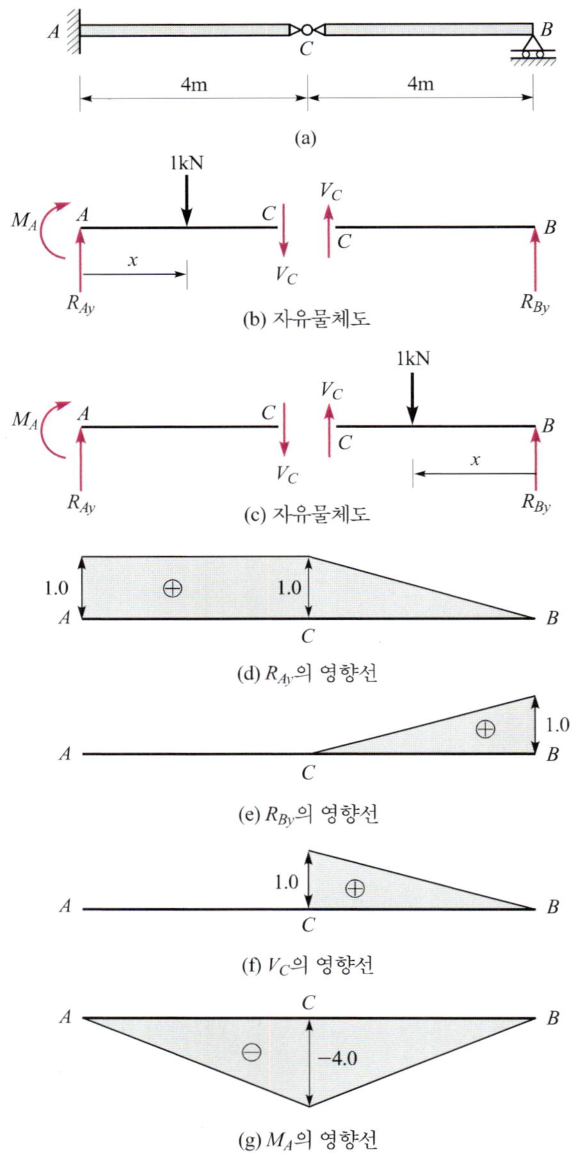

예제 그림 6.3

1) 수직반력에 대한 영향선

(a) R_{Ay}에 대한 영향선

예제 그림 6.3(b)에서와 같이 AC 구간에 단위하중이 작용하면 AC 구간의 자유물체도에서 단위하중의 작용 위치와 관계없이 항상 단위하중과 같으므로 $R_{Ay}=1.0$이다. 그리고 예제 그림 6.3(c)에서와 같이 단위하중이 CB 구간에 작용하는 경우에는 CB 부재의 자유물체도에서 B점에 관한 모멘트 평형조건을 적용하면

$$\Sigma M_B = 0(\curvearrowright +) \ : \ V_C(4) - (1)x = 0$$

$$\therefore \ V_C = \frac{1}{4}x$$

그리고 AC 구간의 자유물체도에서 수직방향 힘의 평형조건을 적용하면

$$\therefore \ R_{Ay} = V_C = \frac{1}{4}x$$

따라서 $x=0$인 B점에서의 종거는 영이고, $x=4m$인 C점에서의 종거는 1.0이다.
위의 결과로부터 R_{Ay}에 대한 영향선을 그리면 예제 그림 6.3(d)와 같다.

(b) R_{By}에 대한 영향선

예제 그림 6.3(b)에서와 같이 AC 구간에 단위하중이 작용하는 경우에는 B점의 반력 $R_{By}=0$이고, CB 구간에 단위하중이 작용하는 경우에는 예제 그림 6.3(c)에서 C점에 관한 모멘트 평형조건을 적용하면

$$\Sigma M_C = 0(\curvearrowright +) \ : \ (-)R_{By}(4) + (1)(4-x) = 0$$

$$\therefore \ R_{By} = 1 - \frac{1}{4}x$$

따라서 $x=0$인 B점에서의 종거는 1.0이고, $x=4m$인 C점에서의 종거는 영이다.
위의 결과로부터 R_{By}에 대한 영향선을 그리면 예제 그림 6.3(e)와 같다.

2) V_C에 대한 영향선

예제 그림 6.3(b)에서와 같이 AC 구간에 단위하중이 작용하는 경우에는 $V_C=0$이고, CB 구간에 단위하중이 작용하는 경우에는 예제 그림 6.3(c)에서 B점에 관한 모멘트 평형조건을 적용하면

$$\Sigma M_B = 0(\curvearrowright +) \ : \ V_C(4) - (1)(x) = 0$$

$$\therefore \ V_C = \frac{1}{4}x$$

따라서 $x=0$인 B점에서의 종거는 영이고, $x=4m$인 C점에서의 종거는 1.0이다.
위의 결과로부터 V_C에 대한 영향선을 그리면 예제 그림 6.3(f)와 같다.

3) M_A에 대한 영향

(a) 단위하중이 AC 구간에 작용하는 경우

단위하중이 AC 구간에 작용하는 경우에는 예제 그림 6.3(b)에서 $V_C = 0$이므로 M_A는 다음과 같다.

$$M_A = (-)(1)(x) = (-)x \text{(가정한 방향과 반대방향)}$$

따라서 $x = 0$인 A점에서의 종거는 영이고, $x = 4m$인 C점에서의 종거는 $(-)4.0$이다.

(b) 단위하중이 CB 구간에 작용하는 경우

단위하중이 CB 구간에 작용하는 경우에는 예제 그림 6.3(c)에서 M_A는 다음과 같다.

$$M_A = (-)(V_C)(4) = (-)(\frac{1}{4}x)(4) = (-)x$$

따라서 $x = 0$인 A점에서의 종거는 영이고, $x = 4m$인 C점에서의 종거는 $(-)4.0$이다.

위의 결과로부터 M_A에 대한 영향선을 그리면 예제 그림 6.3(g)와 같다.

6.4 바닥틀 거더의 영향선

일반적인 거더교의 하중전달 체계를 살펴보면 활하중은 바닥판을 통하여 세로보(stringer)로 전달되고, 이 힘들은 다시 가로보(floor beam)를 통하여 주형에 전달된다. 트러스교에서도 활하중은 바닥판으로부터 세로보로 전달되고, 세로보로 전달된 힘은 세로보의 지점역할을 하는 가로보로 전달된다. 가로보로 전달된 힘은 트러스의 절점하중으로 작용한다. 바닥틀 거더의 특정 하중효과에 대한 영향선은 다음의 예제를 통하여 자세하게 설명한다.

예제 6.4

다음 예제 그림 6.4(a)와 같은 바닥틀 거더에서 지점 A와 B의 수직반력, 격간 2~3의 전단력과 점 3에서의 휨모멘트에 대한 영향선을 그려라.

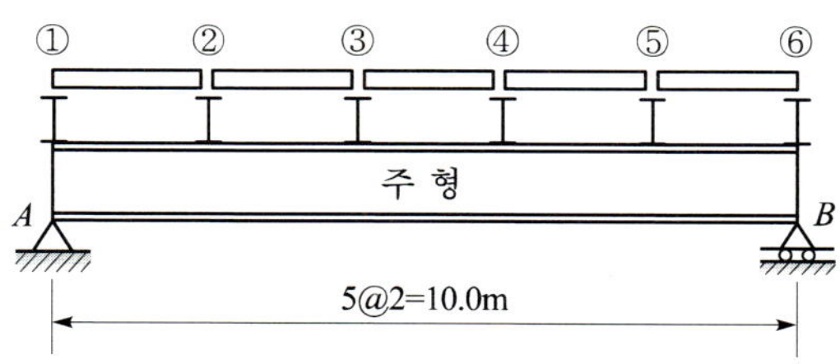

(a)

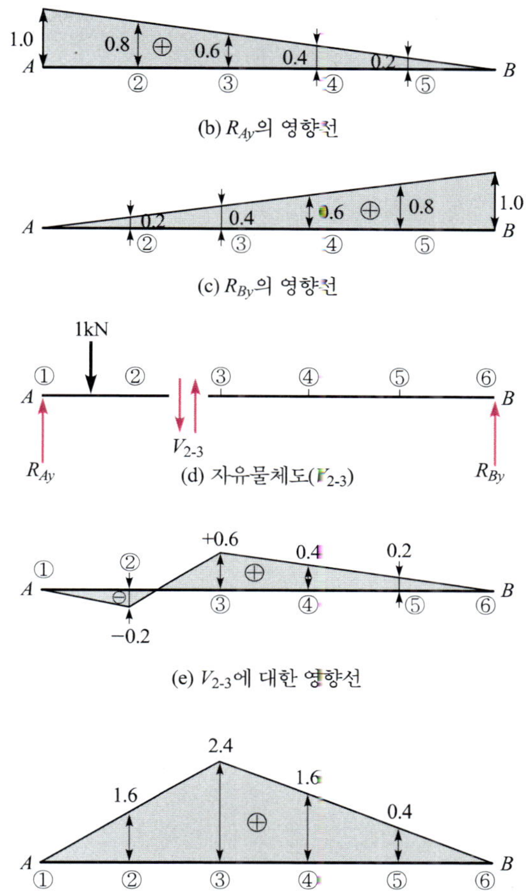

(b) R_{Ay}의 영향선

(c) R_{By}의 영향선

(d) 자유물체도($V_{2\text{-}3}$)

(e) $V_{2\text{-}3}$에 대한 영향선

(f) M_3에 대한 영향선

예제 그림 6.4

본 예제와 같은 바닥틀 거더의 영향선을 그릴 때에는 각 절점에서의 영향선 종거를 구한 후에 이들을 직선으로 연결시켜 그릴 수 있다. 그 이유는 어떤 격간 내에서 단위하중이 이동하는 경우 가로보를 통하여 주형에 전달되는 하중이 직선적으로 변하기 때문이다.

1) 수직반력에 대한 영향선

수직반력 R_{Ay}와 R_{By}에 대한 영향선은 예제 그림 6.4(b) 및 (c)에 나타낸 바와 같이 단순보의 영향선과 동일하다.

2) $V_{2\sim3}$에 대한 영향선

예제 그림 6.4(d)에 나타낸 바와 같이 단위하중이 격간 1~2의 세로보 위에 작용할 때에는 단위하중이 작용하지 않는 우측 부재의 자유물체도에서 $V_{2\sim3}=(-)R_{By}$이다. 또한, 단위하중이 절점 3~6 구간에 작용할 때에는 단위하중이 작용하지 않는 좌측 부재의 자유물체도에서 $V_{2\sim3} = R_{Ay}$이다. 수직반력에 대한 영향선을 이용하여 이들 구간의 영향선을 그릴 수 있고, 절점 2~3 사이의 영향선은 절점 2에서의 영향선 종거와 절점 3에서의 영향선 종거를 직선으로 연결시켜 그리면 된다. $V_{2\sim3}$에 대한 영향선을 예제 그림 6.4(e)에 나타내었다.

3) M_3에 대한 영향선

예제 그림 6.4(d)에 나타낸 바와 같이 절점 3의 왼쪽에 단위하중이 작용하는 경우에는 단위하중이 작용하지 않는 우측 부재의 자유물체도에서 $M_3 = 6R_{By}$이고, 절점 3의 오른쪽에 단위하중이 작용하는 경우에는 단위하중이 작용하지 않는 좌측 부재의 자유물체도에서 $M_3 = 4R_{Ay}$이므로 수직반력에 대한 영향선을 이용하여 절점 3의 휨모멘트에 대한 영향선 종거를 구하면 $M_3 = 4R_{Ay} = (4)(0.6) = 2.4$이다. M_3의 영향선에 대한 예제 그림 6.4(f)에 나타내었다.

6.5 트러스의 영향선

트러스의 영향선을 그릴 때 고려하는 하중효과는 일반적으로 트러스의 부재력이다. 따라서 트러스의 부재력을 능숙하게 구할 수 있는 능력이 있어야 영향선을 쉽게 그릴 수 있다. 특히, 트러스의 부재력에 대한 영향선을 그릴 때에는 단면법을 사용하는 것이 편리하다. 트러스의 영향선을 그리는 좀 더 자세한 방법은 다음의 예제를 통하여 설명한다.

예제 6.5 다음 예제 그림 6.5(a)와 같은 Pratt 트러스의 L_2L_3, U_2U_3, U_2L_3 및 U_5L_5부재력에 대한 영향선을 그려라.

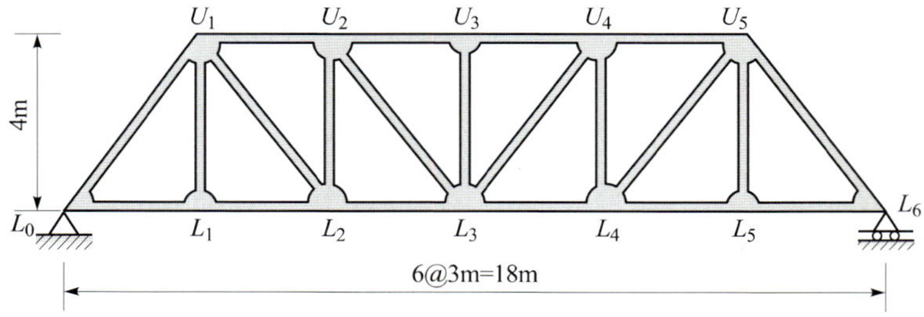

(a)

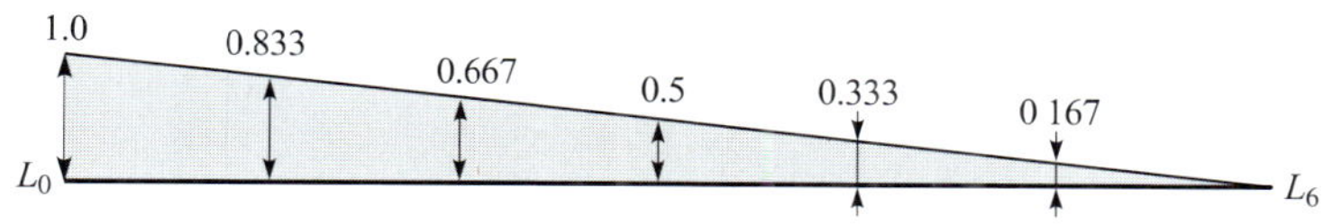

(b) R_{L_0}에 대한 영향선

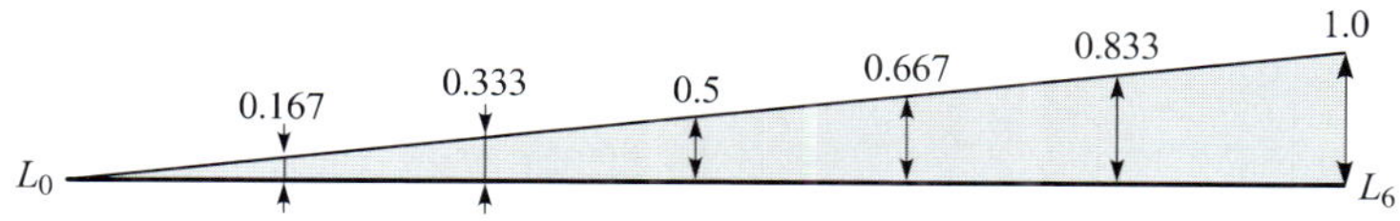

(c) R_{L_6}에 대한 영향선

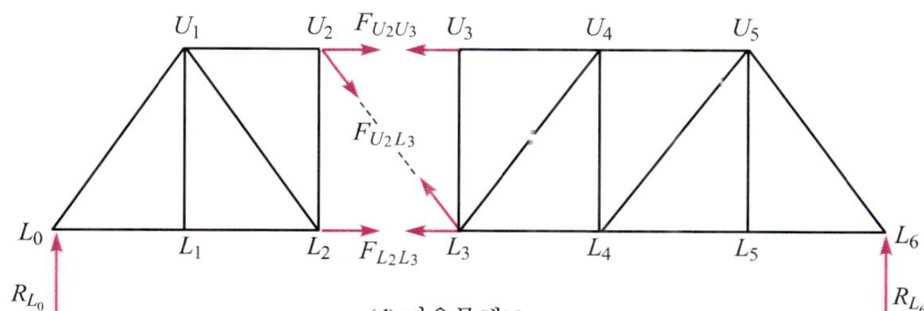

(d) 자유물체도

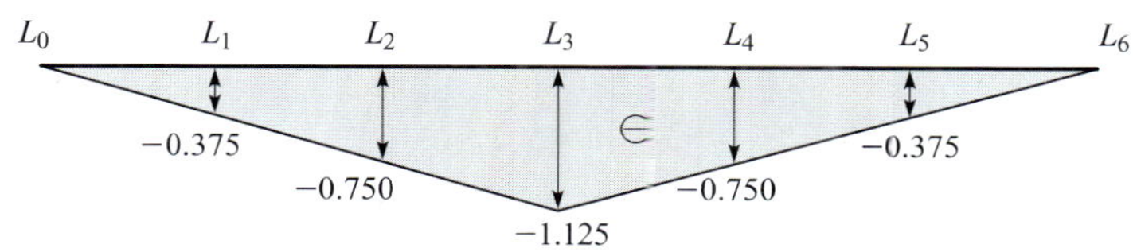

(e) U_2U_3의 부재력에 대한 영향선

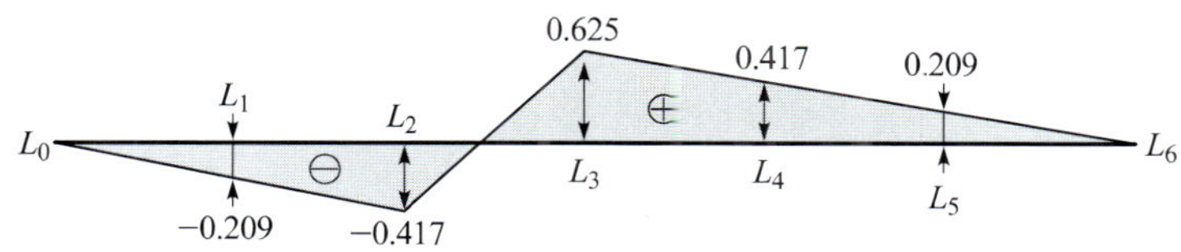

(f) U_2L_3의 부재력에 대한 영향선

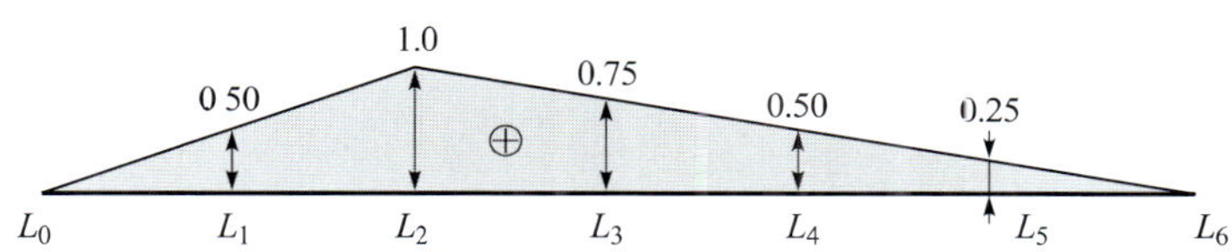

(g) L_2L_3의 부재력에 대한 영향선

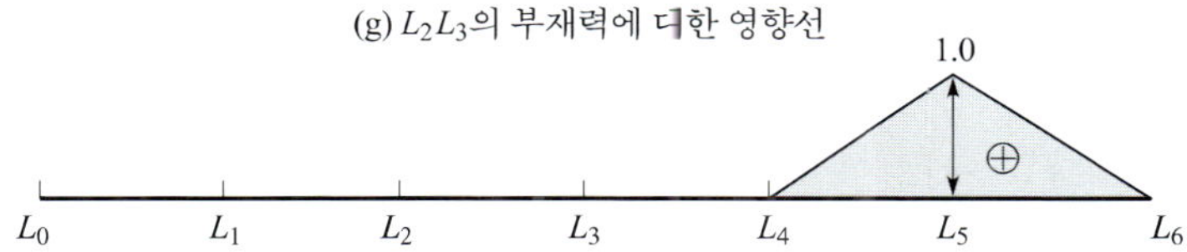

(h) U_5L_5의 부재력에 대한 영향선

예제 그림 6.5

1) 수직반력에 대한 영향선

L_0와 L_6지점에서의 수직반력에 대한 영향선은 예제 그림 6.5(b) 및 (c)에 나타낸 바와 같이 단순보에 대한 영향선과 동일하다.

2) U_2U_3의 부재력에 대한 영향선

(a) 단위하중이 $L_0 \sim L_2$ 구간에 작용하는 경우

단위하중이 $L_0 \sim L_2$ 구간에 작용하는 경우에는 예제 그림 6.5(d)의 자유물체도에서 단위하중이 작용하지 않는 우측 자유물체도에서 절점 L_3에 대한 모멘트 평형조건을 적용하면

$$\Sigma M_{L_3} = 0(\curvearrowright +) \;:\; R_{L_6}(9) + \left(F_{U_2U_3}\right)(4) = 0$$

$$\therefore\; F_{U_2U_3} = (-)\frac{9}{4}R_{L_6} = (-)\left(\frac{9}{4}\right)\cdot\left(\frac{x}{18}\right) = (-)\frac{x}{8}$$

(b) 단위하중이 $L_3 \sim L_6$ 구간에 작용하는 경우

단위하중이 $L_3 \sim L_6$ 구간에 작용하는 경우에는 단위하중이 작용하지 않는 예제 그림 6.5(d)의 좌측 자유물체도에서 절점 L_3에 대한 모멘트 평형조건을 적용하면

$$\Sigma M_{L_3} = 0(\curvearrowright +) \;:\; R_{L_0}(9) + \left(F_{U_2U_3}\right)(4) = 0$$

$$\therefore\; F_{U_2U_3} = (-)\frac{9}{4}R_{L_0} = (-)\frac{9}{4}\left(1 - \frac{x}{18}\right) = (-)\frac{9}{4} + \frac{x}{8}$$

위의 결과로부터 U_2U_3의 부재력에 대한 영향선을 그리면 예제 그림 6.5(e)와 같다.

3) U_2L_3 부재력에 대한 영향선

(a) 단위하중이 $L_0 \sim L_2$ 구간에 작용하는 경우

단위하중이 $L_0 \sim L_2$ 구간에 작용하는 경우에는 단위하중이 작용하지 않는 예제 그림 6.5(d)의 우측 자유물체도에서 $\Sigma F_y = 0$ 적용하면

$$\Sigma F_y = 0(\uparrow +) \;:\; R_{L_6} + F_{U_2L_3}\frac{4}{5} = 0$$

$$\therefore\; F_{U_2L_3} = (-)\frac{5}{4}R_{L_6} = (-)\left(\frac{5}{4}\right)\left(\frac{x}{18}\right) = (-)\frac{5}{72}x$$

(b) 단위하중이 $L_3 \sim L_6$ 구간에 작용하는 경우

단위하중이 $L_3 \sim L_6$ 구간에 작용하는 경우에는 단위하중이 작용하지 않는 예제 그림 6.5(d)의 좌측 자유물체도에서 $\Sigma F_y = 0$ 적용하면

$$\Sigma F_y = 0(\uparrow +) \;:\; R_{L_0} - F_{U_2L_3}\frac{4}{5} = 0$$

$$\therefore\; F_{U_2L_3} = \frac{5}{4}R_{L_0} = \left(\frac{5}{4}\right)\left(1 - \frac{x}{18}\right) = \frac{5}{4} - \frac{5}{72}x$$

위의 결과로부터 U_2L_3의 부재력에 대한 영향선을 그리면 예제 그림 6.5(f)와 같다.

4) L_2L_3부재력에 대한 영향선

(a) 단위하중이 $L_0 \sim L_2$ 구간에 작용하는 경우

단위하중이 $L_0 \sim L_2$ 구간에 작용하는 경우에는 단위하중이 작용하지 않는 예제 그림 6.5(d)의 우측 자유물체도에서 절점 U_2에 대한 모멘트 평형조건을 적용하면

$$\Sigma M_{U_2} = 0(\curvearrowright +) \quad : (-)R_{L_6}(12) + \left(F_{L_2L_3}\right)(4) = 0$$

$$\therefore F_{L_2L_3} = 3R_{L_6} = 3 \cdot \frac{x}{18} = \frac{x}{6}$$

(b) 단위하중이 $L_3 \sim L_6$ 구간에 작용하는 경우

단위하중이 $L_3 \sim L_6$ 구간에 작용하는 경우에는 단위하중이 작용하지 않는 예제 그림 6.5(d)의 좌측 자유물체도에서 절점 U_2에 대한 모멘트 평형조건을 적용하면

$$\Sigma M_{U_2} = 0(\curvearrowright +) \quad : \ R_{L_0}(6) - \left(F_{L_2L_3}\right)(4) = 0$$

$$\therefore F_{L_2L_3} = \frac{3}{2}R_{L_0} = \frac{3}{2}\left(1 - \frac{x}{18}\right) = 1.5 - \frac{x}{12}$$

위의 결과로부터 L_2L_3의 부재력에 대한 영향선을 그리면 예제 그림 6.5(g)와 같다.

5) U_5L_5 부재력에 대한 영향선

U_5L_5 부재력에 대한 영향선은 절점 L_5에 대한 자유물체도에서 L_5에 단위하중이 작용할 때 U_5L_5 부재력은 1.0이 됨을 알 수 있다. U_5L_5 부재력에 대한 영향선은 예제 그림 6.5(h)와 같다.

6.6 Müller-Breslau의 원리에 의한 영향선

지금까지 보와 트러스의 수직반력, 축력, 전단력 및 휨모멘트에 대한 영향선을 그리는 방법에 대하여 설명하였다. 이러한 영향선을 그리는 방법이 아주 단순한 계산임에도 불구하고 학생들은 처음에 영향선을 그리는데 매우 어려움을 격는다. 따라서 정정구조물의 영향선을 그릴 때 영향선의 대략적인 모양을 쉽게 추론할 수 있는 Müller-Breslau의 원리를 소개하고자 한다. Müller-Breslau의 원리는 정정구조물뿐만 아니라 부정정구조물의 영향선을 그리는 데도 매우 유용하게 적용할 수 있다.

Müller-Breslau의 원리를 간단하게 설명하면, **"스직반력, 전단력 및 휨모멘트에 대한 영향선은**

단면력에 상응하는 구속을 해제하고 그 점에 단면력의 방향으로 단위변위를 가했을 때 발생하는 처짐 형상과 비례 관계가 있다." 는 것이다. 이를 설명하기 위하여 그림 6.2(a)와 같은 단순보를 고려하기로 하자. 그림 6.2(a)의 D점에 단위하중이 작용할 때 수직반력 R_{Ay}에 대한 영향선을 그리기 위하여 A점의 지점을 제거하고 A점의 수직변위 Δ_A가 수직반력 R_{Ay}의 방향으로 발생하였다고 가정하면 원래의 보 AB는 그림 6.2(b)의 점선과 같이 $A'B$가 된다. 그림 6.2(b)에서 가상일의 원리(제10장에서 자세히 설명함)를 적용하면 다음 식과 같다.

$$(R_{Ay})(\Delta_A) = (1)(\Delta_D) \text{ 또는 } R_{Ay} = \frac{\Delta_D}{\Delta_A} \tag{6.1}$$

Δ_A는 임의의 값이지만, $\Delta_A = 1$이라고 가정하면

$$R_{Ay} = \Delta_D \tag{6.2}$$

여기서, Δ_D는 $\Delta_A = 1$이 수직반력의 방향으로 발생하였다고 가정하면 D점에 단위하중이 작용할 때 D점의 수직변위이며, A점의 수직반력 R_{Ay}이다. 따라서 $A'B$는 $\Delta_A = 1$일 때 수직반력 R_{Ay}에 대한 영향선이 된다.

다음으로 C점의 전단력에 대한 영향선을 그리기 위하여 C점을 절단하여 좌측과 우측 부재의 자유물체도를 그리면 그림 6.2(c)와 같다. 이 때 C점의 좌측 및 우측의 전단력에 대응하는 수직변위가 전단력의 방향으로 발생하였다고 가정하면 그림 6.2(d)의 점선과 같이 된다. 그림 6.2(d)에서 가상일의 원리를 적용하면 다음 식과 같다.

$$(V_C)(CC') + (V_C)(CC'') + (M_C)(-i) + (M_C)(j) - (1)(\Delta_D) = 0 \tag{6.3}$$

여기서, 점선 AC'와 BC''의 기울기가 서로 평행하므로 $i = j$이고, $CC' + CC'' = \Delta_C$이므로 이를 식 (6.3)에 대입하면 다음 식과 같다.

$$(V_C)(\Delta_C) = (1)(\Delta_D) \text{ 또는 } V_C = \frac{\Delta_D}{\Delta_C} \tag{6.4}$$

$\Delta_C = 1$이라고 가정하면 식 (6.4)는 다음 식과 같다.

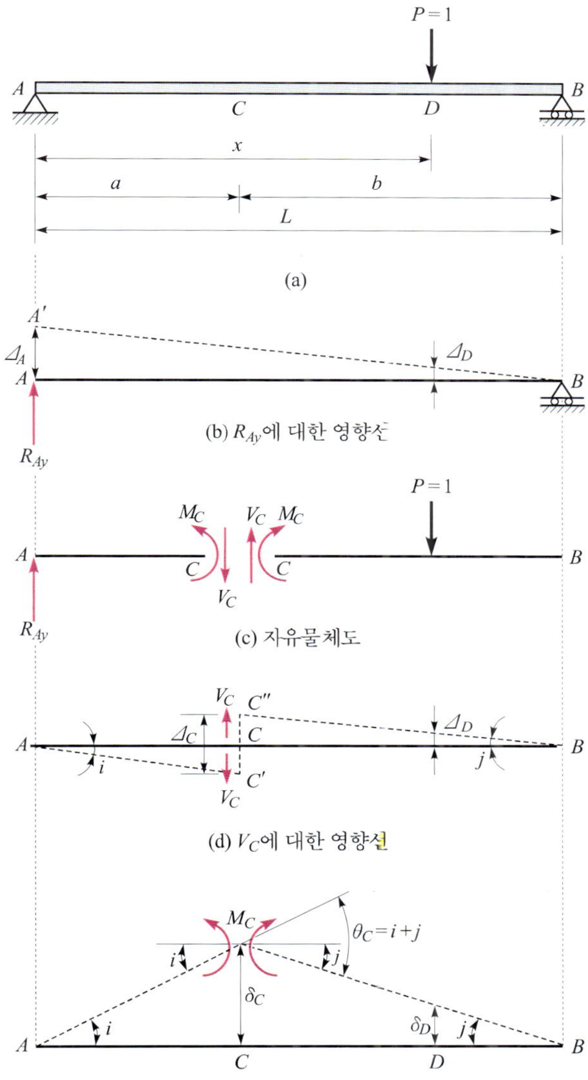

그림 6.2 Müller-Breslau의 원리에 의한 영향선

$$V_C = \Delta_D \tag{6.5}$$

따라서 $\Delta_C = 1$일 때 그림 6.2(d)는 C점의 전단력에 대한 영향선이 된다.

C점의 휨모멘트에 대한 영향선을 그리기 위하여 C점을 절단하여 좌측과 우측 부재의 자유물체도를 그리면 그림 6.2(e)와 같다. 이 때 C점의 좌측 및 우측의 휨모멘트에 대응하는

회전변위가 휨모멘트의 방향으로 발생하였다고 가정하면 그림 6.2(e)의 점선과 같이 된다. 그림 6.2(e)에서 가상일의 원리를 적용하면 다음 식과 같다.

$$(M_C)(i)+(M_C)(j)+(V_C)(\delta_C)+(V_C)(-\delta_C)-(1)(\delta_D)=0 \tag{6.6}$$

여기서, $i+j=\theta_C$이므로 이를 식 (6.6)에 대입하면 다음 식과 같다.

$$(M_C)(\theta_C)=(1)(\delta_D) \text{ 또는 } M_C=\frac{\delta_D}{\theta_C} \tag{6.7}$$

$\theta_C=1$이라고 가정하면 식 (6.7)은 다음 식과 같다.

$$M_C=\delta_D \tag{6.8}$$

따라서 $\theta_C=1$일 때 그림 6.2(e)는 C점의 휨모멘트에 대한 영향선이 된다.

다음으로 그림 6.3(a)와 같은 내민보를 고려하기로 하자. 첫 번째로 R_{By}에 대한 영향선을 그리기 위하여 지점 B의 구속을 해제하고 수직반력 R_{By}의 방향으로 단위변위 $\Delta_B=1$를 가하면 주어진 내민보는 그림 6.3(b)의 점선과 같이 변하며, 이 점선이 바로 R_{By}에 대한 영향선이 된다. 두 번째로 R_{Dy}에 대한 영향선을 그리기 위하여 지점 D의 구속을 해제하고 수직반력 R_{Dy}의 방향으로 단위변위 $\Delta_D=1$을 가하면 주어진 내민보는 그림 6.3(c)의 점선과 같이 변하며, 이 점선이 바로 R_{Dy}에 대한 영향선이 된다. 세 번째로 V_C에 대한 영향선을 그리기 위하여 C점을 절단하여 자유물체도를 그리면 그림 6.3(d)와 같고, C점의 좌측 및 우측의 전단력에 대응하는 수직변위를 전단력의 방향으로 가하면($\Delta_C=1$) 주어진 내민보는 그림 6.3(e)의 점선과 같이 변하며, 이 점선이 바로 V_C에 대한 영향선이 된다. 네 번째로 M_C에 대한 영향선을 그리기 위하여 C점을 절단하여 자유물체도를 그리면 그림 6.3(f)와 같고, C점의 좌측 및 우측의 휨모멘트에 대응하는 회전변위를 휨모멘트의 방향으로 가하면($\theta_C=1$) 주어진 내민보는 그림 6.3(g)의 점선과 같이 변하며, 이 점선이 바로 M_C에 대한 영향선이 된다. 이와 같이 영향선을 그리기 위한 수치계산을 수행하지 않고도 영향선을 쉽게 구할 수 있다.

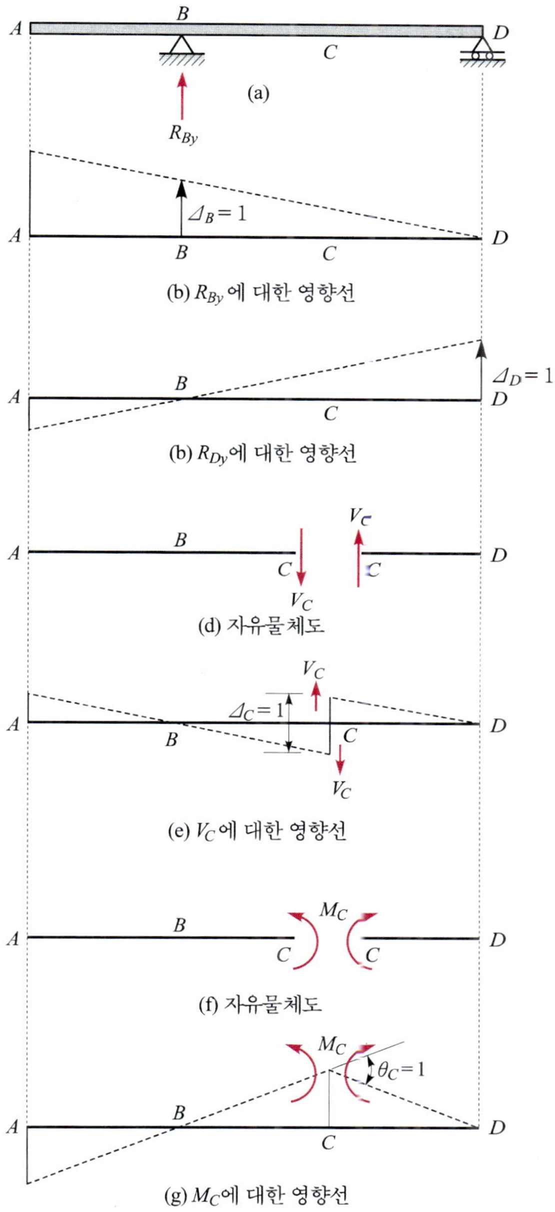

그림 6.3 내민보의 영향선

Müller-Breslau의 원리는 정정구조물뿐만 아니라 부정정구조물의 영향선을 그리는 데도 매우 유용하게 적용할 수 있다. 그림 6.4(a)와 같은 부정정보를 고려하기로 하자. R_{Ay}와

R_{By}에 대한 영향선은 각각 지점 A 및 B의 구속을 해제하고 각각 수직반력의 방향으로 단위 변위를 가하면 주어진 부정정보는 그림 6.4(b) 및 (c)의 점선과 같이 변하며, 이 점선이 각각 R_{Ay} 및 R_{By}에 대한 영향선이 된다. 나머지 V_E, M_E 및 M_B에 대한 영향선도 이와 같은 방법으로 영향선을 그리면 각각 그림 6.4(d, e, f)와 같다. 부정정구조물의 영향선에 대한 정확한 종거 값은 부정정구조물의 해석(제3편)을 통해서만 구할 수 있기 때문에 여기서는 그 값을 구할 수 없으나, 영향선에 대한 대략적인 모양은 수치계산을 수행하지 않고도 쉽게 추론할 수 있다.

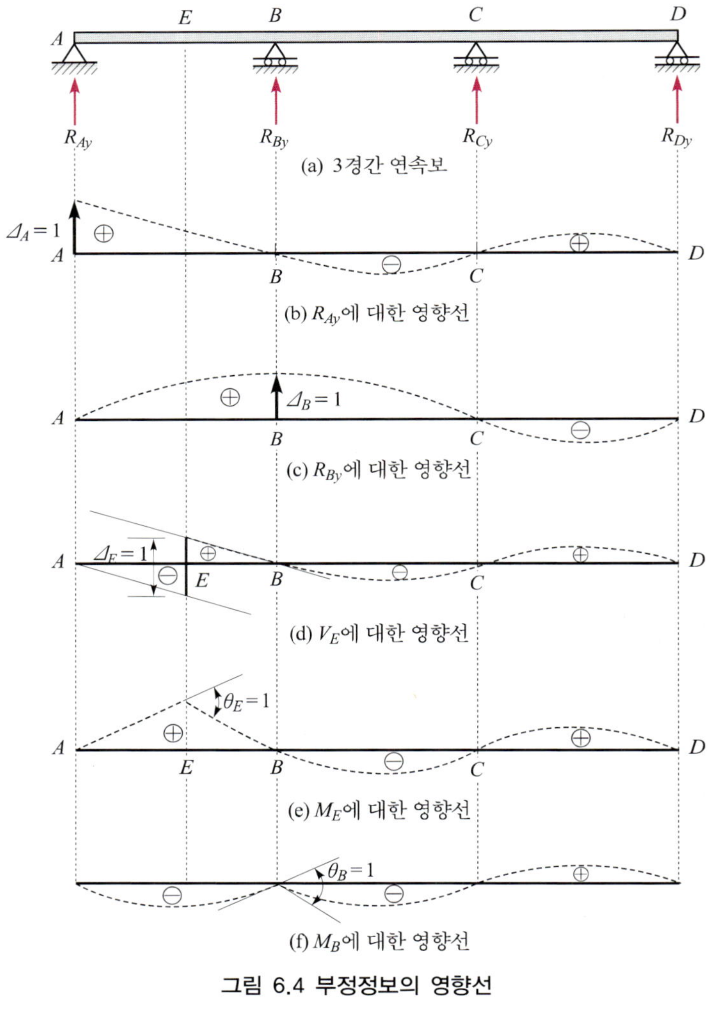

그림 6.4 부정정보의 영향선

위에서 설명한 바와 같이 Müller-Breslau의 원리를 적용하면 영향선을 그리기 위한 수치계산을 수행하지 않고도 영향선을 곧바로 그릴 수 있다. 즉, 구조물에 단위하중이 작용할 때의 수직반력, 전단력 및 휨모멘트에 대한 영향선은 이들 단면력에 상응하는 구속을 해제하고 그 점에 단면력의 방향으로 단위변위를 가했을 때 발생하는 처짐 형상을 그리면 수치계산을 수행하지 않고도 영향선의 부호나 형태에 대한 혼선 없이 영향선을 곧바로 그릴 수 있다.

6.7 영향선의 활용

영향선에서 어느 점에서의 종거는 그 점에 단위하중이 작용할 때의 특정한 하중효과의 값이다. 따라서 집중하중 P_l, 등분포하중 ω_l이 작용하는 경우에 특정한 하중효과의 크기는 다음 식으로 구할 수 있다.

$$F = P_l y + \omega_l A \tag{6.1}$$

여기서, y는 집중하중 P_l이 작용하는 점에서의 영향선 종거이고, A는 등분포하중 ω_l이 작용하는 구간에서의 영향선 면적이다.

위의 식으로부터 다음과 같은 몇 가지 유용한 결론을 얻을 수 있다.

(1) **하나의 집중 활하중에 의한 최대하중효과를 얻으려면, 그 하중을 영향선 종거가 최대인 점에 위치시켜야 한다.**

(2) **등분포활하중에 의한 최대 또는 최소 하중효과를 얻으려면 등분포활하중을 영향선 종거가 같은 부호인 모든 구간에 위치시켜야 한다.**

(3) **여러 개의 집중 활하중과 등분포활하중이 작용하는 경우에는 각각의 하중에 대한 하중효과를 중첩시켜 최종 하중효과를 구할 수 있다.**

예제 6.6

다음 예제 그림 6.6(a)와 같은 단순보에서 주어진 하중과 영향선을 사용하여 최대 R_{Ay}, 최대 V_C, 최대 M_C를 구하라.

등분포고정하중 $\omega_d = 100\,kN/m$

집중활하중 $P_l = 1,000\,kN$

등분포활하중 $\omega_l = 300\,kN/m$

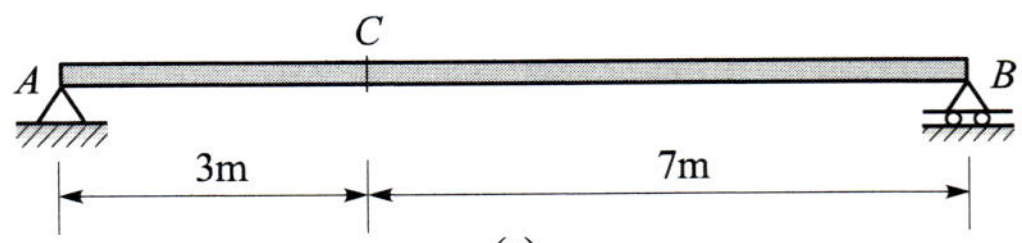

(a)

1) **최대** R_{Ay}

등분포고정하중 : $100 \times 5.0 = 500\,kN$

등분포활하중 : $300 \times 5.0 = 1,500\,kN$

집중 활하중 : $1,000 \times 1.0 = 1,000\,kN$

최대 $R_{Ay} = 3,000\,kN$

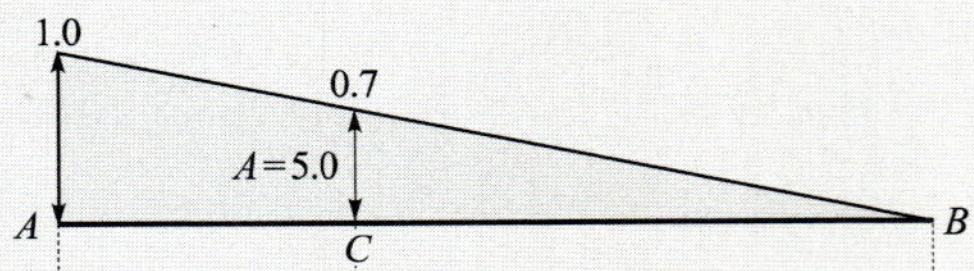

(b) R_{Ay}의 영향선

2) **최대** V_C

등분포고정하중 : $100 \times (2.45 - 0.45) = 200\,kN$

등분포활하중 : $300 \times 2.45 = 735\,kN$

집중 활하중 : $1,000 \times 0.7 = 700\,kN$

최대 $V_C = 1,635\,kN$

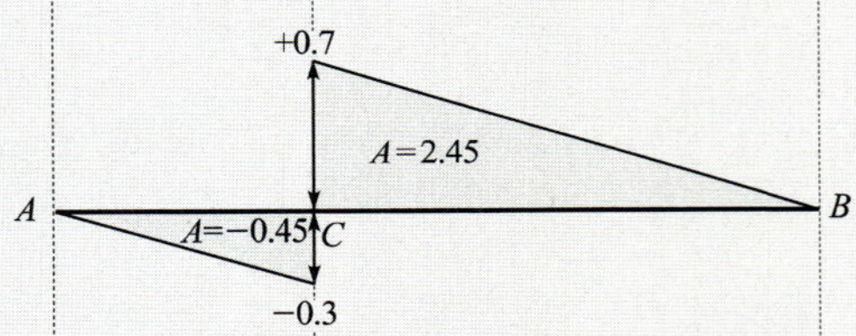

(c) V_C의 영향선

3) **최대** M_C

등분포고정하중 : $100 \times 10.5 = 1,050\,kN \cdot m$

등분포활하중 : $300 \times 10.5 = 3,150\,kN \cdot m$

집중 활하중 : $1,000 \times 2.1 = 2,100\,kN \cdot m$

최대 $M_C = 6,300\,kN \cdot m$

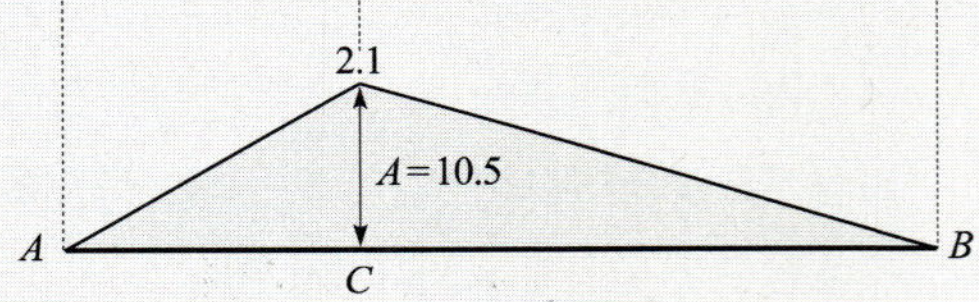

(e) M_C의 영향선

예제 그림 6.6

예제 6.7

등분포활하중 200 kN/m 와 크기가 1,000 kN인 두 개의 집중 활하중이 4m의 거리를 유지하면서, 다음의 예제 그림 6.7(a)와 같은 보에 작용할 때 최대 및 최소 M_D를 구하라.

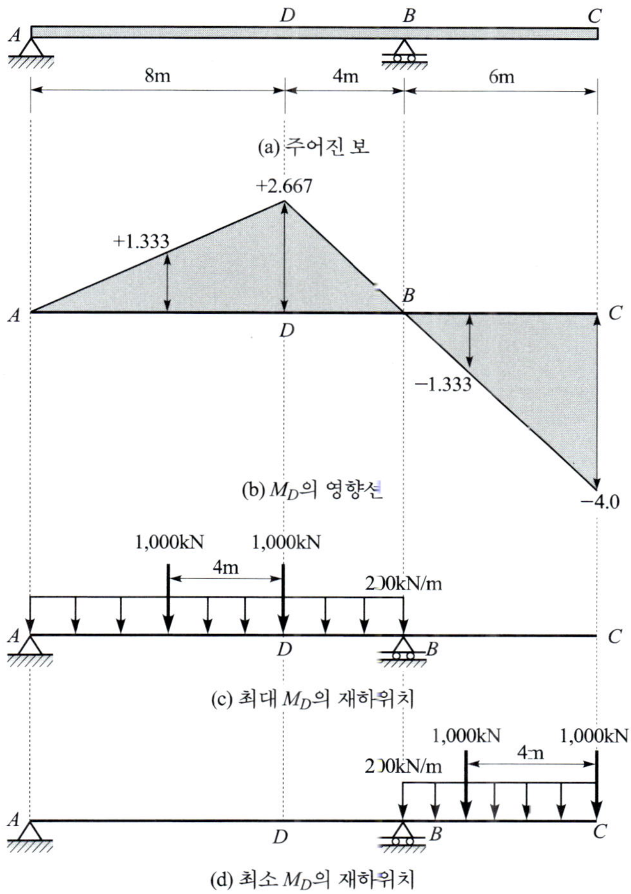

예제 그림 6.7

1) **최대 M_D**

최대 M_D는 예제 그림 6.7(c)에서

$$최대\ M_D = 1{,}000(1.33+2.67)+200(12)(2.67)(0.5)=7{,}200\,kN \cdot m$$

2) **최소 M_D**

최소 M_D는 예제 그림 6.7(d)에서

$$최소\ M_D = 1{,}000(-1.33-4.0)+200(-4.0)(6)(0.5)=(-)7{,}733.3\,kN \cdot m$$

연습문제

[6.1~6.19] 문제에 주어진 하중효과에 대한 영향선을 그리시오.

6.1

A, B점의 반력과 C점의 휨모멘트

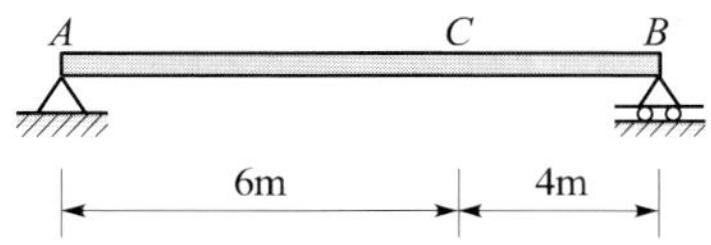

6.2

A, B점의 반력과 C점의 휨모멘트

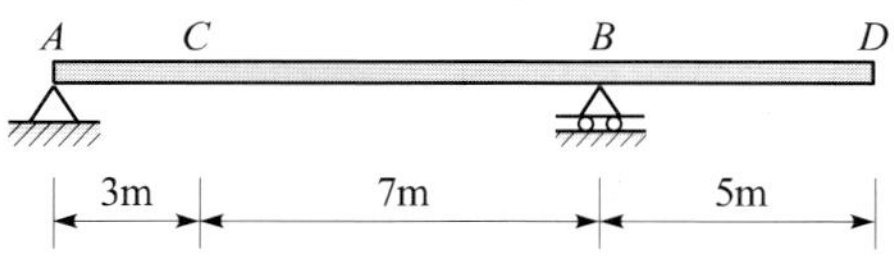

6.3

A점에서 수직반력과 휨모멘트 및 B점에서 휨모멘트와 전단력

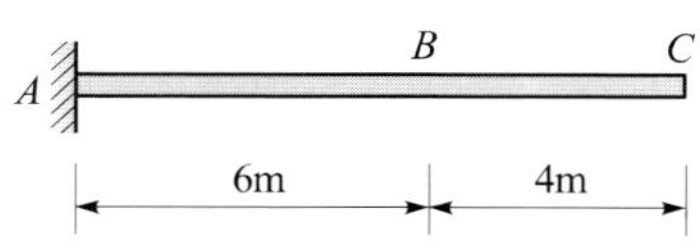

6.4

A, B점의 반력, C점에서 휨모멘트와 전단력, A점에서 휨모멘트, A점 우측의 전단력

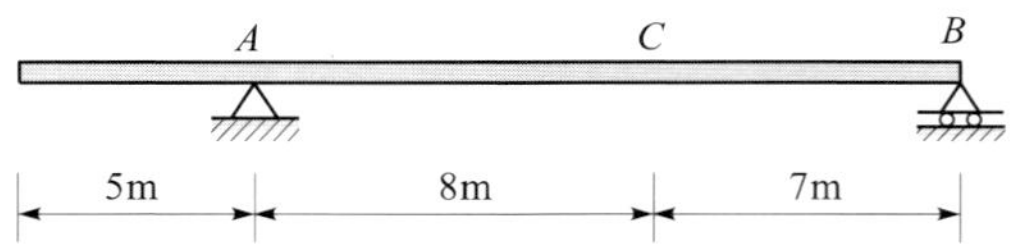

6.5

A, B점의 반력, B, C, D점에서 휨모멘트, C, D점에서 전단력

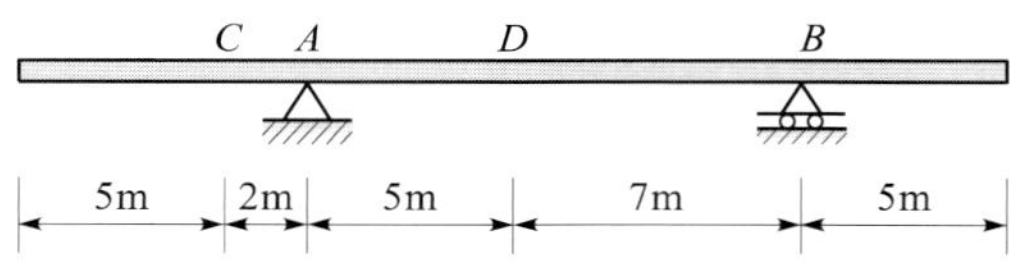

6.6

A, B, D점에서 반력, D점의 휨모멘트

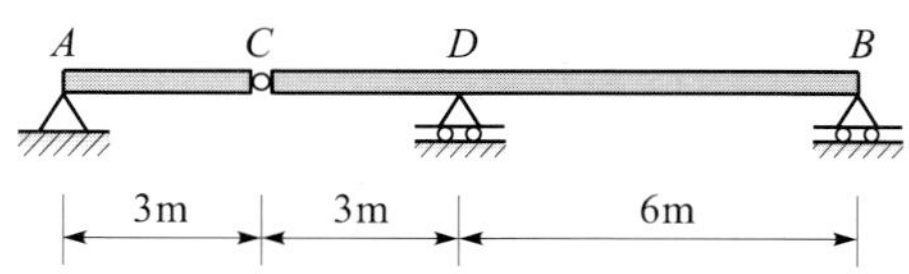

6.7

A, B점의 반력

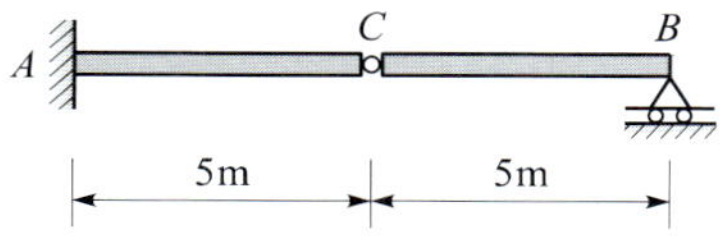

6.8

A, B점의 반력, B점의 휨모멘트

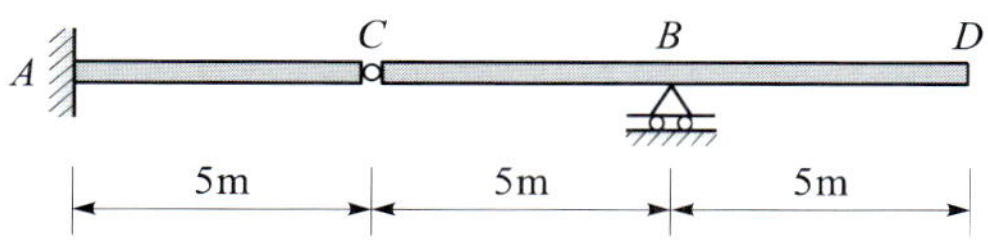

6.9

A, B점의 반력, B점의 휨모멘트, F점에서 전단력

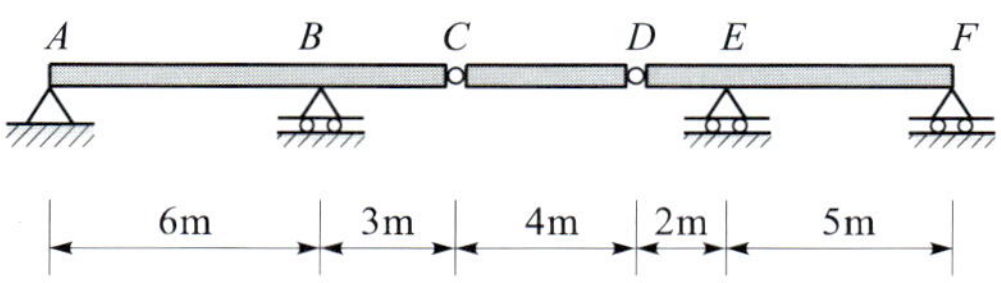

6.10

A, B점의 반력, E점에서 휨모멘트

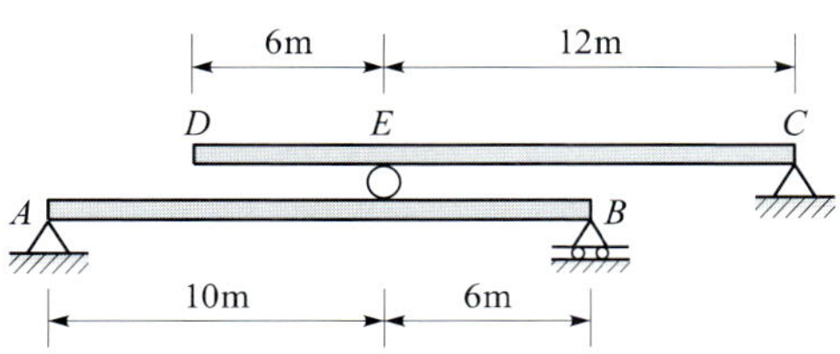

6.11

A, B점에서 반력, G, H, J점에서 전단력과 휨모멘트

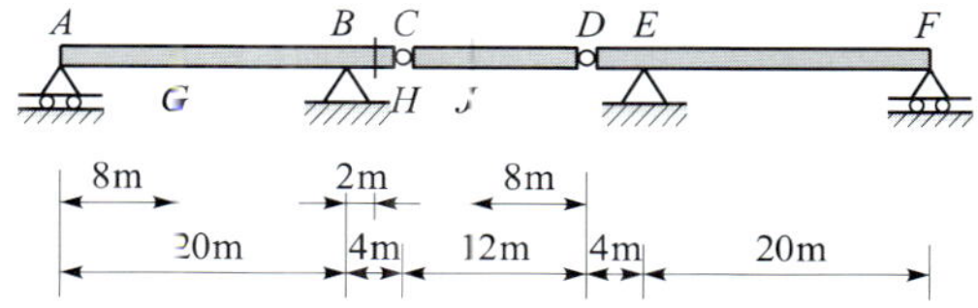

6.12

BH, BC, BG, GF 부재의 부재력

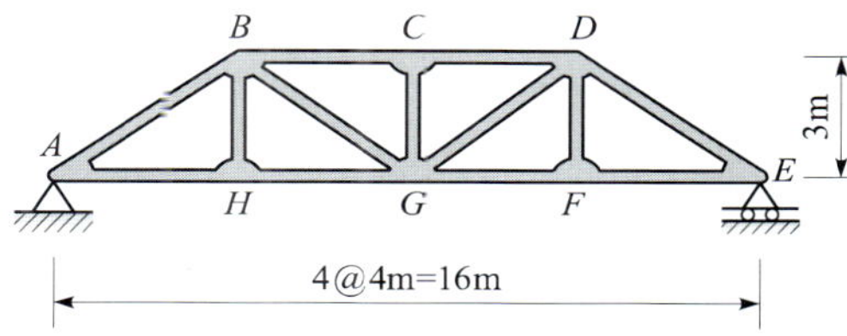

6.13

AB, LK, BM, CL 부재의 부재력

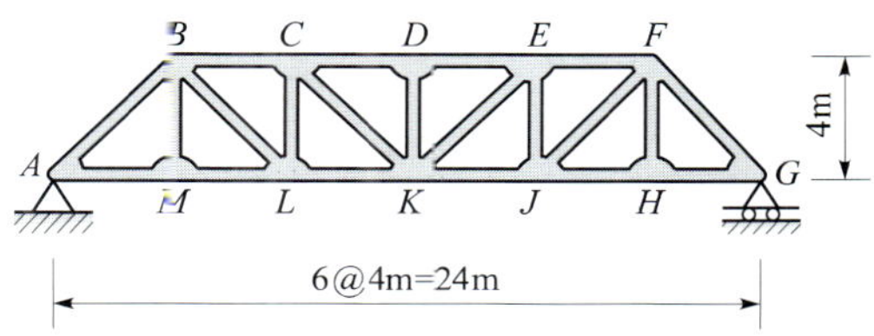

6.14

BH, BC, BG, DE 부재의 부재력

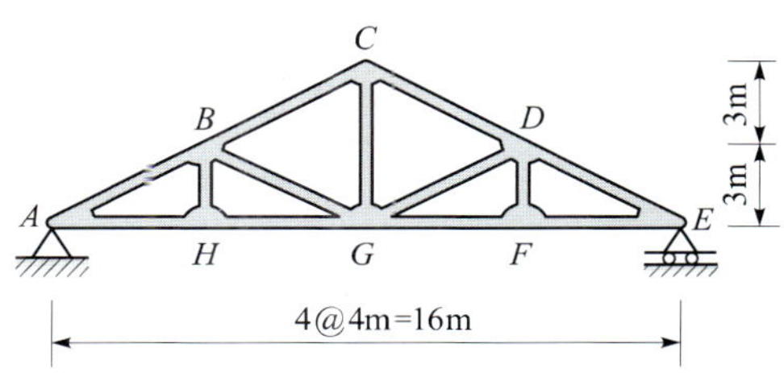

6.15

BF, DG, CD, DE 부재의 부재력

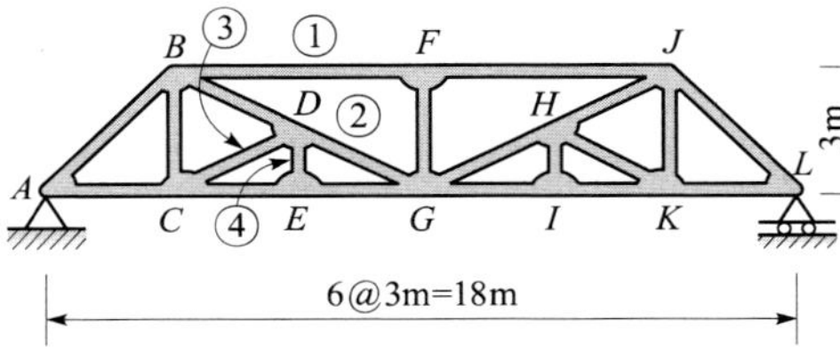

6.16

경간을 따라 120kN인 집중하중 2개가 3m의 간격을 유지하고 이동할 때, C점에서 최대휨모멘트를 구하라.

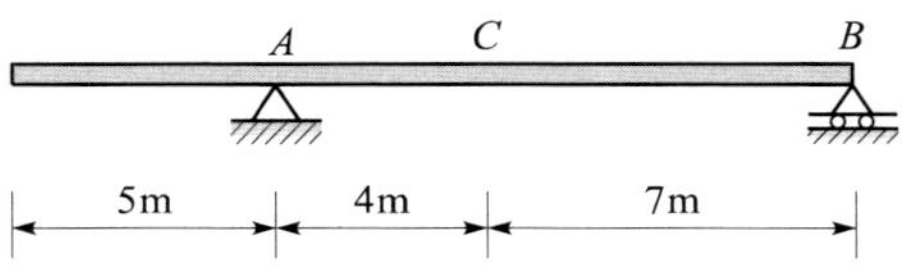

6.17

경간에 부분적으로 작용할 수 있는 등분포하중 50kN/m에 의한 A점에서 최대반력과 B점에서 최대휨모멘트를 구하라.

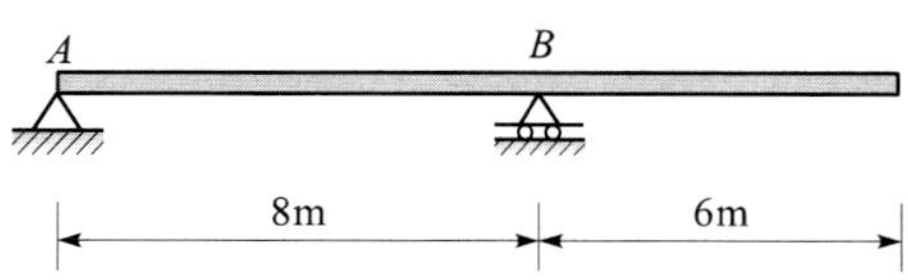

6.18

경간의 어느 위치에서나 작용할 수 있는 등분포하중 30kN/m와 집중하중 100kN에 의한 A점에서 최대반력과 C점에서 최대휨모멘트를 구하라.

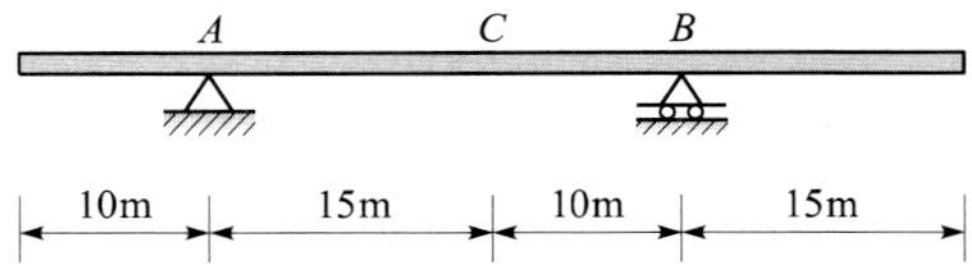

6.19

경간의 어느 위치에서나 작용할 수 있는 등분포하중 12.7kN/m와 집중하중 108kN 2개가 간격 4.2m를 유지하고 이동할 때, C점에서 최대전단력과 최대휨모멘트를 구하라.

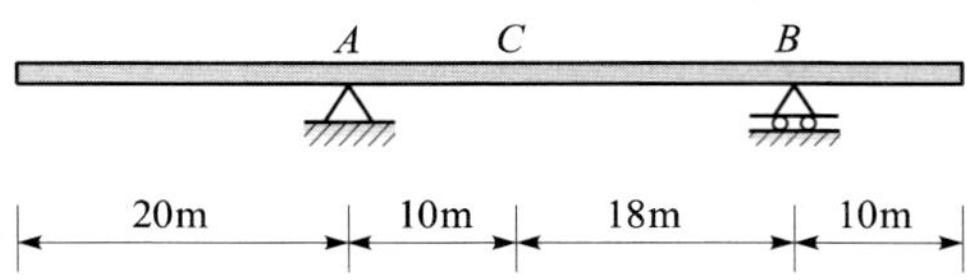

P/A/R/T

02

구조물의 처짐

구조공학에서는 구조물의 내력과 응력을 계산하는 것 이외에 구조물에 생기는 변형의 크기도 계산할 필요가 있다. 구조물에 기준치 이상으로 과도한 변형이 생기면 구조물의 기능이 손상될 뿐만 아니라 미관상으로도 좋지 않다. 간단한 예로서 창문을 지지하고 있는 창틀에 변형이 크게 생기면 창문이 잘 움직이지 않는 수가 있다. 또한, 교량의 경우에 큰 변형이 생기면 구조적으로는 안전할 수도 있으나, 외관상으로 약한 인상을 주기 때문에 사람들에게 불안감을 주게 된다. 이러한 이유로 교량에서는 고정하중에 의한 보의 처짐 문제를 솟음(camber)을 미리 주어 문제를 해결한다.

구조물의 변형을 계산하는 또 다른 중요한 이유 중의 하나는 부정정구조물을 해석할 때 변형을 구하여 부정정력 계산에 사용하기 때문이다. 변형은 부재 내의 휨모멘트, 축력 및 전단력 등과 같은 내력에 의하여 발생한다. 일반적으로 보와 강절구조물에서는 축력과 전단력에 의한 변형이 휨모멘트에 의한 변형에 비해 아주 작기 때문에 휨모멘트만을 고려하여 변형을 계산하고, 트러스에서는 부재의 축력만을 고려하여 변형을 계산한다.

임의의 구조물에서 부재 내의 응력이 어디서나 탄성한도 안에 있는 경우의 변형, 즉 하중을 제거할 때 원상회복이 가능한 변형을 탄성변형(elastic deformation)이라 하고, 원상회복이 되지 않고 영구변형을 발생시키는 변형을 소성변형(plastic deformation)이라 한다. 본 교재에서는 탄성변형만을 취급하기로 한다.

탄성변형 후에 부재축이 취하는 처짐곡선(deflection curve)을 탄성곡선(elastic curve)이라 한다. 하중을 받아 변형이 발생한 구조물에서 처짐곡선상의 특정한 점에서의 선변위를 처짐(deflection)이라 하고, 그 점에서의 접선과 변형 전의 부재축이 이루는 각을 기울기(slope) 또는 처짐각(angular deflection)이라 한다.

처짐을 계산하는 방법은 크게 기하학적 방법과 에너지 방법으로 구분할 수 있다. 본 교재에서 기하학적 방법으로는 직접적분법(direct integration method), 모멘트면적법(moment area method) 및 탄성하중법(elastic load method)과 공액보법(conjugate beam method)을 다루고, 에너지방법으로는 단위하중법(unit load method)과 Castigliano의 제2정리에 의한 처짐 계산 방법을 다루기로 한다. 이들 방법은 각각 장점과 단점이 있는데, 이에 대하여는 각각의 방법을 설명할 때 서술하고자 한다.

CHAPTER 07

직접적분법

직접적분법(direct integration method)은 보 및 기둥의 처짐 계산에 사용되는 방법이다. 일반적인 탄성곡선 방정식을 구하기 위하여 그림 7.1과 같은 단순보의 탄성곡선을 고려한다. 거리가 A점에서 x만큼 떨어진 임의의 점에서의 처짐 y는 x축에서 탄성곡선까지 측정한 y방향의 변위이다. 그리고 탄성곡선상의 임의의 점에서의 접선과 x축이 이루는 각을 기울기 θ라 한다. 탄성곡선을 따라 미소길이 ds 양단에서의 접선에 수직한 선을 그어서 만나는 점 O을 곡률중심(center of curvature)이라 한다. 곡선 ds에서 곡률중심까지의 거리를 곡률반경(radius of curvature) ρ라 하고, 곡률반경의 역수를 곡률(curvature) κ라 한다.

처짐이 매우 작은 경우에는 탄성곡선상의 미소요소 ds는 dx와 같다고 볼 수 있다. 이 경우에 곡률반경은 $\rho = ds/d\theta$이고, 기울기는 $\theta = dy/dx$이므로 처짐이 작은 탄성곡선상에서의 곡률 κ를 다음과 같이 표시할 수 있다.

$$\kappa = \frac{1}{\rho} = \frac{d\theta}{ds} \fallingdotseq \frac{d\theta}{dx} = \frac{d^2y}{dx^2} \tag{7.1}$$

보가 선형탄성 거동을 하는 경우에는 재료역학에서의 결과를 참고하면 곡률과 휨모멘트 사이의 관계를 다음과 같이 쓸 수 있다.

$$\frac{d^2y}{dx^2} = \frac{M}{EI} \tag{7.2}$$

여기서, M은 휨모멘트이고, EI는 보의 휨강성이다. 식 (7.2)는 보의 탄성곡선을 구하는 기본식으로서 식에서 사용된 부호규약은 다음과 같다.

(1) 좌표축은 그림 7.1과 같이 x축이 우측방향이고 y축이 상향일 때 양(+)이다.

(2) 기울기 θ는 x축으로부터 반시계방향으로 회전할 때 양이고, 처짐은 상향일 때 양이다.

(3) 휨모멘트 M은 보의 상부를 압축시킬 때 양이고, 곡률 κ는 보가 위로 오목할 때 양이다.

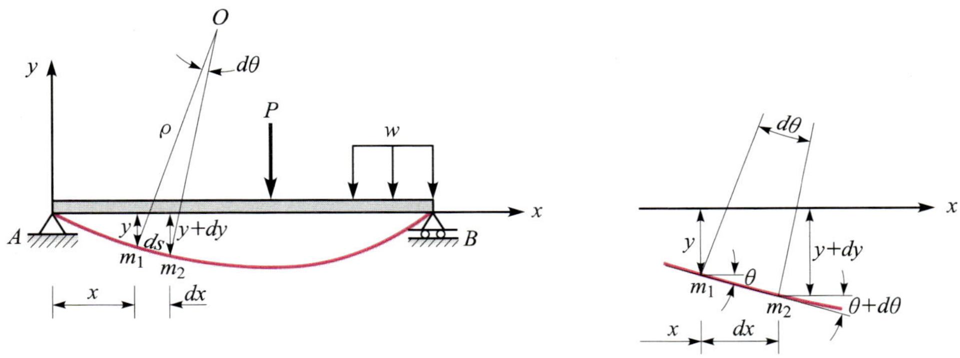

그림 7.1

식 (7.2)를 사용하여 처짐을 구하려면 첫 번째로 보에 발생하는 휨모멘트 M에 대한 식을 x에 관한 함수로 나타내어야 한다. 이러한 M을 식 (7.2)에 대입하여 한 번 적분하면 다음과 같은 기울기 θ에 관한 식을 얻는다.

$$\theta = \frac{dy}{dx} = \int \frac{M}{EI} dx + C_1 \tag{7.3}$$

식 (7.3)을 다시 한 번 적분하면 다음과 같은 처짐 y에 관한 식을 얻는다.

$$y = \iint \frac{M}{EI} dx dx + C_1 x + C_2 \tag{7.4}$$

여기서, C_1과 C_2는 적분상수로서 보의 경계조건 및 연속조건을 사용하여 구할 수 있다. 따라서 보의 기울기는 식 (7.3)으로부터, 처짐은 식 (7.4)로부터 구할 수 있다. 기울기와 처짐이 x에 관한 함수로 표현되기 때문에 보의 임의의 점에서의 기울기와 처짐은 식 (7.3)과 (7.4)에 구하려는 위치의 x좌표 값만 대입하여 간단하게 구할 수 있는 장점이 있다. 그러나 보의 휨강성이 보의 전체 구간에서 연속이 아니거나 하중의 재하상태가 복잡하여 휨모멘트 M에 관한 식이 여러 구간에서 달리 표시되는(하중이 여러 곳에 작용하는 경우) 경우에는 적분상수가 많아져 경계조건 및 연속조건을 사용하여 적분상수를 구하기가 힘들다. 따라서 이러한 경우에는 기울기와 처짐에 관한 식을 얻기가 쉽지 않다. 그러므로 직접적분법은 하나의 집중하중 또는 분포하중과 같이 재하상태가 비교적 단순한 보의 기울기와 처짐을 계산하는데 적용시키기 쉬운 방법이다.

예제 7.1

다음 예제 그림 7. 1(a)와 같이 등분포하중이 작용하는 단순보의 기울기와 처짐을 구하는 식을 유도하고, $y_{\max}$ 및 A점과 B점에서의 기울기 θ_A와 θ_B를 구하여라. 단, EI는 일정하다.

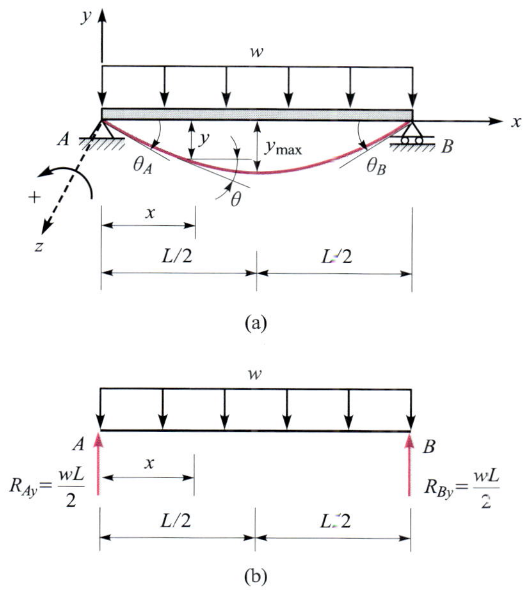

예제 그림 7.1

예제 그림 7.1(a)에서 임의의 점에서의 처짐 및 기울기를 구하기 위하여 식 (7.2)를 사용한다. 지점 A에서 x만큼 떨어진 점에서의 휨모멘트 M_x는 다음 식과 같다.

$$M_x = \frac{\omega L}{2}x - \frac{\omega}{2}x^2 \tag{a}$$

식 (a)를 식 (7.2)에 대입하여 다시 쓰면

$$EI\frac{d^2y}{dx^2} = \frac{wL}{2}x - \frac{\omega}{2}x^2 \tag{b}$$

식 (b)를 적분하면 식 (c)가 되고, 식 (c)를 적분하면 식 (d)가 된다.

$$EI\frac{dy}{dx} = \frac{\omega L}{4}x^2 - \frac{\omega}{6}x^3 + C_1 \tag{c}$$

$$EIy = \frac{\omega L}{12}x^3 - \frac{\omega}{24}x^4 + C_1x + C_2 \tag{d}$$

식 (c)와 (d)에서 적분상수 C_1과 C_2는 다음과 같은 대칭조건과 경계조건을 사용하여 구할 수 있다.

$x=\frac{L}{2}$ 일 때 $\frac{dy}{dx}=0$이므로 식 (c)로부터 $C_1=(-)\frac{\omega L^3}{24}$

$x=0$일 때 $y=0$이므로 식 (d)로부터 $C_2=0$

위의 적분상수 C_1과 C_2를 식 (c)와 (d)에 대입하여 정리하면

$$\theta=\frac{dy}{dx}=\frac{\omega L^3}{24EI}\left[6\left(\frac{x}{L}\right)^2-4\left(\frac{x}{L}\right)^3-1\right] \tag{e}$$

$$y=\frac{\omega L^4}{24EI}\left[2\left(\frac{x}{L}\right)^3-\left(\frac{x}{L}\right)^4-\frac{x}{L}\right] \tag{f}$$

식 (e)와 (f)는 임의의 점에서의 기울기 θ와 처짐 y를 구하는 식이다. 본 예제와 같은 단순보의 최대 처짐은 단순보의 중앙에서 일어나므로 $x=\frac{L}{2}$을 식 (f)에 대입하여 구할 수 있다.

$$y_{\max}=(-)\frac{5\omega L^4}{384EI}\text{(하향)} \tag{g}$$

또한, A점과 B점에서의 기울기 θ_A와 θ_B는 식 (e)에 $x=0$ 및 $x=L$을 각각 대입하여 구할 수 있다.

$$\theta_A=(-)\frac{\omega L^3}{24EI}\text{(시계방향)} \tag{h}$$

$$\theta_B=\frac{\omega L^3}{24EI}\text{(반시계방향)} \tag{i}$$

식 (e)에서 기울기 θ의 값이 양(+)이면 x축으로부터 반시계방향으로 회전되었음을 나타내고, 식 (f)에서 처짐 y의 값이 양이면 상향의 처짐을 나타낸다.

예제 7.2 다음 예제 그림 7.2(a)와 같이 집중하중이 작용하는 단순보의 처짐을 구하는 식을 유도하고, 하중이 작용하는 C점에서의 처짐 y_C를 구하여라. 단, EI는 일정하다.

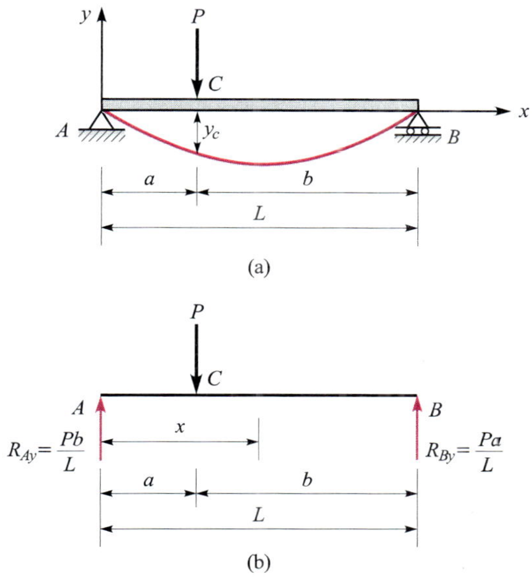

예제 그림 7.2

예제 그림 7.2(a)에서 임의의 점에서의 처짐 및 기울기를 구하기 위하여 곡률과 휨모멘트 관계식인 식 (7.2)을 사용한다. AC구간과 CB구간에서 A점으로부터 x만큼 떨어진 점에서의 휨모멘트 M_x는

$$M_x = \frac{Pb}{L}x,\ (0 < x < a) \tag{a}$$

$$M_x = \frac{Pb}{L}x - P(x-a),\ (a < x < L) \tag{b}$$

먼저, $0 < x < a$인 AC구간에 대해서 식 (7.2)를 적용하면

$$EI\frac{d^2y}{dx^2} = \frac{Pb}{L}x \tag{c}$$

식 (c)를 두 번 적분하여 정리하면

$$EI\frac{dy}{dx} = \frac{Pb}{2L}x^2 + C_1 \tag{d}$$

$$EIy = \frac{Pb}{6L}x^3 + C_1x + C_2 \tag{e}$$

다음으로 $a < x < L$인 CB구간에 대해 식 (7.2)을 적용하면

$$EI\frac{d^2y}{dx^2} = \frac{Pb}{L}x - P(x-a) \tag{f}$$

식 (f)를 두 번 적분하여 정리하면 다음 식과 같다.

$$EI\frac{dy}{dx} = \frac{Pb}{2L}x^2 - \frac{P(x-a)^2}{2} + C_3 \tag{g}$$

$$EIy = \frac{Pb}{6L}x^3 - \frac{P(x-a)^3}{6} + C_3x + C_4 \tag{h}$$

여기서, 적분상수 C_1, C_2, C_3 및 C_4는 다음과 같은 경계조건과 연속조건을 사용하여 구한다.

(1) A점과 B점, 즉 $x=0$와 $x=L$에서 $y=0$이다.
(2) $x=a$일 때 식 (d)와 (g)를 사용하여 구한 기울기는 같다.
(3) $x=a$일 때 식 (e)와 (h)를 사용하여 구한 처짐은 같다.

위에서 (1)은 지점에서 만족해야 하는 경계조건이고, (2)와 (3)은 보의 축이 연속적인 곡선이라는 사실에 근거한 연속조건이다.

$x=0$일 때 $y=0$이므로 식 (e)로부터 $C_2=0$
$x=a$일 때 각 구간에 대한 기울기 θ에 대한 식 (d)와 (g)가 같으므로

$$\frac{Pba^2}{2L} + C_1 = \frac{Pba^2}{2L} + C_3 \text{에서 } C_1 = C_3$$

$x=a$일 때 각 구간에 대한 처짐 y에 대한 식 (e)와 (h)가 같으므로

$$\frac{Pba^3}{6L} + C_1a + C_2 = \frac{Pba^3}{6L} + C_3a + C_4 \text{에서 } C_2=0\text{이므로 } C_4=0$$

마지막으로, $x=L$일 때 $y=0$이므로 식 (h)로부터

$$C_3 = (-)\frac{Pb}{6L}(L^2-b^2)$$

위의 적분상수 C_1, C_2, C_3 및 C_4를 식 (e)와 (h)에 대입하면 처짐을 구하는 y에 관한 식을 얻을 수 있다.

$$y = (-)\frac{Pbx}{6EIL}(L^2-b^2-x^2),\ (0 < x < a) \tag{i}$$

$$y=(-)\frac{1}{EI}\left[\frac{Pbx}{6L}(L^2-b^2-x^2)+\frac{P(x-a)^3}{6}\right],\ (a<x<L) \tag{j}$$

C점에서의 처짐은 $x=a$를 식 (i) 또는 식 (j)에 대입하여 구하면 다음 식과 같다.

$$y_c=(-)\frac{Pba}{6EIL}(L^2-b^2-a^2)\,(\text{하향}) \tag{k}$$

[별해]

예제 7.2의 단순보에서 특이함수를 이용하여 처짐 식을 구할 수도 있다.
특이함수 $\langle x-a\rangle$를 다음과 같이 정의한다.

$$\langle x-a\rangle=0,\ x<a$$
$$\langle x-a\rangle=x-a,\ x>a$$

이 경우에 임의의 점에서의 휨모멘트는 다음 식으로 나타낼 수 있다.

$$M_x=\frac{Pb}{L}x-P<x-a> \tag{a}$$

식 (a)를 식 (7.2)에 대입하여 다시 쓰면

$$EI\frac{d^2y}{dx^2}=\frac{Pb}{L}x-P<x-a> \tag{b}$$

식 (b)를 두 번 적분하면

$$EI\frac{dy}{dx}=\frac{Pb}{2L}x^2-P\frac{<x-a>^2}{2}+C_1 \tag{c}$$

$$EIy=\frac{Pb}{6L}x^3-P\frac{<x-a>^3}{6}+C_1x+C_2 \tag{d}$$

식 (c)와 식 (d)에서 적분상수 C_1과 C_2는 다음과 같은 경계조건을 이용하여 구한다.

$x=0$일 때 $y=0$이므로 $C_2=0$

$x=L$일 때 $y=0$이므로 $C_1=(-)\dfrac{Pb}{6L}(L^2-b^2)$

위의 적분상수 C_1과 C_2를 식 (d)에 대입하여 정리하면 다음 식과 같다.

$$y=(-)\frac{1}{EI}\left[\frac{Pbx}{6L}(L^2-b^2-x^2)+\frac{P<x-a>^3}{6}\right]$$

앞에서의 결과와 동일한 결과를 얻을 수 있음을 알 수 있다.

예제 7.3 다음 예제 그림 7.3(a)와 같은 단순보의 처짐과 기울기에 관한 식을 유도하고, A점에서의 기울기 θ_A와 C점에서의 처짐 y_C를 구하라. 단, EI는 일정하다.

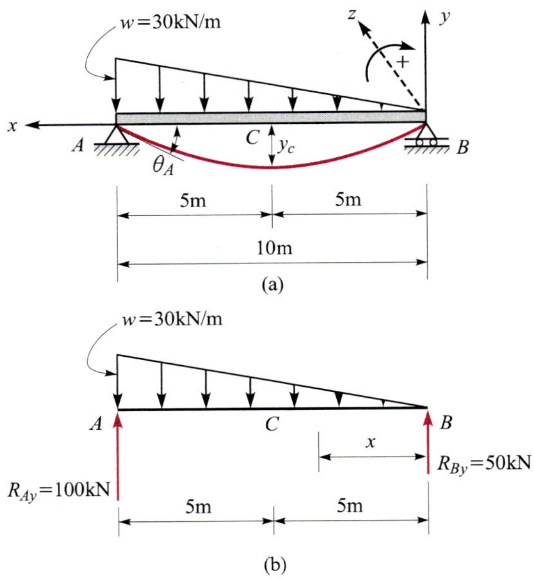

예제 그림 7.3

본 예제에서와 같이 단순보에 삼각형분포하중이 작용하는 경우 좌표 원점을 A점에 취하면 휨모멘트에 관한 식이 복잡해진다. 따라서 좌표축을 예제 그림 7.3(a)에서와 같이 취하고, B점에서 x만큼 떨어진 임의의 점에서의 휨모멘트 M_x는 다음과 같다.

$$M_x = 50x - \frac{1}{2}(3x)(x)(\frac{1}{3}x) = 50x - \frac{1}{2}x^3 \tag{a}$$

식 (a)를 식 (7.2)에 대입하여 처짐에 관한 미분방정식을 다시 쓰면

$$EI\frac{d^2y}{dx^2} = (-)\frac{1}{2}x^3 + 50x \tag{b}$$

식 (b)를 두 번 적분하여 정리하면

$$EI\frac{dy}{dx} = (-)\frac{1}{8}x^4 + 25x^2 + C_1 \tag{c}$$

$$EIy = (-)\frac{1}{40}x^5 + \frac{25}{3}x^3 + C_1x + C_2 \tag{d}$$

식 (c)와 (d)에서 적분상수 C_1과 C_2는 다음과 같은 경계조건을 사용하여 구한다.

$x=0$일 때 $y=0$이므로 식 (d)로부터 $C_2=0$

$x=10$일 때 $y=0$이므로 식 (d)로부터 $C_1=(-)\dfrac{1,750}{3}$

그러므로 위의 적분상수 C_1과 C_2를 식 (c)와 (d)에 대입하여 정리하면

$$\theta=\frac{dy}{dx}=\frac{1}{EI}\left(-\frac{1}{8}x^4+25x^2-\frac{1,750}{3}\right) \tag{e}$$

$$y=\frac{1}{EI}\left(-\frac{1}{40}x^5+\frac{25}{3}x^3-\frac{1,750}{3}x\right) \tag{f}$$

따라서 $x=10$과 $x=5$를 각각 식 (e)와 (f)에 대입하여 A점에서의 기울기와 C점에서의 처짐을 구하면 다음과 같다.

$$\theta_A=\frac{1}{EI}\left(-\frac{1}{8}(10)^4+25(10)^2-\frac{1,750}{3}\right)=\frac{666.67\,\text{kN}\cdot\text{m}^2}{EI}\text{rad(시계방향)} \tag{g}$$

$$y_C=\frac{1}{EI}\left(-\frac{1}{40}(5)^5+\frac{25}{3}(5)^3-\frac{1,750}{3}(5)\right)=(-)\frac{1,953.1\,\text{kN}\cdot\text{m}^3}{EI}\text{m (하향)} \tag{h}$$

식 (g)와 (h)에서 좌표축의 원점을 B점, x축은 좌측방향으로, y축은 상향을 양으로 잡았기 때문에 기울기의 값이 양이면 시계방향으로 회전되었음을 나타내고, 처짐의 값이 음이면 하향의 처짐을 나타낸다.

예제 7.4 다음 예제 그림 7.4(a)와 같이 등분포하중이 작용하는 외팔보의 처짐과 기울기에 관한 식을 유도하고, A점에서의 기울기와 처짐 θ_A와 y_A를 구하여라. 단, EI는 일정하다.

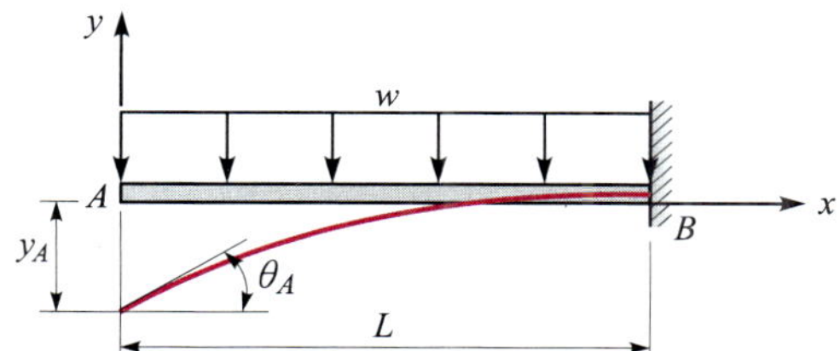

(a)

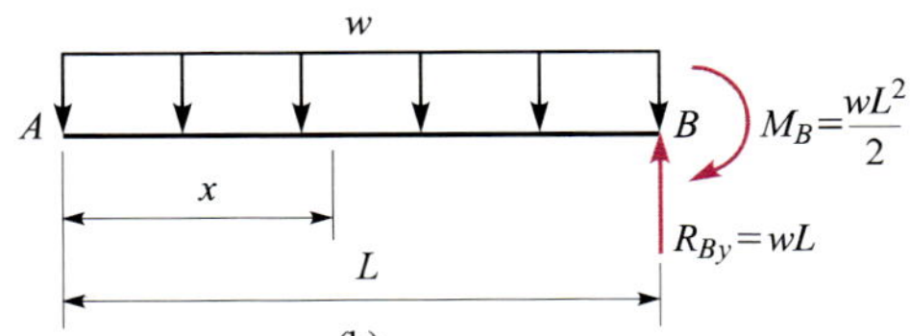

(b)

예제 그림 7.4

좌표축을 예제 그림 7.4(a)와 같이 잡을 때 자유단인 A점에서 x만큼 떨어진 임의의 점에서의 휨모멘트 M_x은 다음과 같다.

$$M=(-)\frac{w}{2}x^2 \tag{a}$$

식 (a)를 식 (7.2)에 대입하여 다시 쓰면

$$EI\frac{d^2y}{dx^2}=(-)\frac{w}{2}x^2 \tag{b}$$

식 (b)를 적분하면 식 (c)가 되고, 식 (c)를 적분하면 식 (d)가 된다.

$$EI\frac{dy}{dx}=(-)\frac{w}{6}x^3+C_1 \tag{c}$$

$$EIy=(-)\frac{w}{24}x^4+C_1x+C_2 \tag{d}$$

식 (c)와 (d)에서 적분상수 C_1과 C_2는 다음과 같은 경계조건을 사용하여 구한다.

$x=L$에서 $\frac{dy}{dx}=0$이므로 식 (c)로부터 $C_1=\frac{wL^3}{6}$

$x=L$에서 $y=0$이므로 식 (d)로부터 $C_2=(-)\frac{wL^4}{8}$

그러므로 위의 적분상수 C_1과 C_2를 식 (c)와 (d)에 대입하여 정리하면 기울기와 처짐에 관한 식은 다음과 같다.

$$\theta=\frac{dy}{dx}=(-)\frac{w}{6EI}(x^3-L^3) \tag{e}$$

$$y=(-)\frac{w}{24EI}(x^4-4L^3x+3L^4) \tag{f}$$

A점에서의 기울기와 처짐은 $x=0$를 식 (e)와 (f)에 대입하여 정리하면 그 값은 다음과 같다.

$$\theta_A=\frac{wL^3}{6EI}\ \text{(반시계방향)} \tag{g}$$

$$y_A=(-)\frac{wL^4}{8EI}\ \text{(하향)} \tag{h}$$

예제 7.5 다음 예제 그림 7.5(a)와 같은 내민보의 처짐과 기울기에 관한 식을 유도하고, C점에서의 처짐 y_C를 구하라. 단, EI는 일정하다.

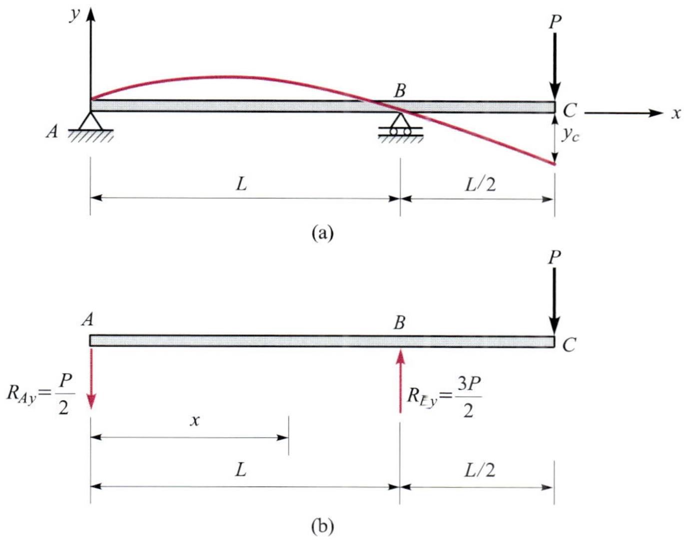

예제 그림 7.5

예제 그림 7.5(a)에서 임의의 점에서의 처짐 및 기울기를 구하기 위하여 곡률과 휨모멘트 관계식인 식 (7.2)를 사용한다. 지점 A와 지점 B에 작용하는 반력에 의해 AB구간과 BC구간에 대한 처짐 곡선의 미분방정식을 세워야 한다. 따라서 AB구간과 BC구간에 대한 임의의 점에서의 휨모멘트 M_x는

$$M = (-)\frac{P}{2}x,\ (0 < x < L) \tag{a}$$

$$M = (-)\frac{P}{2}x + \frac{3P}{2}(x - L) = Px - \frac{3PL}{2},\ (L < x < \frac{3}{2}L) \tag{b}$$

먼저, $0 < x < L$인 AB구간에 대해서 식 (7.2)를 적용하면

$$EI\frac{d^2y}{dx^2} = (-)\frac{P}{2}x \tag{c}$$

식 (c)를 두 번 적분하여 정리하면

$$EI\frac{dy}{dx} = (-)\frac{P}{4}x^2 + C_1 \tag{d}$$

$$EIy = (-)\frac{P}{12}x^3 + C_1x + C_2 \tag{e}$$

다음으로 $L < x < \frac{3}{2}L$인 BC 구간에 대해 식 (7.2)을 적용하면

$$EI\frac{d^2y}{dx^2} = Px - \frac{3PL}{2} \tag{f}$$

식 (f)를 두 번 적분하여 정리하면

$$EI\frac{dy}{dx} = \frac{P}{2}x^2 - \frac{3PL}{2}x + C_3 \tag{g}$$

$$EIy = \frac{P}{6}x^3 - \frac{3PL}{4}x^2 + C_3x + C_4 \tag{h}$$

여기서, 적분상수 C_1, C_2, C_3 및 C_4는 3개의 경계조건과 1개의 연속조건을 사용하여 구할 수 있다.

(1) $x=0$일 때 $y=0$이므로 식 (e)로부터 $0=0+0+C_2$에서 $C_2=0$

(2) $x=L$일 때 $y=0$이므로 식 (e)로부터 $0=(-)\frac{P}{12}L^3+C_1L+C_2$에서 $C_1=\frac{PL^2}{12}$

(3) $x=L$일 때 즉, 지점 B에서의 기울기가 연속이어야 하는 연속조건으로부터 식 (d)와 (g)가 같으므로

$$(-)\frac{PL^2}{4}+C_1=\frac{PL^2}{2}-\frac{3PL^2}{2}+C_3 \text{에 } C_1=\frac{PL^2}{12} \text{을 대입하면}$$

$$(-)\frac{PL^2}{4}+\frac{PL^2}{12}=\frac{PL^2}{2}-\frac{3PL^2}{2}+C_3 \text{에서 } C_3=\frac{5PL^2}{6}$$

(4) $x=L$일 때 $y=0$이므로 식 (h)로부터

$$0=\frac{P}{6}L^3-\frac{3PL}{4}L^2+\frac{5PL^2}{6}L+C_4 \text{에서 } C_4=(-)\frac{PL^3}{4}$$

그러므로 적분상수 C_1, C_2, C_3 및 C_4를 식 (d), (e), (g) 및 (h)에 대입하여 정리하면 AB 구간 및 BC구간에 대한 기울기와 처짐에 관한 식은 다음과 같다.

$$\theta=\frac{dy}{dx}=(-)\frac{P}{12EI}(3x^2-L^2),\ (0<x<L) \tag{i}$$

$$\theta=\frac{dy}{dx}=(-)\frac{P}{6EI}(-3x^2+9PLx-5PL^2),\ (L<x<\frac{3}{2}L) \tag{j}$$

$$y=(-)\frac{Px}{12EI}(x^2-L^2),\ (0<x<L) \tag{k}$$

$$y=(-)\frac{P}{12EI}(-2x^3+9Lx^2-10L^2x+3L^3),\ (L<x<\frac{3}{2}L) \tag{l}$$

C점에서의 처짐은 식 (l)에 $x=\frac{3}{2}L$을 대입하면

$$y_C=(-)\frac{PL^3}{8EI}(\text{하향})$$

연습문제

직접적분법을 이용하여 다음에 주어진 보의 처짐 및 기울기에 관한 식을 유도하시오. 단, EI는 일정하다.

7.1

A와 B점의 기울기 및 C와 D점의 처짐

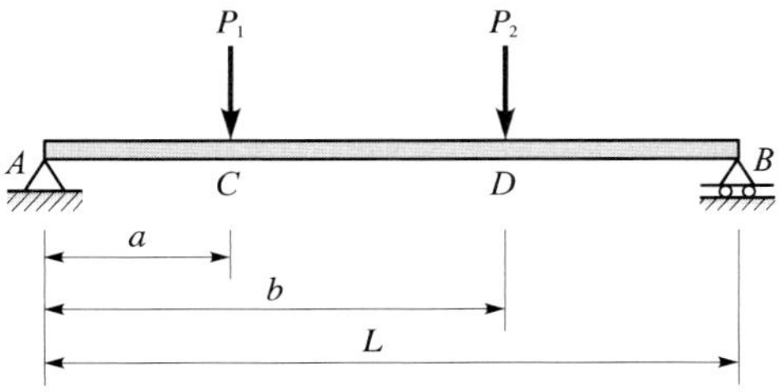

7.2

A, B점의 기울기와 C점의 처짐

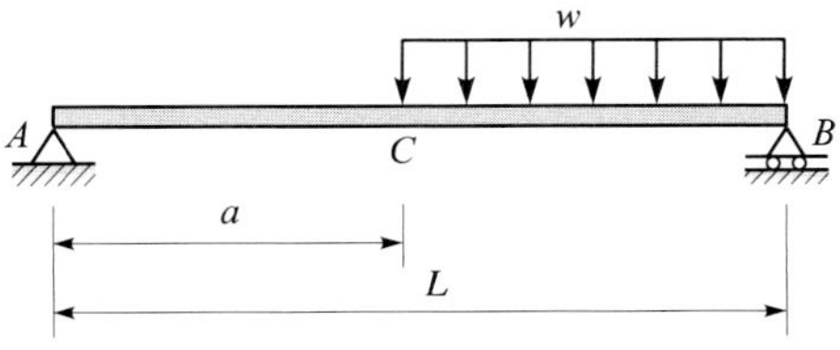

7.3

B점의 처짐과 기울기

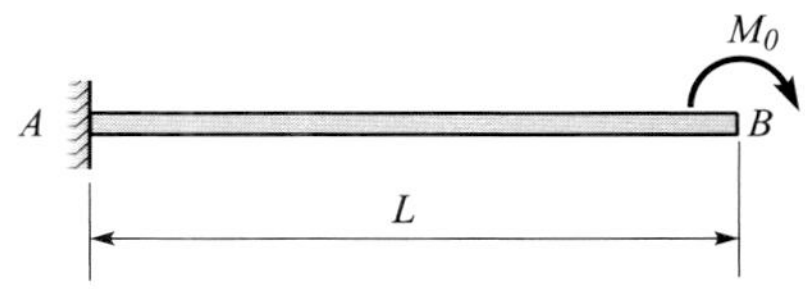

7.4

B와 C점의 처짐 및 기울기

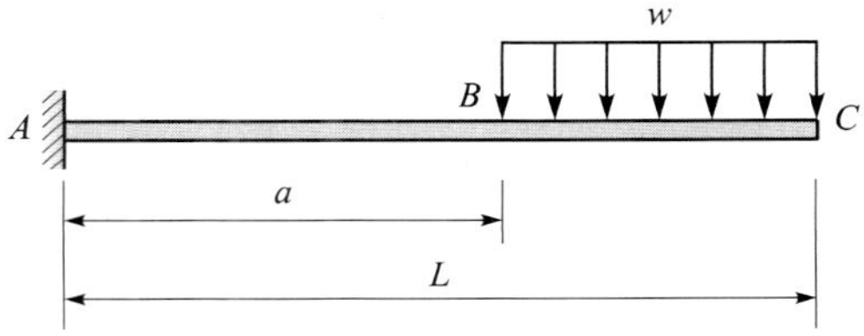

7.5

A, B점의 기울기와 최대처짐

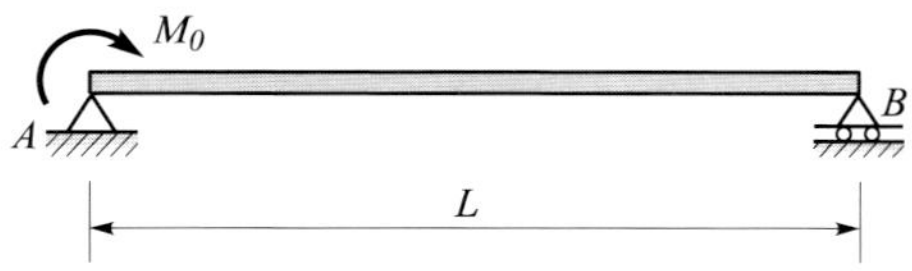

7.6

B점의 처짐과 기울기

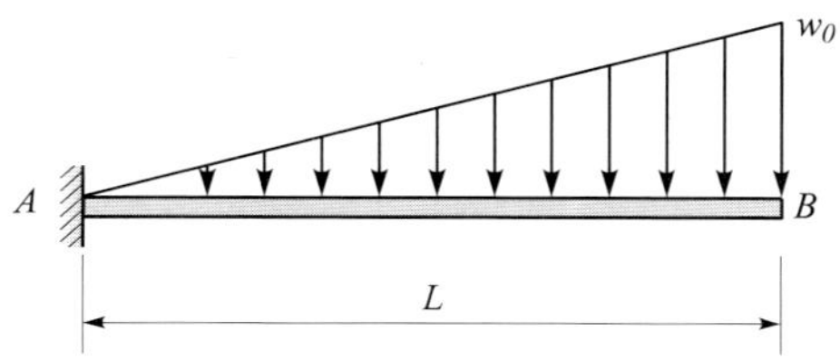

7.7

A, B점의 기울기와 최대처짐

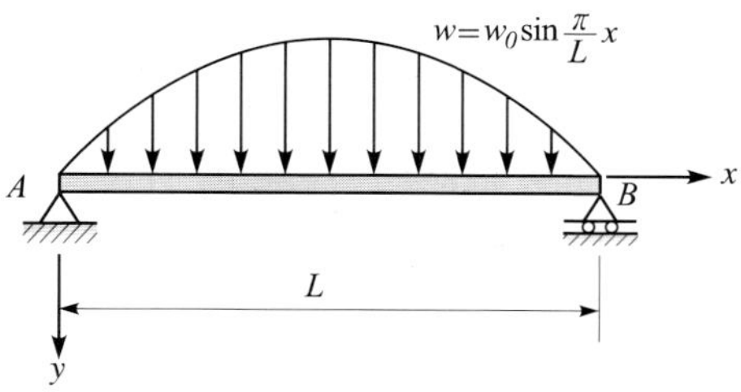

7.8

B점의 처짐과 기울기

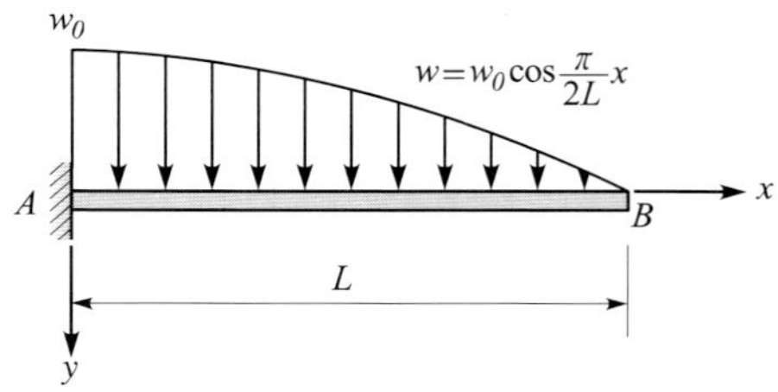

7.9

A, B점의 기울기와 최대처짐

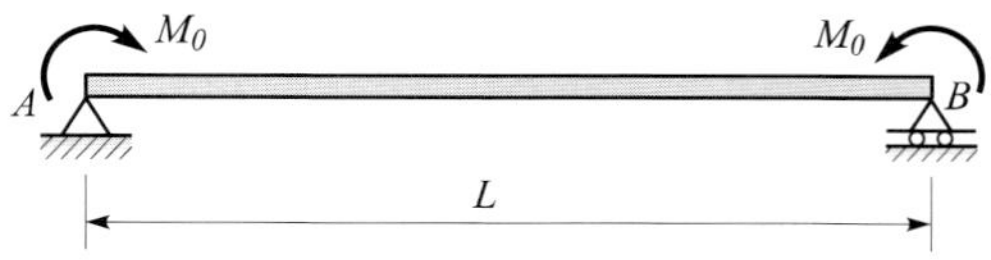

7.10

B, C점의 기울기와 E점의 처짐

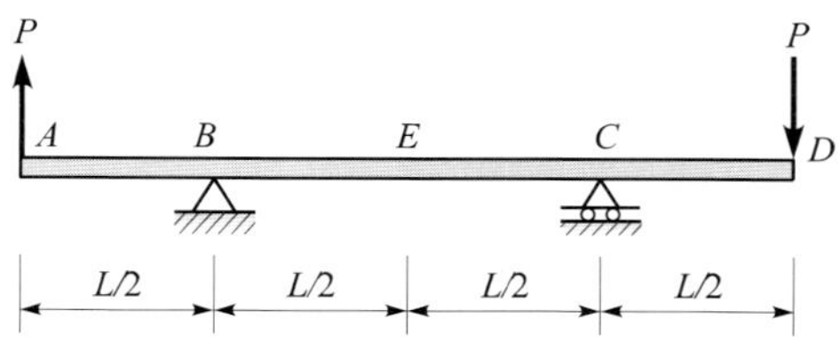

7.11

B점의 기울기와 A, E점의 처짐

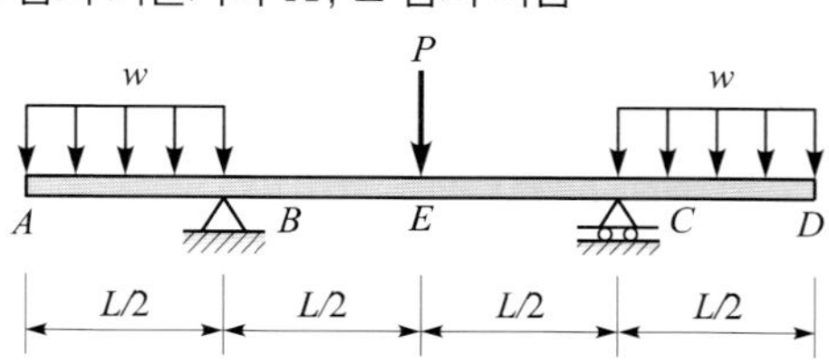

다음 문제의 처짐곡선식을 구하고, 주어진 변위를 계산하시오.

7.12

C와 D점에서의 처짐

($E = 205\,\text{GPa}$, $I = 2{,}000\,\text{cm}^4$)

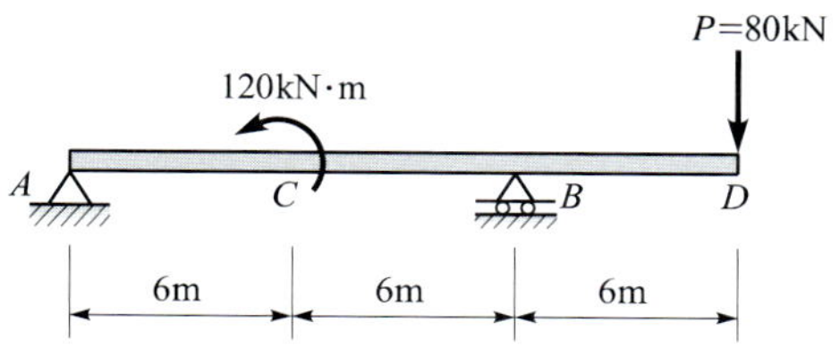

7.13

C와 D점에서의 처짐

($E = 205\,\text{GPa}$, $I = 2{,}000\,\text{cm}^4$)

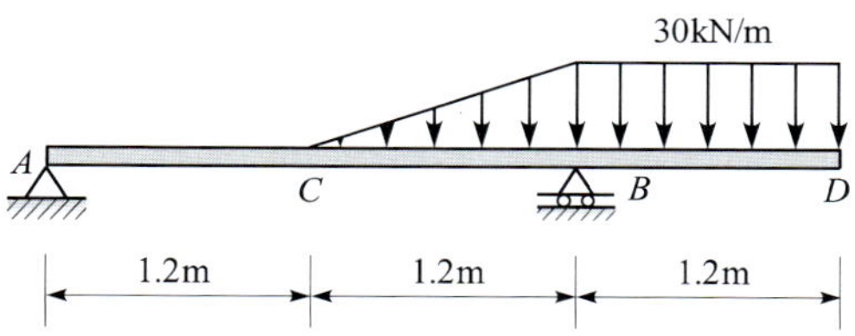

7.14

C점에서의 처짐

($E = 205\,\text{GPa}$, $I = 4{,}000\,\text{cm}^4$)

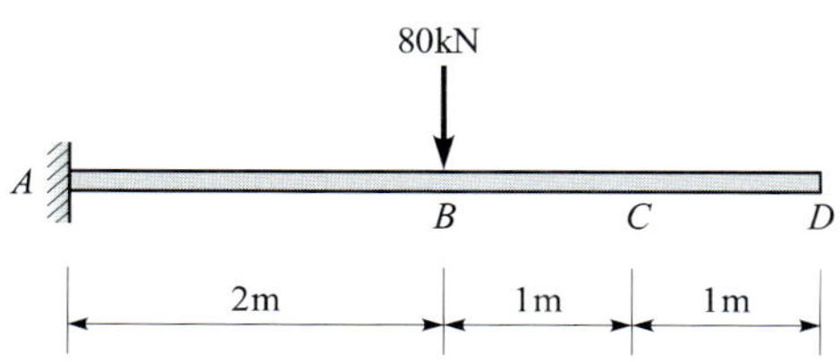

7.15

B와 C점에서의 처짐과 기울기

($E = 205\,\text{GPa}$, $I = 7.0 \times 10^4\,\text{cm}^4$)

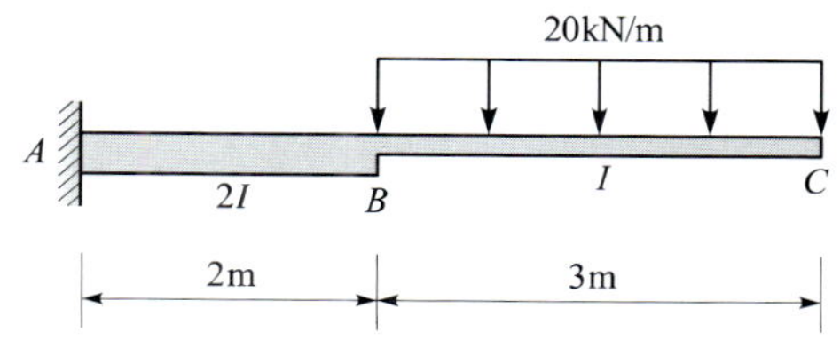

7.16

D점에서의 처짐

($E = 205\,\text{GPa}$, $I = 2.5 \times 10^4\,\text{cm}^4$)

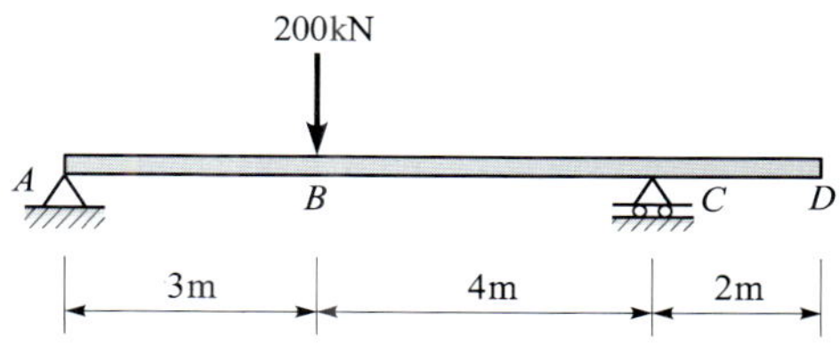

7.17

C점에서의 처짐

($E = 205\,\text{GPa}$, $I = 2.0 \times 10^4\,\text{cm}^4$)

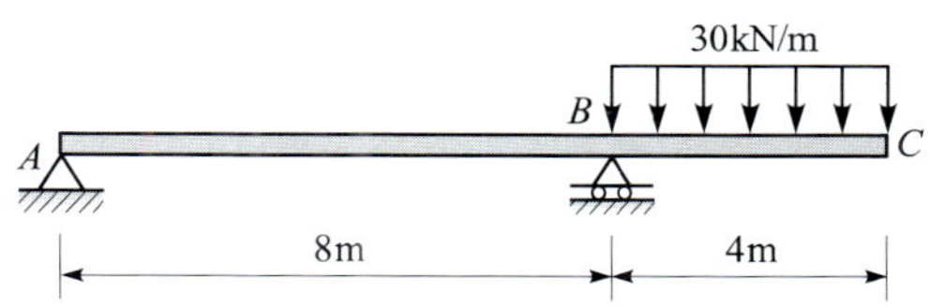

7.18

C 점에서의 처짐

($E = 205\,\mathrm{GPa}$, $I = 2.6 \times 10^4\,\mathrm{cm}^4$)

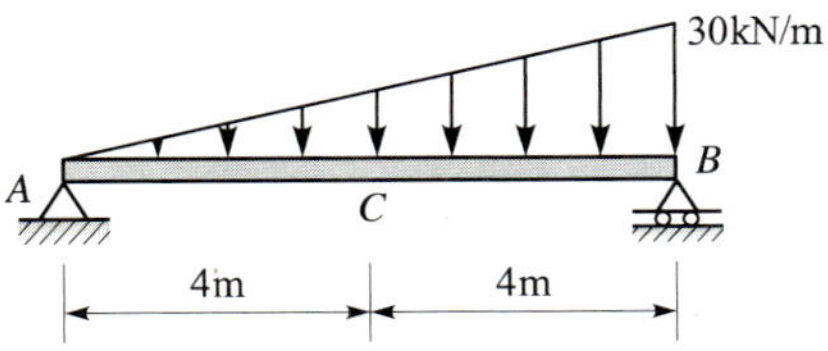

7.19

C점에서의 처짐과 기울기, $EI =$ 일정)

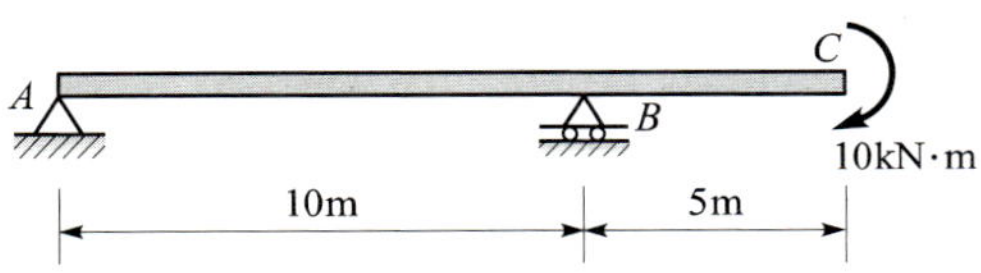

7.20

B 점에서의 처짐

($E = 205\,\mathrm{GPa}$, $I = 1.5 \times 10^4\,\mathrm{cm}^4$)

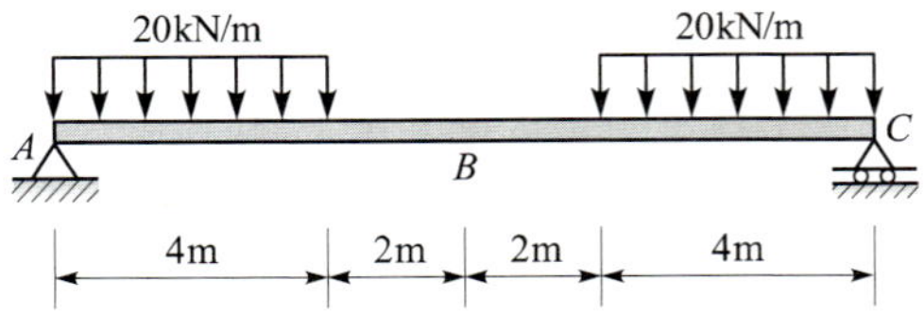

7.21

A 점에서의 기울기와 B 점에서의 처짐

($E = 205\,\mathrm{GPa}$, $I = 2.0 \times 10^4\,\mathrm{cm}^4$)

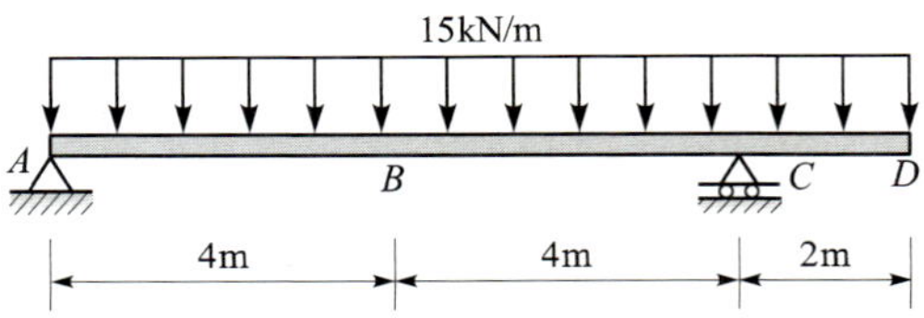

CHAPTER 08

모멘트면적법

모멘트면적법(moment area method)은 1873년 미국 Michigan 대학교의 Charles E. Green 교수에 의해 발표되었다. 이 방법은 보에서 임의의 한 점에서의 기울기와 처짐을 구하고자 할 때 유용하게 사용되는 방법으로서 보에 집중하중이 작용할 때 매우 편리하다. 이 방법으로는 직접적분법과 같이 보의 전체 구간에 대한 탄성곡선식을 구할 수 없다.

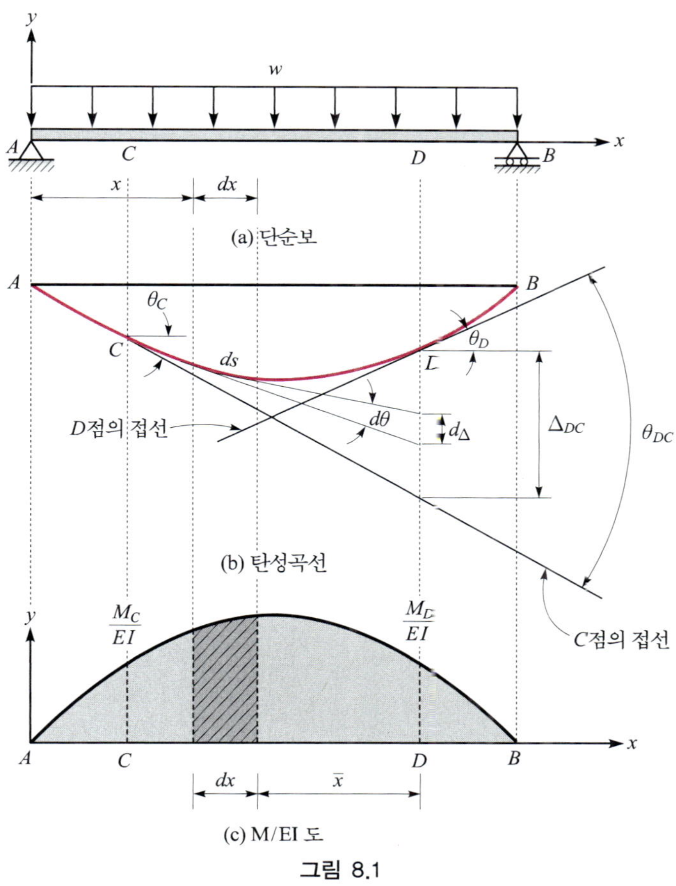

그림 8.1

모멘트면적법에 대한 기본식을 유도하기 위해 그림 8.1(a)와 같은 단순보에 등분포하중이 작용하는 경우를 예로 든다. 그림 8.1(b)에서 탄성곡선상의 미소요소 ds 양단에서의 기울기의 변화량 $d\theta$는 식 (7.1)과 식 (7.2)를 사용하면 다음 식과 같이 쓸 수 있다.

$$d\theta = \frac{M}{EI}dx \tag{8.1}$$

여기서, M은 휨모멘트이고 EI는 보의 휨강성이다.

식 (8.1)에서 미소요소 ds 양단에서의 기울기의 변화량 $d\theta$는 미소거리 dx사이에 있는 M/EI도의 빗금친부분의 면적과 같음을 알 수 있다. 따라서 탄성곡선상의 C점과 D점 사이의 기울기의 변화량을 구하기 위해 C점에서부터 D점까지 적분하면 다음 식과 같다.

$$\int_C^D d\theta = \int_C^D \frac{M}{EI}dx$$

또는

$$\theta_{DC} = \theta_D - \theta_C = \int_C^D \frac{M}{EI}dx \tag{8.2}$$

식 (8.2)에서 θ_C는 C점에서의 접선과 x축이 이루는 각이고, θ_D는 D점에서의 접선과 x축이 이루는 각이다. 그리고 좌변의 θ_{DC}는 탄성곡선상의 C점과 D점에서의 접선 사이의 기울기 변화량을 나타내고, 우변은 C점과 D점 사이의 M/EI도의 면적을 나타낸다.

따라서 식 (8.2)를 말로 표시하면 다음과 같다. **"두 점 C와 D 사이의 탄성곡선이 연속이면 한 점 C에서의 접선과 다른 한 점 D에서의 접선 사이의 기울기 변화량은 두 점 C와 D 사이의 M/EI도의 면적과 같다."** 이것을 제1모멘트면적정리(the first moment area theorem)라고 한다.

그림 8.1(b)에서 미소거리 ds의 양단에서 접선을 그으면, 이 접선들은 D점을 통과하는 x축의 수직선과 만난다. 이렇게 접선이 D점의 수직선상에서 만나는 두 점 사이의 수직거리 $d\Delta$는 다음과 같다.

$$d\Delta = \bar{x}d\theta \tag{8.3}$$

여기서, $\bar{x}$는 D점에서부터 미소요소 dx까지의 거리를 나타낸다. 식 (8.3)에서 $d\theta$ 대신에 식 (8.1)을 대입하여 다시 쓰면 다음과 같다.

$$d\Delta = \bar{x}\frac{M}{EI}dx \tag{8.4}$$

식 (8.4)에서 우변은 미소거리 dx 사이에 있는 M/EI도의 빗금친부분의 면적에 대한 D점을 지나는 수직선에 대한 1차모멘트를 나타낸다. 따라서 탄성곡선상의 C점과 D에서 그은 접선이 D점의 수직선상에서 만나는 두 점 사이의 수직거리 Δ_{DC}는 다음과 같이 정적분을 수행하여 구할 수 있다.

$$\Delta_{DC} = \int_C^D d\Delta = \int_C^D \bar{x}\frac{M}{EI}dx \tag{8.5}$$

식 (8.5)를 말로 설명하면 다음과 같다. **"두 점 C와 D 사이의 탄성곡선이 연속이면 C점에서 그은 접선과 다른 한 점 D 사이의 수직거리는 두 점 C와 D 사이의 M/EI도 면적의 D점에 대한 1차모멘트와 같다."** 이것을 제2모멘트면적정리(the second moment area theorem)라 한다.

제2모멘트면적정리를 적용시킬 때 주의할 점으로는 첫째, 구하는 값 Δ_{DC}는 보의 처짐이 아니고 C점에서의 접선과 D점 사이의 수직거리라는 점과 둘째, 수직거리를 계산하려는 바로

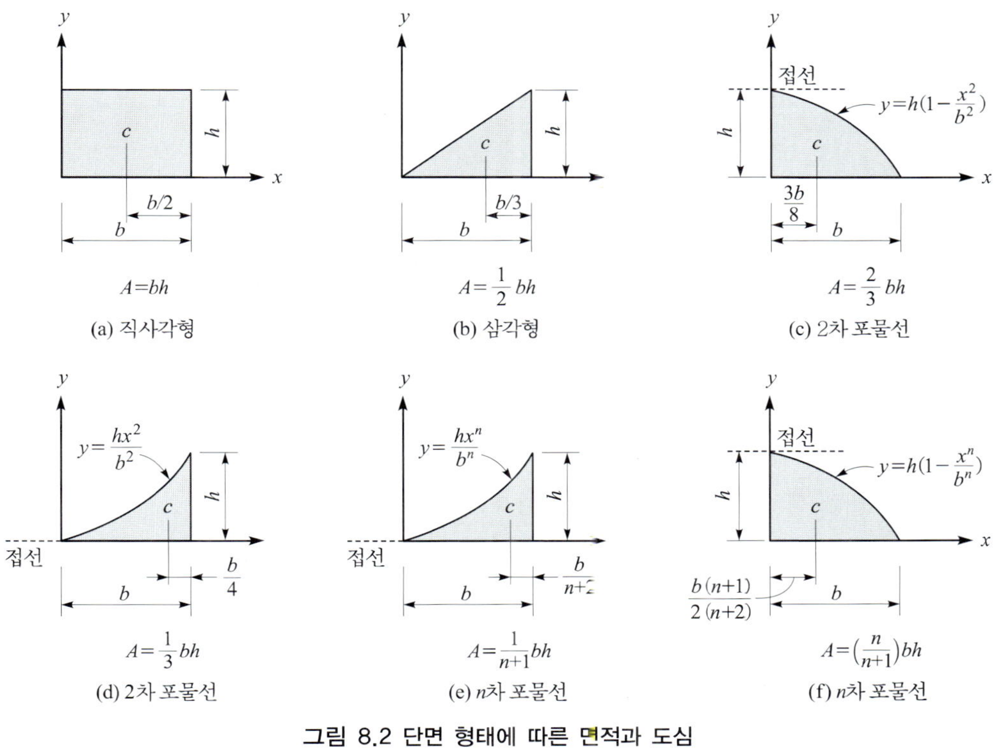

그림 8.2 단면 형태에 따른 면적과 도심

그 점에 대해 M/EI도 면적의 1차모멘트를 취해야 한다는 점이다. 제1 및 제2모멘트면적정리를 실제 문제에 사용하려면 그림 8.2와 같이 도형의 면적과 도심의 위치를 미리 알고 있는 것이 편리하다.

모멘트면적법을 사용하여 보에서 임의의 한 점에서의 처짐과 기울기를 구하는 과정은 다음과 같다.

(1) 보에 발생하는 휨모멘트 M를 구하여 M/EI를 작성한다. 이 때 휨모멘트 M은 보의 상부를 압축시킬 때 양이다.

(2) M/EI도를 이용하여 보의 탄성곡선을 과장해서 그린다. 이 때 보의 휨모멘트의 값이 양(+)이면 위로 오목하고, 음이면 아래로 오목하게 그린다. M/EI도에서 휨모멘트가 영(零)인 점은 변곡점(inflection point)으로서 곡률의 부호가 바뀌는 점이다.

(3) 제1 및 제2모멘트면적정리를 사용하여 기울기와 처짐을 구한다.

예제 8.1

다음 예제 그림 8.1(a)와 같은 단순보에서 B점에서의 기울기 θ_B와 C점에서의 처짐 y_C를 구하라. 단, EI는 일정하다.

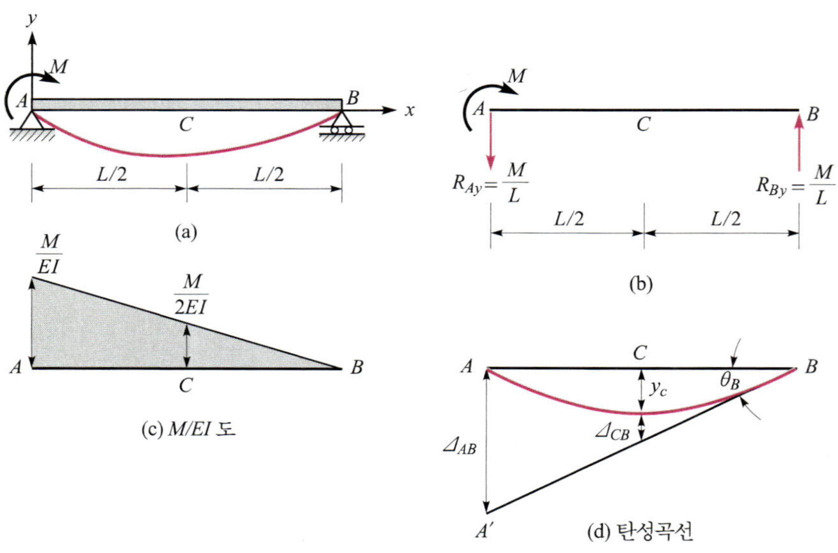

예제 그림 8.1

예제 그림 8.1(a)와 같은 단순보의 A점에 모멘트 하중이 작용할 때 보의 휨모멘트를 구하여 M/EI도를 그리면 예제 그림 8.1(c)와 같다. 휨모멘트의 값이 양(+)이므로 탄성곡선은 예제 그림 8.1(d)와 같이 위로 오목하게 그린다. θ_B와 y_C를 직접 구할 수는 없고, B점에서의 접선과

A점에서의 수직거리 Δ_{AB}와 B점에서의 접선과 C점에서의 수직거리 Δ_{CB}를 구하여 간접적으로 구할 수밖에 없다. 제2모멘트면적정리로부터 Δ_{AB}는 AB구간 M/EI도 면적의 A점에 대한 1차모멘트와 같고, Δ_{CB}는 CB구간 M/EI도 면적의 C점에 대한 1차모멘트와 같다.
따라서 제2모멘트정리로부터 Δ_{AB}와 과 Δ_{CB}는 다음 식과 같다.

$$\Delta_{AB} = (\frac{M}{EI})(L)(\frac{1}{2})(\frac{L}{3}) = \frac{ML^2}{6EI} \tag{a}$$

$$\Delta_{CB} = (\frac{M}{2EI})(\frac{L}{2})(\frac{1}{2})(\frac{L}{2})(\frac{1}{3}) = \frac{ML^2}{48EI} \tag{b}$$

그림 (d)에서 θ_B는 Δ_{AB}를 보의 길이 L로 나눈 값과 같으므로 다음 식과 같다.

$$\theta_B = \frac{\Delta_{AB}}{L} = \frac{ML}{6EI}(\text{반시계방향}) \tag{c}$$

θ_B의 방향은 예제 그림 8.1(d)의 탄성곡선으로부터 반시계방향으로 회전되었음을 알 수 있다.
y_C는 예제 그림 8.1(d)의 삼각형 ABA'에서 비례관계를 적용하면 $(y_C + \Delta_{CB}) : \Delta_{AB} = L/2 : L$ 이므로

$$y_C = \frac{\Delta_{AB}}{2} - \Delta_{CB} \tag{d}$$

식 (d)에 Δ_{AB}과 Δ_{CB}를 대입하여 정리하면 y_C는 다음 식과 같다.

$$y_C = (\frac{1}{2})(\frac{ML^2}{6EI}) - (\frac{ML^2}{48EI}) = \frac{ML^2}{16EI}(\text{하향}) \tag{e}$$

y_C의 방향은 예제 그림 8.1(c)의 탄성곡선으로부터 하향의 처짐이 발생함을 알 수 있다.

예제 8.2

다음 예제 그림 8.2(a)와 같은 단순보에서 C점에서의 기울기와 처짐 θ_C와 y_C를 구하여라. 단, EI는 일정하고 $E = 205\,\text{GPa}$이며 $I = 8(10)^7\,\text{mm}^4$이다

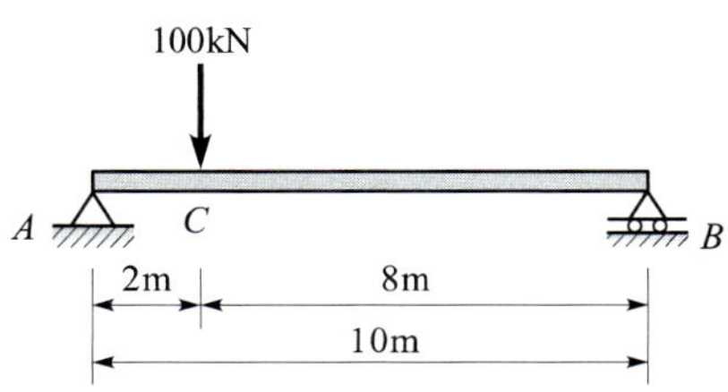

(a)

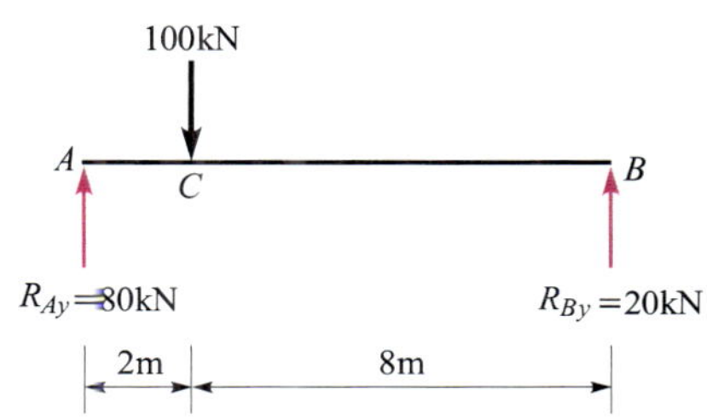

(b)

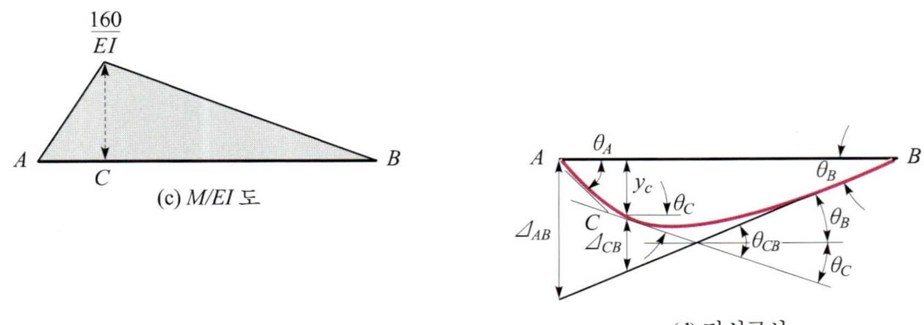

(c) M/EI 도 (d) 탄성곡선

예제 그림 8.2

예제 그림 8.2(a)와 같은 단순보의 휨모멘트를 구하여 M/EI도를 작성하면 예제 그림 8.2(c)와 같다. 휨모멘트의 값이 양이므로 탄성곡선을 위로 오목하게 그리면 예제 그림 8.2(d)와 같다. θ_C와 y_C는 직접 구할 수 없고, 제1모멘트정리와 제2모멘트정리를 사용하여 예제 그림 8.2(d)에서 Δ_{AB}, Δ_{CB} 및 C점과 B점에서 그은 접선 사이의 기울기 변화량 θ_{CB}를 각각 구한 후, 예제 그림 8.2(d)에서 삼각형의 비례관계를 적용하면 $\Delta_{AB} : 10 = (y_C + \Delta_{CB}) : 8$이므로

$$y_C = \frac{4}{5}\Delta_{AB} - \Delta_{CB} \tag{a}$$

$$\theta_C = \frac{\Delta_{AB}}{L} - \theta_{CB} = \theta_B - \theta_{CB} \tag{b}$$

예제 그림 8.2(b)에서 θ_{CB}는 제1모멘트정리로부터 B점과 C점 사이의 M/EI도의 면적과 같고, Δ_{AB}와 Δ_{CB}는 제2모멘트정리를 적용하면

$$\theta_{CB} = \left(\frac{160}{EI}\right)(8)\left(\frac{1}{2}\right) = \frac{640.0}{EI}$$

$$\Delta_{AB} = \left(\frac{160}{EI}\right)(2)\left(\frac{1}{2}\right)(2)\left(\frac{2}{3}\right) + \left(\frac{160}{EI}\right)(8)\left(\frac{1}{2}\right)\left(2 + \frac{8}{3}\right) = \frac{3{,}200.0}{EI}$$

$$\Delta_{CB} = \left(\frac{160}{EI}\right)(8)\left(\frac{1}{2}\right)(8)\left(\frac{1}{3}\right) = \frac{1{,}706.7}{EI}$$

위의 값을 식 (a)와 (b)에 각각 대입하면

$$\begin{aligned}
\theta_C &= \left(\frac{3{,}200.0}{EI}\right)\left(\frac{1}{10}\right) - \left(\frac{640.0}{EI}\right) = (-)\frac{320.0\,\mathrm{kN\cdot m^2}}{EI} \\
&= (-)\frac{320.0\,\mathrm{kN\cdot m^2}}{[(205)(10^6)\,\mathrm{kN/m^2}][8(10^7)(10^{-12})\,\mathrm{m^4}]} \\
&= (-)0.0195\,\mathrm{rad}\ (\text{시계방향})
\end{aligned}$$

$$\begin{aligned}
y_C &= \left(\frac{4}{5}\right)\left(\frac{3{,}200}{EI}\right) - \left(\frac{1{,}706.7}{EI}\right) = \frac{853.3\,\mathrm{kN\cdot m^3}}{EI} \\
&= \frac{853.3\,\mathrm{kN\cdot m^3}}{[(205)(10^6)\,\mathrm{kN/m^2}][8(10^7)(10^{-12})\,\mathrm{m^4}]} \\
&= 0.0520\,\mathrm{m} = 52.0\,\mathrm{mm}\ (\text{하향})
\end{aligned}$$

θ_C와 y_C의 부호는 예제 그림 8.2(c)의 탄성곡선으로부터 각각 시계방향으로 회전되고 하향의 처짐이 발생하였음을 알 수 있다.

예제 8.3 다음 예제 그림 8.3(a)와 같은 외팔보에서 B점에서의 기울기와 처짐 θ_B와 y_B를 구하라. 단, EI는 일정하다.

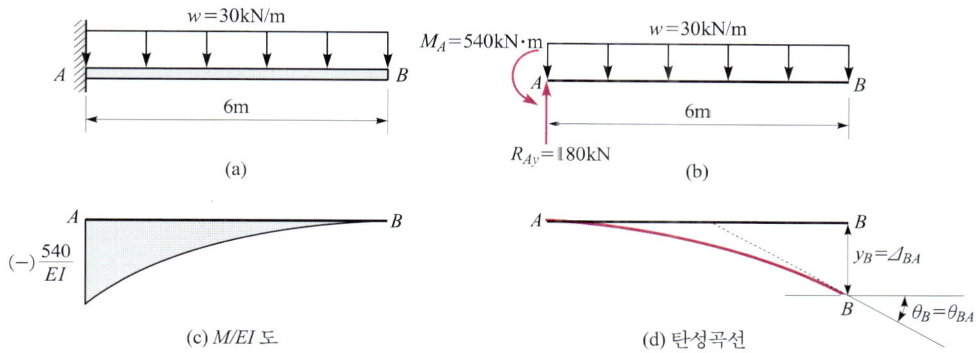

예제 그림 8.3

예제 그림 8.3(a)와 같은 외팔보에 등분포하중이 작용할 때 보의 휨모멘트를 구하여 M/EI도를 작성하면 예제 그림 8.3(c)와 같다. 휨모멘트의 값이 음(−)이므로 탄성곡선은 예제 그림 8.3(d)와 같이 아래로 오목하게 그린다. θ_B는 A점에서의 접선과 B점에서의 접선의 기울기 변화량 θ_{BA}와 같다. 따라서 제1모멘트정리로부터 θ_{BA}는 AB구간의 M/EI도의 면적과 같으므로 그림 8.2(d)의 면적 공식을 사용하면 다음과 같다.

$$\theta_B = \theta_{BA} = \left(\frac{1}{3}\right)(6)\left(\frac{540}{EI}\right) = \frac{1{,}080\,\mathrm{kN \cdot m^2}}{EI}\,\mathrm{rad}(\text{시계방향}) \tag{a}$$

여기서, θ_B의 방향은 예제 그림 8.3(d)의 탄성곡선으로부터 시계방향이다.

y_B는 A점에서의 접선과 탄성곡선상의 B점과의 수직거리 Δ_{BA}와 같다. 따라서 제2모멘트면적정리로부터 Δ_{BA}는 AB구간의 M/EI도 면적의 B점에 관한 1차모멘트가 된다. 따라서

$$y_B = \Delta_{BA} = \left(\frac{540}{EI}\right)(6)\left(\frac{1}{3}\right)(6)\left(\frac{3}{4}\right) = \frac{4{,}860\,\mathrm{kN \cdot m^3}}{EI}\,\mathrm{m}\,(\text{하향}) \tag{b}$$

여기서, y_B의 방향은 예제 그림 8.3(d)의 탄성곡선으로부터 하향의 처짐이다.

예제 8.4

다음 예제 그림 8.4(a)와 같은 외팔보에서 B점과 C점에서의 기울기와 처짐 θ_B, θ_C, y_B 및 y_C를 구하라. 단, EI는 일정하고 $E=205\,\text{GPa}$이며 $I=10(10)^9\,\text{mm}^4$이다.

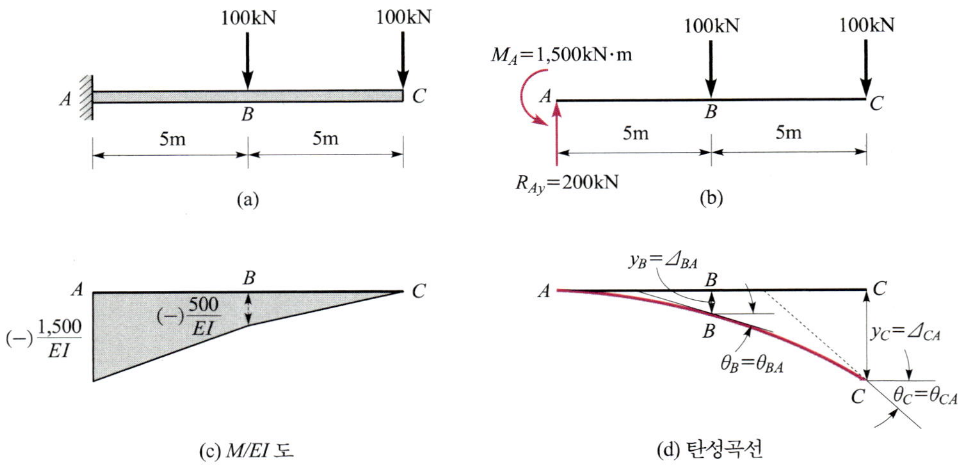

예제 그림 8.4

예제 그림 8.4(a)와 같은 외팔보의 휨모멘트를 구하여 M/EI도를 작성하면 예제 그림 8.4(c)와 같다. 보의 휨모멘트의 값이 음(−)이므로 예제 그림 8.4(d)와 같이 탄성곡선을 아래로 오목하게 그린다. θ_B는 A점에서의 접선과 B점에서의 접선 사이의 기울기 변화량 θ_{BA}와 같다. 따라서 제1모멘트면적정리로부터 다음 식과 같다.

$$\begin{aligned}\theta_B=\theta_{BA}&=\left(\frac{1{,}500}{EI}+\frac{500}{EI}\right)(5)\left(\frac{1}{2}\right)\\&=\frac{5{,}000\,\text{kN}\cdot\text{m}^2}{\text{EI}}=\frac{5{,}000\,\text{kN}\cdot\text{m}^2}{[(205)(10^6)\,\text{kN/m}^2][10(10^9)(10^{-12})\,\text{m}^4]}\\&=0.00244\,\text{rad}\,(\text{시계방향})\end{aligned}$$

θ_C는 A점에서의 접선과 C점에서의 접선 사이의 기울기 변화량 θ_{CA}와 같다. 따라서 제1모멘트면적정리로부터 다음 식과 같다.

$$\begin{aligned}\theta_C=\theta_{CA}&=\left(\frac{1{,}500}{EI}+\frac{500}{EI}\right)(5)\left(\frac{1}{2}\right)+\left(\frac{500}{EI}(5)\left(\frac{1}{2}\right)\right)\\&=\frac{6{,}250\,\text{kN}\cdot\text{m}^2}{EI}=\frac{6{,}250\,\text{kN}\cdot\text{m}^2}{[(205)(10^6)\,\text{kN/m}^2][10(10^9)(10^{-12})\,\text{m}^4]}\\&=0.00305\,\text{rad}\,(\text{시계방향})\end{aligned}$$

y_B는 A점에서의 접선과 탄성곡선상의 C점 사이의 수직거리 Δ_{BA}와 같다. 따라서 제2모멘트면적정리로부터 Δ_{BA}는 AC구간의 M/EI도의 B점에 관한 1차모멘트가 된다.

$$y_B = \Delta_{BA} = \left(\frac{500}{EI}\right)(5)\left(\frac{5}{2}\right) + \left(\frac{1{,}500}{EI} - \frac{500}{EI}\right)(5)\left(\frac{1}{2}\right)(5)\left(\frac{2}{3}\right)$$

$$= \frac{14{,}583.3\,\mathrm{kN \cdot m^3}}{EI} = \frac{14{,}583.3\,\mathrm{kN \cdot m^3}}{[(205)(10^6)\,\mathrm{kN/m^2}][10(10^9)(10^{-12})\,\mathrm{m^4}]}$$

$$= 0.0071\,\mathrm{m} = 7.1\,\mathrm{mm}\ (\text{하향})$$

y_C는 A점에서의 접선과 탄성곡선상의 C점 사이의 수직거리 Δ_{CA}와 같다. 따라서 제2모멘트 면적정리로부터 Δ_{CA}는 AC구간의 M/EI도의 C점에 관한 1차모멘트가 된다.

$$y_C = \Delta_{CA} = \left(\frac{500}{EI}\right)(5)\left(5 + \frac{5}{2}\right) + \left(\frac{150}{EI} - \frac{50}{EI}\right)(5)\left(\frac{1}{2}\right)\left(5 + \frac{10}{3}\right)$$

$$+ \left(\frac{500}{EI}\right)(5)\left(\frac{1}{2}\right)(5)\left(\frac{2}{3}\right)$$

$$= \frac{43{,}750\,\mathrm{kN \cdot m^3}}{EI} = \frac{43{,}750\,\mathrm{kN \cdot m^3}}{[(205)(10^6)\,\mathrm{kN/m^2}][10(10^9)(10^{-12})\,\mathrm{m^4}]}$$

$$= 0.0213 = 21.3\,\mathrm{mm}\ (\text{하향})$$

예제 8.5

다음 예제 그림 8.5(a)와 같은 내민보에서 C점에서의 처짐 y_C를 구하라. 단, EI는 일정하다.

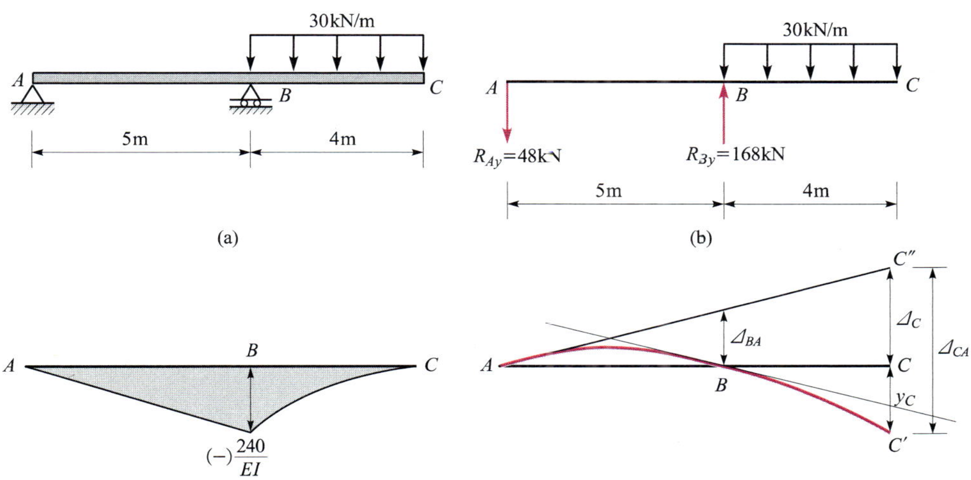

예제 그림 8.5

예제 그림 8.5(a)와 같은 내민보의 BC구간에 등분포하중이 작용할 때 내민보에 발생하는 휨모멘트를 구하여 M/EI도를 작성하면 예제 그림 8.5(c)와 같다. 보의 휨모멘트의 값이 음이므로 예제 그림 8.5(d)와 같이 아래로 오목하게 탄성곡선을 그린다. 이 때 예제 그림 8.5(d)에서 $y_C = \Delta_{CA} - \Delta_C$이고, 삼각형 $AC'C''$ 에서 비례관계를 적용하면 $9 : \Delta_C = 5 : \Delta_{BA}$이므로 $\Delta_C = (9/5)(\Delta_{BA})$가 된다. 따라서

$$y_C = \Delta_{CA} - (\frac{9}{5})(\Delta_{BA}) \qquad \text{(a)}$$

제2모멘트면적정리로부터 Δ_{BA}과 Δ_{CA}를 구하면

$$\Delta_{BA} = (\frac{240}{EI})(5)(\frac{1}{2})(5)(\frac{1}{3}) = \frac{1{,}000.0}{EI}$$

$$\Delta_{CA} = (\frac{240}{EI})(5)(\frac{1}{2})(4+\frac{5}{3}) + (\frac{240}{EI})(4)(\frac{1}{3})(4)(\frac{3}{4}) = \frac{4{,}360.0}{EI}$$

위의 결과를 y_C에 관한 식 (a)에 대입하여 구하면 다음과 같다.

$$y_C = (\frac{4{,}360.0}{EI}) - \left(\frac{9}{5}\right)\left(\frac{1{,}000.0}{EI}\right) = \frac{2{,}560.0\,\mathrm{kN \cdot m^3}}{EI}\mathrm{m}\ (\text{하향})$$

연습문제

모멘트면적법을 이용하여 다음 문제를 주어진 처짐과 기울기를 계산하시오.

8.1

A점의 처짐과 기울기($EI=$일정)

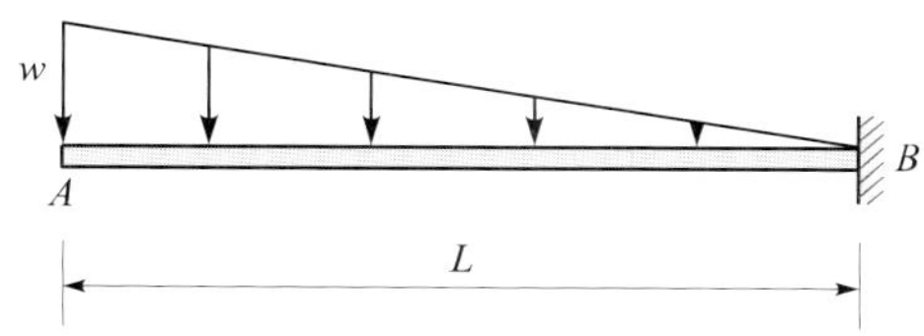

8.2

B점에서의 처짐과 기울기($EI=$일정)

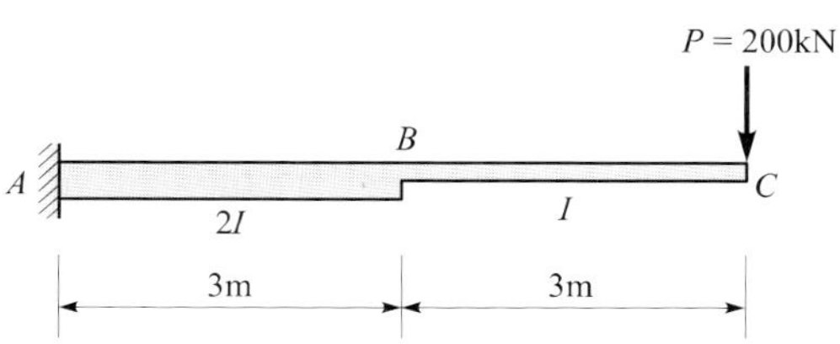

8.3

B와 C점의 처짐과 기울기

($E=205\,\mathrm{GPa}$, $I=6.0\times10^4\,\mathrm{cm}^4$)

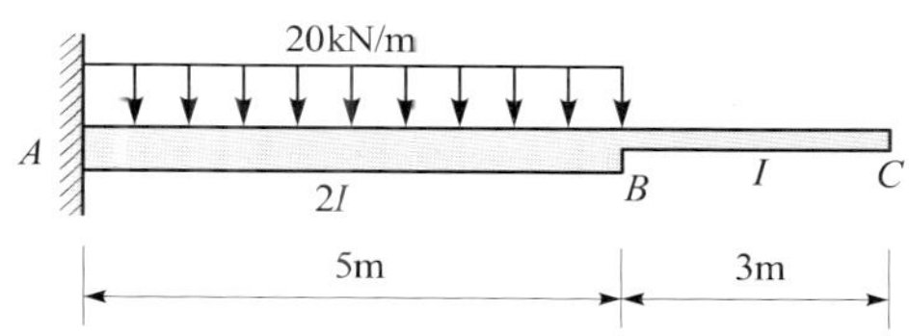

8.4

A와 C점에서의 처짐

($E=205\,\mathrm{GPa}$, $I=24{,}000\,\mathrm{cm}^4$)

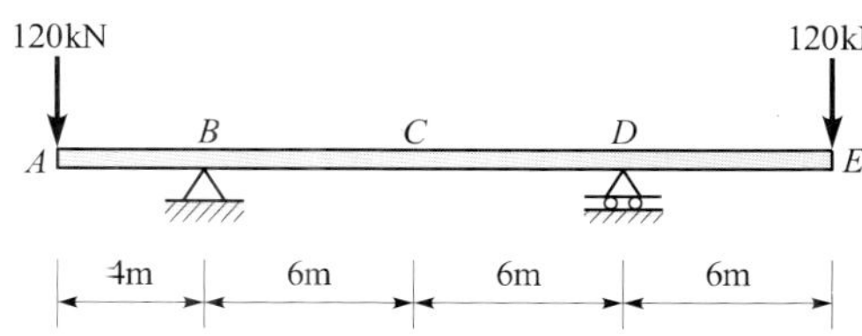

8.5

C점에서의 처짐($EI=$일정)

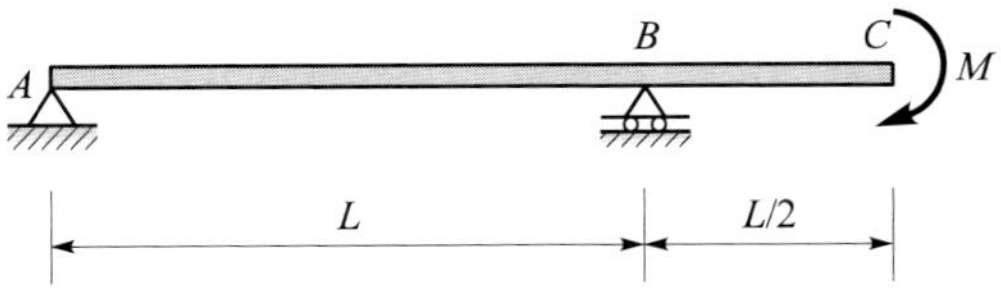

8.6

A점과 C점에서의 처짐

($E=205\,\mathrm{GPa}$, $I=40{,}000\,\mathrm{cm}^4$)

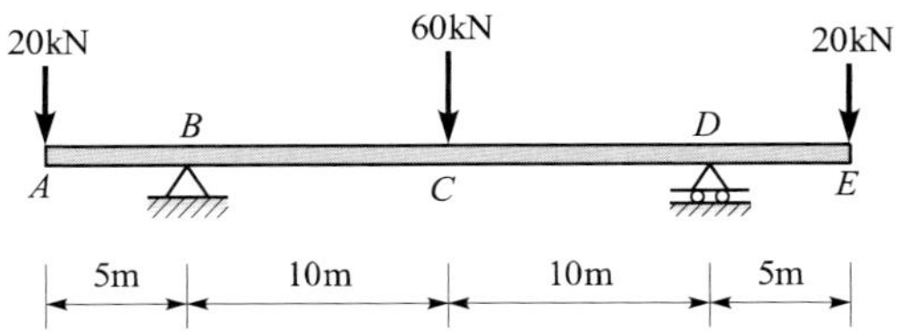

8.7

B점의 처짐

($E=205\,\mathrm{GPa}$, $I=60{,}000\,\mathrm{cm}^4$)

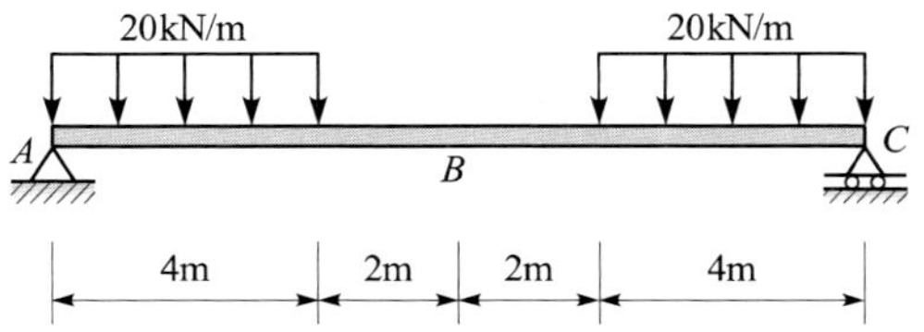

8.8

A점과 C점의 처짐($EI=$일정)

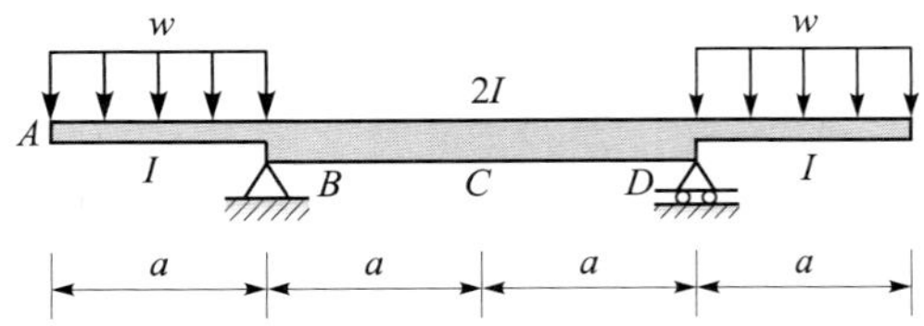

8.9

B와 C점에서의 처짐과 기울기($EI=$일정)

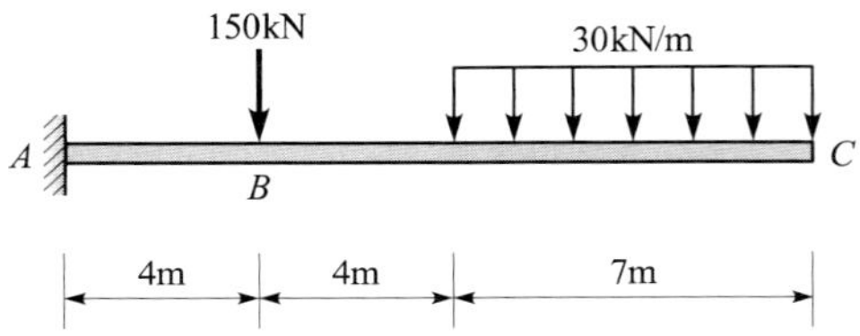

8.10

B와 C점에서의 처짐과 기울기($EI=$일정)

($E=205\,\mathrm{GPa}$, $I=2.0\times10^4\,\mathrm{cm}^4$)

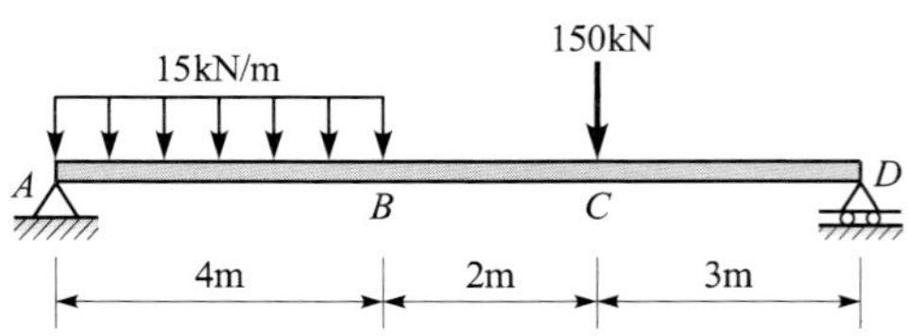

8.11

B와 C점에서의 처짐과 기울기(EI = 일정)

(E = 205 GPa, $I = 6.0 \times 10^4\,\text{cm}^4$)

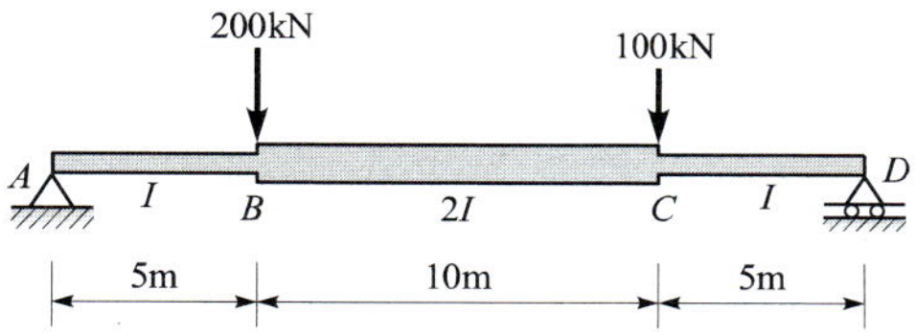

8.12

B점의 기울기와 C점의 처짐(EI = 일정)

(E = 205 GPa, I = 35,000 cm^4)

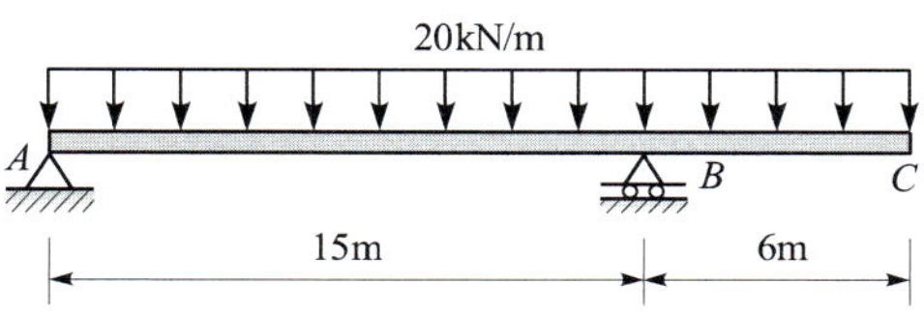

8.13

B점과 C점의 기울기, A와 D점이 처짐(EI = 일정)

(E = 205 GPa, I = 5,000 cm^4)

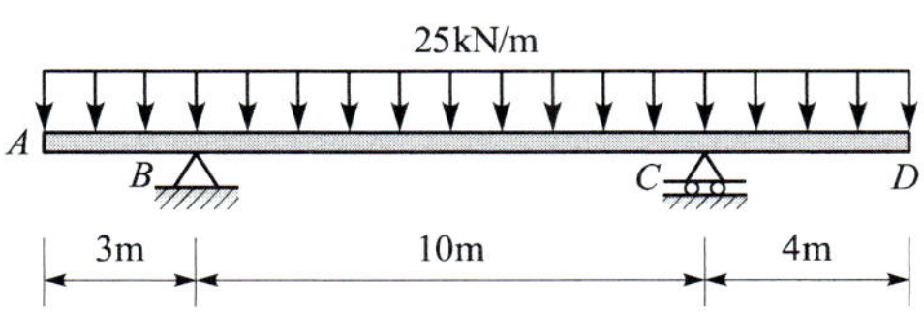

8.14

B점과 C점의 기울기, A점과 D점의 처짐(EI = 일정)

(E = 205 GPa, $I = 2.5 \times 10^4\,\text{cm}^4$)

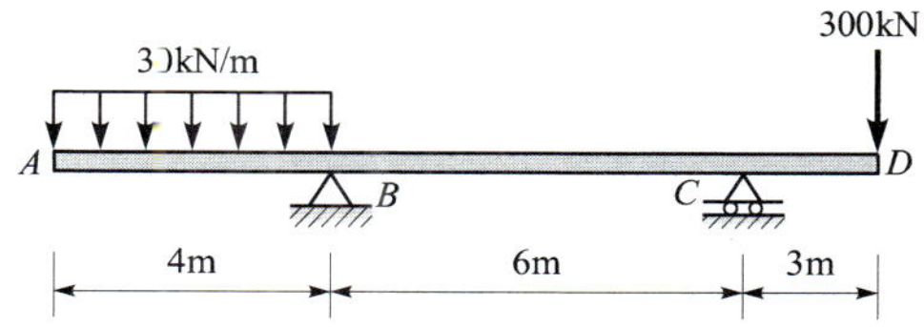

8.15

B, C, D점의 처짐과 기울기(EI = 일정)

(E = 205 GPa, I = 6,000 cm^4)

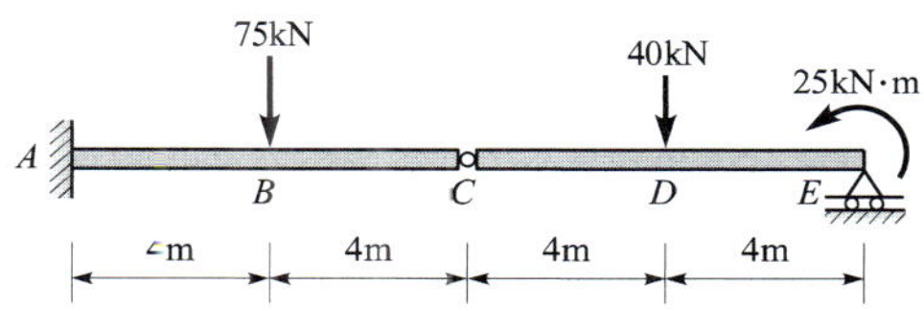

8.16

B, C, D점의 기울기와 B, D점의 처짐

(E = 205 GPa, I_1 = 40,000 cm^4,

I_2 = 30,000 cm^4)

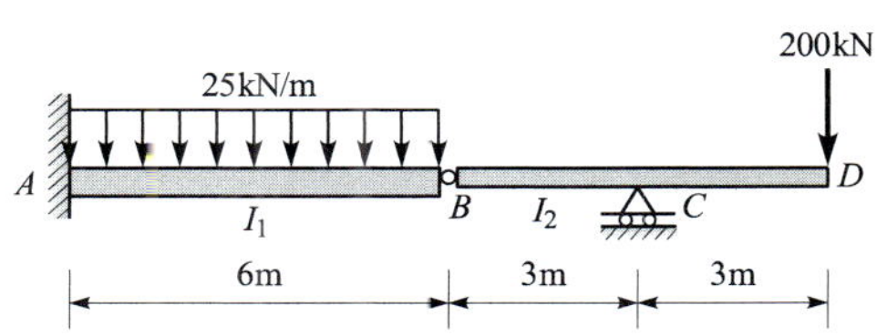

8.17

지간 BC 중앙에서의 수직처짐

($E = 205\,\text{GPa}$, $I = 4{,}500\,\text{cm}^4$)

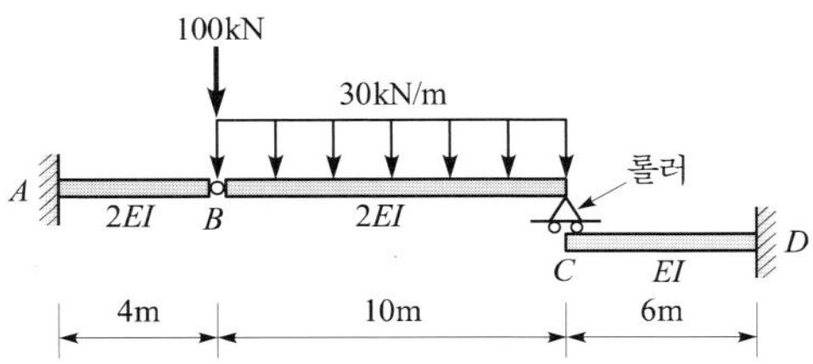

8.18

C점에서의 수직처짐과 E점에서의 기울기

($E = 205\,\text{GPa}$, $I = 10{,}000\,\text{cm}^4$)

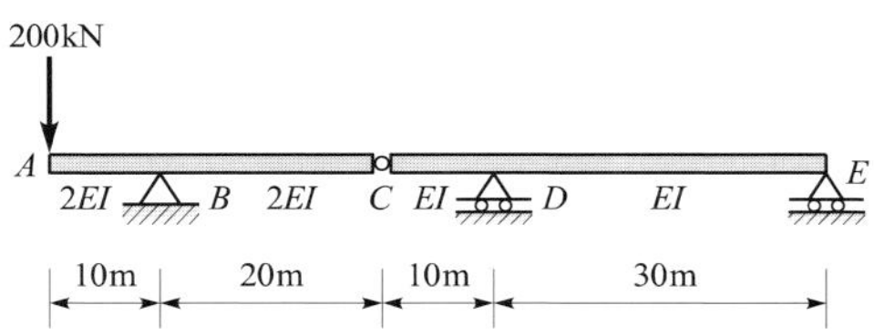

8.19

지간 AB와 CD의 중앙에서의 수직처짐(EI =일정)

($E = 205\,\text{GPa}$, $I = 3.0\times10^4\,\text{cm}^4$)

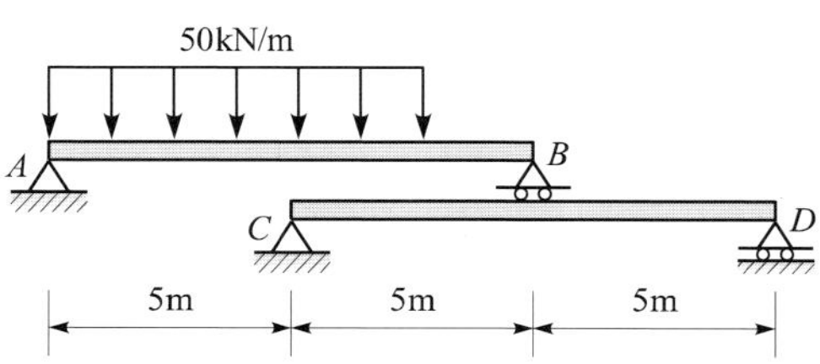

8.20

세로보 각각의 중앙에서의 수직처짐과 지간 AB 중앙에서의 수직처짐

($E = 205\,\text{GPa}$, $I = 13{,}000\,\text{cm}^4$)

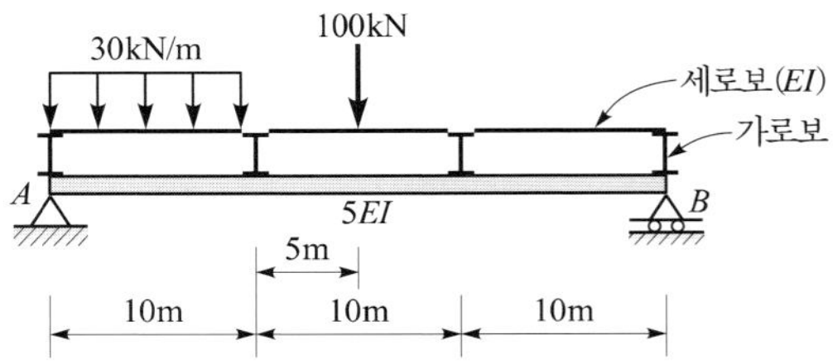

8.21

F점에서의 수직처짐과 기울기(EI =일정)

($E = 205\,\text{GPa}$, $I = 20{,}000\,\text{cm}^4$)

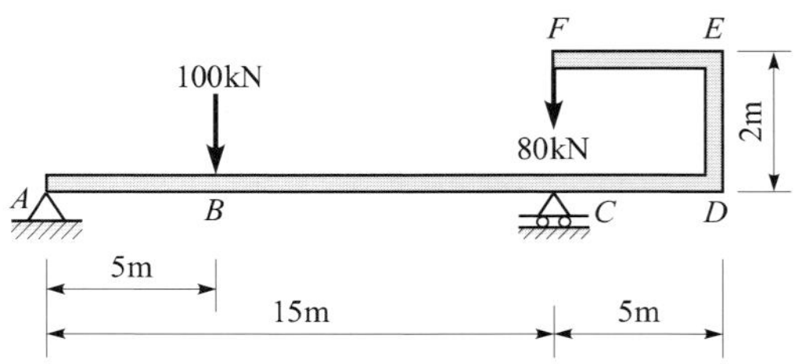

CHAPTER 09

탄성하중법과 공액보법

탄성하중법은 단순보에서 임의의 한 점에서의 기울기나 처짐을 구하는데 사용하는 방법으로서 모멘트면적법을 응용한 방법이다. 제3장에서 설명한 하중(ω), 전단력(V) 및 휨모멘트(M) 사이의 관계식을 다시 쓰면 다음 식과 같다.

$$\frac{dV}{dx}=\omega, \quad V=\int \omega dx, \quad M=\int Vdx=\iint \omega dxdx \tag{9.1}$$

제7장에서 설명한 탄성곡선에 대한 곡률과 휨모멘트 사이의 관계식인 식 (7.2)로부터 다음 관계식을 얻을 수 있다.

$$\frac{d^2y}{dx^2}=\frac{M}{EI}, \quad \frac{dy}{dx}=\int \frac{M}{EI}dx, \quad y=\iint \frac{M}{EI}dxdx \tag{9.2}$$

식 (9.1)과 식 (9.2)의 두 식을 비교하여 보면, 사용된 기호만 다르지 그의 수학적인 식의 형태가 유사함을 알 수 있다. 식 (9.1)에서 분포하중 강도인 ω 대신에 M/EI을 대입하면 다음 식과 같다.

$$V'=\int \frac{M}{EI}dx, \quad M'=\iint \frac{M}{EI}dxdx \tag{9.3}$$

식 (9.2)와 (9.3)을 비교하면 V'는 dy/dx에 대응되고, M'는 y에 대응됨을 알 수 있다. 여기서, $'$는 실제 하중에 의한 값이 아니고 M/EI을 하중으로 가정한 경우의 값을 의미한다. 즉, 보에 M/EI이라는 가상의 분포하중 강도가 작용하는 경우에 어느 점에서의 전단력 V'와 휨모멘트 M'를 구하면, 이 값은 실제 분포하중 ω가 작용하는 경우에 그 점에서의 기울기와 처짐의 크기와 같음을 나타낸다. 이러한 M/EI이라는 가상의 하중을 탄성하중(elastic load)이라 한다. 단순보에서 이러한 탄성하중을 재하시켜 가상의 전단력과 휨모멘트를 구하여 실제 단순보의 기울기와 처짐을 구하는 방법을 탄성하중법(elastic load method)이라 한다.

실제 보		공액보	
지점형태	기울기, 처짐	전단력, 모멘트	지점형태
힌지 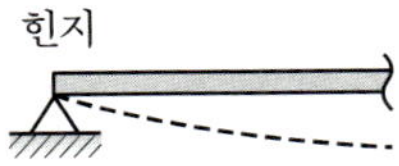	$y' \neq 0$ $y = 0$	$V \neq 0$ $M = 0$	힌지 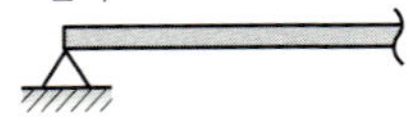
고정단 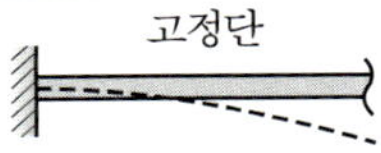	$y' = 0$ $y = 0$	$V = 0$ $M = 0$	자유단 
자유단 	$y' \neq 0$ $y \neq 0$	$V \neq 0$ $M \neq 0$	고정단 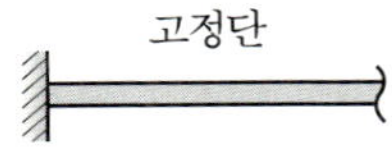
연속 	$y' \neq 0$ 연속 $y = 0$	$V \neq 0$ 연속 $M = 0$	힌지 

그림 9.1 공액보의 지점

탄성하중법을 단순보가 아닌 외팔보, 내민보 및 게르버보 등 다른 형태의 보에 적용하면 탄성하중에 의한 전단력과 휨모멘트가 실제 보의 기울기와 처짐에 대한 경계조건을 만족시키지 못한다. 이러한 경계조건을 만족하도록 실제 보에서의 지지조건을 수정한 보를 공액보(conjugate beam)라 한다. 공액보는 실제 보와 같은 길이를 취하되 지지조건만 바꾸어 주면 된다. 즉, 자유단은 고정단으로, 고정단은 자유단으로, 내부지점은 내부힌지로, 내부 힌지는 내부지점으로 바꾸고, 외측의 롤러지점 또는 힌지지점은 그대로 롤러지점 또는 힌지지점으로 두면 된다. 이것을 그림으로 나타내면 그림 9.1과 같다. 이러한 방법을 공액보법(conjugate beam method)이라 한다. 부정정보의 공액보는 불안정 보가 된다. 그러나 탄성하중이 작용하는 경우에는 불안정한 공액보가 평형상태가 되므로 이에 대한 공액보의 전단력과 휨모멘트를 구하여 실제 보의 기울기와 처짐을 구할 수 있다. 이러한 공액보법은 1868년 Otto Mohr에 의해 처음 발표되었다.

공액보법을 사용하여 보에서 임의의 점에서의 기울기와 처짐을 구하는 과정은 다음과 같다.

첫째, 실제 보에 대한 공액보를 그린다. 이 공액보는 실제 보와 같은 길이를 갖으며, 둘 사이의 지지조건은 그림 9.1과 같은 관계를 갖는다.

둘째, 공액보에 탄성하중 M/EI를 작용시킨다. M/EI의 값이 양(+)일 때 공액보에 상향의 탄성하중으로 재하시키면 공액보에서 양의 휨모멘트 M'는 상향의 처짐이 되고, 양의 전단력 V'는 반시계방향의 기울기가 된다. 공액보에서의 V'와 M'를 구하려면 실제 보에서 전단력과 휨모멘트를 구하는 것과 마찬가지로 우선, 지점에서의 반력 R'를 구한 다음에 V'와 M'를 구한다.

예제 9.1 다음 예제 그림 9.1(a)와 같은 단순보에서 C점의 처짐 y_C와 A점의 기울기 θ_A를 구하여라. 단, $E = 205\,\text{GPa}$이고 $I = 2(10^{10})\,\text{mm}^4$이다.

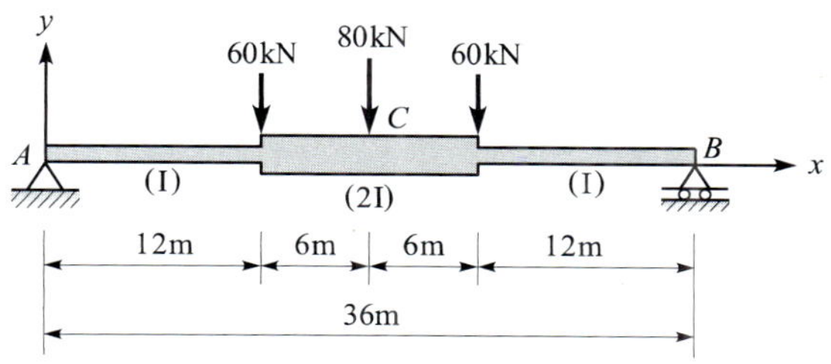

(a) 실제단순보

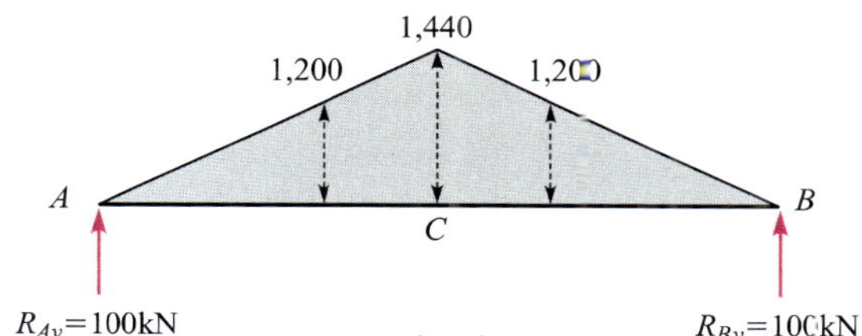

(a) 휨모멘트

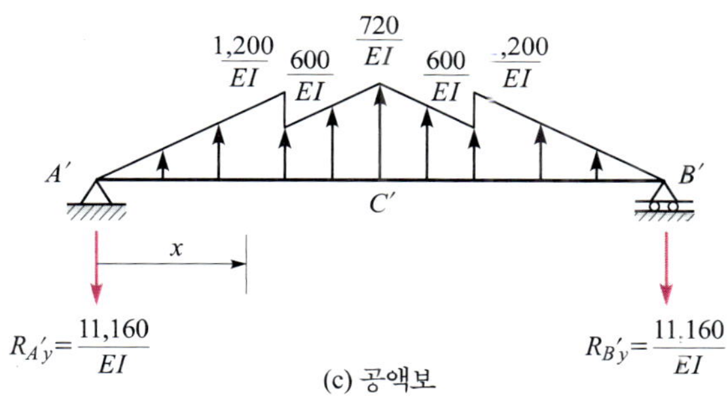

(c) 공액보

예제 그림 9.1

단순보에서는 실제 단순보와 공액보의 지지조건이 같다. 본 예제와 같이 보의 휨강성(EI)이 서로 다른 경우에는 편의상 공액보상의 탄성하중을 일정한 EI로 환산하여 나타내고 휨모멘트가 양의 값이므로 상향의 탄성하중을 재하시키면 예제 그림 9.1(c)와 같다. 예제 그림 9.1(b)에서 휨모멘트의 단위는 (kN · m)이다. 공액보상에서 반력과 C'점의 휨모멘트를 구하면 다음과 같다.

$$R_{Ay}' = \frac{1}{36}[(\frac{1,200}{EI})(12)(\frac{1}{2})(24+\frac{12}{3})+(\frac{600}{EI})(12)(18)$$

$$+(\frac{120}{EI}(12)(\frac{1}{2})(12+6)+(\frac{1,200}{EI})(12)(\frac{1}{2})(12)(\frac{2}{3})$$

$$= \frac{11,160.0\,\text{kN}\cdot\text{m}^2}{EI}\text{(가정한 방향 : 하향)} \quad \text{(a)}$$

$$V_c' = (-)\frac{11,160}{EI} + \frac{1}{EI}\left[(1,200)(12)(\frac{1}{2})+(600)(6)+(120)(6)(\frac{1}{2})\right] = 0 \quad \text{(b)}$$

$$M_c' = \frac{1}{EI}[(-11,160)(18)+(1,200)(12)(\frac{1}{2})(6+\frac{12}{3})+(600)(6)(3)$$

$$+(120)(6)(\frac{1}{2})(\frac{6}{3})] = (-)\frac{117,360\,\text{kN}\cdot\text{m}^3}{EI} \quad \text{(c)}$$

C' 점에서 V_C'가 영이므로 기울기는 영이고, 처짐 y_C는 M_C'와 같다. A점의 기울기는 V_A'이므로 R_{Ay}'와 같다. 다음과 같이 EI의 값을 식에 대입하여 그 크기를 구하면

$$y_C = M_C' = (-)\frac{117,360\,\text{kN}\cdot\text{m}^3}{[(205)(10^6)\,\text{kN/m}^2][(2(10^{10})(10^{-12})\,\text{m}^4]}$$

$$= (-)0.0286\text{m} = (-)28.6\text{mm (하향)}$$

$$\theta_A = V_A' = R_{Ay}' = (-)\frac{11,160\,\text{kN}\cdot\text{m}^2}{[(205)(10^6)\,\text{kN/m}^2][2(10^{10})(10^{-12})\text{m}^4]}$$

$$= (-)0.00272\,\text{rad (시계방향)}$$

B점에서의 기울기 θ_B는 대칭 구조물이므로 θ_A와 크기는 같고 방향은 반대가 된다.

예제 9.2 다음 예제 그림 9.2(a)와 같은 단순보에서 A점에서의 기울기 θ_A와 C점에서의 처짐 y_C를 구하여라. 단, EI는 일정하고 $E = 205\,\text{GPa}$이며 $I = 3(10)^8\,\text{mm}^4$이다.

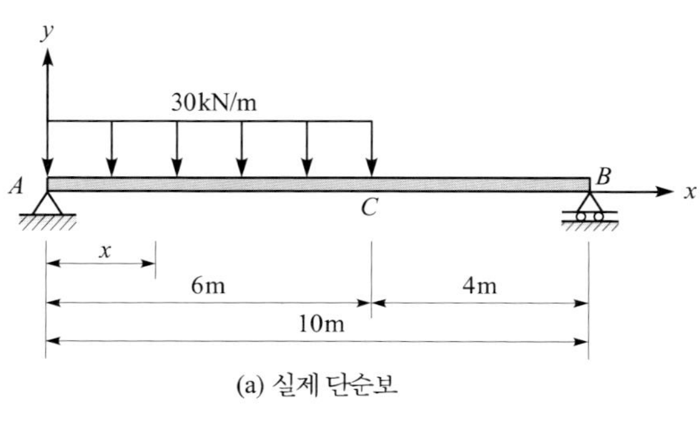

(a) 실제 단순보

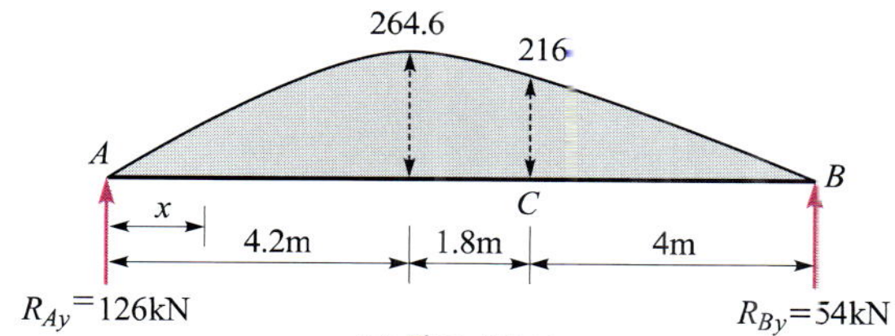

(b) 휨모멘트도

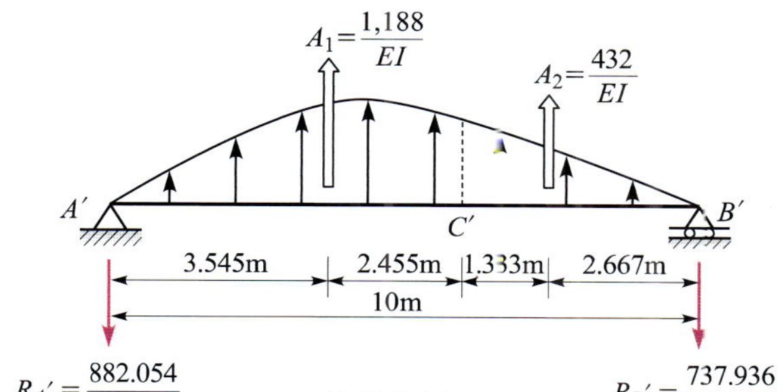

(c) 공액단순보

예제 그림 9.2

예제 그림 9.2(a)에서와 같이 AC구간에 등분포하중이 작용할 때 휨도멘트를 구하여 M/EI도를 그린 후 휨모멘트가 양의 값이므로 공액보상에 상향의 탄성하중을 재하시키면 예제 그림 9.2(c)와 같다. 본 예제의 경우 예제 그림 9.2(b)에서 AC구간의 휨므멘트가 2차 포물선으로 표현되나 그림 8.2를 이용하여 M/EI도의 면적과 도심의 위치를 구할 수가 없다. 그러므로 AC구간의 M/EI도의 면적과 도심의 위치를 구하기 위해서는 적분을 수행하여 구할 수밖에 없다. 그림 9.2(a)에서 A점으로부터 x만큼 떨어진 임의의 점에서의 휨모멘트 M_x는

$$M_x = 126x - 15x^2$$

AC구간 휨모멘트도의 면적 A_1과 A점에서 AC구간 휨모멘트도의 면적에 대한 1차모멘트 Q_y를 구하여 도심의 위치 $\bar{x}$를 구하면 다음 식과 같다.

$$A_1 = \int_0^6 (126x - 15x^2)dx = 1{,}188.0$$

$$Q_y = \int_0^6 (126x - 15x^2)(x)dx = 4{,}212.0$$

$$\bar{x} = \frac{Q_y}{A} = \frac{4{,}212.0}{1{,}188.0} = 3.545\,\text{m}$$

예제 그림 9.2(c)의 공액보상에서 반력과 C'점의 휨모멘트를 구하면 다음과 같다.

$$R_{Ay}{}' = \frac{1}{10}[(\frac{1,188}{EI})(6.455) + (\frac{216}{EI})(4)(\frac{1}{2})(\frac{8}{3})$$

$$= \frac{882.054}{EI} \text{ (가정한 방향 : 하향)} \quad \text{(a)}$$

$$M_c{}' = (-\frac{882.054}{EI})(6) + (\frac{1,188}{EI})(2.455) = (-)\frac{2,375.78}{EI} \quad \text{(c)}$$

C점에서의 처짐 y_C는 $M_C{}'$와 같고, A점에서의 기울기는 $V_A{}'$이므로 $R_{Ay}{}'$와 같다.

$$y_C = M_C{}' = (-)\frac{2,375.78\,\text{kN}\cdot\text{m}^3}{[(205)(10^6)\,\text{kN/m}^2][3(10^8)(10^{-12})\,\text{m}^4]}$$

$$= (-)\ 0.0386\text{m} = (-)38.6\text{mm (하향)}$$

$$\theta_A = V_A{}' = R_{Ay}{}' = (-)\frac{882.054\,\text{kN}\cdot\text{m}^2}{[(205)(10^6)\text{kN/m}^2][3(10^8)(10^{-12})\text{m}^4]}$$

$$= (-)\ 0.01434\,\text{rad (시계방향)}$$

예제 9.3

다음 예제 그림 9.3(a)와 같은 외팔보에서 B점과 C점에서의 처짐 y_B와 y_C를 구하여라. 단, EI는 일정하다.

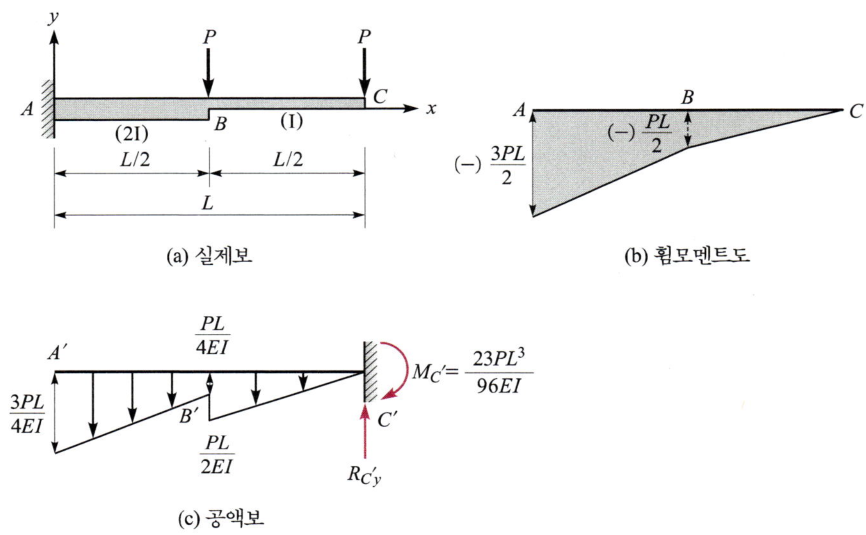

예제 그림 9.3

실제 보의 B점과 C점에서의 처짐 y_B와 y_C를 구하기 위하여 공액보로 바꾼다. 즉, 예제 그림 9.3(a)에서 A점은 고정단이므로 자유단으로 바꾸고, C점은 자유단이드로 고정단으로 바꾸어 공액보를 그리면 예제 그림 9.3(c)와 같다.
실제 보에서 B점에서의 휨모멘트는

$$M_B = (-)(P)(\frac{L}{2}) = (-)\frac{PL}{2}$$

A점에서의 휨모멘트는

$$M_A = (-)PL - P(\frac{L}{2}) = (-)\frac{3PL}{2}$$

휨모멘트의 값이 음이므로 탄성하중의 방향을 하향으로 작용시킨다. 여기서, AB구간의 휨강성이 $2EI$이므로 EI로 환산하면 탄성하중이 절반으로 줄어들게 된다. 공액보상에서 B'점과 C'점에서의 휨모멘트 M_B'와 M_C'는 다음과 같다.

$$M_B' = (-)(\frac{PL}{4EI})(\frac{L}{2})(\frac{L}{4}) - (\frac{PL}{2EI})(\frac{L}{2})(\frac{1}{2})(\frac{L}{2})(\frac{2}{3}) = (-)\frac{7PL^3}{96EI}$$

$$\begin{aligned} M_C' &= (-)(\frac{PL}{4EI})(\frac{L}{2})(\frac{L}{2} + \frac{L}{4}) - (\frac{PL}{2EI})(\frac{L}{2})(\frac{1}{2})(\frac{L}{2} + \frac{L}{3}) \\ &\quad + (\frac{PL}{2EI})(\frac{L}{2})(\frac{1}{2})(\frac{L}{3}) \\ &= (-)\frac{23PL^3}{96EI} \end{aligned}$$

B점과 C점에서의 처짐 y_B와 y_C는 공액보상에서의 휨모멘트 M_B'와 M_C'와 같다.

$$y_B = M_B' = (-)\frac{7PL^3}{96EI} \text{ (하향)}$$

$$y_C = M_C' = (-)\frac{23PL^3}{96EI} \text{ (하향)}$$

예제 9.4 다음 예제 그림 9.4(a)와 같은 외팔보에서 A점에서의 기울기와 처짐 θ_A와 y_A를 구하라. 단, EI는 일정하다.

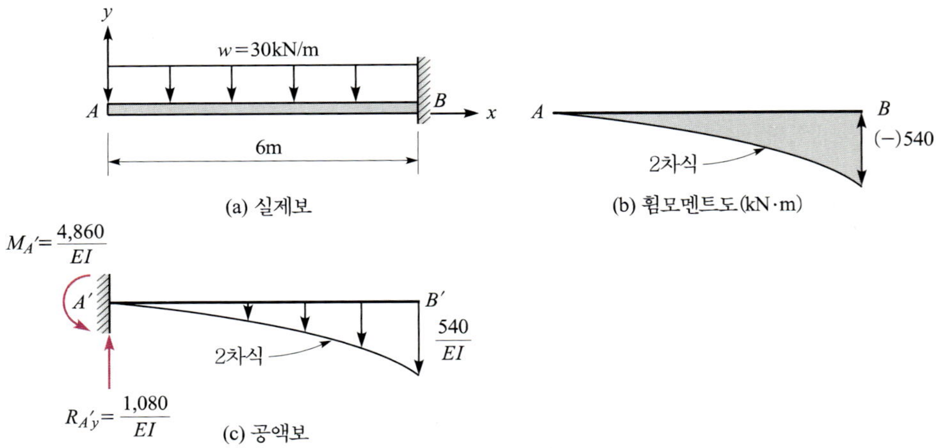

예제 그림 9.4

실제 보의 A점에서의 기울기와 처짐 θ_A와 y_A를 구하기 위하여 예제 그림 9.4(a)의 실제 보에 대한 공액보를 그린다. 즉, 실제 보의 자유단인 A점은 고정단으로 하고, 고정단인 B점은 자유단으로 하여 예제 그림 9.4(c)와 같은 공액보를 그린다. 실제 보의 B점에서의 휨모멘트는 다음과 같다.

$$M_B = (-)(30)(6)\left(\frac{6}{2}\right) = (-)540.0\,\text{kN}\cdot\text{m}$$

예제 그림 9.4(c)의 공액보에서 탄성하중의 방향은 실제 보의 휨모멘트의 값이 음이므로 하향으로 재하시킨다. 공액보상에서 A'점의 반력 R_{Ay}'와 휨모멘트 M_A'는 다음과 같다.

$$R_{Ay}' = \left(\frac{540}{EI}\right)(6)\left(\frac{1}{3}\right) = \frac{1{,}080.0\,\text{kN}\cdot\text{m}^2}{EI}\ (\text{가정한 방향 : 상향})$$

$$M_A' = (-)\left(\frac{540}{EI}\right)(6)\left(\frac{1}{3}\right)(6)\left(\frac{3}{4}\right) = (-)\frac{4{,}860.0\,\text{kN}\cdot\text{m}^3}{EI}$$

θ_A와 y_A는 공액보상에서의 전단력 V_A'와 휨모멘트 M_A' 같으므로 다음과 같다.

$$\theta_A = V_A' = R_{Ay}' = \frac{1{,}080.0\,\text{kN}\cdot\text{m}^2}{EI}\,\text{rad}\ (\text{반시계방향})$$

$$\Delta_A = M_A' = (-)\frac{4{,}860.0\,\text{kN}\cdot\text{m}^3}{EI}\,\text{m}\ (\text{하향})$$

공액보에서 전단력의 값이 양이므로 θ_A는 반시계방향이고 휨모멘트의 값이 음이므로 y_A는 하향이다.

예제 9.5 다음 예제 그림 9.5(a)와 같은 내민보에서 C점에서의 기울기와 처짐 θ_C와 y_C를 구하라. 단, EI는 일정하다.

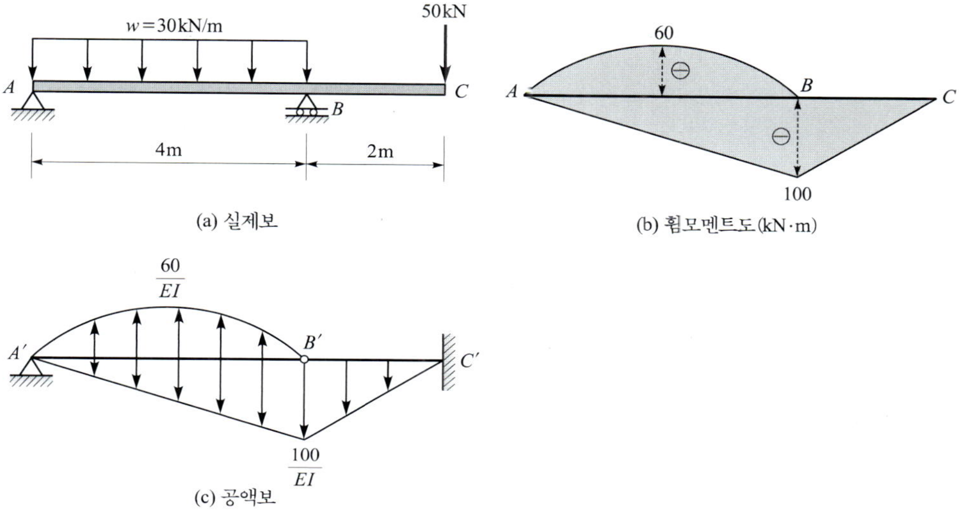

예제 그림 9.5

실제 보 C점에서의 기울기와 처짐 θ_C와 y_C를 구하기 위하여 예제 그림 9.5(a)의 내민보를 공액보로 바꾼다. 즉, 실제 내민보에서 A점은 외측힌지이므로 그대로 힌지지점으로 두고, B점은 연속되는 내부롤러이므로 내부힌지로 바꾸고, C점은 자유단이므로 고정단으로 바꾸어 공액보를 그리면 예제 그림 9.5(c)와 같다.

그리고 본 예제에서와 같이 등분포하중과 집중하중이 동시에 작용하는 경우 합력에 대한 M/EI도의 면적과 면적의 1차모멘트를 계산하는 것이 매우 어렵다. 따라서 예제 그림 9.5(a)에서 등분포하중과 집중하중에 의한 휨모멘트를 각각 분리하여 휨모멘트도를 그리면 예제 그림 9.5(b)와 같다. 예제 그림 9.5(c)의 공액보상에 양의 휨모멘트는 상향으로, 음의 휨모멘트는 하향으로 탄성하중을 재하시킨다. 공액보상에서 전단력 V_A'와 휨모멘트 M_c'는 공액보가 게르버보이므로 다음과 같이 B'점의 좌측과 우측의 자유물체도를 각각 그린 후 $A'B'$ 구간을 먼저 해석하고 다음으로 $B'C'$ 구간을 해석하여 구하면 된다.

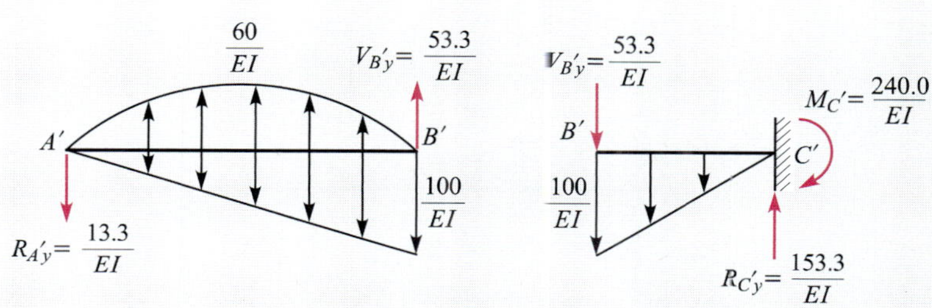

$A'B'$ 구간의 자유물체도에서 정력학적 평형방정식으로부터

$$R_{A'y} = (\frac{1}{4})[(\frac{60}{EI})(4)(\frac{2}{3})(2) - (\frac{100}{EI})(4)(\frac{1}{2})(\frac{4}{3})] = \frac{13.3\,\mathrm{kN \cdot m^2}}{EI} \text{(하향)}$$

$$V_{B'y} = [(\frac{100}{EI})(4)(\frac{1}{2}) - (\frac{60}{EI})(4)(\frac{2}{3}) + (\frac{13.3}{EI})] = \frac{53.3\,\mathrm{kN \cdot m^2}}{EI} \text{(상향)}$$

$B'C'$ 구간의 자유물체도에서 정력학적 평형방정식으로부터

$$R_{C'y} = [(\frac{53.3}{EI}) + (\frac{100}{EI})(2)(\frac{1}{2})] = \frac{153.3\,\mathrm{kN \cdot m^2}}{EI} \text{(상향)}$$

$$M_{C'} = (-)[(\frac{53.3}{EI})(2) + (\frac{100}{EI})(2)(\frac{1}{2})(2)(\frac{2}{3})] = (-)\frac{240.0\,\mathrm{kN \cdot m^3}}{EI}$$

따라서 θ_C와 y_C는 공액보상의 전단력 V_C'와 휨모멘트 M_C'와 같으므로 다음과 같다.

$$\theta_C = V_{C'} = (-)\frac{153.3\,\mathrm{kN \cdot m^2}}{EI}\,\text{rad (시계방향)}$$

$$y_C = M_{C'} = (-)\frac{240.0\,\mathrm{kN \cdot m^3}}{EI}\,\text{m (하향)}$$

공액보상에서 C' 점의 전단력과 휨모멘트의 값이 음이므로 θ_C는 시계방향이고 y_C는 하향이다.

예제 9.6

다음 예제 그림 9.6(a)와 같은 게르버보에서 B점에서의 처짐 y_B와 핀으로 연결된 양쪽 보의 기울기 θ_{BA}와 θ_{BC}를 구하라. 단, EI는 일정하다.

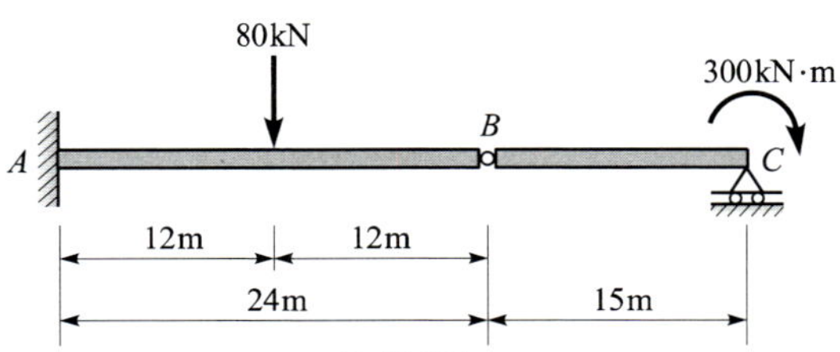

(a) 실제보

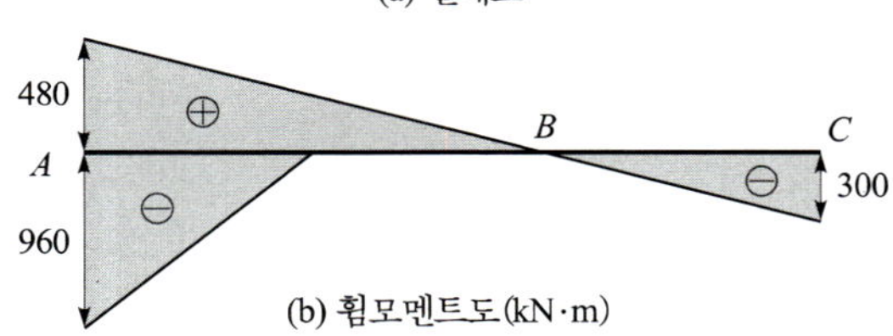

(b) 휨모멘트도(kN·m)

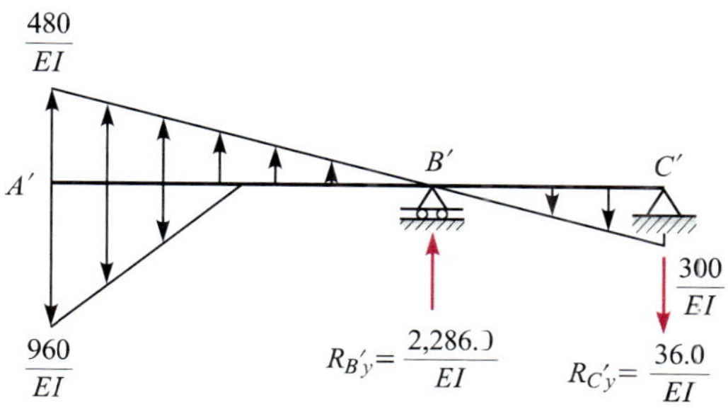

(c) 공액보

예제 그림 9.6

실제 보 B점에서의 처짐 y_B와 B점의 왼쪽 및 오른쪽에서의 기울기 θ_{BA}와 θ_{BC}를 구하기 위하여 공액보를 그리면 예제 그림 9.6(c)와 같다. 그리고 예제 그림 9.6(a)에서 집중하중과 모멘트하중에 의한 휨모멘트를 각각 분리하여 휨모멘트도를 그리면 예제 그림 9.6(b)와 같다. 공액보에 양의 휨모멘트는 상향으로, 음의 휨모멘트는 하향의 탄성하중으로 재하시키면 예제 그림 9.6(c)와 같다. 공액보에서 B'점과 C'점의 반력을 구하면 다음과 같다.

$$R_{B'y} = \frac{1}{15}[(-\frac{480}{EI})(24)(\frac{1}{2})(15+24\frac{2}{3})+(\frac{960}{EI})(12)(\frac{1}{2})(27+12\frac{2}{3})$$
$$+(\frac{300}{EI})(15)(\frac{1}{2})(15)(\frac{1}{3})]$$
$$= \frac{2{,}286.0\,\mathrm{kN\cdot m^2}}{EI} \text{ (가정한 방향 : 상향)}$$

$$R_{C'y} = [(\frac{480}{EI})(24)(\frac{1}{2})+\frac{2{,}286.0}{EI}-(\frac{960}{EI})(12)(\frac{1}{2})-(\frac{300}{EI})(15)(\frac{1}{2})]$$
$$= \frac{36.0\,\mathrm{kN\cdot m^2}}{EI} \text{ (가정한 방향 : 하향)}$$

공액보상에서 B'점의 좌측과 우측에서의 전단력을 $V_{B'A'}$와 $V_{B'C'}$라고 정의하면 전단력과 휨모멘트는 다음과 같다.

$$V_{B'A'} = [(\frac{480}{EI})(24)(\frac{1}{2})-(\frac{960}{EI})(12)(\frac{1}{2})] = 0$$

$$V_{B'C'} = R'_{By} = \frac{2{,}286.0\,\mathrm{kN\cdot m^2}}{EI}$$

$$M_{B'} = [(-\frac{960}{EI})(12)(\frac{1}{2})(12+12\frac{2}{3})+(\frac{480}{EI})(24)(\frac{1}{2})(24)(\frac{2}{3})]$$
$$= (-)\frac{23{,}040\,\mathrm{kN\cdot m^3}}{EI}$$

따라서 θ_{BA}, θ_{BC}와 y_B는 전단력 $V_{B'A'}$, $V_{B'C'}$와 모멘트 $M_{B'}$와 같으므로 다음과 같다.

$$\theta_{BA} = V_{B'A'} = 0$$

$$\theta_{BC} = V_{B'C'} = \frac{2{,}286.0\,\text{kN}\cdot\text{m}^2}{EI}\text{rad (반시계방향)}$$

$$\Delta_B = M_{B'} = (-)\frac{23{,}040.0\,\text{kN}\cdot\text{m}^3}{EI}\text{m (하향)}$$

예제 9.7

다음 예제 그림 9.7(a)와 같은 내민보에서 C점에서의 기울기 θ_C, D점에서의 수직 처짐 y_D 및 기울기 θ_D를 구하시오. 단, $EI = 100{,}000\,\text{kN}\cdot\text{m}^2$이다.

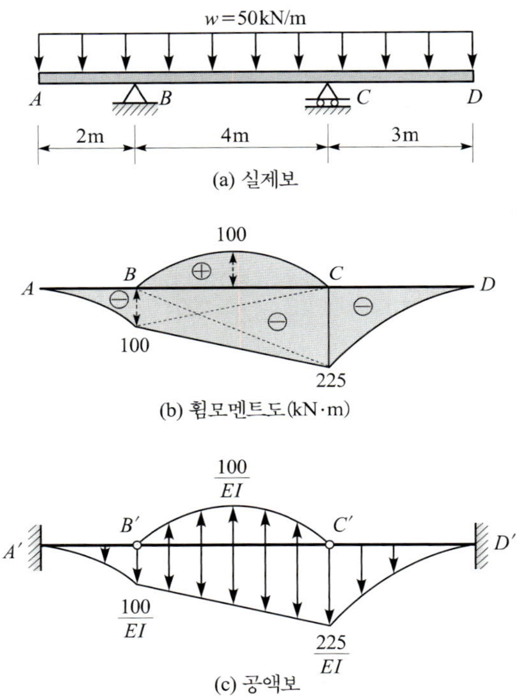

예제 그림 9.7

실제 내민보에서 A점과 D점은 자유단이므로 고정단으로, B점과 C점은 내부지점이므로 내부힌지로 바꾸어 공액보를 그리면 예제 그림 9.7(c)와 같다. 본 예제에서와 같이 내민보에 등분포하중이 만재한 경우 AB구간, BC구간 및 CD구간에 등분포하중이 각각 작용할 때 발생하는 휨모멘트를 구하여 M/EI도를 그리면 예제 그림 9.7(b)와 같다. 공액보상에 양의 휨모멘트는 상향으로, 음의 휨모멘트는 하향으로 탄성하중을 재하시키면 예제 그림 9.7(c)와 같다.

공액보를 해석할 때 공액보가 게르버보이므로 $B'C'$ 구간을 먼저 해석한 후 $A'B'$ 구간 또는 $C'D'$ 구간을 해석하면 된다.
공액보상에서 $B'C'$ 구간을 떼어내어 자유물체도를 그리면 다음과 같다.

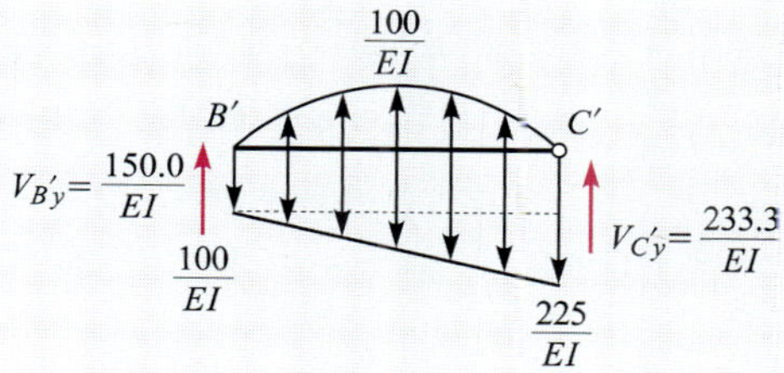

$$V_{C'y}=\frac{1}{4}[(\frac{125}{EI})(4)(\frac{1}{2})(\frac{8}{3})+(\frac{100}{EI})(4)(2)-(\frac{100}{EI})(4)(\frac{2}{3})(2)]$$

$$=\frac{233.3\,\mathrm{kN\cdot m^2}}{EI}\text{(가정한 방향 : 상향)}$$

$$V_{B'y}=[(\frac{100}{EI})(4)+(\frac{125}{EI})(4)(\frac{1}{2})-(\frac{100}{EI})(4)(\frac{2}{3})-(\frac{233.3}{EI})]$$

$$=\frac{150.0\,\mathrm{kN\cdot m^2}}{EI}\text{(가정한 방향 : 상향)}$$

C' 점의 수직력인 $V_{C'y}$를 고려한 $C'D'$ 구간의 자유물체도는 다음 그림과 같다.

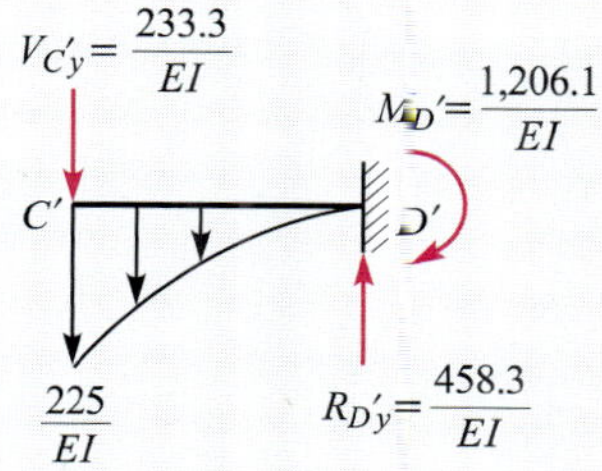

위의 그림에서

$$R_{D'y}=(\frac{233.3}{EI})+(\frac{225.0}{EI})(3)(\frac{1}{3})=\frac{458.3\,\mathrm{kN\cdot m^2}}{EI}\text{(가정한 방향 : 상향)}$$

$$M_{D'}=(-)\left(\frac{233.3}{EI}\right)(3)-\left(\frac{225.0}{EI}\right)(3)(\frac{1}{3})(3)\left(\frac{3}{4}\right)=(-)\frac{1{,}206.1\,\mathrm{kN\cdot m^3}}{EI}$$

따라서

$$y_D=M_{D'}=(-)\frac{1{,}206.1\,\mathrm{kN\cdot m^3}}{100{,}000\,\mathrm{kN\cdot m^2}}=(-)0.0121\mathrm{m}=(-)12.1\mathrm{mm}\text{ (하향)}$$

$$\theta_D = V_{D'} = R_{D'y} = (-)\frac{458.3\,\text{kN}\cdot\text{m}^2}{100{,}000\,\text{kN}\cdot\text{m}^3} = (-)0.00458\,\text{rad}\ (\text{시계방향})$$

$$\theta_C = V_{C'} = V_{C'y} = (-)\frac{233.3\,\text{kN}\cdot\text{m}^2}{100{,}000\,\text{kN}\cdot\text{m}^2} = (-)0.00233\,\text{rad}\ (\text{시계방향})$$

θ_C와 θ_D는 공액보에서 C' 점에서의 전단력 $V_{C'}$와 D' 점의 전단력 $V_{D'}$가 음의 값이므로 시계방향으로 회전되고 y_D는 D' 점에서의 휨모멘트가 음의 값이므로 하향의 처짐이다.
마찬가지 방법으로 $A'B'$ 구간에 대한 자유물체도를 그려서 A' 점에서의 휨모멘트와 전단력을 구하고 B' 점에서의 전단력을 구하여 y_A, θ_A 및 θ_B 등도 구할 수 있다.

연습문제

공액보법을 이용하여 다음 문제에 주어진 처짐과 기울기를 구하시오.

9.1-9.6

문제 8.1~8.6을 해석하시오.

9.7

A점의 기울기와 B점의 처짐($EI=$일정)

($E = 205\,\mathrm{GPa}$, $I = 5.0 \times 10^3\,\mathrm{cm}^4$)

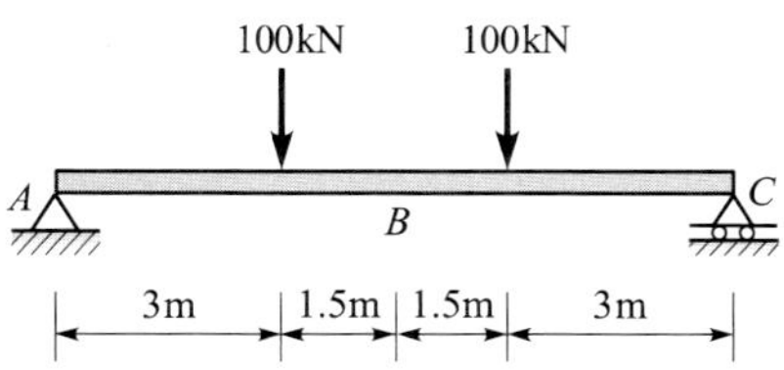

8.8

A점의 기울기와 B점의 처짐($EI=$일정)

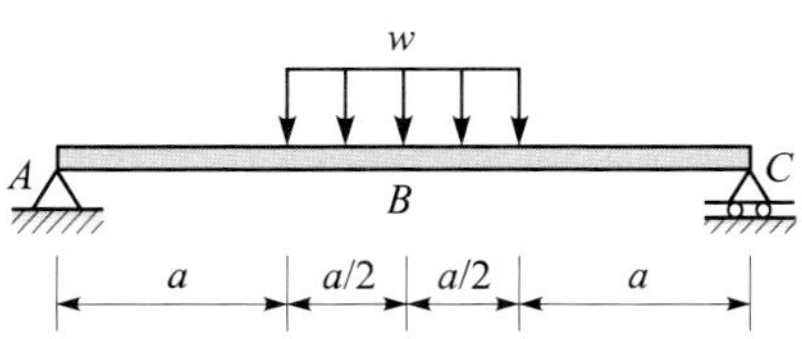

9.9

C점에서의 처짐($EI=$일정)

($E = 205\,\mathrm{GPa}$, $I = 5.0 \times 10^4\,\mathrm{cm}^4$)

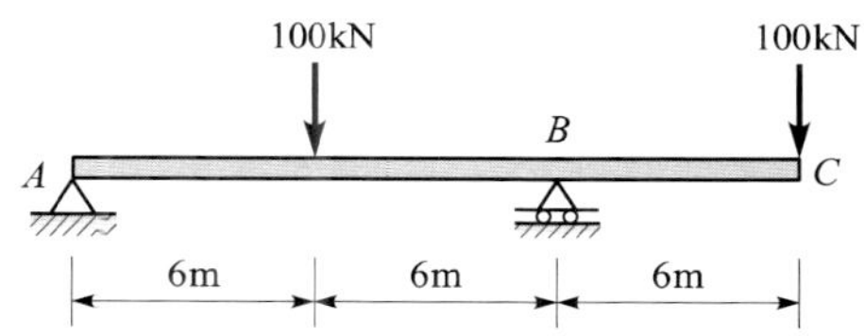

9.10

A와 C점의 처짐($EI=$일정)

($E = 205\,\mathrm{GPa}$, $I = 4.5 \times 10^3\,\mathrm{cm}^4$)

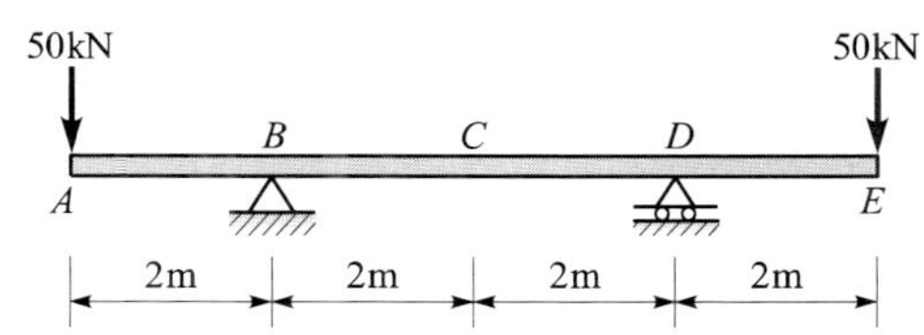

9.11

C점에서의 처짐($EI=$일정)

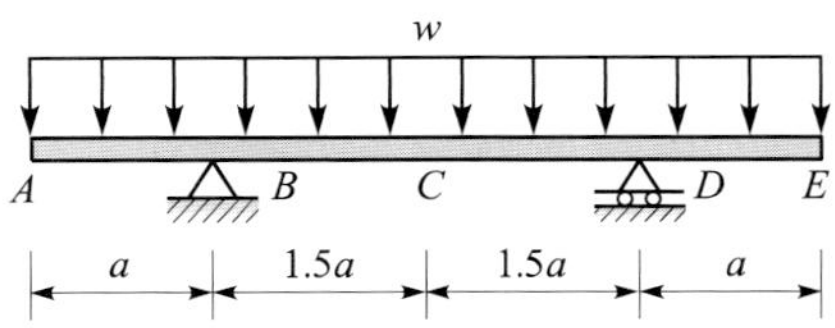

9.12

A와 C점에서의 처짐

($E = 205\,\mathrm{GPa}$, $I = 5.0\times 10^3\,\mathrm{cm}^4$)

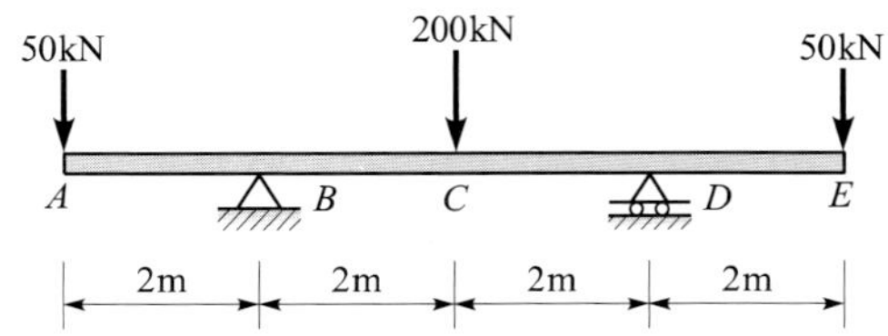

9.13-9.17

문제 8.15~8.19를 공액보법을 이용하여 해석하시오.

CHAPTER 10

가상일의 원리

일과 변형에너지에 대한 개념을 사용하는 가상일의 원리는 구조물의 에너지보존법칙을 기초로 한다. 이 원리는 1717년 John Bernoulli에 의해 개발되었으며 단위하중법의 기본원리가 된다. 가상일의 원리는 정정이나 부정정 구조물 또는 선형이나 비선형 구조물 등 모든 구조물의 구조해석에 적용할 수 있다. 또한, 가상일의 원리는 트러스나 프레임 구조물 이외에 보다 복잡한 구조물의 구조해석에도 적용이 가능한 응용역학의 기본원리라 할 수 있다.

가상변위와 가상일의 원리는 정력학적 평형문제를 푸는데 사용되는 기본원리이다. 여기서, "가상(virtual)"이란 구조시스템에 생기는 실제 양(변위)이 아닌 순전히 가상적이라는 의미로 사용된다. 따라서 가상변위(virtual displacement)란 구조시스템에 작용하는 하중에 의해 생긴 실제 변위가 아닌 임의로 발생되는 가상적 변위를 말한다. 이러한 가상변위가 구조시스템에 일어나는 동안에 구조시스템에 작용하는 실제 힘들이 하는 일을 가상일(virtual work)이라 한다.

10.1 가상변위의 원리(강체)

강체(rigid body)에 대한 가상일의 원리를 설명하기 위하여 그림 10.1과 같이 어떤 강체에 P 역계(P_1, P_2, $\cdots$, P_n) 가 작용하고, 이러한 힘들의 합력이 P_T인 경우를 예로 든다. 강체에 r방향으로 δ_r 만큼 임의의 가상변위를 주는 경우에 강체에 작용하는 각각의 힘들이 가상변위 때문에 하는 가상일은 합력 P_T를 사용하여 다음과 같이 구할 수 있다.

$$W = \sum_{i=1}^{n} P_{ir}\delta_r = P_{Tr}\delta_r \tag{10.1}$$

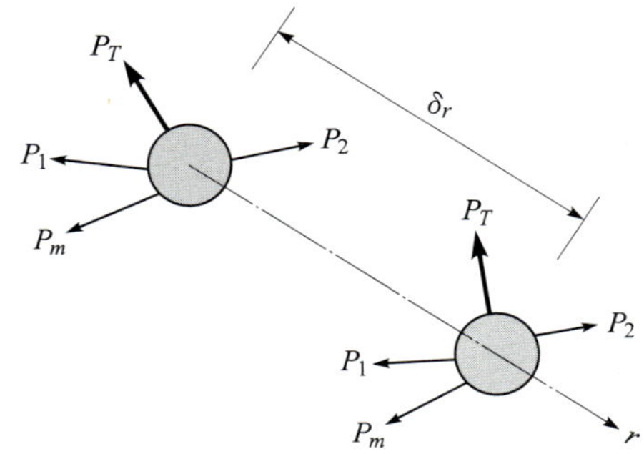

그림 10.1

여기서, P_{ir}은 P_i의 r방향 성분이고, P_{Tr}은 합력 P_T의 r방향 성분이다. 강체가 평형상태에 있다면 강체에 작용하는 힘들의 합력 $P_T = 0$이므로 합력의 r방향 성분인 P_{Tr}도 영(zero)이 되며, 따라서 $W = 0$이 된다. 즉, 강체에 작용하는 P역계가 평형을 이루고 있다면 이 힘들이 임의의 가상변위에 의해 하는 가상일은 영이 된다.

강체가 평형상태에 있지 않는 경우에도 특정한 한 방향의 합력성분이 영이 되어(합력의 직각방향 성분) 그 방향으로의 가상변위에 의한 가상일이 영이 되는 특수한 경우도 있을 수 있다. 그러나 모든 임의의 가상변위에 대해서 $W = 0$이 성립하려면 그 강체가 평형상태에 있어야 한다. 이것은 강체에 대한 "**가상일의 원리**"를 나타내고, 이를 "**가상변위의 원리**"라고도 한다.

강체에 작용하는 힘들의 크기와 방향이 가상변위가 일어나는 동안에 변하지 않는다면, 가상변위 δ_r의 크기는 문제가 되지 않는다. 또한, 가상변위는 말뜻 그대로 가상의 값이므로 작용하중에 의한 구조시스템의 실제 변위와는 관계가 없다. 단지, 가상변위는 구조시스템의 운동학적 조건들을 만족시키는 운동학적으로 가능한 것이면 된다.

10.2 가상일의 원리

가상변위의 원리를 변형체에 적용시킬 수도 있다. 이 경우에는 가상변위가 일어나는 동안에 외력에 의한 가상일 이외에 내력에 의한 가상일도 함께 고려해야 한다. 이를 설명하기 위하여 그림 10.2(a)와 같은 구조물을 예로 든다.

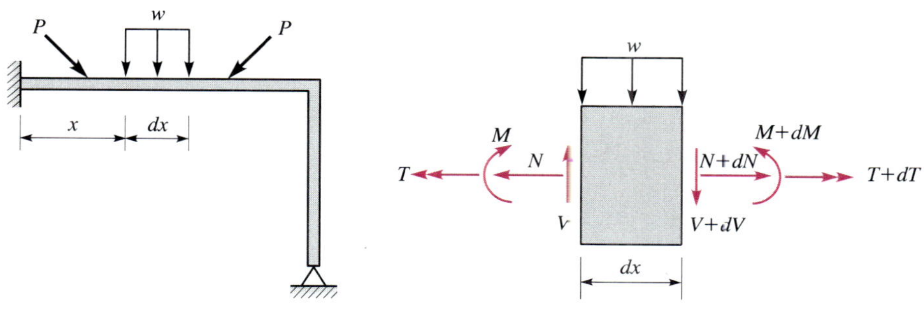

(a) (b)

그림 10.2 부재요소의 합응력

그림 10.2(a)의 구조물은 여러 가지 형태의 하중이 작용하는 가운데 평형상태에 있다. 평형상태인 이 구조물에서 dx 만한 미소요소를 떼어내어 자유물체도를 그리면 그림 10.2(b)와 같다. 미소요소의 왼쪽 면에는 축방향력 N, 휨모멘트 M, 전단력 V 및 비틀림모멘트 T 등의 합응력이 존재하고, 오른쪽 면에는 이들이 미소량만큼 변한 $N+dN$, $M+dM$, $V+dV$, $T+dT$인 합응력이 존재한다.

이러한 하중의 작용하에서 평형상태를 유지하는 그림 10.2(a)의 구조물에 임의의 가상변위를 주기로 한다. 즉, 평형상태에 있는 구조물에 가상변위를 주기로 한다. 평형상태에 있는 구조물에 부가적으로 주어지는 가상변위는 실제로 가능한 변위 형상이면 된다. 즉, 가상변위는 지지조건을 만족시키고 요소들 사이의 연속성을 유지해야 한다.

가상변위가 일어나면 그림 10.2(b)와 같은 구조물의 각 미소요소는 가상변위에 의해 새로운 위치로 이동하게 되고 그 형상도 변하게 된다. 따라서 미소요소에 작용하는 모든 힘(외부하중과 합응력)은 가상일을 하게 되고, 이 가상일을 dW로 나타내기로 하자. 이러한 가상일은 강체운동(이동과 회전)에 의한 가상일 dW_r과 미소요소의 변형에 의한 가상일 dW_d로 구성된다고 볼 수 있다.

$$dW = dW_r + dW_d \tag{10.2}$$

미소요소에 작용하는 외부하중과 합응력이 평형상태에 있으므로 외부하중과 합응력의 강체운동에 의한 가상일 dW_r은 가상변위의 원리로부터 영이다. 따라서

$$dW = dW_d \tag{10.3}$$

구조물 전체에 대해 위의 식을 적용시키려면 다음과 같이 구조물 전체에 대하여 적분을 수행하면 된다.

$$\int dW = \int dW_d \tag{10.4}$$

식 (10.4)의 좌변은 그림 10.2(b)와 같은 미소요소의 면에 작용하는 모든 힘(외부하중과 합응력)이 구조물에 가상변위가 일어나는 동안에 하는 전체 가상일을 나타낸다. 이 경우 미소요소의 양쪽 단면은 인접 요소의 단면과 접해 있고, 인접한 단면에 작용하는 합응력은 크기가 같고 방향이 반대이다. 따라서 식 (10.4)의 좌변에서 합응력이 하는 가상일은 상쇄되어 없어지고, 오직 미소요소의 외부 경계에 작용하는 힘(외부하중)들이 하는 일만 남게 된다. 이를 외적가상일(external virtual work)이라 하고 W_{ext}로 나타낸다.

식 (10.4)의 우변은 그림 10.2(b)와 같은 미소요소에 작용하는 외부하중과 합응력이 강체운동을 제외한 구조물에 가상변위가 일어나는 동안에 미소요소에 생긴 요소의 가상변형에 의한 가상일을 적분한 것이다. 그러나 요소가 변형하는 동안에는 합응력만이 일을 하므로 식 (10.4)의 우변은 미소요소에 작용하는 합응력이 요소가 가상변형을 일으킬 때 하는 가상일의 합을 나타낸다. 이를 내적가상일(internal virtual work)이라 하고 W_{int}로 나타낸다. 따라서 식 (10.4)는 다음과 같이 된다.

$$W_{ext} = W_{int} \tag{10.5}$$

이 식을 가상일의 원리(principle of virtual work)라 하고 다음과 같이 요약할 수 있다. **"어떤 하중군의 작용하에 평형상태에 있는 변형이 가능한 구조물에 임의의 작은 가상변위를 주면 외부하중에 의한 외적가상일과 내력(또는 합응력)에 의한 내적가상일은 서로 같다."**

외적가상일 W_{ext}는 가상변위가 일어나는 동안에 외력이 하는 가상일이다. 가상변위가 생기는 동안에 외력의 크기와 방향이 변하지 않으므로, 외적가상일은 외력에다 외력방향으로의 변위를 곱한 것과 같다. 만일, 외력이 모멘트인 경우에는 모멘트에 가상 회전각을 곱하여 가상일을 구한다.

내력이 하는 내적가상일 W_{int}는 요소의 변형과 관계된다. 그림 10.3에는 여러 가지 형태의 요소의 가상변형을 나타내었다. 그림 10.2(b)에 나타낸 합응력들은 이러한 요소의 가상변형이 생기는 동안에 가상일을 한다. 그림 10.3(a)와 같이 요소에 균일한 축방향 가상변형이 발생하면 축방향력만이 $(N+dN)dl$만큼 일을 한다. 그리고 그림 10.3(b)와 같이 요소의 두 면에 상대적인 가상회전 $d\theta$가 발생하면 휨모멘트만이 $(M+dM)d\theta$만큼 일을 한다. 마찬가지로 전단력과 비틀림 모멘트도 전단 가상변형과 비틀림 가상변형이 일어나는 동안에 $(V+dV)d\lambda$와 $(T+dT)d\phi$만큼 일을 한다. 이러한 요소에 발생되는 네 가지의 가상일 중에서 $dNdl$, $dMd\theta$ 등과 같은 미소량의 곱을 무시하면, 구조 요소에 작용하는 합응력이 하는 내적가상일은 다음과 같이 나타낼 수 있다.

$$Ndl + Md\theta + Vd\lambda + Td\phi$$

구조물 전체에 대한 내적가상일은 다음과 같이 구조물 전체에 대해 적분하여 구할 수 있다.

$$W_{int} = \int Ndl + \int Md\theta + \int Vd\lambda + \int Td\phi \tag{10.6}$$

여기서, 합응력(N, M, V, T)은 실제 하중에 의해 구조물에 발생되는 합응력이고, 변형(dl, $d\theta$, $d\lambda$, $d\phi$)은 구조물에 가상변위를 주었을 때 그조요소에 발생되는 요소의 가상변형을 의미한다.

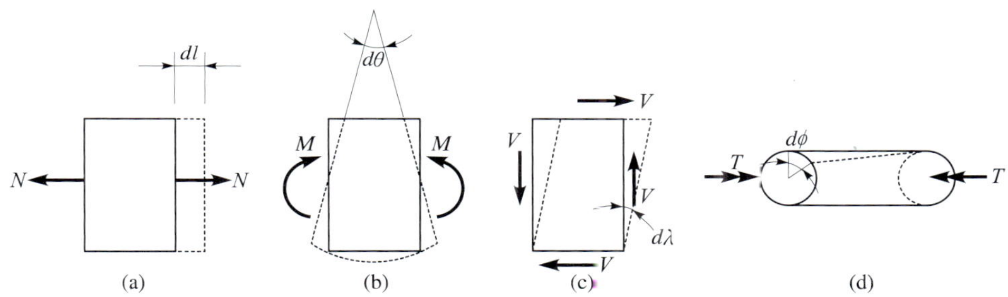

그림 10.3 부재요소의 가상변형

CHAPTER 11

단위하중법

보나 트러스와 같은 간단한 구조물뿐만 아니라 복잡한 구조물의 변위를 구하는데도 널리 사용되는 단위하중법을 가상일의 원리를 사용하여 유도한다. 단위하중법은 구조물의 임의의 한 점에서의 처짐, 기울기 또는 상대 처짐 등을 구하는데 널리 사용된다.

단위하중법으로 구조물의 변위를 구하는 식을 유도하기 위해서는 두 가지의 하중계를 고려해야 한다. 제1하중계는 하중, 온도변화 및 지점침하 등과 같이 구하려는 변위를 일으키는 모든 원인들로 구성된 하중계이고, 제2하중계는 구조물에 오직 단위하중만이 작용하고 있는 하중계를 말한다.

제2하중계에서 고려하는 단위하중은 제1하중계에 의해 발생하는 변위 중에서 구하고자 하는 변위 Δ의 위치에 구하려는 변위의 방향으로 작용시켜야 한다. 이러한 단위하중만 작용하는 제2하중계에 의해 구조부재의 요소에는 축방향력(n), 휨모멘트(m), 전단력(v)과 비틀림모멘트(t) 등의 합응력이 생긴다. 이러한 제2하중계의 단위하중과 반력 및 합응력은 평형력계를 형성하므로 단위하중만이 작용하는 제2하중계에 가상일의 원리를 적용시킬 수 있다. 이 때 가장 중요한 것은 가상변위를 적절히 선택하는 것이다. 여기서는 제1하중계에 의해 생기는 실제 변위를 제2하중계의 가상변위로 고려하기로 한다. 제2하중계에 제1하중계의 실제 하중에 의한 실제 변위와 같은 크기의 가상변위가 생기는 동안에 외력이 하는 외적가상일은 단위하중에 의한 일 뿐이다. 따라서 외적가상일은 단위하중과 단위하중이 작용하는 방향으로의 변위 Δ의 곱과 같다.

$$W_{ext} = 1 \cdot \Delta \tag{11.1}$$

여기서, Δ는 실제 하중에 의해 구조물에 발생하는 구하려는 변위이고, 단위하중은 이 위치에서 Δ방향으로 작용시킨 힘이다.

실제 하중에 의해 구조물에 발생하는 실제 변위를 가상변위로 선택하는 경우 제2하중계에서 합응력들은 내적가상일을 하게 된다. 그림 10.3과 같이 이러한 가상변형을 dl, $d\theta$, $d\lambda$, $d\phi$라

하면 제2하중계의 내적가상일 W_{int}는 다음과 같이 나타낼 수 있다.

$$W_{int} = \int ndl + \int md\theta + \int vd\lambda + \int td\phi \tag{11.2}$$

가상일의 원리로부터 $W_{ext} = W_{int}$ 이므로 다음과 같은 단위하중법에 대한 기본식을 얻는다.

$$1 \cdot \Delta = \int ndl + \int md\theta + \int vd\lambda + \int td\phi \tag{11.3}$$

여기서, 선택한 가상변형 dl, $d\theta$, $d\lambda$, $d\phi$ 등은 실제 하중에 의해 구조물에 발생하는 실제 변위를 가상변위로 선택하였기 때문에 실제 하중에 의한 실제 변형이다. 재료가 후크의 법칙을 따르고 거동이 선형인 경우에는 dl, $d\theta$, $d\lambda$, $d\phi$에 관한 식을 쉽게 구할 수 있다. 실제 하중에 의한 구조물의 합응력을 N, M, V, T로 나타내면 요소의 변형은 다음과 같이 표시된다.

$$dl = \frac{Ndx}{EA},\ \ d\theta = \frac{Mdx}{EI},\ \ d\lambda = \frac{\alpha_s Vdx}{GA},\ \ d\phi = \frac{Tdx}{GI_P} \tag{11.4}$$

이 관계를 식 (11.3)에 대입하면 선형탄성구조물에 대한 단위하중법의 일반식을 구할 수 있다.

$$1 \cdot \Delta = \int \frac{nN}{EA}dx + \int \frac{mM}{EI}dx + \int \alpha_s \frac{vV}{GA}dx + \int \frac{tT}{GI_P}dx \tag{11.5}$$

구조물의 형태에 따라 식 (11.5) 중에서 어느 항은 필요하지 않을 수도 있다. 예를 들어 절점하중만이 작용하는 트러스의 경우에는 부재에 휨, 전단 및 비틀림 변형이 생기지 않으므로 첫째 항만 필요하다. 또한, 트러스 부재의 축방향력은 부재 전체 길이에 걸쳐 일정하므로 트러스의 처짐만을 구하는 식은 다음과 같다.

$$1 \cdot \Delta = \Sigma \frac{nNL}{EA} \tag{11.6}$$

보나 라멘에서 휨변형만에 의한 구조물의 변위를 구하는 경우에는 단위하중법의 일반식은 다음과 같다.

$$1 \cdot \Delta = \int \frac{mM}{EI}dx \tag{11.7}$$

하중 이외에 온도변화에 의해 변위가 생기는 경우에는 dl, $d\theta$, $d\lambda$, $d\phi$ 등을 온도변화로 나타내어야 한다. 어떤 부재의 임의의 단면에서의 온도가 ΔT만큼 증가하는 경우 부재요소의 길이 변화는 다음과 같다.

$$dl = \alpha(\Delta T)dx \tag{11.8}$$

여기서, α는 부재의 선팽창계수이다. 따라서 온도변화만에 의한 부재의 축방향변형을 고려하는 경우 다음 식과 같다.

$$1 \cdot \Delta = \Sigma \int n\alpha(\Delta T)dx \tag{11.9}$$

온도변화가 부재의 전체 길이에 걸쳐 일정한 경우에는 다음 식과 같다.

$$1 \cdot \Delta = \Sigma n\alpha L(\Delta T) \tag{11.10}$$

여기서, L은 고려하는 부재의 길이로서 모든 부재의 $n\alpha L(\Delta T)$를 구한 후 이들을 합하여 변위를 구한다.

온도가 부재의 전체 길이에 걸쳐서 상단에서 하단으로 직선적으로 변화할 때 부재의 변형은 다음과 같다.

$$d\theta = \frac{\alpha(T_2 - T_1)}{h}dx \tag{11.11}$$

여기서, h는 보의 높이, T_2는 하면의 온도, T_1은 상면의 온도이다. 이러한 경우의 변위는 다음 식과 같다.

$$1 \cdot \Delta = \Sigma \int \frac{m\alpha(T_2 - T_1)}{h}dx \tag{11.12}$$

여기서, $d\theta$는 상연이 압축되고 하연이 인장되는 경우를 양(+)으로 가정한다.

구조물에 지점침하가 생기는 경우에는 단위하중에 의한 외적가상일 이외에 지점침하가 발생하는 지점의 반력에 의한 외적가상일도 고려해야 한다. 즉, 이 경우에는 지점침하가 발생된 지점변위 방향으로의 반력 R_i와 지점변위 Δ_i의 곱만큼 외적가상일을 고려하면 된다. 온도변화와 지점침하를 고려하여 보와 라멘 및 트러스의 변위를 구하는 식을 나타내면 다음과 같다.

$$1 \cdot \Delta = \int \frac{mM}{EI}dx + \underbrace{\int \frac{m\alpha(\Delta T)}{h}dx}_{(\text{온도변화})} + \underbrace{\int n\alpha(\Delta T)dx}_{(\text{온도변화})} - \underbrace{\Sigma R_i\Delta_i}_{(\text{지점침하})} \tag{11.13}$$

$$1 \cdot \Delta = \sum \frac{nNL}{EA} + \sum n\alpha(\Delta T)L - \sum R\Delta_i \quad (11.14)$$

(온도변화) (지점침하)

이상에서와 같이 단위하중법을 사용하여 구조물의 변위를 구하는 과정을 요약하면 다음과 같다.

(1) 실제 하중에 의해 구조물에 발생하는 합응력 N, M, V, T 등을 구한다.

(2) 구하려는 변위 Δ_i에 대응되는 단위하중을 구조물에 작용시킨다.

(3) 단위하중만에 의해 구조물에 발생하는 합응력 n, m, v, t 를 구한다.

(4) 식 (11.13) 또는 식 (11.14)를 사용하여 구조물의 변위 Δ_i 를 구한다.

예제 11.1 다음 예제 그림 11.1(a)와 같은 단순보에서 A점과 B점에서의 기울기 θ_A와 θ_B를 구하라. EI는 일정하다.

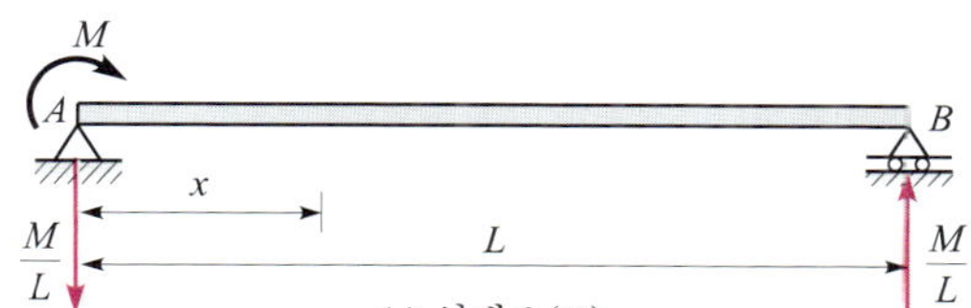

(a) 실제보(M)

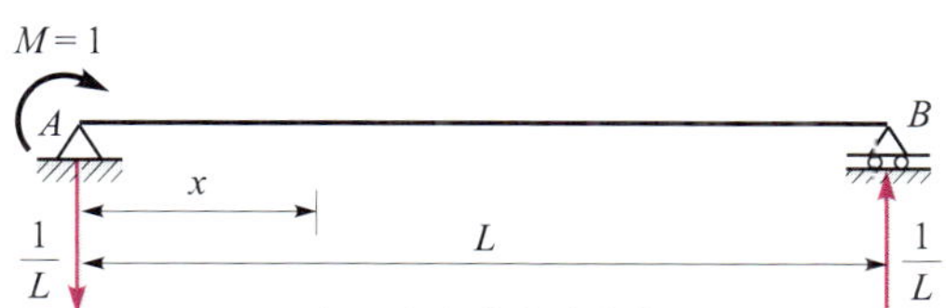

(b) θ_A 를 구하기 위한 단위하중 (m_1)

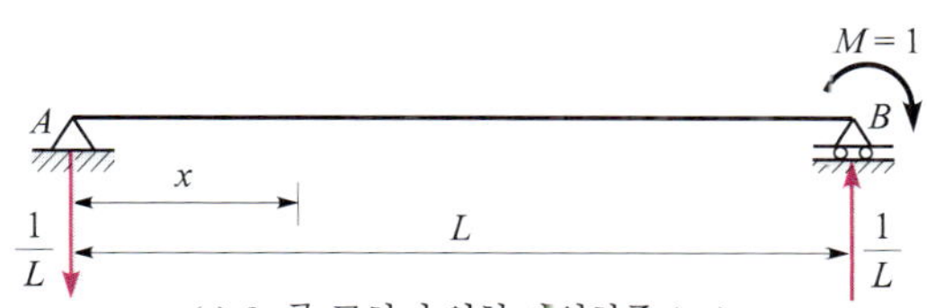

(c) θ_B 를 구하기 위한 단위하중 (m_2)

예제 그림 11.1

A점과 B점에서의 기울기 θ_A와 θ_B를 구하기 위하여 예제 그림 11.1(b) 및 (c)와 같이 A점과 B점에 각각 단위하중으로 기울기 θ_A와 θ_B에 대응하는 단위모멘트하중을 작용시킨 하중계를 고려한다. 기울기 θ_A와 θ_B는 단위하중법에 대한 식 (11.7)을 사용하여 구한다.

$$1 \cdot \theta_A = \int_0^L \frac{m_1 M}{EI} dx \tag{a}$$

$$1 \cdot \theta_B = \int_0^L \frac{m_2 M}{EI} dx \tag{b}$$

부재의 임의의 점에서의 휨모멘트 식을 x의 함수로 나타내기 위하여 좌표 원점을 잡아야 한다. 이 때 실제 단순보인 예제 그림 11.1(a)에서 A점을 좌표 원점으로 잡았다면 예제 그림 11.1(b) 및 (c)에서도 항상 동일하게 A점을 좌표 원점으로 잡아야 한다. 예제 그림 11.1(a)에서 A점에 작용하는 모멘트하중 M에 의한 반력을 구한 후 A점에서 x만큼 떨어진 임의의 점에서의 휨모멘트 M을 구한다. 마찬가지로 예제 그림 11.1(b) 및 (c)에서도 A점과 B점에 시계방향으로 작용하는 단위모멘트하중에 의한 반력을 각각 구한 후 임의의 점에서의 휨모멘트 m_1과 m_2를 각각 구한다. 식 (a)와 식 (b)를 계산하기 위하여 다음과 같은 표를 만들어 계산하면 편리하다.

부 재	$x=0$	구 간	M	m_1	m_2
AB	A	$0 \sim L$	$(+)M - \frac{M}{L}x$	$(+)1 - \frac{x}{L}$	$(-)\frac{x}{L}$

표의 값을 식 (a)와 식 (b)에 대입하여 계산하면

$$1 \cdot EI\theta_A = \int_0^L (M - \frac{M}{L}x)(1 - \frac{x}{L})dx = \frac{ML}{3}$$

$$\theta_A = \frac{ML}{3EI} \text{ (가정한 방향 : 시계방향)} \tag{c}$$

$$1 \cdot EI\theta_B = \int_0^L (M - \frac{M}{L}x)(-\frac{x}{L})dx = (-)\frac{ML}{6}$$

$$\theta_B = (-)\frac{ML}{6EI} \text{ (가정한 반대방향 : 반시계방향)} \tag{d}$$

식 (c)와 식 (d)에서 기울기의 방향은 부호가 양(+)이면 가정한 단위모멘트하중의 작용방향과 같은 방향이고 부호가 음(−)이면 반대방향이다.

예제 11.2 다음 예제 그림 11.2(a)와 같은 단순보에서 C점에서의 수직 처짐 Δ_C를 구하라. EI는 일정하다.

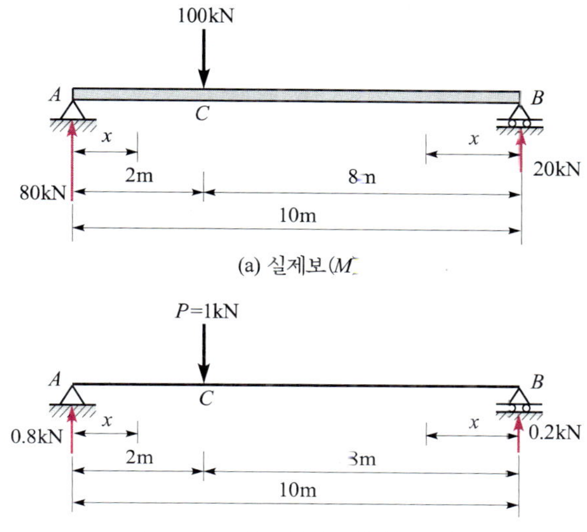

(a) 실제보(M)

(b) Δ_C를 구하기 위한 단위하중 (m_1)

예제 그림 11.2

본 예제의 경우 C점에 집중하중이 작용하기 때문에 부재의 임의의 점에서의 휨모멘트 식을 하나의 식으로 나타낼 수가 없다. 따라서 부재를 AC와 CB 구간으로 나누고 좌표 원점을 각각 A점과 C점에 잡는다. 그리고 C점에서의 수직 처짐 Δ_C를 구하기 위하여 예제 그림 11.2(b)와 같이 Δ_C에 대응하는 단위수직하중을 작용시킨다. 이 때도 역시 단위수직하중으로 인한 부재의 임의의 점에서의 휨모멘트 식을 구하기 위한 좌표 원점을 예제 그림 11.2(a)와 동일하게 잡아야 한다. 그리고 적분구간은 AC부재가 $0 \sim 2$이고 CB부재가 $0 \sim 8$이다.

다음으로 예제 그림 11.2(a)에서 실제 하중에 의한 반력을 구한 후 AC부재와 CB부재의 임의의 점에서의 휨모멘트 M을 구한다. 마찬가지로 예제 그림 11.2(b)에서 단위수직하중에 의한 반력을 구한 후 AC구간과 CB구간의 임의의 점에서의 휨모멘트 m_1을 구한다. 수직 처짐 Δ_C는 식 (11.7)를 이용하여 다시 정리하면 다음과 같다.

$$1 \cdot \Delta_C = \int_0^2 \frac{m_1 M}{EI} dx + \int_0^8 \frac{m_1 M}{EI} dx \qquad \text{(a)}$$

식 (a)를 계산하기 위하여 다음과 같은 표를 만들어 계산하면 편리하다.

부재	$x=0$	구간	M	m_1
AC	A	$0\sim2$	$(+)80x$	$(+)0.8x$
CB	C	$0\sim8$	$(+)80(x+2)-100x$	$(-)0.2x+1.6$

표의 값을 식 (a)에 대입하여 계산하면 다음과 같다.

$$1\cdot\Delta_C=\frac{1}{EI}\int_0^2(80x)(0.8x)dx+\frac{1}{EI}\int_0^8(-20x+160)(-0.2x+1.6)dx$$

$$\Delta_C=\frac{853.3\,\mathrm{kN}\cdot\mathrm{m}^3}{EI}\mathrm{m}\;(\text{가정한 방향 : 하향})$$

여기서, 수직 처짐 Δ_C는 양(+)의 값이므로 예제 그림 11.2(b)에 나타낸 단위수직하중의 방향과 같은 방향인 하향의 수직 처짐이 발생함을 의미한다.

예제 11.3 다음 예제 그림 11.3(a)와 같은 외팔보에서 A점에서의 기울기와 처짐 θ_A와 Δ_A를 구하라. 단, EI는 일정하다.

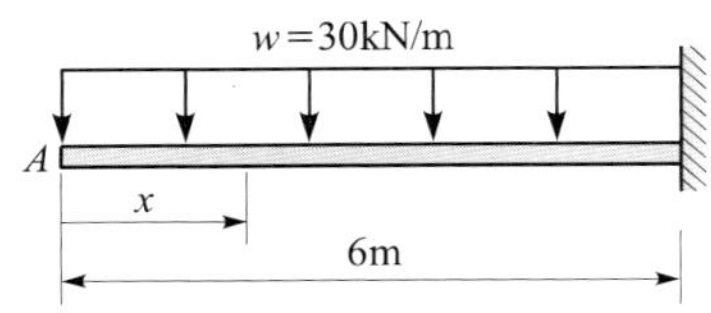

(a) 실제보(M)

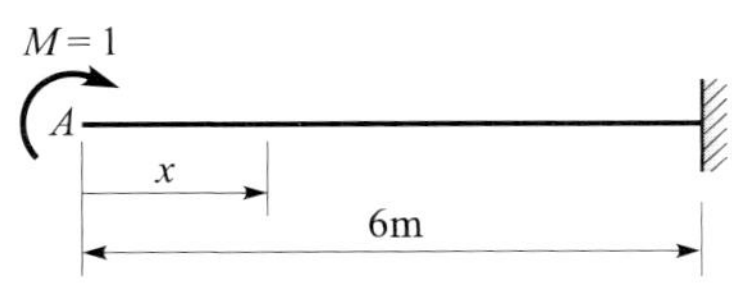

(b) θ_A를 구하기 위한 단위하중 (m_1)

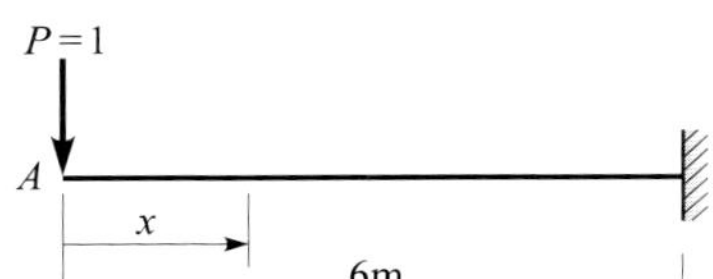

(c) Δ_A를 구하기 위한 단위하중 (m_2)

예제 그림 11.3

A점에서의 기울기와 수직 처짐 θ_A와 Δ_A를 구하기 위하여 예제 그림 11.3(b) 및 (c)와 같이 A점에 기울기 및 수직 처짐에 대응하는 단위모멘트하중과 단위수직하중 작용시킨다. 기울기 θ_A와 수직 처짐 Δ_A는 단위하중법에 대한 식 (11.7)을 사용하여 구한다.

$$1 \cdot \theta_A = \int_0^L \frac{m_1 M}{EI} dx \qquad \text{(a)}$$

$$1 \cdot \Delta_A = \int_0^L \frac{m_2 M}{EI} dx \qquad \text{(b)}$$

부재의 임의의 점에서의 휨모멘트 M, m_1 및 m_2를 구하기 위하여 좌표 원점을 A점에 잡는다. 예제 그림 11.3(a)에서 등분포하중에 의한 임의의 점에서의 휨모멘트 M을 구하고, 예제 그림 11.3(b) 및 (c)에서 A점에 시계방향으로 작용하는 단위모멘트하중과 단위수직하중에 의한 임의의 점에서의 휨모멘트 m_1과 m_2를 각각 구한다.

부 재	$x=0$	구 간	M	m_1	m_2
AB	A	$0 \sim 6$	$(-)15x^2$	$(+)1.0$	$(-)x$

표의 값을 식 (a)와 식 (b)에 대입하여 계산하면

$$1 \cdot EI\theta_A = \int_0^6 (-15x^2)(1)dx = (-)1,080.0$$

$$\theta_A = (-)\frac{1,080.0\,\text{kN}\cdot\text{m}^2}{EI}\,\text{rad}\ \text{(가정한 반대방향 : 반시계방향)}$$

$$1 \cdot EI\Delta_A = \int_0^6 (-15x^2)(-x)dx = 4,860.0$$

$$\Delta_A = \frac{4,860.0\,\text{kN}\cdot\text{m}^3}{EI}\,\text{m}\ \text{(가정한 방향 : 하향)}$$

θ_A의 방향은 부호가 음(−)이므로 시계방향으로 가정한 단위모멘트하중의 방향과 반대인 반시계방향이고, Δ_A의 부호는 양(+)이므로 하향으로 가정한 단위수직하중의 방향과 같은 하향의 처짐이다.

예제 11.4 다음 예제 그림 11.4(a)와 같은 외팔보에서 C점에서의 수직 처짐 Δ_C를 구하라. 단, EI는 일정하다.

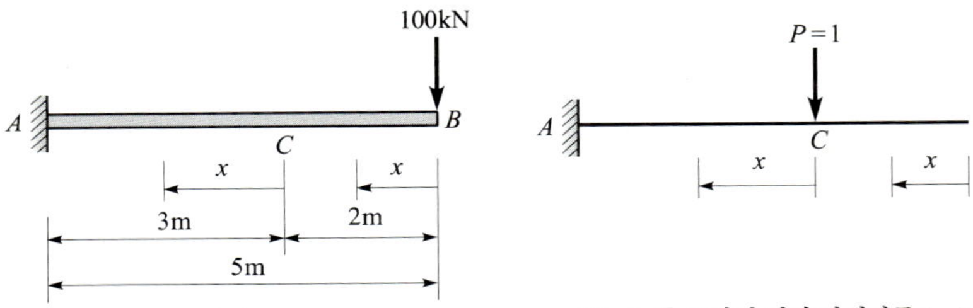

(a) 실제보(M)　　(b) Δ_C를 구하기 위한 단위하중 (m_1)

예제 그림 11.4

C점에서의 수직 처짐 Δ_C를 구하기 위하여 예제 그림 11.4(b)와 같이 C점에 단위수직하중을 작용시킨다. 부재의 임의의 점에서의 휨모멘트 M과 m_1를 구하기 위하여 AC부재와 CB부재로 나누고 좌표 원점을 C점과 B점에 잡는다. 구간이 두 개이므로 단위하중법에 대한 식 (11.7)을 사용하여 정리하면 다음과 같다.

$$\Delta_C = \int_0^3 \frac{m_1 M}{EI} dx + \int_0^2 \frac{m_1 M}{EI} dx \quad \text{(a)}$$

부재의 임의의 점에서의 휨모멘트 M과 m_1은 예제 그림 11.4(a) 및 (b)에서 각각 구하여 표로 나타내면 다음과 같다.

부 재	$x=0$	구 간	M	m_1
CB	B	0 ~ 2	$(-)100x$	0
AC	C	0 ~ 3	$(-)100x-200$	$(-)x$

표의 값을 식 (a)에 대입하여 계산하면

$$1 \cdot \Delta_C EI = \int_0^2 (-100x)(0)dx + \int_0^3 (-100x-200)(-x)dx \quad \text{(b)}$$

$$\Delta_C = \frac{1{,}800.0\,\text{kN} \cdot \text{m}^3}{EI} \text{m (하향)}$$

예제 11.5 다음 예제 그림 11.5(a)와 같은 내민보에서 C점에서의 기울기와 수직 처짐 θ_C와 Δ_{CV}를 구하라. 단, EI는 일정하다.

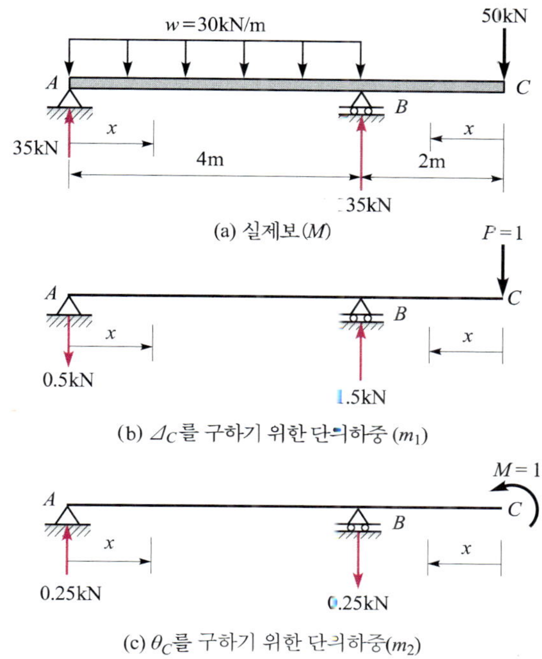

예제 그림 11.5

처짐 Δ_{CV}와 기울기 θ_C를 구하기 위하여 예제 그림 11.5(b) 및 (c)와 같이 C점에 각각 단위수직하중 $P=1$과 단위모멘트하중 $M=1$을 작용시킨다. 실제 하중에 의한 휨모멘트 M과 단위하중에 의한 휨모멘트 m_1 및 m_2에 관한 식을 세우기 위해서 구간을 AB와 BC로 나누고 좌표원점을 A점과 C점에 잡는다. 적분구간은 0~4와 0~2가 된다. 기울기 θ_C 및 수직 처짐 Δ_{CV}는 단위하중법에 관한 (11.7)을 사용하여 정리하면 다음과 같다.

$$1 \cdot \theta_C = \int_0^4 \frac{m_2 M}{EI} dx + \int_0^2 \frac{m_2 M}{EI} dx \tag{a}$$

$$1 \cdot \Delta_{CV} = \int_0^4 \frac{m_1 M}{EI} dx + \int_0^2 \frac{m_1 M}{EI} dx \tag{b}$$

부재의 임의의 점에서의 휨모멘트 M, m_1 및 m_2는 예제 그림 11.5(a), (b) 및 (c)에서 각각 구하여 표로 나타내면 다음과 같다.

부재	$x=0$	구간	M	m_1	m_2
AB	A	$0\sim4$	$(+)35x-15x^2$	$(-)0.5x$	$(+)0.25x$
BC	C	$0\sim2$	$(-)50x$	$(-)x$	$(+)1$

표의 값을 식 (a)와 식 (b)에 각각 대입하여 계산하면

$$1\cdot EI\theta_C=\int_0^4(35x-15x^2)(0.25x)dx-\int_0^2(50x)(1)dx=(-)153.3$$

$$\theta_C=(-)\frac{153.3\,\mathrm{kN\cdot m^2}}{EI}\mathrm{rad}\ (\text{가정한 방향과 반대방향 : 시계방향})$$

$$1\cdot EI\triangle_{CV}=\int_0^4(35x-15x^2)(-0.5x)dx+\int_0^2(50x)(x)\,dx=240.0$$

$$\triangle_{CV}=\frac{240.0\,\mathrm{kN\cdot m^3}}{EI}\mathrm{m}\ (\text{가정한 방향 : 하향})$$

예제 11.6

다음 예제 그림 11.6(a)와 같은 라멘에서 D점에서의 기울기 θ_D와 E점에서의 수평 처짐 $\triangle_{EH}$를 구하라. EI는 일정하다.

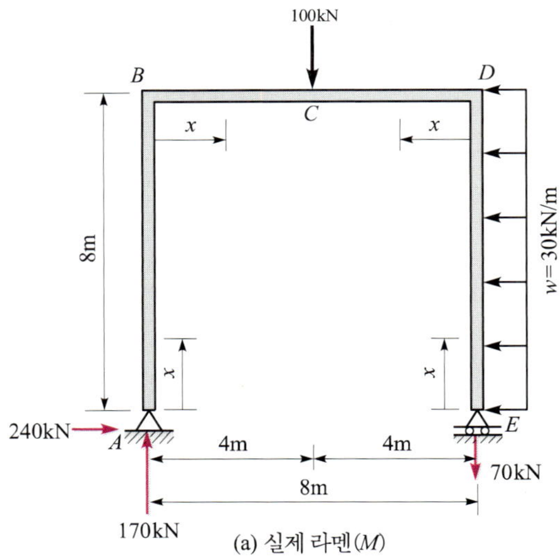

(a) 실제 라멘(M)

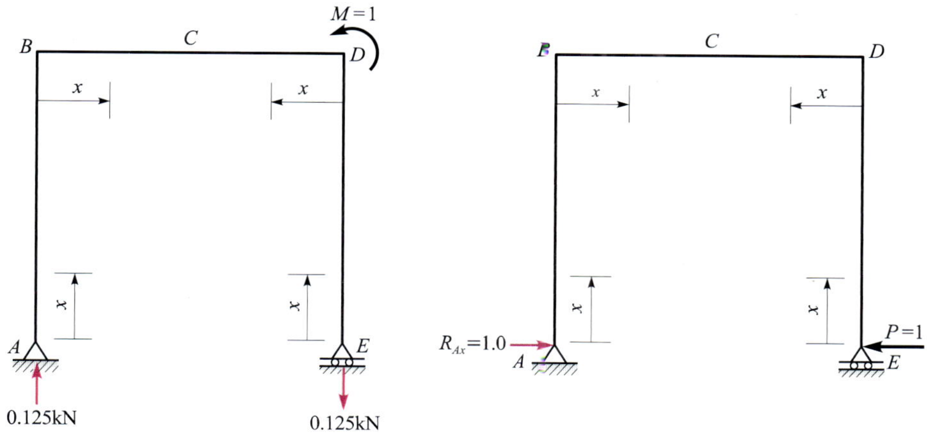

(b) θ_θ 를 구하기 위한 단위하중 (m_1)   (c) Δ_{EH} 를 구하기 위한 단위하중 (m_1)

예제 그림 11.6

주어진 라멘의 반력을 구하고, 휨모멘트는 AB, BC, CD, DE 구간으로 나누어 각 구간에 대한 휨모멘트 일반식을 구한다. 그리고 기울기 θ_D를 구하기 위하여 D점에 단위모멘트하중 $M=1$를 재하하고, 수평 처짐 Δ_{EH}를 구하기 위하여 E점에 단위수평하중 $P=1$을 재하한 후, 각 구간별 휨모멘트에 관한 일반식은 각각의 단위하중에 대하여 작성한다. 기울기 θ_D 및 수평 처짐 Δ_{EH}는 식 (11.7)을 이용하여 각 구간별로 나누어 쓰면 다음과 같다.

$$1 \cdot \theta_D = \int_0^8 \frac{m_1 M}{EI} dx + \int_0^4 \frac{m_1 M}{EI} dx + \int_0^4 \frac{m_1 M}{EI} dx + \int_0^8 \frac{m_1 M}{EI} dx$$

$$1 \cdot \Delta_{EH} = \int_0^8 \frac{m_2 M}{EI} dx + \int_0^4 \frac{m_2 M}{EI} dx + \int_0^4 \frac{m_2 M}{EI} dx + \int_0^8 \frac{m_2 M}{EI} dx$$

부재	$x=0$	구간	M	m_1	m_2
AB	A	$0 \sim 8$	$(-)240x$	0	$(-)x$
BC	B	$0 \sim 4$	$(+)170x-1,920$	$(+)0.125x$	$(-)8$
CD	D	$0 \sim 4$	$(-)70x-960$	$(-)0.125x+1$	$(-)8$
DE	E	$0 \sim 8$	$(-)15x^2$	0	$(-)x$

표의 값을 위의 식에 대입하여 계산하면

$$1 \cdot \theta_D = \frac{1}{EI}\int_0^4 (170x-1,920)(0.125x)dx + \frac{1}{EI}\int_0^4 (-70x-960)(-0.125x+1)dx = (-)\frac{4,720.0}{EI}$$

$$\theta_D = (-)\frac{4,720.0\,\text{kN} \cdot \text{m}^2}{EI}\text{m}$$ (가정한 방향과 반대방향 : 시계방향)

$$1 \cdot \Delta_{EH} = \frac{1}{EI}\int_0^8 (-240x)(-x)dx + \frac{1}{EI}\int_0^4 (170x - 1{,}920)(-8)dx$$
$$+ \frac{1}{EI}\int_0^4 (-70x - 960)(-8)dx + \frac{1}{EI}\int_0^8 (-15x^2)(-x)dx$$
$$= \frac{142{,}080.0}{EI}$$
$$\Delta_{EH} = \frac{142{,}080.0\,\text{kN}\cdot\text{m}^3}{EI}\text{m (가정한 방향 : 좌측방향)}$$

예제 11.7

다음 예제 그림 11.7(a)와 같은 라멘에서 B점에서의 수평 처짐 Δ_{BH}를 구하라. 단, $E = 205\,\text{GPa}$, $I = 5(10^9)\,\text{mm}^4$

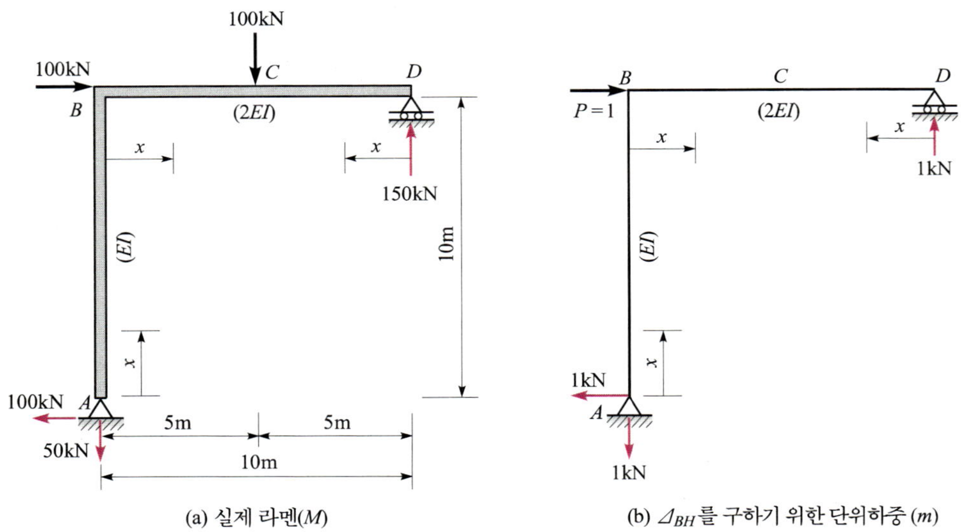

예제 그림 11.7

주어진 라멘의 반력을 구하고, 휨모멘트는 AB, BC, CD구간으로 나누어 각 구간에 대한 휨모멘트 식을 작성한다. 그리고 처짐 Δ_{BH}를 구하기 위하여 B점에 단위수평하중 $P=1$을 재하한 후 단위하중에 의한 각 구간별 휨모멘트 식을 작성한다. 처짐 Δ_{BH}는 식 (11.7)을 이용하여 각 구간별로 나누어 다시 쓰면 다음과 같다.

$$1 \cdot \Delta_{BH} = \int_0^{10} \frac{m_1 M}{EI}dx + \int_0^5 \frac{m_1 M}{2EI}dx + \int_0^5 \frac{m_1 M}{2EI}dx \quad \text{(a)}$$

부재	$x=0$	구간	M	m_1
AB	A	$0\sim 10$	$(+)100x$	$(+)x$
BC	B	$0\sim 5$	$(+)1{,}000-50x$	$(+)10-x$
CD	D	$0\sim 5$	$(+)150x$	$(+)x$

표의 값을 식 (a)에 대입하여 계산하면

$$1\cdot\triangle_{BH}=\frac{1}{EI}\int_0^{10}(100x)(x)dx+\frac{1}{2EI}\int_0^{5}(1{,}000-50x)(10-x)dx$$

$$+\frac{1}{2EI}\int_0^{5}(150x)(x)dx=\frac{53{,}125.0}{EI}$$

$$\triangle_{BH}=\frac{53{,}125.0\,\text{kN}\cdot\text{m}^3}{[(205)(10^6)\,\text{kN/m}^2][5(10^9)(10^{-12})\,\text{m}^4]}$$

$$=0.0518\,\text{m}=51.8\,\text{mm}\ (\text{가정한 방향 : 우측으로})$$

예제 11.8

다음 예제 그림 11.8(a)와 같은 트러스에서 $\triangle_{CH}$와 $\triangle_{CV}$를 구하라. 단, $A=2.5(10^2)\,\text{mm}^2$, $E=205\,\text{GPa}$

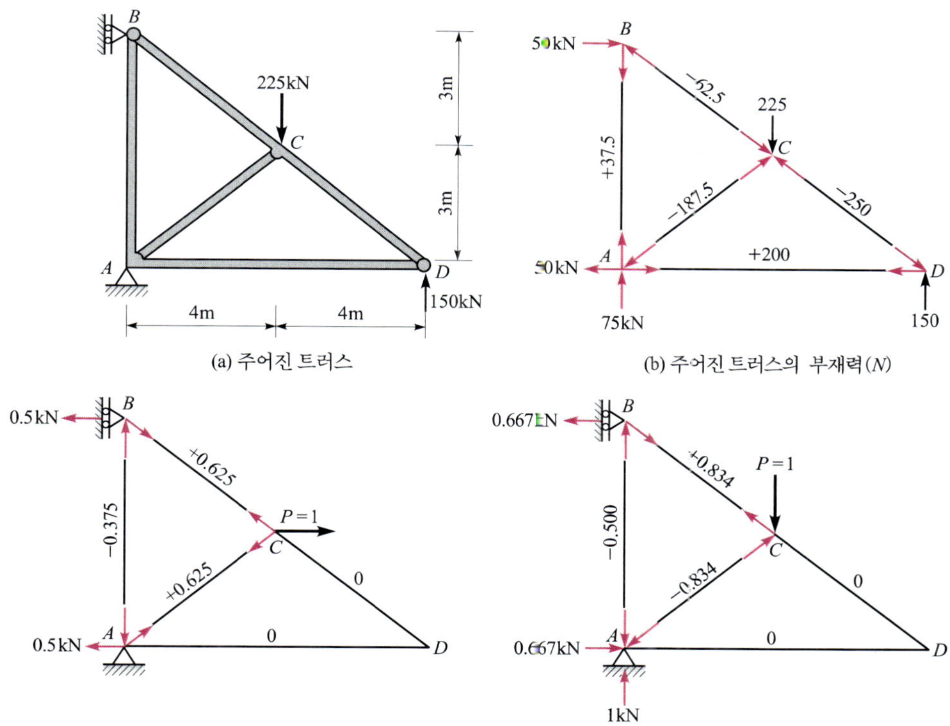

(a) 주어진 트러스

(b) 주어진 트러스의 부재력(N)

(c) Δ_{CH}를 구하기 위한 단위하중 (n_1)

(d) Δ_{CV}를 구하기 위한 단위하중 (n_2)

예제 그림 11.8

주어진 트러스의 부재력 N을 계산하여야 한다. 이 계산 결과는 예제 그림 11.8(b)에 나타내었다. 그리고 처짐을 구하고자 하는 C점에 단위하중을 재하한 후, 이 단위하중에 의한 트러스 부재력 n_1과 n_2를 계산하여야 한다. 이 계산 결과는 예제 그림 11.8(c) 및 (d)에 각각 나타내었다. 구하려는 처짐 $\triangle_{CH}$는 트러스 구조물에 축력만 작용하므로 식 (11.6)을 이용하여 구한다.

$$1 \cdot \triangle_{CH} = \Sigma \frac{nNL}{EA} \tag{a}$$

식 (a)을 계산하기 위하여 표를 작성할 때 모든 부재의 EA가 일정하므로 표에서는 nNL의 값만을 계산한 후 식 (a)에 대입하여 처짐 $\triangle_{CH}$를 구할 수 있다. 따라서 $\triangle_{CH}$를 구하기 위한 표를 작성하면 다음과 같다.

부재	L(m)	N(kN)	n_1(kN)	n_1NL(kN^2 · m)
AB	6	(+)37.5	(−)0.375	(−)84.38
BC	5	(−)62.5	(+)0.625	(−)195.31
CD	5	(−)250.0	0	0
DA	8	(+)200.0	0	0
AC	5	(−)187.5	(+)0.625	(−)585.94

$\Sigma = (-)865.63$

표의 값을 식 (a)에 대입하여 계산하면

$$(1kN) \cdot (\triangle_{CH}) = \frac{(-)865.63\,\text{kN}^2 \cdot \text{m}}{[205(10^6)\text{kN/m}^2][2.5(10^2)(10^{-6})\text{m}^2]}$$

$\triangle_{CH} = (-)0.0169\,\text{m} = (-)16.9\,\text{mm}$ (가정한 방향과 반대방향 : 좌측으로)

다음으로 $\triangle_{CV}$를 구하기 위한 표를 작성하면 다음과 같다.

부재	L(m)	N(kN)	n_2(kN)	n_2NL(kN^2 · m)
AB	6	(+)37.5	(−)0.500	(−)112.50
BC	5	(−)62.5	(+)0.834	(−)260.63
CD	5	(−)250.0	0	0
DA	8	(+)200.0	0	0
AC	5	(−)187.8	(−)0.834	(+)781.88

$\Sigma = (+)408.75$

표의 값을 식 (a)에 대입하여 계산하면

$$(1\,\text{kN}) \cdot (\triangle_{CV}) = \frac{408.75\,\text{kN}^2 \cdot \text{m}}{[205(10^6)\,\text{kN/m}^2][2.5(10^2)(10^{-6})\,\text{m}^2]}$$

$\triangle_{CV} = 0.0080\text{m} = 8.0\text{mm}$ (가정한 방향 : 아래로)

예제 11.9 다음 예제 그림 11.9(a)와 같은 트러스에서 F점에서의 수직 처짐 $\triangle_{FV}$를 구하라. 단, $E=205\,\text{GPa}$이다.

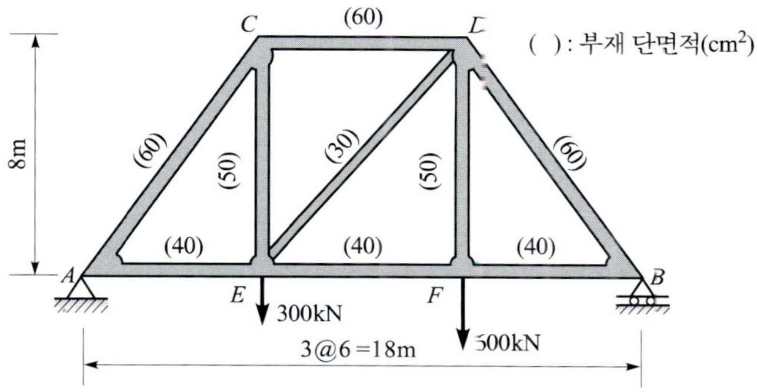

(a) 주어진 트러스

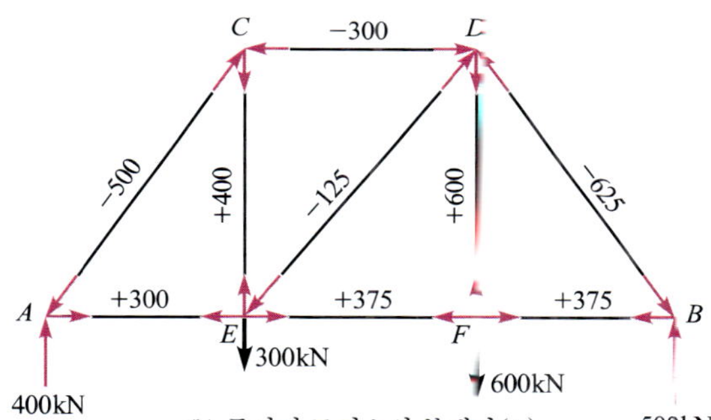

(b) 주어진 트러스의 부재력(N)

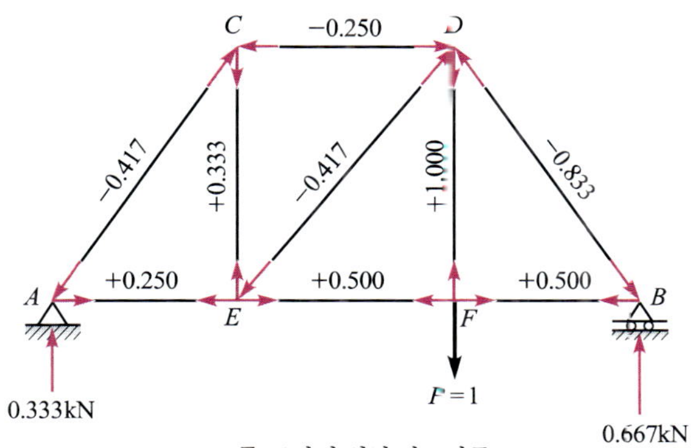

(c) Δ_{FV}를 구하기 위한 단위 하중(n)

예제 그림 11.9

주어진 트러스의 부재력 N을 계산하여야 한다. 이 계산 결과는 예제 그림 11.9(b)에 나타내었다. 그리고 처짐을 구하고자 하는 F점에 단위수직하중을 재하시킨 후 이 단위하중에 의한 트러스 부재력 n을 계산하여야 한다. 이 계산 결과는 예제 그림 11.9(c)에 나타내었다. 구하려는 수직 처짐 Δ_{FV}는 트러스 구조물에 축력만 작용하므로 식 (11.6)을 이용하여 구한다.

$$1 \cdot \Delta_{FV} = \Sigma \frac{nNL}{EA} \qquad \text{(a)}$$

식 (a)을 계산하기 위하여 표를 작성할 때 모든 부재의 E가 일정하므로 표에서는 $\frac{nNL}{A}$의 값만을 계산한 후 식 (a)에 대입하여 처짐을 구할 수 있다. 따라서 Δ_{FV}를 구하기 위하여 표를 작성하면 다음과 같다.

부재	L(m)	$A \times 10^{-4}$(m^2)	N(kN)	n(kN)	$n\frac{N}{A}L \times 10^4$
AC	10	60	(−)500.0	(−)0.417	(+)34.75
ED	10	30	(−)125.0	(−)0.417	(+)17.38
BD	10	60	(−)625.0	(−)0.833	(+)86.77
CD	6	60	(−)300.0	(−)0.250	(+)7.5
AE	6	40	(+)300.0	(+)0.250	(+)11.25
EF	6	40	(+)375.0	(+)0.500	(+)28.13
BF	6	40	(+)375.0	(+)0.500	(+)28.13
CE	8	50	(+)400.0	(+)0.333	(+)21.31
DF	8	50	(+)600.0	(+)1.000	(+)96.0

$\Sigma = 331.22 \times 10^4 (\text{kN}^2/\text{m})$

표의 값을 식 (a)에 대입하여 계산하면

$$(1\text{kN}) \cdot (\Delta_{FV}) = \frac{331.22 \times 10^4 (\text{kN}^2/\text{m})}{E(\text{kN}/\text{m}^2)} = \frac{331.22 \times 10^4 \text{kN}^2/\text{m}}{205(10^6)\,\text{kN}/\text{m}^2}$$

$$\Delta_{FV} = 0.0162\,\text{m} = 16.2\,\text{mm}\ (\text{가정한 방향 : 아래로})$$

예제 11.10 다음 예제 그림 11.10(a)와 같은 외팔보는 자유단에 100kN의 수직하중이 작용하고, 보의 상단에 56℃, 하단에 200℃의 온도를 받고 있다. 이 외팔보 B점에서의 기울기 θ_B를 구하라. 단, EI는 일정하고, 선팽창계수 $\alpha = 12 \times 10^{-6}/℃$ 이다.

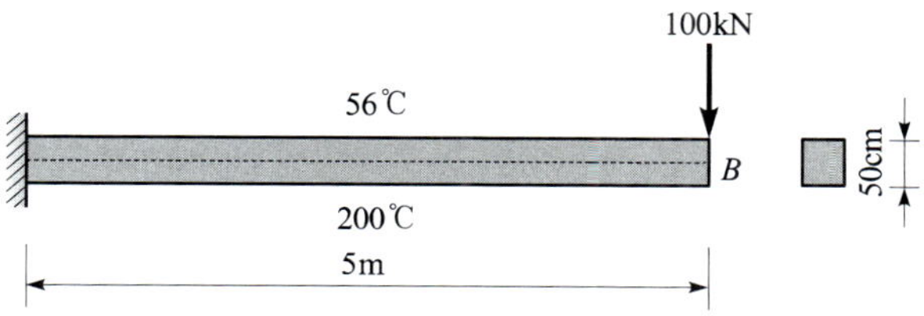

(a) 주어진 외팔보

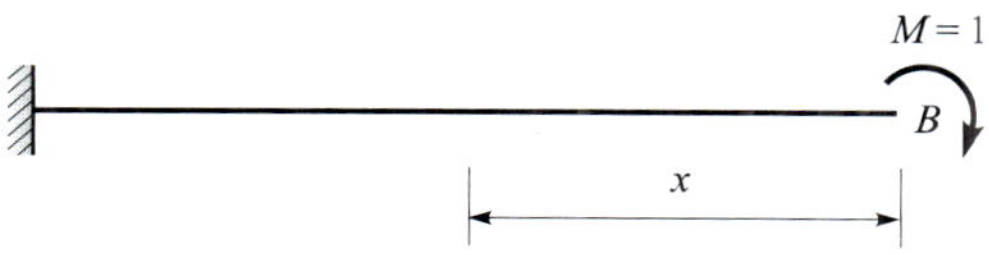

(b) θ_B를 구하기 위한 단위하중 (m)

예제 그림 11.10

먼저, 하중에 의한 기울기 θ_{B1}를 구하기 위하여 예제 그림 11.10(b)와 같이 B점에 단위모멘트 하중을 작용시킨다.

부재	$x=0$	구간	M	m
AB	B	0 ~ 5	(−)100x	(−)1

하중에 의한 기울기 θ_{B1}은

$$\theta_{B1} = \frac{1}{EI}\int_0^5 (-100x)(-1)dx = \frac{1{,}250.0}{EI}\text{rad (시계방향)}$$

다음으로 부재표면의 온도를 고려하면, 상・하단의 평균온도가 128℃이므로 상연 −72℃, 하연 +72℃의 온도변화가 있게 된다. 평균온도에 의한 변위 Δ_{BH}는 다음과 같다.

$$\Delta_{BH} = \alpha \cdot \Delta T \cdot L = 12(10^{-6}) \times 128 \times 5{,}000 = 7.68\,\text{mm (우측으로)}$$

Δ_{BH}는 단면의 도심에서 균일하게 분포하므로 축방향 변위에만 영향을 미친다.

단면의 상・하연의 온도변화에 의한 기울기 θ_{B2}는

$$\theta_{B2} = \int_0^L \frac{m\alpha(\Delta T)}{h}dx = \int_0^5 \frac{(-1)(12\times 10^{-6})(144)}{0.5}dx$$

$$= (-)\frac{(12\times 10^{-6})(144)}{0.5} \times 5.0 = (-)0.0173\,\text{rad(반시계 방향)}$$

따라서 식 (11.13)을 이용하여 B점의 기울기 θ_B를 계산하면 다음과 같다.

$$\theta_B = \theta_{B1} + \theta_{B2} = \frac{1{,}250.0\,\text{kN} \cdot \text{m}^2}{EI}(\text{rad}) - 0.0173(\text{rad})$$

예제 11.11 다음 예제 그림 11.11(a)와 같은 트러스 구조물에서 하현재의 온도가 10℃만큼 감소했을 때 F점의 수직 처짐 $\triangle_{FV}$를 구하여라. 단, $E = 205\,\text{GPa}$이고 $\alpha = 12 \times 10^{-6}/℃$ 이다.

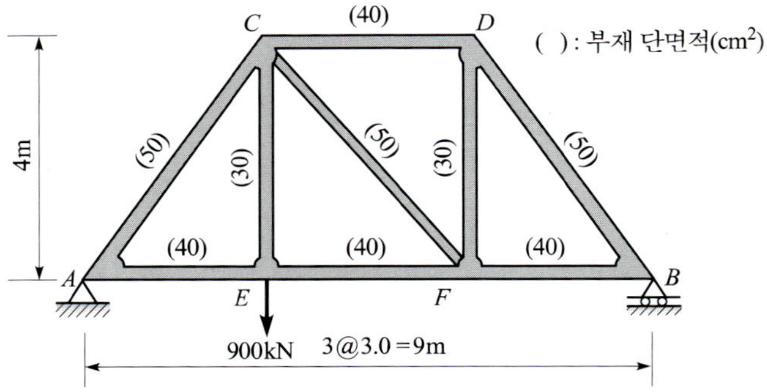

(a) 주어진 트러스

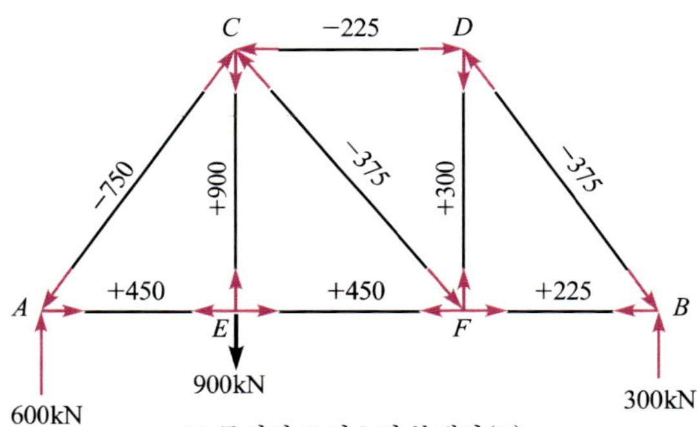

(b) 주어진 트러스의 부재력(N)

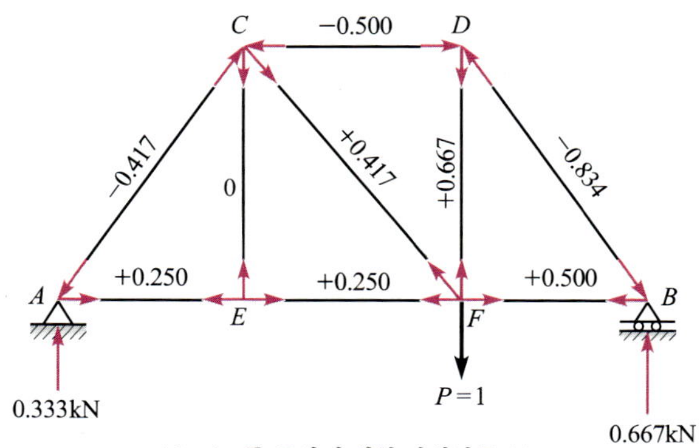

(c) Δ_{FV}를 구하기 위한 단위하중(n)

예제 그림 11.11

주어진 트러스의 부재력 N을 계산하여야 한다. 이 계산 결과는 예제 그림 11.11(b)에 나타내었다. 그리고 처짐을 구하고자 하는 F점에 단위하중을 재하시킨 후 이 단위하중에 의한 트러스 부재력 n을 계산하여야 한다. 이 계산 결과는 예제 그림 11.11(c)에 나타내었다. 트러스 구조물에 작용하는 하중과 온도변화에 의한 F점의 수직 처짐 $\triangle_{FV}$는 식 (11.14)를 이용하여 구한다.

$$1 \cdot \triangle_{FV} = \Sigma \frac{nNL}{EA} + \Sigma n\alpha(\Delta T)L \tag{a}$$

식 (a)을 계산하기 위하여 표를 작성할 때 모든 부재의 E가 일정하므로 표에서는 $\frac{nNL}{A}$의 값과 $n\alpha(\Delta T)L$을 계산한 후 식 (a)에 대입하여 처짐을 구할 수 있다. 따라서 $\triangle_{FV}$를 구하기 위하여 표를 작성하면 다음과 같다.

부재	L(m)	$A(10^{-4})(\text{m}^2)$	N(kN)	n(kN)	$\frac{nNL}{A}$	$n(\triangle T)L$
AE	3	40	(+)450.0	(+)0.250	(+)84,375.0	(−)7.5
EF	3	40	(+)450.0	(+)0.250	(+)84,375.0	(−)7.5
FB	3	40	(+)225.0	(+)0.500	(+)84,375.0	(−)15.3
CD	3	40	(−)225.0	(−)0.500	(+)84,375.0	
AC	5	50	(−)750.0	(−)0.417	(+)312,750.0	
CF	5	50	(−)375.0	(+)0.417	(−)156,375.0	
DB	5	50	(−)375.0	(−)0.834	(+)312,750.0	
CE	4	30	(+)900.0	0	0	
DF	4	30	(+)300.0	(+)0.667	(+)266,800.0	
					$\Sigma=$ (+)1,073,425.0	(−)30.3

하중에 의한 수직 처짐 $\triangle_{FV1}$은 다음과 같다.

$$\triangle_{FV1} = \frac{1{,}073{,}425.0}{E} = \frac{1{,}073{,}425.0\,\text{kN}\cdot\text{m}}{205(10^6)\,\text{kN/m}^2}$$
$$= 0.00524\,\text{m} = 5.24\,\text{mm}\ (\text{아래로})$$

온도 변화에 의한 처짐 $\triangle_{FV2}$은 다음과 같다.

$$\triangle_{FV2} = \alpha\Sigma n(\triangle T)L = (12\times10^{-6})(-30.3)$$
$$= (-)0.00036\,\text{m} = (-)0.36\,\text{mm}\ (\text{위로})$$

따라서 하중과 온도변화에 의한 처짐 값을 식 (a)에 대입하여 계산하면 F점의 수직 처짐 $\triangle_{FV}$는 다음과 같다.

$$\triangle_{FV} = \triangle_{FV1} + \triangle_{FV2} = 5.24 - 0.36 = 4.88\,\text{mm}\ (\text{아래로})$$

연습문제

단위하중법을 이용하여 다음 문제에 주어진 처짐 및 기울기를 구하시오.

11.1

자유단 B점의 처짐과 기울기($EI=$일정)

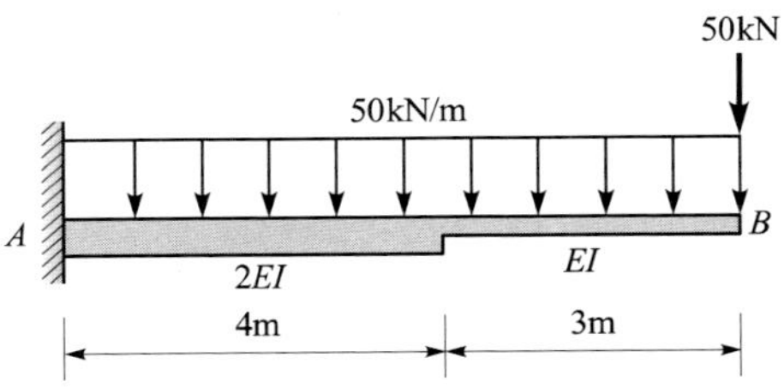

11.2

B점에서의 처짐과 기울기($EI=$일정)

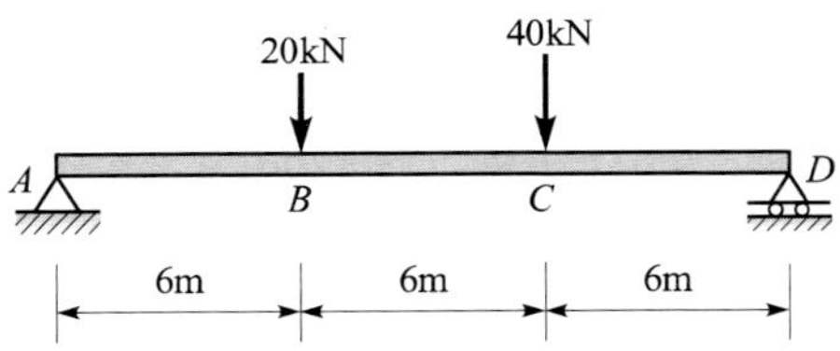

11.3

보(Beam) 중앙에서의 처짐($EI=$일정)

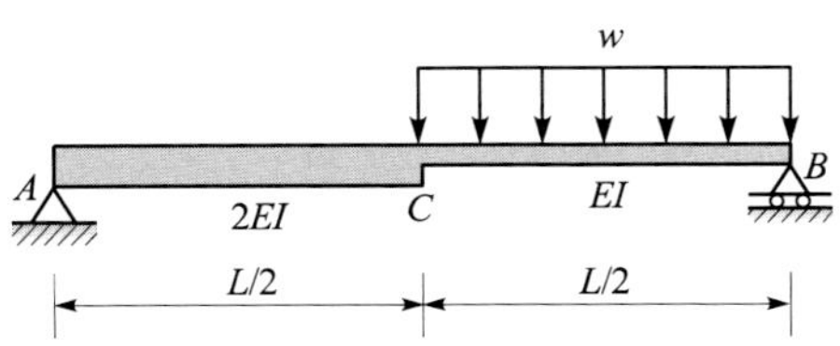

11.4

다음 각 구조물에서 지간 중앙에서의 처짐과 기울기, 내민 부분 끝단에서의 처짐과 기울기($EI=$일정)

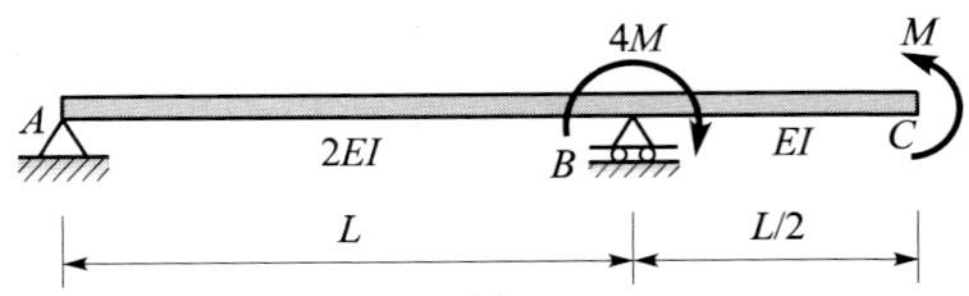

(a)

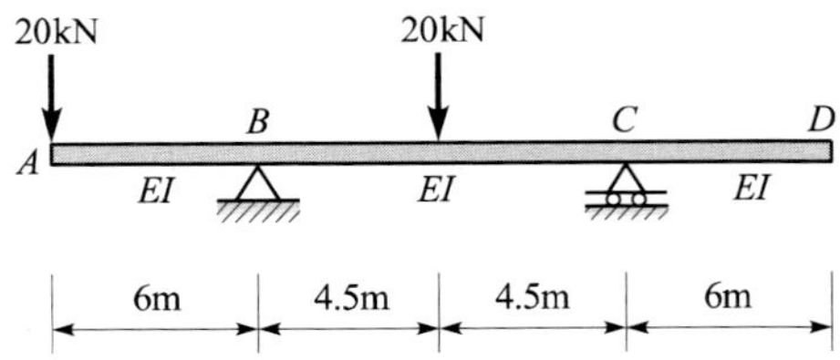

(b)

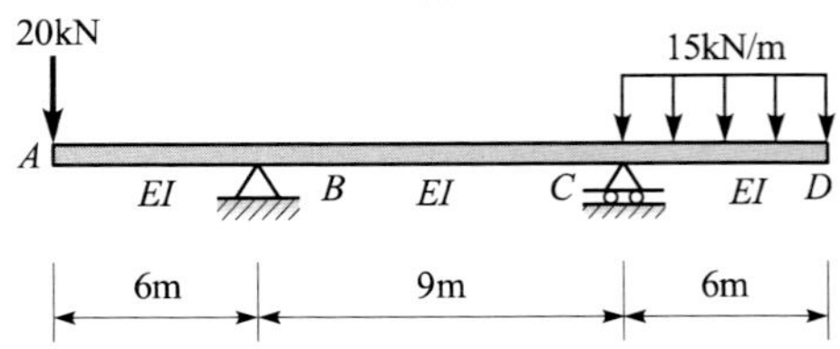

(c)

11.5

다음 각 구조물에서 D점에서의 처짐과 기울기 (EI= 일정)

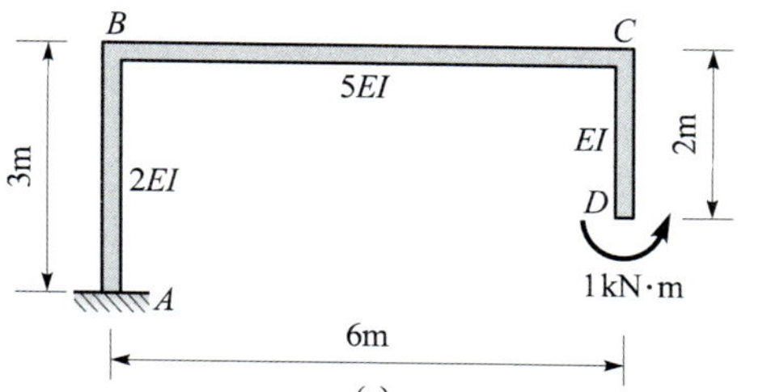

(a)

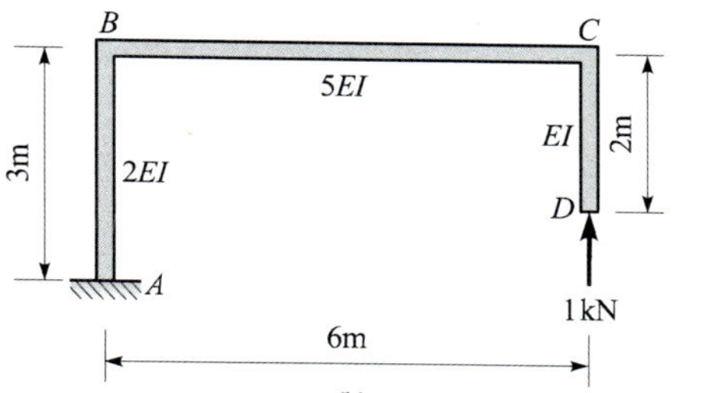

(b)

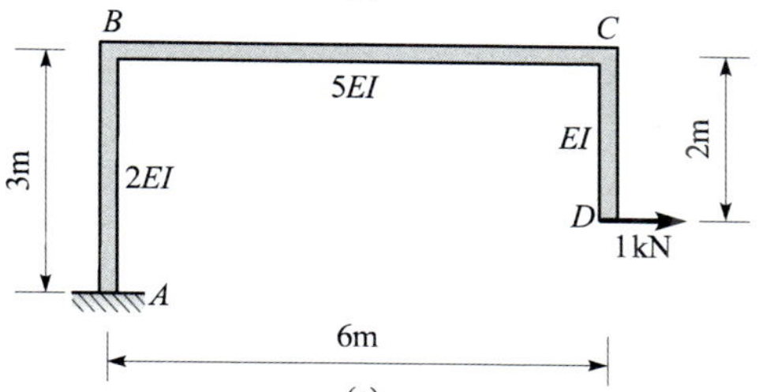

(c)

11.6

C점에서의 처짐과 기울기(EI =일정)

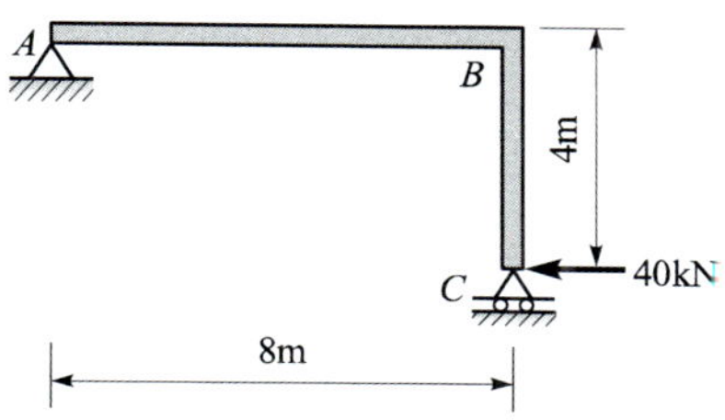

11.7

D점에서의 처짐과 기울기(EI =일정)

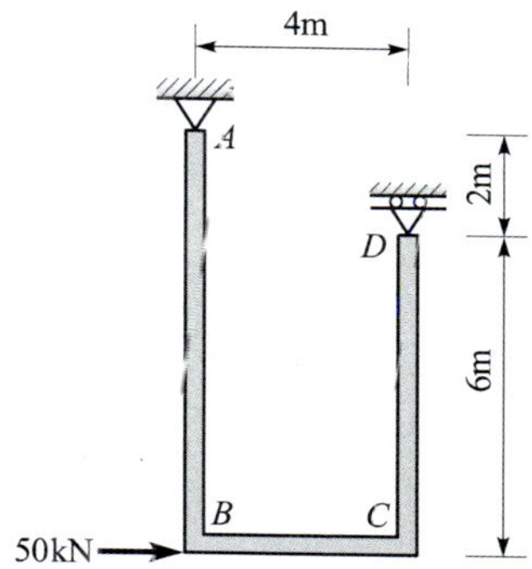

11.8

A점에서의 처짐과 기울기(EI =일정)

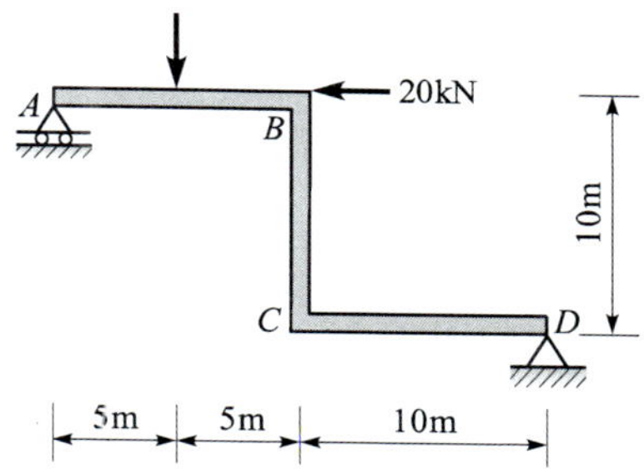

11.9

E점에서의 처짐과 기울기(EI =일정)

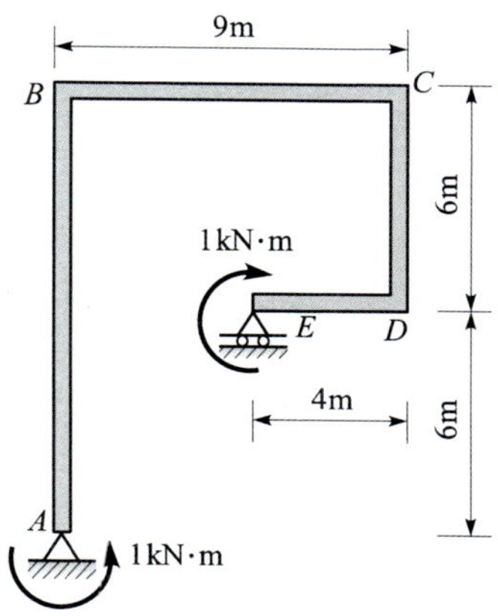

11.10

각 프레임 구조물에서 자유단의 처짐과 기울기 ($EI=$일정)

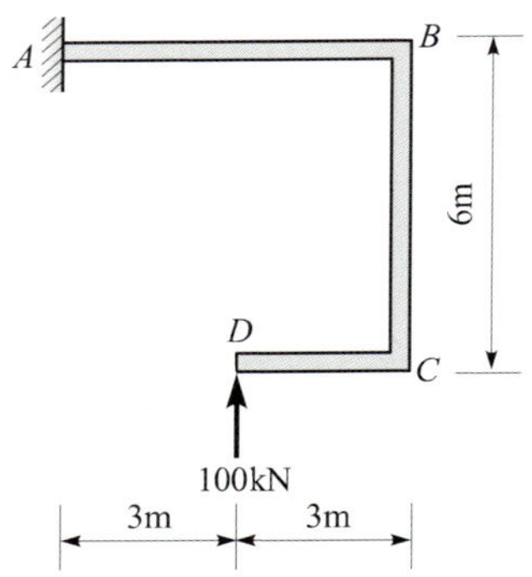

(a)

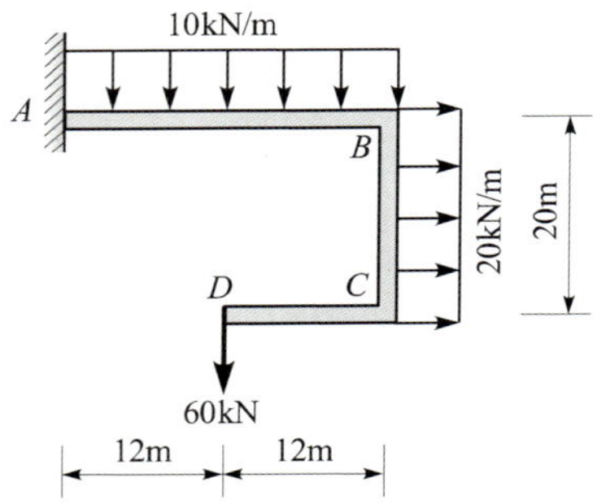

(b)

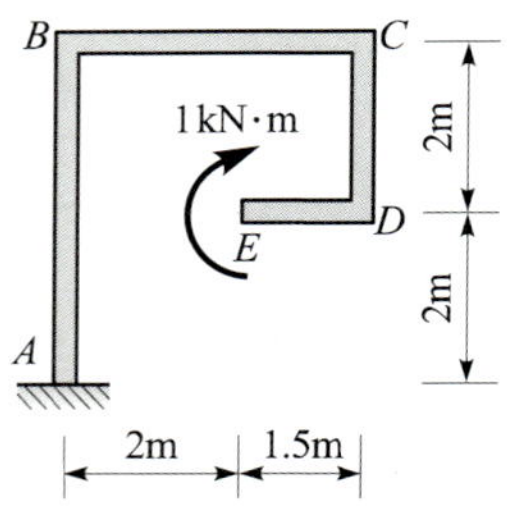

(c)

11.11

C점에서의 처짐과 기울기($EI=$일정)

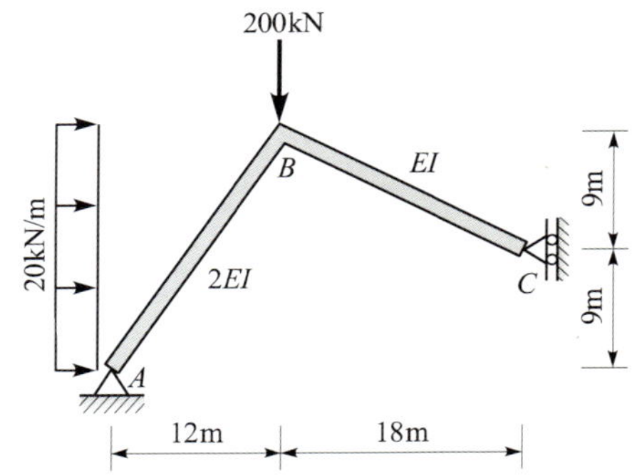

11.12

C점의 수직, 수평변위

$(A_{bar}=\ (\mathrm{cm}^2)\ ,\ E=205\,\mathrm{GPa})$

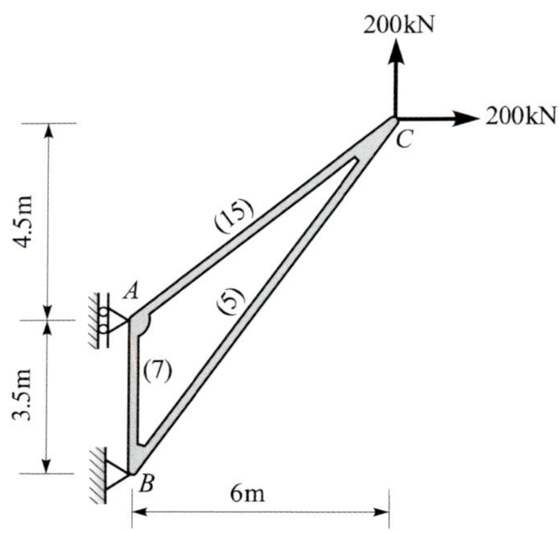

11.13

C점에서의 수직, 수평처짐(EA =일정)

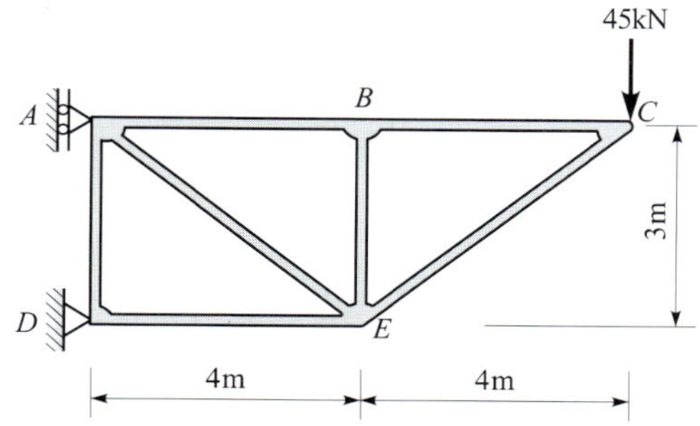

11.14

롤러(roller)지점의 수평처짐

(A_{bar} = (cm^2), E = 205 GPa)

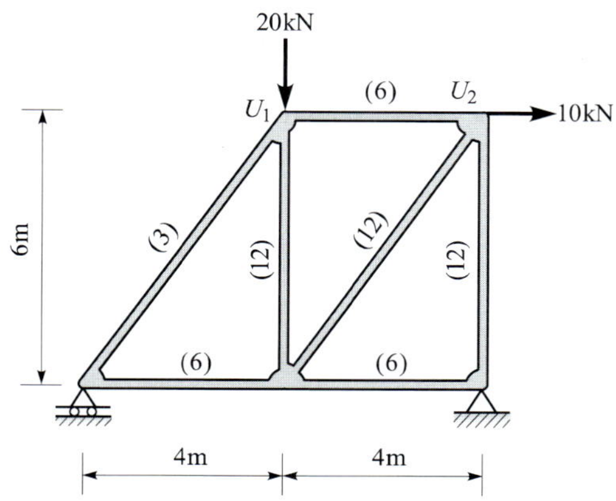

11.15

C점에서의 수직, 수평처짐(EA = 일정)

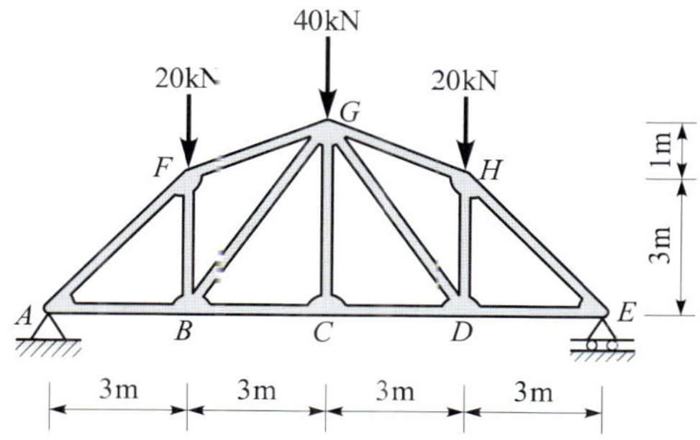

11.16

B점의 수평처짐과 C점의 수직처짐

(E = 205 GPa, ( ) : 단면적)

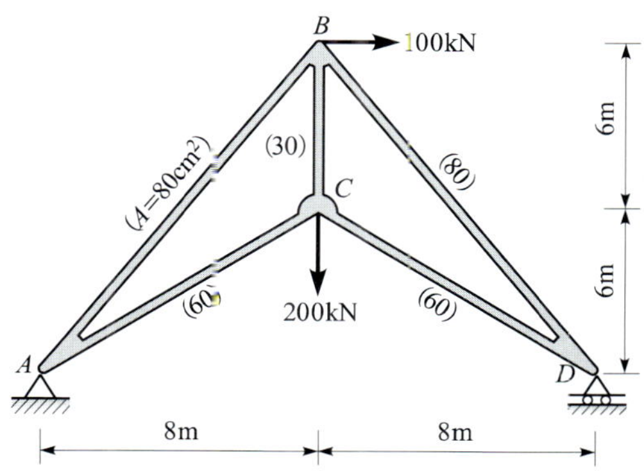

11.17

D점의 수직처짐($E = 205\,\mathrm{GPa}$, ( ): 단면적)

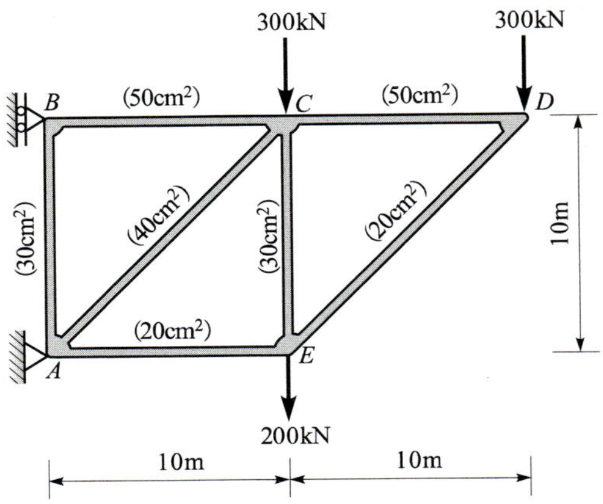

11.18

C점의 수평처짐($E = 205\,\mathrm{GPa}$, ( ): 단면적)

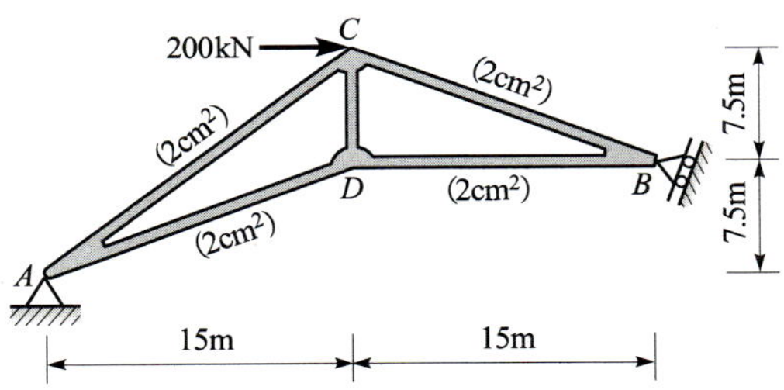

11.19

E점의 수직처짐($E = 205\,\mathrm{GPa}$, ( ): 단면적)

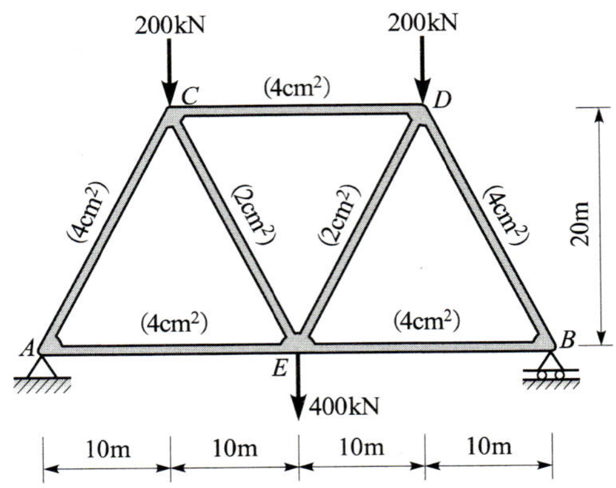

11.20

B점의 수평처짐과 C점의 수직처짐
($E = 205\,\mathrm{GPa}$, ( ): 단면적)

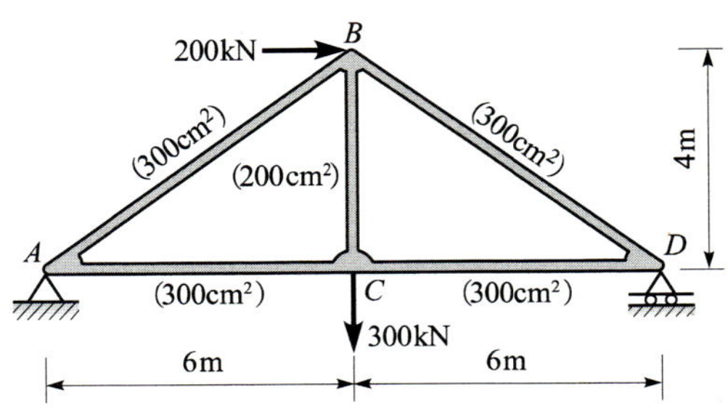

11.21

D점에서의 수직처짐($E = 205\,\mathrm{GPa}$이고, 모든 부재의 단면적은 $1,200\,\mathrm{mm}^2$이다.)

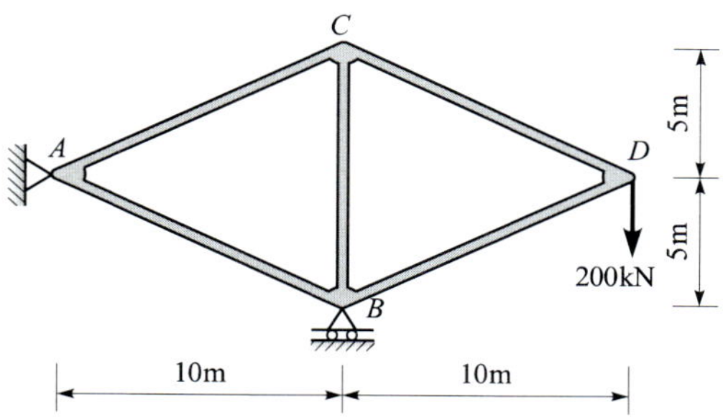

CHAPTER 12

카스틸리아노의 제2정리

보, 프레임, 트러스 등의 구조물에서 임의의 한 점에서의 기울기와 처짐을 구할 수 있는 이 방법은 1879년 Albert Castigliano에 의해 소개되었으며, 온도변화나 지점침하가 없는 선형 탄성 구조물에만 적용시킬 수 있다.

구조물이 완전 탄성체로 구성된 경우 구조물에 변형이 일어나는 동안 외력이 한 일 W는 탄성변형에너지 U로 전환되어 구조물에 모두 저장된다. 그림 12.1과 같은 인장부재를 예로 들면 P와 Δ가 영(zero)에서 시작하여 최대치 P_f와 Δ_f에 도달한다고 가정하면, 하중 P_f는 일을 하게 되고, 이 일과 크기가 같은 변형에너지가 봉에 저장된다.

$$W = U = \int_0^{\Delta_f} P \cdot d\Delta \tag{12.1}$$

공액일 및 공액에너지는 다음과 같이 정의된다.

$$W^* = U^* = \int_0^{P_f} \Delta \cdot dP \tag{12.2}$$

공액일 W^*는 외력이 하는 일 W와 같이 명백한 물리적 의미를 가지고 있지는 않지만, 둘 사이에는 다음과 같은 관계가 항상 성립한다.

$$W + W^* = U + U^* = P_f \cdot \Delta_f \tag{12.3}$$

Hooke의 법칙을 따르는 선형탄성 재료의 경우에는 변형에너지와 공액에너지가 서로 같으므로 다음 식과 같이 된다.

$$U = U^* = \frac{1}{2} P_f \cdot \Delta_f \tag{12.4}$$

이상과 같은 개념들은 휨이나 비틀림을 받는 부재의 경우에도 확장시킬 수 있다. 즉, 하중 P가 우력인 경우 대응변위를 회전변위로 보면 위의 식들을 그대로 적용시킬 수 있다.

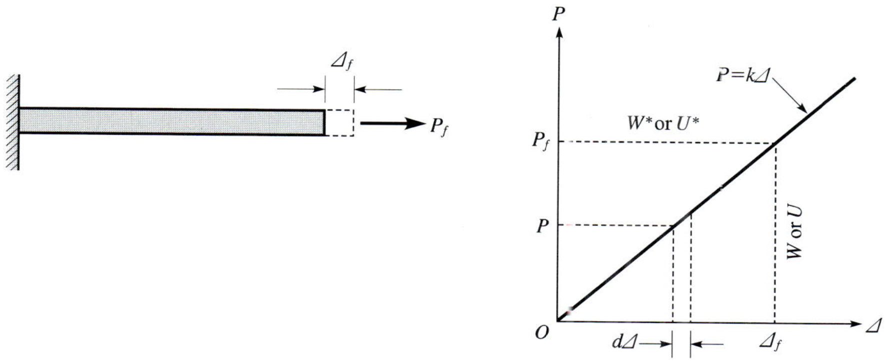

그림 12.1

구조물에 n개의 하중이 작용하는 경우 하중이 서로 같은 비율을 유지하면서 동시에 작용하면, n개의 하중이 하는 일 W와 공액일 W^*는 다음과 같다.

$$W = \sum_{i=1}^{n} \int_0^{\Delta_f} P_i \cdot d\Delta_i \tag{12.5}$$

$$W^* = \sum_{i=1}^{n} \int_0^{P_f} \Delta_i \cdot dP_i \tag{12.6}$$

여기서, n : 하중의 수효.

P_i와 Δ_i : i번째 하중과 이에 대응되는 변위.

변형에너지 U는 각 부재들의 변형에너지의 합과 항상 같으나, 공액에너지 W^*는 구조물이 기하학적으로 선형을 이루는 경우에만 각 부재의 공액에너지의 합으로 구할 수 있다(재료의 비선형성과는 관계가 없다.).

앞에서 구조물의 변형에너지 U는 하중들이 작용하는 동안에 하중들이 하는 일 W와 같음을 밝혔다. 적절한 하중-변위 선도를 사용하면 각각의 하중 P_i를 대응변위 Δ_i의 함수로 나타낼 수 있다. 이와 같이 하중을 변위의 함수로 나타내어 식 (12.5)에 대입하면 하중이 하는 일 W를 변위의 함수로 나타낼 수 있고, 이 W는 바로 변형에너지 U와 같다.

변형에너지 U를 변위의 함수로 나타낼 때 어떤 변위 Δ_i만 미소증가량 $d\Delta_i$만큼 증가하고, 다른 모든 변위는 변하지 않는 경우를 예로 든다. 이 경우 변형에너지의 증가량 dU는 Δ_i에 대한 U의 변화량과 Δ_i에서의 미소증가량 $d\Delta_i$의 곱으로 표현되며 다음 식과 같다.

$$dU = \frac{\partial U}{\partial \Delta_i} d\Delta_i \tag{12.7}$$

Δ_i만 $d\Delta_i$만큼 증가할 때 대응하중 P_i는 일을 하게 되지만 다른 변위들은 변하지 않으므로 이에 대응하는 하중들은 일을 하지 못한다. 따라서 이 경우에 일의 양은 $P_i \cdot d\Delta_i$가 되고 이는 구조물에 저장되는 변형에너지의 증가량과 같다. 따라서 변형에너지의 증가량 dU는 다음과 같다.

$$dU = P_i \cdot d\Delta_i \tag{12.8}$$

식 (12.7)과 식 (12.8)로부터 다음과 같은 식을 얻을 수 있다.

$$P_i = \frac{\partial U}{\partial \Delta_i} \tag{12.9}$$

식 (12.9)를 Castigliano의 제1정리라 하고, 이 식을 말로 설명하면 다음과 같다. **"탄성체에 저장된 변형에너지 U를 변위의 함수로 나타내는 경우 임의의 변위 Δ_i에 관한 변형에너지 U의 1차 편도함수는 대응하는 하중 P_i와 같다."**

전술한 바와 같이 구조물의 공액에너지 U^*는 하중의 공액일 W^*와 같다고 정의된다. 공액일 W^*는 변위를 하중의 함수로 표현하여 식 (12.6)에서와 같은 적분을 수행하여 구할 수 있다. 결국, U^*는 하중 $P_1, P_2, \ldots, P_n$의 함수가 된다. 이 때 어떤 하중 P_i만 미소증가량 dP_i만큼 증가하고 다른 하중들은 변하지 않는 경우를 예로 든다. 이 경우 공액에너지의 미소증가량 dU^*는 하중 P_i에 대한 U^*의 변화량과 P_i에서의 미소증가량 dP_i의 곱으로 표현되며 다음 식과 같다.

$$dU^* = \frac{\partial U^*}{\partial P_i} dP_i \tag{12.10}$$

P_i가 dP_i만큼 증가하고 다른 하중들은 변하지 않는 경우에는 공액에너지 U^*의 증가량을 다음 식으로 구할 수 있다.

$$dU^* = \Delta_i \cdot dP_i \tag{12.11}$$

식 (12.10)과 식 (12.11)로부터 다음과 같은 식을 얻을 수 있다.

$$\Delta_i = \frac{\partial U^*}{\partial P_i} \tag{12.12}$$

공액에너지 U^*의 하중 P_i에 대한 1차 편도함수는 대응변위 Δ_i와 같음을 의미한다. 이 식을 Crotti-Engesser의 정리라 하고, 비선형 거동을 하는 구조물에도 적용시킬 수 있다.

선형탄성구조물의 경우에는 공액에너지 U^*와 변형에너지 U가 서로 같다. 따라서 다음 식과 같이 Crotti-Engesser 정리를 나타낼 수 있다.

$$\Delta_i = \frac{\partial U}{\partial P_i} \tag{12.13}$$

식 (12.13)을 Castigliano의 제2정리라 하고, 말로 설명하면 다음과 같다. **"선형탄성 구조물에서 변형에너지 U를 하중의 함수로 나타내는 경우 임의의 하중 P_i에 관한 변형에너지 U의 1차 편도함수는 하중 P_i에 대응되는 변위 Δ_i와 같다."**

Castigliano의 제2정리를 사용하여 하중이 작용하지 않는 점의 변위를 구하고자 하는 경우에는 구하고자 하는 변위에 대응되는 가상하중을 구조물에 작용시켜서 계산하여야 한다. 이 경우에 변위는 실제 하중과 가상하중으로 표시되고, 여기서 가상하중을 영으로 놓음으로써 실제 하중만에 의한 변위를 구할 수 있다(뒤에 나오는 예제를 참고하기 바란다.).

휨 변형만을 고려하는 구조물의 변형에너지는 재료역학에서의 결과를 고려하면 다음 식과 같다.

$$U = \int \frac{M^2}{2EI} dx \tag{12.14}$$

여기서, 휨모멘트 M은 하중 P_i의 함수로 나타낼 수 있으므로 식 (12.14)를 식 (12.13)에 대입한 후, 미적분의 법칙에 따라 적분기호 안에 있는 함수를 미분함으로써 적분에 대한 미분을 하여 변위를 구하는 다음 식을 얻을 수 있다.

$$\Delta_i = \frac{\partial U}{\partial P_i} = \frac{\partial}{\partial P_i} \int \frac{M^2}{2EI} dx = \int \left(\frac{M}{EI}\right)\left(\frac{\partial M}{\partial P_i}\right) dx \tag{12.15}$$

일반적으로 축방향력에 의한 변형만을 고려하는 트러스의 변형에너지는 다음 식으로 구할 수 있다.

$$U = \sum \frac{N^2 L}{2EA} \tag{12.16}$$

여기서, 부재의 축력 N은 하중 P_i의 함수로 나타낼 수 있으므로 변위를 구하는 다음 식을 얻을 수 있다.

$$\Delta_i = \frac{\partial U}{\partial P_i} = \frac{\partial}{\partial P_i}\left(\sum \frac{N^2 L}{2EA}\right) = \sum \frac{N}{EA}\left(\frac{\partial N}{\partial P_i}\right)L \tag{12.17}$$

식 (12.15)와 식 (12.17)을 사용하여 보와 라멘 및 트러스의 기울기와 처짐을 구할 수 있다.

이상에서와 같이 Castigliano 제2정리를 사용하여 구조물의 변위를 구하는 과정을 요약하면 다음과 같다.

(1) 구하려는 변위 Δ에 대응되는 가상하중을 구조물에 작용시킨다.

(2) 실제 하중과 가상하중에 의해 구조물에 발생하는 M, N 등을 구한다.

(3) M, N 등과 $\partial M/\partial P$, $\partial N/\partial P$ 등을 계산한 후 가상하중을 영(zero)으로 놓는다.

(4) 식 (12.15)와 식 (12.17)을 사용하여 보와 라멘 및 트러스의 변위를 구한다.

예제 12.1 다음 예제 그림 12.1(a)와 같은 외팔보에서 B점에서의 기울기와 수직 처짐 θ_B와 Δ_B를 구하여라. EI는 일정하다.

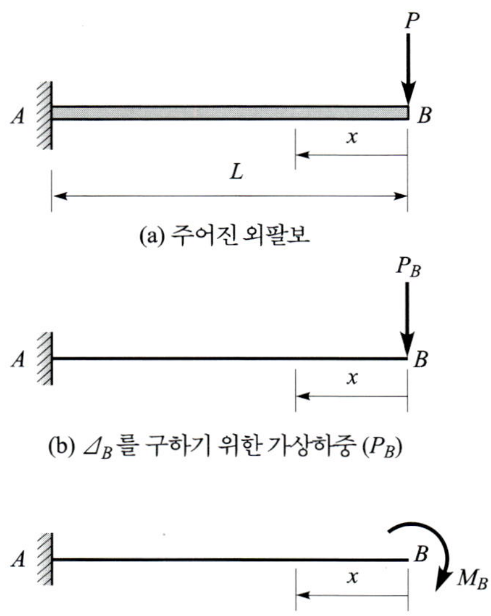

(a) 주어진 외팔보

(b) Δ_B를 구하기 위한 가상하중 (P_B)

(c) θ_B를 구하기 위한 가상모멘트(M_B)

예제 그림 12.1

B점에서의 수직 처짐 Δ_B와 기울기 θ_B를 구하기 위하여 가상하중으로 P_B와 M_B를 B점에 각각 작용시킨다. 그리고 좌표 원점은 모두 동일하게 B점에 잡은 후 실제하중 P, 가상하중 P_B와 M_B에 의한 부재의 임의의 점에서의 휨모멘트 식을 세운다. Castigliano의 제2정리에 관한 다음 식을 이용하여 수직 처짐 Δ_B와 기울기 θ_B를 계산한다.

$$\Delta_i = \int \frac{M}{EI}\left(\frac{\partial M}{\partial P_i}\right)dx \tag{a}$$

수직 처짐 Δ_B를 계산하기 위해 계산의 편의상 다음과 같은 표를 만들어 계산한다.

부 재	$x=0$	구 간	M_P	M_{PB}	$M=M_P+M_{PB}$	$\partial M/\partial P_B$
AB	B	$0\sim L$	$(-)Px$	$(-)P_B x$	$(-)Px-P_B x$	$(-)x$

표의 값을 식 (a)에 대입하여 계산할 때 P_B는 영으로 놓고 계산한다.

$$EI\Delta_B = \int_0^L M\left(\frac{\partial M}{\partial P_B}\right)dx = \int_0^L (-Px-P_B x)(-x)dx = \frac{PL^3}{3}$$

$$\Delta_B = \frac{PL^3}{3EI} \text{ (가정한 방향 : 아래로)}$$

기울기 θ_B를 계산하기 위해 계산의 편의상 다음과 같은 표를 만들어 계산한다.

부 재	$x=0$	구 간	M_P	M_{PB}	$M=M_P+M_{PB}$	$\partial M/\partial M_B$
AB	B	$0\sim L$	$(-)Px$	$(-)M_B$	$(-)Px-M_B$	$(-)1$

표의 값을 식 (a)에 대입하여 계산할 때 M_B는 영으로 놓고 계산한다.

$$EI\theta_B = \int_0^L M\left(\frac{\partial M}{\partial M_B}\right)dx = \int_0^L (-Px-M_B)(-1)dx = \frac{PL^2}{2}$$

$$\theta_B = \frac{PL^2}{2EI} \text{ (가정한 방향 : 시계방향)}$$

예제 12.2

다음 예제 그림 12.2(a)와 같은 단순보에서 C점에서의 수직 처짐 Δ_C를 구하여라. 단, $E = 205\,\text{GPa}$이고, $I = 2.0(10^{10})\,\text{mm}^4$이다.

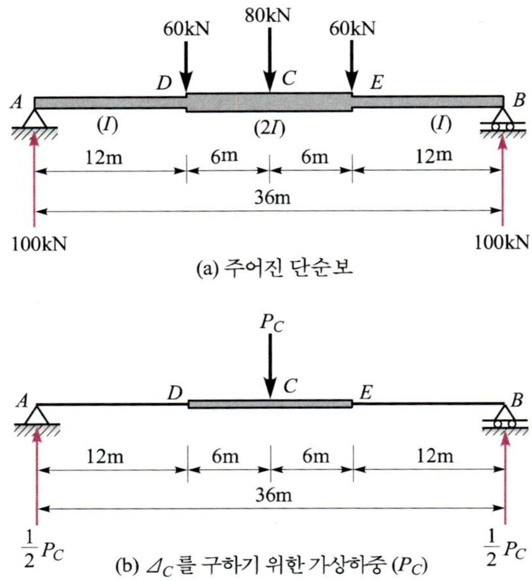

예제 그림 12.2

주어진 단순보에서 C점의 처짐 Δ_C를 구하기 위하여 예제 그림 12.2(b)에서와 같이 C점에 가상하중 P_C를 작용시키고 각 구간별로 실제하중과 가상하중에 대한 휨모멘트 일반식을 작성한다. 처짐 Δ_C는 다음 식을 사용하여 구한다.

$$\Delta_C = \int \frac{M}{EI}\left(\frac{\partial M}{\partial P_C}\right)dx \qquad \text{(a)}$$

식 (a)를 계산하기 위하여 다음과 같이 표를 만들어 계산하면 편리하다.

부 재	$x=0$	구 간	M_P	M_{PC}	$M = M_P + M_{PC}$	$\partial M/\partial P_C$
AD	A	0~12	$100x$	$(P_C/2)x$	$100x + (P_C/2)x$	$0.5x$
DC	D	0~6	$[100(12+x)] - 60x$ $= (1{,}200 + 40x)$	$(0.5P_C)\cdot(12+x)$	$(1{,}200+40x)+(6P_C)$ $+(0.5P_C\,x)$	$6+0.5x$

표의 값을 식 (a)에 대입하여 계산하고, 주어진 단순보가 C점에 대해 대칭이므로 2배하면 된다. 이 때 가상하중 P_C는 영으로 놓고 계산한다.

$$\Delta_c = 2\left[\frac{1}{EI}\int_0^{12}(100x + 0.5P_C\,x)(0.5x)\,dx\right.$$

$$+\frac{1}{2EI}\int_0^6 (1{,}200+40x+6P_C+0.5P_C\,x)(6+0.5x)dx]$$

$$=(2)\left[\frac{1}{EI}\left(\frac{50}{3}x^3\right)_0^{12}+\frac{1}{2EI}\left(\frac{20}{3}x^3+420x^2+7{,}200x\right)_0^6\right]$$

$$=(2)\left[\frac{58{,}680}{EI}\right]=\frac{117{,}360\,\text{kN}\cdot\text{m}^3}{EI} \qquad \text{(b)}$$

식 (b)에 EI값을 대입하여 계산하면

$$\Delta_C=\frac{117{,}360\,\text{kN}\cdot\text{m}^3}{[205(10^6)\,\text{kN/m}^2][2(10^{10})(10^{-12})\,\text{m}^4]}$$

$$=0.0286\,\text{m}=28.6\,\text{mm}\ (\text{가정한 방향 : 아래로})$$

예제 12.3 다음 예제 그림 12.3(a)와 같은 내민보에서 C점에서의 기울기와 처짐 θ_C과 Δ_{CV}를 구하라. 단 EI는 일정하다.

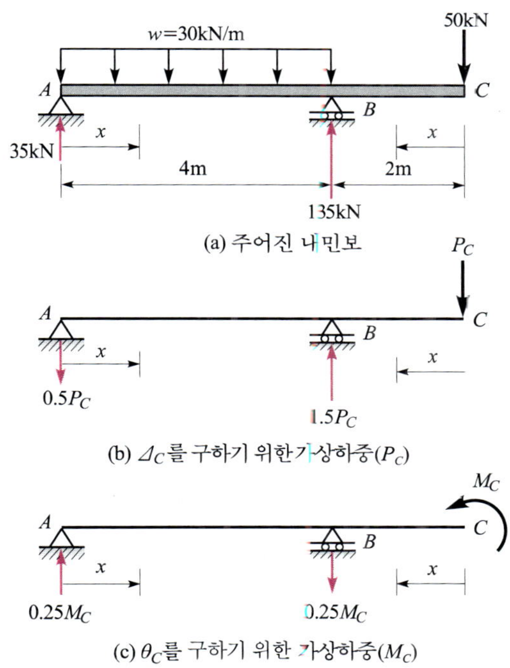

예제 그림 12.3

주어진 내민보에서 C점에서의 처짐 Δ_{CV}와 기울기 θ_C를 구하기 위하여 구간을 AB와 BC 두 개의 구간으로 구분한다. 예제 그림 12.3(b) 및 (c)에서와 같이 가상하중 P_C와 M_C를 각각 재하시키고, 실제하중과 가상하중에 대한 휨모멘트 일반식을 작성한다. 식 (12.15)를 사용하여 처짐 Δ_{CV}와 기울기 θ_C에 대한 다음과 같은 식을 세운다.

$$\Delta_C = \int \frac{M}{EI}\left(\frac{\partial M}{\partial P_C}\right)dx \tag{a}$$

$$\theta_C = \int \frac{M}{EI}\left(\frac{\partial M}{\partial M_C}\right)dx \tag{b}$$

처짐 Δ_{CV}를 계산하기 위해 계산의 편의상 다음과 같은 표를 만들어 계산한다.

부 재	$x=0$	구 간	M_P	M_{PC}	$M=M_P+M_{PC}$	$\partial M/\partial P_C$
AB	A	0~4	$(+)35x-15x^2$	$(-)0.5P_Cx$	$(+)(35x-15x^2)$ $+(-0.5P_Cx)$	$(-)0.5x$
BC	C	0~2	$(-)50x$	$(-)P_Cx$	$(-)50x-P_Cx$	$(-)x$

표의 값을 식 (a)에 대입하여 계산할 때 가상하중 P_C는 영으로 놓고 계산한다.

$$\begin{aligned} EI\Delta_{CV} &= \int_0^4 [(35x-15x^2)+(-0.5P_Cx)][(-0.5x)]dx \\ &\quad + \int_0^2 (-50x-P_Cx)(-x)\,dx \\ &= \int_0^4 (35x-15x^2)(-0.5x)dx + \int_0^2 (50x)(x)dx = 240.0 \end{aligned}$$

$$\Delta_C = \frac{240.0\,\mathrm{kN\cdot m^3}}{EI} \text{ (가정한 방향 : 아래로)}$$

θ_C를 계산하기 위해 계산의 편의상 다음과 같은 표를 만들어 계산한다.

부 재	$x=0$	구 간	M_P	M_{PC}	$M=M_P+M_{PC}$	$\partial M/\partial P_C$
AB	A	0~4	$(+)35x-15x^2$	$(+)0.25M_Cx$	$(+)35x-15x^2$ $+0.25M_Cx$	$(+)0.25x$
BC	C	0~2	$(-)50x$	$(+)M_C$	$(-)50x+M_C$	$(+)1$

표의 값을 식 (b)에 대입하여 계산할 때 가상하중 M_C는 영으로 놓고 계산한다.

$$EI\theta_C = \int_0^4 (35x - 15x^2 + 0.25M_C x)(0.25x)dx + \int_0^2 (-50x + M_C)(1)dx$$

$$= \int_0^4 (35x - 15x^2)(0.25x)dx + \int_0^2 (-50x)(1)dx = (-)153.3$$

$$\theta_C = (-)\frac{153.3\,\text{kN} \cdot \text{m}^2}{EI} \text{ (가정한 반대방향 : 시계방향)}$$

예제 12.4 다음 예제 그림 12.4(a)와 같은 트러스에서 D점에서의 수직 처짐 Δ_{DV}를 구하라. 단, $E = 205\,\text{GPa}$이다. ( )는 단면적(cm^2)

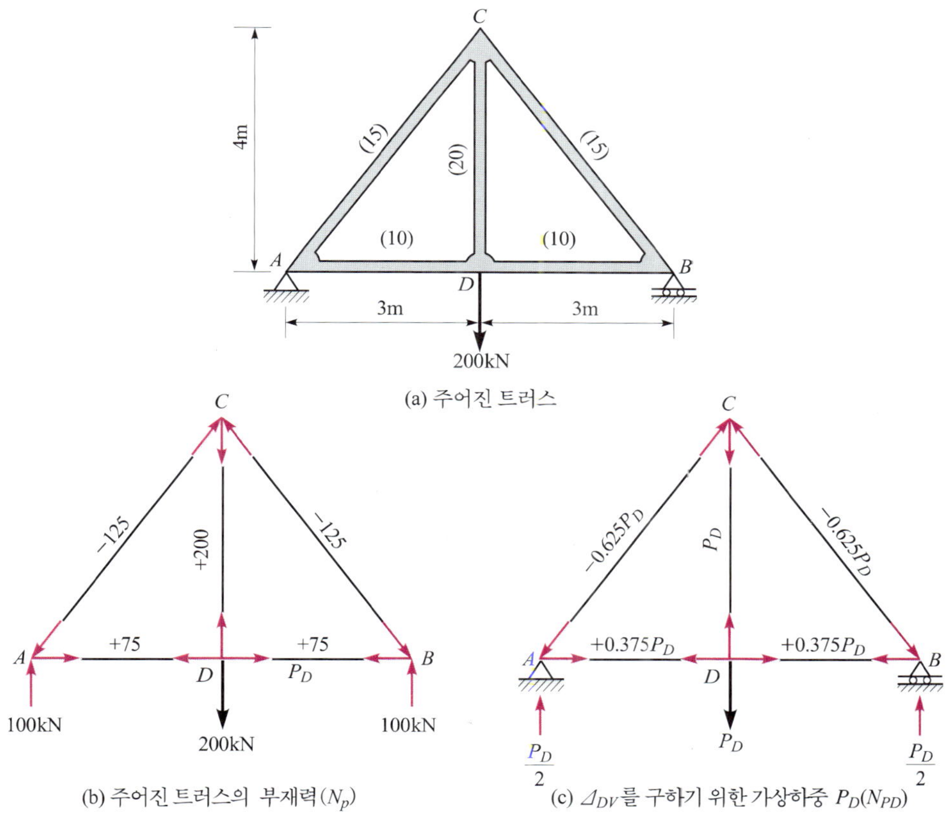

예제 그림 12.4

주어진 트러스에서 D점에서의 수직 처짐 Δ_{DV}를 구하기 위하여 트러스 부재력 N_P를 계산하여야 한다. 이 결과는 예제 그림 12.4(b)와 같다. 그리고 처짐을 구하고자 하는 D점에 가상하중 P_D를 재하시키고, 이 가상하중에 의한 트러스 부재력 N_{PD}를 계산하여야 한다. 이 계산 결과는 예제 그림 12.4(c)와 같다. 식 (12.17)을 이용하여 처짐 Δ_{DV}를 계산한다.

$$\Delta_{DV} = \sum \frac{N}{EA}\left(\frac{\partial N}{\partial P_D}\right)L \tag{a}$$

식 (a)를 편리하게 계산하기 위하여 다음과 같은 표를 만들어 계산한다.

부재	L(m)	$A \times 10^{-4}$(m^2)	N_P(kN)	N_{PD}(kN)
AD	3	10	(+)75.0	(+)0.375P_D
BD	3	10	(+)75.0	(+)0.375P_D
AC	5	15	(−)125.0	(−)0.625P_D
BC	5	15	(−)125.0	(−)0.625P_D
CD	4	20	(+)200.0	(+)P_D
부재	$N = N_P + N_{PD}$	(L/A)	$\partial N/\partial P_D$	$N(L/A)(\partial N/\partial P_D)$
AD	(+)75+0.375P_D	3,000.0	(+)0.375	(+)84,375.0
BD	(+)75+0.375P_D	3,000.0	(+)0.375	(+)84,375.0
AC	(−)125−0.625P_D	3,333.3	(−)0.625	(+)260,414.0
BC	(−)125−0.625P_D	3,333.3	(−)0.625	(+)260,414.0
CD	(+)200+P_D	2,000.0	(+)1.000	(+)400,000.0

$\Sigma = 1{,}089{,}578.0$

그러므로 D점에서의 수직 처짐 Δ_{DV}는 다음과 같다.

$$\Delta_{DV} = \sum \frac{N}{EA}\left(\frac{\partial N}{\partial P_D}\right)L = \frac{1{,}089{,}578/0\,\text{kN}\cdot\text{m}^3}{205(10^6)\,\text{kN/m}^2}$$
$$= 0.0053\,\text{m} = 5.3\,\text{mm}\ (\text{아래로})$$

예제 12.5 다음 예제 그림 12.5(a)와 같은 라멘에서 θ_D와 Δ_{EH}를 구하라. 단, EI는 일정하다.

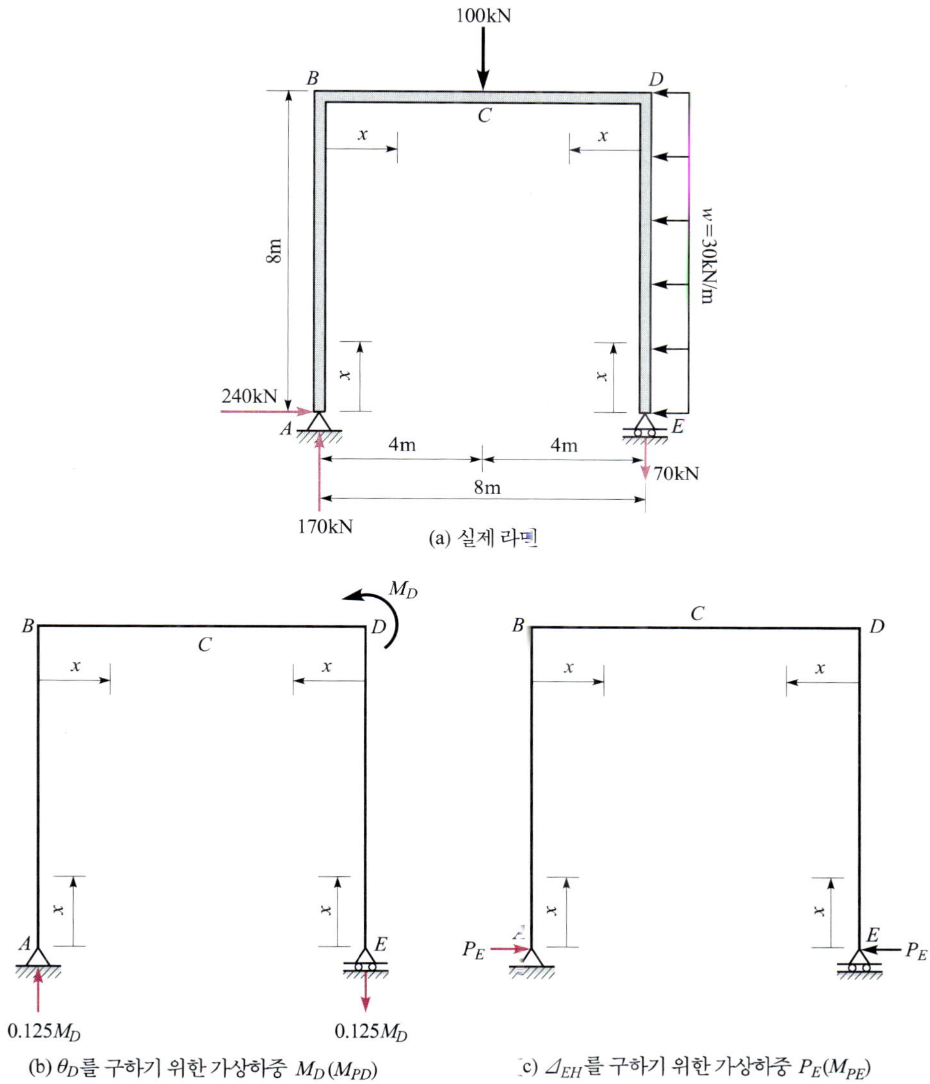

예제 그림 12.5

D점에서의 기울기 θ_D와 E점의 수평 처짐 Δ_{EH}를 구하기 위하여 구간을 AB, BC, CD, DE 네 개의 구간으로 구분한다. 그리고 예제 그림 12.5(b) 및 (c)에서와 같이 가상하중으로 M_D와 P_E를 각각 재하시키고, 각 구간별로 실제하중과 가상하중에 대한 휨모멘트 일반식을 작성한다.

식 (12.15)를 사용하여 D점에서의 기울기 θ_D와 수평 처짐 Δ_{EH}를 계산한다.

$$\theta_D = \int \frac{M}{EI}\left(\frac{\partial M}{\partial M_D}\right)dx \tag{a}$$

$$\Delta_{EH} = \int \frac{M}{EI}\left(\frac{\partial M}{\partial P_E}\right)dx \tag{b}$$

기울기 θ_D의 계산을 편리하게 위해 다음과 같은 표를 만들어 계산한다.

부재	$x=0$	구 간	M_P	M_{MD}	$M=M_P+M_{MD}$	$\partial M/\partial M_D$
AB	A	0~8	$(-)240x$	0	$(-)240x$	0
BC	B	0~4	$(+)170x-1{,}920$	$(+)0.125M_D x$	$(+)(170x-1{,}920)+(0.125M_D x)$	$(+)0.125x$
CD	D	0~4	$(-)70x-960$	$(-)0.125M_D x+M_D$	$(-70x-960)+(-0.125M_D x+M_D)$	$(-)0.125x+1$
DE	E	0~8	$(-)15x^2$	0	0	0

표의 값을 식 (a)에 대입하여 계산할 때 가상하중 M_D는 영으로 놓고 계산한다.

$$EI\theta_D = \int_0^4 (170x-1{,}920+0.125M_D x)(0.125x)dx$$
$$+\int_0^4 (-70x-960-0.125M_D x+M_D)(-0.125x+1)dx = 4{,}720.0$$

$$\theta_D = (-)\frac{4{,}720.0\,\text{kN}\cdot\text{m}^2}{EI}$$ (가정한 반대방향 : 시계방향)

수평 처짐 Δ_{EH}의 계산을 편리하게 위해 다음과 같은 표를 만들어 계산한다.

부재	$x=0$	구 간	M_P	M_{PE}	$M=M_P+M_{PE}$	$\partial M/\partial P_E$
AB	A	0~8	$(-)240x$	$(-)P_E x$	$(-)240x-P_E x$	$(-)x$
BC	B	0~4	$(+)170x-1{,}920$	$(-)P_E\cdot 8$	$(+)170x-1{,}920-8P_E$	$(-)8$
CD	D	0~4	$(-)70x-960$	$(-)P_E\cdot 8$	$(-)70x-960-8P_E$	$(-)8$
DE	E	0~8	$(-)15x^2$	$(-)P_E x$	$(-)15x^2-P_E x$	$(-)x$

표의 값을 식 (b)에 대입하여 계산할 때 가상하중 P_E는 영으로 놓고 계산한다.

$$EI\Delta_{EH} = \int_0^8 (-240x-P_E x)dx + \int_0^4 (170x-1{,}920-8P_E)(-8)dx$$
$$+\int_0^4 (-70x-960-8P_E)(-8)dx + \int_0^8 (-15x^2-P_E)(-x)dx$$
$$=142{,}080.0$$

$$\Delta_{EH} = \frac{142{,}080.0\,\text{kN}\cdot\text{m}^3}{EI}$$ (가정한 방향 : 좌측으로)

연습문제

Castigliano의 제2정리를 이용하여 다음 문제에 주어진 처짐과 기울기를 구하시오.

12.1

C점의 처짐과 기울기(EI = 일정)

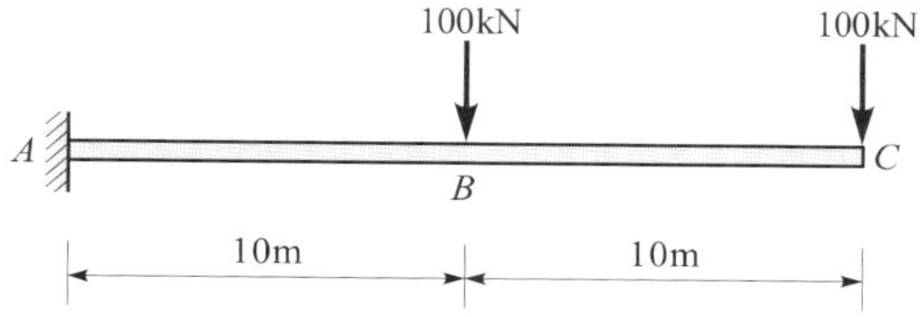

12.2

B점의 처짐과 기울기(EI = 일정)

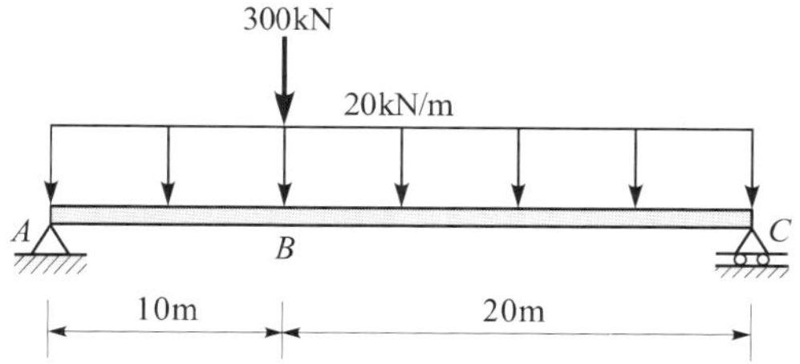

12.3

C점의 처짐과 기울기(EI = 일정)

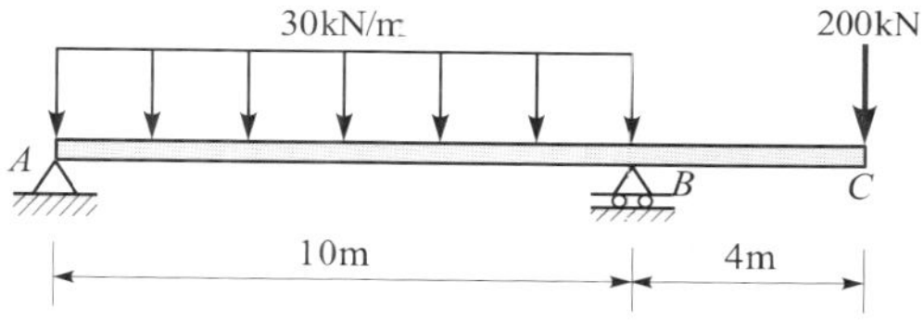

12.4

11장의 문제 중에서 홀수번호 문제만을 Castigliano의 제2정리를 사용하여 풀어라.

CHAPTER 13

상반정리

구조물의 처짐을 계산할 때 상반정리(reciprocal theorem)를 이용하면 그 계산량을 많이 줄일 수 있다. 상반정리는 온도변화와 지점침하가 없고 겹침의 원리가 적용되는 선형탄성 구조물에만 적용시킬 수 있다. 즉, 재료가 Hook의 법칙을 따르고 기하학적으로 선형인 구조물에만 적용시킬 수 있다. 상반정리는 상반일의 정리와 상반변위의 정리로 나누어 설명할 수 있다.

13.1 상반일의 정리

봉상부재로 구성된 뼈대구조물의 처짐은 부재의 횡단면에 수직한 응력과 변형률이 절대적인 영향을 준다. 이러한 뼈대구조물에 P역계($P_1,\ P_2,\ P_3,\ \cdots,\ P_m$ 이 작용하는 역계)가 작용하는 동안에 다른 Q역계($Q_1,\ Q_2,\ \cdots,\ Q_n$ 이 작용하는 역계)에 의한 변위를 가상변위로 취하는 경우 P역계가 한 외적 가상일은 다음과 같이 쓸 수 있다.

$$\sum_{i=1}^{m} P_i \cdot \delta_{iQ} = \iiint \sigma_{XP} \cdot \varepsilon_{XQ}\, dxdydz \tag{13.1}$$

여기서, δ_{iQ} : 가상변위로 선택한 Q역계에 의한 P_i방향의 변위성분.

ε_{XQ} : Q역계에 의해 생기는 변위에 의한 변형률.

σ_{XP} : P역계에 의한 응력.

마찬가지로 Q역계에 대한 외적 가상일은 다음 식으로 나타낼 수 있다.

$$\sum_{j=1}^{m} Q_j \cdot \delta_{jP} = \iiint \sigma_{XQ} \cdot \varepsilon_{XP} dxdydz \tag{13.2}$$

여기서, δ_{jP} : 가상변위로 선택한 P역계에 의한 하중 Q_j방향의 변위성분.

ε_{XP} : P역계에 의해 생기는 변위에 의한 변형률.

σ_{XQ} : Q역계에 의한 응력.

Hooke의 법칙이 성립하고 온도변화가 없는 경우에 변형률은 다음 식과 같다.

$$\varepsilon_{XQ} = \frac{\sigma_{XQ}}{E} \tag{13.3a}$$

$$\varepsilon_{XP} = \frac{\sigma_{XP}}{E} \tag{13.3b}$$

식 (13.3a, b)를 각각 (13.1)과 식 (13.2)에 대입하여 다시 쓰면 다음 식과 같다.

$$\sum_{i=1}^{n} P_i \delta_{iQ} = \iiint \sigma_{XP} \frac{\sigma_{XQ}}{E} dxdydz \tag{13.4}$$

$$\sum_{j=1}^{n} Q_j \delta_{jP} = \iiint \sigma_{XQ} \frac{\sigma_{XP}}{E} dxdydz \tag{13.5}$$

여기서, 식 (13.4)와 식 (13.5)의 우변이 같으므로 다음 식과 같다.

$$\sum_{i=1}^{m} P_i \cdot \delta_{iQ} = \sum_{j=1}^{n} Q_j \cdot \delta_{jP} \tag{13.6}$$

식 (13.6)은 상반일의 정리(reciprocal work theorem) 또는 베티의 정리(Betti's theorem)라 부른다. 이 정리를 말로 설명하면 다음과 같다. **"온도변화와 지점침하가 없는 임의의 선형탄성 구조물에 하나의 역계가 작용하여 변형을 일으키는 동안에 다른 역계가 하는 일은 나중 역계가 작용하여 변형을 일으키는 동안에 먼저 역계가 하는 일과 같다."**

상반일의 정리는 힘과 우력 모두에 적용된다. 즉, P_i가 힘이면 대응변위는 처짐이고, P_i가 우력이면 대응변위는 기울기이다. 이 정리는 1872년 Betti에 의해 처음 증명되었다.

13.2 상반변위의 정리

상반변위의 정리는 상반일의 정리의 특수한 경우로 두 역계(P역계와 Q역계)가 각각 1개의 단위하중만으로 구성된 경우를 고려한 것이다. 즉, 한 점 i에 $P_i = 1$이 작용하는 경우와 다른 한 점 j에 $Q_j = 1$이 작용하는 경우를 고려하면 식 (13.6)을 다음과 같이 나타낼 수 있음을 알 수 있다.

$$\delta_{ij} = \delta_{ji} \tag{13.7}$$

이것을 말로 나타내면 다음과 같다. **"선형탄성 구조물의 어느 한 점 j에 작용하는 단위하중 $Q_j = 1$에 의한 다른 한 점 i에서의 P_i방향의 변위성분은 점 i에 작용하는 단위하중 $P_i = 1$에 의한 점 j에서의 Q_j방향 변위성분과 같다."** 이 정리를 Maxwell의 정리라고 한다.

δ_{ij}는 j점에 작용하는 단위하중에 의한 i점에서의 변위를 의미하고, δ_{ji}는 i점에 작용하는 단위하중에 의한 j점에서의 변위를 의미한다. 즉, 문자의 아래첨자에서 첫 번째 첨자는 변위의 위치를 나타내고, 두 번째 첨자는 그 변위를 일으키는 하중의 작용 위치를 나타낸다.

연습문제

주어진 하중조건에 대해서 Maxwell의 상반정리를 증명하시오. 단, EI는 일정하다.

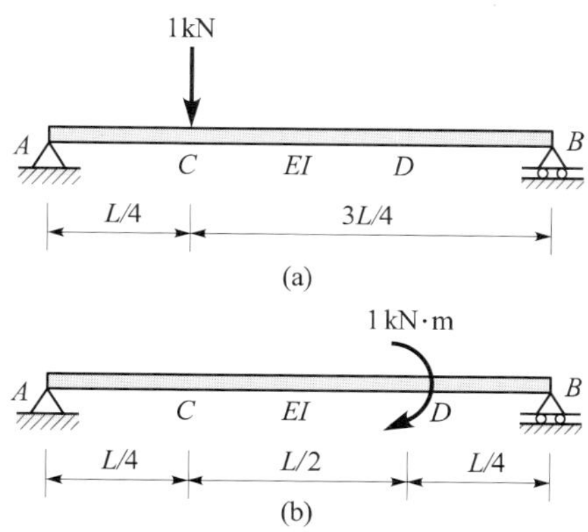

문제 그림 13.1

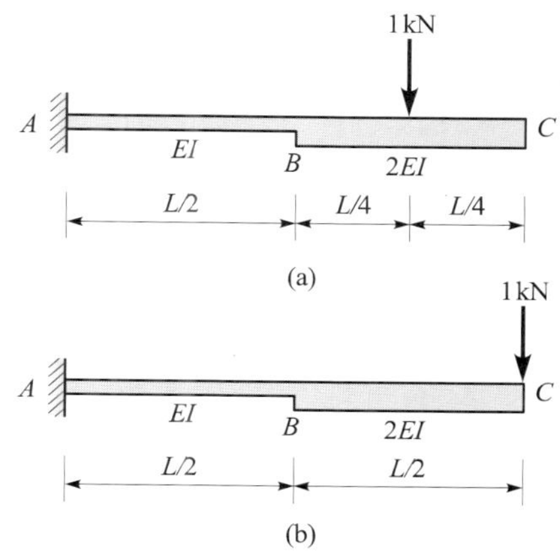

문제 그림 13.2

P/A/R/T

03

부정정 구조물 해석

평면구조물이 평형을 이루기 위해서는 3개의 정력학적 평형방정식을 만족시켜야 한다. 이러한 3개의 정력학적 평형방정식만으로 구조물의 반력과 내력 등을 모두 구할 수 있는 구조물을 정정구조물이라 한다. 정력학적 평형방정식만으로는 구할 수 없는 독립적인 반력이나 내력 성분이 있는 구조물을 부정정구조물이라 한다.

이러한 부정정구조물은 정정구조물에 비하여 그 해석 과정이 더 복잡하다. 그러나 부정정구조물은 다음과 같은 몇 가지 중요한 장점을 지니고 있다.

첫째, 부정정구조물은 대응되는 정정구조물에 비하여 하중에 저항할 수 있는 강성이 크다. 다음 그림 (a)와 (b)에서 보는 바와 같이 연속된 2개의 단순보와 2경간 연속보를 비교할 때, 보의 지간과 단면이 각각 같은 경우에 $\Delta_i < \Delta_d$이다. 즉, 정정구조물인 단순보는 그 지간만이 하중에 저항하고 있으나, 부정정보인 2경간 연속보는 재하되지 않은 인접 지간도 하중에 저항하는 역할을 하므로 강성이 커지게 된다.

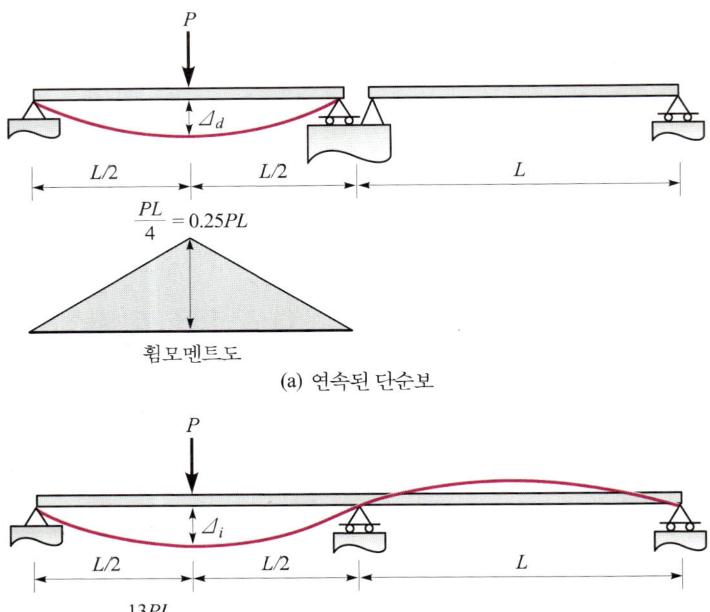

(a) 연속된 단순보

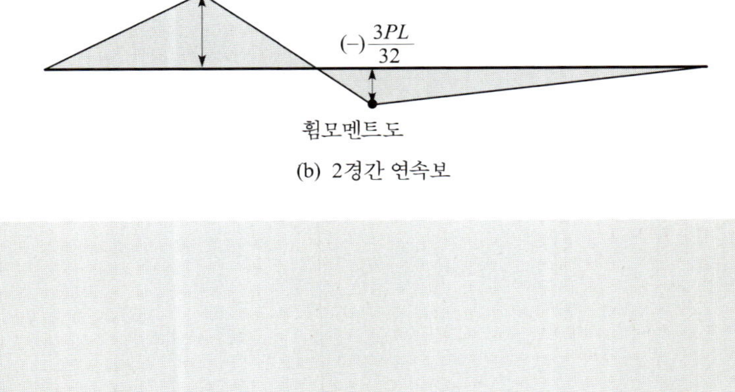

(b) 2경간 연속보

둘째, 부정정구조물은 대응되는 정정구조물에 비하여 최대 응력이 작다. 위에서 예로 든 단순보인 그림 (a)에서의 최대 휨모멘트에 비해 부정정보인 그림 (b)에서의 최대 휨모멘트가 더 작다. 따라서 부정정보의 최대 휨응력이 작기 때문에 단면을 줄일 수 있어 경제적인 설계가 가능해진다.

셋째, 부정정구조물은 구조물의 안전도(safety) 측면에서 유리하다. 즉, 부정정구조물은 안정에 필요한 것 이상의 반력이나 내력 등을 포함하고 있으므로 과실 설계나 초과하중으로 한 개의 절점이나 부재 또는 지점이 붕괴되는 경우에도 그 하중이 인접 부재로 재분배되어 전체 구조물의 붕괴를 막을 수 있다.

그러나 부정정구조물은 온도변화, 지점침하 또는 제작오차 등에 의한 변형이 구조물의 내력에 영향을 준다. 온도변화에 의한 구조부재의 길이 변화와 같이 예측이 가능한 변형은 해석 시 하중조건에 포함시킬 수도 있으나, 예기치 못한 구조물의 변형은 구조물에 심각한 위험을 초래할 수도 있는 단점이 있다.

부정정구조물의 해석방법은 크게 응력법과 변위법으로 구분할 수 있다. 응력법은 부정정력(redundant forces)을 미지수로 선택하여 구조해석을 실시하는 방법으로서 변형일치의 방법(method of consistent deformation), 유연도법(flexibility method) 또는 적합법(compatibility method)이라고도 한다. 맥스웰-모르의 방법, 최소일의 방법(method of least work)과 3모멘트법(three moment equation) 등이 응력법에 속한다.

변위법은 응력법과 달리 절점변위(nodal displacements)를 미지수로 선택하여 구조해석을 실시하는 방법으로서 강성도법(stiffness method) 또는 평형법(equilibrium method)이라고도 부른다. 보나 라멘의 해석에 사용되는 처짐각법(slope-deflection method), 모멘트분배법(moment distribution method) 등이 변위법에 속한다.

본 교재에서는 맥스웰-모르의 방법, 최소일의 방법, 3모멘트법, 처짐각법과 모멘트분배법에 대하여 다루기로 한다.

CHAPTER 14

맥스웰-모르의 방법

14.1 개요

그림 14.1(a)와 같은 1차 부정정보를 사용하여 맥스웰-모르의 방법의 기본개념을 설명한다. 즉, 그림 14.1(a)의 구조물은 4개의 미지반력 요소가 존재하나 이용 가능한 정력학적 평형방정식은 3개뿐이므로 1차 부정정보가 된다.

지점 B에서의 수직반력을 부정정력(redundant forces)으로 택하여 X_1으로 나타낸 후, X_1방향으로의 구속을 제거시키면 그림 14.1(b)와 같은 정정기본구조물을 만들 수 있다. 정정기본구조물에서 하중만에 의한 X_1방향의 변위를 Δ_{1P}라 하고, 부정정력 X_1에 의한 X_1방향의 변위를 Δ_{11}이라 하면, 롤러지점 B에서는 수직변위가 발생하지 않으므로 겹침(또는 중첩)의 원리에 의해 $\Delta_{1P}+\Delta_{11}=0$이 된다. X_1방향으로 작용하는 단위하중에 의한 X_1방향의 변위를 δ_{11}으로 나타내면 $\Delta_{11}=\delta_{11}X_1$이 된다. 따라서 지점 B에서 수직방향 변위에 대한 적합조건식($\Delta_{1P}+\Delta_{11}=0$)을 식 (14.1)로 나타낼 수 있다.

$$\Delta_1=\Delta_{1P}+\delta_{11}X_1=0 \tag{14.1}$$

식 (14.1)을 변위에 관한 적합방정식(compatibility equation)이라 한다. 여기서, Δ_{1P}나 δ_{11}은 정정구조물의 처짐이므로 모두 구할 수 있는 값이다. 따라서 식 (14.1)로부터 X_1을 직접 구할 수 있다. 나머지 반력과 단면력은 정력학적 평형방정식을 사용하여 모두 구할 수 있다.

이러한 방법은 반력과 같은 부정정력을 미지수로 놓고 풀기 때문에 응력법(force method)이라 한다. 또한, 부정정력 X_1의 계수 δ_{11}이 유연도이기 때문에 유연도법이라고도 하고, 부정정력을 풀기 위한 기본식이 변위에 관한 적합방정식이기 때문에 적합법(compatibility method)이라고도 부른다.

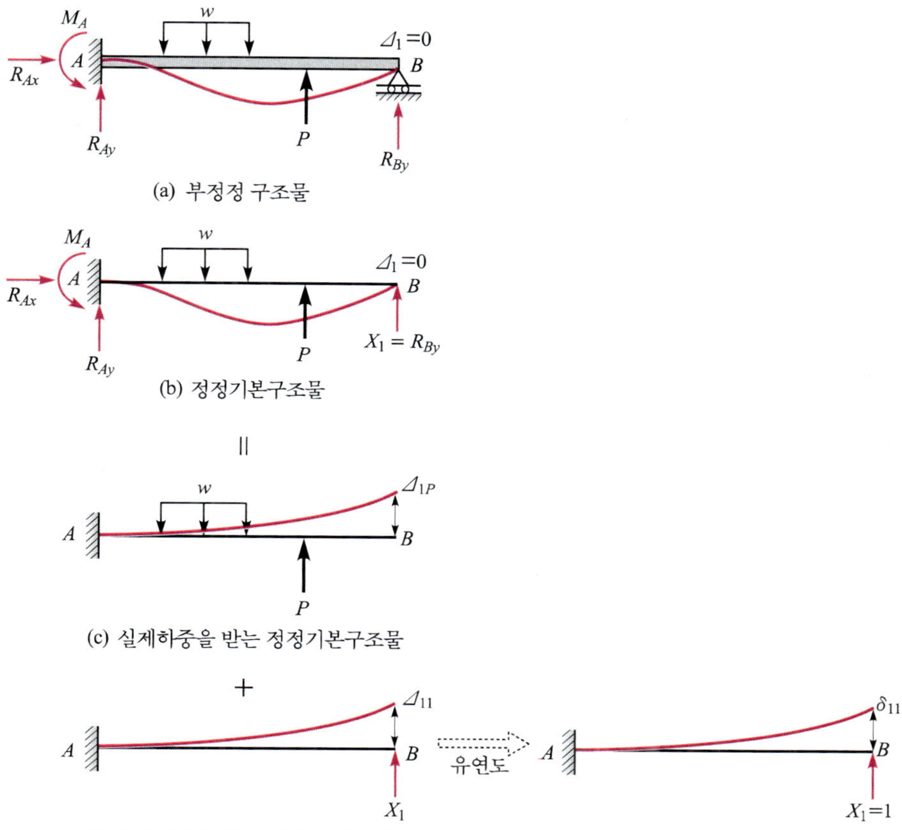

(a) 부정정 구조물

(b) 정정기본구조물

(c) 실제하중을 받는 정정기본구조물

(d) 부정정력을 받는 정정기본구조물

(e) 유연도

그림 14.1

14.2 적합방정식의 일반화

고차 부정정구조물의 해석을 위한 기본식을 유도하기 위하여 그림 14.2(a)의 2차 부정정보를 예로 든다. 이 구조물의 경우 부정정력으로는 5개의 반력 요소 중에서 임의의 2개의 반력 요소를 선택하여 사용할 수 있다. 여기서는 B 점과 C 점에서의 수직반력을 부정정력으로 선택하여 설명하기로 한다. 이 경우에 부정정력 방향으로의 지점구속을 제거시켜 그림 14.2(b)와 같은 정정기본구조물을 만들 수 있다. 그림 14.2(a)와 같은 실제 보는 그림 14.2(c, d, e)의 경우들을 겹친 것과 동일하다. 그런데 실제 보에서 X_1과 X_2방향의 변위가 구속되어 변위가 영(0)이 되므로 다음과 같은 변위에 관한 적합조건을 얻을 수 있다.

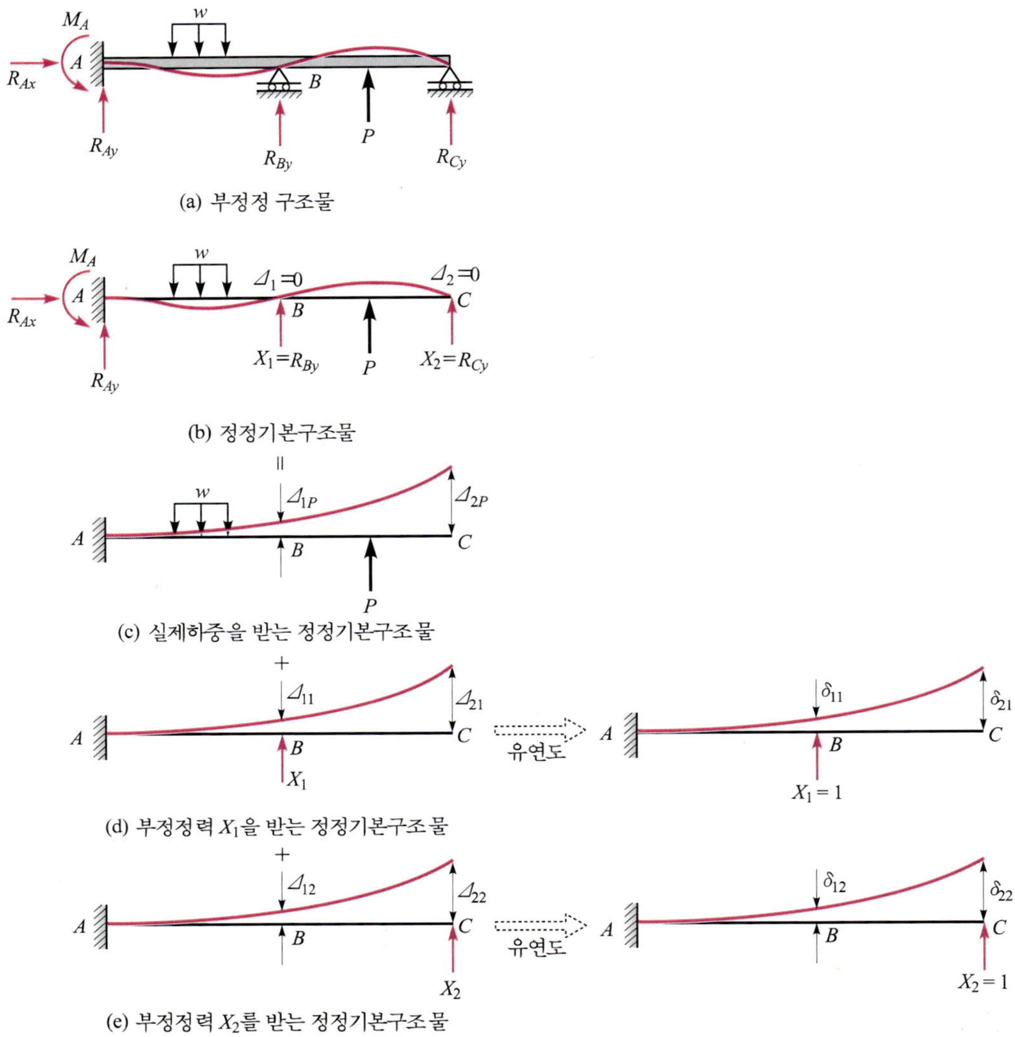

그림 14.2

$$\Delta_1 = \Delta_{1P} + \Delta_{11} + \Delta_{12} = 0$$

$$\Delta_2 = \Delta_{2P} + \Delta_{21} + \Delta_{22} = 0 \qquad (14.2)$$

여기서, 부정정력만에 의한 변위 Δ_{11}, Δ_{12}, Δ_{21} 및 Δ_{22}를 그림 14.2(d, e)에서와 같이 단위하중에 의한 변위인 유연도 δ_{11}, δ_{12}, δ_{21} 및 δ_{22}를 사용하여 나타낼 수 있다. 즉, X_1에 의한 X_1방향의 변위 Δ_{11}은 X_1방향으로의 단위하중에 의한 변위 δ_{11}에 X_1을 곱하여 구할 수

있다. 위의 식에 이러한 관계를 적용시키면 2차 부정정보의 부정정력 X_1과 X_2를 구하기 위한 연립방정식을 얻는다.

$$\Delta_1 = \Delta_{1P} + \delta_{11}X_1 + \delta_{12}X_2 = 0$$
$$\Delta_2 = \Delta_{2P} + \delta_{21}X_1 + \delta_{22}X_2 = 0 \tag{14.3}$$

일반적으로 실제 구조물에서 부정정력에 대응하는 변위가 구속되어 있으므로 Δ_1과 Δ_2는 영이지만, 부정정력에 대응하는 구속이 어떤 변위를 일으키게 되면, Δ_1과 Δ_2는 영이 아닌 값을 갖는다. 이러한 변위의 원인으로는 지점침하, 온도변화 및 제작오차 등을 들 수 있다.

부정정력으로 힘 대신에 우력을 선택할 수도 있으며, 이러한 경우에는 Δ와 δ가 모두 처짐이 아니라 기울기가 됨을 명심하여야 한다. 또한, 트러스의 부재력을 부정정력으로 선택하여 해석하는 경우에는 Δ와 δ는 그 부재력 방향의 상대적인 변위가 된다.

3차 이상의 n차 부정정구조물을 응력법으로 해석하기 위한 기본식은 식 (14.4)와 같이 된다.

$$\Delta_1 = \Delta_{1P} + \delta_{11}X_1 + \delta_{12}X_2 + \cdots\cdots + \delta_{1n}X_n$$
$$\Delta_2 = \Delta_{2P} + \delta_{21}X_1 + \delta_{22}X_2 + \cdots\cdots + \delta_{2n}X_n$$
$$\cdots\cdots\cdots\cdots\cdots\cdots\cdots\cdots$$
$$\Delta_n = \Delta_{nP} + \delta_{n1}X_1 + \delta_{n2}X_2 + \cdots\cdots + \delta_{nn}X_n \tag{14.4}$$

여기서, X_i : 부정정력

Δ_i : 실제 구조물에서 모든 원인에 의한 X_i방향의 변위

Δ_{iP} : 정정기본구조물에서 실제 하중만에 의한 X_i방향의 변위

δ_{ij} : 정정기본구조물에서 $X_j = 1$만을 작용시켰을 때 X_i방향의 변위

정정구조물의 변위를 구하는 방법을 사용하면 Δ_{iP}, δ_{ij} 등을 구할 수 있다. 따라서 이들을 식 (14.4)에 대입하여 X_1, X_2, X_3, $\cdots$, X_n 에 관한 n원 1차연립방정식을 풀면 모든 부정정력을 구할 수 있다. 나머지 미지력들은 정력학적인 평형방정식을 사용하여 구할 수 있다.

이러한 방법은 부정정력 X_i를 미지수로 놓고 풀기 때문에 응력법이라 한다. 또한, 부정정력 X_i의 계수 δ_{ij}가 유연도이기 때문에 유연도법이라고도 하며, 부정정력을 풀기 위한 기본식 (14.4)가 변위에 관한 적합방정식이기 때문에 적합법이라고도 부른다.

식 (14.4)를 매트릭스 대수를 사용하여 식 (14.5)와 같이 간단하게 나타낼 수도 있다.

$$\{\Delta\} = \{\Delta_P\} + [\delta]\{X\} \tag{14.5}$$

여기서,

$$\{\Delta\}=\begin{Bmatrix}\Delta_1\\ \Delta_2\\ \vdots\\ \Delta_n\end{Bmatrix},\quad \{\Delta_P\}=\begin{Bmatrix}\Delta_{1P}\\ \Delta_{2P}\\ \vdots\\ \Delta_{nP}\end{Bmatrix},\quad \{X\}=\begin{Bmatrix}X_1\\ X_2\\ \vdots\\ X_n\end{Bmatrix}$$

$$\{\delta\}=\begin{bmatrix}\delta_{11} & \delta_{12}\cdots\cdots & \delta_{1n}\\ & \vdots & \\ \delta_{n1} & \delta_{n2}\cdots\cdots & \delta_{nn}\end{bmatrix}$$

이러한 매트릭스 대수를 도입하여 구조해석을 하는 방법을 매트릭스 구조해석법이라 한다. 전자계산기의 발달과 더불어 전자계산기를 이용할 수 있는 조직적인 구조해석 방법이 요구된 결과, 이러한 매트릭스 구조해석법이 등장하였다.

맥스웰-모르의 방법으로 부정정구조물을 해석하는 단계를 요약하면 다음과 같다.

(1) 부정정 차수를 결정한다.

(2) 부정정 차수만큼의 부정정력을 선택한 후 부정정력 방향으로의 구속을 제거시켜 정정기본구조물을 만든다.

(3) 기지의 하중만에 의해 정정기본구조물에 발생하는 부정정력 방향으로의 변위 Δ_{iP}를 계산한다.

(4) 유연도 δ_{ij}를 계산한다.

(5) 계산된 변위들을 사용하여 적합방정식을 세우고, 이 식으로부터 부정정력을 구한다.

(6) 나머지 미지력들은 정력학적 평형방정식을 사용하여 구한다.

예제 14.1 다음 예제 그림 14.1(a)와 같은 보를 응력법으로 해석하라. 단, EI는 일정하다.

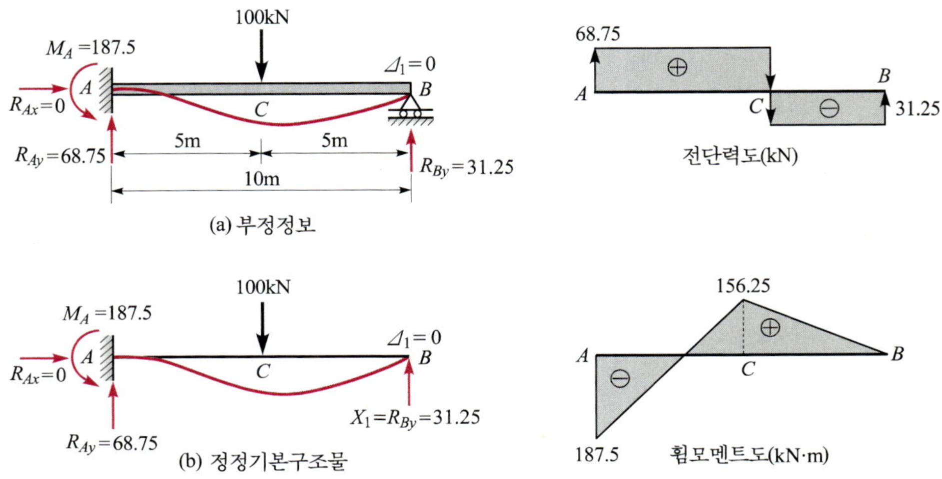

||

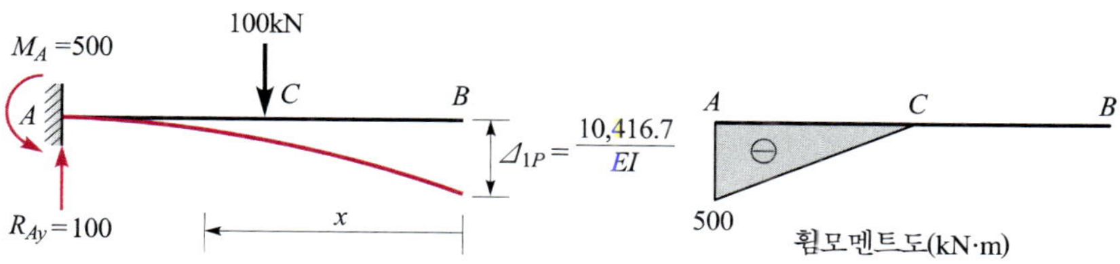

(c) 실제하중을 받는 기본구조물(M)

+

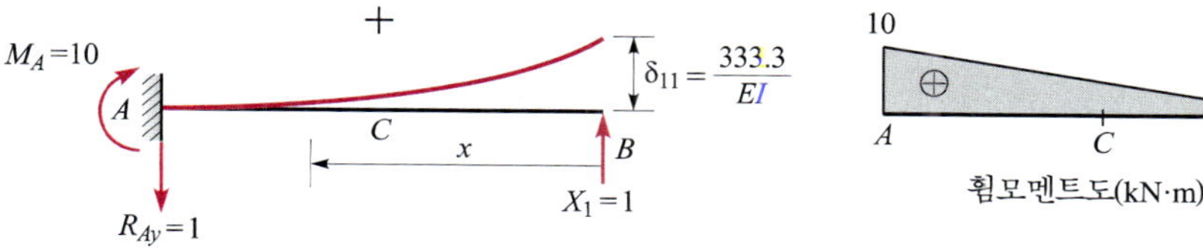

(d) 부정정력 X_1=1을 받는 기본구조물(m_1)

[별해]

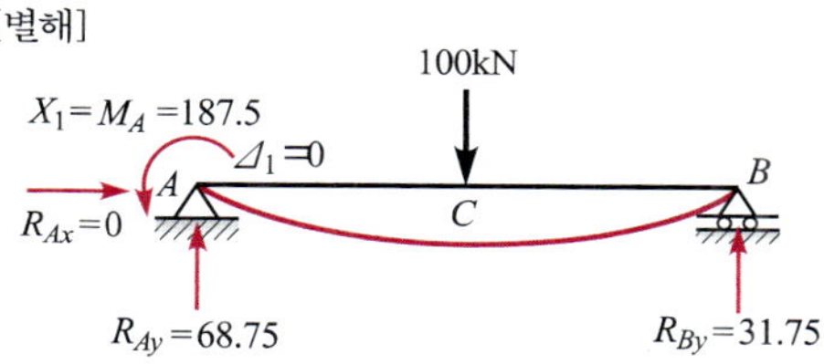

(e) 정정기본구조물

||

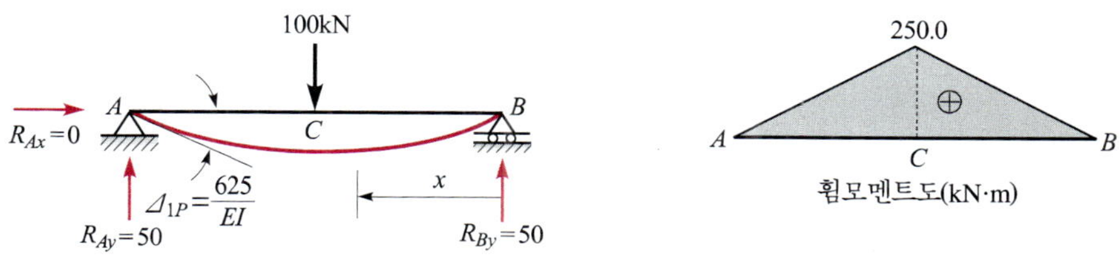

(f) 실제하중을 받는 정정기본구조물(M)

+

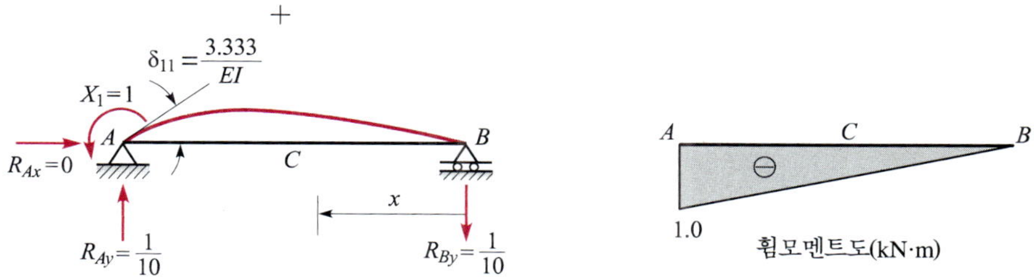

(g) 부정정력 X_1=1을 받는 정정기본구조물(m_1)

예제 그림 14.1

예제 그림 14.1(a)와 같은 부정정보는 1차 부정정보이므로 1개의 부정정력을 선택해야 한다. 여기서는 예제 그림 14.1(b)와 같이 B점에서의 수직반력을 부정정력 X_1으로 선택한다. 이 경우에 지점 B의 수직방향 변위에 대한 적합방정식은 다음과 같다.

$$\Delta_1 = \Delta_{1P} + \delta_{11} X_1 = 0 \tag{a}$$

여기서, Δ_{1P}는 예제 그림 14.1(c)와 같이 정정기본구조물에 기지의 하중만이 작용할 때 B점의 X_1방향의 변위이고, 예제 그림 14.1(d)에서 유연도 δ_{11}은 X_1방향으로 단위하중 $P=1$이 작용할 때 B점에서의 X_1방향의 변위이다.

단위하중법을 사용하여 보나 라멘의 변위를 구하는 식은 다음 식과 같다.

$$\Delta_{1P} = \int \frac{mM}{EI} dx \tag{b}$$

식 (a)에서 Δ_{1P} 또는 δ_{11}은 단위하중법을 사용하여 구한다. 식 (b)를 계산하기 위하여 다음과 같은 표를 만들어 계산하면 편리하다.

부재	원점	적분구간	M	m_1
BC	B	$0 \sim 5$	0	$(+)x$
AC	B	$5 \sim 10$	$(-100)(x-5)$	$(+)x$

위의 표에서 M은 예제 그림 14.1(c)에서와 같이 정정기본구조물에 기지의 하중만이 작용할 때의 휨모멘트이고, m_1은 예제 그림 14.1(d)에서와 같이 X_1방향으로 단위하중 $P=1$이 작용할 때의 휨모멘트이다.

$$\begin{aligned} EI\Delta_{1p} &= \int_0^5 m_1 M dx + \int_5^{10} m_1 M dx \\ &= \int_5^{10} (x)[(-100)(x-5)] dx \\ &= \int_5^{10} [(-100(x)^2 + (500)(x)] dx = (-)10{,}416.7\,\mathrm{kN \cdot m^3} \end{aligned} \tag{c}$$

$$EI\delta_{11} = \int_0^{10} m_1^2 dx = \int_0^{10} (x)^2 dx = 333.3\,\mathrm{kN \cdot m^3} \tag{d}$$

식 (c)와 (d)의 값을 적합방정식인 식 (a)에 대입하면

$$\Delta_1 = \frac{1}{EI}[(-10{,}416.7) + (333.3)(X_1)] = 0 \tag{e}$$

식 (e)로부터 $X_1 = 31.25\,\mathrm{kN}$(가정한 방향 : 상향)

예제 그림 14.2(b)의 정정기본구물에서 정력학적 평형방정식을 이용하여 나머지 반력을 구하면 다음과 같다.

$\Sigma F_y = 0$에서 $R_{Ay} = 100 - 31.250 = 68.75$ kN (상향)

$\Sigma M_B = 0$에서 $M_A = (-68.750)(10) + (100)(5) = (-)187.5$ kN · m (반시계방향)

[별해]

앞의 해석에서는 부정정력으로 B점에서의 수직반력을 선택하였으나, 여기서는 부정정력을 예제 그림 14.1(e)와 같이 A점에서의 반력모멘트로 선택한다. 이 경우의 적합방정식도 다음과 같다.

$$\Delta_1 = \Delta_{1P} + \delta_{11} X_1 = 0 \tag{f}$$

여기서, Δ_{1P}는 예제 그림 14.1(f)와 같이 정정기본구조물에 기지의 하중만이 작용할 때 A점의 X_1방향으로의 회전각이고, 유연도는 δ_{11}는 예제 그림 14.1(g)와 같이 X_1방향으로 단위하중 $M=1$이 작용할 때 A점의 X_1방향으로의 회전각이다.

Δ_{1P}와 δ_{11}은 단위하중법을 사용하여 구한다. 식 (ㄱ)를 계산하기 위하여 다음과 같은 표를 만들어 계산한다.

부재	원점	적분구간	M	m_1
BC	B	0 ~ 5	$(+)50x$	$(-)0.1x$
AC	B	5 ~ 10	$(+)50x - 100(x-5) = (-)50x + 500$	$(-)0.1x$

여기서도 M은 예제 그림 14.1(f)에서와 같이 정정기본구조물에 기지의 하중만이 작용할 때의 휨모멘트이고, m_1은 예제 그림 14.1(g)에서와 같이 정정기본구조물에 부정정력 방향으로 단위하중 $M=1$이 작용할 때의 휨모멘트이다.

$$EI\Delta_{1P} = \int_0^5 m_1 M dx = \int_0^5 (50x)(-0.1x)\,dx + \int_5^{10} [(-50x+500)(-0.1x)]\,dx$$
$$= (-)625.0 \text{ kN} \cdot \text{m}^3 \tag{g}$$

$$EI\delta_{11} = \int_0^{10} m_1^2 dx = \int_0^{10} \frac{x^2}{100} dx = 3.333 \text{ kN} \cdot \text{m}^3 \tag{h}$$

식 (j)와 식 (k)의 값을 적합방정식인 식 (i)에 대입하면

$$\Delta_1 = \frac{1}{EI}[(-625.0) + (3.333)(X_1)] = 0 \tag{i}$$

식 (i)로부터 $X_1 = 187.5$ kN · m (가정한 방향 : 반시계방향)

예제 그림 14.1(e)의 정정기본구조물에서 정력학적 평형방정식 $\Sigma F_y = 0$와 $\Sigma M_B = 0$을 이용하여 반력 R_{Ay}, R_{Cy}를 구하면 다음과 같다.

$$R_{Ay} = 68.750 \text{ kN(상향)}, \quad R_{Cy} = 31.25 \text{ kN(상향)}$$

예제 14.2

다음 예제 그림 14.2(a)와 같은 부정정보를 응력법으로 해석하라. 단, EI는 일정하다.

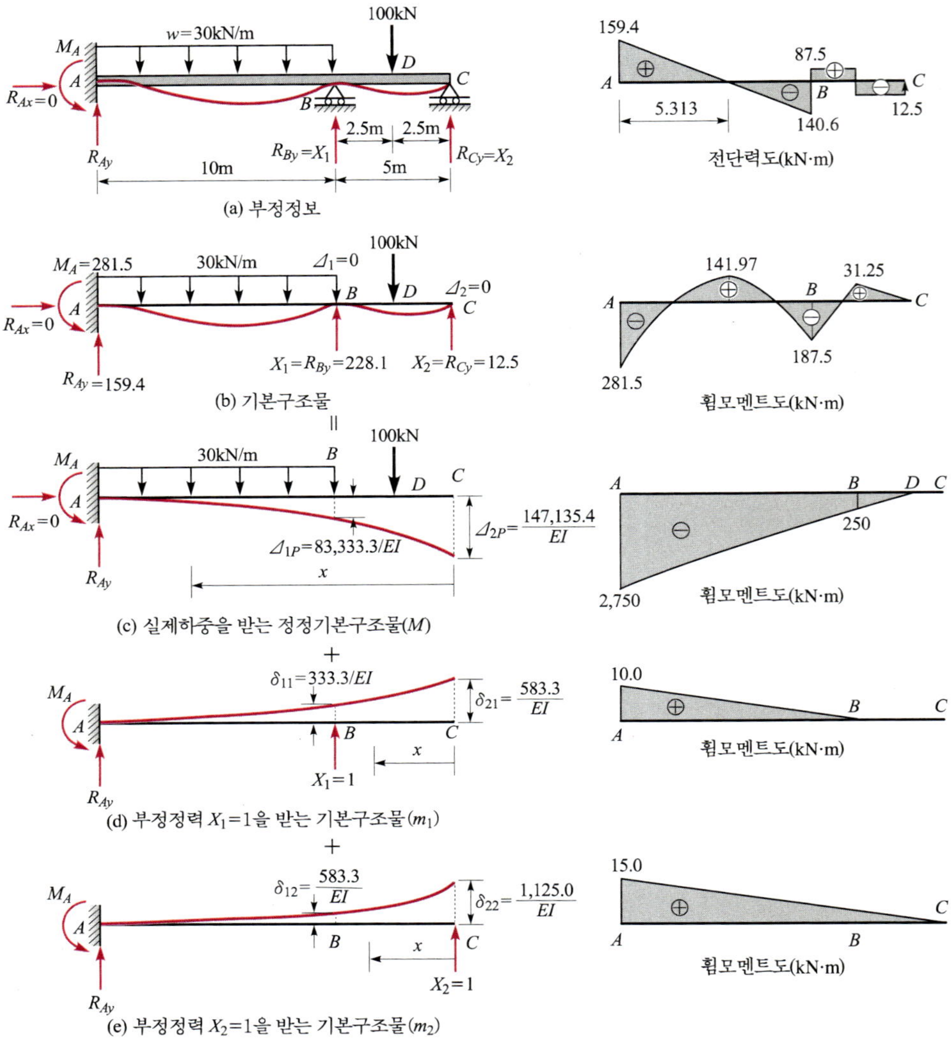

예제 그림 14.2

예제 그림 14.2(a)의 부정정보는 2차 부정정보이므로 2개의 부정정력을 선택해야 한다. 이 때 부정정력은 기본구조물의 처짐 값을 구하기 편리한 기본구조물이 되도록 선택하는 것이 좋다. 본 예제에서는 예제 그림 14.2(b)와 같이 부정정력으로 B점과 C점의 수직반력을 선택하였다. 이 경우의 적합방정식은 다음과 같이 된다.

$$\Delta_1 = \Delta_{1P} + \delta_{11}X_1 + \delta_{12}X_2 = 0 \quad \text{(a)}$$

$$\Delta_2 = \Delta_{2P} + \delta_{21}X_1 + \delta_{22}X_2 = 0 \quad \text{(b)}$$

위의 식에서 Δ_{iP}와 δ_{ij}는 단위하중법을 사용하여 구하며, 계산의 편의상 다음과 같은 표를 만들어 계산한다.

부재	원점	적분구간	M	m_1	m_2
DC	C	$0 \sim 2.5$	0	0	$(+)x$
BD	C	$2.5 \sim 5.0$	$(-)100(x-2.5)$	0	$(+)x$
AB	C	$5.0 \sim 15.0$	$(-)100(x-2.5)-15(x-5)^2$ $=(-)15x^2+50x-125.0$	$(+)x-5$	$(+)x$

위의 표에서 M은 예제 그림 14.2(c)와 같이 기본구조물에 기지의 하중만이 작용할 때의 휨모멘트이고, m_1과 m_2는 예제 그림 14.2(d, e)와 같이 기본구조물에 X_1방향과 X_2방향으로 단위하중 $P=1$이 각각 작용할 때의 휨모멘트이다.

$$EI\Delta_{1P} = \int m_1 M dx = \int_5^{15} (-15x^2+50x-125)(x-5)dx$$
$$= (-)83{,}333.3\,\text{kN}\cdot\text{m}^3$$

$$EI\Delta_{2P} = \int m_2 M dx$$
$$= \int_{2.5}^{5} (x)(-100x+250)dx + \int_5^{15} (x)(-15x^2+50x-125)dx$$
$$= (-)147{,}135.4\,\text{kN}\cdot\text{m}^3$$

$$EI\delta_{11} = \int m_1^2 dx = \int_5^{15} (x-5)^2 dx = 333.3\,\text{kN}\cdot\text{m}^3$$

$$EI\delta_{12} = EI\delta_{21} = \int m_1 m_2 dx = \int_5^{15} (x-5)(x)dx = 583.3\,\text{kN}\cdot\text{m}^3$$

$$EI\delta_{22} = \int m_2^2 dx = \int_0^{15} (x)^2 dx = 1{,}125.0\,\text{kN}\cdot\text{m}^3$$

위의 변위 값을 적합방정식(a, b)에 대입하여 계산하면 다음과 같다.

$$\Delta_1 = \frac{1}{EI}(-83{,}333.3 + 333.3X_1 + 583.3X_2) = 0$$

$$\Delta_2 = \frac{1}{EI}(-147{,}135.4 + 583.3X_1 + 1{,}125.0X_2) = 0$$

위의 식을 연립으로 풀면

$$X_1 = R_{By} = 228.1\,\text{kN}(\text{상향}),\ \ X_2 = R_{Cy} = 12.5\,\text{kN}(\text{상향})$$

또한, 예제 그림 (b)에서 정력학적 평형방정식 $\sum F_y = 0$와 $\sum M_A = 0$을 이용하여 반력 R_{Ay}, M_A 및 M_B를 구하면 다음과 같다.

$$\sum F_y = 0 : R_{Ay} = 300 + 100 - 228.1 - 12.5 = 159.4\,\text{kN}(\text{상향})$$

$$\sum M_A = 0 : M_A = (-300)(5) + (-100)(12.5) + (228.1)(10) + (12.5)(15)$$
$$= (-)281.5\,\text{kN} \cdot \text{m}$$
$$M_B = (12.5)(5) - (100)(2.5) = (-)187.5\,\text{kN} \cdot \text{m}$$

예제 14.3 다음 예제 그림 14.3(a)와 같은 등분포하중 $20\,\text{kN/m}$를 받고 있는 2경간 연속보에서 지점침하가 없는 경우와 지점 B가 5mm 침하된 경우의 반력을 각각 구하고, 전단력도와 휨모멘트를 그려라. 단, $E = 205\,GPa$, $I = 2(10^9)\,\text{mm}^4$이다.

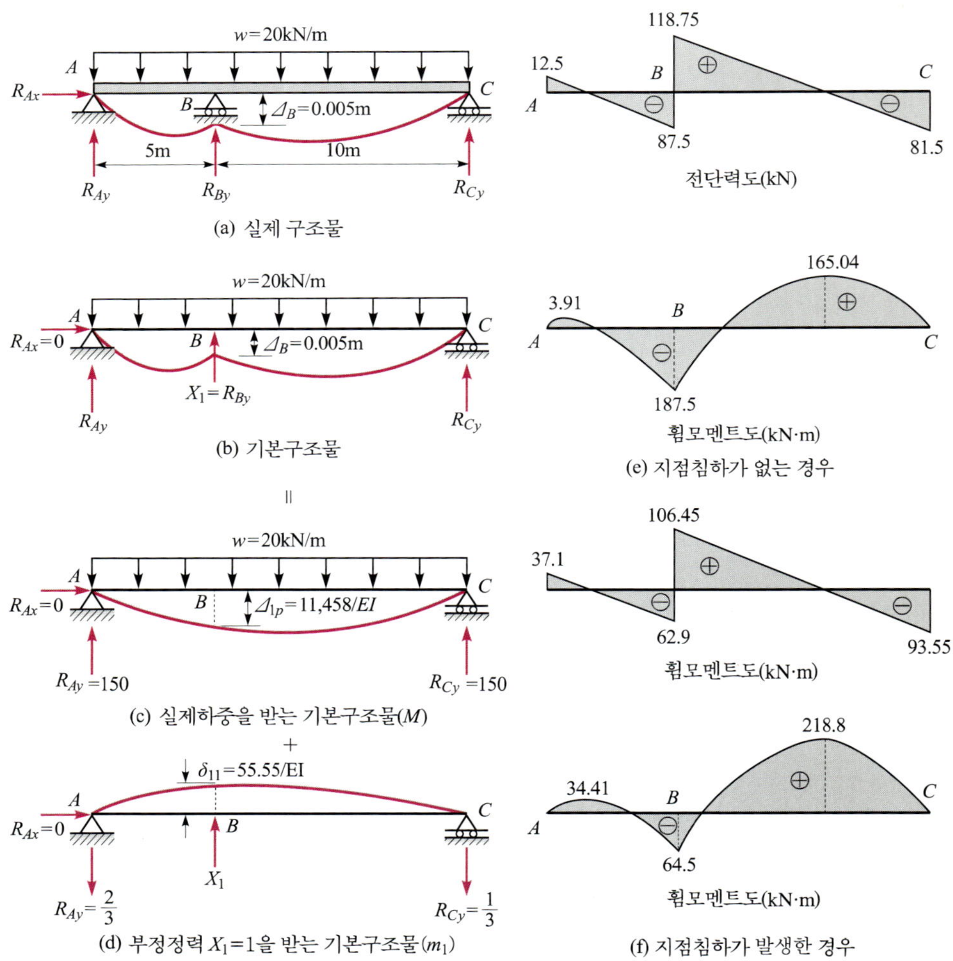

예제 그림 14.3

본 예제는 지점 B가 5mm만큼 아래로 침하된 경우로서 지점 B의 수직반력을 부정정력으로 선택하면 다음과 같은 적합조건식이 성립된다.

$$\Delta_1 = \Delta_{1P} + \delta_{11}X_1 = (-)0.005\,\text{m}$$

예제 그림 14.3(c, d)에서 Δ_{1P}와 δ_{11}은 단위하중법을 사용하여 구한다.

부재	원점	구 간	M	m_1
AB	A	0 ~ 5	$(+)150x-10x^2$	$(-)(2/3)x$
BC	C	0 ~ 10	$(+)150x-10x^2$	$(-)(1/3)x$

$$\begin{aligned} EI\Delta_{1P} &= \int_0^5 m_1 M dx \\ &= \int_0^5 \left(-\frac{2}{3}x\right)(-10x^2+150x)dx + \int_0^{10}\left(-\frac{1}{3}x\right)(-10x^2+150x)dx \\ &= (-)11{,}458.3\,\text{kN}\cdot\text{m}^3 \end{aligned}$$

$$EI\delta_{11} = \int_0^5 m_1^2 dx = \int_0^5 \left(\frac{2}{3}x\right)^2 dx + \int_0^{10}\left(\frac{1}{3}x\right)^2 dx = 55.55\,\text{kN}\cdot\text{m}^3$$

1) 지점침하가 없는 경우

지점침하가 발생하지 않은 경우의 적합조건식은 다음과 같다.

$$\Delta_1 = \Delta_{1P} + \delta_{11}X_1 = 0 \qquad X_1 = R_{By} = \frac{\Delta_{1P}}{\delta_{11}} = \frac{11{,}458.3/EI}{55.55/EI} = 206.25\,\text{kN}(\text{상향})$$

예제 그림 14.2(b)에서 정력학적 평형방정식을 사용하여 나머지 반력을 구하면 다음과 같다. 그리고 지점침하가 발생하지 않은 경우에 대한 전단력도와 휨모멘트도를 예제 그림 14.3(e)에 나타내었다.

$$R_{Ay} = 150 - \frac{2}{3}(206.25) = 12.5\,\text{kN}(\text{상향}) \quad R_{Cy} = 150 - \frac{1}{3}(206.25) = 81.25\,\text{kN}(\text{상향})$$

2) 지점침하가 5mm 발생한 경우

지점침하가 발생한 경우의 적합조건식은 다음과 같다.

$$\Delta_1 = \Delta_{1P} + \delta_{11}X_1 = (-)0.005\,\text{m}$$

$$\text{즉, } X_1 = R_{By} = \frac{-0.005 - \Delta_{1P}}{\delta_{11}} = \frac{-0.005 + 11{,}458.3/EI}{55.55/EI}$$

$$= \frac{-0.005\,\text{m} + 11{,}458.3\,\text{kN}\cdot\text{m}^3/[205(10^6)\,\text{kN/m}^2][(2(10^9)10^{-12})\,\text{m}^4]}{55.55\,\text{kN}\cdot\text{m}^3/[205(10^6)\,\text{kN/m}^2][(2(10^9)10^{-12})\,\text{m}^4]}$$

$$= 169.35\,\text{kN}(\text{상향})$$

예제 그림 14.2(b)에서 정력학적 평형방정식을 사용하여 나머지 반력을 구하면 다음과 같다. 그리고 지점침하가 발생한 경우에 대한 전단력도와 휨모멘트도를 예제 그림 14.3(f)에 나타내었다.

$$R_{Ay} = 150 - \frac{2}{3}(169.35) = 37.1\,\text{kN}(\text{상향}) \quad R_{Cy} = 150 - \frac{1}{3}(169.35) = 93.55\,\text{kN}(\text{상향})$$

예제 14.4

다음 예제 그림 14.4(a)와 같은 라멘을 응력법으로 해석하라. 단, EI는 일정하다.

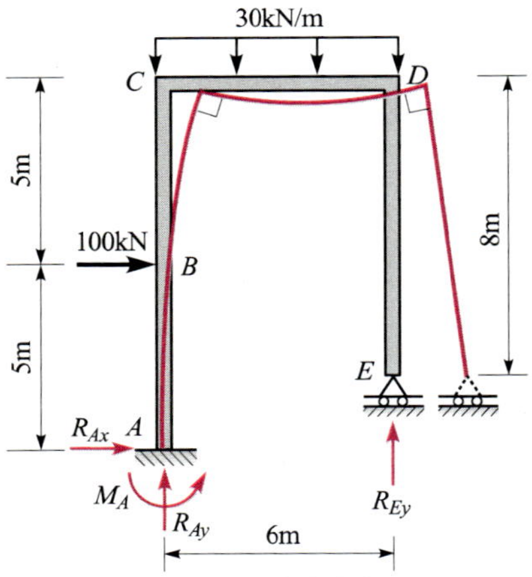

(a) 부정정라멘

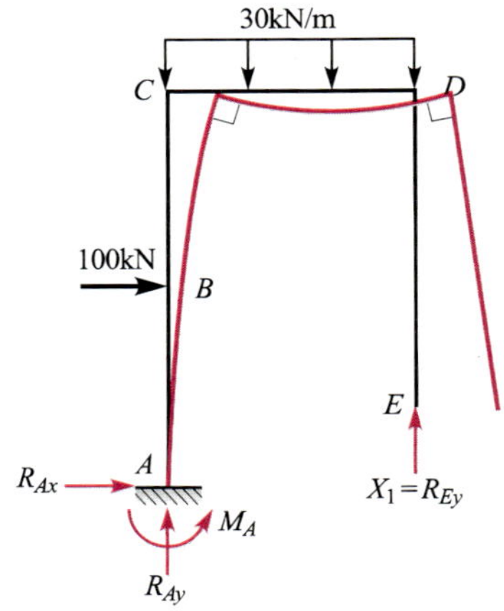

(b) 기본구조물

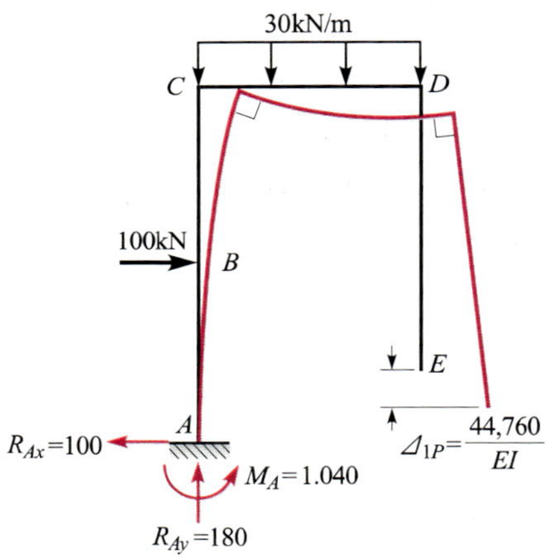

(c) 실제하중을 받는 기본구조물(M)

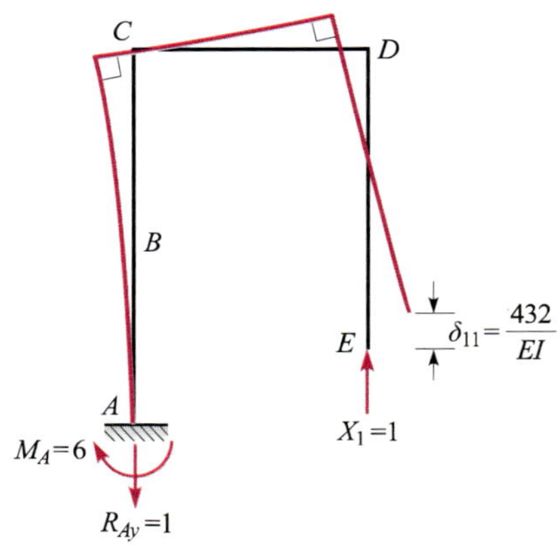

(d) 부정정력 X_1=1을 받는 기본구조물(m_1)

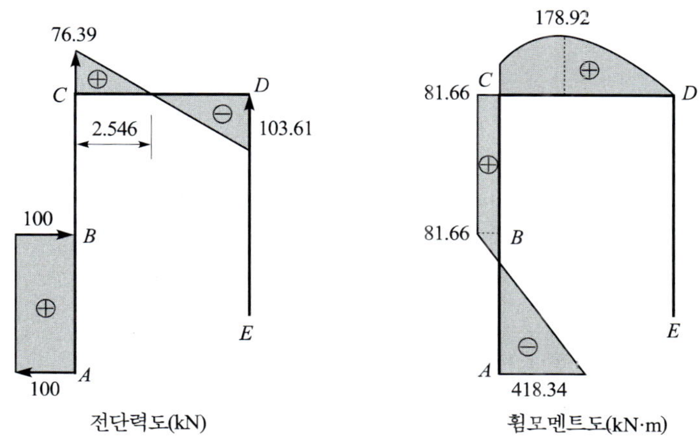

(e) 전단력도 및 휨모멘트도

예제 그림 14.4

예제 그림 14.4(a)의 부정정라멘은 1차 부정정라멘이므로 1개의 부정정력만 선택하면 된다. 여기서는 예제 그림 14.3(b)와 같이 부정정력으로 E 점에서의 수직반력을 선택하였다. 이 경우의 적합방정식은 다음과 같다.

$$\Delta_1 = \Delta_{1p} + \delta_{11} X_1 = 0$$

Δ_{1p}와 δ_{11}는 단위하중법을 사용하여 구하며, 계산의 편의상 다음과 같은 표를 만들어 계산한다.

부재	원점	적용구간	M	m_1
DE	E	$0\sim8$	0	0
CD	D	$0\sim6$	$(-)15x^2$	$(+)x$
BC	C	$0\sim5$	$(-)540$	$(+)6$
AB	B	$0\sim5$	$(-)540-100x$	$(+)6$

위의 표에서 M은 기본구조물에 기지의 하중만이 작용할 때의 휨모멘트이고, m_1은 기본구조물에 X_1방향으로 단위하중 $P=1$이 작용할 때의 휨모멘트이다.

$$\begin{aligned} EI\Delta_{1p} &= \int m_1 M dx \\ &= \int_0^6 (-15x^2)(x)dx + \int_0^5 (-540)(6)dx + \int_0^5 (-540-100x)(6)dx \\ &= (-)44{,}760.0\,\text{kN}\cdot\text{m}^3 \end{aligned}$$

$$EI\delta_{11} = \int m_1^2 dx = \int_0^6 x^2 dx + 2\int_0^5 (6)(6)dx = 432.0\,\text{kN}\cdot\text{m}^3$$

계산된 값을 적합방정식에 대입하여 계산하면 다음과 같다.

$$\frac{1}{EI}[(-44{,}760)+(432)X_1)]=0$$

따라서 $X_1 = 103.61\,\text{kN}$(상향)

정력학적 평형방정식을 이용하여 나머지 반력들을 구하면 다음과 같다. 그리고 전단력도 및 휨모멘트도는 예제 그림 14.4(e)에 나타내었다.

$$\sum Fx = 0 : R_{Ax} = 100\,\text{kN}(\text{왼쪽})$$

$$\sum Fy = 0 : R_{Ay} = 180 - 103.611 = 76.39\,\text{kN}(\text{상향})$$

$$\sum M_A = 0 : M_A = 500 + 540 - (103.61)(6) = 418.34\,\text{kN}\cdot\text{m}(\text{반시계방향})$$

예제 14.5

다음 예제 그림 14.5(a)와 같은 라멘을 해석하라. 단, EI는 일정하다.

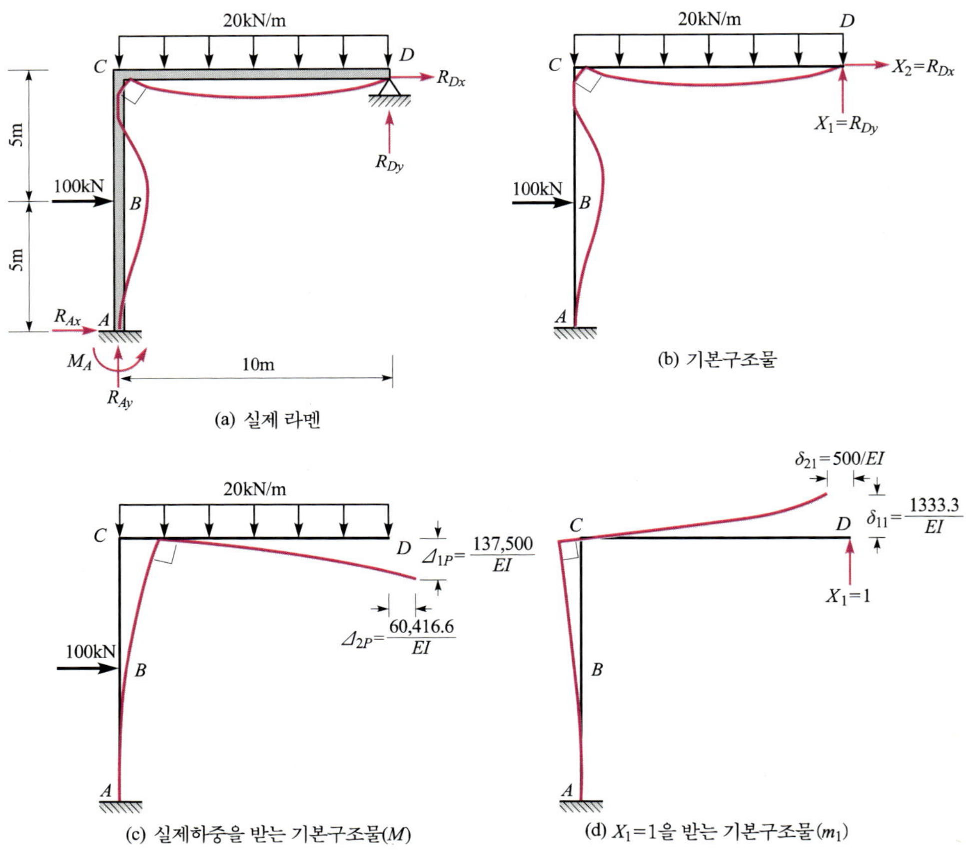

(a) 실제 라멘 (b) 기본구조물 (c) 실제하중을 받는 기본구조물(M) (d) $X_1=1$을 받는 기본구조물(m_1)

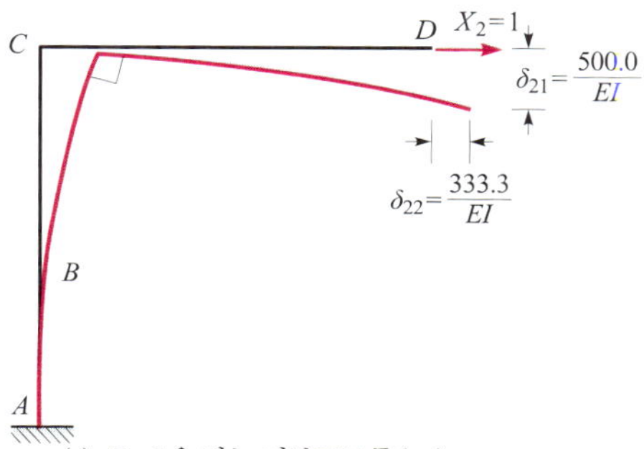

(e) $X_2=1$을 받는 기본구조물(m_2)

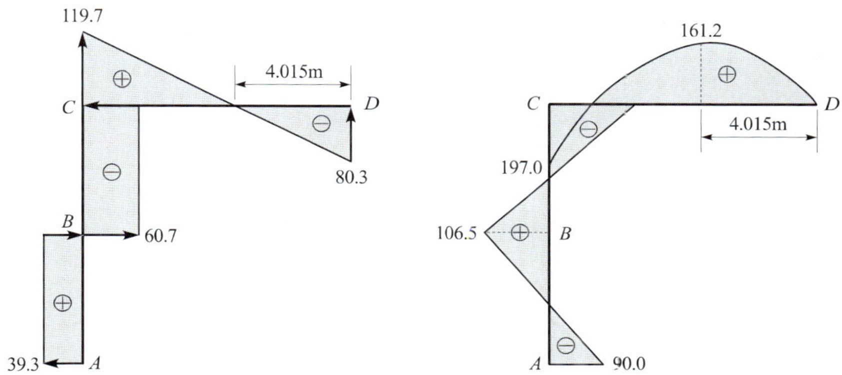

전단력도(kN)　　휨모멘트도(kN·m)

(f) 전단력도 및 휨모멘트도

예제 그림 14.5

예제 그림 14.5(a)의 부정정라멘은 2차 부정정라멘으로 2개의 부정정력을 선택해야 한다. 여기서는 예제 그림 14.5(b)와 같이 부정정력으로 D점에서의 수직반력과 수평반력을 선택하였다. 이 경우의 적합방정식은 다음과 같다.

$$\Delta_{1P}+\delta_{11}X_1+\delta_{12}X_2=0$$
$$\Delta_{2P}+\delta_{21}X_1+\delta_{22}X_2=0$$

위에서 Δ_{ij}와 δ_{ij}는 단위하중법을 사용하여 구하며 계산의 편의상 다음과 같은 표를 만들어 계산한다.

부 재	원 점	적용구간	M	m_1	m_2
CD	D	0 ~ 10	$(-)10x^2$	$(+)x$	0
BC	C	0 ~ 5	$(-)1{,}000.0$	$(+)10$	$(-)x$
AB	B	0 ~ 5	$(-)1{,}000.0-100x$	$(+)10$	$(-)5.0-x$

위의 표에서 M은 기본구조물에 기지의 하중이 작용할 때의 휨모멘트이고, m_1이나 m_2는 기본구조물에 부정정력 X_1과 X_2방향으로 단위하중이 작용할 때의 휨모멘트이다.

$$EI\Delta_{1P} = \int m_1 M dx = \int_0^{10} (-10x^2)(x)dx + \int_0^5 (-1{,}000)(10)dx$$
$$+ \int_0^5 (-1{,}000-100x)(10)dx = (-)137{,}500.0\,\text{kN}\cdot\text{m}^3$$
$$EI\Delta_{2P} = \int m_2 M dx = \int_0^5 (-1{,}000)(-x)dx + \int_0^5 (-1{,}000-100x)(-5-x)dx$$
$$= 60{,}416.6\,\text{kN}\cdot\text{m}^3$$
$$EI\delta_{11} = \int m_1^2 dx = \int_0^{10} (x)^2 dx + 2\int_0^5 (10)^2 dx = 1{,}333.3\,\text{kN}\cdot\text{m}^3$$
$$EI\delta_{12} = EI\delta_{21} = \int m_1 m_2 dx = \int_0^5 (10)(-x)dx + \int_0^5 (10)(-5-x)dx$$
$$= (-)500.0\,\text{kN}\cdot\text{m}^3$$
$$EI\delta_{22} = \int m_2^2 dx = \int_0^5 (-x)^2 dx + \int_0^5 (-5-x)^2 dx = 333.3\,\text{kN}\cdot\text{m}^3$$

이렇게 계산된 값을 적합방정식에 대입하여 계산하면 다음과 같다.

$$\frac{1}{EI}(-137{,}500.0 + 1{,}333.3X_1 - 500.0X_2) = 0$$
$$\frac{1}{EI}(60{,}416.6 - 500.0X_1 + 333.3X_2) = 0$$

그러므로 부정정력 X_1, X_2는 다음과 같다.

$$X_1 = R_{Dy} = 80.3\text{kN}(\uparrow),\ X_2 = R_{Dx} = (-)60.7\,\text{kN}(\leftarrow)$$

정력학적 평형방정식 이용하여 나머지 반력을 구하면 다음과 같다. 그리고 전단력도 및 휨모멘트도는 예제 그림 14.4(f)에 나타내었다.

$\Sigma Fx = 0$에서
$R_{Ax} = 100.0 - 60.7 = 39.3\,\text{kN}(\leftarrow)$
$\Sigma Fy = 0$에서
$R_{Ay} = (20)(10) - 80.3 = 119.7\,\text{kN}(\uparrow)$
$\Sigma M_A = 0$에서
$M_A = (100)(5) + (200)(5) - (60.7)(10) - (80.3)(10) = 90.0\,\text{kN}\cdot\text{m}(\curvearrowleft)$

예제 14.6 다음 예제 그림 14.6(a)와 같은 트러스를 해석하라. 단, EA는 일정하다.

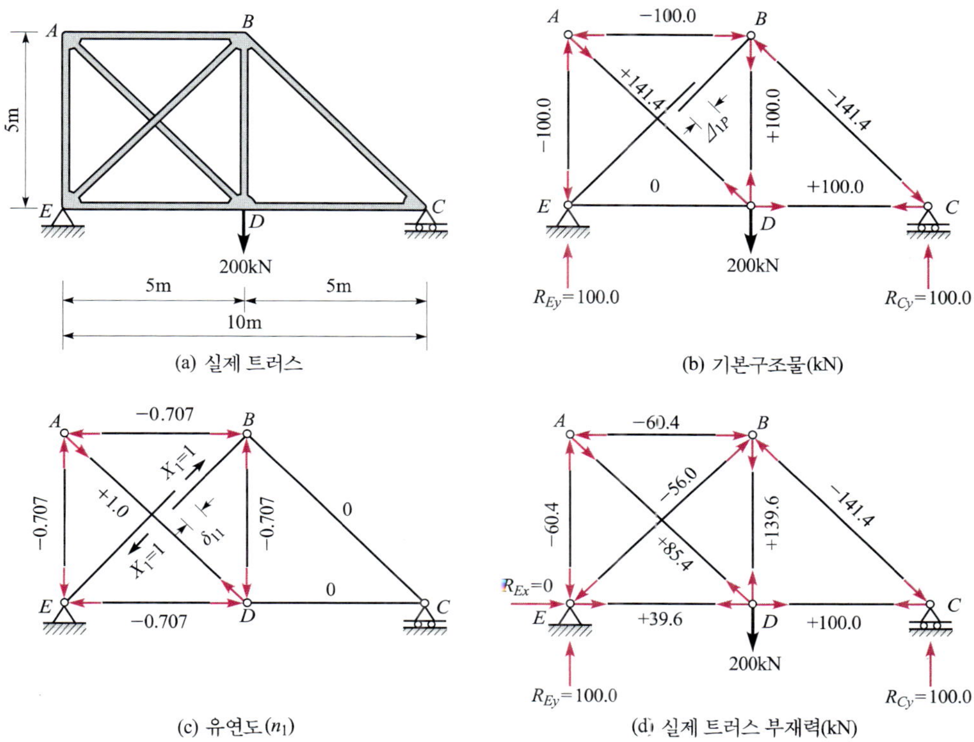

예제 그림 14.6

본 예제의 부정정트러스는 외적으로 정정트러스이나, 내적으로 1차 부정정트러스이다. 따라서 예제 그림 14.6(b)와 같이 트러스 부재력을 부정정력으로 선택하여 그 부재를 절단시킨 구조가 정정기본구조물이 된다. 여기서는 BE부재력을 부정정력 X_1으로 선택하였으며, 적합방정식은 다음과 식과 같다.

$$\Delta_{1p}+\Delta_{11}=\Delta_{1P}+\delta_{11}X_1=0 \tag{a}$$

위의 식 (a)는 트러스에 하중이 작용하여도 BE부재가 중간에서 서로 겹치거나(overlap) 또는 벌어지는(gap) 않고 하나의 부재로 거동하기 위한 적합조건식으로서 부정정보나 부정정라멘 해석시의 적합조건식과 같은 형태임을 알 수 있다. 여기서 Δ_{1P}는 예제 그림 14.6(b)와 같이 기본구조물에 기지의 하중만이 작용할 때의 BE부재의 변형량이고, 유연도 δ_{11}은 예제 그림 14.6(c)와 같이 X_1방향으로 단위하중이 작용할 때의 BE부재의 변형량이다. Δ_{1P}와 δ_{11}을 단위하중법으로 구하기 위해 다음과 같은 표를 만들어 계산한다. 여기서, N은 기본 구조물에 하중이 작용할 때의 부재력이고, n_1은 $X_1=1$일 때의 부재력이다.

부재	길이(m)	N	n_1	Nn_1L	n_1^2L	부재력$=N+n_1X_1$
AB	5.0	(−)100.0	(−)0.707	(+)353.5	(+)2.50	(−)60.4
DE	5.0	0	(−)0.707	0	(+)2.50	(+)39.6
DC	5.0	(+)100.0	0	0	0	(+)100.0
AE	5.0	(−)100.0	(−)0.707	(+)353.5	(+)2.50	(−)60.4
BD	5.0	(+)100.0	(−)0.707	(−)353.5	(+)2.50	(+)139.6
AD	7.07	(+)141.4	(+)1.0	(+)999.7	(+)7.07	(+)85.4
BE	7.07	0	(+)1.0	0	(+)7.07	(−)56.0
BC	7.07	(−)141.4	0	0	0	(−)141.4
			Σ	(+)1,353.2	(+)24.14	

$$\Delta_{1P}=\Sigma\frac{Nn_1L}{EA}=\Sigma\frac{1353.2\,\text{kN}\cdot\text{m}}{EA},\quad \delta_{11}=\Sigma\frac{n_1^2L}{EA}=\Sigma\frac{24.14\,\text{kN}\cdot\text{m}}{EA}$$

이므로 위의 표에서 구한 이 값들을 적합조건식 (a)에 대입하면 다음과 같다.

$$\frac{1}{EA}[1{,}353.2+(24.14)(X_1)]=0$$

따라서 $X_1=-56.0\,\text{kN}$(압축력)

부재 BE의 부재력을 구하였으므로, 나머지 부재의 부재력은 $N+n_1X_1$에 의하여 구할 수 있으며 그 값을 예제 그림 14.6(d)와 위의 표에 나타내었다.

예제 14.7 다음 예제 그림 14.7(a)와 같은 트러스를 응력법으로 해석하라. 단, EA는 일정하다.

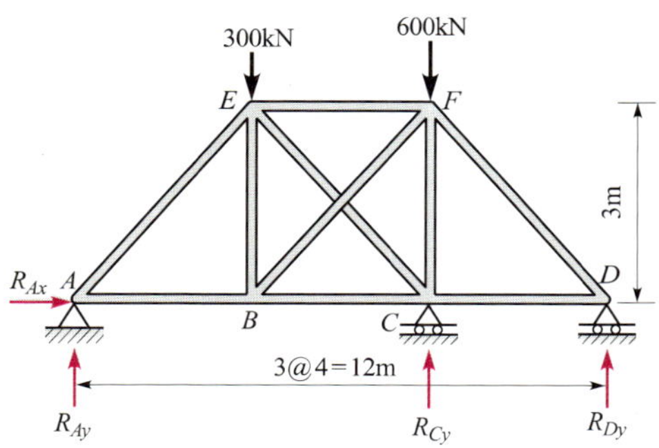

(a) 실제 트러스

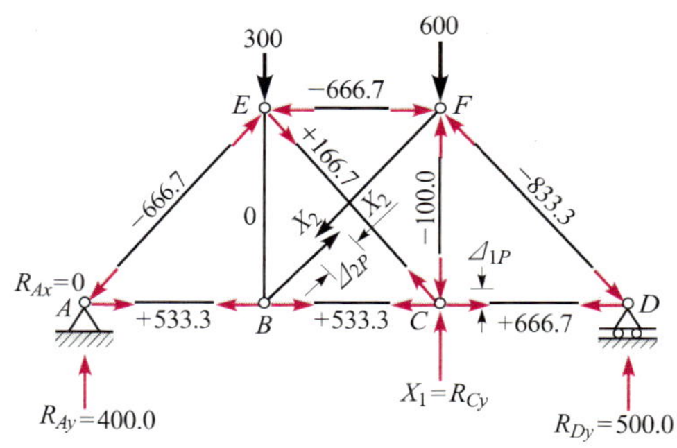

(b) 기본구조물(N)

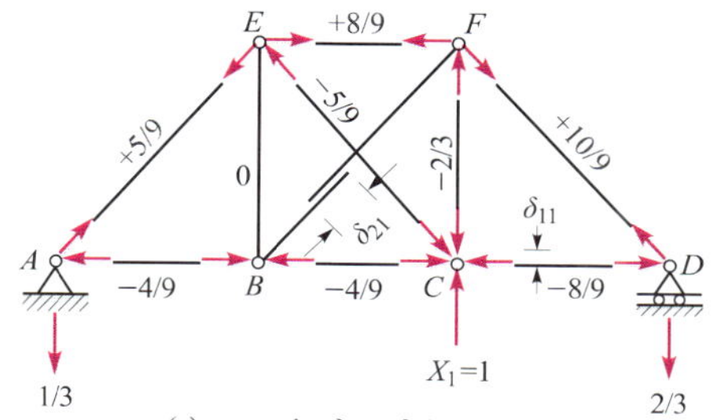

(c) $X_1=1$을 받는 기본구조물(n_1)

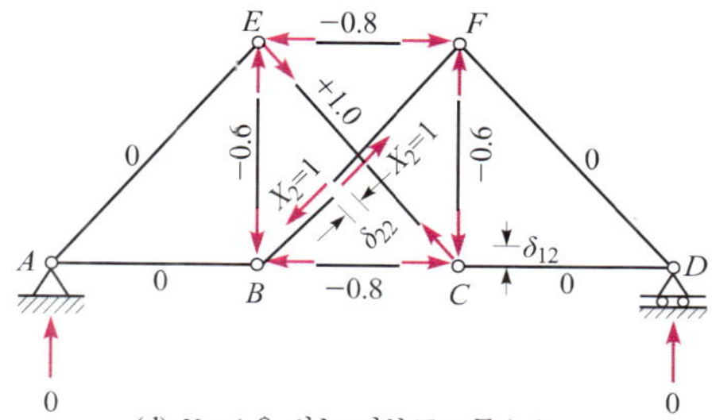

(d) $X_2=1$을 받는 기본구조물(n_2)

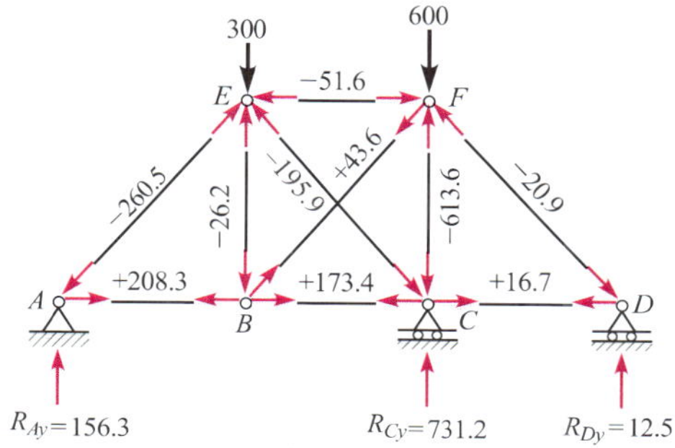

(e) 트러스 부재력(kN)

예제 그림 14.7

본 예제의 트러스는 2차 부정정트러스이므로 예제 그림 14.7(b)와 같이 부정정력으로 C점의 수직반력 $R_{Cy}=X_1$과 BF 부재를 X_2로 선택한다. 이 때 적합방정식은 다음과 같이 된다.

$$\Delta_{1P}+\delta_{11}X_1+\delta_{12}X_2=0 \quad \text{(a)}$$

$$\Delta_{2P}+\delta_{21}X_1+\delta_{22}X_2=0 \quad \text{(b)}$$

식 (a)와 (b)에서 Δ_{iP}와 δ_{ij}을 단위하중법으로 구하기 위해 다음과 같은 표를 만들어 계산한다.

부재	길이(m)	N	n_1	n_2	Nn_1L	Nn_2L
AB	4.0	(+)533.3	(−)4/9	0	(−)948.1	0
BC	4.0	(+)533.3	(−)4/9	(−)0.8	(−)948.1	(−)1,706.6
CD	4.0	(+)666.7	(−)8/9	0	(−)2,370.5	0
EF	4.0	(−)666.7	(+)8/9	(−)0.8	(−)2,370.5	(+)2,133.4
BE	3.0	0	0	(−)0.6	0	0
CF	3.0	(−)100.0	(−)2/3	(−)0.6	(+)200.0	(+)180.0
AE	5.0	(−)666.7	(+)5/9	0	(−)1,851.9	0
BF	5.0	0	0	(+)1.0	0	0
CE	5.0	(+)166.7	(−)5/9	(+)1.0	(−)463.1	(+)833.5
DF	5.0	(−)833.3	(+)10/9	0	(−)4,629.4	0
				Σ	(−)13,381.6	(+)1,440.3

부재	n_1^2L	n_1n_2L	n_2^2L	부재력 (kN) $(N+n_1X_1+n_2X_2)$
AB	(+)0.79	0	0	(+)208.3
BC	(+)0.79	(+)1.42	(+)2.56	(+)173.4
CD	(+)3.16	0	0	(+)16.7
EF	(+)3.16	(−)2.84	(+)2.56	(−)51.6
BE	0	0	(+)1.08	(−)26.2
CF	(+)1.33	(+)1.2	(+)1.08	(−)613.6
AE	(+)1.54	0	0	(−)260.5
BF	0	0	(+)5.0	(+)43.6
CE	(+)1.54	(−)2.78	(+)5.0	(−)195.9
DF	(+)6.17	0	0	(−)20.9
Σ	(+)18.48	(−)3.00	(+)17.28	

$$\Delta_{1P}=\Sigma\frac{Nn_1L}{EA}=\frac{-13{,}381.6\,\text{kN}\cdot\text{m}}{EA},\quad \Delta_{2P}=\Sigma\frac{Nn_2L}{EA}=\frac{1{,}440.3\,\text{kN}\cdot\text{m}}{EA}$$

$$\delta_{11}=\Sigma\frac{n_1^2L}{EA}=\frac{18.48\,\text{kN}\cdot\text{m}}{EA},\quad \delta_{22}=\Sigma\frac{n_2^2L}{EA}=\frac{-3.0\,\text{kN}\cdot\text{m}}{EA}$$

$$\delta_{12}=\delta_{21}=\Sigma\frac{n_1n_2L}{EA}=\frac{17.28\,\text{kN}\cdot\text{m}}{EA}$$

이므로, 이 값들을 식 (a)와 (b)의 적합방정식에 대입하면 다음과 같다.

$$\frac{1}{EA}[-13{,}381.6+18.48X_1-3X_2]=0$$

$$\frac{1}{EA}[1{,}440.3-3.0X_1+17.28X_2]=0$$

그러므로 부정정력 X_1과 X_2는 위의 연립방정식을 풀면 다음과 같다.

$$X_1=731.2\,\text{kN},\quad X_2=43.6\,\text{kN}$$

각 부재의 부재력은 $N+n_1X_1+n_2X_2$에 의하여 구하고, 그 계산된 값을 예제 그림 14.7(d)와 표에 나타내었다. 그리고 정력학적 평형방정식을 이용하여 반력을 구하면 다음과 같다.

$$\Sigma M_D=0\text{에서 } R_{Ay}=\left(\frac{1}{12}\right)[(300)(8)-(131.2)(4)]=156.3\,\text{kN}(\text{상향})$$

$$\Sigma F_y=0\text{에서 } R_{Dy}=900.0-156.3-731.2=12.5\,\text{kN}$$

예제 14.8

다음 예제 그림 14.8(a)와 같이 C 점에서 지점침하가 2cm만큼 발생한 트러스를 응력법으로 해석하라. 단, $E=205\,\text{GPa}$, $A=10\,\text{cm}^2$

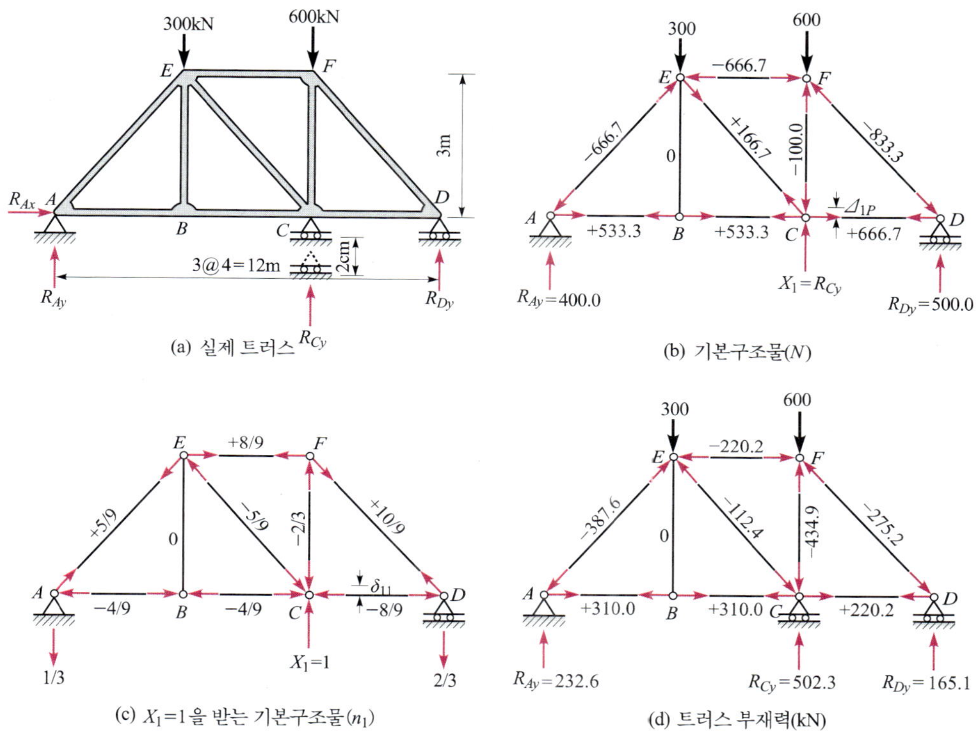

예제 그림 14.8

본 예제의 트러스는 외적으로 1차 부정정트러스이므로 예제 그림 14.8(b)와 같이 부정정력으로 C 점의 수직반력 R_{Cy}를 선택한다. 지점 C에서 아랫방향으로 지점침하가 발생하였으므로 X_1방향의 변위 Δ_1은 영이 아니고 (−)2.0cm이다. 따라서 적합방정식은 다음과 같다.

$$\Delta_{1P}+\delta_{11}X_1=(-)0.02\,\text{m} \qquad \text{(a)}$$

그리고 Δ_{1P}와 δ_{11}은 예제 그림 14.8(b)의 기본구조물이 예제 그림 14.7(b)의 트러스와 같으므로 예제 14.7에서 만든 표를 사용할 수 있다.

$$\Delta_{1P}=\Sigma\frac{Nn_1L}{EA}=\frac{-13{,}381.6}{EA}=\frac{-13{,}381.6\,\text{kN}\cdot\text{m}}{[205\times10^6\,\text{kN/m}^2][10\times(10^{-2})^2\text{m}^2]}=(-)0.06528\,\text{m}$$

$$\delta_{11}=\Sigma\frac{n_1^2L}{EA}=\frac{18.48}{EA}=\frac{18.48\,\text{kN}\cdot\text{m}}{[205\times10^6\,\text{kN/m}^2][10\times(10^{-2})^2\text{m}^2]}=9.01\times10^{-5}\text{m}$$

위의 값을 식 (a)의 적합방정식에 대입하여 부정정력 X_1을 구하면 다음과 같다.

$$\Delta_1 = \Delta_{1P} + \delta_{11}X_1 = (-)0.06372 + (8.8 \times 10^{-5})X_1 = (-)0.02$$

그러므로 $X_1 = 502.3\,\text{kN}$(상향)

각 부재의 부재력은 $N + n_1X_1$에 의하여 구하며, 그 결과는 다음 표와 같다.

부재	N	n_1	n_1X_1	부재력(kN) $(N+n_1X_1)$
AB	(+)533.3	(−)4/9	(−)220.8	(+)310.0
BC	(+)533.3	(−)4/9	(−)220.8	(+)310.0
CD	(+)666.7	(−)8/9	(−)441.6	(+)220.2
EF	(−)666.7	(+)8/9	(+)441.6	(−)220.2
BE	0	0	0	0
CF	(−)100.0	(−)2/3	(−)331.2	(−)434.9
AE	(−)666.7	(+)5/9	(+)276.0	(−)387.6
CE	(+)166.7	(−)5/9	(−)276.0	(−)112.4
DF	(−)833.3	(+)10/9	(+)552.8	(−)275.2

나머지 반력은 정력학적 평형방정식을 이용하여 구하면 다음과 같다.

$\Sigma M_D = 0$에서

$R_{Ay} = (1/12)[(300)(8) + (97.7)(4)] = 232.6\,\text{kN}$(상향)

$\Sigma F_y = 0$에서

$R_{Dy} = 900.0 - 502.3 - 232.6 = 165.1\,\text{kN}$(상향)

예제 14.9 다음 예제 그림 14.9(a)와 같은 트러스에서 하현재의 온도가 10℃ 만큼 감소하였을 때의 반력과 트러스 부재력을 맥스웰-모르 방법으로 해석하라. 단, $E = 205\,\text{GPa}$, $\alpha = 12 \times 10^{-6}/℃$, ( ) : 부재의 단면적($\text{cm}^2$)

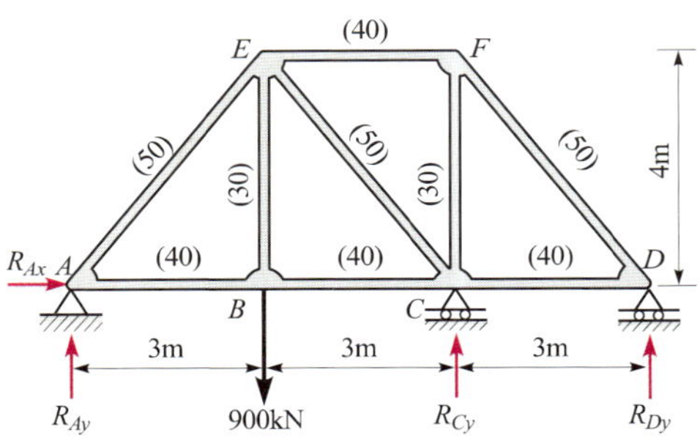

(a) 실제 트러스

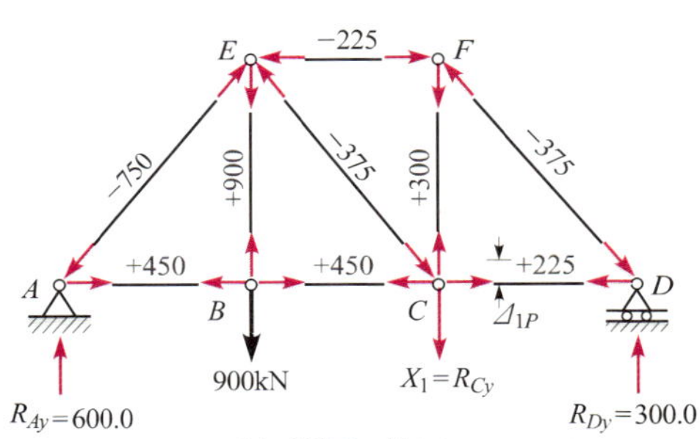

(b) 기본구조물(N)

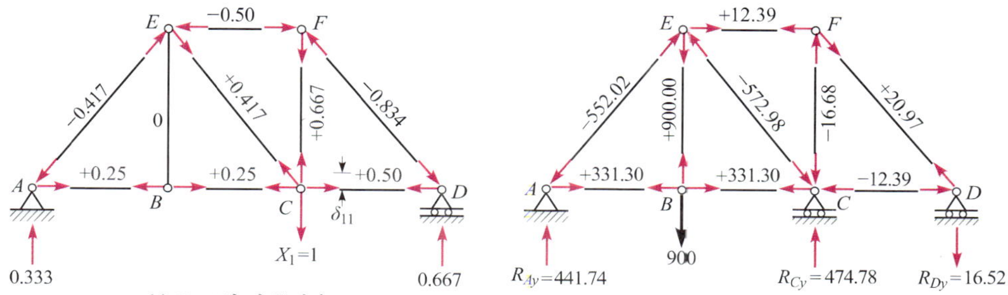

(c) $X_1=1$일 때 부재력(n_1) (d) 트러스 부재력(kN)

예제 그림 14.9

본 예제의 트러스는 외적 1차 부정정 트러스이므로 지점 반력 중에서 1개의 부정정력을 선택해야 한다. 여기서는 C점에서의 아래 방향으로 작용하는 수직반력을 부정정력으로 선택한다. 이 경우에도 적합방정식은 다음과 같다.

$$\Delta_{1P} + \delta_{11} X_1 = 0$$

여기서, Δ_{1P}는 기본 구조물에 기지의 하중과 온도변화만이 작용할 때 X_1방향으로의 처짐이고, 유연도 δ_{11}은 X_1방향으로 단위하중이 작용할 때 X_1방향으로의 처짐이다. Δ_{1P}와 δ_{11}을 단위하중법으로 구하기 위해 다음과 같은 표를 만들어 계산한다.

부재	L(m)	$A(\mathrm{m}^2) \times 10^{-4}$	N(kn)	n_1(kn)	$n_1 \frac{N}{A} L$	$n_1 . \Delta T . L$	$\frac{n_1^2}{A} L$	부재력 $(N + n_1 X_1)$
AB	3.0	40.0	(+)450.0	(+)0.250	(+)84,375.0	(−)7.50	(+)46.88	(+)331.30
BC	3.0	40.0	(+)450.0	(+)0.250	(+)84,375.0	(−)7.50	(+)46.88	(+)331.30
CD	3.0	40.0	(+)225.0	(+)0.500	(+)84,375.0	(−)15.0	(+)187.50	(−)12.39
EF	3.0	40.0	(−)225.0	(−)0.500	(+)84,375.0		(+)187.50	(+)12.39
BE	4.0	30.0	(+)900.0	0	0		0	(+)900.00
CF	4.0	30.0	(+)300.0	(+)0.667	(+)266,800.0		(+)593.19	(−)16.68
AE	5.0	50.0	(−)750.0	(−)0.417	(+)312,750.0		(+)173.89	(−)552.02
CE	5.0	50.0	(−)375.0	(+)0.417	(−)156,375.0		(+)173.89	(−)572.98
DF	5.0	50.0	(−)375.0	(−)0.834	(+)312,750.0		(+)695.56	(+)20.97
					Σ = 1,073,425.0	−30.30	+2,105.29	

1) 하중에 의한 X_1방향으로의 처짐은 다음과 같다.

$$\Delta_{CV1} = \frac{1{,}073{,}425.0}{E} = \frac{1{,}073{,}425.0\,\mathrm{kN \cdot m^3}}{205 \times 10^6\,\mathrm{kN/m^2}} = 0.005236\,\mathrm{m}$$

2) 온도변화에 의한 처짐

$$\Delta_{CV2} = a \Sigma n \cdot \Delta T \cdot L = (12 \times 10^{-6}) \cdot (-30.3)$$
$$= (-)0.000364\,\mathrm{m}$$

그러므로

$$\Delta_{1p} = \Delta_{FV1} + \Delta_{FV2} = 0.005236 - 0.00036 = 0.004876\,\mathrm{m}$$

$$\delta_{11} = \Sigma \frac{n_1^2 \cdot L}{EA} = \frac{2{,}105.29}{E} = \frac{2{,}105.29\,\mathrm{kN \cdot m^3}}{205 \times 10^6\,\mathrm{kN/m^2}} = 1.027 \times 10^{-5}\,\mathrm{m}$$

따라서 적합조건식은

$$0.004876 + 1.027 \times 10^{-5} X_1 = 0$$
$$X_1 = R_{Cy} = (-)474.78\,\mathrm{kN}\,(\text{상향})$$

각 부재의 부재력은 표의 마지막 열에서와 같이 $N + n_1 X_1$으로 구하면 된다.
나머지 반력은 정력학적 평형방정식을 이용하여 구하면 다음과 같다.

$\Sigma M_D = 0$에서
$$R_{Ay} = (1/9)[(900)(6) - (474.78)(3)] = 441.74\,\mathrm{kN}\,(\text{상향})$$
$\Sigma F_y = 0$에서
$$R_{Dy} = 900.0 - 441.74 - 474.78 = (-)16.52\,\mathrm{kN}\,(\text{하향})$$

예제 14.10 다음 예제 그림 14.10(a)와 같은 합성구조물을 응력법으로 해석하라. 단, E는 일정하다.

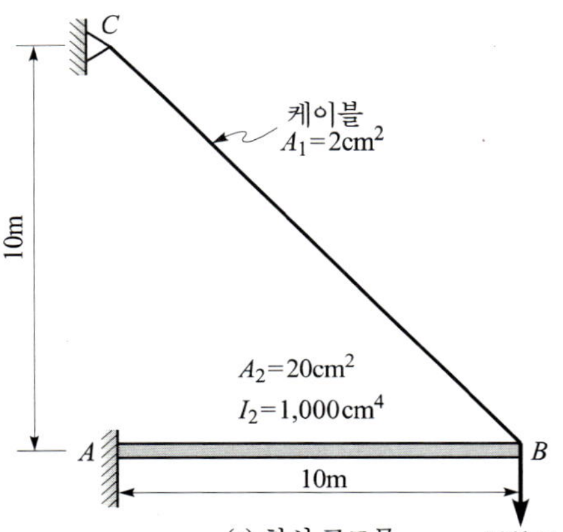

(a) 합성 구조물

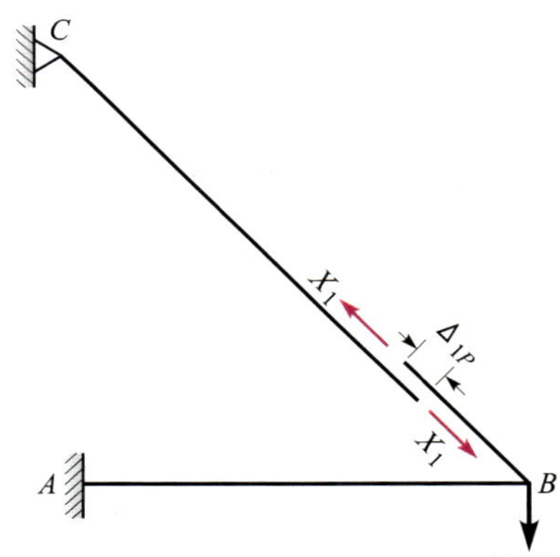

(b) 기본구조물(M)

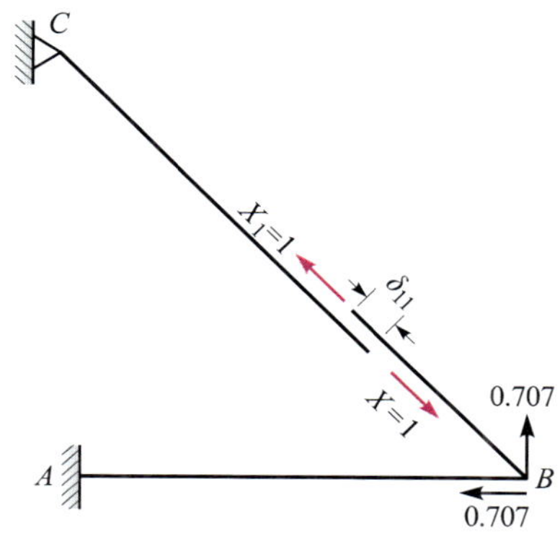

(c) $X_1=1$을 받는 기본구조물(m 및 n)

예제 그림 14.10

본 예제와 같이 보와 케이블로 구성되어 있는 합성구조물은 1차부정정 구조물이므로 케이블의 장력을 부정정력으로 선택하여 정정기본구조물을 만들면 케이블의 변형에 대한 적합조건식은 다음과 같다.

$$\Delta_{1P}+\delta_{11}X_1=0$$

여기서, Δ_{1P}는 실제 작용하중에 의해 케이블 부재가 겹쳐지는 거리이고, δ_{11}은 기본구조물에서 X_1이 1인 경우에 케이블 부재가 겹쳐지는 거리이다. 위의 적합조건식은 부정정트러스 예제에서와 마찬가지로 부정정력으로 선택하는 케이블 부재가 작용하중에 의해 겹치거나(overlap) 또는 멀어지지(gap) 않고 하나의 부재로 거동해야 하는 조건을 의미한다.

본 예제의 경우에는 축력만을 받는 케이블과 축력과 휨모멘트를 동시에 받는 보로 구성된 구조이므로 처짐 계산 시에는 다음 식을 사용해야 한다.

$$\Delta=\int\frac{Mm}{EI}dx+\Sigma\frac{nNL}{EA}$$

실제 작용하중에 의한 기본구조물의 B점의 X_1방향으로 겹침 Δ_{1P}를 계산하는 경우에는 보의 휨모멘트에 의한 휨변형을 고려하면 된다.

부재	원점	구간(m)	M	m	n
AB	B	$0\sim10.0$	$(-)100x$	$(+)0.707x$	(+)0.707
BC	B	0~14.141	0	0	(+)1.0

$$\Delta_{1p}=\int_0^{10}\frac{Mm}{EI_2}dx=\frac{1}{E(1{,}000\times10^{-8})}\int_0^{10}(-100x)(0.707x)dx=(-)\,\frac{2.35667\times10^9}{E}$$

X_1방향의 단위하중에 의한 X_1방향으로의 겹침 δ_{11}을 계산하는 경우에는 케이블의 축력과 보의 축력 및 휨모멘트에 의한 변형을 고려하면 된다.

$$\delta_{11} = \left[\frac{n^2L}{EA_1}\right]_{cable} + \left[\frac{n^2L}{EA_2}\right]_{beam} + \left[\int \frac{m^2}{EI_2}dx\right]_{beam}$$

$$= \frac{(1^2)(14.141)}{E(2.0\times10^{-4})} + \frac{(0.707)^2(10)}{E(20.0\times10^{-4})} + \int_0^{10}\frac{(0.707x)^2}{E(1{,}000.0\times10^{-8})}dx$$

$$= \frac{1.67348\times10^7}{E}$$

케이블 부재가 끊어지거나 겹치지 않기 위한 적합조건식은 다음과 같다.

$$(-)\frac{2.35667\times10^9}{E} + \frac{1.67348\times10^7}{E}X_1 = 0$$

$$\therefore\ X_1 = 140.82\text{kN}\,(\text{인장})$$

나머지 반력은 정력학적 평형방정식을 이용하여 구하면 다음과 같다.

$$\Sigma Fy = 0 :\ R_{Ay} = 100.0 - 0.707X_1 = 0.44\,\text{kN}\,(\text{상향})$$

$$\Sigma F_x = 0 :\ H_A = 0.707X_1 = 99.55\,\text{kN}\,(\text{우측})$$

$$\Sigma M_A = 0 :\ M_A = (-100 + 0.707X_1)(10) = (-)4.4\,\text{kN}\cdot\text{m}\,(\text{반시계방향})$$

본 예제와 같은 합성구조물의 경우 보에는 휨모멘트가 거의 발생하지 않고 주로 축력만이 작용하게 됨을 알 수 있다.

연습문제

맥스웰-모르의 방법을 이용하여 다음 구조물의 반력을 구하고, 전단력도와 휨모멘트도를 그리시오.

14.1

부정정력을 구하고, SFD와 BMD를 그리시오. (EI = 일정)

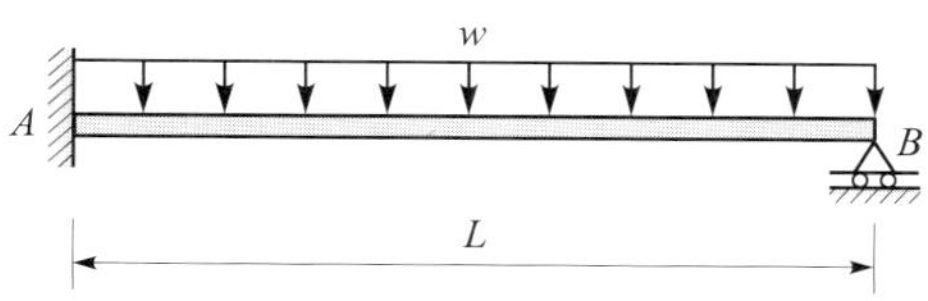

14.2

부정정력을 구하고, SFD와 BMD를 그리시오. (EI = 일정)

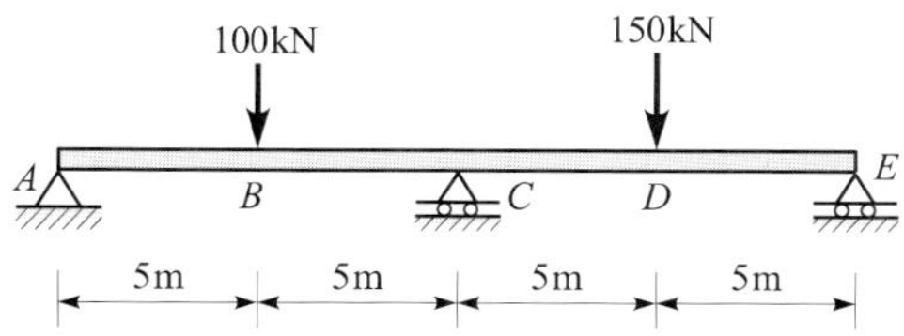

14.3

문제 14.2에서 C점에 3mm의 지점침하가 발생했을 때 SFD와 BMD를 그리시오. ($E = 205\mathrm{GPa}$, $I = 2(10^9)\mathrm{mm}^4$)

14.4

부정정력을 구하고, SFD와 BMD를 그리시오. (EI = 일정)

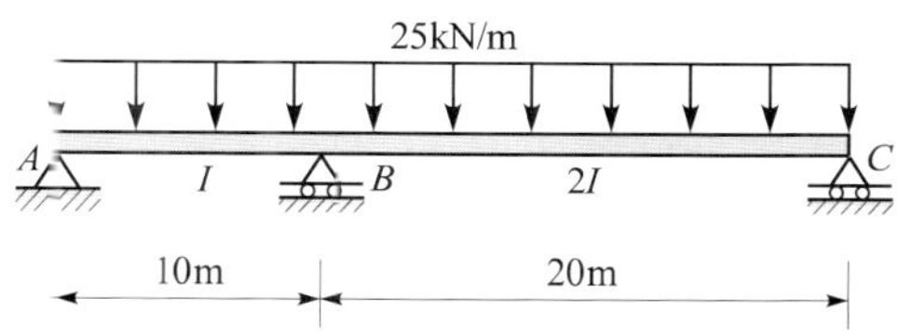

14.5

문제 14.4에서 A에 10mm, B에 65mm, C에 40mm의 지점침하가 발생했을 때 부정정력을 구하고, SFD와 BMD를 그리시오. ($E = 205\mathrm{GPa}$, $I = 4(10^9)\mathrm{mm}^2$)

[14.6~14.9] **부정정력을 구하고, SFD와 BMD를 그리시오.**

14.6

($EI=$일정)

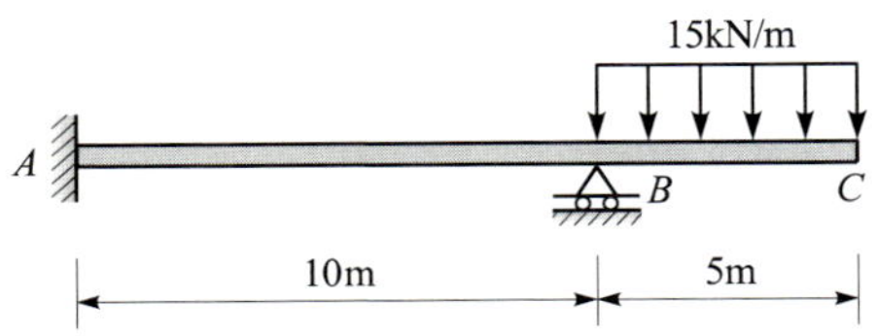

14.7

($EI=$일정)

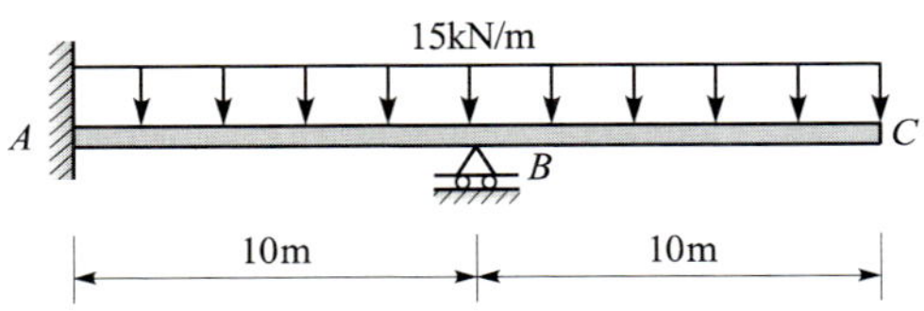

14.8

($EI=$일정)

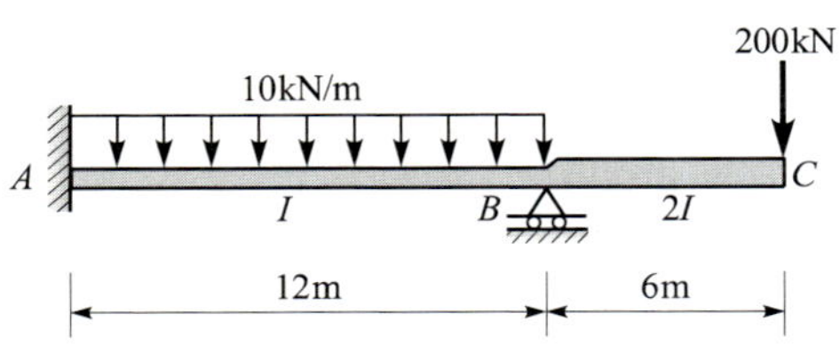

14.9

($EI=$일정)

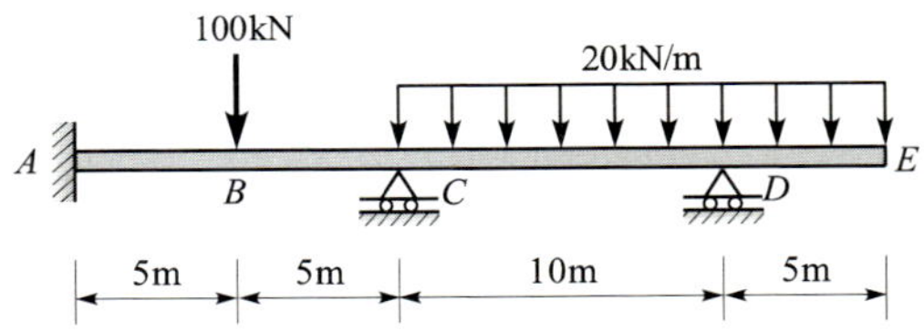

14.10

부정정력을 구하고, SFD와 BMD를 그리시오.
($EI=$일정)

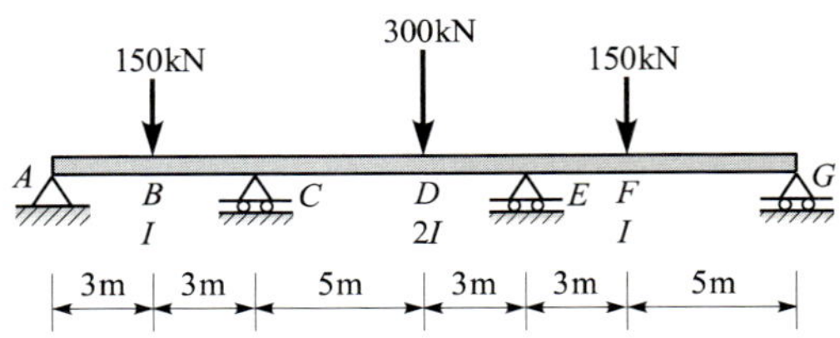

14.11

문제 14.10에서 A에 1cm, C에 10cm, E에 8cm, G에 5cm의 지점침하가 발생했을 때 부정정력을 구하고, SFD와 BMD를 그리시오.
($E=205\text{GPa}$, $I=2(10^9)\text{mm}^2$)

[14.12~14.17] 부정정력을 구하고 SFD와 BMD를 그리시오.

14.12

(EI = 일정)

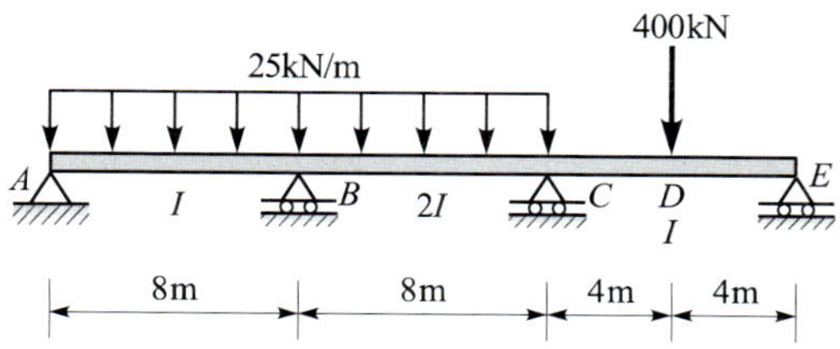

14.13

(EI = 일정)

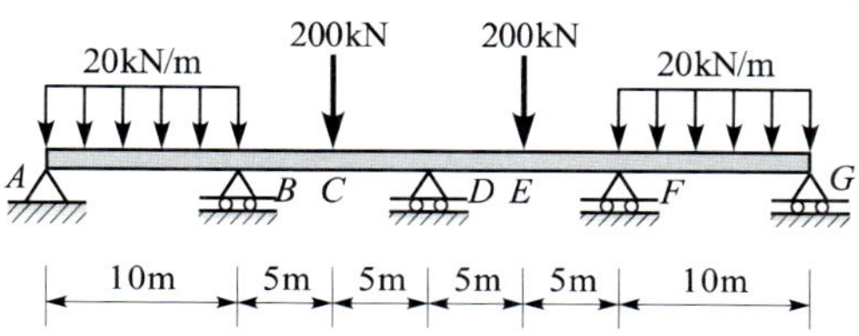

14.14

(EI = 일정)

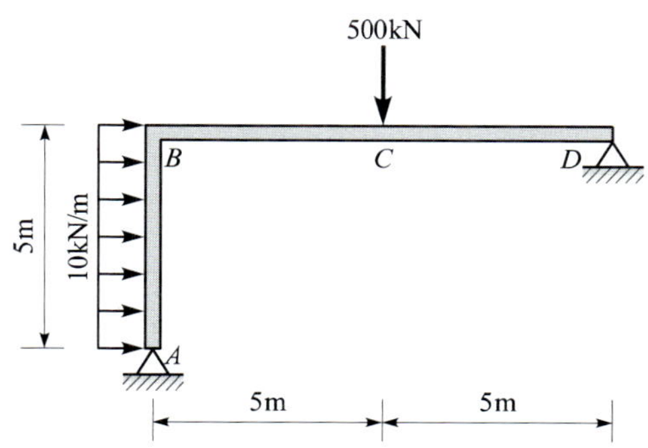

14.15

(EI = 일정)

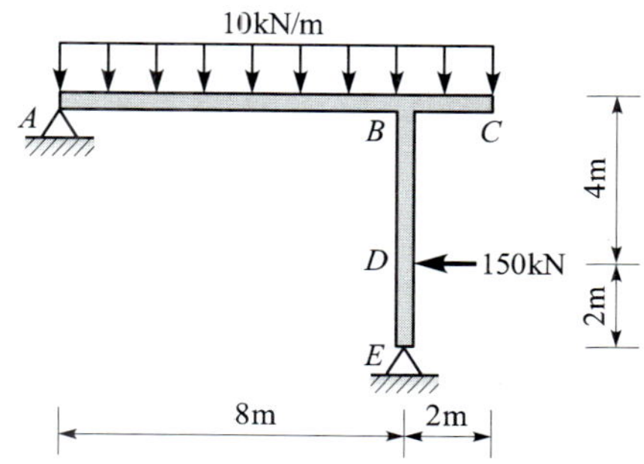

14.16

(EI = 일정)

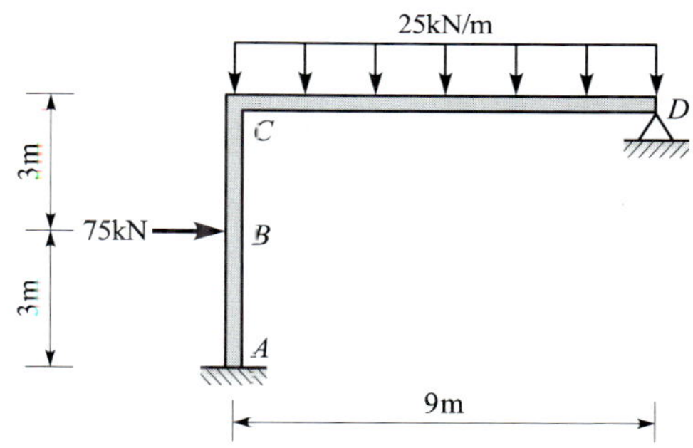

14.17

(EI = 일정)

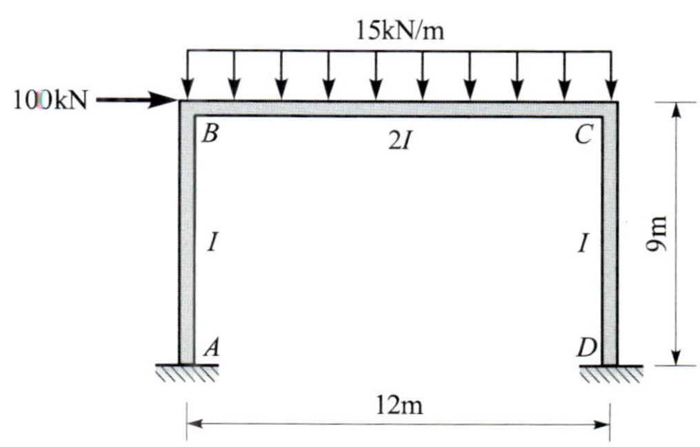

맥스웰-모르의 방법을 이용하여 다음 트러스 구조물에서 각 부재의 부재력을 계산하시오.

[14.18~14.26] 부정정력을 구하고, 각 부재력을 계산하시오.

14.18

$E = 205\text{GPa}$, ( ) : 단면적(cm^2)

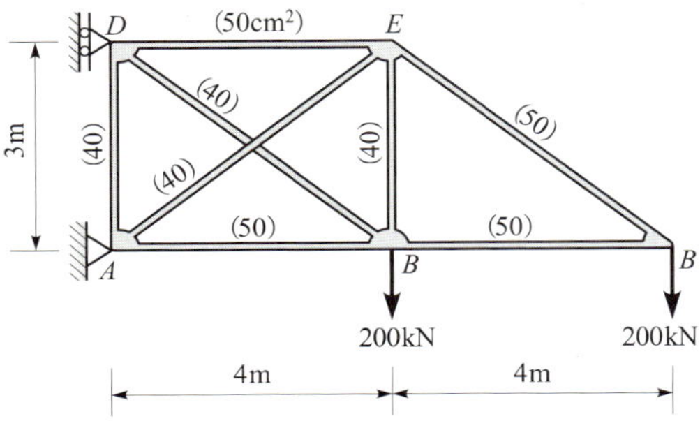

14.19

EA =일정

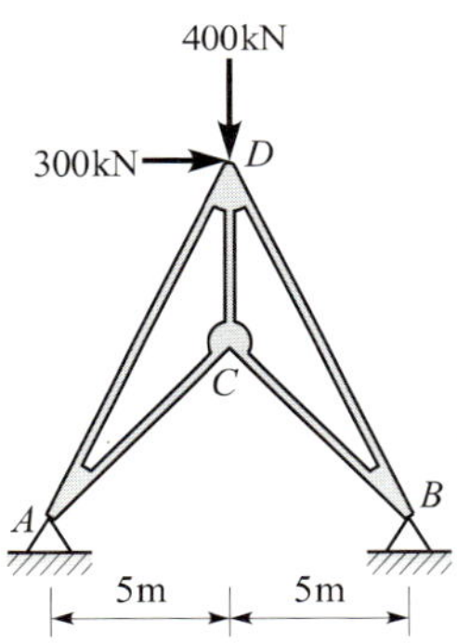

14.20

EA =일정

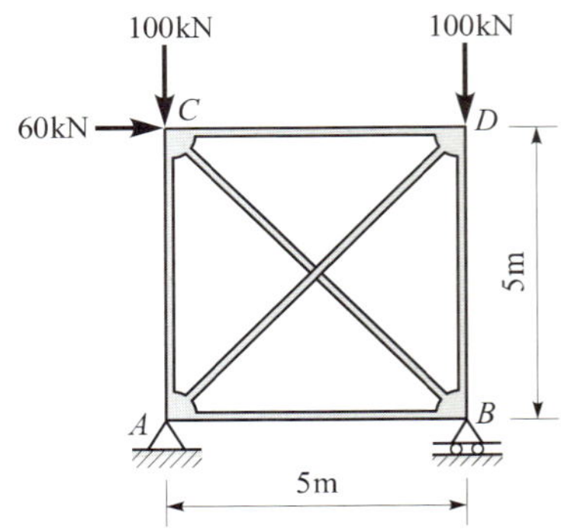

14.21

$E = 205\text{GPa}$, ( ) : 단면적(cm^2)

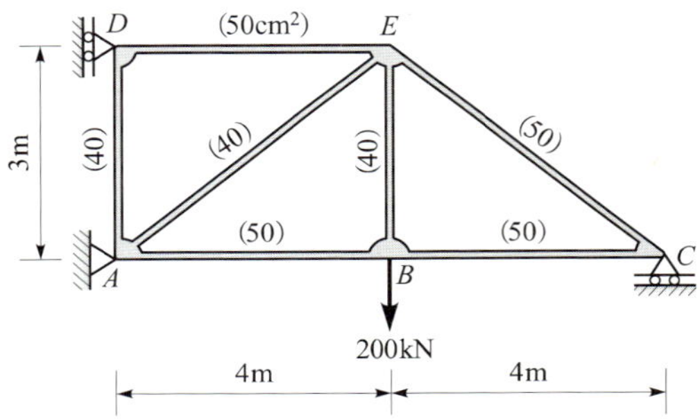

14.22

EA =일정

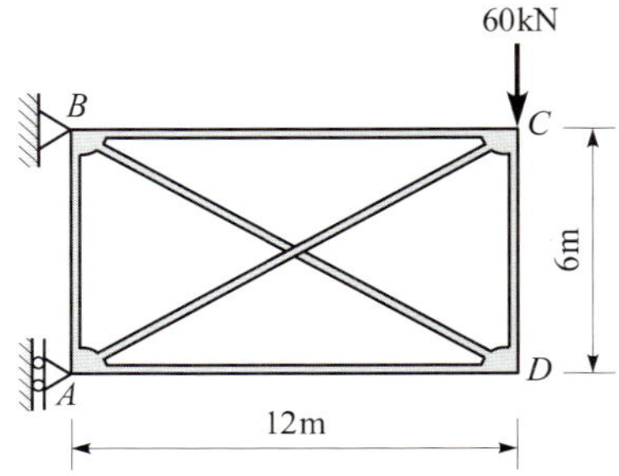

14.23

$EA=$일정

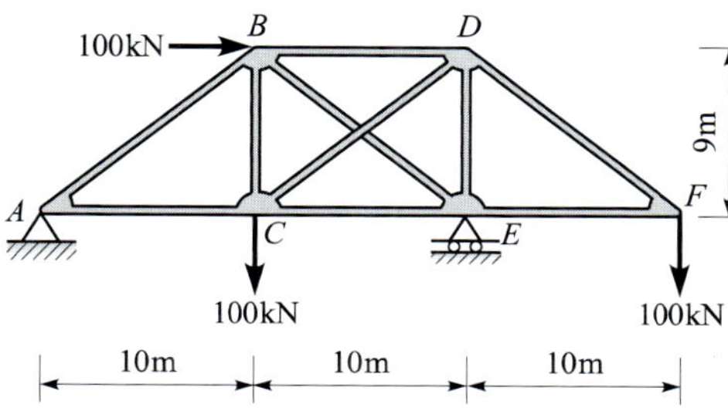

14.24

문제 14.23의 E점에 10mm의 지점침하가 발생했을 때, 각 부재의 부재력을 계산하시오.

$(E=205\mathrm{GPa},\ A=50\mathrm{cm}^2)$

14.25

$EA=$일정

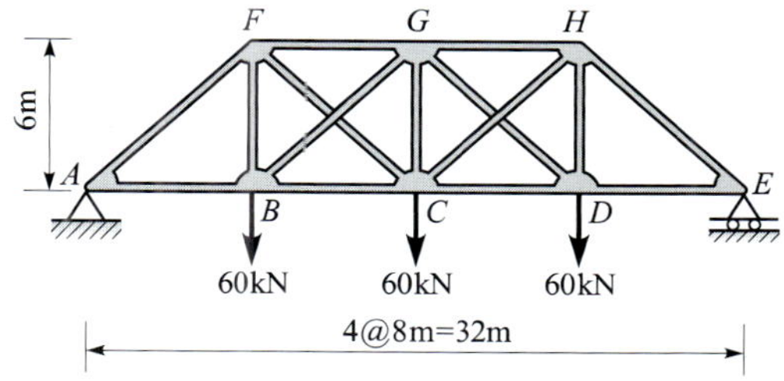

14.26

$EA=$일정

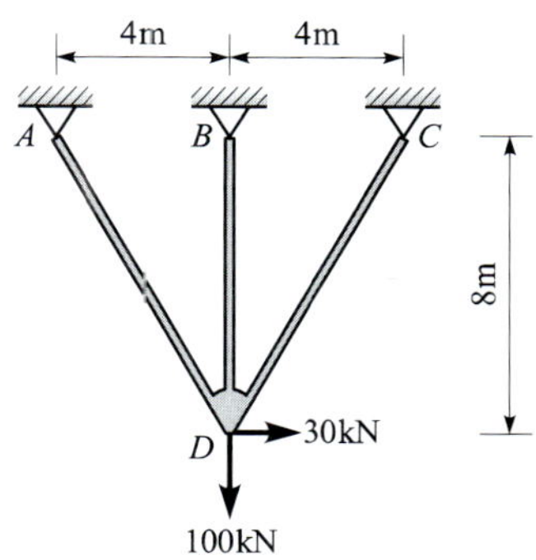

※ 다음에 주어진 구조물의 반력을 구하고, 전단력도와 휨모멘트도를 그리시오.

14.27

$I_{beam} = 1.0 \times 10^4 \text{cm}^4$, $A_{cable} = 150 \text{mm}^2$, $E = 205\text{GPa}$

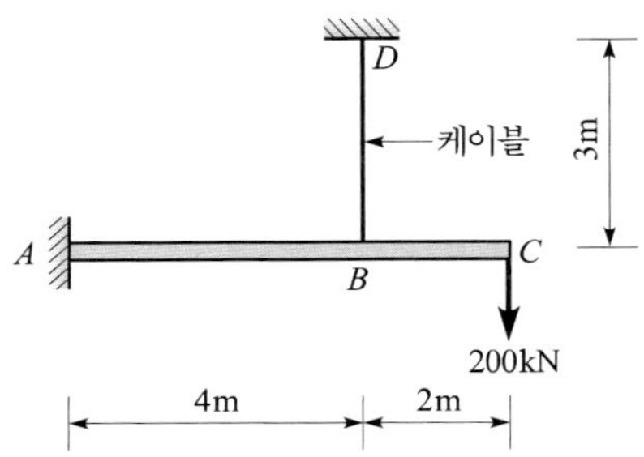

14.28

$I_{beam} = 12{,}000 \text{cm}^4$, $A_{cable} = 65 \text{mm}^2$, $E = 205\text{GPa}$

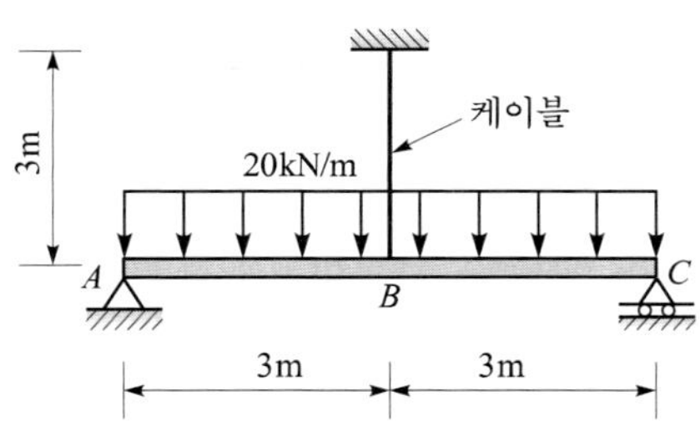

14.29

$I_{beam} = 1.5 \times 10^4 \text{cm}^4$, $A_{cable} = 70 \text{mm}^2$, $E = 205\text{GPa}$

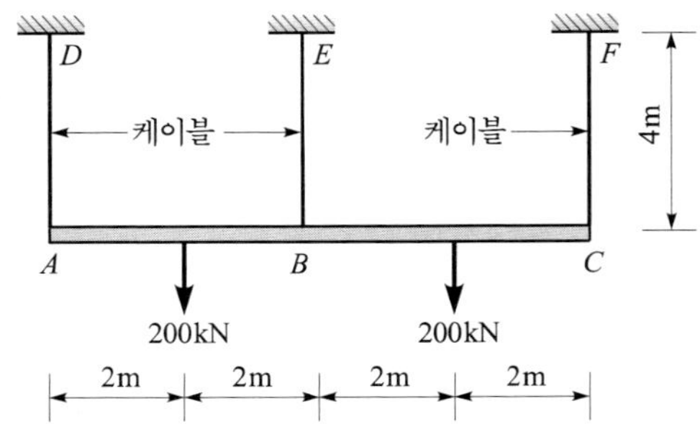

14.30

$I_{beam} = 4.0 \times 10^4 \text{cm}^4$, $A_{cable} = 20 \text{mm}^2$, $E = 205\text{GPa}$

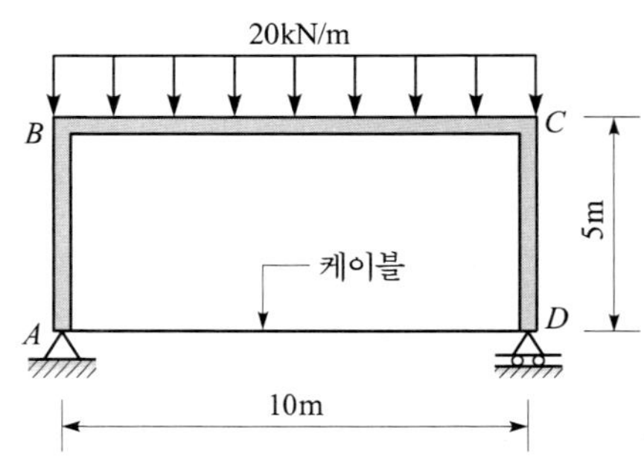

CHAPTER 15

최소일의 방법

15.1 개요

최소일의 방법은 맥스웰-모르의 방법에서 사용한 변위중첩법 대신 Castigliano의 제2정리를 이용하여 연립방정식을 구성하고 이로부터 각각의 부정정력을 구하여 부정정구조물을 해석하는 방법이다. 그러나 구조물에 지점침하, 온도변화 및 제작오차가 발생한 경우에는 적용할 수 없는 단점이 있다. n차 부정정구조물의 부정정력을 X_1, X_2, $\cdots$, X_n으로 나타내었을 때 변형에너지 U를 부정정력인 X_1, X_2, $\cdots$, X_n의 함수로 나타낼 수 있다. 이 때 Castigliano의 제2정리를 부정정력에 대하여 나타내면 다음과 같은 식이 된다.

$$\frac{\partial U}{\partial X_i} = 0, (i = 1,\ 2,\ 3,\ \cdots,\ n) \tag{15.1}$$

식 (15.1)은 X_1, X_2, $\cdots$, X_n에 관한 1차식이 되므로 이들을 연립시켜 풀면 모든 부정정력을 계산할 수 있다. 식 (15.1)은 Castigliano의 제2정리의 특수한 경우를 나타내는 식으로서 변형에너지의 정류조건을 의미한다.

안정평형상태인 구조물의 경우에는 변형에너지의 정류치가 최소치를 의미하므로 이 식을 최소일의 원리(principle of least work) 또는 최소변형에너지의 원리라 한다. 이러한 원리를 이용하여 부정정구조물을 해석하는 방법을 최소일의 방법(method of least work)이라 한다.

15.2 최소일의 방법의 적용

최소일의 방법은 식을 세우는 과정이 기계적이기 때문에 맥스웰-모르의 방법보다 간편하나 식을 세운 이후의 해석과정은 맥스웰-모르의 방법과 같다. 그러나 온도변화, 지점침하 및 제작오차 등에 의한 변형 때문에 발생하는 구조물의 내력의 계산에는 적용시킬 수 없는 제약이 따른다.

최소일의 방법으로 부정정구조물을 해석하려면 그 구조물의 변형에너지를 부정정력으로 나타내고, 그 변형에너지를 각각의 부정정력에 대하여 최소가 되도록 해야 한다. 보와 같이 휨부재 요소로 구성된 구조물의 변형에너지는 재료역학에서의 결과를 이용하면 다음 식과 같이 쓸 수 있다.

$$U = \int \frac{M}{2} d\theta = \int \frac{M^2}{2EI} dx \tag{15.2}$$

축방향력만을 받는 트러스의 변형에너지는 다음 식과 같이 쓸 수 있다.

$$U = \sum \frac{N\Delta}{2} = \sum \frac{N^2 L}{2EA} \tag{15.3}$$

여기서, M은 휨모멘트이고, N은 부재의 축력이다.

단면력이 휨모멘트 M과 축방향력 N인 n차 부정정구조물의 경우 식 (15.2)와 식 (15.3)을 식 (15.1)에 대입하면 좀 더 실용적인 형태의 다음과 같은 식을 얻을 수 있다.

$$\int \frac{M}{EI}\left(\frac{\partial M}{\partial X_1}\right) dx + \sum \frac{N}{EA}\left(\frac{\partial N}{\partial X_1}\right) L = 0 \tag{15.4a}$$

$$\int \frac{M}{EI}\left(\frac{\partial M}{\partial X_2}\right) dx + \sum \frac{N}{EA}\left(\frac{\partial N}{\partial X_2}\right) L = 0 \tag{15.4b}$$

$$\int \frac{M}{EI}\left(\frac{\partial M}{\partial X_n}\right) dx + \sum \frac{N}{EA}\left(\frac{\partial N}{\partial X_n}\right) L = 0 \tag{15.4c}$$

축방향 변형을 무시한 보와 라멘의 해석 시에는 식 (15.4)에서 첫째 항만을 고려하면 되고, 트러스만의 해석 시에는 앞의 항을 무시하고 뒤의 항만을 고려하면 된다.

최소일의 방법으로 부정정구조물을 해석하는 과정을 요약하면 다음과 같다.

(1) 부정정차수를 결정하고 부정정차수 만큼의 부정정력 X_1, X_2, ⋯, X_n을 선택한다.

(2) 변형에너지 U를 외부하중과 부정정력을 사용하여 나타낸다.

(3) 식 (15.1)을 적용하여 부정정력 X_1, X_2, ⋯, X_n에 관한 연립방정식을 구한 후 부정정력들을 계산한다.

(4) 나머지 미지력은 정력학적 평형방정식으로 구한다.

식 (15.1)을 사용하는 것보다 식 (15.4)를 직접 적용시켜 부정정력 X_1, X_2, ⋯, X_n에 관한 연립방정식을 구하는 것이 일반적으로 더 편리하다.

예제 15.1 다음 예제 그림 15.1(a)와 같은 부정정보를 최소일의 방법으로 해석하라. 단, EI는 일정하다.

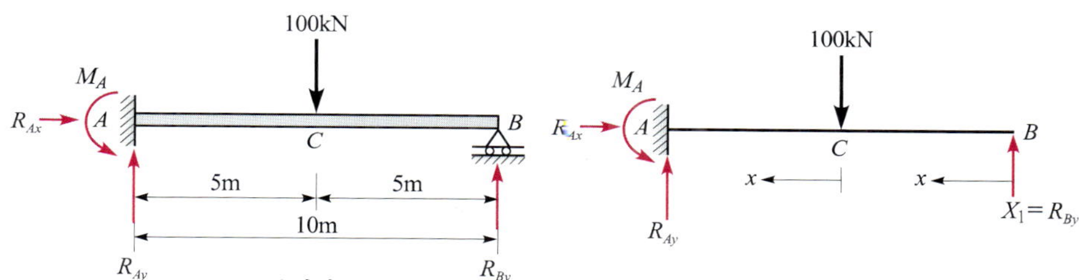

(a) 부정정보 (b) 실제하중과 부정정력이 작용하는 보

예제 그림 15.1

본 구조물은 1차 부정정보이므로 부정정력으로 지점 B의 수직반력을 선택한다. 보의 변형에너지는 다음 식을 이용하여 계산한다.

$$U = \int_0^L \frac{M^2 dx}{2EI} \tag{a}$$

Castigliano의 제2정리를 적용시키면 B점에서는 수직방향의 처짐이 영(zero)이므로

$$\Delta_B = \int M\left(\frac{\partial M}{\partial X_1}\right)\frac{dx}{EI} = 0 \tag{b}$$

식 (b)의 계산을 계산하기 위하여 다음과 같은 표를 만들어 계산하면 편리하다. 이 때 예제 그림 15.1(b)와 같이 실제하중과 부정정력이 동시에 작용할 때의 휨모멘트를 구한다.

부재	원점	적분구간	M	$\partial M/\partial X_1$
BC	B	0~5	$(+)(X_1)x$	$(+)x$
CA	C	0~5	$(+)X_1(5+x)-100x$	$(+)5+x$

표의 값을 식 (b)에 대입하여 계산하면 다음과 같다.

$$EI\Delta_B = 0 = \int_0^5 (X_1)(x)(x)dx + \int_0^5 [(X_1)(5+x) - 100x][5+x]dx$$
$$= \left[\left(\frac{X_1}{3}\right)x^3\right]_0^5 + \left[\left(\frac{X_1}{3}\right)(5+x)^3 - (25)(x)^2 - \frac{100}{3}(x)^3\right]_0^5$$
$$= \frac{1{,}000}{3}(X_1) - \frac{31{,}250}{3}$$

그러므로 $X_1 = 31.25\,\text{kN}$(가정한 방향 ; 상향)

예제 그림 15.1(b)에서 정역학적 평형방정식을 이용하여 나머지 A점의 수직반력과 반력 모멘트를 구하면 다음과 같다.

$$R_{Ay} = 100 - 31.25 = 68.75\,\text{kN}\text{(상향)}$$
$$M_A = (-68.75)(10) + (100)(5) = (-)187.5\,\text{kN}\cdot\text{m}\ \text{(반시계방향)}$$

※ 해를 구하는 과정과 결과를 [예제 14.1]과 비교하여 보기 바란다.

예제 15.2 다음 예제 그림 15.2(a)와 같은 연속보를 최소일의 방법으로 해석하라. 단, EI는 일정하다.

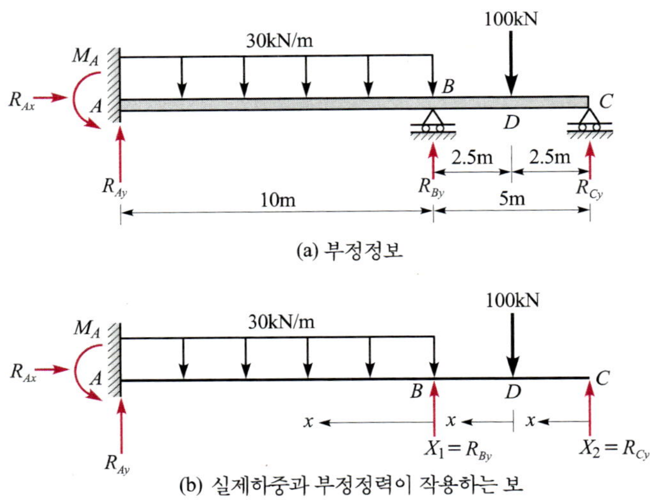

예제 그림 15.2

본 구조물은 2차 부정정구조물이므로 지점 B와 C의 수직반력을 부정정력 X_1과 X_2로 선택한다. X_1과 X_2를 구하기 위한 조건식은 식 (15.4)을 사용하여 다시 쓰면 다음과 같다.

$$\Delta_B = \frac{\partial U}{\partial X_1} = \int M\left(\frac{\partial U}{\partial X_1}\right)\frac{dx}{EI} = 0 \tag{a}$$

$$\Delta_C = \frac{\partial U}{\partial X_2} = \int M\left(\frac{\partial U}{\partial X_2}\right)\frac{dx}{EI} = 0 \tag{b}$$

식 (a)와 식 (b)를 계산하기 위하여 다음과 같은 표를 만들어 계산한다. 이 때 예제 그림 15.2(b)와 같이 실제하중과 부정정력이 동시에 작용할 때의 휨모멘트를 구한다.

부재	원점	적분구간	M	$\partial M/\partial X_1$	$\partial M/\partial X_2$
CD	C	0~2.5	$(+)X_2x$	0	$(+)x$
DB	D	0~2.5	$(+)(X_2-100)x+2.5X_2$	0	$(+)2.5+x$
BA	B	0~10	$(+)5X_2-250+(X_2-100+X_1-15x)x$	$(+)x$	$(+)5+x$

표에 있는 식들을 식 (a)와 식 (b)에 대입하면 다음과 같은 식을 얻는다.

$$EI\frac{\partial U}{\partial X_1} = \int_0^{10}\left[5X_2-250+(X_2-100+X_1-15x)(x)\right]x\,dx = 0 \tag{c}$$

$$\begin{aligned} EI\frac{\partial U}{\partial X_2} &= \int_0^{2.5}(X_2x)(x)dx + \int_0^{2.5}\left[(X_2-100)(x)+2.5X_2\right](2.5+x)dx \\ &+ \int_0^{10}\left[5X_2-250+(X_2-100+X_1-15x)(x)\right](5+x)dx = 0 \end{aligned} \tag{d}$$

식 (c)와 식 (d)를 계산하여 정리하면 다음과 같다.

$$333.3X_1 + 583.3X_2 = 83{,}333.3 \tag{e}$$

$$583.3X_1 + 1125.0X_2 = 147{,}135.4 \tag{f}$$

식 (e)와 식 (f)를 연립으로 풀면

$X_1 = 228.1\,\text{kN}$(가정한 방향 ; 상향)

$X_2 = 12.5\,\text{kN}$(가정한 방향 ; 상향)

또한, 나머지 반력과 휨모멘트의 계산은 [예제 14.2]에서의 계산 과정과 동일하다.

예제 15.3 다음 예제 그림 15.3(a)와 같은 라멘을 최소일의 방법으로 해석하라. 단, EI는 일정하다.

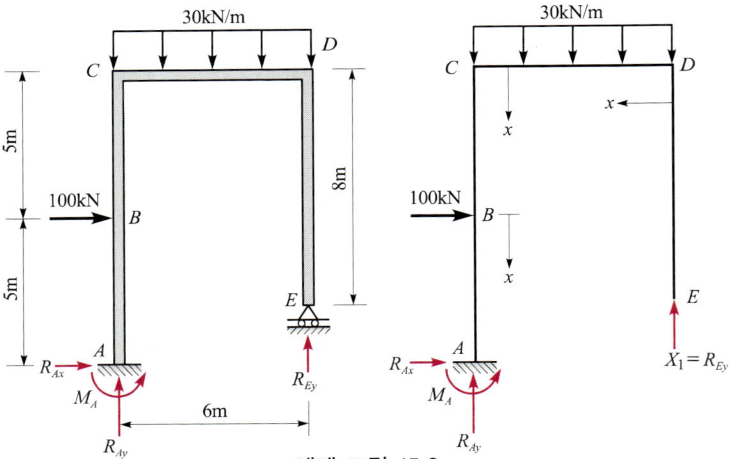

예제 그림 15.3

본 구조물은 1차 부정정 라멘이므로 부정정력으로 지점 E의 수직반력을 선택한다. 보의 변형 에너지는 다음 식을 이용하여 계산한다.

$$U = \int_0^L \frac{M^2 dx}{2EI} \tag{a}$$

Castigliano의 제2정리를 적용시키면 B점에서는 수직방향의 처짐이 영(zero)이므로

$$\Delta_E = \int M\left(\frac{\partial M}{\partial X_1}\right)\frac{dx}{EI} = 0 \tag{b}$$

식 (b)를 계산하기 위하여 다음과 같은 표를 만들어 계산한다.

부재	원점	적분구간	M	$\partial M/\partial X_1$
DE	E	0~8	0	0
CD	D	0~6	$(+)X_1x - 15x^2$	$(+)x$
BC	C	0~5	$(+)6X_1 - 540$	$(+)6$
AB	B	0~5	$(+)6X_1 - 540 - 100x$	$(+)6$

표의 값을 식 (b)에 대입하여 계산하면 다음과 같다.

$$\begin{aligned} EI\Delta_B = 0 &= \int_0^6 (X_1x - 15x^2)(x)dx + \int_0^5 (6X_1 - 540)(6)dx \\ &\quad + \int_0^5 (6X_1 - 540 - 100x)(6)dx \\ &= 432.0X_1 - 44{,}760.0 \end{aligned}$$

그러므로 $X_1 = 103.61\,\text{kN}$(가정한 방향 ; 상향)

또한, 나머지 반력과 휨모멘트의 계산은 [예제 14.4]에서의 계산 과정과 동일하다.

예제 15.4 다음 예제 그림 15.4(a)와 같은 트러스를 최소일의 방법으로 해석하라. 단, EA는 일정하다.

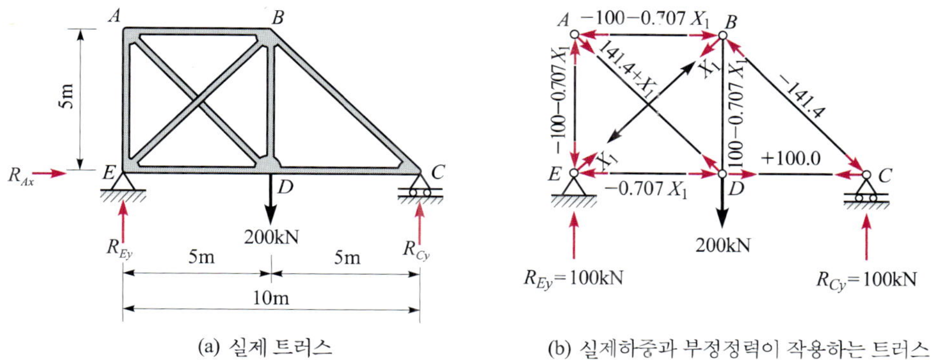

예제 그림 15.4

본 예제의 트러스는 내적 1차 부정정 트러스이므로 BE 부재력을 부정정력으로 선택한다. 트러스의 경우에는 휨변형을 고려하지 않으므로 식 (15.3)를 다시 쓰면 다음과 같다.

$$U = \Sigma \frac{N^2 L}{2EA} \quad \text{(a)}$$

$$\frac{\partial U}{\partial X_1} = \Sigma N \left(\frac{\partial N}{\partial X_1} \right) \frac{L}{EA} = 0 \quad \text{(b)}$$

식 (b)를 계산하기 위하여 다음과 같은 표를 만들어 계산한다.

부재	L(m)	N	$\partial N/\partial X_1$	$N(\partial N/\partial X_1)L$	부재력(kN)
AB	5.0	(−)100 − 0.707X_1	(−)0.707	(+)353.5 + 2.50X_1	(−)60.4
ED	5.0	(−)0.707X_1	(−)0.707	(+)2.50X_1	(+)39.6
CD	5.0	(+)100.0	0	0	(+)100.0
AE	5.0	(−)100 − 0.707X_1	(−)0.707	(+)353.5 + 2.50X_1	(−)60.4
BD	5.0	(+)100 − 0.707X_1	(−)0.707	(−)353.5 + 2.50X_1	(+)139.6
AD	7.07	(+)141.4 + X_1	(+)1	(+)999.7 + 7.07X_1	(+)85.4
EB	7.07	(+)X_1	(+)1	(+)7.07X_1	(−)56.0
BC	7.07	(−)141.4	0	0	(−)141.4
			Σ	1,353.2 + 24.14X_1	

식 (b)에서 $1{,}353.2 + 24.14X_1 = 0$

그러므로 $X_1 = (-)56.0\,\text{kN}$(압축력)

각 부재의 부재력은 위에서 구한 X_1을 표의 세 번째 열(N)에 대입하여 구할 수 있다. 이를 표의 최종 열에 나타내었다. 또한, 해를 구하는 과정과 결과를 [예제 14.6]과 비교하여 보기 바란다.

예제 15.5

다음 예제 그림 15.5(a)와 같은 합성 구조물을 최소일의 방법으로 해석하라. 단, E는 일정하다.

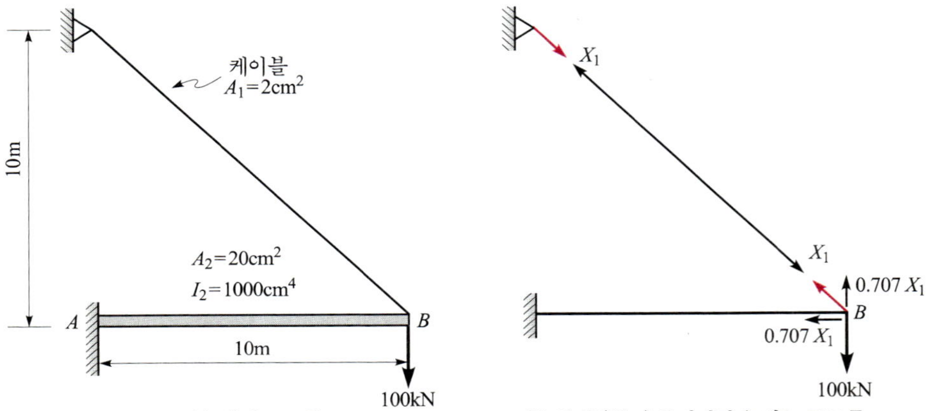

(a) 합성 구조물 (b) 실제하중과 부정정력을 받는 구조물

예제 그림 15.5

본 예제의 합성구조물은 1차 부정정 구조물이므로 부재 BC의 축력을 부정정력으로 선택한다. 본 예제의 구조물은 휨부재와 축력만을 받는 부재로 구성된 합성구조물이므로 X_1을 구하기 위한 식을 (15.4)를 사용하여 다음과 같이 쓸 수 있다.

$$\frac{\partial U}{\partial X_1}=\int M\left(\frac{\partial M}{\partial x_1}\right)\frac{dx}{EI}+\sum N\left(\frac{\partial N}{\partial x_1}\right)\frac{L}{EA}=0 \tag{a}$$

식 (a)를 계산하기 위하여 다음과 같은 표를 만들어 계산한다.

부재	원점	적분구간	M	$\partial M/\partial X_1$	N	$\partial N/\partial X_1$	$A(\text{cm}^2)$
BA	B	0~10	$(0.707X_1-100)x$	$(+)0.707x$	$(-)0.707X_1$	$(-)0.707$	20
BC	B	0~14.14	0	0	$(+)X_1$	$(+)1$	2.0

$$\Delta_1=\int_0^{10}(0.707X_1x-100x)(0.707x)\frac{dx}{EI_2}+(-0.707X_1)(-0.707)\left(\frac{10}{EA_2}\right)+(X_1)(1)\left(\frac{14.14}{EA_1}\right)$$

$$=\frac{1}{EI_2}(166.7X_1-23{,}566.7)+\left(\frac{5X_1}{EA_2}\right)+\left(\frac{14.14X_1}{EA_1}\right)=0 \tag{b}$$

$I_2=1000\,\text{cm}^4=0.00001\,\text{m}^4,\ A_1=2.0\,\text{cm}^2=0.0002\,\text{m}^2$

$A_2=20\,\text{cm}^2=0.002\,\text{m}^2$

식 (b)에 위의 값을 대입하여 다시 쓰면

$$(1.674\times 10^7)X_1-2.357\times 10^8=0 \tag{c}$$

그러므로 $X_1=140.8\,\text{kN}$(인장력)

또한, 나머지 반력과 휨모멘트의 계산은 [예제 14.10]에서의 계산 과정과 동일하다.

연습문제

※ 최소일의 방법으로 다음문제를 풀어라.

15.1

제14장의 문제 14.1을 해석하시오.

15.2

제14장의 문제 14.2를 해석하시오.

15.3

제14장의 문제 14.4를 해석하시오.

15.4

제14장의 문제 14.6을 해석하시오.

15.5

제14장의 문제 14.7을 해석하시오.

15.6

제14장의 문제 14.8을 해석하시오.

15.7

제14장의 문제 14.9를 해석하시오.

15.8

제14장의 문제 14.10을 해석하시오.

15.9

제14장의 문제 14.12를 해석하시오.

15.10

제14장의 문제 14.13을 해석하시오.

※ 최소일의 방법으로 다음 구조물을 해석하시오.

15.11

$EI=$ 일정

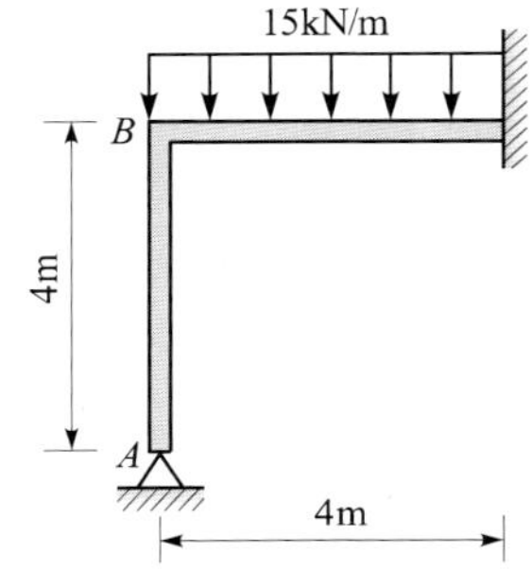

15.12

$EI=$ 일정

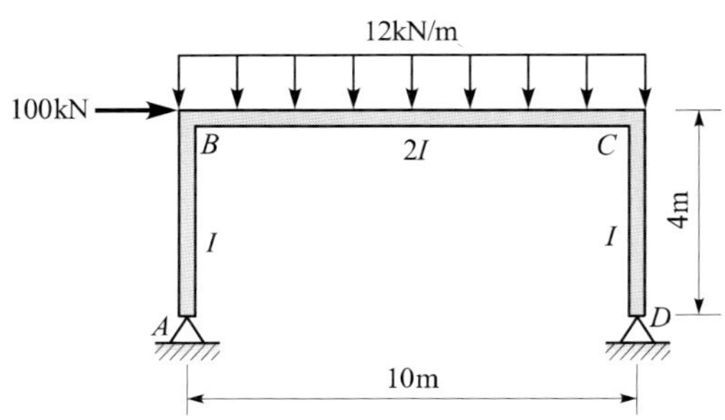

15.13

$I_{beam}=10,000\,\text{cm}^4$, $A_{cable}=65\,\text{mm}^2$, $E=205\text{GPa}$

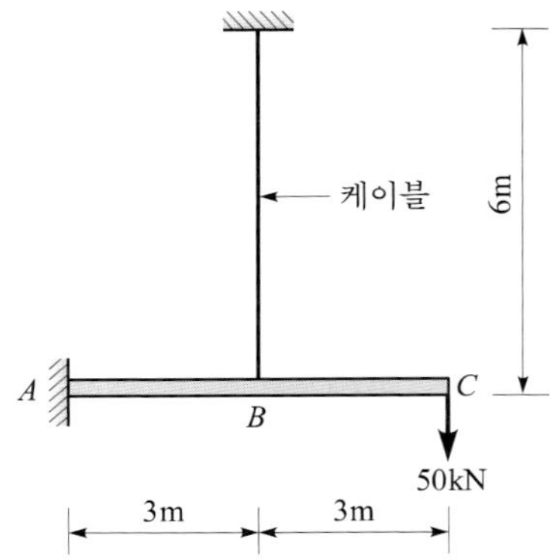

15.14

$I_{beam}=1.8\times10^4\,\text{cm}^4$, $A_{cable}=250\,\text{mm}^2$, $E=205\text{GPa}$

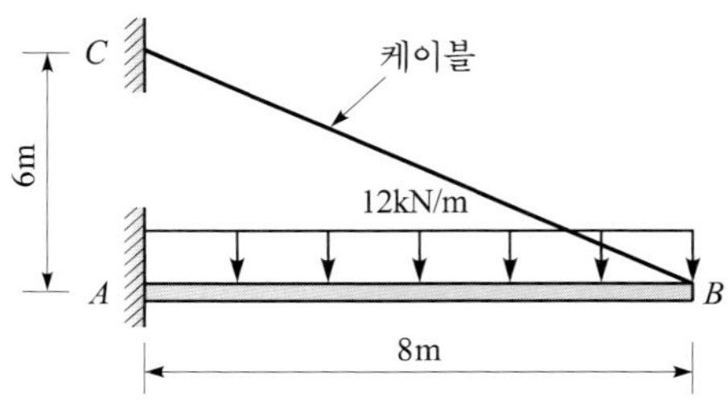

15.15

$I_{beam} = 2.88 \times 10^4 \text{cm}^4$, $A_{bar} = 640\text{mm}^2$, $E = 205\text{GPa}$

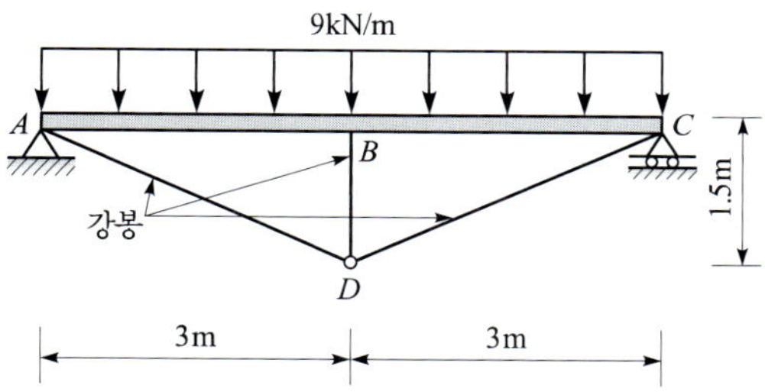

15.16

$I_{beam} = 4.0 \times 10^4 \text{cm}^4$, $E = 205\text{GPa}$
$A_{cable} = 20\text{mm}^2$

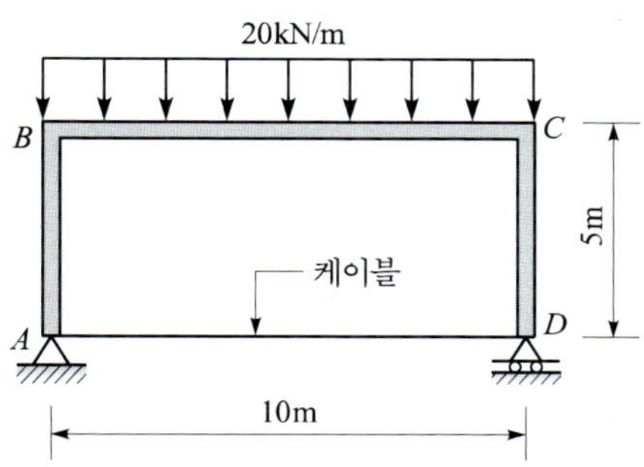

15.17

$I_{beam} = 5.76 \times 10^4 \text{cm}^4$, $A_{cable} = 70\text{mm}^2$, $E = 205\text{GPa}$

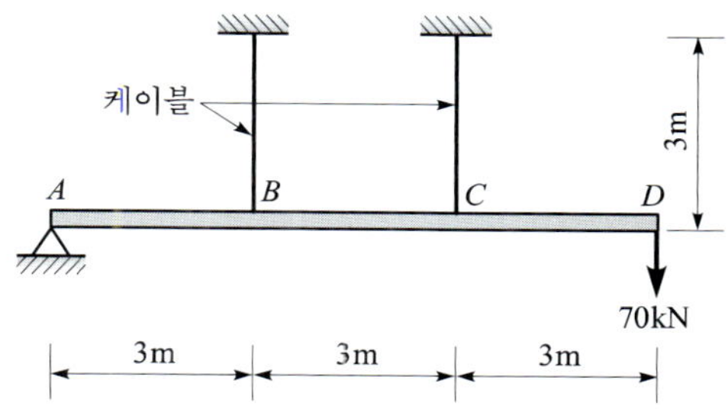

CHAPTER 16

3모멘트법

16.1 개요

3모멘트방정식은 1857년 프랑스인 기술자 Clapeyron에 의해 개발되었으며, 연속보의 해석에 주로 사용된다. 3모멘트법에서 사용되는 3모멘트방정식은 연속보에서 임의의 연속된 3개 지점의 내적 휨모멘트와 지점 사이에 작용하는 하중 상호간의 관계식이다. 이 방법은 지간 내에서 단면이 균일하지 않은 연속보 해석에도 적용할 수는 있으나, 그 과정이 너무 복잡하여 자주 사용되지 않고, 지간 내에서 단면이 균일한 연속보의 해석에 주로 사용된다.

3모멘트방정식을 유도하기 위하여 그림 16.1(a)와 같은 연속보의 일부분인 지점 L, C, R을 고려한다. 그림 16.1(b)와 같이 지점의 부등침하에 의하여 지점 L, R은 각각 지점 C와 h_L, h_R만큼 높이 차이가 있고, 탄성곡선은 L', C', R'를 통과한다. 지점 L, C, R에서의 내적 휨모멘트를 M_L, M_C, M_R로 나타내고 보의 상연에 압축을 일으키는 경우를 양(+)의 휨모멘트로 한다. 그리고 지점침하 h_L, h_R은 그림 16.1(b)와 같이 지점 C를 기준으로 위에 있을 때 양(+)의 값으로 한다.

여기서는 공액보법을 기초로 3모멘트방정식을 유도한다. 그림 16.1(a)의 실제 연속보에서 지점 L, C, R은 내부지점이므로 공액보에서 내부힌지로 수정한다. 그림 16.1(c)는 모든 지점에서의 휨모멘트를 영으로 했을 때 실제 작용하중에 의한 (M/EI)도이고, 그림 16.1(d)는 지점의 내적 휨모멘트에 의한 (M/EI)도를 나타낸 그림이다. 공액보상에서의 탄성하중 (M/EI)은 겹침의 원리를 이용하여 그림 16.1(c)와 그림 16.1(d)의 합으로 나타낼 수 있다. 그림 16.1(c)에서 A_1, A_2는 단순보에서 작용하중에 의한 (M/EI)도의 면적을 나타내고, a_1과 a_2는 지점 L와 지점 R에서부터 면적 A_1과 A_2의 도심까지의 거리이다. 지점 C에서의 연속조건을 고려하면 $L''CR''$는 C점에서의 접선이며 직선을 이루어야 하므로 식 (16.1)과 같이 된다.

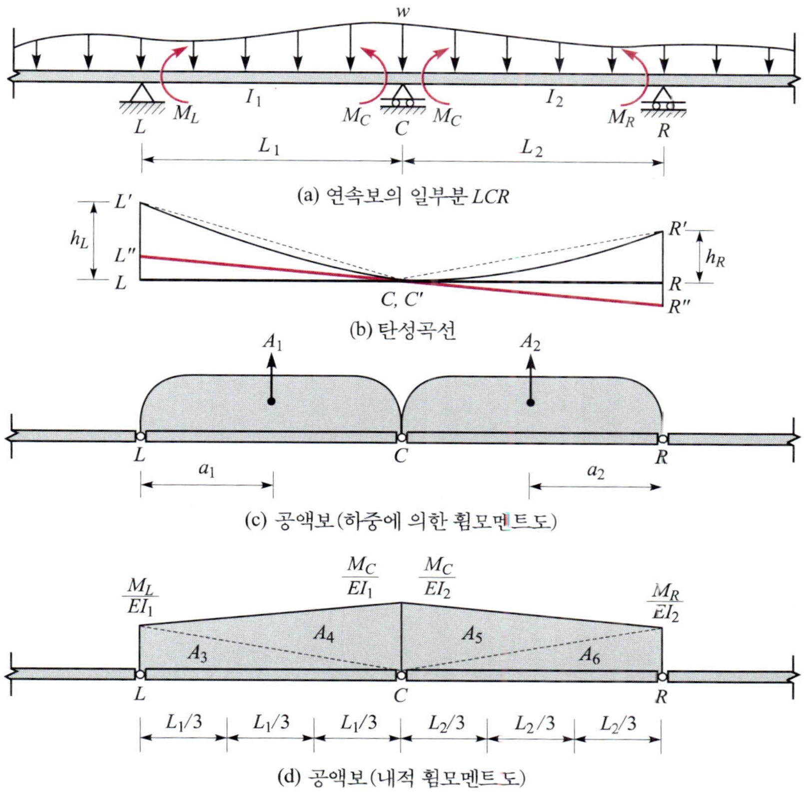

그림 16.1 3모멘트법

$$\frac{LL''}{L_1} = \frac{RR''}{L_2} \tag{16.1}$$

식 (16.1)에서 LL''와 RR''은 그림 16.1(b)의 탄성곡선으로부터 $LL'' = h_L - L'L''$이고, $RR'' = R'R'' - h_R$ 임을 알 수 있다. 여기서, $L'L''$는 점 C에서의 접선과 점 L'와의 연직거리이고, $R'R''$는 점 C에서의 접선과 점 R'와의 연직거리이다. 그러므로 그림 16.1(c)와 (d)로부터 제2모멘트면적정리를 사용하여 이 값들을 구하면 식 (16.2) 및 (16.3)과 같다.

$$\begin{aligned} LL'' &= h_L - L'L'' \\ &= h_L - \frac{1}{EI_1}\left(A_1 a_1 + \frac{1}{6} M_L L_1^2 + \frac{1}{3} M_C L_1^2\right) \end{aligned} \tag{16.2}$$

$$\begin{aligned} RR'' &= R'R'' - h_R \\ &= \frac{1}{EI_2}\left(A_2 a_2 + \frac{1}{3} M_C L_2^2 + \frac{1}{6} M_L L_2^2\right) - h_R \end{aligned} \tag{16.3}$$

식 (16.2)와 식 (16.3)을 식 (16.1)에 대입하여 정리하면 식 (16.4)와 같다.

$$M_L\left(\frac{L_1}{I_1}\right)+2M_C\left(\frac{L_1}{I_1}+\frac{L_2}{I_2}\right)+M_R\left(\frac{L_2}{I_2}\right)$$
$$=(-)6\left(\frac{A_1a_1}{L_1I_1}+\frac{A_2a_2}{L_2I_2}\right)+6E\left(\frac{h_L}{L_1}+\frac{h_R}{L_2}\right) \tag{16.4}$$

식 (16.4)를 3모멘트방정식이라 하며 주로 연속보의 해석에 사용된다. $I_1=I_2=I$이면 식 (16.4)는 식 (16.5)와 같이 된다.

$$M_LL_1+2M_C(L_1+L_2)+M_RL_2$$
$$=(-)6\left(\frac{A_1a_1}{L_1}+\frac{A_2a_2}{L_2}\right)+6EI\left(\frac{h_L}{L_1}+\frac{h_R}{L_2}\right) \tag{16.5}$$

3모멘트방정식은 연속보상의 임의의 3점을 택하여 적용시킬 수 있다. 그림 16.2(a)와 같은 5경간 연속보는 4차 부정정구조물로서 M_B, M_c, M_D, M_E의 4개의 지점모멘트를 부정정력으로 택할 수 있다. 이 경우에 ABC, BCD, CDE, DEF 구간에 대한 4개의 3모멘트방정식을 세울 수 있으므로 이를 연립시켜 모든 지점의 휨모멘트를 구할 수 있고, 다른 반력들도 쉽게 구할 수 있다.

그림 16.2(b)와 같이 한쪽 단이 고정단으로 된 연속보의 경우에는 그림 16.2(b)와 같이 고정단을 두 개의 단순지점으로 치환하고 이 구간에서의 단면2차모멘트 I_0를 무한히 크게 취하거나, 지점 사이의 거리 L_0를 영으로 취하여 해석하면 된다.

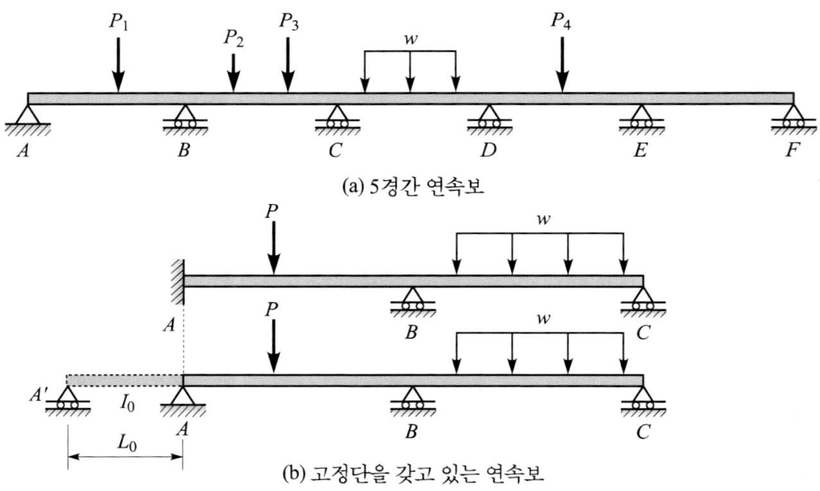

그림 16.2

예제 16.1 다음 예제 그림 16.1(a)와 같은 보에 집중하중이 작용할 때 3모멘트법을 이용하여 해석하라. 단, EI는 일정하다.

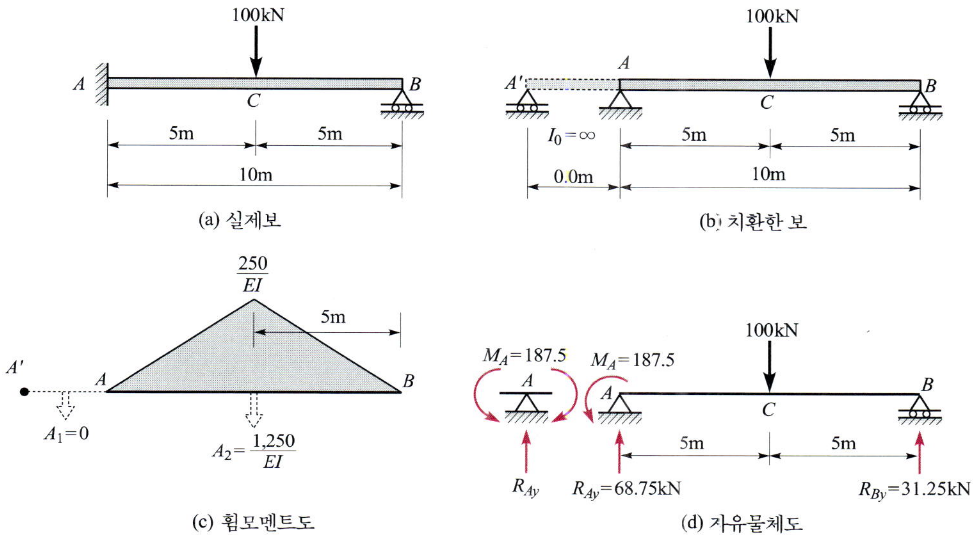

예제 그림 16.1

본 예제는 1차 부정정보이므로 한 개의 3모멘트방정식이 필요하다. 고정단 A를 두 개의 가상적인 단순지점으로 치환한 구조물은 예제 그림 16.1(b)와 같다. 예제 그림 16.1(b)에서 작용하중에 의한 단순보의 휨모멘트도를 그리면 예제 그림 16.1(c)와 같다. 예제 그림 16.1(c)에서 휨모멘트도의 면적 A_2를 구하면 다음과 같다.

$$A_2 = (10)(250)(1/2) = 1{,}250.0 \tag{a}$$

식 (16.4)의 3모멘트방정식를 적용하기 위해 구간 $A'AB$에서 $M_L = M_A' = 0$, $M_C = M_A$, $M_R = M_B = 0$로 취하면 다음 식과 같다.

$$0 + (2)(M_A)\left(0 + \frac{10}{I}\right) + 0 = (-6)\left[0 + \frac{(1{,}250)(5)}{(10)(I)}\right] + 6E(0+0) \tag{b}$$

식 (b)를 풀면

$$M_A = (-)187.5\,\text{kN}\cdot\text{m} \tag{c}$$

1차 부정정보에서 미지력 M_A가 구해졌으므로 나머지 부재력은 예제 그림 16.1(d)에서 정역학적 평형방정식을 사용하여 구할 수 있다.

$$\Sigma M_B = 0\text{에서 ; } R_{Ay} = [(100)(5) + (187.5)]/10 = 68.75\,\text{kN(상향)} \tag{d}$$

$$\Sigma F_y = 0\text{에서 ; } R_{By} = 100.0 - 68.75 = 31.25\,\text{kN(상향)} \tag{e}$$

※ [예제 14.1] 및 [예제 15.1]에서 구한 값과 비교하여 보기 바란다.

예제 16.2 다음 예제 그림 16.2(a)와 같은 일단 고정 연속보를 3모멘트법을 이용하여 해석하라. 단, $I_1 = I_2 = I$로 일정하다.

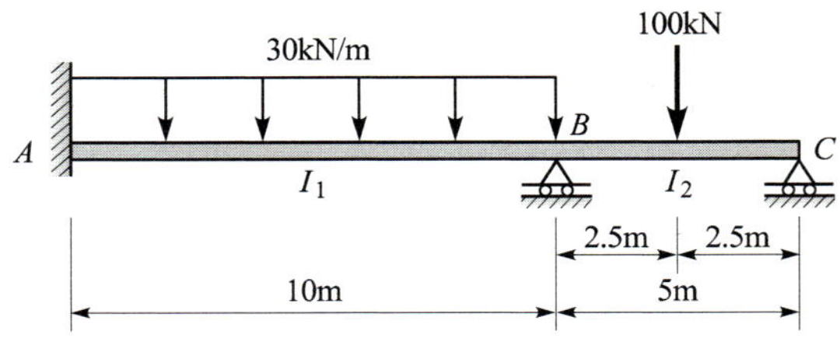

(a) 실제보

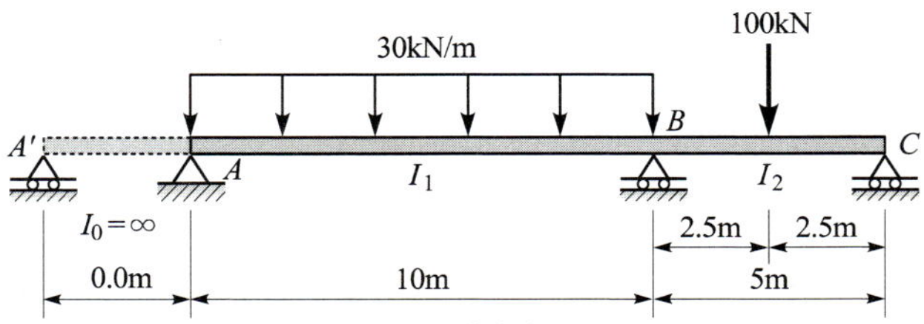

(b) 치환한 보

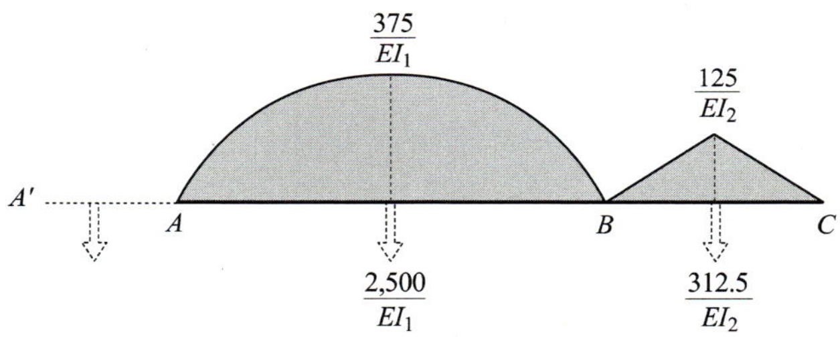

(c) 휨모멘트도(kN·m)

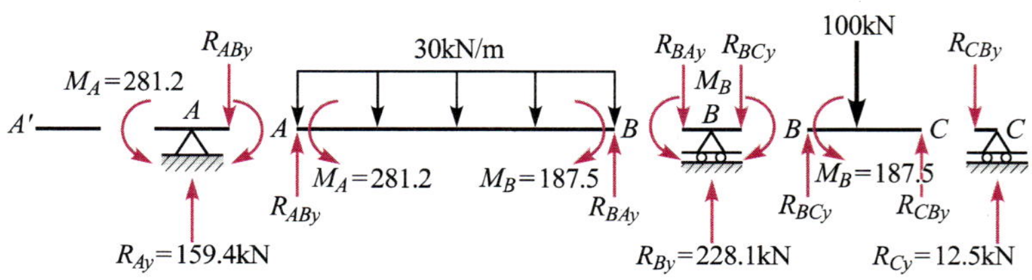

(d) 자유물체도

예제 그림 16.2

본 예제는 2차 부정정보이므로 두 개의 3모멘트방정식이 필요하다. 고정단 A를 두 개의 가상적인 단순지점으로 치환한 구조물은 예제 그림 16.2(b)와 같다. 치환한 연속보에 작용하중에 의한 휨모멘트도를 그리면 예제 그림 16.2(c)와 같다.

식 (16.4)의 3모멘트방정식를 적용하기 위해 예제 그림 16.2(c)의 구간 $A'AB$에서 $M_L = M_A' = 0$, $M_C = M_A, M_R = M_B$로 취하면 다음 식과 같다.

$$0 + 2M_A\left(\frac{10}{I}\right) + M_B\left(\frac{10}{I}\right) = (-6)\left[\frac{(2{,}500.0)(5)}{(10)(I)}\right]$$

$$2M_A + M_B = (-)750.0 \qquad \text{(a)}$$

예제 그림 16.2(c)의 구간 ABC에서 식 (16.4)를 적용하면 $M_L = M_A$, $M_C = M_B$, $M_R = M_C = 0$로 취하면 다음 식과 같다.

$$M_A\left(\frac{10}{I}\right) + 2M_B\left(\frac{10}{I} + \frac{5}{I}\right) = (-6)\left[\frac{(2{,}500.0)(5)}{(10)(I)} + \frac{(312.5)(2.5)}{(5)(I)}\right]$$

$$M_A + 3M_B = (-)843.75 \qquad \text{(b)}$$

식 (a)와 식 (b)를 연립으로 풀면

$$M_A = (-)281.2\,\text{kN}\cdot\text{m},\ M_B = (-)187.5\,\text{kN}\cdot\text{m}$$

2차 부정정보에서 미지력 M_A, M_B가 구해졌으므로 나머지 부재력은 예제 그림 16.2(d)에서 정역학적 평형방정식을 사용하여 구할 수 있다.

AB 구간에서

$$\Sigma M_B = 0\,;\ R_{ABy} = (1/10)[(30)(10)^2/(2) + 281.2 - 187.5] = 159.4\,\text{kN}(\text{상향})$$

$$\Sigma F_y = 0\,;\ R_{BAy} = (30)(10) - 159.4 = 140.6\,\text{kN}(\text{상향})$$

BC 구간에서

$$\Sigma M_C = 0\,;\ R_{BCy} = (1/5)[(100)(2.5) + 187.5] = 87.5\,\text{kN}(\text{상향})$$

$$\Sigma F_y = 0\,;\ R_{CBy} = 100.0 - 87.5 = 12.5\,\text{kN}(\text{상향})$$

그러므로

$$R_{Ay} = R_{ABy} = 159.4\,\text{kN}(\text{상향})$$

$$R_{By} = R_{BAy} + R_{BCy} = 140.6 + 87.5 = 228.1\,\text{kN}(\text{상향})$$

$$R_{Cy} = R_{CBy} = 12.5\,\text{kN}(\text{상향})$$

※ [예제 14.2] 및 [예제 15.2]에서 구한 값과 비교하여 보기 바란다.

예제 16.3 다음 예제 그림 16.3(a)와 같이 보에 집중하중이 작용할 경우 3모멘트법을 이용하여 해석하라. 단, EI는 일정하다.

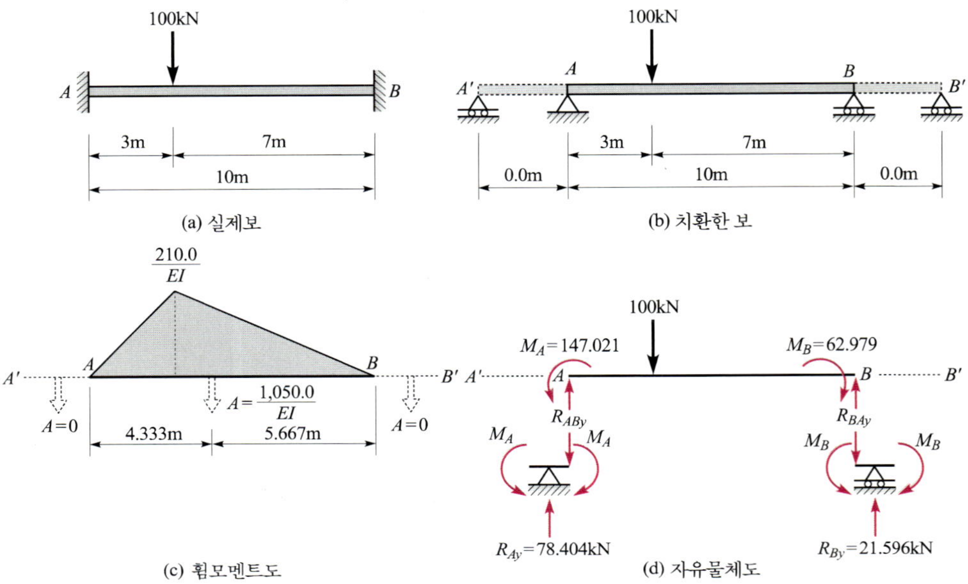

예제 그림 16.3

A와 B지점의 고정단을 두 개의 가상적인 단순지점으로 치환한 구조물은 예제 그림 16.3(b)와 같고, 치환한 보에서 작용하중에 의한 휨모멘트도를 그리면 예제 그림 16.3(c)와 같다. 예제 그림 16.3(c)의 구간 $A'AB$에서 식 (16.4)를 적용하면 $M_L = M_A' = 0$, $M_C = M_A$, $M_R = M_B$로 취하면 다음 식과 같다.

$$2M_A\left(\frac{10}{I}\right)+M_B\left(\frac{10}{I}\right)=(-6)\left[\frac{(1{,}050.0)(5.667)}{(10)(I)}\right]$$

$$2M_A + M_B = (-)357.021 \tag{a}$$

예제 그림 16.3(c)의 구간 ABB'에서 식 (16.4)를 적용하면 $M_L = M_A$, $M_C = M_B$, $M_R = M_B'$로 취하면 다음 식과 같다.

$$M_A\left(\frac{10}{I}\right)+2M_B\left(\frac{10}{I}\right)=(-6)\left[\frac{(1{,}050)(4.333)}{(10)(I)}\right]$$

$$M_A + 2M_B = (-)272.979 \tag{b}$$

식 (a)와 식 (b)를 연립으로 풀면

$$M_A = (-)147.021\,\text{kN}\cdot\text{m},\ M_B = (-)62.979\,\text{kN}\cdot\text{m}$$

2차 부정정보에서 미지력 M_A, M_B가 구해졌으므로 나머지 부재력은 예제 그림 16.3(d)에서 정역학적 평형방정식을 사용하여 구할 수 있다.

$\Sigma M_B = 0$에서 ; $R_{Ay} = (1/10)[(100)(7) + 147.021 - 62.979] = 78.404\,\text{kN}$ (상향)

$\Sigma F_y = 0$에서 ; $R_{By} = 100.0 - 78.404 = 21.596\,\text{kN}$ (상향)

예제 16.4

다음 예제 그림 16.4(a)와 같은 3경간 연속보에서 지점 B가 δ만큼 침하했을 때의 휨모멘트도를 그리시오. 단, EI는 일정하다.

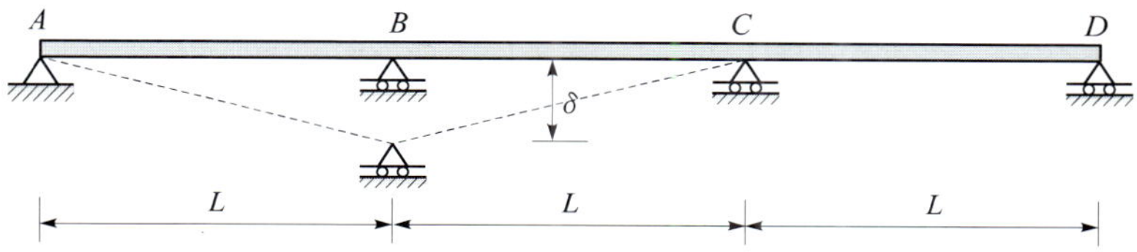

(a) 주어진 보

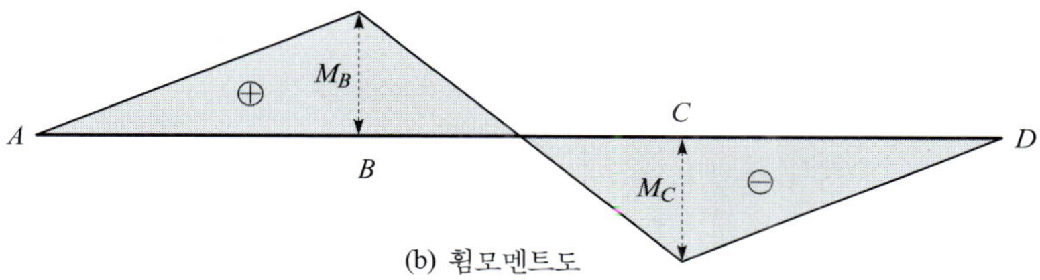

(b) 휨모멘트도

예제 그림 16.4

하중이 작용하지 않으므로 하중에 의한 휨모멘트도는 영(zero)이고, 지점침하만을 고려하여 각 구간에 대한 3모멘트방정식을 적용하면 다음과 같다.

예제 그림 16.1(a)의 구간 ABC에서 식 (16.4)를 적용하면 $M_L = M_A = 0$, $M_C = M_B$, $M_R = M_C$, $h_L = \delta$, $h_R = \delta$를 취하면 다음 식과 같다.

$$2M_B\left(\frac{2L}{I}\right) + M_C\left(\frac{L}{I}\right) = 6E\left(\frac{\delta}{L} + \frac{\delta}{L}\right)$$

$$4M_B + M_C = 12\frac{EI}{L^2}\delta \tag{a}$$

구간 BCD에서 식 (16.4)를 적용하면 $M_L = M_B$, $M_C = M_C$, $M_R = M_D = 0$, $h_L = (-)\delta$를 취하면 다음 식과 같다.

$$M_B\left(\frac{l}{I}\right) + 2M_C\left(\frac{2L}{I}\right) = 6E\left(-\frac{\delta}{L}\right)$$

$$M_B + 4M_C = -6\frac{EI}{L^2}\delta \tag{b}$$

식 (a)와 식 (b)를 연립하여 풀면

$$M_B = \frac{18}{5}\frac{EI}{L^2}\delta \qquad M_C = (-)\frac{12}{5}\frac{EI}{L^2}\delta$$

2차 부정정보에서 미지력 M_B, M_C가 구해졌으므로 휨모멘트도를 그리면 예제 그림 16.4(b)와 같다.

예제 16.5

다음 예제 그림 16.5(a)와 같은 연속보를 3모멘트법을 이용하여 해석하라. 단, EI는 일정하다.

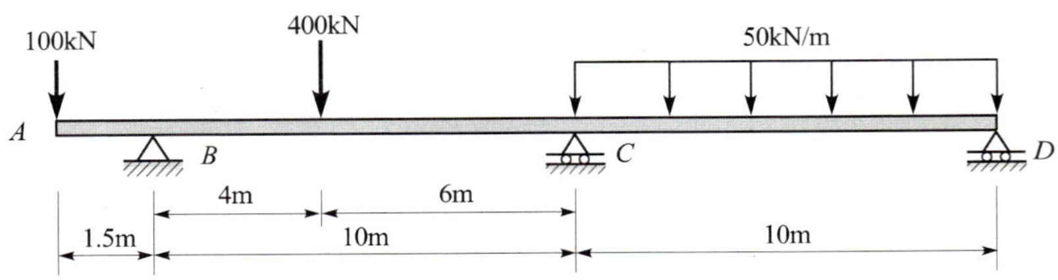

(a) 주어진 연속보

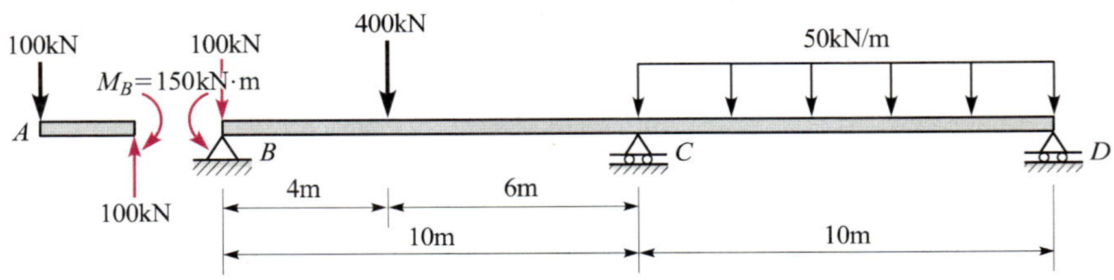

(b) 치환한 연속보

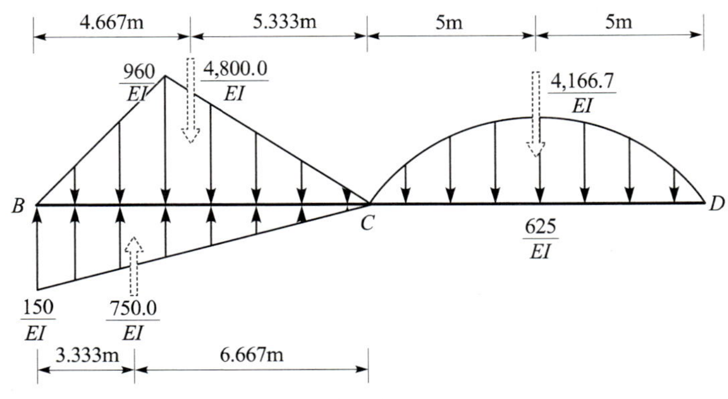

(c) 휨모멘트도

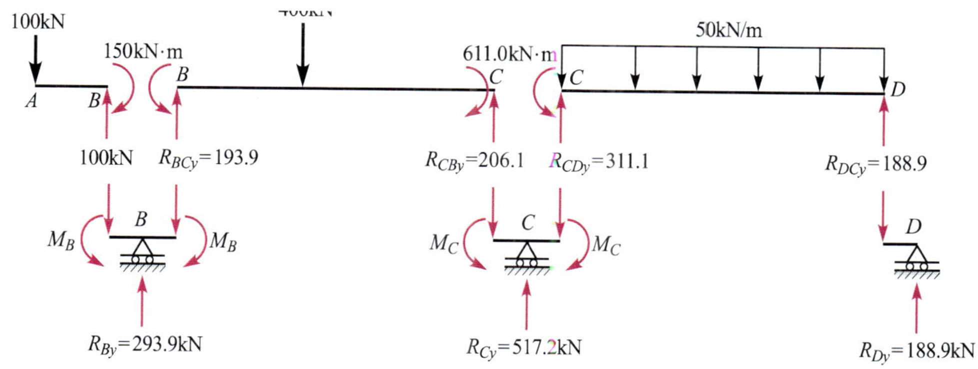

(d)

예제 그림 16.5

구간 AB의 내민 부분을 모멘트 하중으로 치환하여 단순지점으로 나타낸 구조물은 예제 그림 16.5(b)와 같다. 예제 그림 16.5(b)의 집중하중, 등분포하중 및 모멘트 하중에 대한 휨모멘트도를 그리고, 탄성하중을 재하하면 예제 그림 16.5(c)와 같다.

예제 그림 16.5(c)의 구간 BCD에서 식 (16.4)를 적용하면 $M_L = M_B$, $M_C = M_C$, $M_R = M_D = 0$를 취하면 다음 식과 같다.

$$2M_C\left(\frac{10}{I}+\frac{10}{I}\right) = -6\left[\frac{4{,}800\times 4.667 - 750\times\dfrac{10}{3}}{10I} + \frac{4{,}166.7\times 5}{10I}\right]$$

$$M_C = (-)611.0\,\text{kN}\cdot\text{m}$$

1차 부정정 연속보에서 미지력 M_C가 구해졌으므로, 나머지 부재력은 예제 그림 16.5(d)에서 정역학적 평형방정식을 사용하여 구하면 다음과 같다.

$$M_B = (-)150.0\,\text{kN}\cdot\text{m},\ R_{By} = 293.9\,\text{kN},\ R_{Cy} = 517.2\,\text{kN},\ R_{Dy} = 188.9\,\text{kN}$$

연습문제

※ 3모멘트법을 이용하여 다음 각 구조물의 전단력도(SFD)와 휨모멘트도(BMD)를 그리시오.

16.1

$EI=$일정

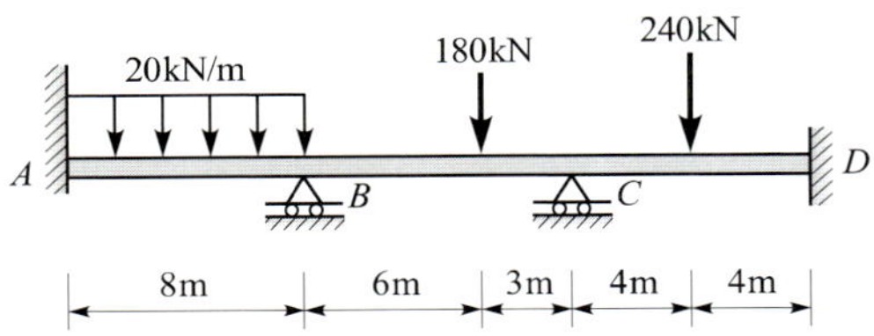

16.2

$EI=$일정

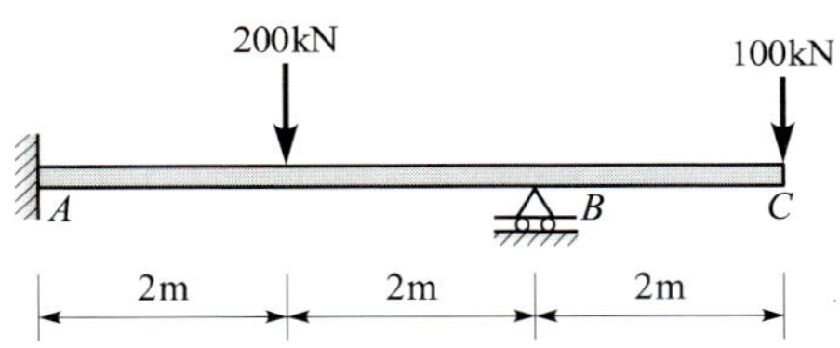

16.3

$EI=$일정

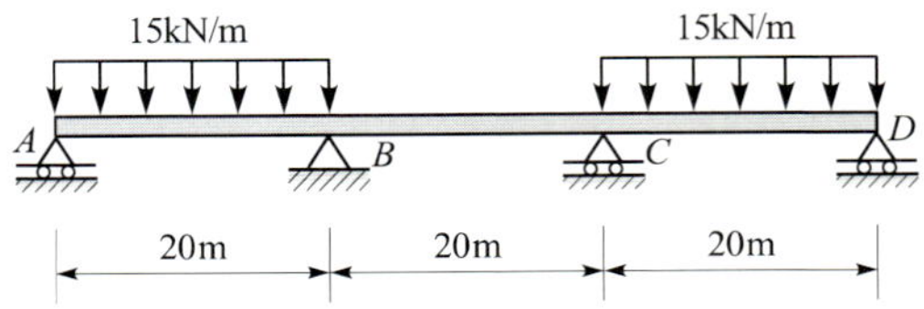

16.4

문제 16.3의 보에서 지점 A가 10cm 침하했을 경우
$E=205\text{GPa}$, $I=4(10^9)\text{mm}^4$

16.5

$EI=$일정

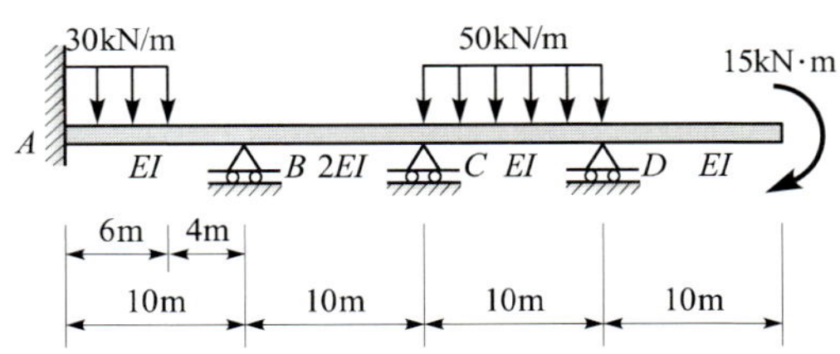

16.6

EI = 일정

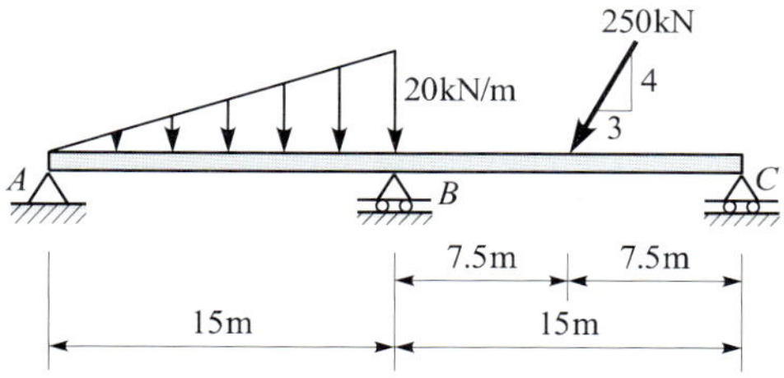

16.7

EI = 일정

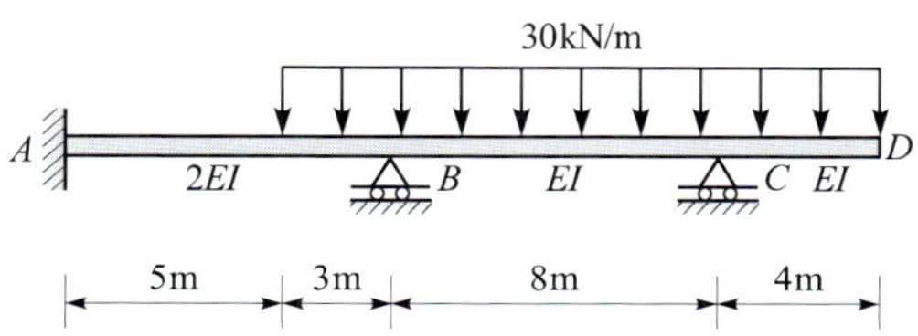

16.8

EI = 일정

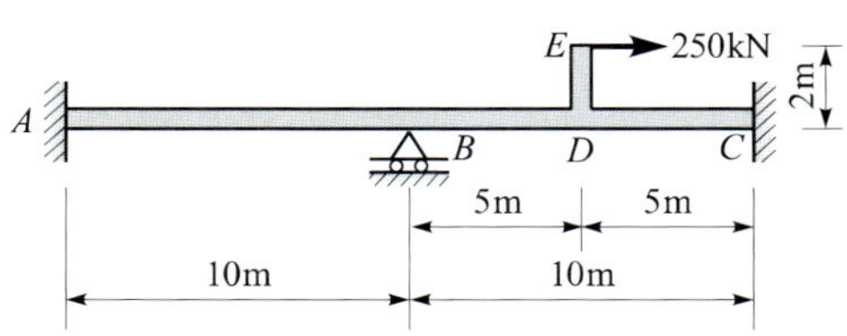

16.9

EI = 일정

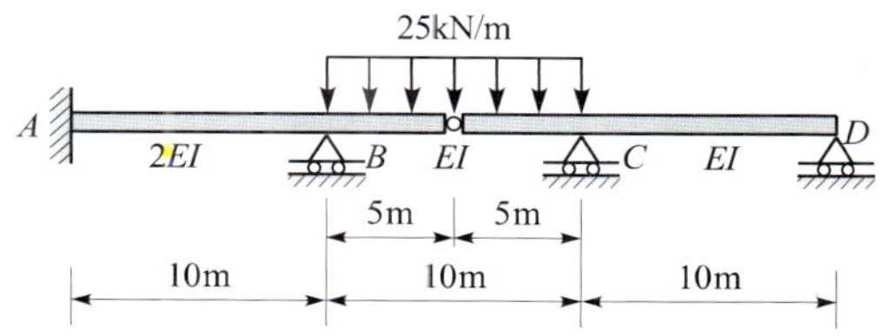

16.10

EI = 일정

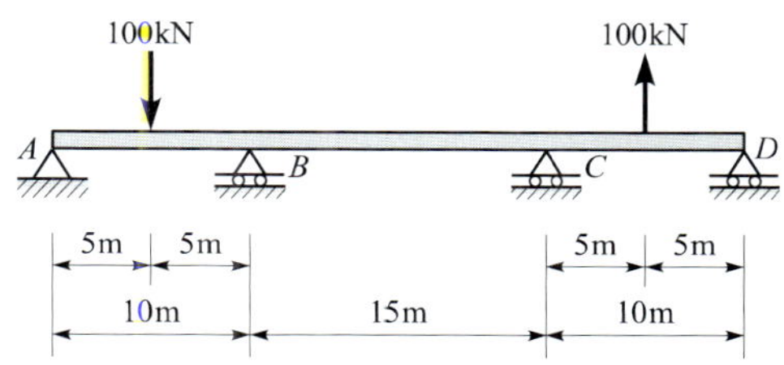

CHAPTER

17

처짐각법

17.1 개요

맥스웰-모르의 방법, 최소일의 방법 및 3모멘트법 등에서는 힘을 미지수로 선택하여 그 미지수만큼의 적합조건식을 세워 부정정구조물을 해석하기 때문에 응력법(force method) 또는 적합법(compatibility method)이라 한다. 연속보와 라멘구조물 등의 해석에 사용되는 처짐각법(slope-deflection method)에서는 변위(절점회전각과 부재회전각)를 미지수로 선택하여 그 미지변위 수효만큼의 평형방정식(equilibrium equation)을 세워 해석한다. 따라서 처짐각법은 변위법(displacement method) 또는 평형법(equilibrium method)의 일종이라고 볼 수 있다.

응력법에 의한 부정정구조물의 구조해석에서는 부정정차수가 증가하면 구조해석에 필요한 계산 시간은 기하급수적으로 증가한다. 그러나 처짐각법에서는 계산의 난이도가 부정정차수에 의존하지 않고 미지변위의 수효, 즉 자유도(degree of freedom)의 수효에 의존한다. 따라서 자유도의 수효가 증가함에 따라서 풀어야 할 방정식의 수가 증가하므로 계산이 복잡해진다. 응력법에서는 처짐을 계산한 후 계산된 처짐 값들을 사용하여 미지 힘(또는 과잉력)에 대한 연립방정식을 세워야 하나, 처짐각법에서는 미지변위에 관한 연립 평형방정식이 거의 기계적인 방법으로 유도된다는 장점이 있다. 응력법과 처짐각법 중에서 어느 방법을 선택하여 해석할 것인가는 미지수의 수효, 계산의 난이도 또는 식을 세우는 과정 등을 고려하여 결정해야 한다. 처짐각법은 Heinrich Mande-Mandelra와 Otto Mohr에 의해 트러스의 2차 응력을 해석하기 위하여 처음 개발되었고, 이후 1915년 G. A. Maney는 이 방법을 수정하여 연속보와 라멘구조물의 해석에 이용하였다.

17.2 처짐각방정식과 고정단모멘트

처짐각방정식(slope-deflection equation)은 부재에 작용하는 하중, 부재 단부에서의 회전각(처짐각)과 재단모멘트와의 관계를 나타내는 식으로서 그림 17.1(a)와 같은 연속보에서 임의의 부재 AB를 고려하자. 그림 17.1(a)에서 부재의 재단모멘트를 M_{AB}와 M_{BA}, 절점의 회전각을 θ_A와 θ_B 및 부재의 회전각을 R이라 하면, 부재의 재단모멘트는 절점 회전각, 부재 회전각과 부재에 작용하는 하중의 항으로 나타낼 수 있다. 여기서, 부재 회전각 R은 지점의 상대 처짐 Δ_{AB}를 부재의 길이 L로 나눈 값으로 $R = \Delta_{AB}/L$이다. 재단모멘트와 변형에 대한 부호는 그림 17.1(a)의 경우를 양(+)으로 한다. 즉, 부재의 양단에 작용하는 재단모멘트와 절점 회전각 및 부재 회전각은 모두 시계방향일 때를 양(+)으로 한다.

그림 17.1(a)에서 임의의 부재 AB의 각 단부가 완전히 고정되었다고 가정하면, 그림 17.1(b)와 같이 단부에서 보의 탄성곡선의 기울기가 영(zero)이고 외부 하중에 의한 고정단모멘트(fixed end moment)로 인하여 부재의 형상이 변형된다. 그러나 절점 A와 B는 실제로 고정이 아니고 절점 회전이 가능하기 때문에 하중이 작용하였을 때 부재 AB의 양단에서는 그림 17.1(c)와 같이 미소한 절점 회전각이 발생한다. 절점의 회전과 동시에 한쪽 또는 양쪽의 지점에서 지점침하가 발생한 경우에는 그림 17.1(f)와 같이 부재의 회전각 R이 발생한다.

그림 17.1(a)의 원래의 부재 AB는 역학적으로나 기하학적으로 그림 17.1(b, d, e, f)의 경우를 겹친 것과 같다. 따라서 부재의 재단모멘트와 변형 사이의 관계를 유도하기 위하여 이들을 따로따로 고려한 후에 겹침의 원리를 적용시키기로 한다. 그림 17.1(b)의 고정단모멘트는 보에 작용하는 하중조건에 따라 그 값이 다르다. 그림 17.3에는 여러 가지 하중조건에 대한 고정단모멘트 FEM_{AB}와 FEM_{BA}의 값을 나타내었다. 고정단모멘트도 시계방향을 양(+)으로 정의한다.

그림 17.1(d)와 같이 보의 A단이 힌지이고 B단이 고정단일 때 A단이 θ_A만큼 회전하는 경우를 생각해 보자. 이 경우 A점에 작용하는 모멘트 M_{AB1}는 공액보법을 이용하여 고정단인 B단에서의 반력모멘트 M_{BA1}과 관련지을 수 있다. 이 경우 공액보는 그림 17.1(d)의 우측 그림과 같다. 공액보에서 A'에 작용하는 전단력은 θ_A가 시계방향이므로 보에 음(-)의 방향으로 작용한다. 그림 17.1(d)의 실제보의 처짐은 A와 B에서 영(zero)이므로 공액보에서 A'와 B'점에 대한 모멘트 합은 영이어야 한다. 그러므로

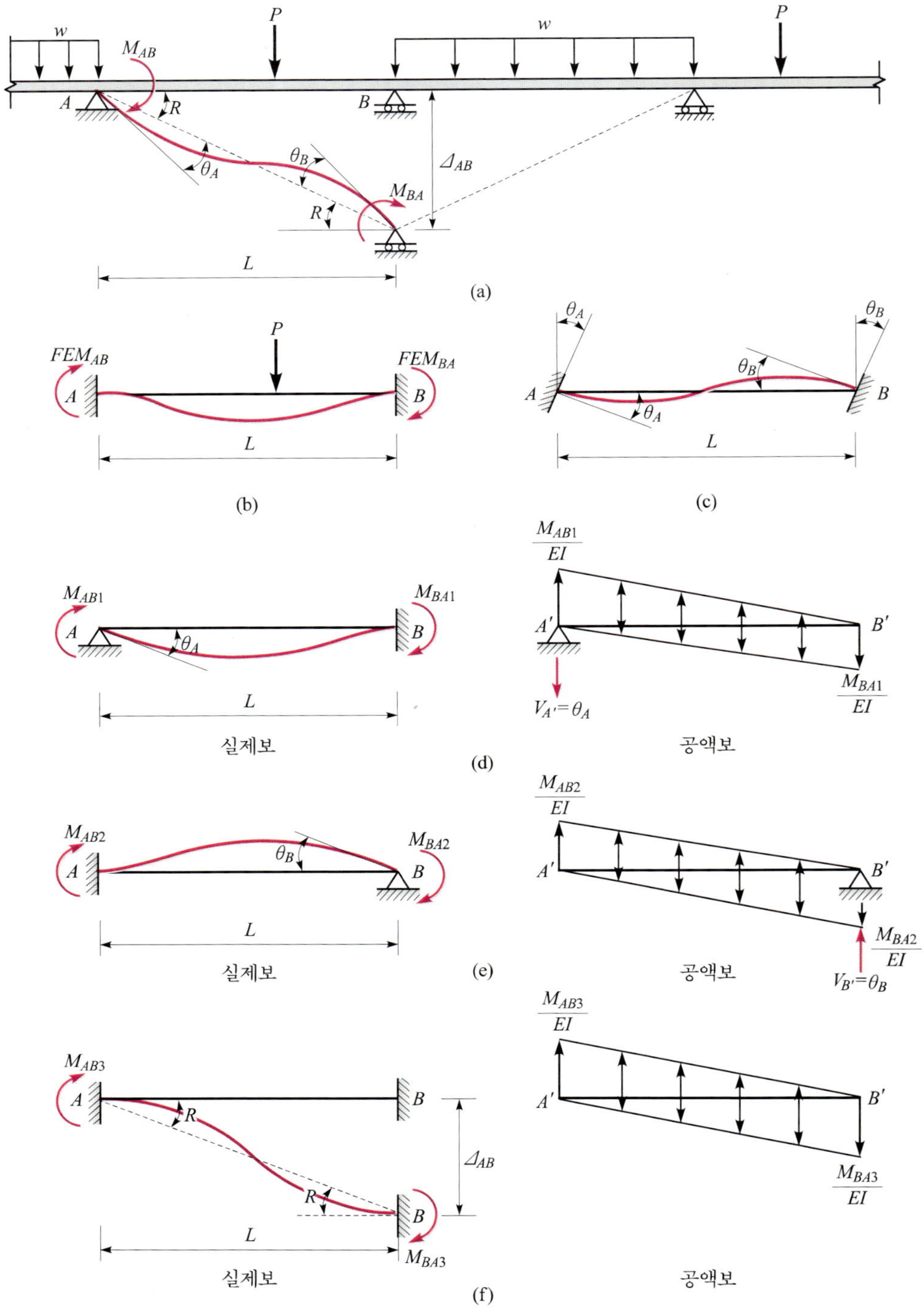

w
P
w
P
M_{AB}
A
R
B
Δ_{AB}
θ_A
θ_B
M_{BA}
R
L
(a)
P
FEM_{AB}
FEM_{BA}
A
B
L
(b)
θ_A
θ_B
A
B
L
(c)
M_{AB1}
M_{BA1}
θ_A
L
실제보
$\frac{M_{AB1}}{EI}$
A′
B′
$\frac{M_{BA1}}{EI}$
$V_{A'} = \theta_A$
공액보
(d)
M_{AB2}
M_{BA2}
θ_B
L
실제보
$\frac{M_{AB2}}{EI}$
A′
B′
$\frac{M_{BA2}}{EI}$
$V_{B'} = \theta_B$
공액보
(e)
M_{AB3}
R
Δ_{AB}
L
M_{BA3}
실제보
$\frac{M_{AB3}}{EI}$
A′
B′
$\frac{M_{BA3}}{EI}$
공액보
(f)

그림 17.1

$$\Sigma M_{A'} = 0 \ \ (\curvearrowright +)\text{에서}$$

$$\left[\left(\frac{1}{2}\right)\left(\frac{M_{AB1}}{EI}\right)(L)\right]\left(\frac{L}{3}\right) - \left[\left(\frac{1}{2}\right)\left(\frac{M_{BA1}}{EI}\right)(L)\right]\left(\frac{2L}{3}\right) = 0$$

$$\frac{L^2}{6EI}M_{AB1} - \frac{L^2}{3EI}M_{BA1} = 0$$

위의 식으로부터 $M_{BA1} = \frac{1}{2}M_{AB1}$임을 알 수 있다.

$$\Sigma M_{B'} = 0 \ \ (\curvearrowright +)\text{에서}$$

$$(-)\left[\left(\frac{1}{2}\right)\left(\frac{M_{AB1}}{EI}\right)(L)\right]\left(\frac{2L}{3}\right) + \left[\left(\frac{1}{2}\right)\left(\frac{M_{BA1}}{EI}\right)(L)\right]\left(\frac{L}{3}\right) + V_{A'}(=\theta_A)L = 0$$

$$(-)\frac{L^2}{3EI}M_{AB1} + \frac{L^2}{6EI}M_{BA1} + \theta_A L = 0$$

위의 식에 $M_{BA1} = \frac{1}{2}M_{AB1}$을 대입하여 정리하면

$$M_{AB1} = \frac{4EI}{L}\theta_A \tag{17.1a}$$

$$M_{BA1} = \frac{1}{2}M_{AB1} = \frac{2EI}{L}\theta_A \tag{17.1b}$$

같은 방법으로 그림 17.1(e)와 같이 보의 A단이 고정단이고 B단이 힌지인 경우 B단이 θ_B 만큼 회전하는 경우를 생각해 보자. 이 경우 작용하는 모멘트 M_{BA2}는 공액보법을 이용하여 고정단인 A단에서의 반력모멘트 M_{AB2}와 관련지을 수 있다. 이 경우 공액보는 그림 17.1(e)의 우측 그림과 같다. 이 때의 해석과정은 앞에서와 비슷하며, 그 결과는 다음과 같다.

$$M_{AB2} = \frac{2EI}{L}\theta_B \tag{17.2a}$$

$$M_{BA2} = \frac{4EI}{L}\theta_B \tag{17.2b}$$

그림 17.1(f)에서와 같이 양단고정 보에서 절점 회전각은 없고 상대 처짐이 발생하여 부재 회전각 R만이 발생하는 경우, 재단모멘트와 상대 처짐과의 관계는 제2 모멘트면적정리와 M_{AB3}와 M_{BA3}의 관계를 적용시키면 식 (17.3a) 및 식 (17.3b)와 같다.

$$\Delta_{AB} = (-)\left(\frac{M_{AB3}}{EI}\right)\left(\frac{L}{2}\right)\left(\frac{2L}{3}\right) + \left(\frac{M_{BA3}}{EI}\right)\left(\frac{L}{2}\right)\left(\frac{L}{3}\right) \tag{17.3a}$$

$$M_{AB3} = M_{BA3} \tag{17.3b}$$

식 (17.3a)와 식 (17.3b)에서 Δ_{AB}는 식 (17.4)와 같다.

$$\Delta_{AB} = (-)\left(\frac{L^2}{6EI}\right)(M_{AB3}) \tag{17.4}$$

식 (17.4)에서 $\Delta_{AB} = RL$이므로 다음과 같이 나타낼 수 있다.

$$M_{AB3} = M_{BA3} = (-)\left(\frac{6EI}{L^2}\right)(\Delta_{AB}) = (-)\left(\frac{6EI}{L}\right)(R) \tag{17.5}$$

전술한 바와 같이 그림 17.1(a)의 원래의 부재 AB는 그림 17.1(b, d, e, f)의 경우를 겹친 것과 동일하므로 재단모멘트는 절점 회전각과 지점침하에 의해 발생하는 모멘트에 보의 단부에 발생하는 고정단모멘트를 합하여 다음과 같은 처짐각방정식을 얻을 수 있다.

$$M_{AB} = \frac{2EI}{L}(2\theta_A + \theta_B - 3R) + FEM_{AB} \tag{17.6a}$$

$$M_{BA} = \frac{2EI}{L}(\theta_A + 2\theta_B - 3R) + FEM_{BA} \tag{17.6b}$$

17.3 처짐각방정식의 적용

그림 17.2(a)와 같은 1층 라멘을 사용하여 처짐각법을 적용하는 과정에 대하여 설명하고자 한다. 우선, 모든 부재의 고정단모멘트를 계산하고, 각 부재의 재단모멘트를 처짐각방정식인 식 (17.6)을 사용하여 나타낸다. 그림 17.2(a)에서 $\theta_A = 0$이므로 미지변위는 절점회전각 θ_B, θ_c, θ_D와 부재회전각 R_{AB}, R_{CD}이다. AB와 CD부재의 부재 회전각은 $R_{AB} = \Delta/L_{AB}$, $R_{CD} = \Delta/L_{CD}$이므로 독립적인 미지수가 아니고 Δ의 값에 따라 좌우 된다. 따라서 전체적으로 θ_B, θ_C, θ_D와 Δ라는 4개의 미지변위만 고려하면 된다.

이러한 4개의 미지변위를 구하려면 4개의 독립적인 방정식이 필요하다. 이러한 식을 얻기 위하여 그림 17.2(b)와 같이 각 절점을 고립시킨 자유물체도를 고려한다. 미지의 절점변위가 있는 B, C, D점에서의 모멘트에 관한 평형을 고려하면 다음과 같은 3개의 평형방정식을 얻을 수 있다.

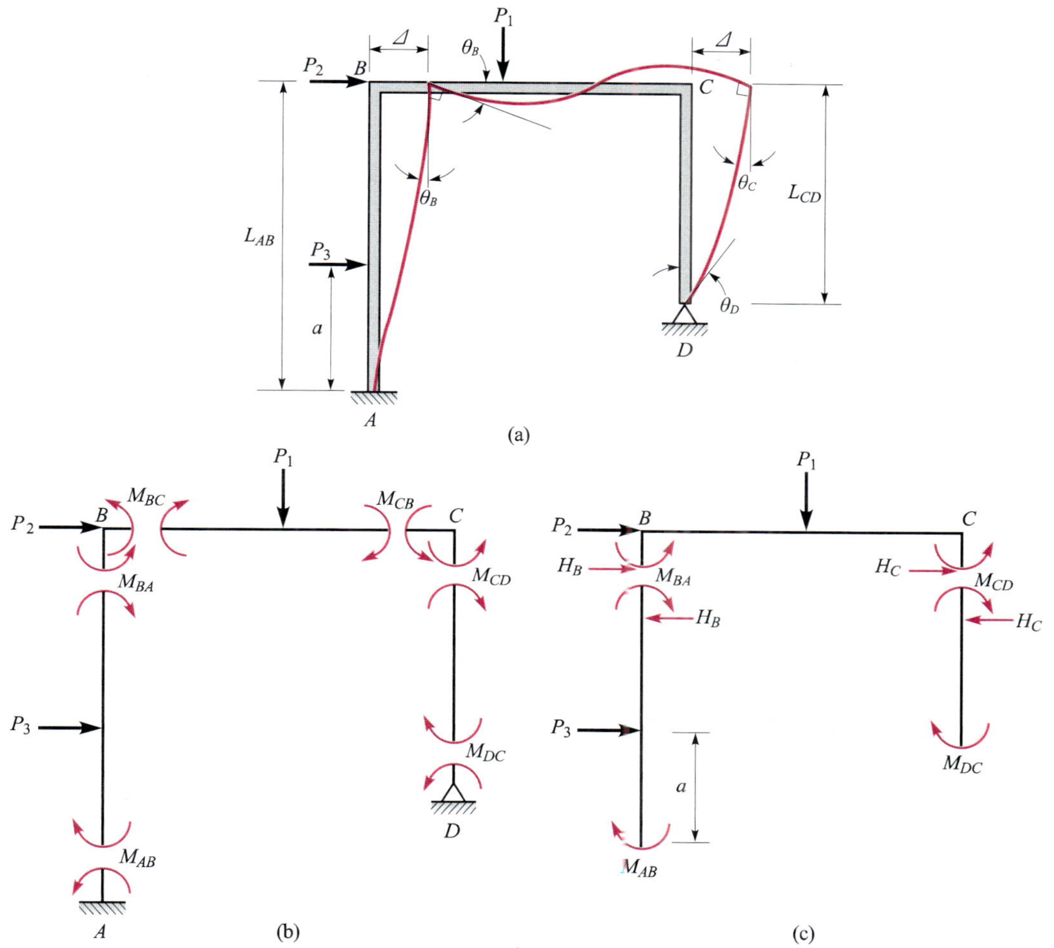

그림 17.2

$$\sum M_B = M_{BA} + M_{BC} = 0 \tag{17.7a}$$

$$\sum M_C = M_{CB} + M_{CD} = 0 \tag{17.7b}$$

$$\sum M_D = M_{DC} = 0 \tag{17.7c}$$

식 (17.7)과 같이 한 절점에 강절된 부재들의 재단모멘트 대수합은 영이어야 한다. 만약, 절점에 외력으로 작용하는 시계방향의 모멘트 M_P가 작용한다면 식 (17.8)과 같이 된다.

$$\sum M = M_P \tag{17.8}$$

식 (17.7) 및 식 (17.8)과 같은 평형방정식을 절점방정식 또는 모멘트방정식이라 하며 각 절점마다 하나의 식이 생긴다. 따라서 라멘 구조물에는 절점 수만큼의 절점방정식을 얻는다.

추가로 필요한 하나의 식은 그림 17.2(c)를 고려하여 구할 수 있다. 즉, 상부 수평부재 BC에 대한 자유물체도에서 수평방향 힘의 평형조건을 고려하면 식 (17.9)를 얻을 수 있다.

$$\sum F_x = H_B + H_C + P_2 = 0 \tag{17.9}$$

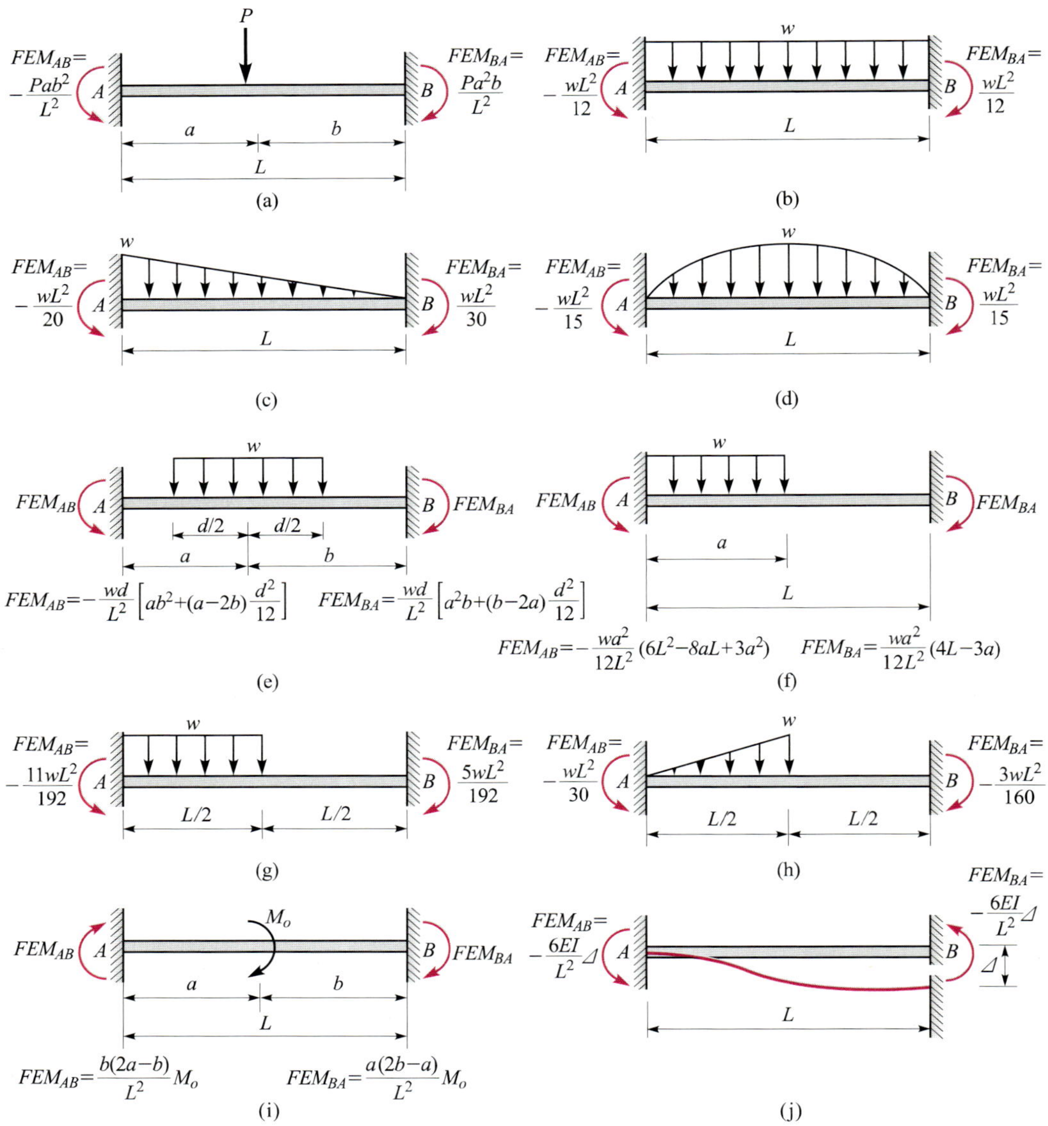

그림 17.3 고정단모멘트

식 (17.9)를 층방정식이라고 한다. H_B와 H_C는 다음과 같이 기둥 부재의 재단모멘트로 나타낼 수 있다.

$$H_B = \frac{M_{AB} + M_{BA}}{L_{AB}} + \frac{P_3 a}{L_{AB}} \tag{17.10 a}$$

$$H_C = \frac{M_{CD} + M_{DC}(=0)}{L_{CD}} \tag{17.10 b}$$

따라서 식 (17.10)을 (17.9)에 대입하여 구한 식을 식 (17.7)과 연립하여 풀면 θ_B, θ_C, θ_D, Δ를 구할 수 있다. 이 값들을 다시 처짐각방정식에 거꾸로 대입하면, 각 부재의 재단모멘트들을 구할 수 있다. 나머지 해석과정은 정정구조물의 해석과정과 같다.

처짐각법을 사용하여 부정정구조물을 해석하는 과정을 요약하면 다음과 같다.

(1) 식 (17.6)을 사용하여 각 부재의 처짐각방정식을 세운다.

(2) 각 절점에 대하여 식 (17.7)을 사용하여 절점방정식을 세우고, 각 층에 대해서는 식 (17.9)를 사용하여 층방정식을 세운다.

(3) 처짐각방정식을 절점방정식과 층방정식에 대입하여 연립방정식을 세운다.

(4) 이들 연립방정식을 풀어서 절점 회전각과 부재 회전각을 구한다.

(5) (4)에서 구한 절점 회전각과 부재 회전각을 처짐각방정식에 거꾸로 대입하여 재단모멘트를 계산한다.

(6) 재단모멘트가 구해지면 각 부재의 자유물체도를 고려하여 재단에서의 전단력과 모든 반력을 구할 수 있다.

예제 17.1

예제 그림 17.1(a)와 같은 보를 처짐각법으로 해석하라. 단, EI는 일정하다.

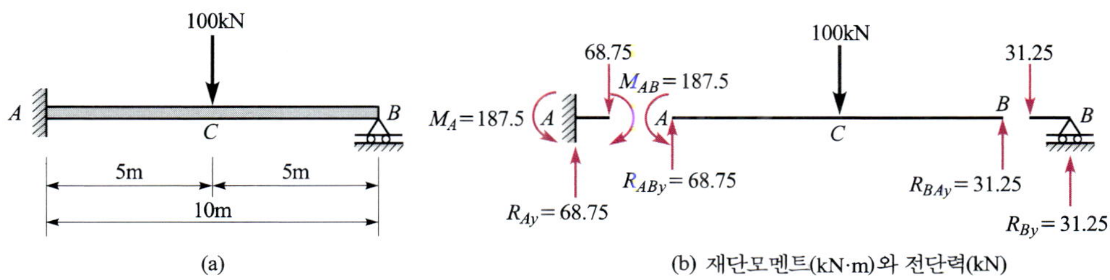

예제 그림 17.1

예제 그림 17.1(a)는 B점에서만 회전이 발생한다. 따라서 본 구조물은 미지의 절점 회전각 θ_B에 대한 하나의 자유도를 갖는다. 첫 번째로 모든 절점을 고정시킨 후 고정단모멘트 FEM_{AB}와 FEM_{BA}를 구하면 다음과 같다.

$$FEM_{AB} = (-)\frac{PL}{8} = (-)\frac{(100)(10)}{8} = (-)125.0\,\text{kN}\cdot\text{m} \quad \text{(a)}$$

$$FEM_{BA} = \frac{PL}{8} = \frac{(100)(10)}{8} = (+)125.0\,\text{kN}\cdot\text{m} \quad \text{(b)}$$

다음으로 식 (17.6)을 사용하여 처짐각방정식을 세우면 다음과 같다.

$$M_{AB} = \frac{2EI}{L}(2\theta_A + \theta_B - 3R) + FEM_{AB} \quad \text{(c)}$$

$$M_{BA} = \frac{2EI}{L}(\theta_A + 2\theta_B - 3R) + FEM_{BA} \quad \text{(d)}$$

지점 A에서 $\theta_A = 0$이고, 식 (a)와 (b)의 고정단모멘트 값을 처짐각방정식인 식 (c)와 (d)에 대입하여 다시 쓰면 다음과 같다.

$$\begin{aligned} M_{AB} &= \frac{2EI}{10}(2\theta_A + \theta_B) - 125.0 \\ &= 0.2EI\theta_B - 125.0 \end{aligned} \quad \text{(e)}$$

$$\begin{aligned} M_{BA} &= \frac{2EI}{10}(\theta_A + 2\theta_B) + 125.0 \\ &= 0.4EI\theta_B + 125.0 \end{aligned} \quad \text{(f)}$$

각 절점에 대하여 식 (17.7)을 사용하여 절점 평형방정식을 세우면, $\sum M_B = 0$이므로

$$\begin{aligned} &\sum M_B = M_{BA} = 0.4EI\theta_B + 125.0 = 0 \\ &EI\theta_B = (-)312.5\,\text{kN}\cdot\text{m}^2 \end{aligned} \quad \text{(g)}$$

위의 값을 처짐각방정식인 식 (e)와 (f)에 대입하여 재단모멘트를 구하면 다음과 같다.

$$M_{AB} = (0.2)(-312.5) - 125.0 = (-)187.5\,\text{kN}\cdot\text{m}$$
$$M_{BA} = (0.4)(-312.5) + 125.0 = 0$$

나머지 반력과 모멘트의 계산은 예제 그림 17.1(b)의 자유물체도에서 구하면 다음과 같다.

$$\sum M_B = 0\,;\, R_{ABy} = \frac{187.5 + (10)(5)}{10} = 68.75\,\text{kN}\,(\text{상향})$$

$$\sum M_A = 0\,;\, R_{BAy} = \frac{187.5 + (10)(5)}{10} = 31.25\,\text{kN}\,(\text{상향})$$

※ [예제 14.1], [예제 15.1] 및 [예제 16.1]에서 구한 값과 비교하여 보기 바란다.

예제 17.2 예제 그림 17.2(a)와 같은 연속보를 처짐각법으로 해석하라. 단, EI는 일정하다.

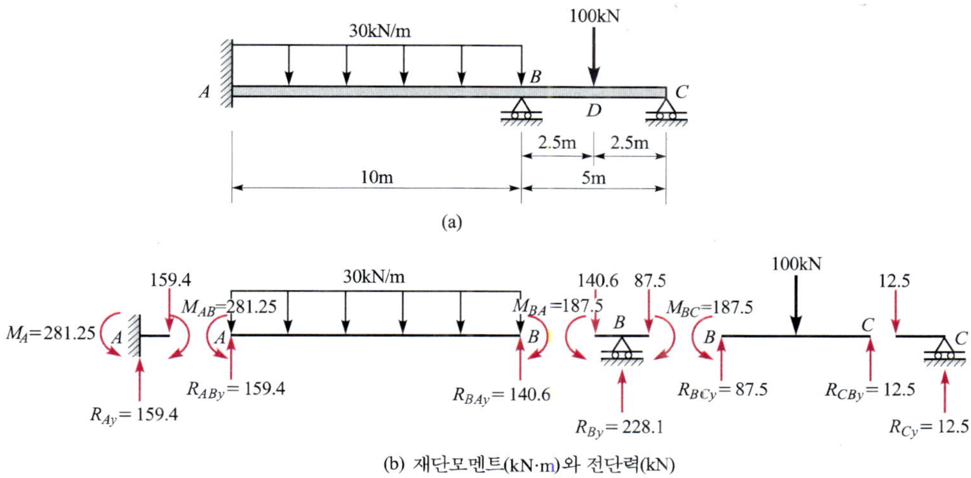

예제 그림 17.2

예제 그림 17.2(a)는 B점과 C점에서 회전이 발생한다. 따라서 본 구조물은 미지의 절점 회전각 θ_B와 θ_C 두 개의 자유도를 갖는다. 먼저, 모든 절점을 고정시킨 후 고정단모멘트를 구하면 다음과 같다.

$$FEM_{AB} = \frac{(-30.0)(10)^2}{12} = (-)250.0\,\text{kN}\cdot\text{m}$$

$$FEM_{BA} = \frac{(-30.0)(10)^2}{12} = (+)250.0\,\text{kN}\cdot\text{m}$$

$$FEM_{BC} = \frac{(-100)(5)}{8} = (-)62.5\,\text{kN}\cdot\text{m}$$

$$FEM_{CB} = \frac{(100)(5)}{8} = (+)62.5\,\text{kN}\cdot\text{m}$$

다음으로 지점 A에서 $\theta_A = 0$이고, 위의 고정단모멘트를 식 (17.6)에 대입하여 처짐각방정식을 세우면 다음과 같다.

$$\begin{aligned} M_{AB} &= \frac{2EI}{L}(2\theta_A + \theta_B - 3R) + FEM_{AB} \\ &= \frac{2EI}{10}(2\theta_A + \theta_B) - 250.0 = 0.2EI\theta_B - 250.0 \end{aligned} \tag{a}$$

$$\begin{aligned} M_{BA} &= \frac{2EI}{L}(\theta_A + 2\theta_B - 3R) + FEM_{BA} \\ &= \frac{2EI}{10}(\theta_A + 2\theta_B) + 250.0 = 0.4EI\theta_B + 250.0 \end{aligned} \tag{b}$$

$$M_{BC} = \frac{2EI}{L}(2\theta_B + \theta_C - 3R) + FEM_{BC}$$

$$= \frac{2EI}{5}(2\theta_B + \theta_C) - 62.5 = 0.8EI\theta_B + 0.4EI\theta_C - 62.5 \quad \text{(c)}$$

$$M_{CB} = \frac{2EI}{L}(\theta_B + 2\theta_C - 3R) + FEM_{CB}$$

$$= \frac{2EI}{5}(\theta_B + 2\theta_C) + 62.5 = 0.4EI\theta_B + 0.8EI\theta_C + 62.5 \quad \text{(d)}$$

각 절점에 대하여 식 (17.7)을 사용하여 절점방정식을 세우면 다음과 같다.

$\sum M_B = 0$에서

$$\sum M_B = M_{BA} + M_{BC} = 1.2EI\theta_B + 0.4EI\theta_C + 187.5 = 0 \quad \text{(e)}$$

$\sum M_C = 0$에서

$$\sum M_C = M_{CB} = 0.4EI\theta_B + 0.8EI\theta_C + 62.5 = 0 \quad \text{(f)}$$

위의 식 (e)와 (f)를 연립으로 풀면 다음과 같다.

$$EI\theta_B = (-)156.25\,\text{kN}\cdot\text{m}^2,\ EI\theta_C = 0$$

위의 값을 식 (a)에서부터 식 (d)에 대입하여 재단모멘트를 구하면 다음과 같다.

$$M_{AB} = (0.2)(-156.25) - 250.0 = (-)281.25\,\text{kN}\cdot\text{m}$$
$$M_{BA} = (0.4)(-156.25) + 250.0 = (+)187.5\,\text{kN}\cdot\text{m}$$
$$M_{BC} = (0.8)(-156.25) - 62.5 = (-)187.5\,\text{kN}\cdot\text{m}$$
$$M_{CB} = (0.4)(-156.25) + 62.5 = 0$$

나머지 반력은 예제 그림 17.2(b)의 자유물체도에서 구하면 다음과 같다.

$$R_{ABy} = \frac{(3)(100)(5) + 281.25 - 187.5}{10} = 159.4\,\text{N} = R_{Ay}$$

$$R_{BAy} = \frac{(3)(100)(5) - 281.25 + 187.5}{10} = 140.6\,\text{kN}$$

$$R_{BCy} = \frac{187.5 + (100)(2.5)}{5} = 87.5\,\text{kN}$$

$$R_{By} = R_{BAy} + R_{BCy} = 228.1\,\text{kN}$$

$$R_{CBy} = \frac{-187.5 + (100)(2.5)}{5} = 12.5\,\text{kN} = \mathrm{R_{Cy}}$$

※ [예제 14.2], [예제 15.2] 및 [예제 16.2]에서 구한 값과 비교하여 보기 바란다.

예제 17.3 다음 예제 그림 17.3(a)와 같은 보를 처짐각법으로 해석하라.

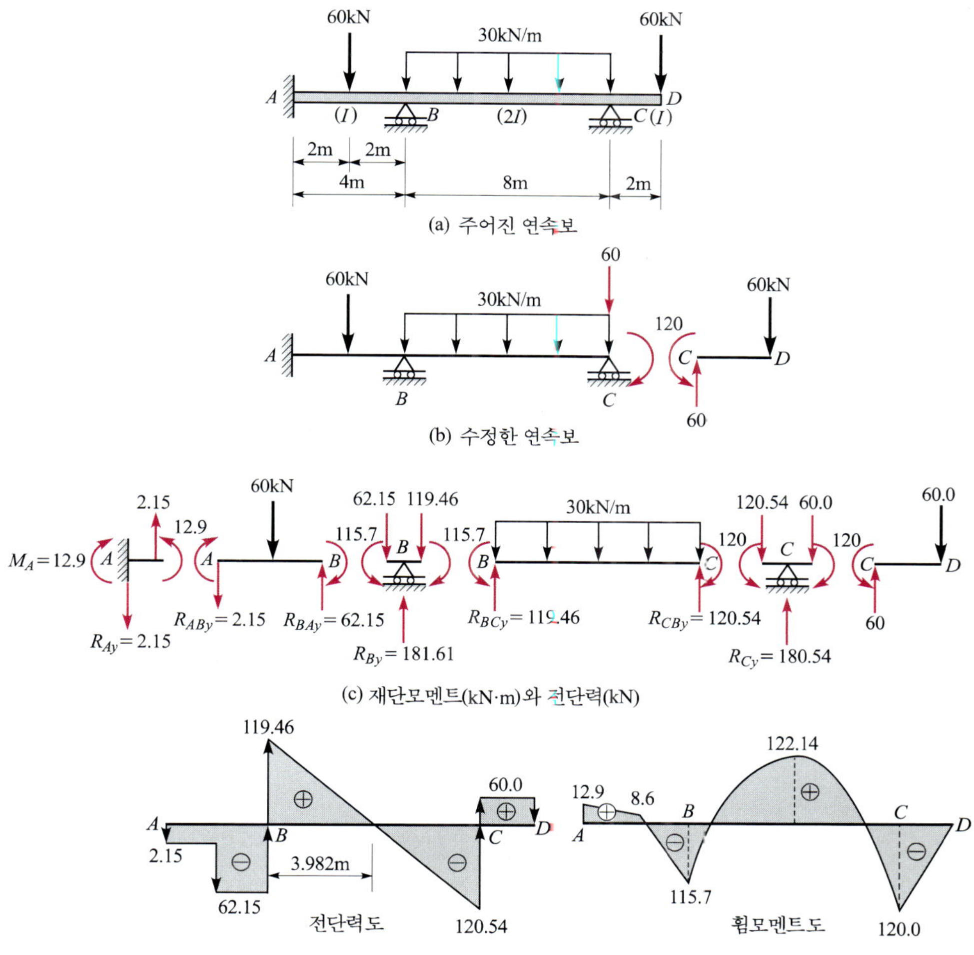

(a) 주어진 연속보

(b) 수정한 연속보

(c) 재단모멘트(kN·m)와 전단력(kN)

(d) 전단력도(kN) 및 휨모멘트도(kN·m)

예제 그림 17.3

예제 그림 17.3(a)는 B점과 C점에서 회전이 발생한다. 따라서 본 구조물은 미지의 절점 회전각 θ_B와 θ_C 두개의 자유도를 갖는다. 그리고 부재 CD에서 C점의 모멘트와 전단력은 예제 그림 17.3(b)와 같이 평형방정식으로부터 직접 구할 수 있으므로 해석 과정에 이 부재를 포함시키지 않고 보의 AC 구간에 대하여만 해석한다. CD부재를 고려하지 않는 대신에 내민 부분인 부재 CD의 C점에서의 모멘트 (−)120.0kN·m와 수직력 60.0kN을 예제 그림 17.3(b)의 C점에 작용시킨다. 모든 절점을 고정시킨 후 고정단모멘트를 구하면 다음과 같다.

$$FEM_{AB} = (-)\frac{PL}{8} = \frac{(60)(4)}{8} = (-)30.0\,\text{kN}\cdot\text{m}$$

$$FEM_{BA} = (+)30.0\,\text{kN}\cdot\text{m}$$

$$FEM_{BC} = (-)\frac{\omega L^2}{12} = (-)\frac{(30)(8^2)}{12} = (-)160.0\,\text{kN}\cdot\text{m}$$

$$FEM_{CB} = (+)160.0\,\text{kN}\cdot\text{m}$$

지점 A에서 $\theta_A = 0$이고, 고정단모멘트를 처짐각방정식에 대입하면 다음과 같다.

$$M_{AB} = \frac{2EI}{4}(\theta_B) - 30 = 0.5EI\theta_B - 30.0 \tag{a}$$

$$M_{BA} = \frac{2EI}{4}(2\theta_B) + 30.0 = EI\theta_B + 30.0 \tag{b}$$

$$M_{BC} = \frac{4EI}{8}(2\theta_B + \theta_C) - 160.0 = EI\theta_B + 0.5EI\theta_C - 160.0 \tag{c}$$

$$M_{BC} = \frac{4EI}{8}(\theta_B + 2\theta_C) + 160.0 = 0.5EI\theta_B + EI\theta_C + 160.0 \tag{d}$$

각 절점에 대하여 식 (17.7)을 사용하여 절점방정식을 세우면 다음과 같다.

$\Sigma M_B = 0$에서

$$\Sigma M_B = M_{BA} + M_{BC} = (EI\theta_B + 30.0) + (EI\theta_B + 0.5EI\theta_C - 160.0)$$

$$= 2EI\theta_B + 0.5EI\theta_C - 130.0 = 0$$

$$= 2EI\theta_B + 0.5EI\theta_C = 130.0 \tag{e}$$

$\Sigma M_C = 0$에서

$$\Sigma M_C = M_{CB} - 120.0 = 0.5EI\theta_B + EI\theta_C + 160.0 - 120.0 = 0$$

$$= 0.5EI\theta_B + EI\theta_C = (-)40.0 \tag{f}$$

위의 식 (e)와 (f)를 연립으로 풀면 다음과 같다.

$$EI\theta_B = 85.7\,\text{kN}\cdot\text{m}^2, \quad EI\theta_C = (-)82.9\,\text{kN}\cdot\text{m}^2$$

위의 값을 식 (a)~(d)의 처짐각방정식에 대입하여 재단모멘트를 구하면 다음과 같다.

$$M_{AB} = (0.5)(85.7) - 30.0 = (+)12.9\,\text{kN}\cdot\text{m}$$

$$M_{BA} = 85.7 + 30.0 = (+)\,115.7\,\text{kN}\cdot\text{m}$$

$$M_{BC} = 85.7 + (0.5)(-82.9) - 160.0 = (-)\,115.7\,\text{kN}\cdot\text{m}$$

$$M_{CB} = (0.5)(85.7) - 82.9 + 160.0 = (+)120.0\,\text{kN}\cdot\text{m}$$

나머지 반력은 예제 그림 17.3(c)의 자유물체도에서 구하면 다음과 같다.

$$\Sigma M_B = 0\,;\, R_{ABy} = \frac{(-)12.9 + (60)(2) - 115.7}{4} = (-)2.15\,\text{kN}(\text{하향}) = R_{Ay}$$

$$\Sigma F_y = 0\,;\, R_{BAy} = 60.0 + 2.15 = 62.15\,\text{kN}(\text{상향})$$

$$\Sigma M_C = 0\,;\, R_{BCy} = \frac{(30)(8)(4) + 115.7 - 120.0}{8} = 119.46\,\text{kN}(\text{상향})$$

$$\Sigma F_y = 0\;;\; R_{CBy} = (30)(8) - 119.46 = 120.54\,\text{kN}\,(\text{상향})$$

$$R_{By} = R_{BAy} + R_{BCy} = 62.15 + 119.46 = 181.61\,\text{kN}\,(\text{상향})$$

$$R_{Cy} = R_{CBy} + 60.0 = 120.54 + 60.0 = 180.54\,\text{kN}\,(\text{상향})$$

예제 17.4

예제 그림 17.4(a)와 같이 지점 B에서 0.02m 침하가 발생한 구조물을 처짐각법으로 해석하라. $EI = 42{,}000\,\text{kN}\cdot\text{m}^2$

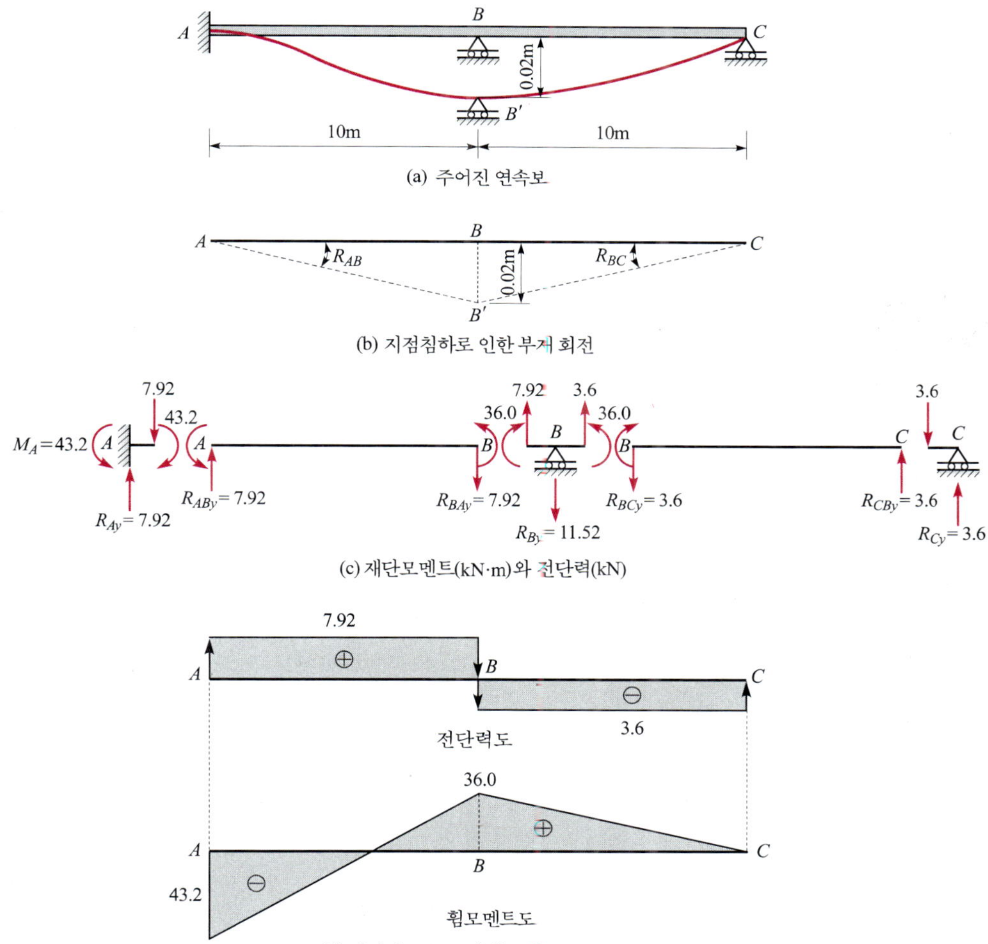

(a) 주어진 연속보

(b) 지점침하로 인한 부재 회전

(c) 재단모멘트(kN·m)와 전단력(kN)

(d) 전단력도(kN) 및 휨모멘트도(kN·m)

예제 그림 17.4

예제 그림 17.4(a)는 B점과 C점에서 회전이 발생한다. 따라서 본 구조물은 미지의 절점 회전각 θ_B와 θ_C 2개의 자유도를 갖는다. 주어진 연속보에 하중은 작용하지 않으므로 고정단모멘트는 영이고, 지점 B에서 하향으로 0.02m의 지점침하가 발생하였을 때의 부재 회전각을 예제 그림 17.3(b)에 나타내었다. 예제 그림 17.3(b)에서 지점침하가 발생하기 전의 부재로부터 부재 회전각 R_{AB}는 시계방향으로 회전되고, 부재 회전각 R_{BA}는 반시계방향향으로 회전되었음을 알 수 있다.

지점 A에서 $\theta_A = 0$, 고정단모멘트는 영이고 부재 회전각만 발생한 경우에 대한 처짐각방정식을 세우면 다음과 같다.

$$M_{AB} = \frac{2EI}{L}(\theta_B - 3R) = \frac{2EI}{10}\left(\theta_B - 3\frac{0.02}{10}\right) = 0.2EI\theta_B - 0.0012EI \tag{a}$$

$$M_{BA} = \frac{2EI}{L}(2\theta_B - 3R) = \frac{2EI}{10}\left(2\theta_B - 3\frac{0.02}{10}\right) = 0.4EI\theta_B - 0.0012EI \tag{b}$$

$$M_{BC} = \frac{2EI}{L}(2\theta_B + \theta_C - 3R) = \frac{2EI}{10}\left(2\theta_B + \theta_C + 3\frac{0.02}{10}\right)$$

$$= 0.4EI\theta_B + 0.2EI\theta_C + 0.0012EI \tag{c}$$

$$M_{CB} = \frac{2EI}{L}(\theta_B + 2\theta_C - 3R) = \frac{2EI}{10}\left(\theta_B + 2\theta_C + 3\frac{0.02}{10}\right)$$

$$= 0.2EI\theta_B + 0.4EI\theta_C + 0.0012EI \tag{d}$$

각 절점에 대하여 절점방정식을 세우면 다음과 같다.

$\Sigma M_B = 0$에서

$$\Sigma M_B = M_{BA} + M_{BC}$$

$$= (0.4EI\theta_B - 0.0012EI) + (0.4EI\theta_B + 0.2EI\theta_C + 0.0012EI)$$

$$= 0.8EI\theta_B + 0.2EI\theta_C = 0 \tag{e}$$

$\Sigma M_C = 0$에서

$$\Sigma M_C = M_{CB} = 0.2EI\theta_B + 0.4EI\theta_C + 0.0012EI = 0 \tag{f}$$

위의 식 (e)와 (f)를 연립으로 풀면 다음과 같다.

$$\theta_B = 0.000857\,\text{rad}, \quad \theta_C = (-)0.003428\,\text{rad}$$

위의 값과 $EI = 42{,}000\,\text{kN}\cdot\text{m}^2$을 식 (a)~(d)의 처짐각방정식에 대입하여 재단모멘트를 구하면 다음과 같다.

$$M_{AB} = (0.2)(42{,}000)(0.000857) - (0.0012)(42{,}000) = (-)43.2\,\text{kN}\cdot\text{m}$$

$$M_{BA} = (0.4)(42{,}000)(0.000857) - (0.0012)(42{,}000) = (-)36.0\,\text{kN}\cdot\text{m}$$

$$M_{BC} = (0.4)(42{,}000)(0.000857) + (0.2)(42{,}000)(-0.003428) + (0.0012)(42{,}000)$$

$$= (+)36.0\,\text{kN}\cdot\text{m}$$

$$M_{CB} = (0.2)(42{,}000)(0.000857) + (0.4)(42{,}000)(-0.003428) + (0.0012)(42{,}000)$$

$$= 0\,\text{kN}\cdot\text{m}$$

나머지 반력은 예제 그림 17.4(c)의 자유물체도에서 구하면 다음과 같다.

$$\Sigma M_B = 0\ ;\ R_{ABy} = \frac{43.2 + 36.0}{10} = (+)7.92\,\text{kN}\,(\text{상향}) = R_{Ay}$$

$$\Sigma F_y = 0\ ;\ R_{BAy} = (-)7.92 + 0.0 = (-)7.92\,\text{kN}\,(\text{하향})$$

$$\Sigma M_C = 0\ ;\ R_{BCy} = \frac{(-)36.0) + 0.0}{10} = (-)3.6\,\text{kN}\,(\text{하향})$$

$$\Sigma F_y = 0\ ;\ R_{CBy} = (+)3.6 + 0.0 = (+)3.6\,\text{kN}\,(\text{상향})$$

$$R_{By} = R_{BAy} + R_{BCy} = (-)7.92 - 3.6 = (-)11.52\,\text{kN}\,(\text{하향})$$

$$R_{Cy} = R_{CBy} = (+)3.6\,\text{kN}\,(\text{상향})$$

예제 17.5

예제 그림 17.5(a)와 같은 T 형 라멘에 집중하중이 작용할 때 처짐각법으로 해석하라.

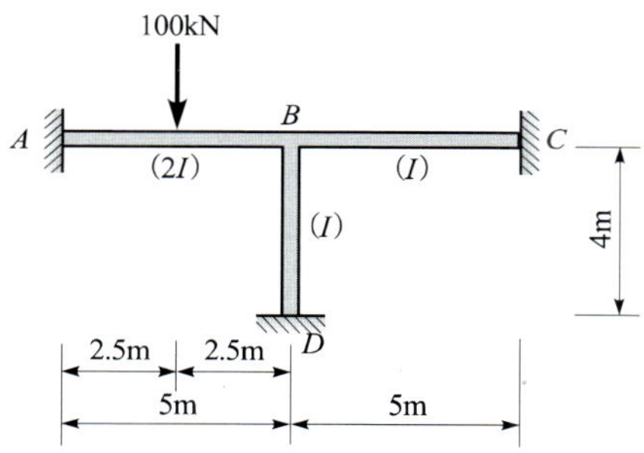

(a)

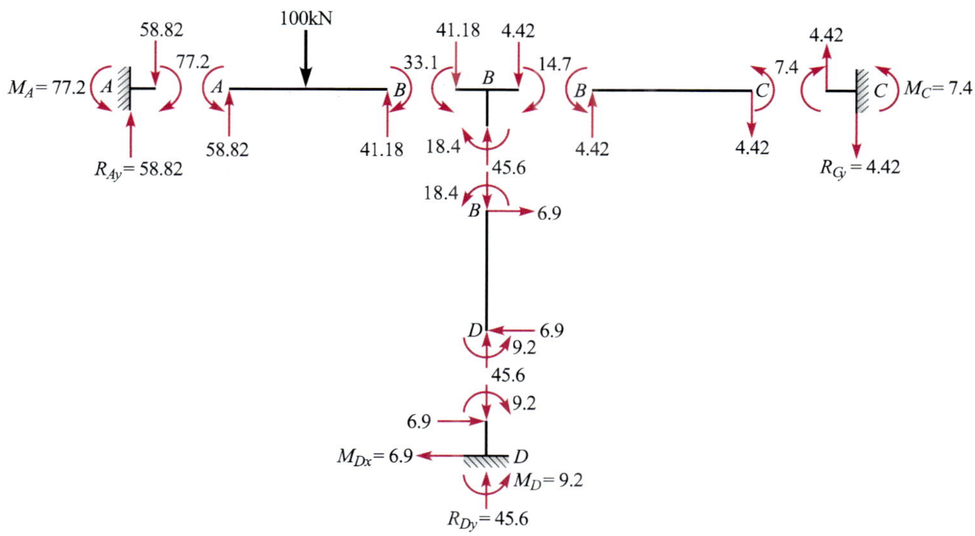

(b) 전단력(kN) 및 재단모멘트(kN·m)

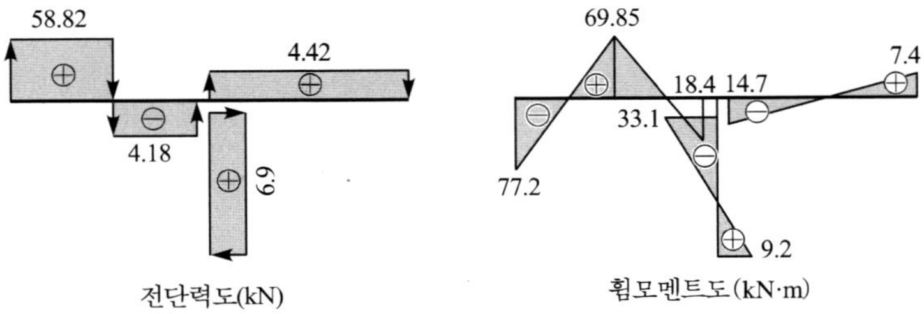

(c) 전단력도 및 휨모멘트도

예제 그림 17.5

예제 그림 17.5(a)의 T 형 라멘은 6차 부정정구조물이나, 절점 B에서만 회전이 발생하므로 미지의 절점 회전각 θ_B 한 개의 자유도만 갖는다. 먼저, 모든 절점을 고정시킨 후 고정단모멘트를 구하면 다음과 같다.

$$FEM_{AB} = \frac{(-100)(5)}{8} = (-)62.5\,\text{kN}\cdot\text{m}$$

$$FEM_{BA} = \frac{(100)(5)}{8} = (+)62.5\,\text{kN}\cdot\text{m}$$

다음으로 지점 A, C, D에서 $\theta_A = \theta_C = \theta_D = 0$이고, 위의 고정단모멘트를 처짐각방정식에 대입하여 식을 세우면 다음과 같다.

$$M_{AB} = \frac{2E(2I)}{5}(+\theta_B) - 62.5 = 0.8EI\theta_B - 62.5 \tag{a}$$

$$M_{BA} = \frac{2E(2I)}{5}(+2\theta_B) + 62.5 = 1.6EI\theta_B + 62.5 \tag{b}$$

$$M_{BC} = \frac{2EI}{5}(+2\theta_B) = 0.8EI\theta_B \tag{c}$$

$$M_{CB} = \frac{2EI}{5}(+\theta_B) = 0.4EI\theta_B \tag{d}$$

$$M_{BD} = \frac{2EI}{4}(+2\theta_B) = 1.0EI\theta_B \tag{e}$$

$$M_{DB} = \frac{2EI}{4}(+\theta_B) = 0.5EI\theta_B \tag{f}$$

절점 B에서 절점방정식을 세우면 다음과 같다.

$\sum M_B = 0$에서

$$\sum M_B = M_{BA} + M_{BC} + M_{BD} = 3.4EI\theta_B + 62.5 = 0 \tag{g}$$

위의 식 (g)로부터

$$EI\theta_B = (-)18.3824\,\text{kN}\cdot\text{m}^2$$

위의 값을 식 (a)~(f)에 대입하여 재단모멘트를 구하면 다음과 같다.

$$M_{AB}=(-)77.2\,\text{kN}\cdot\text{m},\ M_{BA}=(+)33.1\,\text{kN}\cdot\text{m},\ M_{BC}=(-)14.7\,\text{kN}\cdot\text{m}$$
$$M_{CB}=(-)7.4\,\text{kN}\cdot\text{m},\ M_{BD}=(-)18.4\,\text{kN}\cdot\text{m},\ M_{DB}=(-)9.2\,\text{kN}\cdot\text{m}$$

각 부재에 대한 정역학적 평형조건으로부터 구한 전단력과 재단모멘트를 예제 그림 17.5(b)에 나타내었고, 전단력도 및 휨모멘트도를 예제 그림 17.5(c)에 나타내었다.

예제 17.6 예제 그림 17.6과 같은 라멘을 처짐각법으로 해석하라. 단, EI는 일정하다.

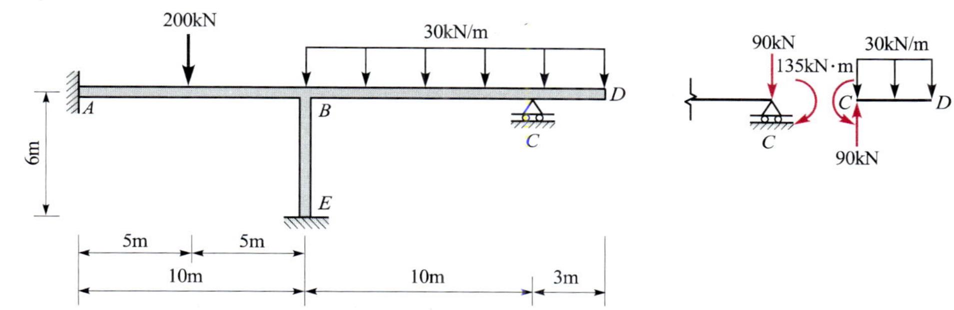

(a) 주어진 연속보

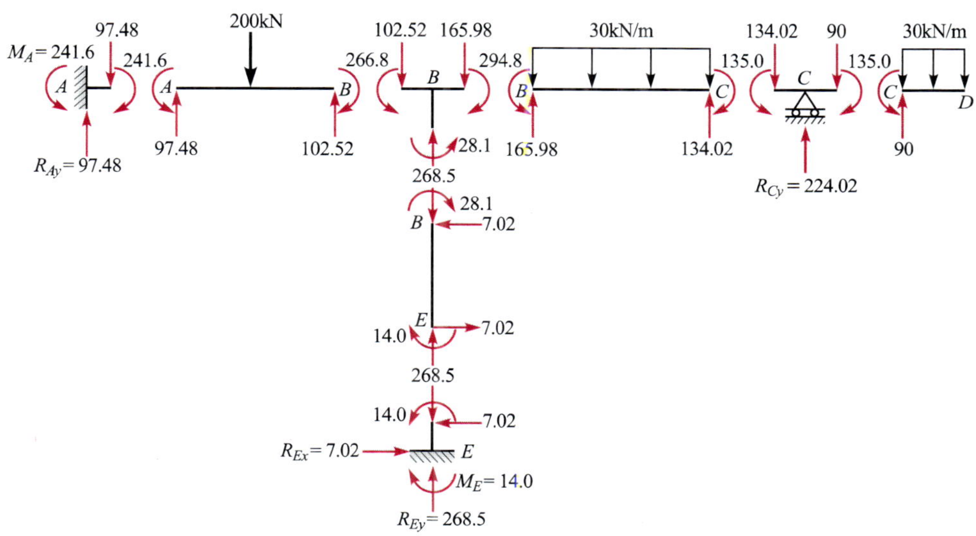

(b) 전단력(kN) 및 재단모멘트(kN·m)

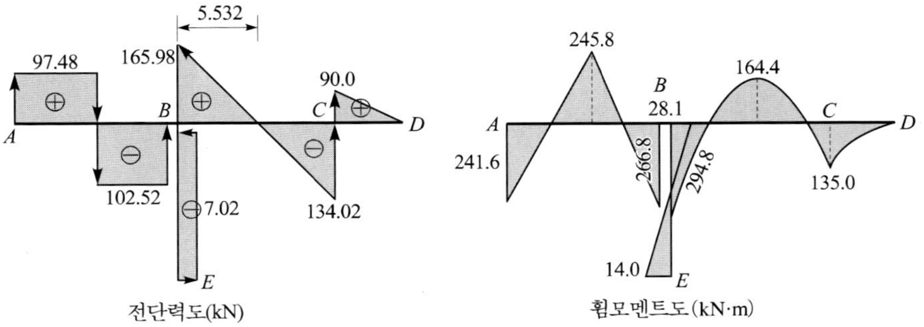

(c) 전단력도 및 휨모멘트도

예제 그림 17.6

예제 그림 17.6(a)의 라멘은 B점과 C점에서 회전이 가능하므로 미지의 절점 회전각 θ_B와 θ_C 두 개의 자유도를 갖는다. 먼저, 모든 절점을 고정시킨 후 고정단모멘트를 구하면 다음과 같다.

$$FEM_{AB} = \frac{(-200)(10)}{8} = (-)250.0\,\text{kN}\cdot\text{m}$$

$$FEM_{BA} = \frac{(200)(10)}{8} = (+)250.0\,\text{kN}\cdot\text{m}$$

$$FEM_{BC} = \frac{(-30)(10^2)}{12} = (-)250.0\,\text{kN}\cdot\text{m}$$

$$FEM_{CB} = \frac{(30)(10^2)}{12} = (+)250.0\,\text{kN}\cdot\text{m}$$

다음으로 지점 A, E에서 $\theta_A = \theta_E = 0$이고, 위의 고정단모멘트를 처짐각방정식에 대입하여 식을 세우면 다음과 같다.

$$M_{AB} = \frac{2EI}{10}(+\theta_B) - 250.0 = 0.2EI\theta_B - 250.0 \quad \text{(a)}$$

$$M_{BA} = \frac{2EI}{10}(+2\theta_B) + 250.0 = 0.4EI\theta_B + 250.0 \quad \text{(b)}$$

$$M_{BC} = \frac{2EI}{10}(2\theta_B + \theta_C) - 250.0 = 0.4EI\theta_B + 0.2EI\theta_C - 250.0 \quad \text{(c)}$$

$$M_{CB} = \frac{2EI}{10}(\theta_B + 2\theta_C) + 250.0 = 0.2EI\theta_B + 0.4EI\theta_C + 250.0 \quad \text{(d)}$$

$$M_{BE} = \frac{2EI}{6}(2\theta_B) = 0.667EI\theta_B \quad \text{(e)}$$

$$M_{EB} = \frac{2EI}{6}(\theta_B) = 0.333EI\theta_B \quad \text{(f)}$$

절점 B와 C에서 절점방정식을 각각 세우면 다음과 같다.

$\Sigma M_B = 0$에서

$$\Sigma M_B = M_{BA} + M_{BC} + M_{BE} = 1.467EI\theta_B + 0.2EI\theta_C = 0 \quad \text{(g)}$$

$\Sigma M_c = 0$에서

$$\Sigma M_C = M_{CB} - 135.0 = 0.2EI\theta_B + 0.4EI\theta_C + 115.0 = 0 \quad \text{(h)}$$

위의 식 (g)와 (h)를 연립으로 풀면 다음과 같다.

$$EI\theta_B = (+)42.0629\,\text{kN}\cdot\text{m}^2, \quad EI\theta_C = (-)308.5314\,\text{kN}\cdot\text{m}^2$$

위의 값을 식 (a)~(f)에 대입하여 재단모멘트를 구하면 다음과 같다.

$$M_{AB} = (-)241.6\,\text{kN}\cdot\text{m}, \quad M_{BA} = (+)266.8\,\text{kN}\cdot\text{m}, \quad M_{BC} = (-)294.9\,\text{kN}\cdot\text{m}$$
$$M_{CB} = (+)135.0\,\text{kN}\cdot\text{m}, \quad M_{BE} = (+)28.1\,\text{kN}\cdot\text{m}, \quad M_{EB} = (+)14.0\,\text{kN}\cdot\text{m}$$

각 부재에 대한 정역학적 평형조건으로부터 구한 전단력과 재단모멘트를 예제 그림 17.6(b)에 나타내었고, 전단력도 및 휨모멘트도를 예제 그림 17.6(c)에 나타내었다.

예제 17.7 예제 그림 17.7(a)와 같은 라멘을 처짐각법으로 해석하라. 단, EI는 일정하다.

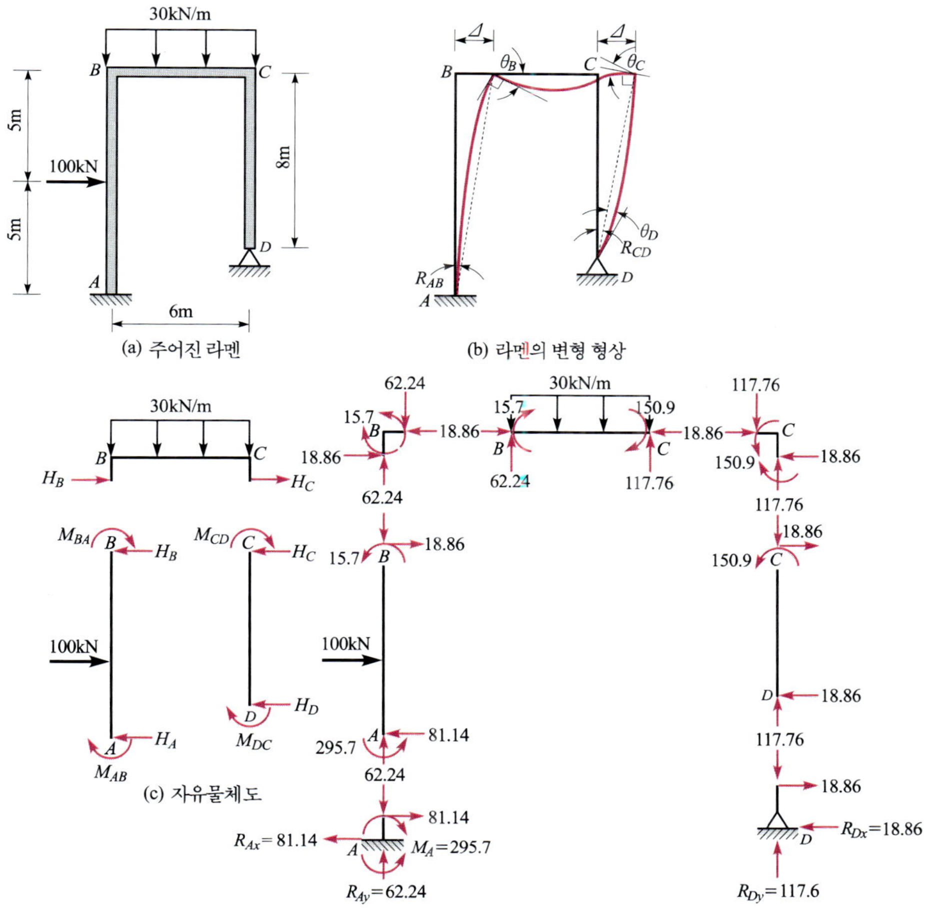

(a) 주어진 라멘

(b) 라멘의 변형 형상

(c) 자유물체도

(d) 축력(kN), 전단력(kN) 및 재단모멘트(kN·m)

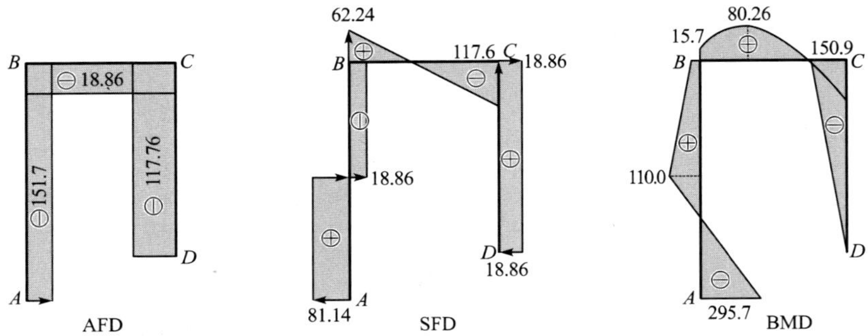

(e) 축력(kN), 전단력(kN) 및 재단모멘트(kN·m)

예제 그림 17.7

본 예제에서 A점은 고정단이므로 회전이 구속되어 $\theta_A=0$이며, 점 B, C, D는 회전이 가능하고 또한, 절점 B와 C는 수평방향으로 이동할 수 있다. 이러한 미지의 횡방향 변위를 예제 그림 17.7(b)와 같이 Δ로 나타내면 θ_B, θ_C, θ_D 및 Δ의 4개의 미지변위 값을 구해야 한다. 먼저, 모든 절점을 고정시킨 후 고정단모멘트를 구하면 다음과 같다.

$$FEM_{AB}=(-)\frac{(100)(10)}{8}=(-)125.0\,\text{kN}\cdot\text{m}$$

$$FEM_{BA}=\frac{(100)(10)}{8}=(+)125.0\,\text{kN}\cdot\text{m}$$

$$FEM_{BC}=(-)\frac{(30)(6)^2}{12}=(-)90.0\,\text{kN}\cdot\text{m}$$

$$FEM_{CB}=\frac{(30)(6)^2}{12}=(+)90.0\,\text{kN}\cdot\text{m}$$

지점 A에서 $\theta_A=0$이고, 고정단모멘트를 처짐각방정식에 대입하면 다음과 같다.

$$M_{AB}=\frac{2EI}{10}\left(\theta_B-3\frac{\Delta}{10}\right)-125.0=0.2EI\theta_B-0.06EI\Delta-125.0 \quad \text{(a)}$$

$$M_{BA}=\frac{2EI}{10}\left(2\theta_B-3\frac{\Delta}{10}\right)+125.0=0.4EI\theta_B-0.06EI\Delta+125.0 \quad \text{(b)}$$

$$M_{BC}=\frac{2EI}{6}(2\theta_B+\theta_C)-90.0=0.667EI\theta_B+0.333EI\theta_C-90.0 \quad \text{(c)}$$

$$M_{CB}=\frac{2EI}{6}(\theta_B+2\theta_C)+90.0=0.333EI\theta_B+0.667EI\theta_C+90.0 \quad \text{(d)}$$

$$M_{CD}=\frac{2EI}{8}\left(2\theta_C+\theta_D-3\frac{\Delta}{8}\right)=0.5EI\theta_C+0.25EI\theta_D-0.0938EI\Delta \quad \text{(e)}$$

$$M_{DC}=\frac{2EI}{8}\left(\theta_C+2\theta_D-3\frac{\Delta}{8}\right)=0.25EI\theta_C+0.50EI\theta_D-0.0938EI\Delta \quad \text{(f)}$$

각 절점에 대한 절점방정식을 세우면 다음과 같다.

$$\begin{aligned}\Sigma M_B &= M_{BA}+M_{BC} \\ &= (0.4EI\theta_B - 0.06EI\Delta + 125.0) + (0.667EI\theta_B - 0.333EI\theta_C - 90.0) \\ &= 1.067EI\theta_B + 0.333EI\theta_C - 0.06EI\Delta + 35.0 = 0 \qquad \text{(g)}\end{aligned}$$

$$\begin{aligned}\Sigma M_C &= M_{CB}+M_{CD} \\ &= (0.333EI\theta_B + 0.667EI\theta_C + 90.0) + (0.5EI\theta_C + 0.25EI\theta_D - 0.0938EI\Delta) \\ &= 0.333EI\theta_B + 1.167EI\theta_C + 0.25EI\theta_D - 0.0938EI\Delta + 90.0 = 0 \qquad \text{(h)}\end{aligned}$$

$$\Sigma M_D = M_{DC} = 0.25EI\theta_C + 0.50EI\theta_D - 0.0938EI\Delta = 0 \qquad \text{(i)}$$

층방정식은 예제 그림 17.7(c)의 자유물체도에서 위층에 대한 부재 BC에 대하여 고려할 수도 있고, 지점 A와 D에서의 반력을 직접 고려하여 세울 수도 있다. 위층 부재 BC에 대한 자유물체도에서 수평력에 대한 합은 영이고, H_B와 H_C는 다음과 같다.

$$\Sigma F_x = H_B + H_C = 0$$

$$H_B = \frac{M_{AB}+M_{BA}+(100)(5)}{10} = 0.06EI\theta_B - 0.012EI\Delta + 50.0$$

$$H_C = \frac{M_{CD}+M_{DC}}{8} = 0.09375EI\theta_C + 0.09375EI\theta_D - 0.02345EI\Delta$$

이들을 층방정식에 대입하여 정리하면 다음과 같이 된다.

$$0.06EI\theta_B + 0.09375EI\theta_C + 0.09375EI\theta_D - 0.03545EI\Delta + 50.0 = 0 \qquad \text{(j)}$$

식 (g)에서 (j)를 연립으로 풀면 다음과 같은 값을 얻을 수 있다.

$$EI\theta_B = 150.3275\,\text{kN}\cdot\text{m}^2, \qquad EI\theta_C = 16.2186\,\text{kN}\cdot\text{m}^2$$

$$EI\theta_D = 619.7260\,\text{kN}\cdot\text{m}^2, \qquad EI\Delta = 3{,}346.6701\,\text{kN}\cdot\text{m}^3$$

위에서 구한 값을 처짐각방정식인 (a)에서 (f)에 대입하여 재단모멘트를 구하면 다음과 같다.

$$M_{AB} = (-)295.7\,\text{kN}\cdot\text{m}, \qquad M_{BA} = (-)15.7\,\text{kN}\cdot\text{m}$$

$$M_{BC} = (+)15.7\,\text{kN}\cdot\text{m}, \qquad M_{CB} = (+)150.9\,\text{kN}\cdot\text{m}$$

$$M_{CD} = (-)150.9\,\text{kN}\cdot\text{m}, \qquad M_{DC} = 0$$

각 부재에 대한 정역학적 평형조건으로부터 구한 축력, 전단력과 재단모멘트를 예제 그림 17.7(d)에 나타내었고, 축력도, 전단력도 및 휨모멘트도를 예제 그림 17.7(e)에 나타내었다.

예제 17.8

예제 그림 17.8(a)와 같은 2층 라멘을 처짐각법으로 해석하라. 단, EI는 일정하다.

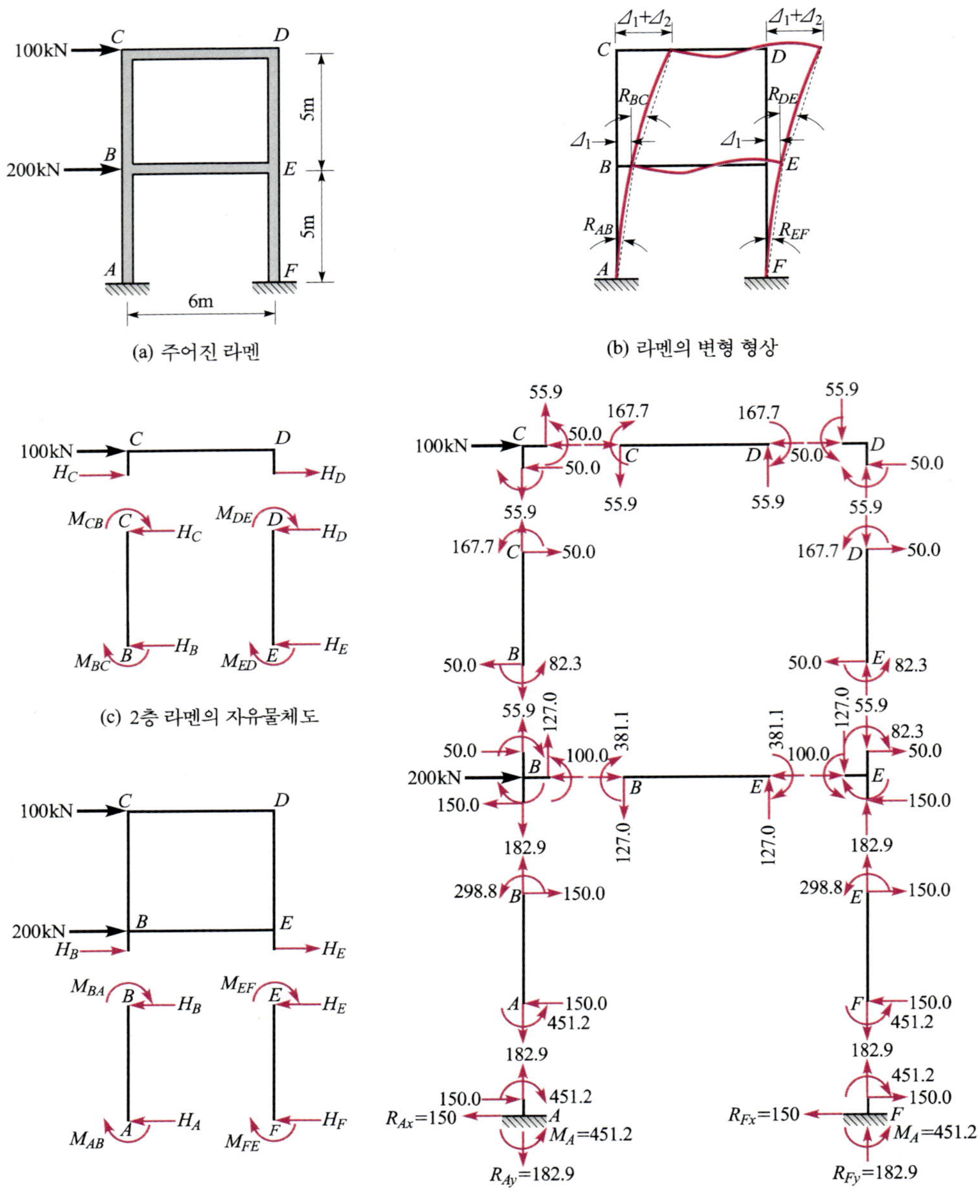

(a) 주어진 라멘

(b) 라멘의 변형 형상

(c) 2층 라멘의 자유물체도

(d) 전체 라멘의 자유물체도

(e) 축력(kN), 전단력(kN) 및 재단모멘트(kN·m)

예제 그림 17.8

예제 그림 17.8(a)에서 절점 B, C, D, E는 수평 방향에 대한 이동과 회전이 자유롭다. 예제 그림 17.8(a)에서 1층의 B점과 E점의 수평 변위는 Δ_1이고, 2층의 C점과 D점의 수평 변위는 $\Delta_1+\Delta_2$이다. 따라서 본 라멘은 6개의 자유도 θ_B, θ_C, θ_D, θ_E, Δ_1, Δ_2가 존재한다. 하중이 절점에만 작용하고 부재에는 작용하지 않으므로 고정단모멘트는 작용하지 않는다. 지점 A와 F에서 $\theta_A=\theta_F=0$이므로 처짐각방정식은 다음과 같다.

$$M_{AB}=\frac{2EI}{5}\left(\theta_B-3\frac{\Delta_1}{5}\right)=0.4EI\theta_B-0.24EI\Delta_1 \tag{a}$$

$$M_{BA}=\frac{2EI}{5}\left(2\theta_B-3\frac{\Delta_1}{5}\right)=0.8EI\theta_B-0.24EI\Delta_1 \tag{b}$$

$$M_{BC}=\frac{2EI}{5}\left(2\theta_B+\theta_C-3\frac{\Delta_2}{5}\right)=0.8EI\theta_B+0.4EI\theta_C-0.24EI\Delta_2 \tag{c}$$

$$M_{BE}=\frac{2EI}{6}(2\theta_B+\theta_E)=0.667EI\theta_B+0.333EI\theta_E \tag{d}$$

$$M_{CB}=\frac{2EI}{5}\left(\theta_B+2\theta_C-3\frac{\Delta_2}{5}\right)=0.4EI\theta_B+0.8EI\theta_C-0.24EI\Delta_2 \tag{e}$$

$$M_{CD}=\frac{2EI}{6}(2\theta_C+\theta_D)=0.667EI\theta_C+0.333EI\theta_D \tag{f}$$

$$M_{DC}=\frac{2EI}{6}(\theta_C+2\theta_D)=0.333EI\theta_C+0.667EI\theta_D \tag{g}$$

$$M_{DE}=\frac{2EI}{5}\left(2\theta_D+\theta_E-3\frac{\Delta_2}{5}\right)=0.8EI\theta_D+0.4EI\theta_E-0.24EI\Delta_2 \tag{h}$$

$$M_{EB}=\frac{2EI}{6}(\theta_B+2\theta_E)=0.333EI\theta_B+0.667EI\theta_E \tag{i}$$

$$M_{ED}=\frac{2EI}{5}\left(\theta_D+2\theta_E-3\frac{\Delta_2}{5}\right)=0.4EI\theta_D+0.8EI\theta_E-0.24EI\Delta_2 \tag{j}$$

$$M_{EF}=\frac{2EI}{5}\left(2\theta_E-3\frac{\Delta_1}{5}\right)=0.8EI\theta_E-0.24EI\Delta_1 \tag{k}$$

$$M_{FE}=\frac{2EI}{5}\left(\theta_E-3\frac{\Delta_1}{5}\right)=0.4EI\theta_E-0.24EI\Delta_1 \tag{l}$$

각 절점에 대한 절점방정식을 세우면 다음과 같다.

$$\begin{aligned}\Sigma M_B&=M_{BA}+M_{BC}+M_{BE}\\&=2.267EI\theta_B+0.4EI\theta_C+0.333EI\theta_E-0.24EI\Delta_1-0.24EI\Delta_2=0\end{aligned} \tag{m}$$

$$\begin{aligned}\Sigma M_C&=M_{CB}+M_{CD}\\&=0.4EI\theta_B+1.467EI\theta_C+0.333EI\theta_D-0.24EI\Delta_2=0\end{aligned} \tag{n}$$

$$\begin{aligned}\Sigma M_D&=M_{DC}+M_{DE}\\&=0.333EI\theta_C+1.467EI\theta_D+0.4EI\theta_E-0.24EI\Delta_2=0\end{aligned} \tag{o}$$

$$\begin{aligned}\Sigma M_E&=M_{EB}+M_{ED}+M_{EF}\\&=0.333EI\theta_B+0.4EI\theta_D+2.267EI\theta_E-0.24EI\Delta_1-0.24EI\Delta_2=0\end{aligned} \tag{p}$$

나머지 2개의 평형방정식을 세우기 위하여 예제 그림 17.8(c, d)의 자유물체도에서 각 층의 라멘 기둥 상단부의 횡단면을 지나는 자유물체도에 대한 정역학적 평형방정식을 적용하면 다음과 같다. 예제 그림 17.8(c)의 2층의 라멘 기둥 상단부의 횡단면을 지나는 자유물체도에서 평형방정식을 고려하면,

$$\Sigma F_x = H_C + H_D + 100.0 = 0 \text{ 에서}$$

$$H_C = \frac{M_{BC} + M_{CB}}{5} = 0.24EI\theta_B + 0.24EI\theta_C - 0.096EI\Delta_2$$

$$H_D = \frac{M_{DE} + M_{ED}}{5} = 0.24EI\theta_D + 0.24EI\theta_E - 0.096EI\Delta_2$$

$$\begin{aligned}\Sigma F_x &= H_C + H_D + 100.0 \\ &= 0.24EI\theta_B + 0.24EI\theta_C + 0.24EI\theta_D + 0.24EI\theta_E - 0.192EI\Delta_2 + 100.0 = 0 \qquad \text{(p)}\end{aligned}$$

예제 그림 17.8(d)의 1층 라멘 기둥 상단부의 횡단면을 지나는 자유물체도에서 평형방정식을 고려하면,

$$\Sigma F_x = H_B + H_E + 100.0 + 200.0 = 0 \text{ 에서}$$

$$H_B = \frac{M_{AB} + M_{BA}}{5} = 0.24EI\theta_B - 0.096EI\Delta_1$$

$$H_E = \frac{M_{EF} + M_{FE}}{5} = 0.24EI\theta_E - 0.096EI\Delta_1$$

$$\begin{aligned}\Sigma F_x &= H_C + H_D + 300.0 \\ &= 0.24EI\theta_B + 0.24EI\theta_E - 0.192EI\Delta_1 + 300.0 = 0 \qquad \text{(r)}\end{aligned}$$

식 (m)에서 (r)를 연립으로 풀면 다음과 같은 값을 얻을 수 있다.

$$EI\theta_B = EI\theta_E = 381.0976\,\text{kN}\cdot\text{m}^2,\quad EI\theta_C = EI\theta_D = 167.6829\,\text{kN}\cdot\text{m}^2,$$
$$EI\Delta_1 = 2{,}515.2439\,\text{kN}\cdot\text{m}^3,\quad EI\Delta_2 = 1{,}892.7846\,\text{kN}\cdot\text{m}^3$$

위에서 구한 값을 처짐각방정식인 (a)에서 (l)에 대입하여 재단모멘트를 구하면 다음과 같다.

$M_{AB} = (-)451.2\,\text{kN}\cdot\text{m}$, $M_{BA} = (-)298.8\,\text{kN}\cdot\text{m}$
$M_{BC} = (-)82.3\,\text{kN}\cdot\text{m}$, $M_{BE} = (+)381.1\,\text{kN}\cdot\text{m}$
$M_{CB} = (-)167.7\,\text{kN}\cdot\text{m}$, $M_{CD} = (+)167.7\,\text{kN}\cdot\text{m}$
$M_{DC} = (+)167.7\,\text{kN}\cdot\text{m}$, $M_{DE} = (-)167.7\,\text{kN}\cdot\text{m}$
$M_{EB} = (+)381.1\,\text{kN}\cdot\text{m}$, $M_{ED} = (-)82.3\,\text{kN}\cdot\text{m}$
$M_{EF} = (-)298.8\,\text{kN}\cdot\text{m}$, $M_{FE} = (-)451.2\,\text{kN}\cdot\text{m}$

각 부재에 대한 정역학적 평형조건으로부터 구한 축력, 전단력과 재단모멘트를 예제 그림 17.8(e)에 나타내었다.

연습문제

※ 처짐각법을 이용하여 다음 문제를 풀어라.

[17.1~17.2] 다음 구조물의 전단력도와 휨모멘트도를 그리시오.

17.1

$EI=$ 일정

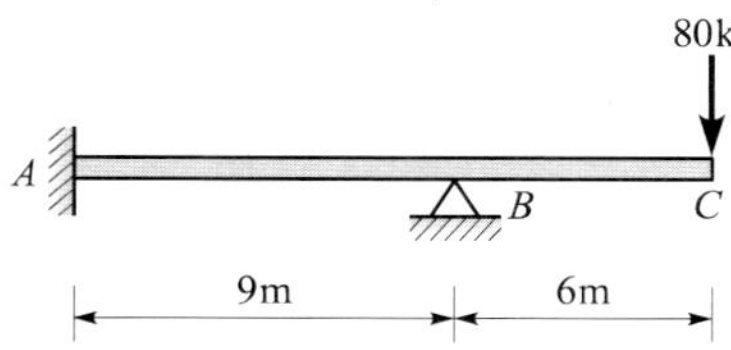

17.2

$EI=$ 일정

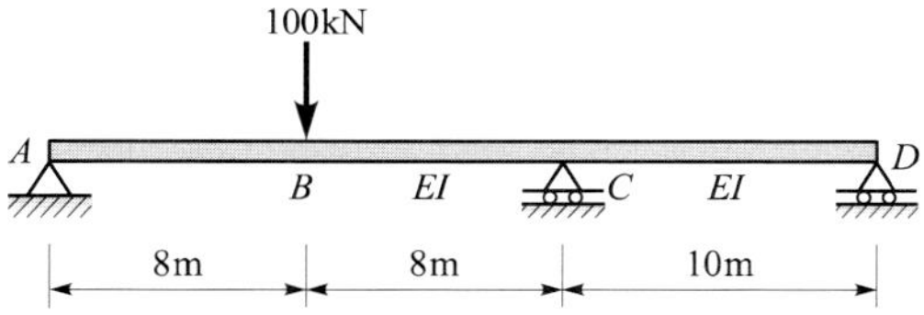

17.3

점 A, B, C의 처짐각 또는 처짐을 계산하시오. ($EI=$ 일정)

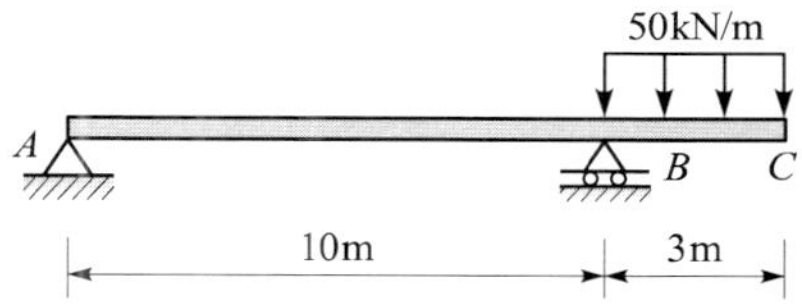

17.4

전단력도와 휨모멘트도를 그리시오.($EI=$ 일정)

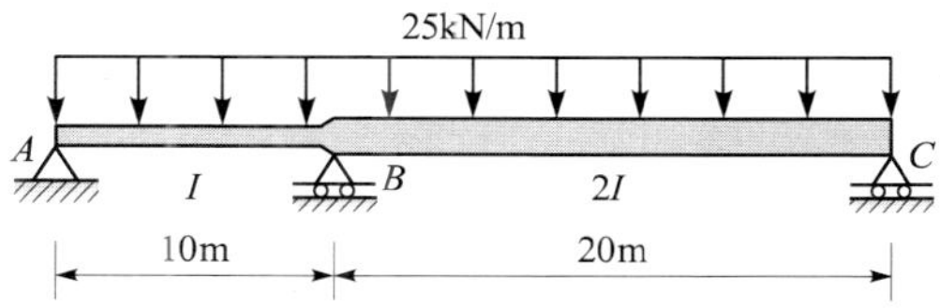

17.5

문제 17.4에서 B점에 2cm의 지점침하가 발생했을 때 전단력도와 휨모멘트를 그리시오. ($E=205\text{GPa}$, $I=4(10^9)\text{mm}^4$)

[17.6～17.8] 다음 구조물의 전단력도와 휨모멘트도를 그리시오.

17.6

$EI=$ 일정

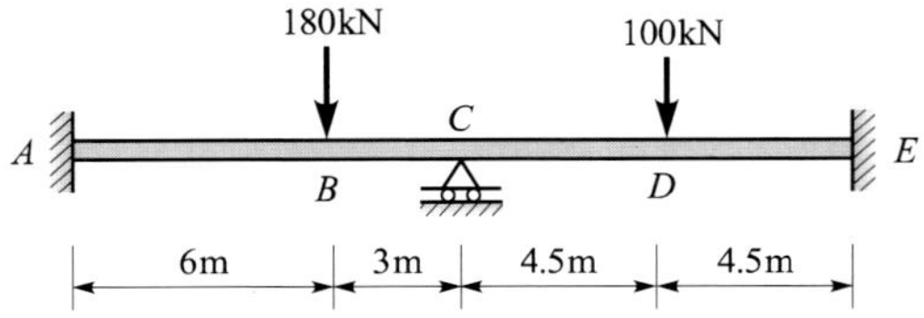

17.7

$EI=$ 일정

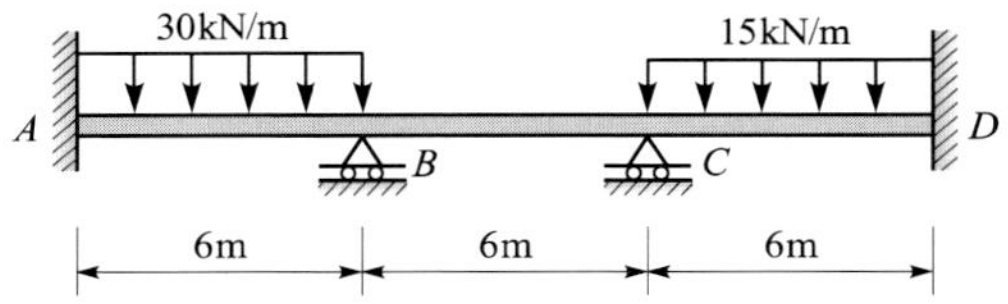

17.8

$EI=$ 일정

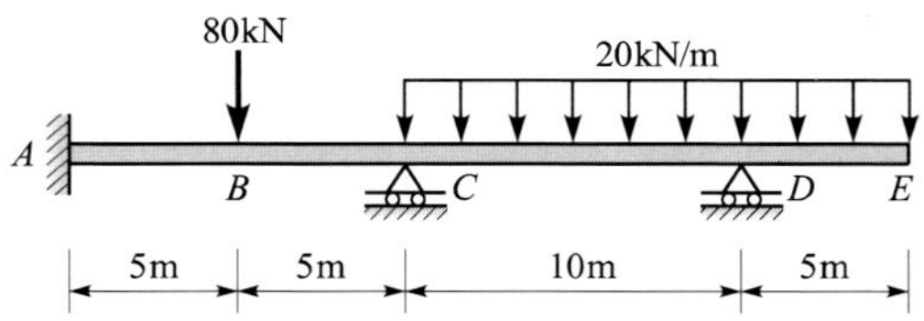

17.9

점 B에서 스프링의 처짐과 기울기를 구하시오.

$(EI=3.0\times10^4\text{kN}\cdot\text{m}^2,\ K=\dfrac{EI}{300})$

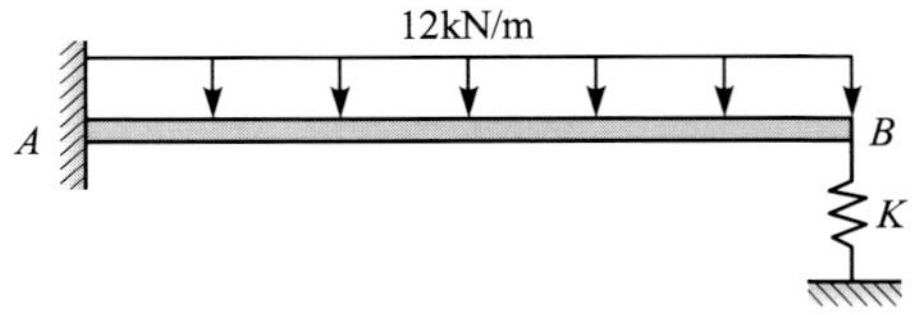

[17.10~17.18] 다음 각 문제에 주어진 구조물의 전단력도와 휨모멘트도를 그리시오.

17.10

$EI=$ 일정

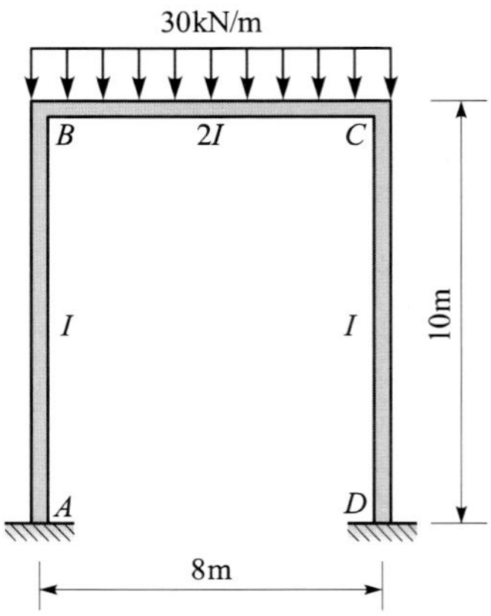

17.11

$EI=$ 일정

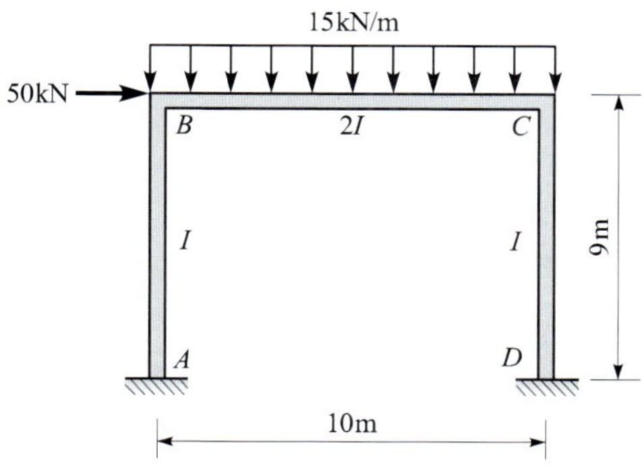

17.12

$EI=$ 일정

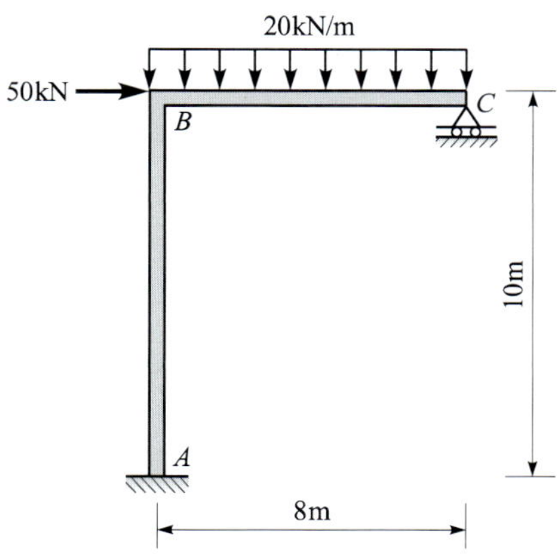

17.13

$EI=$ 일정

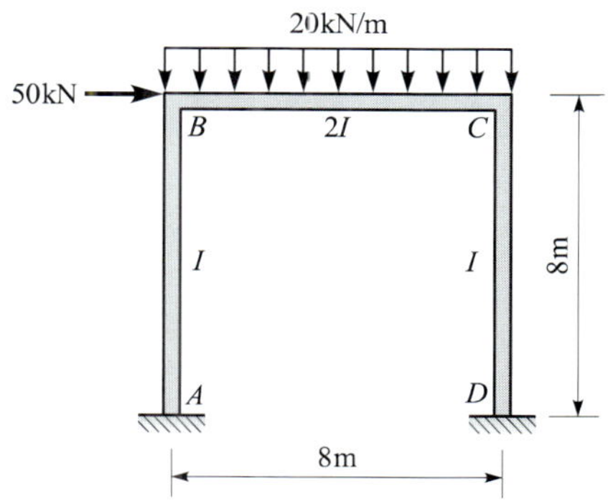

17.14

$EI=$ 일정

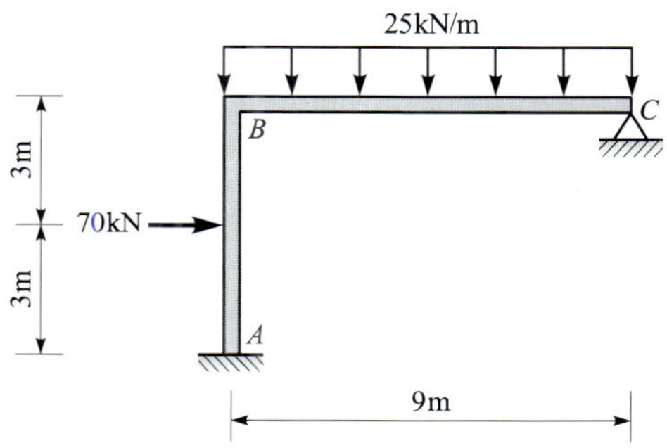

17.15

$EI=$ 일정

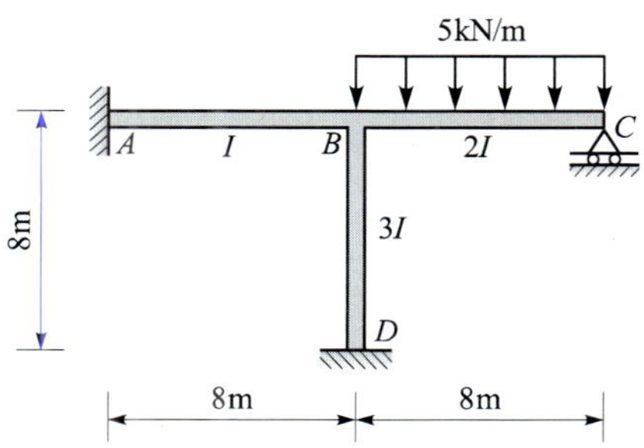

17.16

$EI=$ 일정

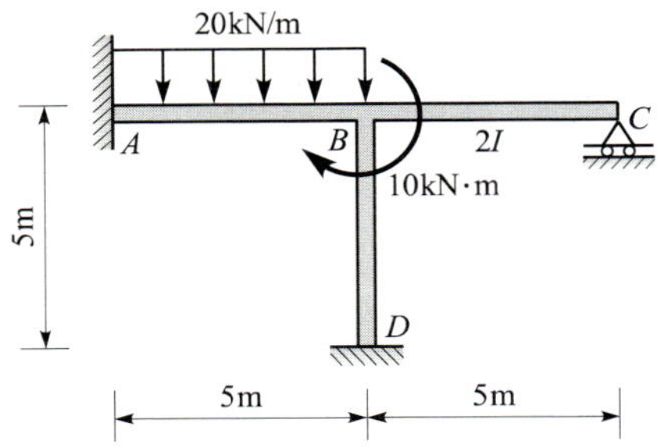

17.17

$EI=$ 일정

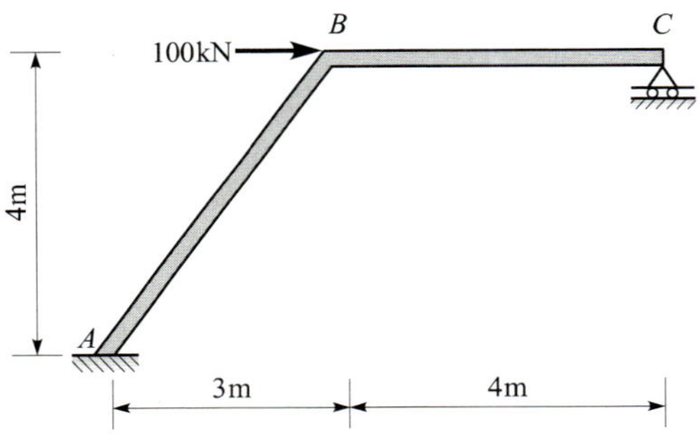

17.18

$EI=$ 일정

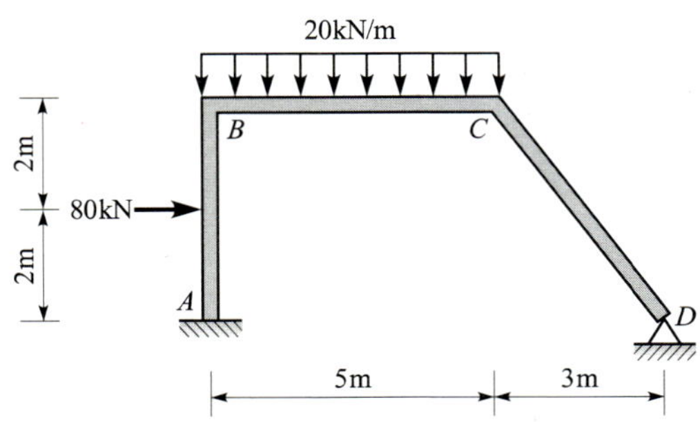

[17.19~17.28] 처짐각법을 이용하여 다음 문제에 주어진 구조물을 해석하시오.

17.19

$EI=$ 일정

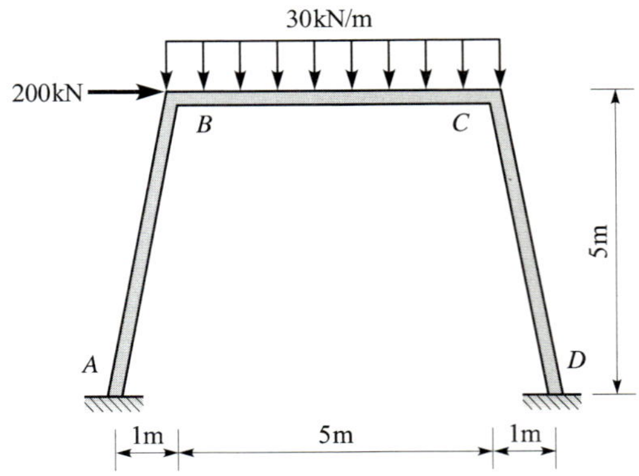

17.20

$EI=$ 일정

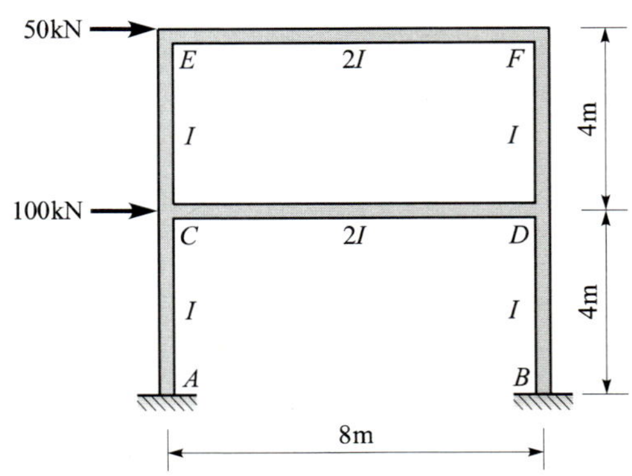

17.21

$EI =$ 일정

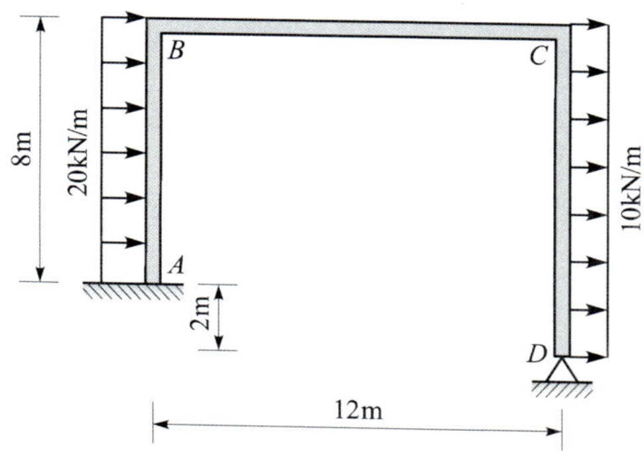

17.22

$EI =$ 일정

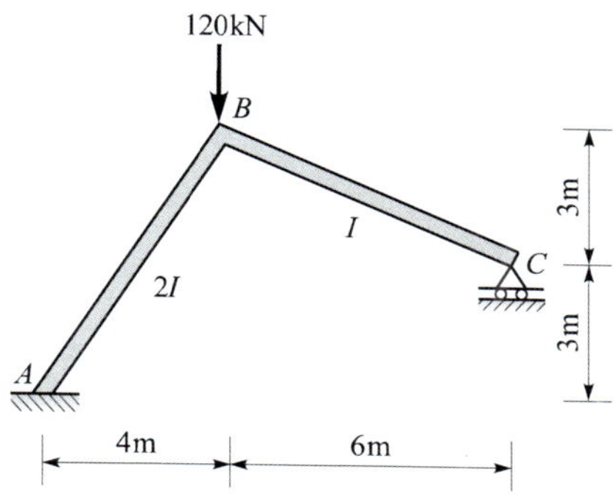

17.23

$EI =$ 일정

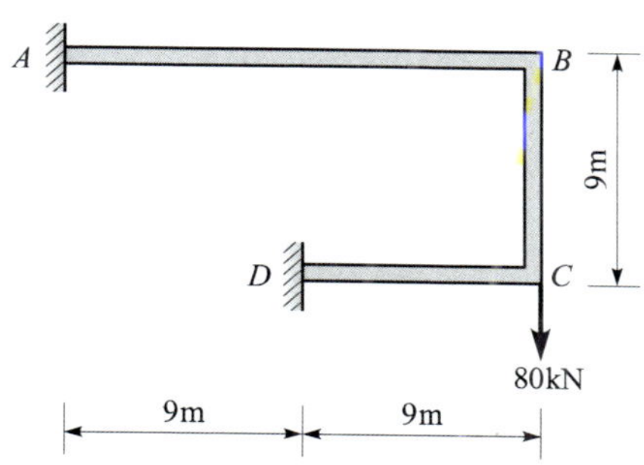

17.24

$EI =$ 일정

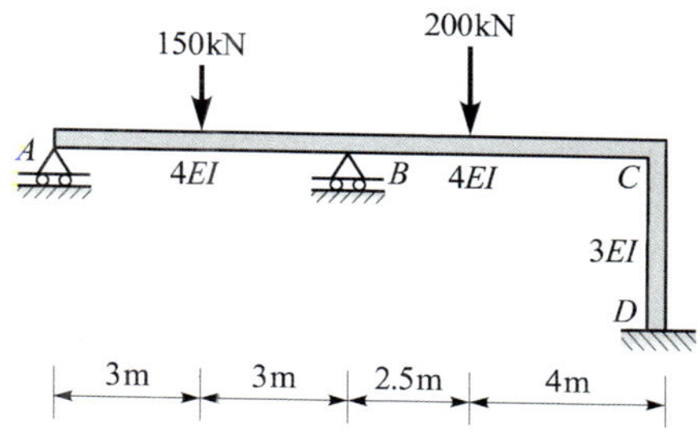

17.25

$EI =$ 일정

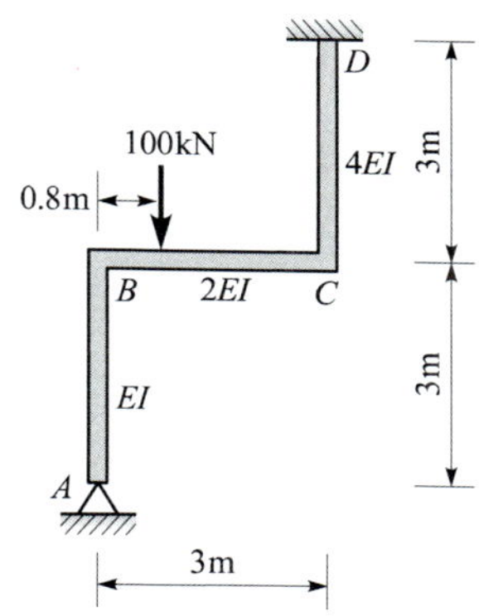

17.26

$EI=$일정

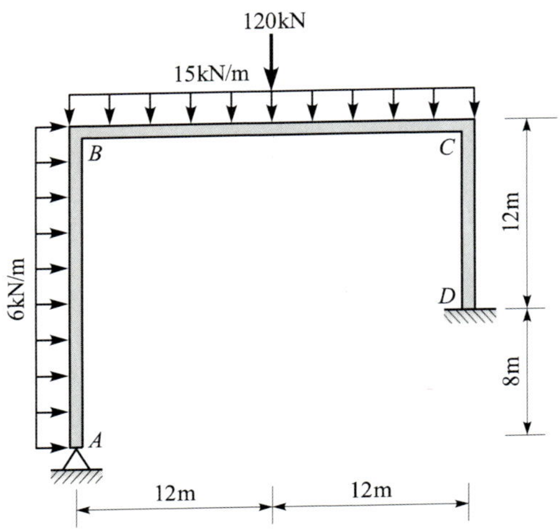

17.27

$EI=$일정

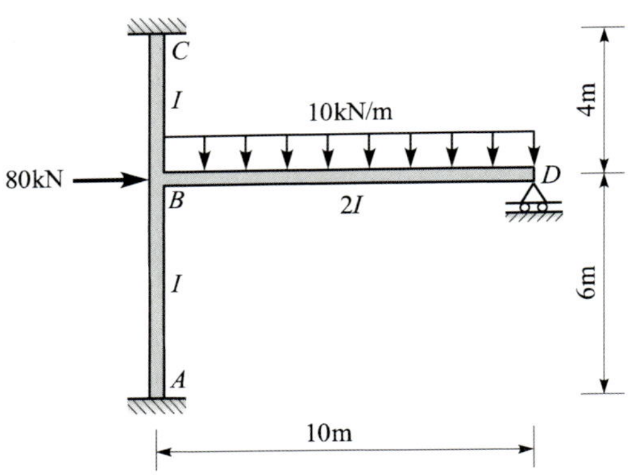

17.28

$EI=$일정

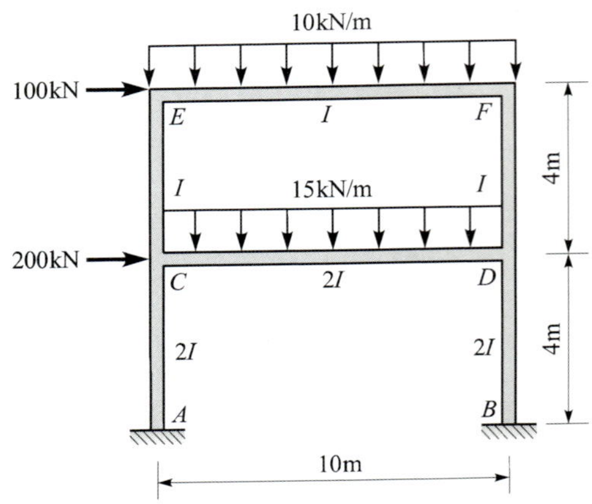

CHAPTER 18

모멘트분배법

모멘트분배법(moment distribution method)은 1932년에 미국의 Hardy Cross가 고안해 낸 방법으로 강절 뼈대구조물의 휨모멘트를 축차적 반복법에 의하여 근사적으로 구해가는 방법이다. 응력법이나 처짐각법은 미지수를 풀기 위하여 연립방정식을 풀어야 하는 어려운 점이 있으나, 모멘트분배법은 단순한 계산을 몇 번 반복함으로서 구하고자 하는 재단모멘트의 근사적인 값을 얻을 수 있다. 이러한 모멘트분배법은 전자계산기가 발달하기 전까지 강절 뼈대구조물의 해석에 가장 효과적으로 적용시킬 수 있는 방법이었다.

그러나 현재까지도 많은 설계자들이 소형 구조물의 해석에 모멘트분배법을 사용하고 있을 뿐 아니라 전자계산기를 사용하여 해석한 결과를 검증하는 데 사용하기도 한다.

우선, 모멘트분배법을 적용시키는데 필요한 기본 식들을 유도하고 기본개념을 전개하기로 한다. 그 다음에 연속보, 횡방향 변위가 없는 라멘 및 횡방향 변위가 있는 라멘을 모멘트분배법을 적용시켜 해석한 예들을 들기로 한다.

18.1 부호규약 및 정의

모멘트분배법을 설명하기 전에 필요한 부호규약과 몇 가지 용어에 대한 정의를 한다.

(1) 부호규약

모멘트분배법에서도 처짐각법에서 사용한 부호규약을 그대로 사용한다. 즉, 시계방향의 재단모멘트와 회전각을 양(+)으로 정의한다.

(2) 휨강성도 또는 강성도계수

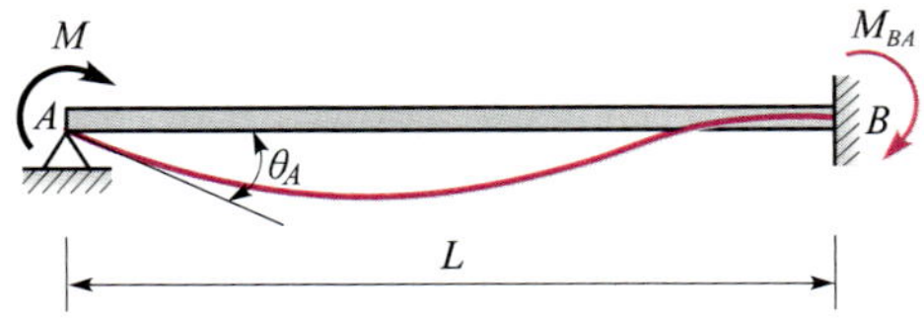

그림 18.1

그림 18.1과 같이 A단이 힌지이고 B단이 고정지점인 보를 예로 든다. A단에 모멘트 M을 가하면 힌지지점인 A단은 θ_A만큼 회전하고, 고정단인 B점에는 모멘트 M_{BA}가 발생된다. 여기서, A지점을 근단(近端), B지점을 원단(遠端)이라 한다. M과 θ_A 사이의 관계는 처짐각방정식으로부터 직접 유도할 수 있다.

$$M = \frac{2EI}{L}(2\theta_A) = \left(\frac{4EI}{L}\right)\theta_A \tag{18.1}$$

부재의 휨강성도(bending stiffness) K_{AB}는 부재의 한쪽 힌지단인 A단이 단위 회전각만큼 회전하는데 필요한 작용 모멘트로 정의된다. 즉, 휨강성도는 위의 식에서 $\theta_A = 1$인 경우의 M값으로서 식 (18.2)로 나타낼 수 있다.

$$K_{AB} = \frac{4EI}{L} \tag{18.2}$$

부재의 휨강성도 K_{AB}를 회전강성도(rotational stiffness) 또는 강성도계수라고도 한다.

(3) 전달률

그림 18.1에서 힌지단인 A점에 모멘트 M을 가하면 고정단인 B점에는 모멘트 M_{BA}가 전달된다. 이러한 M_{BA}를 전달모멘트(carry-over moment)라 하고, 그 값은 다음과 같이 처짐각방정식으로부터 유도할 수 있다.

$$M_{BA} = \left(\frac{2EI}{L}\right)\theta_A \tag{18.3}$$

식 (18.3)을 식 (18.1)과 비교하면 A단에 작용시킨 작용모멘트 M과 B단으로 전달된 모멘트 M_{BA}의 관계는 식 (18.4)와 같다.

$$M_{BA} = \frac{1}{2}M \tag{18.4}$$

근단인 힌지지점에 모멘트 M이 작용하면 원단이 고정단인 경우에는 원단으로 작용모멘트 M의 1/2이 전달된다. 이와 같은 전달모멘트와 작용 모멘트와의 비율 M_{BA}/M을 전달율(carry-over factor)이라 한다.

(4) 분배율

그림 18.2와 같이 3개의 부재로 구성된 프레임을 고려한다. 모멘트 M을 B절점에 가하면 B절점은 θ_B만큼 회전한다. 작용모멘트 M은 3개의 부재 BA, BC, BD에 의해 지지된다. 절점 B의 자유물체도를 그려서 모멘트에 관한 평형조건을 고려하면 다음과 같다.

$$\sum M_B = M - M_{BA} - M_{BC} - M_{BD} = 0 \text{에서}$$

$$M = M_{BA} + M_{BC} + M_{BD} \tag{18.5}$$

절점 B가 강절이므로 BA, BC 및 BD부재의 B단에서의 회전각 θ_B는 모두 같다. 또한, 절점 B의 회전으로 각 부재의 B단에서 발생되는 재단모멘트는 절점 회전각 θ_B를 사용하여 식 (18.6a), 식 (18.6b), 식 (18.6c)와 같이 나타낼 수 있다.

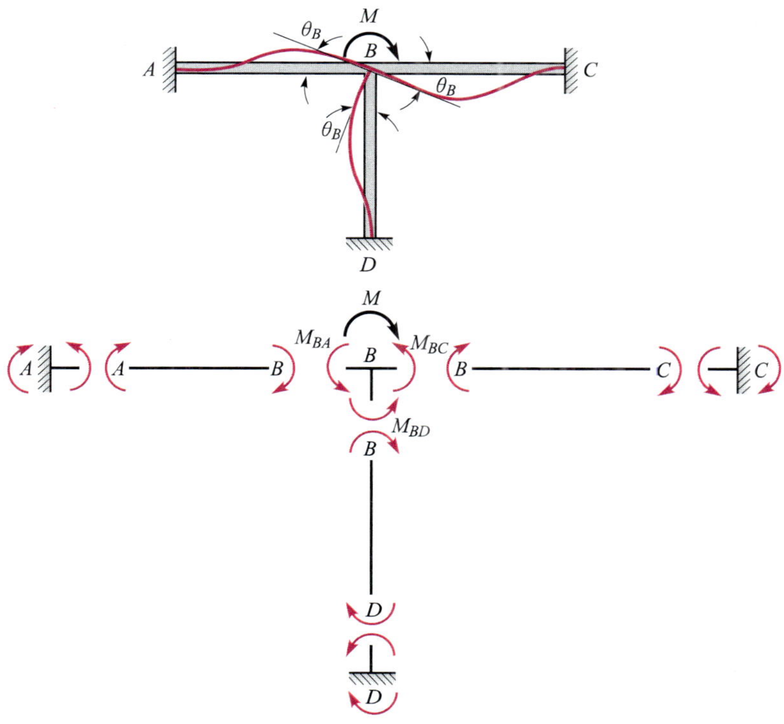

그림 18.2

$$M_{BA} = \left(\frac{4EI}{L}\right)_{BA} \cdot \theta_B = K_{AB} \cdot \theta_B \tag{18.6a}$$

$$M_{BC} = \left(\frac{4EI}{L}\right)_{BC} \cdot \theta_B = K_{BC} \cdot \theta_B \tag{18.6b}$$

$$M_{BD} = \left(\frac{4EI}{L}\right)_{BD} \cdot \theta_B = K_{BD} \cdot \theta_B \tag{18.6c}$$

식 (18.6a), 식 (18.6b), 식 (18.6c)를 식 (18.5)에 대입하면 식 (18.7)과 같다.

$$M = (K_{BA} + K_{BC} + K_{BD}) \cdot \theta_B = \Sigma K_B \cdot \theta_B \tag{18.7}$$

여기서, ΣK_B는 절점 B에 모이는 모든 부재의 휨강성도의 합이다.

식 (18.7)을 θ_B에 대해 나타내면 식 (18.8)과 같다.

$$\theta_B = \frac{M}{\Sigma K_B} \tag{18.8}$$

식 (18.8)을 식 (18.6)에 각각 대입하면 각 부재의 재단모멘트를 식 (18.9a), 식 (18.9b), 식 (18.9c)와 같이 나타낼 수 있다.

$$M_{BA} = \frac{K_{BA}}{\Sigma K_B} M = DF_{BA} \cdot M \tag{18.9a}$$

$$M_{BC} = \frac{K_{BC}}{\Sigma K_B} M = DF_{BC} \cdot M \tag{18.9b}$$

$$M_{BD} = \frac{K_{BD}}{\Sigma K_B} M = DF_{BD} \cdot M \tag{18.9c}$$

여기서, DF_{BA}, DF_{BC} 및 DF_{BD}는 분배율(distribution factor)로서 식 (18.10a), 식 (18.10b), 식 (18.10c)로 정의된다.

$$DF_{BA} = K_{BA} / \Sigma K_B \tag{18.10a}$$

$$DF_{BC} = K_{BC} / \Sigma K_B \tag{18.10b}$$

$$DF_{BD} = K_{BD} / \Sigma K_B \tag{18.10c}$$

즉, 한 절점에서 어느 부재의 분배율은 그 부재의 휨강성도를 절점에 모이는 모든 부재 휨강성도의 합으로 나눈 값이다. 따라서 그 절점에 모이는 모든 부재 분배율이 합은 1.0이 된다.

(5) 고정단모멘트

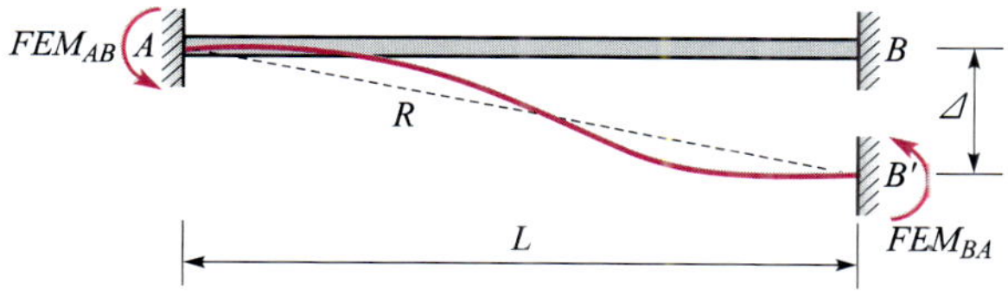

그림 18.3

양단이 고정된 보에 하중이 작용하는 경우에 고정단에 발생되는 모멘트를 고정단모멘트 (fixed end moment)라 한다. 이러한 하중에 의한 고정단모멘트 이외에 양단 고정보에서 지점침하나 횡방향 변위로 인한 절점 이동에 의해 양단에 고정단모멘트가 발생될 수 있다.

이 경우에 보의 현 AB는 시계방향으로 $R = \Delta/L$만큼 회전한다. 재단모멘트에 관한 처짐각방정식을 사용하면 양단에 발생되는 고정단모멘트를 식 (18.11)과 같이 구할 수 있다.

$$FEM_{AB} = FEM_{BA} = (-)\frac{6EI}{L^2}\Delta = (-)\frac{6EI}{L}R \tag{18.11}$$

식 (18.11)에서 절점 이동으로 인하여 부재가 회전하는 경우에 부재의 양단에 발생되는 고정단모멘트의 방향은 서로 같은 것을 알 수 있다.

(6) 수정 휨강성도

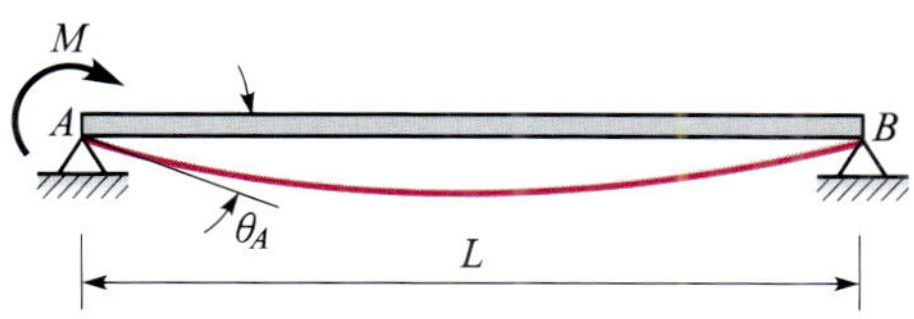

그림 18.4

그림 18.4와 같이 원단이 힌지지점인 경우 모멘트 M과 회전각 θ_A 사이의 관계를 모멘트 면적법을 사용하여 구하면 식 (18.12)와 같다.

$$M = \left(\frac{3EI}{L}\right)_{AB} \cdot \theta_A = K^R_{AB} \cdot \theta_A \tag{18.12}$$

여기서, K^R_{AB}은 원단이 힌지지점인 경우의 휨강성도로서 식 (18.13)과 같다.

$$K^R_{AB} = \left(\frac{3EI}{L}\right)_{AB} = \frac{3}{4}K_{AB} \tag{18.13}$$

즉, 원단이 힌지지점인 경우의 휨강성도는 원단이 고정단인 경우의 휨강성도의 3/4이다. 따라서 어느 절점에서 모멘트를 분배하는 경우 원단이 힌지이면 분배율을 계산할 때 원단이 고정단인 부재 휨강성도의 3/4를 취하면 된다. 이러한 수정 휨강성도를 사용하면 원단의 모멘트가 영이므로 원단으로 모멘트를 전달시키지 않아도 된다.

18.2 모멘트분배법의 기본 개념

우선, 모든 회전 가능한 절점을 가상의 클램프(clamp)로 구속하여 회전이 되지 않도록 한다. 이러한 가상의 고정 구조물에 원래의 하중을 작용시켜 고정 지점에 발생하는 고정단모멘트를 계산한다. 회전 가능한 각 절점에서 이러한 고정단모멘트의 합은 일반적으로 영이 아니다. 따라서 구속된 회전 가능한 절점에서는 절점을 구속시키기 위한 모멘트 즉, 불균형모멘트(unbalanced moment)가 필요하다. 이러한 구속된 회전 가능한 절점들 중에서 한 절점만 이완(release)시키고, 나머지 절점들은 고정 상태로 두는 과정을 회전 가능한 모든 절점에 대해 반복하여 회전 가능한 모든 절점에서의 모멘트가 균형을 이루도록 할 수 있다. 이러한 과정을 좀 더 자세히 설명하면 다음과 같다.

모든 절점이 고정된 상태에서 모멘트가 균형을 이루지 못한 회전 가능한 하나의 절점을 선택하여 불균형모멘트를 계산한 후 이 절점을 이완시킨다. 그러면, 이 절점은 불균형모멘트 때문에 회전을 한 후에 평형상태가 된다. 이러한 절점의 회전으로 인해 절점에 연결된 부재에는 재단모멘트가 발생된다. 이러한 재단모멘트를 분배모멘트(distributed moment)라 하고, 그 값은 불균형모멘트의 부호와 반대로 한 후 각 부재의 분배율을 곱하여 구할 수 있다. 분배모멘트에 의해 부재에 휨이 발생되면, 부재의 원단에는 전달모멘트가 발생된다. 전달모멘트의 값은 분배모멘트에 전달률을 곱하여 구할 수 있다.

이와 같이 이완시킨 절점의 모멘트가 평형을 이루면 절점을 다시 구속시킨다. 다음에는 또 다른 회전 가능한 하나의 절점을 택하여 이완시켜 평형상태로 만든 다음에 다시 구속시킨다. 이러한 과정을 계속하여 모든 절점에서의 불균형모멘트가 허용범위 내에 들 때까지 반복한다. 최종 재단모멘트는 고정단모멘트, 분배모멘트 및 전달모멘트의 대수합을 계산하여 구한다. 각 절점에서의 불균형모멘트를 분배하여 재단모멘트를 구하는 이러한 과정을 모멘트분배 과정이라 한다. 재단모멘트를 구한 후에는 재단 전단력, 부재축력, 지점반력 등을 쉽게 구할 수 있다. 모멘트분배 과정을 통해서 재단모멘트를 구하는 방법은 예제에서 좀 더 자세히 설명하기로 한다.

모멘트분배법으로 부정정구조물을 해석하는 과정을 요약하면 다음과 같다.

(1) 모든 절점을 고정시킨 후 고정단모멘트를 계산한다.
(2) 회전 가능한 하나의 절점을 이완시킨다. 따라서 이 절점에 모이는 각 부재에는 분배모멘트가 발생되고, 고정되어 있는 인접 절점에 전달모멘트를 발생시킨다.
(3) 이완되어 평형을 이룬 절점을 회전된 상태에서 다시 고정시킨다.
(4) 또 다른 회전 가능한 절점을 선택하여 이완시켜 평형을 이룬 후 다시 고정시킨다.
(5) 회전 가능한 각 절점에 대하여 위의 과정을 반복한다.
(6) (1)~(5)번 과정을 고정된 인접 절점에 전달되는 모멘트가 허용범위에 들 때까지 반복한다.

예제 18.1 예제 그림 18.1(a)와 같은 2경간 연속보를 모멘트분배법으로 해석하라. 단, EI는 일정하다.

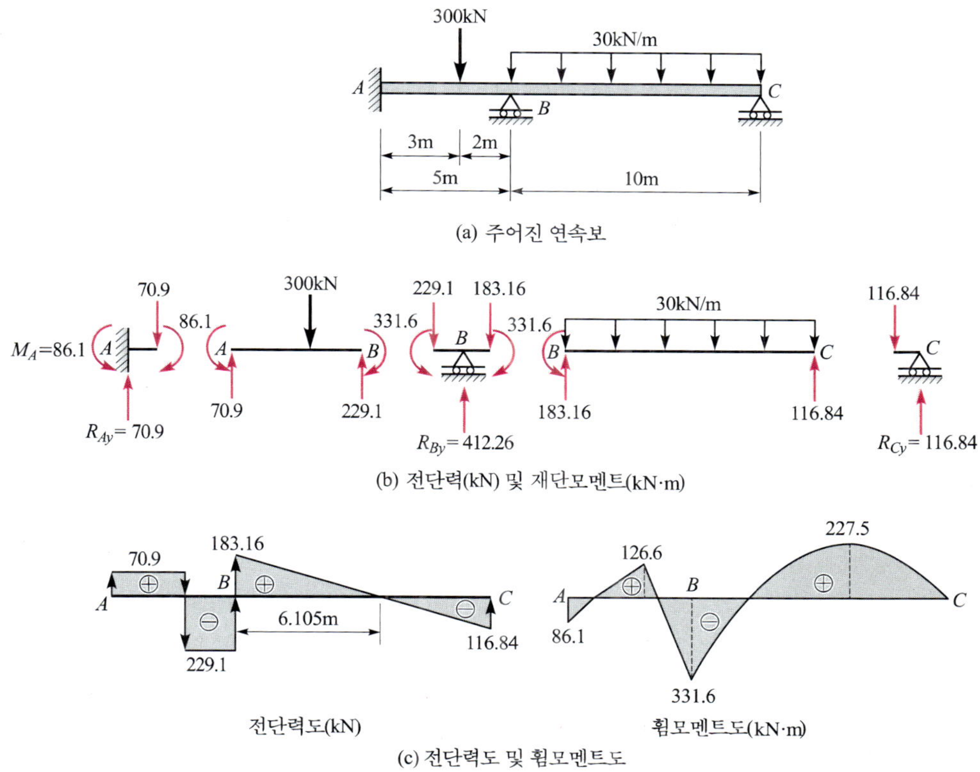

(a) 주어진 연속보

(b) 전단력(kN) 및 재단모멘트(kN·m)

(c) 전단력도 및 휨모멘트도

예제 그림 18.1

먼저, 모든 절점을 구속시키고 작용하중에 의한 고정단모멘트를 구하면 다음과 같다.

$$FEM_{AB}=(-)\frac{Pab^2}{L^2}=(-)\frac{300.0\times3\times2^2}{5^2}=(-)144.0\,\text{kN}\cdot\text{m}$$

$$FEM_{BA}=\frac{Pa^2b}{L^2}=\frac{300.0\times3^2\times2}{5^2}=(+)216.0\,\text{kN}\cdot\text{m}$$

$$FEM_{BC}=(-)\frac{\omega L^2}{12}=(-)\frac{30.0\times10^2}{12}=(-)250.0\,\text{kN}\cdot\text{m}$$

$$FEM_{CB}=\frac{\omega L^2}{12}=\frac{30.0\times10^2}{12}=(+)250.0\,\text{kN}\cdot\text{m}$$

다음으로 각 부재의 휨강성도를 계산하면 다음과 같다.

$$K_{AB}=\frac{4EI}{L}=\frac{4EI}{5}=0.8EI$$

$$K_{BC}=\frac{4EI}{L}=\frac{4EI}{10}=0.4EI$$

위에서 구한 휨강성도를 사용하여 분배율을 계산하면 다음과 같다.

$$DF_{BA}=\frac{K_{BA}}{\Sigma K_B}=\frac{0.8EI}{(0.8EI+0.4EI)}=0.667$$

$$DF_{BC}=\frac{K_{BC}}{\Sigma K_B}=\frac{0.4EI}{(0.8EI+0.4EI)}=0.333$$

$$DF_{CB}=\frac{K_{BC}}{\Sigma K_C}=\frac{0.4EI}{0.4EI}=1.0$$

위에서 계산된 고정단모멘트와 분배율을 사용하여 모멘트 분배를 하는 과정을 나타내면 다음과 같다.

분배율			0.667	0.333		1.0
부재	*AB*		*BA*	*BC*		*CB*
FEM	−144.0		+216.0	−250.0		+250.0
				−125.0	←	−250.0
	+53.0	←	+106.0	+53.0	→	+26.5
				−13.3	←	−26.5
	+4.5	←	+8.9	+4.4	→	+2.2
				−1.1	←	−2.2
	+0.4	←	+0.7	+0.4		
ΣM	−86.1		+331.6	−331.6		0.0

위의 모멘트 분배표에 나타낸 바와 같이 회전이 가능한 절점 B와 C에 분배율을 기입한다. 절점 A는 고정단이므로 오직 전달되어 온 전달모멘트를 받기만 하고, 모멘트 분배는 이루어지지

않는다. 작용하중에 의한 고정단모멘트 값을 각 구조부재의 선 아래에 적는다. 이러한 고정단모멘트 값은 절점 B와 절점 C를 임시로 고정시켰을 때 부재의 재단에 생기는 모멘트이다. 회전이 가능한 절점 B를 고정시키는데 필요한 불균형모멘트는 $216.0-250.0=(-)34.0\,\mathrm{kN\cdot m}$이고, 절점 C를 고정시키는데 필요한 불균형모멘트는 $(+)250.0\,\mathrm{kN\cdot m}$이다.

회전이 가능한 절점 B와 C 중에서 어느 절점을 먼저 이완시켜도 관계는 없으나, 불균형모멘트의 절대치가 큰 절점을 먼저 이완시키는 것이 수렴 속도가 빠르다. 따라서 절점 C에서의 불균형모멘트의 절대치가 크므로 이 점을 먼저 이완시켜서 불균형모멘트가 영이 되게 한다. 여기서, 절점 C를 이완시킨다는 것은 절점 C가 자유로이 회전하도록 하는 것으로서, 불균형모멘트와 크기가 같고 부호가 반대인 $(-)250.0\,\mathrm{kN\cdot m}$를 절점 C점에 작용시켜 C점에서의 모멘트가 평형을 이루게 만드는 것을 말한다. 불균형모멘트의 반대 부호를 취한 값인 $(-)250.0\,\mathrm{kN\cdot m}$에 분배율 1.0을 곱하면 BC부재 C단의 분배모멘트는 $(-)250.0\,\mathrm{kN\cdot m}$이다. 모멘트 분배표에서 화살표로 나타낸 것은 C점에서 원단인 B점으로 분배모멘트의 절반인 $(-)125.0\,\mathrm{kN\cdot m}$의 모멘트가 전달됨을 나타낸다. 전달이 끝났음을 나타내기 위하여 분배모멘트 밑에 선을 긋는다. 이 상태에서 절점 C는 모멘트가 평형상태에 있으므로 다시 고정시킨다.

다음으로 회전이 가능한 절점 B를 이완시키고 나머지 절점을 모두 구속시키면, 절점 B에는 고정단모멘트와 C점에서 전달된 전달모멘트에 의해 $216.0-250.0-125.0=(-)159.0\,\mathrm{kN\cdot m}$의 불균형모멘트가 발생된다. 불균형모멘트의 반대 부호를 취한 값인 $(+)159.0\,\mathrm{kN\cdot m}$에 AB부재와 BC부재의 분배율인 $DF_{BA}=0.667$과 $DF_{BC}=0.333$을 각각 곱하면 AB부재 B단과 BC부재 B단의 분배모멘트는 각각 $(+)106.0\,\mathrm{kN\cdot m}$와 $(+)53.0\,\mathrm{kN\cdot m}$이다. 다음으로 분배모멘트의 절반인 $(+)53.0\,\mathrm{kN\cdot m}$와 $(+)26.5\,\mathrm{kN\cdot m}$의 모멘트가 각각 원단인 A단과 C으로 전달된다. 전달이 끝났음을 나타내기 위하여 분배모멘트 밑에 선을 긋는다. 이 상태에서 절점 C는 모멘트가 평형상태에 있으므로 다시 고정시킨다.

B에서 A단으로 전달된 모멘트 $(+)53.0\,\mathrm{kN\cdot m}$는 고정단 A점에 흡수되고, B단에서 C단으로 전달된 모멘트 $(+)26.5\,\mathrm{kN\cdot m}$는 C단에 다시 불균형모멘트를 발생시킨다. 이 때 다시 C단을 이완시키고 나머지 절점을 고정시킨다.

이러한 과정을 분배모멘트가 처음에 계산된 고정단모멘트에 비하여 충분히 작아질 때까지 반복한다. 이러한 반복과정을 중지했을 때에는 분배모멘트를 고정시킨 절점으로 전달시키지 말아야 한다. 이러한 순환과정을 완전히 끝낸 다음에는 다시 밑줄을 긋고, 그 위의 값들의 대수적인 합을 구하여 그 아래에 적는다. 이 값들은 각 부재의 재단모멘트를 나타낸다.

나머지 반력들은 예제 그림 18.1(b)에서 재단모멘트를 사용하여 계산할 수 있고, 전단력도와 휨모멘트도는 예제 그림 18.1(c)에 나타내었다.

예제 18.2 앞의 [예제 18.1]을 수정 휨강성도를 사용하여 풀어라.

먼저, 모든 절점을 구속시키고 작용하중에 의한 고정단모멘트는 [예제 18.1]에서 구한 값과 같고, 휨강성도는 C점이 힌지 지점임을 감안하여 수정 휨강성도를 사용하여 구하면 다음과 같다.

$$K_{AB}=\frac{4EI}{L}=\frac{4EI}{5}=0.8EI$$

$$K_{BC}^{R}=\left(\frac{3}{4}\right)\left(\frac{4EI}{L}\right)=\left(\frac{3}{4}\right)\left(\frac{4EI}{10}\right)=0.3EI$$

위에서 구한 수정 휨강성도를 사용하여 분배율을 계산하면 다음과 같다.

$$DF_{BA}=\frac{K_{BA}}{\Sigma K_B}=\frac{0.8EI}{(0.8EI+0.3EI)}=0.727$$

$$DF_{BC}=\frac{K_{BC}}{\Sigma K_B}=\frac{0.3EI}{(0.8EI+0.3EI)}=0.273$$

$$DF_{CB}=\frac{K_{BC}}{\Sigma K_C}=\frac{0.3EI}{0.3EI}=1.0$$

위에서 계산된 고정단모멘트와 분배율을 사용하여 모멘트 분배를 하는 과정을 나타내면 다음과 같다.

분배율			0.727	0.273		1.0
부재	*AB*		*BA*	*BC*		*CB*
FEM	−144.0		+216.0	−250.0		+250.0
				−125.0	←	−250.0
	+57.8	←	+115.6	+43.4		
ΣM	−86.2		+331.6	−331.6		0.0

앞의 [예제 18.1]에서와 같이 불균형모멘트가 가장 큰 C 절점을 이완시키고 불균형모멘트의 반대 부호를 취한 값인 (−)250.0 kN · m 에 분배율 $DF_{CB}=1.0$을 곱하면 BC부재의 C단에 모두 분배되고, 그 절반인 (−)125.0 kN · m 이 원단인 B 절점으로 전달된다. 그 다음에 앞의 예제에서는 절점 C를 다시 고정시켰으나, BC 부재의 수정 휨강성도를 사용한 경우에는 C 절점을 힌지 상태로 두고 절점 B를 이완시켜야 함을 명심하기 바란다.

다음으로 절점 B의 불균형모멘트의 반대 부호를 취한 값인 (+)159.0 kN · m 에 AB부재와 BC부재의 분배율인 $DF_{BA}=0.727$과 $DF_{BC}=0.273$을 각각 곱하면 AB부재 B단과 BC부재 B단의 분배모멘트는 각각 (+)115.6 kN · m와 (+)43.4 kN · m이다. AB부재 B단의 분배모멘트인 (+)115.6 kN · m 의 절반인 (+)57.8 kN · m은 고정단 A로 전달되어 흡수되고, 수정 휨강성도를 사용하여 절점 C가 힌지 상태에 있으므로 B단에서 C단으로 모멘트를 전달하지 않아야 한다. 이러한 순환과정을 완전히 끝낸 다음에는 다시 밑줄을 긋고, 그 위의 값들의 대수적인 합을 구하여 그 아래에 적는다. 이 값들은 각 부재의 재단모멘트를 나타낸다.

이상에서 보는 바와 수정 휨강성도를 사용하면 절점 B에서 힌지 지점 C로 모멘트 전달이 없으므로 그만큼 계산량이 감소되고 수렴 속도가 매우 빠름을 알 수 있다.

예제 18.3

다음 예제 그림 18.3(a)와 같은 보를 모멘트분배법으로 해석하라. 단 EI는 일정하다.

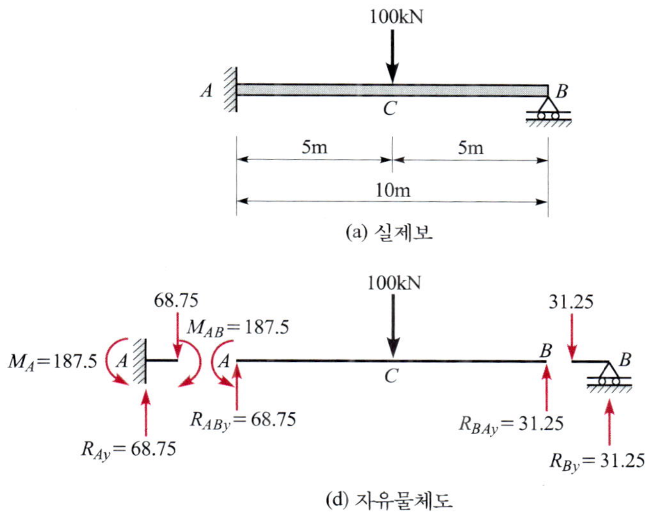

예제 그림 18.3

먼저, 모든 절점을 구속시키고 작용하중에 의한 고정단모멘트를 구하면 다음과 같다.

$$FEM_{AB} = (-P)(L)/(8) = (-100.0)(10)/(8) = (-)125.0\,\text{kN}\cdot\text{m}$$
$$FEM_{BA} = (P)(L)/(8) = (100.0)(10)/(8) = (+)125.0\,\text{kN}\cdot\text{m}$$

본 예제에서는 부재가 하나이므로 휨강성도의 계산이 필요하지 않고, 분배율은 부재가 하나이므로 다음과 같다.

$$DF_{BA} = \frac{K_{BA}}{\Sigma K_B} = 1.0$$

위에서 계산된 고정단모멘트와 분배율을 사용하여 모멘트 분배를 하는 과정을 나타내면 다음과 같다.

분배율			1.0
부재	*AB*		*BA*
FEM	−125.0 −62.5	←	+125.0 −125.0
$\sum M$	−187.5		0.0

회전이 가능한 절점은 B절점뿐이므로 절점 B를 이완시키고 불균형모멘트의 반대 부호를 취한 값인 (−)125.0kN · m에 분배율인 $DF_{BC}=1.0$을 곱하면 AB부재 B단의 분배모멘트는 (−)125.0kN · m이다. 다음으로 분배모멘트의 절반인 (−)62.5kN · m의 전달모멘트가 원단인 A단으로 전달되고 A단에 흡수된다. 따라서 모든 절점에서 불균형모멘트가 없이 모멘트가 평형상태에 있으므로 모멘트 분배가 끝나게 된다. 그러므로 재단모멘트 $M_{AB}=(-)187.5$kN · m이다.

반력의 계산은 정역학적 평형방정식을 이용하여 구하면 되고, 계산 결과를 [예제 14.1], [예제 15.1], [예제 16.1] 및 [예제 17.1]에서 구한 값과 비교하여 보기 바란다.

예제 18.4

예제 그림 18.4(a)와 같은 3경간 연속보를 모멘트분배법으로 해석하라. 단, E는 일정하다.

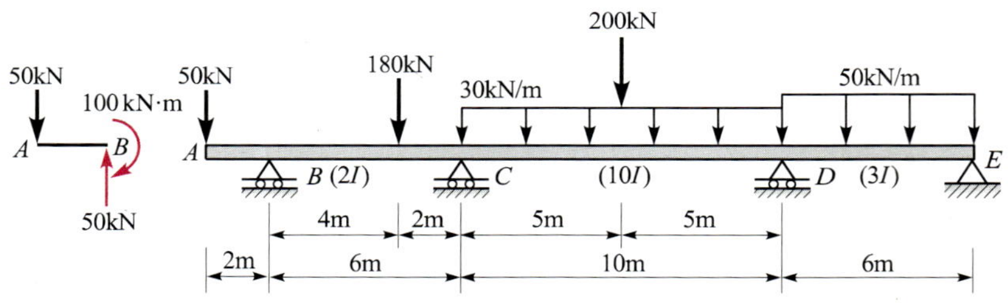

(a) 주어진 연속보

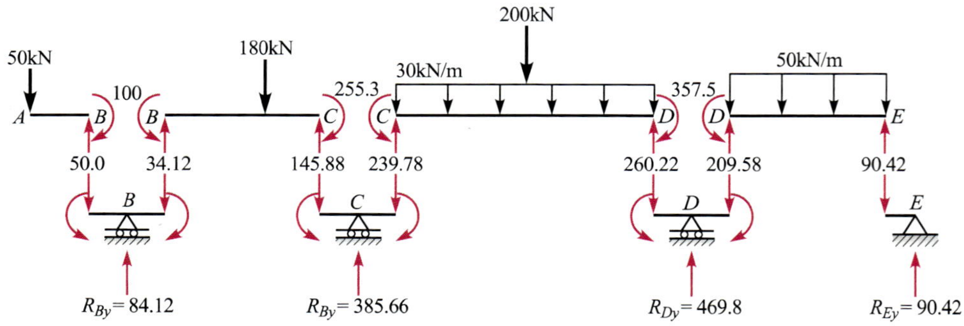

(b) 전단력(kN) 및 재단모멘트(kN·m)

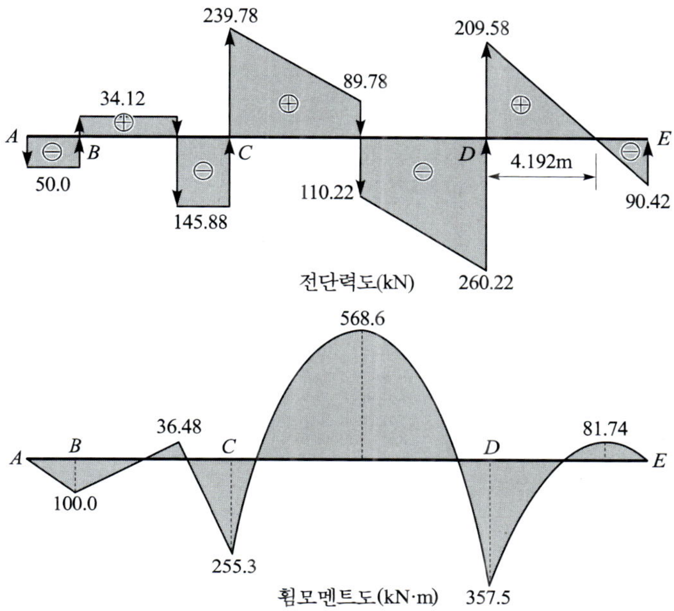

(c) 전단력도 및 휨모멘트도

예제 그림 18.4

먼저, 모든 절점을 구속시키고 작용하중에 의한 고정단모멘트를 구하면 다음과 같다.

$$FEM_{BA} = (50.0) \times 2.0 = (+)100.0\,\text{kN} \cdot \text{m} \text{ (캔틸레버 } AB\text{부분; 시계방향)}$$

$$FEM_{BC} = (-)\frac{Pab^2}{L^2} = (-)\frac{(180.0)(4)(2)^2}{(6)^2} = (-)80.0\,\text{kN} \cdot \text{m}$$

$$FEM_{CB} = (+)\frac{Pa^2b}{L^2} = (+)\frac{(180.0)(4)^2(2)}{(6)^2} = (+)160.0\,\text{kN} \cdot \text{m}$$

$$FEM_{CD} = (-)\frac{\omega L^2}{12} - \frac{PL}{8} = (-)\frac{(30.0)(10)^2}{12} - \frac{(200.0)(10)}{8} = (-)500.0\,\text{kN} \cdot \text{m}$$

$$FEM_{DC} = (+)\frac{\omega L^2}{12} + \frac{PL}{8} = (+)\frac{(30.0)(10)^2}{12} + \frac{(200.0)(10)}{8} = (+)500.0\,\text{kN} \cdot \text{m}$$

$$FEM_{DE} = (-)\frac{\omega L^2}{12} = (-)\frac{(50.0)(6)^2}{12} = (-)150.0\,\text{kN} \cdot \text{m}$$

$$FEM_{ED} = (+)\frac{\omega L^2}{12} = \frac{(50.0)(6)^2}{12} = (+)150.0\,\text{kN} \cdot \text{m}$$

휨강성도는 B와 E점이 외측 힌지 지점임을 감안하여 수정 휨강성도를 사용하여 구하면 다음과 같다.

$$K_{BC}^{R} = \left(\frac{4EI}{L}\right)\frac{3}{4} = \left(\frac{4E\,2I}{6}\right)\frac{3}{4} = 1.0EI$$

$$K_{CD} = \left(\frac{4EI}{L}\right) = \left(\frac{4E\,10I}{10}\right) = 4.0EI$$

$$K_{DE}^{R}=\left(\frac{4EI}{L}\right)\frac{3}{4}=\left(\frac{4E3I}{6}\right)\frac{3}{4}=1.5EI$$

위에서 구한 수정 휨강성도를 사용하여 분배율을 계산하면 다음과 같다.

$$DF_{BC}=\frac{K_{BC}^{R}}{\sum K_B}=\frac{1.0EI}{1.0EI}=1.0$$

$$DF_{CB}=\frac{K_{BC}^{R}}{\sum K_C}=\frac{1.0EI}{1.0EI+4.0EI}=0.200$$

$$DF_{CD}=\frac{K_{BC}^{R}}{\sum K_C}=\frac{4.0EI}{1.0EI+4.0EI}=0.800$$

$$DF_{DC}=\frac{K_{CD}}{\sum K_D}=\frac{4.0EI}{4.0EI+1.5EI}=0.727$$

$$DF_{DE}=\frac{K_{DE}^{R}}{\sum K_D}=\frac{1.5EI}{4.0EI+1.5EI}=0.273$$

$$DF_{ED}=\frac{K_{DE}^{R}}{\sum K_E}=\frac{1.5EI}{1.5EI}=1.00$$

위에서 계산된 고정단모멘트와 분배율을 사용하여 모멘트 분배를 하는 과정을 나타내면 다음과 같다.

분배율		1.0		0.20	0.80		0.727	0.273		1.0
부재	*BA*	*BC*		*CB*	*CD*		*DC*	*DE*		*ED*
FEM	+100.0	−80.0		+160.0	−500.0		+500.0	−150.0		+150.0
		−20.0	⟶	−10.0				−75.0	⟵	−150.0
				+70.0	+280.0	⟶	+140.0			
					−150.9	⟵	−301.7	−113.3		
				+30.2	+120.7	⟶	+60.4			
					−22.0	⟵	−43.9	−16.5		
				+4.4	+17.6	⟶	+8.8			
					−3.2	⟵	−6.4	−2.4		
				+0.6	+2.6	⟶	+1.3			
					−0.5	⟵	−1.0	−0.3		
				+0.1	+0.4					
$\sum M$	+100.0	−100.0		+255.3	−255.3		+357.5	−357.5		0.0

위의 모멘트 분배표에 나타낸 바와 같이 모든 절점에서 회전이 가능하므로 모든 절점에 분배율과 고정단모멘트를 기입한다. 외측 힌지 지점인 BC부재와 DE부재의 수정 휨강성도를 사용하였으므로 B점 또는 E점 중에서 어느 점을 먼저 이완시켜도 관계는 없으나 B점을 먼저 이완시키면 B점을 고정시키는데 필요한 불균형모멘트는 $100.0-80.0=(+)20.0$ kN · m 이므로 반대 부호를 취한 값인 $(-)20.0$ kN · m 에 분배율 1.0를 곱하면 BC부재 C단의 분배모멘트는 $(-)20.0$ kN · m 이다. 분배모멘트의 절반인 $(-)10.0$ kN · m 의 전달모멘트가 원단인 C절점으로 전달된다. 전달이 끝났음을 나타내기 위하여 분배모멘트 밑에 선을 긋는다. 이 상태에서 BC부재는 수정 휨강성도를 사용하였으므로 절점 B는 힌지 상태로 둔다.

다음으로 E점을 이완시키면 E점을 고정시키는데 필요한 불균형모멘트는 (+)150.0kN·m 이므로 불균형모멘트의 반대 부호를 취한 값인 (−)150.0kN·m에 분배율 1.0를 곱하면 DE부재 E단의 분배모멘트는 (−)150.0kN·m이다. 분배모멘트의 절반인 (−)75.0kN·m의 모멘트가 원단인 D점으로 전달된다. 전달이 끝났음을 나타내기 위하여 분배모멘트 밑에 선을 긋는다. 이 상태에서 DE부재는 수정 휨강성도를 사용하였으므로 절점 E는 힌지 상태로 둔다.

다음으로 C점 또는 D점 중에서 어느 점을 먼저 이완시켜도 관계는 없으나 C점을 먼저 이완시키면 C점을 고정시키는데 필요한 불균형모멘트는 $160.0-500.0-10.0=(-)350.0$kN·m이므로 불균형모멘트에 반대 부호를 취한 값인 (+)350.0kN·m에 BC부재와 CD부재의 분배율인 $DF_{CB}=0.20$와 $DF_{CD}=0.80$을 각각 곱하면 BC부재 C단과 CD부재 C단의 분배모멘트는 각각 (+)70.0kN·m와 (+)280.0kN·m이다. 이 때 BC부재는 수정 휨강성도를 사용하여 B점이 힌지 상태에 있으므로 C단에서 B단으로 모멘트를 전달하지 않아야 하고, C단에서 원단인 D단으로 분배모멘트의 절반인 (+)140.0kN·m의 모멘트가 전달된다. 전달이 끝났음을 나타내기 위하여 분배모멘트 밑에 선을 긋는다. 이 상태에서 절점 C는 모멘트가 평형상태에 있으므로 다시 고정시킨다.

다음으로 D점을 이완시키면 D점을 고정시키는데 필요한 불균형모멘트는 D점의 고정단모멘트, C점과 E에서의 전달모멘트의 합인 $500.0-150.0-75.0+140.0=(+)415.0$kN·m이므로 불균형모멘트에 반대 부호를 취한 값인 (−)415.0kN·m에 CD부재와 DE부재의 분배율인 $DF_{DC}=0.727$와 $DF_{DE}=0.273$을 각각 곱하면 CD부재 D단과 DE부재 D단의 분배모멘트는 각각 (−)301.7kN·m와 (−)113.3kN·m이다. 이 때 DE부재는 수정 휨강성도를 사용하여 E점이 힌지 상태에 있으므로 D단에서 E단으로 모멘트를 전달하지 않아야 하고 D단에서 원단인 C단으로만 분배모멘트의 절반인 (−)150.9kN·m의 모멘트가 전달된다. 전달이 끝났음을 나타내기 위하여 분배모멘트 밑에 선을 긋는다. 이 상태에서 절점 D는 모멘트가 평형상태에 있으므로 다시 고정시킨다.

C단을 다시 이완시키면 C단에는 D단에서 전달된 전달모멘트로 인하여 다시 불균형모멘트 (−)150.9kN·m가 발생하므로 불균형모멘트와 반대 부호인 (+)150.9kN·m에 BC부재와 CD부재의 분배율인 $DF_{CB}=0.20$와 $DF_{CD}=0.80$을 각각 곱하면 BC부재 C단과 CD부재 C단의 분배모멘트는 각각 (+)30.2kN·m와 (+)120.7kN·m이다. 이 때 BC부재는 수정 휨강성도를 사용하여 B점이 힌지 상태에 있으므로 C단에서 B단으로 모멘트를 전달하지 않아야 하고, C단에서 원단인 D단으로 분배모멘트의 절반인 (+)60.4kN·m의 모멘트가 전달된다. 전달이 끝났음을 나타내기 위하여 분배모멘트 밑에 선을 긋는다. 이 상태에서 절점 C는 모멘트가 평형상태에 있으므로 다시 고정시킨다.

이러한 과정을 분배모멘트가 처음에 계산된 고정단모멘트에 비하여 충분히 작아질 때까지 반복한다. 이러한 반복과정을 중지했을 때에는 분배모멘트를 고정시킨 절점으로 전달시키지 말아야 한다. 이러한 순환과정을 완전히 끝낸 다음에는 다시 밑줄을 긋고, 그 위의 값들의 대수적인 합을 구하여 그 아래에 적는다. 이 값들은 각 부재의 재단모멘트를 나타낸다.

나머지 반력들은 예제 그림 18.4(b)에서 재단모멘트를 사용하여 계산할 수 있고, 전단력도와 휨모멘트도는 예제 그림 18.4(c)에 나타내었다.

예제 18.5

예제 그림 18.5(a)와 같이 지점 B에서 0.02m 침하가 발생한 구조물을 모멘트분배법으로 해석하라. 단, $EI=42{,}000\,\text{kN}\cdot\text{m}^2$이다.

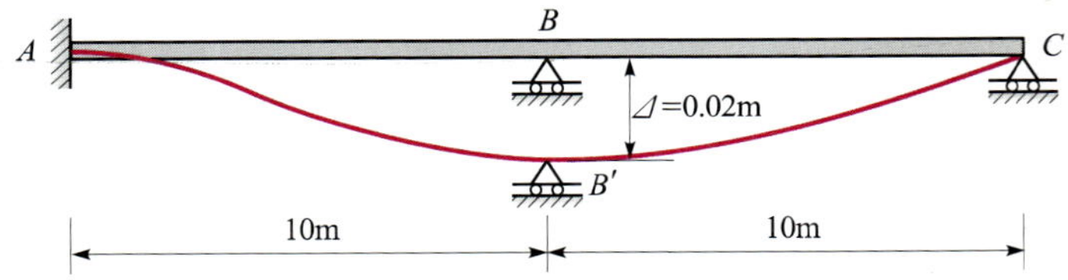

예제 그림 18.5

1) 고정단모멘트

$$FEM_{AB}=(-)\frac{6EI\Delta}{L^2}=(-)\frac{(6)(42{,}000)(0.02)}{10^2}=(-)50.4\,\text{kN}\cdot\text{m}$$

$$FEM_{BA}=(-)\frac{6EI\Delta}{L^2}=(-)\frac{(6)(42{,}000)(0.02)}{10^2}=(-)50.4\,\text{kN}\cdot\text{m}$$

$$FEM_{BC}=(-)\frac{6EI\Delta}{L^2}=(-)\frac{(6)(42{,}000)(-0.02)}{10^2}=(+)50.4\,\text{kN}\cdot\text{m}$$

$$FEM_{CB}=(-)\frac{6EI\Delta}{L^2}=(-)\frac{(6)(42{,}000)(-0.02)}{10^2}=(+)50.4\,\text{kN}\cdot\text{m}$$

2) 휨강성도

$$K_{AB}=\frac{4EI}{L}=\frac{4EI}{10}=0.4EI$$

$$K_{BC}^{R}=\left(\frac{4EI}{L}\right)\frac{3}{4}=\left(\frac{4EI}{10}\right)\frac{3}{4}=0.30EI$$

3) 분배율

$$DF_{BA}=\frac{K_{BA}}{\Sigma K_B}=\frac{0.4EI}{0.4EI+0.3EI}=0.571$$

$$DF_{BC}=\frac{K_{BA}}{\Sigma K_B}=\frac{0.3EI}{0.4EI+0.3EI}=0.429$$

$$DF_{CB}=\frac{K_{CB}}{\Sigma K_C}=\frac{0.3EI}{0.3EI}=1.00$$

분배율		0.571	0.429	1.0
부재	*AB*	*BA*	*BC*	*CB*
FEM	−50.4	−50.4	+50.4	+50.4
			−25.2 ←	−50.4
	+7.2 ←	+14.4	+10.8	
	−43.2	−36.0	+36.0	0.0

나머지 반력들은 위에서 구한 재단모멘트를 사용하여 계산할 수 있다.

* 해를 구하는 과정과 결과를 [예제 17.4]와 비교하여 보기 바란다.

예제 18.6 예제 그림 18.6과 같은 T형 라멘에 집중하중이 작용할 때 모멘트분배법으로 해석하라. 단, E는 일정하다.

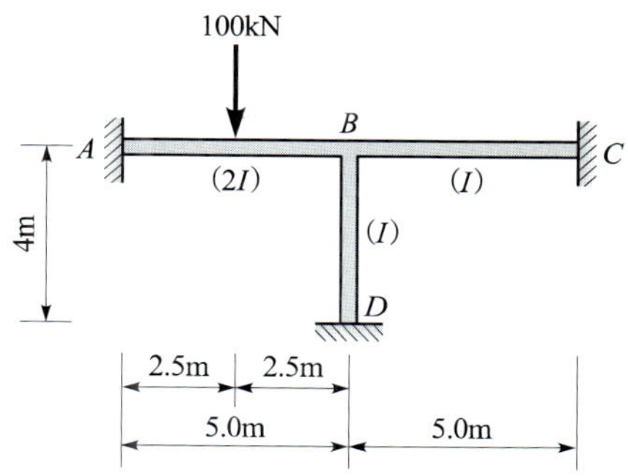

예제 그림 18.6

1) 고정단모멘트

$$FEM_{AB}=(-)\frac{PL}{8}=(-)\frac{(100.0)(5)}{8}=(-)62.5\,\text{kN}\cdot\text{m}$$

$$FEM_{BA}=\frac{(100.0)(5)}{8}=(+)62.5\,\text{kN}\cdot\text{m}$$

2) 휨강성도

$$K_{AB}=\frac{4EI}{L}=\frac{(4E)(2I)}{5}=1.6EI$$

$$K_{BC}=\frac{4EI}{5}=0.8EI$$

$$K_{BD}=\frac{(4E)(I)}{4}=1.0EI$$

3) 분배율

$$DF_{BA}=\frac{K_{BA}}{\Sigma K_B}=\frac{1.6EI}{1.6EI+0.8EI+1.0EI}=0.471$$

$$DF_{BC}=\frac{K_{BC}}{\Sigma K_B}=\frac{0.8EI}{1.6EI+0.8EI+1.0EI}=0.235$$

$$DF_{BD}=\frac{K_{BD}}{\Sigma K_B}=\frac{1.0EI}{1.6EI+0.8EI+1.0EI}=0.294$$

분배율			0.471	0.235	0.294				
부재	*AB*		*BA*	*BC*	*BD*		*CB*		*DB*
FEM	−62.5		+62.5						
	−14.7	←	−29.4	−14.7	−18.4		−7.4		−9.2
ΣM	−77.2		+33.1	−14.7	−18.4		−7.4		−9.2

따라서

$$M_{AB}=(-)77.2\,\text{kN}\cdot\text{m},\quad M_{BA}=(+)33.1\,\text{kN}\cdot\text{m},\quad M_{BC}=(-)14.7\,\text{kN}\cdot\text{m}$$

$$M_{BD} = (-)18.4\,\mathrm{kN \cdot m}, \quad M_{CB} = (-)7.4\,\mathrm{kN \cdot m}, \quad M_{DB} = (-)9.2\,\mathrm{kN \cdot m}$$

나머지 반력들은 위에서 구한 재단모멘트를 사용하여 계산할 수 있다.

* 해를 구하는 과정과 결과를 [예제 17.5]와 비교하여 보기 바란다.

예제 18.7

예제 그림 18.7(a)와 같은 구조물을 모멘트분배법으로 해석하라. 단, E는 일정하다.

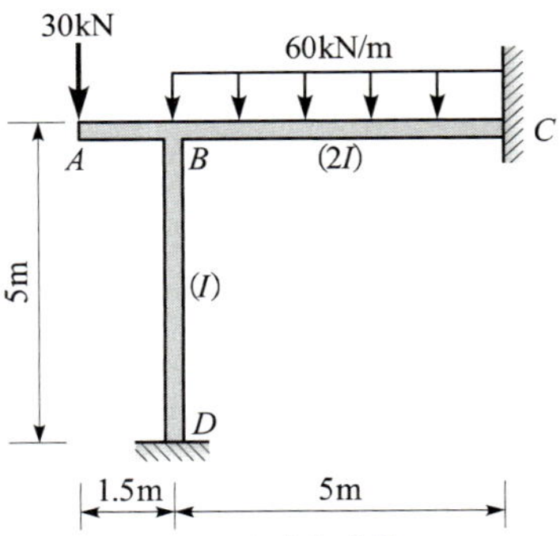

(a) 주어진 라멘

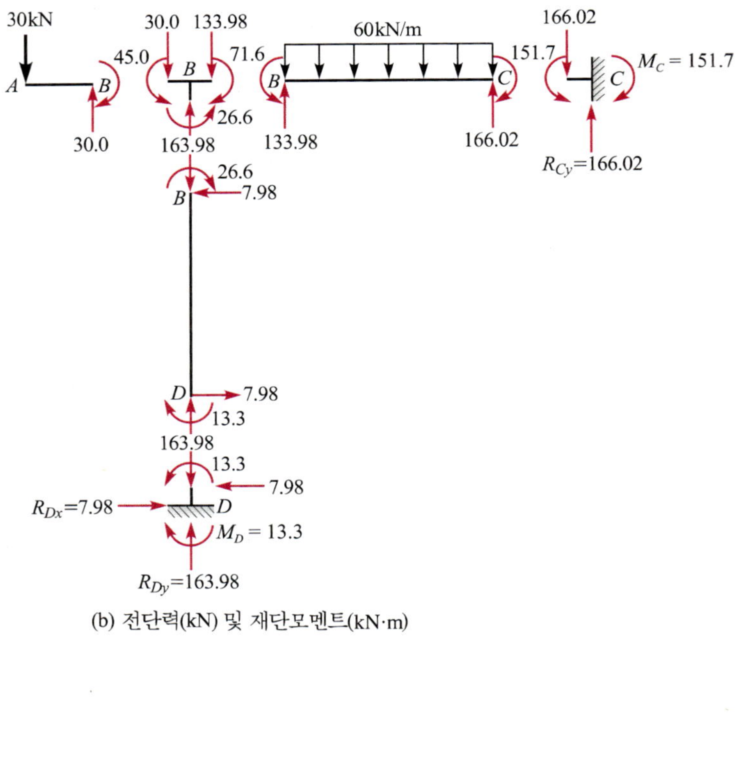

(b) 전단력(kN) 및 재단모멘트(kN·m)

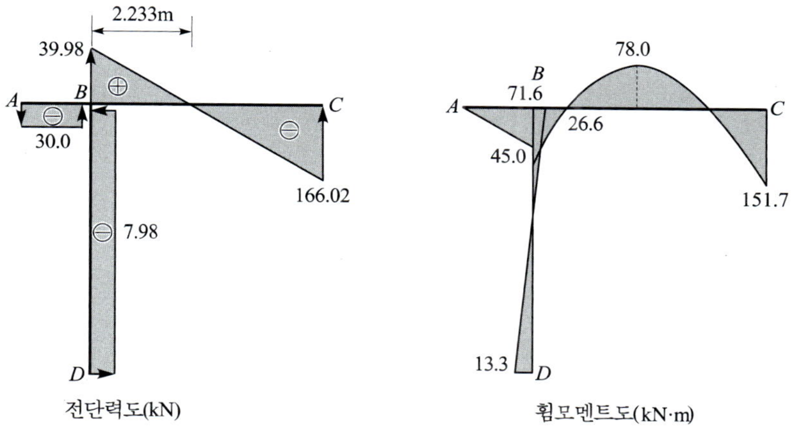

(c) 전단력도 및 휨모멘트도

예제 그림 18.7

1) 고정단모멘트

$$FEM_{BA} = (+)30.0 \times 1.5 = (+)45.0\,\text{kN}\cdot\text{m}$$

$$FEM_{BC} = (-)\frac{(60.0)(5)^2}{12} = (-)125.0\,\text{kN}\cdot\text{m}$$

$$FEM_{CB} = (+)\frac{(60.0)(5)^2}{12} = (+)125.0\,\text{kN}\cdot\text{m}$$

2) 휨강성도

$$K_{BC} = \frac{(4E)(2I)}{5} = 1.6EI$$

$$K_{BD} = \frac{4EI}{5} = 0.8EI$$

3) 분배율

$$DF_{BC} = \frac{K_{BC}}{\Sigma K_B} = \frac{1.6EI}{1.6EI + 0.8EI} = 0.667$$

$$DF_{BD} = \frac{K_{BD}}{\Sigma K_B} = \frac{0.8EI}{1.6EI + 0.8EI} = 0.333$$

분배율		0.667	0.333				
부재	*BA*	*BC*	*BD*		*CB*		*DB*
FEM	+45.0	−125.0			+125.0		
		+53.4	+26.6		+26.7		+13.3
ΣM	+45.0	−71.6	+26.6		+151.7		+13.3

따라서

$$M_{BA} = (+)45.0\,\text{kN}\cdot\text{m},\quad M_{BC} = (-)71.6\,\text{kN}\cdot\text{m},\quad M_{BD} = (+)26.6\,\text{kN}\cdot\text{m}$$

$$M_{CB} = (+)151.7\,\text{kN}\cdot\text{m},\quad M_{DB} = (+)13.3\,\text{kN}\cdot\text{m}$$

나머지 반력들은 예제 그림 18.7(b)에서 재단모멘트를 사용하여 계산할 수 있고, 전단력도와 휨모멘트도는 예제 그림 18.7(c)에 나타내었다.

예제 18.8 예제 그림 18.8(a)와 같은 라멘 구조를 모멘트분배법으로 해석하라. 단, EI는 일정하다.

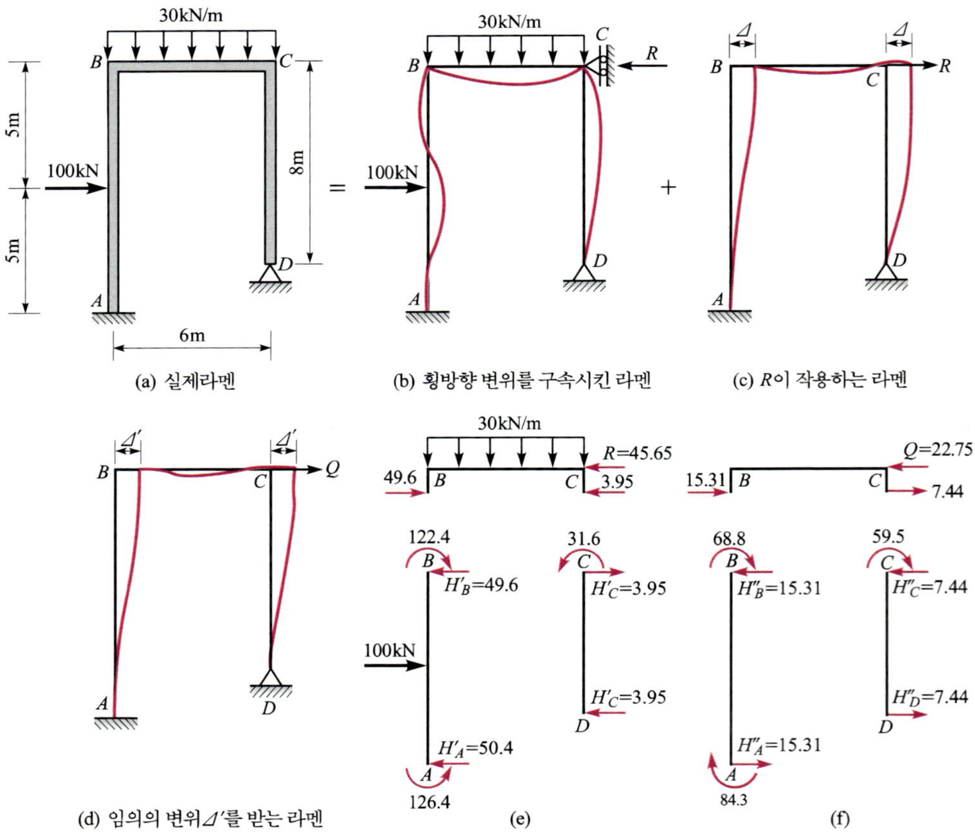

예제 그림 18.8

본 예제와 같이 절점에 횡방향 변위가 있는 경우 즉, 부재 축에 수직방향의 변위가 있는 구조물을 모멘트분배법으로 해석할 때에는 다음 그림과 같이 두 경우로 나누어 해석하여야 한다. 즉, 절점의 횡방향 변위를 구속한 예제 그림 18.8(b)의 경우와 절점의 횡방향 변위만에 의한 예제

그림 18.8(c)를 고려한 경우이다. 그러나 예제 그림 18.8(c)의 경우 B, C 절점의 횡향향 변위 Δ를 알 수가 없기 때문에 예제 그림 18.8(d)와 같이 Δ값을 가정하여 해석한다. 이 경우에 기둥부재 AB와 CD의 양단에서의 고정단모멘트는 $(-)(6EI\Delta)/L^2$로 구한다. 여기서, L은 각 부재의 길이를 나타낸다.

실제 라멘은 [예제 그림 18.8(b)의 경우] + α[예제 그림 18.8(c)의 경우]로 생각할 수 있다. 여기서, α는 R/Q로 절점 C에서의 평형조건이나 지점 A와 D에서의 수평 반력에 대한 평형조건으로부터 구할 수 있다.

$$R - \alpha Q = 0$$

또는

$$H_A + H_D = (H_A' + H_D') + \alpha(H_A'' + H_D'') = 100$$

α를 위의 식으로 구한 후, 부재 ij의 재단모멘트는 다음 식으로 구한다.

$$M_{ij} = [\text{예제 그림 18.8}(b)\text{의 경우의 } M_{ij}] + \alpha[\text{예제 그림 18.8}(c)\text{의 경우의 } M_{ij}]$$

1) 고정단모멘트

$$FEM_{AB} = (-)\frac{PL}{8} = (-)\frac{(100.0)(10)}{8} = (-)125.0\,\text{kN}\cdot\text{m}$$

$$FEM_{BA} = (+)\frac{(100.0)(10)}{8} = (+)125.0\,\text{kN}\cdot\text{m}$$

$$FEM_{BC} = (-)\frac{\omega L^2}{12} = (-)\frac{(30.0)(6)^2}{12} = (-)90.0\,\text{kN}\cdot\text{m}$$

$$FEM_{CB} = (+)\frac{(30.0)(6)^2}{12} = (+)90.0\,\text{kN}\cdot\text{m}$$

2) 휨강성도

$$K_{AB} = \frac{4EI}{L} = \frac{4EI}{10} = 0.4EI$$

$$K_{BC} = \frac{4EI}{6} = 0.667EI$$

$$K_{CD}^R = \left(\frac{4EI}{L}\right)\frac{3}{4} = \left(\frac{4EI}{8}\right)\frac{3}{4} = 0.375EI$$

3) 분배율

$$DF_{BA} = \frac{K_{BA}}{\Sigma K_B} = \frac{0.4EI}{0.4EI + 0.667EI} = 0.375$$

$$DF_{BC} = \frac{K_{BA}}{\Sigma K_B} = \frac{0.667EI}{0.4EI + 0.667EI} = 0.625$$

$$DF_{CB} = \frac{K_{CB}}{\Sigma K_C} = \frac{0.667EI}{0.667EI + 0.375EI} = 0.640$$

$$DF_{CD}=\frac{K_{CD}^{R}}{\Sigma K_C}=\frac{0.375EI}{0.667EI+0.375EI}=0.360$$

예제 그림 18.8(b)의 경우에 대하여 위에서 계산된 고정단모멘트와 분배율을 사용하여 모멘트 분배를 하는 과정을 나타내면 다음과 같다.

분배율			0.375	0.625		0.640	0.360		1.0
부재	*AB*		*BA*	*BC*		*CB*	*CD*		*DC*
FEM	−125.0		+125.0	−90.0		+90.0	0.0		0.0
				−28.8	←	−57.6	−32.4		
	−1.2	←	−2.3	−3.9	→	−2.0			
				+0.7	←	+1.3	+0.7		
	−0.2	←	−0.3	−0.4	→	−0.2			
						+0.1	+0.1		
ΣM	−126.4		+122.4	−122.4		+31.6	−31.6		0.0

예제 그림 18.8(e)의 자유물체도에서 지점 A와 D에서의 수평 반력을 구하면 다음과 같다.
부재 AB의 자유물체도에서

$$\Sigma M_C=0\,;\,H_A'(10)-126.4+122.4-100.0(5)=0$$
$$H_A'=50.4\,\text{kN}\,(\text{좌측으로})$$
$$\Sigma F_x=0\,;\,100.0-50.4-H_B=0$$
$$H_B'=49.6\,\text{kN}\,(\text{좌측으로})$$

부재 CD의 자유물체도에서

$$\Sigma M_C=0\,;\,H_D'(8)-31.6=0$$
$$H_D'=3.95\,\text{kN}\,(\text{좌측으로})$$
$$\Sigma F_x=0\,;\,H_C'-3.95=0$$
$$H_C'=3.95\,\text{kN}\,(\text{우측으로})$$

예제 그림 18.8(d)에서 Δ'의 값을 알 수가 없으므로 먼저, 고정단모멘트 $FEM_{AB}=100.0\,\text{kN}\cdot\text{m}$으로 가정하면,

$$FEM_{AB}=FEM_{BA}=(-)\frac{6EI\Delta'}{(10)^2}=(+)100.0\,\text{kN}\cdot\text{m}$$

위의 식으로부터 Δ'의 값을 계산하면

$$\Delta'=(-)\left(\frac{10^2}{6EI}\right)(100.0)=(-)\frac{1{,}666.7}{EI}$$

Δ'의 값을 $FEM_{CD}=FEM_{DC}$ 식에 대입하여 계산하면,

$$FEM_{CD}=FEM_{DC}=\left(-\frac{6EI}{(8)^2}\right)\left(-\frac{1,666.7}{EI}\right)=(+)156.3\,\mathrm{kN\cdot m}$$

분배율			0.375	0.625		0.640	0.360		1.0
부재	*AB*		*BA*	*BC*		*CB*	*CD*		*DC*
FEM	+100.0		+100.0				+156.3		+156.3
							−78.2	←	−156.3
				−25.0	←	−50.0	−28.1		
	−14.1	←	−28.1	−46.9	→	−23.5			
				+7.5	←	+15.0	+8.5		
	−1.3	←	−2.8	−4.7	→	−2.4			
ΣM				+0.8	←	+1.5	+0.9		
	−0.2	←	−0.3	−0.5	→	−0.3			
						+0.2	+0.1		
ΣM	+84.3		+68.8	−68.8		−59.5	+59.5		0.0

예제 그림 18.8(f)의 자유물체도에서 지점 A와 D에서의 수평 반력을 구하면 다음과 같다.
부재 AB의 자유물체도에서

$$\Sigma M_C=0\,;\,84.3+68.8-H_A''(10)=0$$
$$H_A''=15.31\,\mathrm{kN}\,(\text{우측으로})$$
$$\Sigma F_x=0\,;\,15.31-H_B''=0$$
$$H_B''=15.31\,\mathrm{kN}\,(\text{좌측으로})$$

부재 CD의 자유물체도에서

$$\Sigma M_C=0\,;\,59.5-H_D''(8)=0$$
$$H_D''=7.44\,\mathrm{kN}\,(\text{우측으로})$$
$$\Sigma F_x=0\,;\,7.44-H_C''=0$$
$$H_C''=7.44\,\mathrm{kN}\,(\text{좌측으로})$$

지점 A와 D에서의 수평반력은 예제 그림 18.8(e, f)에서

$$-H_A''(10)+84.3+68.8=0$$
$$-H_A''=15.31(\rightarrow)$$
$$H_D''(8)+59.5=0$$
$$H_D''=7.44(\rightarrow)$$

예제 그림 18.8(e, f)에서 구조물 전체의 수평방향 평행조건에 대하여 층방정식을 세우면 다음과 같다.

$$\Sigma F_X=0\text{에서}\,;\;(-)(H_A'+H_D')+\alpha(H_A''+H_D'')+100.0=0$$
$$-(50.4+3.95)+\alpha(15.31+7.44)+100.0=0$$

또는, 1층에서 수평방향 평형조건에 대하여 층방정식을 세우면,

$$\Sigma F_X = 0 \text{에서 ; } (H_B' + H_C') + \alpha(H_B'' + H_C'') = 0$$
$$(49.6 - 3.95) + \alpha(15.31 + 7.44) = 0$$

위의 식으로부터

$$45.65 + 22.75\alpha = 0 \text{에서 } \alpha = (-)2.007$$

따라서 각 부재의 재단모멘트는 예제 그림 18.8(d)에서의 재단모멘트에 $\alpha = 2.007$를 곱하여 예제 그림 18.8(b)에서의 재단모멘트에 더하여 구할 수 있다.

$$M_{AB} = (-126.4 + 84.3(-2.007) = (-)295.6\,\text{kN}\cdot\text{m}$$
$$M_{BA} = (+)122.4 + 68.8(-2.007) = (-)15.7\,\text{kN}\cdot\text{m}$$
$$M_{BC} = (-)122.4 - 68.8(-2.007) = (+)15.7\,\text{kN}\cdot\text{m}$$
$$M_{CB} = (+)31.6 - 59.5(-2.007) = (+)151.0\,\text{kN}\cdot\text{m}$$
$$M_{CD} = (-)31.6 + 59.5(-2.007) = (-)151.0\,\text{kN}\cdot\text{m}$$
$$M_{DC} = 0$$

나머지 반력들은 예제 그림 18.8(b)에서 재단모멘트를 사용하여 계산할 수 있다.

* 해를 구하는 과정과 결과를 [예제 17.7]과 비교하여 보기 바란다.

연습문제

18.1

문제 17.1을 모멘트분배법으로 풀어라.

18.2

문제 17.2를 모멘트분배법으로 풀어라.

18.3

문제 17.4를 모멘트분배법으로 풀어라.

18.4

문제 17.5를 모멘트분배법으로 풀어라.

18.5

문제 17.6을 모멘트분배법으로 풀어라.

18.6

문제 17.7을 모멘트분배법으로 풀어라.

18.7

문제 17.8을 모멘트분배법으로 풀어라.

[18.8~18.15] 모멘트분배법을 이용하여 다음에 주어진 연속보에서 반력과 재단모멘트를 구하고, 전단력도와 휨모멘트도를 그려라.

18.8

$EI=$일정

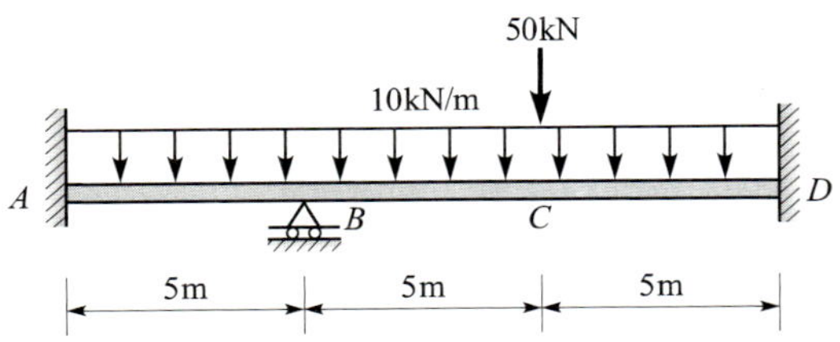

18.9

$EI=$일정

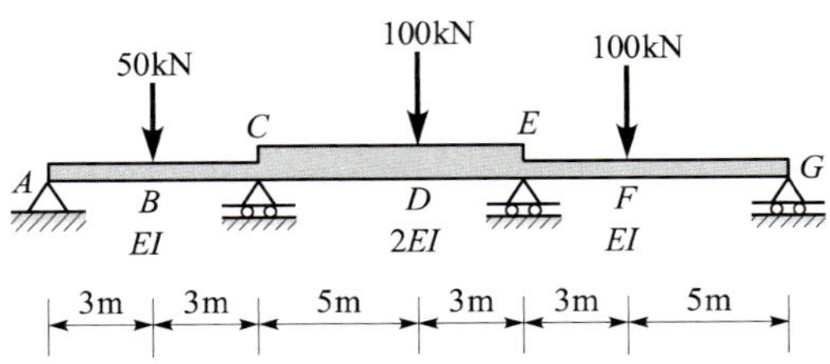

18.10

$EI=$일정

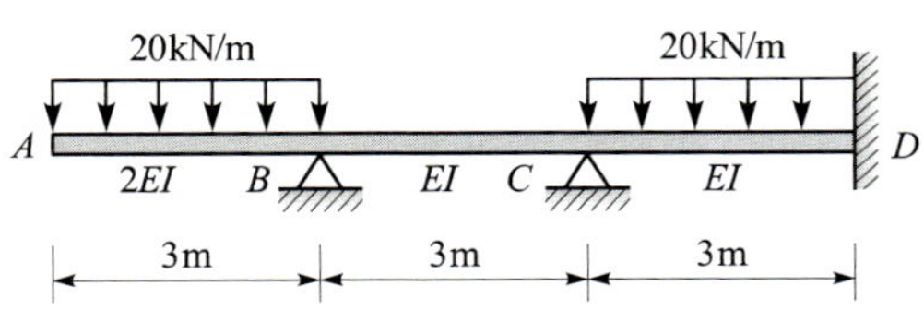

18.11

$EI=$일정

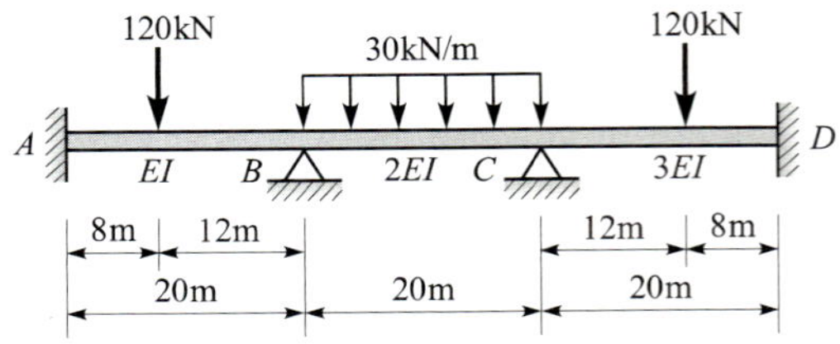

18.12

$EI=$일정

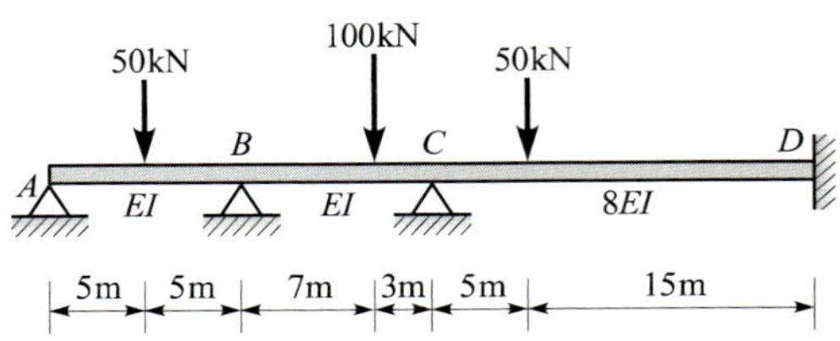

18.13

$EI=$일정

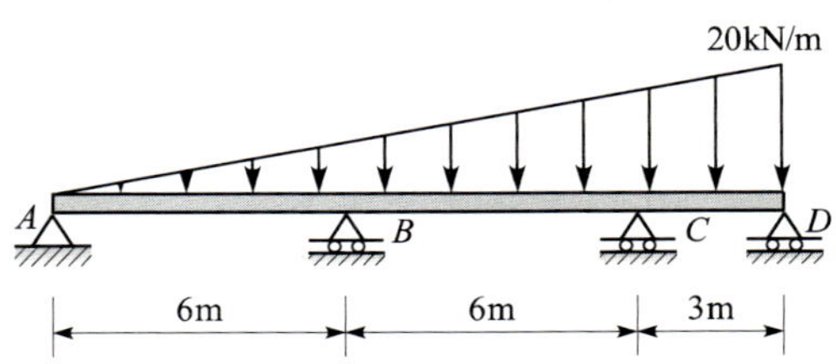

18.14

$EI=$ 일정

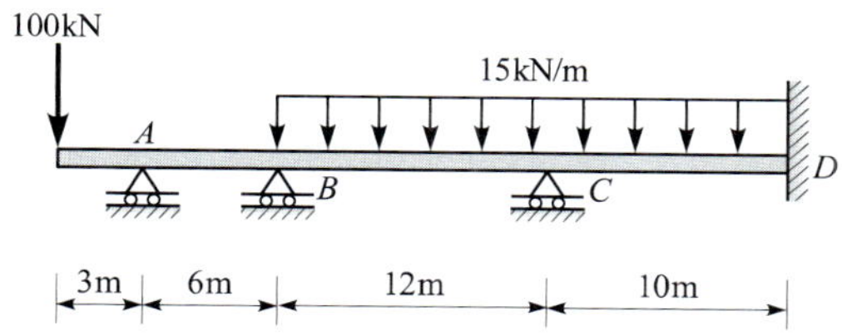

18.15

문제 18.14에서 B점에서 2cm의 지점침하가 발생한 경우. $E=205\text{GPa}$, $I=3.0(10^9)\text{mm}^4$

18.16

문제 17.12를 모멘트분배법으로 풀어라.

18.17

문제 17.13을 모멘트분배법으로 풀어라.

18.18

문제 17.14를 모멘트분배법으로 풀어라.

18.19

문제 17.15를 모멘트분배법으로 풀어라.

18.20

문제 17.16을 모멘트분배법으로 풀어라.

18.21

문제 17.17을 모멘트분배법으로 풀어라.

18.22

문제 17.18을 모멘트분배법으로 풀어라.

18.23

문제 17.19를 모멘트분배법으로 풀어라.

18.24

문제 17.20을 모멘트분배법으로 풀어라.

[18.25~18.32] 모멘트분배법을 이용하여 다음에 주어진 강절뼈대 구조물을 해석하시오.

18.25

EI = 일정

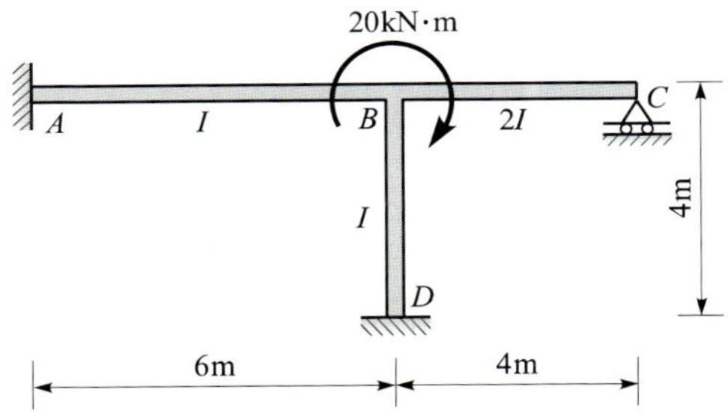

18.26

EI = 일정

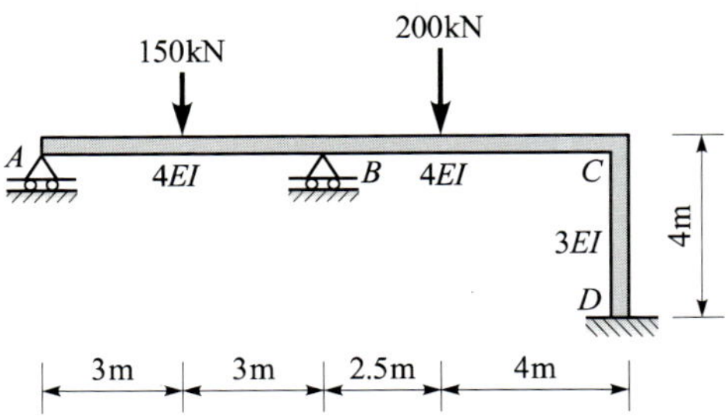

18.27

EI = 일정

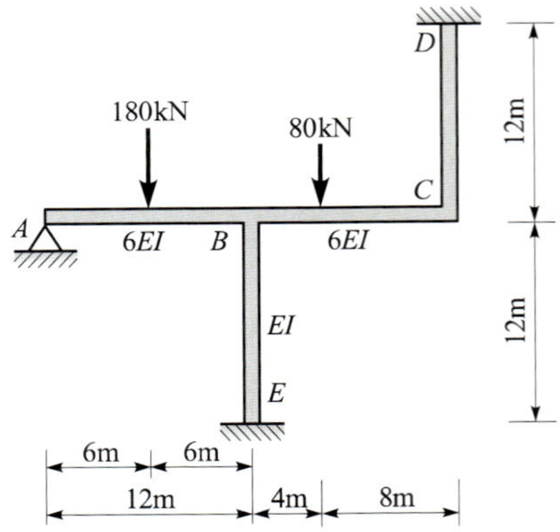

18.28

EI = 일정

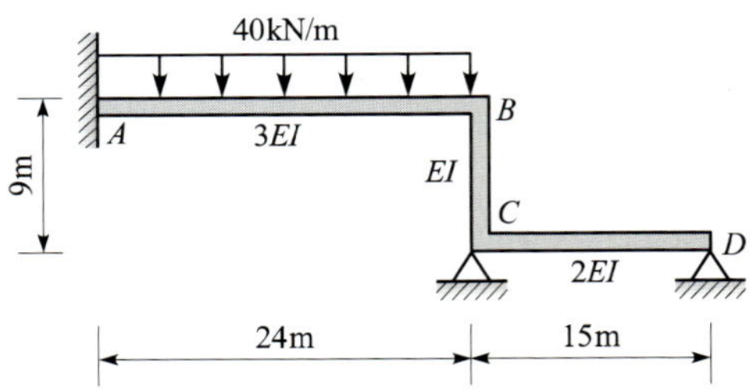

18.29

EI = 일정

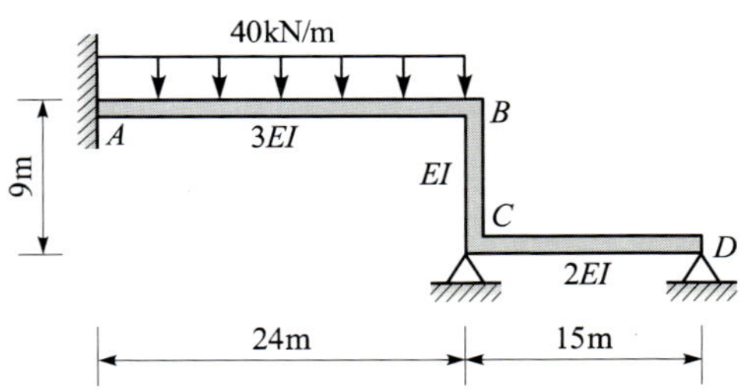

18.30

EI = 일정

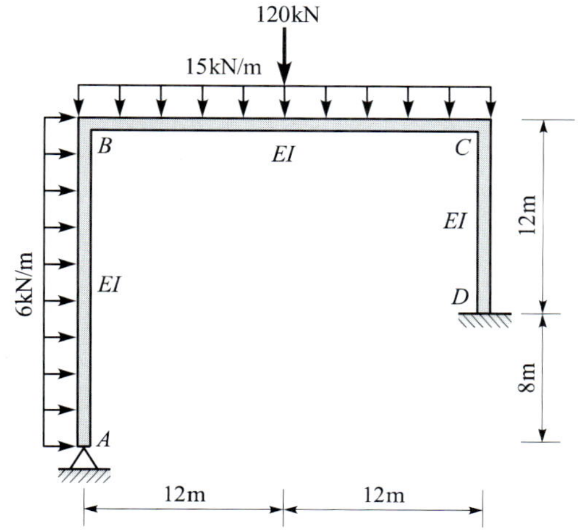

18.31

EI = 일정

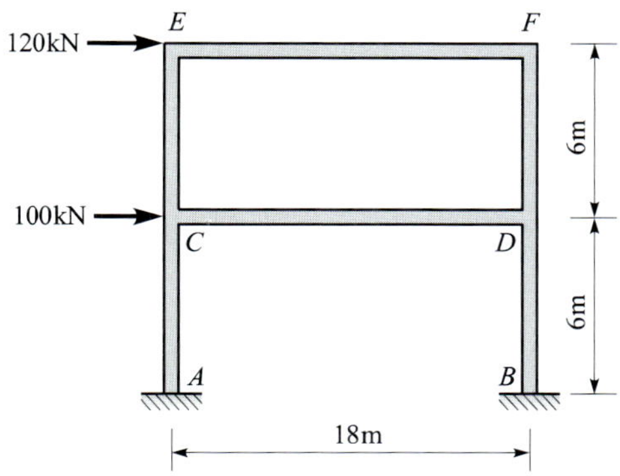

18.32

EI = 일정

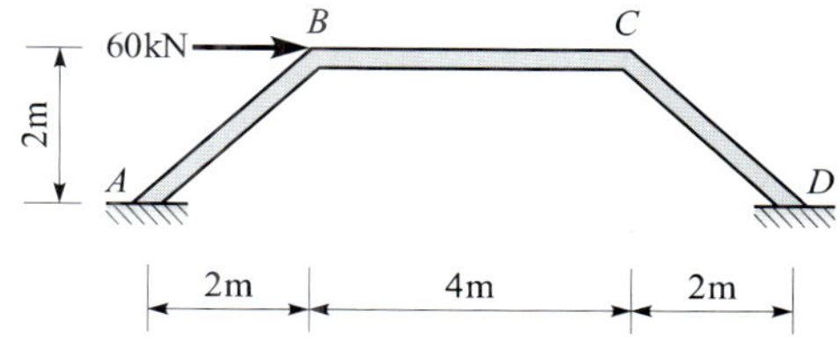

INDEX

찾아보기

ㄱ

ㄴ

ㄷ

ㅁ

ㅂ

ㅋ

ㅌ

ㅍ

ㅎ

A

B

C

D

| 저자 소개 |

박영석 명지대학교 토목환경공학과 교수

정태주 한라대학교 토목공학과 교수

SI단위 구조역학 정가 20,000원

저자 : 박영석 · 정태주

발행인 : 임해진
발행처 : 도서출판 구미서관

발행 : 2017년 2월 20일 초판 1쇄
2019년 2월 15일 초판 2쇄
2022년 2월 10일 초판 3쇄

등록 : 1979년 6월 29일 No.9–6호

주소 : 서울시 마포구 신촌로 2길 5-15 구미빌딩
전화 : 02–333–1101
팩스 : 02–335–2201
http://www.goomibook.com

ISBN 978–89–8225–128–3 (93530)